스페이스 미션

인류의 과거와 미래를 찾아 떠난
무인우주탐사선들의 흥미진진한 이야기

스페이스 미션

크리스 임피 · 홀리 헨리 지음 | 김학영 옮김

플루토

　　한국의 독자들에게 《스페이스 미션》을
소개하게 되어 무척 기쁩니다. 홀리 헨리와 저는 지난 40년 간 우
주과학과 천문학에 혁혁한 공헌을 하고 있는 흥미진진한 탐사임무
들의 매력을 알리고자 이 책을 썼습니다. 우리는 우리 우주에 관한
새로운 지식이 사회와 문화에 미치는 영향을 올바르게 전달하고자
의기투합했습니다. 과학은 모든 이의 것이며, 이 책에서 소개하는
탐사임무들은 우주에서 우리의 위치를 정확하게 인식할 수 있는 길
을 열어주었습니다.

　　한국은 비록 작은 나라지만, 지적 자원이 풍부하고 정밀과학과
기술산업이 발달한 나라입니다. 천문학자로서 저는 7세기에 건축
된 첨성대에 대해 오래 전부터 알고 있었습니다. 저의 동료들 중에
는 현대적인 광학 및 전파 관측소를 운영하고 있는 한국천문연구원
을 직접 방문한 분도 있습니다. 공교롭게도 한국천문연구원이 설립
된 1974년은 이 책 첫 머리에 소개한 나사의 바이킹 궤도선회우주
선과 착륙선이 화성에 도착한 해이기도 합니다. 5년 전 한국은 거

대 마젤란 망원경Giant Magellan Telescope, GMT 프로젝트에 합류했습니다. 제가 몸담고 있는 애리조나대학에서는 현재 이 프로젝트의 주력 망원경인 지름 22미터 망원경을 조립하고 있습니다. 곧 세계 최대 망원경이 탄생하게 될 것입니다. 수십억 달러의 이 비범한 설비를 활용할 때쯤에는 한국의 천문학자들과 협력할 수 있기를 고대합니다.

우주과학 분야에서 한국은 엄청난 도약을 이뤄낸 나라입니다. 2008년 러시아 우주선을 타고 국제우주정거장에 입성한 이소연 씨는 한국 최초의 우주비행사로 널리 알려졌습니다. 하지만 우주 프로그램에 대한 정부의 열의가 식으면서 마치 미몽에서 깨어난 것처럼 성공의 기쁨도 사그라졌습니다. 최근 한국항공우주연구원은 광학과 적외선 영상으로 24시간 모니터링이 가능한 아리랑3A 호 위성을 발사하면서 다시 한 번 도약에 성공했습니다. 아리랑3A 호를 통해 한국항공우주연구원은 처음으로 민간 기업들과 손을 잡았습니다. 한국 정부도 순수 국내 기술로 발사용 로켓을 제작하기 위해 막대한 비용을 투자하기로 결정했습니다. 한국은 조만간 우주탐사 분야에서도 두각을 나타낼 것입니다.

이 책이 출간되고 3년 동안 우주과학과 천문학 분야에서는 많은 일들이 일어났습니다. 그중에서도 특히 주목해야 할 사실은 외계 행성들이 발견되고 그 특징들이 밝혀졌다는 것입니다. 나사의 케플러 탐사위성은 임무를 개시한 지 얼마 되지 않았음에도 불구하고 확인된 외계 행성의 수를 1,000개 이상으로 늘려놓았고, 후보 행성의 수는 거의 5,000개로 늘었습니다. 이 후보 행성들도 거의 행성으로 확정될 것이 분명합니다. 외계 행성들은 산업적인 규모로 탐지되고 있다고 해도 과언이 아닙니다. 지구와 비슷한 수백 개의 행성들이 발견되었고, 그중 수십여 개의 행성들은 거주가능한 지역에 위치하고 있습니다. 생명을 보유하고 있을 가능성이 높다는 의미입니다. 이 행성들 대부분이 너무 멀리 있고, 지상 최대의 망원경으로도 조사할 수 없을 만큼 흐릿하다는 사실이 애석할 따름입니다.

이런 상황에서 나사가 2017년에 TESS Transiting Exoplanet Survey Satellite 를 발사할 계획을 세웠다는 소식은 낭보가 아닐 수 없습니다. 이 탐사위성은 더 넓은 영역을 관측하면서 우리와 좀더 가까운 지구와 닮은 행성들을 찾아낼 것이기 때문입니다. 또 한 가지 좋은 소식은 허블 우주망원경의 후배 격인 제임스웹 우주망원경이 기술적 검사를 모두 통과했고, 2018년에 발사가 예정되어 있다는 것입니다. 허블 우주망원경보다 빛 수집력이 10배 더 뛰어난 제임스웹 우주망원경은 우주의 과거를 꿰뚫어 '최초의 빛'이 있던 시대, 즉 별과 은

하늘이 어린 우주에서 처음으로 빛났던 시대를 보여줄 것입니다.

　지상에 설치 중인 대형 망원경들, 더 뛰어난 성능의 우주망원경들, 그리고 이들을 제작하기 위한 야심찬 계획들, 천문학은 바야흐로 황금기를 맞았습니다. 무한한 상상력이 최신 기술과 만났을 때과연 태양계와 그 너머 우주에서 어떤 지식과 정보를 캐낼 수 있는지, 우리는 그 흥미진진한 이야기를 들려주기 위해 이 책을 썼습니다. 바라건대 이 책이 한국의 독자 여러분에게 즐거움을 선사하길!

　　　　　　　　크리스 임피, 애리조나 주 투손

| 일러두기

1. 본문의 [ ]와 ( )는 저자가 표시한 것이다.
2. 이 책의 미주는 저자의 주석이고, 본문의 각주는 옮긴이 주다.

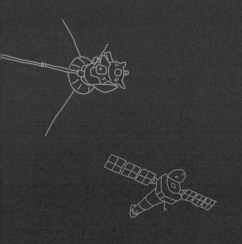

1장

정녕 우리뿐인가?
- 다른 세상을 향한 꿈

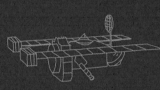

혼수상태에 빠졌든지 아니면 깊은 잠에 빠졌든지 또는 무인도에 고립되었든지, 어떤 이유로든 20세기 말 즈음 '실종되었던' 사람이라면 문명과 재회하기 위해 수많은 것에 적응해야 할 것이다. 그중에서도 적응해야 할 게 가장 많은 분야는 아마도 질주하듯 발전한 컴퓨터와 무선통신 그리고 정보기술 분야일 것이다. 그런데 만약 천문학 쪽으로 관심을 돌린다면, 역시 실종되었던 사이 축적된 지식의 양에 입을 다물지 못할 것이다.

20세기 마지막 30여 년이 지나는 동안 망원경 렌즈 속에서 흐릿한 붉은색 원반으로만 보였던 화성은 오래된 호수 바닥들과 지하에 빙하를 품고 있는 어엿한 하나의 행성으로 등극했다. 우리의 태양계는 냉랭하고 시시한 불모지에서 거주가능성이 잠재된 열두어 개의 세상들을 갖고 있는 아늑한 공간으로 변모했다. 우리 은하Milky Way galaxy 저편에서는 수십억 개에 이르는 외계 행성exoplanet들의 눈부신 행렬이 태양계를 호위하고 있다. 익숙했던 하늘의 풍경은 전자기파 스펙트럼 전 영역에 걸쳐 나타나는 이미지들로 증강되었고,

갈색왜성과 블랙홀들을 비롯해 여러 진기한 세상들도 속속 드러났다. 마침내 태양계 행성들은 빅뱅 후 찰나의 순간에 밀려나버렸던 시각의 한계선 또는 우주의 지평선을 마주하게 되었고, 우리 눈에 보이는 이 우주가 어쩌면 수많은 우주들 중 하나일지도 모른다는 가능성을 더 이상 외면할 수 없는 지경에 이르렀다.

이 책은 지난 40여 년 간 행성탐험 인공위성들과 우주탐사 밀사들이 일궈낸 발견들에 대한 이야기다. 고대 게르만어에서 세상world이란 낱말은 '인류의 시대'를 의미하는데, 그 의미가 허용하는 범위는 수세기 만에 은하와 별 그리고 그 별에 딸린 행성들로 빽빽한 우주로까지 확장되었다. 이 이야기의 중심에 있는 밀사들은 물리적 우주에 대한 우리의 관점을 바꾸어 놓았을 뿐 아니라 이미 문화 속에 굳건히 자리잡고서 우리의 상상력을 끊임없이 부추기고 있다. 그러고 보면 이 책은 '관계'에 대한 이야기이기도 하다. 우주 프로그램과 현대 천문학이 시작되기 오래 전부터 사람들은 지구가 아닌 '다른 세상'들을 꿈꾸고 있었다.

아낙사고라스의 저술들 중에 지금까지 남아 있는 것은 거의 없으니, 우리는 그가 꿈꾸었던 것을 상상해볼 수밖에 없다. 그는 기원전 500년 즈음 오늘날 터키의 해안에 있던 분주한 항구도시 이오니아의 클라조메나이에서 태어났다. 아테네로 건너가 그곳을 고대 세계 지성의 중심지로 만드는 데 힘을 보태기 전, 그리고 이단적인 개념들로 사형을 언도받기 오래 전, 열정적이면서도 소박한 젊은이였던 그를 떠올려보자. 일화들로 짐작건대 그는 평범한 일상의 관심사들과는 거리가 먼 사람이었다. 그에게 우주를 이해할 기회는 곧

자신이 태어났다는 사실에 매우 감사해야 할 첫 번째 이유였다.[1]

아낙사고라스의 머릿속은 아이디어로 가득차 있었다. 철학은 추상화에, 즉 개념들을 처리하고 머릿속에 물리적 세상의 양상들을 일목요연하게 정리할 수 있는 힘에 기반을 둔다. 아낙사고라스는 태양을 불타는 금속 덩어리라고 생각했다. 달은 지구와 비슷하게 암석으로 이루어져 있고 스스로 빛을 발산하지 못한다고 여겼고, 별들은 불타는 돌덩이라고 믿었다. 그는 일식과 월식, 하지와 동지(분점들), 별들의 운동, 혜성의 형성을 물리적으로 설명했다. 우리 은하는 무수한 별들이 내뿜는 빛의 합작품이라고 생각했다.[2] 한밤중에 검은 물 위로 별빛이 드리워진 이오니아의 돌투성이 해변에서 아낙사고라스가 하늘을 바라보며 천상의 둥근 천장의 광막함을 온몸으로 느끼고 있는 모습이 보이는 듯하다. 이 위대하고 독창적인 사색가의 꿈속은 다른 세상들에 대한 이미지들로 충만했을 것이다.

이는 어디까지나 추측이다. 소크라테스 이전 시대의 철학자들은 더 말할 것도 없고, 대다수 그리스 철학자들의 경우에도 우리에게 전해진 저술들이 거의 없다. 대개는 조각조각 나뉜 단편들과 동시대인들이나 대개 수세기 후의 인물들이 쓴 해설서들만 남아 있을 뿐이다. 역사가들은 저마다 자신의 편애나 편견을 더하게 마련이어서 애초의 개념들은 거즈처럼 얇은 베일이 덧입혀진 채 우리에게 전해진다.[3] 게다가 이런 단편들을 세밀하게 조사하는 현대의 연구자들도 같은 개념에 대해서 충격적일 만큼 상이한 해석들을 내놓는 경우가 허다하다.

아낙사고라스는 본래 우주는 미분화되어 있었으나 그 안에 궁극적인 구성요소들을 모두 갖추고 있었다고 생각했다. 그의 우주는 그 넓이에 한계가 없고 '정신'의 작용에 의해 움직이고 있었으며, 지구와 태양과 달과 행성들 같은 물질적 대상들을 이루게 될 성분들이 마구 뒤섞여 회전하고 있는 여러 개의 소용돌이로 나뉘어져 있었다. 비록 이런 움직임을 일으키는 매개의 본질이 무엇인지 자신의 저술에는 분명하게 명시하지 않았지만, 아낙사고라스는 신들이나 신성한 힘의 개입 따위에 기대지 않고 철저히 기계적이고 객관적으로 우주의 본질을 설명한 최초의 인물이었다. 그의 이론은 우주의 규모에도 한계를 설정하지 않았기 때문에 크든 작든 세상들 속에는 또 다른 세상들이 겹겹이 끝없이 존재할 수 있었다.[4] 아낙사고라스는 우리 세상이 유일한 것이 아니라 최초의 무한한 성분들의 집합에서 형성된 수많은 세상들 중 하나라고 생각했는지도 모른다.[5]

급진적 개념들에는 대가가 따르게 마련이다. 감히 태양이 펠로폰네소스 반도보다 더 크다고 주장한 아낙사고라스는 불경죄로 고소당했다.[6] 소아시아로 추방당한 탓에 가까스로 사형을 모면한 아낙사고라스는 남은 생을 그곳에서 보냈다. 다원론, 즉 생명이 거주할 가능성이 있는 세상들을 포함하여 다수의 세상이 존재한다는 개념은 그보다 앞선 아낙시만드로스와 아낙시메네스의 저술에도 등장하는데, 추측건대 피타고라스학파로부터 전수되었을 것이다. 하지만 정교하게 윤곽이 잡힌 우주론에 그 개념을 끼워넣은 것은 아낙사고라스가 처음이었다. 초창기 원자론자인 레우키포스와 데모크리토스 시대에 이르자, 그들의 물리학에서 복수의 세상은 자연스럽고 필연적인 결과로 여겨졌다. 그들의 우주에는 다른 세상들이 존재할 뿐 아니라 그것도 무한하게 존재했으며, 그중에는 우리의 세상과 닮은 것도 있고 전혀 닮지 않은 세상도 있었다.[7] 이것은 실로 놀라운 추측이었다.

그 다음 2,000년 동안 복수의 세상이라는 개념은 다양한 철학적 주장들에 부딪치고 그리스도교 신학을 수용하기 위해 다듬어지면서 성쇠를 거듭했다.[8] 플라톤과 특히 아리스토텔레스는 지구는 유일하며 따라서 또 다른 세상들은 존재할 수 없다는 주장으로 다원론자들의 지위를 흔들었다.

복수의 세상이라는 개념이 유럽문화에서만 발달한 것은 아니다. 바빌로니아인들은 밤하늘에 움직이는 행성들을 신들의 고향이라고 생각했다. 힌두교와 불교의 전설들은 지적 존재들이 거주하는 다수의 세상들을 당연한 것으로 가정한다. 예를 들어 신화 속 신 인타라因陀羅, Indra는 이렇게 말한다.

"나는 이 우주 안에서 오로지 저 세상들만을 염려한다. 하지만 나란히 존재하는 수많은 우주들도 생각한다. 우주들은 저마다의 인타라와 브라만을 갖고 있으며, 우주들마다 생성되고 소멸되는 세상들이 존재한다."[9]

전 세계 모든 문화권에서 꿈꾸는 자들의 상상력은 점점 더 풍성해졌다. 로마의 시인 키케로와 역사학자 플루타르크는 달에 살지도 모를 피조물들에 대해 썼고, 서기 200년에 사모사타의 루키아노스는 행성들 사이에서 펼쳐진 로맨스를 다룬 탁월한 공상소설을 썼다. 《진실한 이야기A True Story》는 호메로스와 다른 여행자들의 영웅적 이야기들을 풍자할 의도로 쓴 책인데, 독자들에게 단어 하나도 그대로 믿어서는 안 된다는 충고로 시작한다. 루키아노스와 그의 동료 여행자들은 물기둥을 타고 달에 내리고, 그곳에서 머리가 셋 달린 새들을 타고 다니는 기묘한 인종을 만난다. 태양과 달, 별과 행성들은 독특한 지형을 갖고 있으며 인간뿐 아니라 괴상한 피조물들이 거주하는 무대들이다. 이 기묘하고 독창적인 작품은 현대 공상과학 소설의 모태로 평가된다.[10]

1,000년이 넘는 기간 동안 유럽에서 우주 안에 생명이 거주하는 완전히 발달한 다른 세상들이 존재한다는 개념을 신봉하는 것은 위험천만한 일이었다. 중세시대 내내 가톨릭교회는 이 개념을 이단으로 간주했다. 이런 가톨릭교회의 입장에는 명백한 문제가 있었다. 즉 만약 신이 정말 전능자라면 왜 단 하나의 세상만 창조했을까? 토마스 아퀴나스는 창조주가 무수히 많은 세상들을 창조할 권능을 가졌으나 그러지 않기로 선택했다는 말로 이 문제를 해결했고, 1177년 파리 주교의 '인정선언'을 통해 아퀴나스의 해답은 공식적인 가톨릭 교리가 되었다. 쿠사의 니콜라스(또는 니콜라우스 쿠자누스)는 이 교리의 한계를 엄중하게 비판했다. 《학식 있는 무지Of Learned Ignorance》에서 그는 태양과 달과 별들에도 인간과 동물과 식물이 살고 있다는 견해를 피력했다.[11] 한술 더 떠서 그는 태양에는 지적이고 계몽된 피조물들이 살고 있는 반면 달에는 미치광이들이 살고 있다고 주장했다. 그가 자신의 주장이 야기한 파장을 교묘히 피하고 훗날 추기경이 될 수 있었던 것은 오로지 교황과의 친분 때문이었다고 전해진다.

그에 비하면 조르다노 브루노는 운이 좋지 못했다. 이 타락한 도

미니크회 수사는 여러 가지 면에서 가톨릭 정통 교리에 어긋난 행동을 일삼았지만, 우주의 중심에서 지구를 추방해버린 코페르니쿠스 학설을 신봉한 데 대해서는 별도의 심문을 피할 수 없었다. 그는 별이 무수히 많으며 별들마다 행성들과 살아 있는 피조물들이 존재한다고 믿었다.[12] 브루노는 재판을 받기도 전에 7년 간 수감되었다가 결국 이단으로 유죄판결을 받았다.[13] 로마의 캄포 데 피오리 광장에 있는 그의 조각상은 1600년 '고집 세고 끈질긴 이단자'라는 죄목으로 브루노가 화형당한 자리에 세워진 것이다. 이로써 종교는 복수의 세상이라는 개념에 암울한 그림자를 드리웠다.

브루노가 사망한 그 해, 티코 브라헤의 조수였던 29세의 수학자 요하네스 케플러는 코페르니쿠스의 태양계 모델을 확고히 해줄 자료들을 연구하고 있었다. 1609년 행성의 운동에 관한 책을 출판하면서 그는 16년 전에 썼던 학위논문을 다시 꺼냈다. 달에서 본 지구를 상상하면서 코페르니쿠스의 이론을 옹호하기 위해 썼던 논문이다. 케플러는 젊은 시절 쓴 논문을 정성들여 다듬고 거기에 한 편의 꿈 이야기를 세련된 공상과학 소설로 각색하여 끼워넣었다. 바로 라틴어로 꿈이란 의미의 《솜니움Somnium》이다.[14]

케플러는 루키아노스와 플루타르크의 초기 작품에서 영감을 받았지만, 그들과 달리 그리고 신비주의자였던 브루노와도 달리, 이성적인 과학자였던 케플러는 우주여행과 외계의 존재를 현실적으로 직시하길 원했다. 그의 이야기는 가속도와 중력의 변화로 야기되는 문제들에 대한 주석들로 가득했다. 달의 지형과 지질에 대해서도 거의 실제와 가깝게 묘사했다. 다윈과 라이엘을 위한 초석이라도 박으려는 듯, 심지어 달의 피조물들에게 달의 물리적 환경이 미치는 영향을 고심한 흔적도 역력했다.[15]

케플러에게는 꿈으로 도피할 이유들이 수백 가지는 됐다. 허약했고, 안짱다리였고, 온몸은 종기로 뒤덮여 있었으며, 근시가 너무 심해서 하마터면 자신이 그토록 우아하게 밝혀낸 하늘의 현상들도 볼 수 없을 뻔했다. 《솜니움》은 쥘 베른과 H. G. 웰스에게 영감의 원천이었고, 다른 세상들에 대한 합리적이고 발전적인 추측을 가능케 한 결정적인 디딤돌이었다.

코페르니쿠스 혁명은 단일한 하나의 사건이 아니었다. 그것은 한 세기에 걸쳐 '지구가 우주의 중심에 있는 유일한 행성'이라는 안온한 개념이 틀렸다는 사실을 깨달아간 일련의 과정이었다. 지구를 강제로 내쫓아 태양 둘레를 돌게 만든 것도 고통스러운 첫걸음이었지만, 지구가 우주의 다른 많은 세상들 중 하나라는 사실을 인정하는 것 역시 쉽지 않은 일이었다. 코페르니쿠스 학설은 단순한 우주 모델 그 이상이었다. 그것은 지구가 우주의 중심도 아닐 뿐더러 은혜로운 위치에 있지도 않다는 일종의 선언이었다.

코페르니쿠스의 연구에서 한 걸음 더 발전한 개념은 지구의 상황이, 더 나아가 이 행성에 인간이 거주한다는 사실이 전혀 특별하거나 비범할 것도 없다는 가정으로까지 확장된 범속성의 원리다. 물론 현재 우주생물학에서는 이 원리가 주요한 경향이지만 400여 년 전에는 대단히 급진적인 개념이었다.

이 과학혁명은 복수의 세상에 대한 논의의 판도를 뒤집었다. 케플러의 꿈 한 편이 발표되고 몇 달 후, 달을 향해 자신의 망원경을 조준한 갈릴레오 역시 달도 지질구조를 갖고 있는 하나의 세상이며 지구와 유사한 지형을 갖고 있다고 확신했다. 또한 그는 목성이 궤도운동을 하는 위성들을 갖고 있음을 증명했고, 멀리서 반짝이는 별 무리처럼 보이는 은하수를 빛의 점들로 일일이 분해해 보였다.[16] 더 이상 세상world이라는 낱말이 코스모스kosmos라는 단어와 혼동될 일은 없었다. 세상은 태양, 또는 멀리 있을 것으로 추측되는 '별의 주위를 돌고 있는, 생명이 거주할 잠재성이 있는 행성'을 의미했기 때문이다.[17] 달에도 생명이 있으리란 추측은 거의 따분하고 재미없는 상식이 되었다. 하지만 이번에도 신학과 철학은 마냥 뒷짐만 지고 있지 않았다. 그중 하나가 풍요의 원리라는 신학적 개념이었다. 즉 모든 것이 '신'의 권능 안에서 구현되었으므로 거주자가 있는 세상들도 필시 무수하다는 것이다. 철학의 편에서 휘두른 개념은 목적론이었다. 자연에 깃든 목적과 방향은 '창조주'의 존재를 암시하며, 그 창조주가 거주자 없는 세상들을 창조하는 수고를 하지 않은 게 분명하다는 것이다.[18]

꽤 오랫동안 과학적 주장들은 복수의 세상에 대해 막연하게 타당성을 지지하는 선에서 더 나아가지 못했다. 망원경은 별과 행성들의 움직임을 쉽게 추적할 수는 있었지만 물리적 이해를 도모하기에는 역부족이었다. 지구를 감싸고 있는 대기는 천문학자들의 시야를 가로막아 달 이외의 태양계 모든 천체들 표면의 대륙 크기만 한 특징들조차 분간하기 어렵게 했다. 게다가 가장 가까운 별들도 우리로부터 태양계 크기의 수만 배나 더 멀리 떨어져 있었고, 거기에 딸린 행성들은 스스로 빛을 발산하지 않기 때문에 그 행성들이 부모별로부터 받아 반사하는 흐릿한 빛의 수억 배를 집광하지 않는 이상 관찰은 불가능했다. 갈릴레오 이후 3세기 동안 망원경 기술이 발전했음에도 불구하고 단 두 개의 행성과 열두어 개 남짓의 위성들만 발견했을 뿐 태양계 너머의 세상들을 찾는 데서는 아무런 소득이 없었다.

그래서 꿈꾸는 자들이 다시 패권을 쥐었다. 그중 많은 사람들이 과학에 기반을 두고 우주에서 우리의 처지가 특별하지 않다는 코페르니쿠스의 이론을 밀고 나아갔다.[19] 계몽주의 시대 초반에 가장 주목을 받은 작품은 1686년에 출간된 베르나르 드 퐁트넬의 《세계의 다양성에 관한 대화Conversations on the Plurality of Worlds》였다.[20] 그는 지구 밖 세상들에 거주하는 지적 존재들에 대해 썼을 뿐 아니라 그들의 특징이 각자의 환경에 의해 형성되었으리라는 생물학적 주장까지 덧붙였다. 퐁트넬은 모국어로 글을 쓴 갈릴레오를 계승하여 학문의 언어인 라틴어 대신 프랑스어로 글을 썼고, 여성을 주인공으로 등장시켰을 뿐 아니라 아예 노골적으로 여성 독자들을 겨냥할 만큼 진보적이었다.[21] 시간이 훨씬 더 흘러 1862년에 카미유 플라마리옹의 《거주가능한 복수의 세상들에 대하여On the Plurality of Habitable Worlds》가 출간되면서 코페르니쿠스 이론은 최고의 전성기를 맞았다.[22] 이 책은 실로 많은 독자들에게 읽혔다. 20세기 초반에 이를 때까지 지구 밖 세상들에 대한 과학적 추측과 소설적 이야기가 홍수처럼 쏟아졌지만 그런 추측들을 뒷받침할 만한 기술과 연구는 태부족이었다.[23]

최초의 그리스 몽상가들과 아주 최근의 공상과학 소설 작가들 사이의 끈은 한 번도 끊어진 적이 없었다. 언젠가 우리가 실제로 다른 세상들을 방문하게 되리란 걸 알았다면, 천하의 몽상가 아낙사고라스도 숨이 멎을 만큼 놀랐을 것이다.

* * *

1687년에 총 세 권으로 출판된 아이작 뉴턴의 《자연철학의 수학적 원리Mathematical Principles of Natural Philosophy》는 과학 역사에서 기념비적 작품이다. 《프린키피아Principia》라고도 알려져 있는 이 작품은 고전역학과 중력법칙의 토대를 세웠다.[24] 이 책 세 권 중 한 권에는 높은 산꼭대기에서 수평으로 발사된 포탄을 그린 그림이 실려 있다. 바로 이 사고실험이 지난 3세기 동안 우주여행의 꿈을 존속하게 해주었다. 1957년 10월 4일은 인류 역사에서 가장 중요한 순간이었다. 비치볼보다 크지 않고 어른 한 명의 체중보다 무겁지 않은 금속 구체 하나가 바로 이날 지구 궤도로 발사되었다. 온 세상이 숨을 죽였고, 3주 동안 아마추어 무선통신사들은 스푸트니크가 배터리가 다 소진될 때까지 꾸준히 들려준 '삐' 소리에 귀를 기울였다.[25] 그리고 두 해 만에 소련의 탐사선이 달에 충돌했다. 인간의 손으로 만든 물체가 최초로 다른 세상과 접촉한 것이다. 그와 동시에 우주시대의 막이 올랐다. 인간은 아직 달 너머로 가본 적이 없지만, 우리가 보낸 로봇 밀사들은 태양계 구석구석과 그 경계 조금 너머까지 이르렀다.

태양계라는 울타리 너머의 우주에 대해서 우리는 실질적 증거도 없을뿐더러 물질 시료들을 모아 분석할 수도 없다. 자료라고는 전자기 복사뿐이다. 뉴턴은 갈릴레오의 소박한 망원경을 개선하여 반사망원경을 설계했다. 현재 모든 연구용 망원경들은 반사망원경이다. 머나먼 세상들을 이해하기 위해 우주선에 탑재한 직접 탐사 장비들은 바로 이런 망원경들을 통해 조종되는 원격 탐사장치들이다. 지난 세기 동안 잇따라 제작된 더 큰 망원경들은 우리의 시계視界를 확장시켜주면서 코페르니쿠스의 혁명을 계승하고 있다.[26] 이제 우리는 우리가 관측 가능한 우주에 있는 1,000억 개 은하들 중 은하수 은하Milky Way에, 또 이 은하에 속한 4,000억 개의 별들 중에서도 중간 정도 연령의 중간 크기 별을 공전하고 있다는 사실을 알고 있다. 머나먼 세상들에 대한 원격 탐사에서 가장 결정적인 순간은 1995년 10월 6일 미셸 마이어와 디디에 켈로즈가 태양계 경계 너머에서 최초의 행성을 발견했다고 선언했을 때다.[27] 지금 우리는 깊고 깊은 우주로부터 지구들을 '수확하고' 있으며, 그곳에서 발견하게 될지도 모를 생명의 특징들로 꿈의 나침반을 재설정하고 있다.

　이 책은 머나먼 세상들에 대한 우리의 개념들이 어떻게 형성되었는지, 그리고 지난 40여 년 간 우주과학과 천문학으로부터 어떤 정보들을 얻었는지 탐험하는 책이다. 아낙사고라스 시대 이래로 우주에 대한 과학적 이해는 줄곧 문화와 밀접하게 관련되어 있고, 우주탐사선들과 거대한 망원경들이 보여주는 광경들로 대중의 상상력은 끝없이 비상하고 있다. 이제부터 이어질 내용들은 우주에 대한 우리의 지식을 확장시켜준 수많은 장비나 기능들에 대한 단순한 조사가 아니다. 그보다는 오히려 저 머나먼 세상들을 향해 새로운 창들을 활짝 열어준 열한 개의 우주탐사 밀사들의 모험담이다. 대부분은 나사의 작품이지만, 우주과학과 천문학이 점차 국제화됨에 따라 모든 탐사임무들에서 다국적 연구원들의 활약도 컸다.[28] 이 책은 연대순으로 구성되어 있으며, 가까운 곳에서 먼 곳으로 시야를 넓혀간다. 혜성에서 우주론으로, 화성 해적선들에서 다중우주로, 탐사임무들은 우주 환경에 대한 인식의 지평을 넓혀주었고, 우리가 이 작은 행성의 임시 임차인이라는 것이 어떤 의미인지 다시 한 번 생각하게 해주었다.

여행의 첫 번째 목적지는 화성이다. 인간이 달 표면에, 그러니까 우주시대가 열리고 반세기 동안 인간이 방문했던 유일한 곳에, 최초로 발자국을 찍은 날로부터 6년 만에 바이킹 1호가 화성 표면에 착륙했고, 6주 후에 그와 쌍둥이인 바이킹 2호가 그 반대편에 도착했다. 두 바이킹의 탐사결과는 화성이 거주할 수 있는 곳일지도 모른다는 희망을 물거품으로 만들었지만, 붉은 행성 탐사에 또 다른 가능성을 열어주었다. 거의 30년 후, 또다시 한 쌍의 대담한 기계장비들이 푹신한 에어백에 감싸인 채 이리저리 튕기다가 안전하게 화성에 착륙했다. 화성탐사선들이 울퉁불퉁한 붉은 토양 위를 굴러다니며 흥미로운 암석들을 조사하고, 3D 사진들을 전송하고, 오래전에는 화성이 더 따뜻하고 더 촉촉했다는 증거들을 채집할 때마다 대중은 환호했다. 어쩌면 과거에는 화성에도 생명이 존재했던 게 아닐까? 혹시 지금도 지하 대수층에 생명이 존재하는 건 아닐까? 생명에게 적대적이냐 우호적이냐 그 사이를 오락가락하는 대중의 상상 속에서 화성은 지구의 불안정한 도플갱어였다.

그 다음 주자는 1970년대 태양계 경계 너머로 장엄한 여행을 시작한 두 척의 탐사선들이다. 우리가 우주를 대강 스케치하기도 전에 보이저 호들은 거대 가스행성들과 그 위성들의 세밀한 초상화를 그렸다. 고향별로부터 수십억 킬로미터를 항해한 이 용맹한 탐사선들은 여기에 참여한 모든 과학자들과 공학자들의 창의력을 마르고 닳도록 쥐어짜낸 결과물이었다. 이 탐사계획을 처음 구상하고 임무를 완성하기까지 여러 해가 지나는 동안 과학자들과 공학자들 중 상당수가 나이 들어 은퇴했다. 보이저의 배턴은 카시니가 이어받는다. 카시니는 이제 얼마 있으면 토성탐사 20년차가 된다. 카시니는 복잡한 장비들로 가득차 있지만 그 선배들보다 덩치가 작다. 이 세 탐사선은 소행성대asteroid belt 너머 냉랭한 우주 영토에 대한 우리의 지식을 고쳐 쓰게 해주었다. 거대한 행성들은 어쩌면 태양의 차가운 축소판일 수도 있지만, 그 위성들은 전혀 음산하지도 활기 없지도 않다. 어떤 위성들은 활동적인 지질구조를 갖고 있으며, 표층 아래 액체상태의 물을 지닌 위성도 있다. 또 어떤 위성들은 유황이나 작은 얼음 알갱이들을 토해내고 있다. 많은 위성들이 태양계 울타리 안의 좀더 낯익은 세상들처럼 저마다 독특한 개성을 갖고 있다.

　　태양계의 행성들과 위성들은 신들이나 신화 속 인물들의 이름을 얻을 만큼 매우 매력적이다. 하지만 겉으로 보이는 매력은 불타오르는 거대한 기체들의 질량이 구체 한가운데로 집중되는 과정에서 나타나는 여흥일 뿐이다. 이 드라마에서 주인공은 별이고 줄거리는 연금술이다. 다시 말해 행성들과 그 위성들을 이루고 있는 무거운 원소들을 창조하는 과정이 곧 줄거리라는 의미다. 스타더스트의 임무는 혜성의 꼬리, 그것도 하나가 아니라 혜성 두 개의 꼬리를 붙잡아서 우리에게 태양계가 어떻게 형성되었는지 그 실마리를 알려주는 것이었다. 스타더스트가 들려주는 이야기는 사실 우리의 이야기이기도 하다. 왜냐하면 우리의 원자들 대부분은 아주 오래 전에 죽은 별들의 중심에 있던 뜨거운 용광로에서 벼려졌기 때문이다. 이와는 대조적으로 태양 및 태양권 관측위성Solar and Heliospheric Observatory, SOHO, 즉 소호는 태양 자체에 초점을 맞춘 우주선으로, 우리에게 별과 더불어 살아가는 것이 어떤 의미인지 가르쳐주었다. 태양은 변함없이 빛날 것처럼 착각하게 만들면서, 보이지 않는 복사에너지의 형태로 그 존재를 드러내며 활동적인 일생을 살아간다. 다른 머나먼 세상들도 그들을 양육하는 별들이 보이는 예측 불허의 변화들에 대처하면서 살아갈 것이다.

그 다음에 우리는 다시 시선을 거두어 칭송받지는 못했지만 감동적인, 히파르코스 탐사위성이 전송해준 태양의 이웃에게로 관심을 돌린다. 히파르코스는 약 200년 전, 밀키웨이라고 부르는 우리 은하 안에서 지구의 자리를 확인하기 위해 윌리엄 허셜이 만든 작품을 더욱 정교하게 다듬은 일종의 개정판이다. 코페르니쿠스 원리가 옳다는 전제 아래 지구가 별들의 핵융합 산물인 '알갱이들'로부터 형성되었고, 이 알갱이들이 우리가 속한 우주 영역에만 있는 것이 아니라면, 어쩌면 은하 전반에 걸쳐 이와 유사한 세상들이 형성되었을 가능성도 없지 않다.

그 뒤를 이은 두 밀사는 몇 세기 동안 가시광선으로만 우주를 관찰하던 천문학자들의 눈가리개를 벗겨주면서 천문학에 일대 혁명을 일으켰다. 스피처와 찬드라는 나사가 보유한 대형 우주망원경들로, 인간의 눈이 포착할 수 있는 것보다 수백 배 긴 파장에서 수백 배 짧은 파장까지 광범위한 전자기파 스펙트럼을 포착할 수 있다. 이 두 망원경은 숨겨진 우주의 영역들을 응시하고 있다. 스피처 망원경은 가스와 먼지로 메워진 별들 사이의 어둠 속을 응시하면서 이제 막 태어나고 있는 새로운 세상들을 보여준다. 가시광선은 어린 별과 행성들을 태반처럼 덮고 있는 먼지를 통과하지 못하지만, 적외선 영역의 긴 파장들은 거의 통과한다. 외계 행성들을 관찰하는 데 있어 이 긴 파장을 감지하는 능력은 엄청난 이점이다. 왜냐하면 가시광선 파장에서보다 적외선 파장에서 행성과 호스트 항성host star, 즉 부모별과의 대비가 수백 배나 더 뚜렷하게 나타나기 때문이다. 한편 찬드라 망원경은 우리가 가진 최고 성능의 가속기로도 따라잡을 수 없을 만큼 빠르게 입자들을 가속시키고 시공간을 왜곡시키는 중성자별이나 블랙홀과 같은 폭력적인 검은 세상들을 관찰한다. 우주기반 망원경들이 없었다면 우리는 이 모든 현상들을 짐작도 못했을 것이다.

이 책의 마무리를 장식할 두 밀사는 시간과 공간의 가장자리를 탐험하고 있다. 허블 우주망원경은 효용이 다한 이 망원경을 퇴역시키기로 한 나사의 애초 결정에 항의하고 결국 그 결정을 철회하게 만들 정도로 일반 대중의 뇌리에 깊숙이 박혀 있는 유일한 우주 시설이다. 허블 망원경은 우주물리학의 모든 부문에 공헌했지만, 특히 우리의 시각적 한계를 수량화했다는 데 커다란 의의가 있다. 허블 망원경 덕분에 우리는 사방 460억 광년에 이르는 시계를 확보했으며 그 안에는 대략 1,000억 개의 은하들이 존재한다는 사실을 알아냈다. 10억 곱하기 10억 곱하기 10만 개 정도의 별들이 (거의 비슷한 수의) 거주가능한 세상들을 거느리고서, 아낙사고라스와 그의 동료들은 감히 조사할 엄두도 내지 못할 만큼 광막한 관측가능한 우주의 거대한 부동산들을 이루고 있다. 윌킨슨 마이크로파 비등방성 탐사위성Wilkinson Microwave Anisotropy Probe, WMAP은 하늘의 마이크로파 지도를 작성하고 우주의 초기 상태를 밝히는 특별한 임무를 수행한다. 이 위성은 극도로 정밀하고 정교한 자료를 수집해서 빅뱅 모델의 아주 세세한 부분까지 확인하고 있다. 또한 이 위성은 빅뱅 이후로 우리에게 아직 빛이 도달하지 않은 멀고 먼 곳에 다른 세상들이 무수히 존재할 가능성도 입증해 보였다.

가까운 미래를 끝으로 마무리되는 이 여행은 현재 우리 시계의 맨 끝자락까지의 우주라는 영역을 측정하기 위한 노력이기도 하다. 일단 핵심 목표는 화성이 생명의 보금자리인지, 아니 적어도 생명의 보금자리가 될 수 있는지 확인하는 것이다. ('Life 2.0'이 발견되면 고향 행성 너머에 대한 우리의 생물학적 관점도 개편되어야 할 것이다.) 우리의 포부는 근접한 우주 안에서 지구의 클론들을 발견하고, 그러한 세상들의 대기가 물질대사로 인해 변경되었는지 확인하는 데까지 이어져 있다. 우주론의 최전방에서 품고 있는 또 한 가지 희망은 다중우주 개념을 검증하는 것이다. 다중우주론에서 약 10^{23}개에 이르는 별들은 그저 이야기의 양념일 뿐이다. 어쩌면 그곳에는 우리의 우주와 지독히 다르거나 또는 기괴할 만큼 닮은 영토들을 갖고 있는 한 벌의 우주가 존재할는지도 모른다. 이처럼 극단적인 버전의 복수 세상에서는 일어날 수 있는 모든 일들이 일어났을 테고, 우리의 존재로까지 이어진 일련의 사건들 역시 특별하지도 유일하지도 않은 일일 것이다.

*　*　*

이 책의 공저자 두 사람은 이 프로젝트에 각별히 신경을 써준 나사 역사프로그램국History Program Office의 두 명의 스티브—딕과 가버—에게 감사를 전한다. 또한 이 책을 집필하는 동안 재정적 지원을 아끼지 않은 나사 측에도 감사한다. 이 프로젝트가 완결되기까지 길고 지난했던 과정들을 영웅적인 인내심으로 지켜봐준 프린스턴대학 출판부의 잉그리드 그네얼리치와 책으로 완성되기까지 도움을 준 출판부 직원들에게도 감사를 전한다.

크리스 임피는 2010년과 2011년에 원고를 집필할 수 있도록 편안한 장소를 제공해준, 미국 국립과학재단의 지원을 받고 있는 아스펜물리학연구소 측에도 감사를 전하고 싶다. 또한 애리조나대학의 천문학자 동료들은 나의 전문분야 외의 영역에 대한 무수한 질문들에 일일이 대답해주었다. 프린스턴대학 우주물리학부 동료들이 보여준 호의에도 감사한다. 스탠리 켈리 최우수 초빙교수에 임명되어 그곳에 있는 동안 이 원고를 마무리할 수 있었다.

홀리 헨리는 이 프로젝트를 물심양면으로 지원해준 나사 측에 특별한 감사를 전한다. 이 프로젝트 전반에 걸쳐 도움을 준 아츠 앤드 레터스대학의 영어학과, 학술연구 및 지원프로그램 사무국, 샌버나디노 캘리포니아주립대학 프파우 도서관의 행정부 및 모든 직원들과 교수님들에게도 감사의 마음을 전한다. 주제와 자료를 추천해주고 함께 논의해준 수많은 동료와 친구들 그리고 가족들에게도 특별한 감사를 전하고 싶다. 이번 집필에 영향을 미친 광범위한 개념들을 연구하고 탐구하는 과정, 그리고 우리를 둘러싼 우주와 우리의 깊은 관계를 확인하는 일은 실로 크나큰 즐거움이었다.

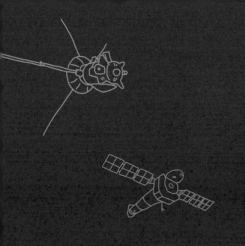
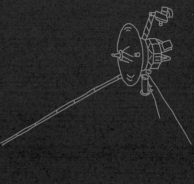

2장

바이킹,
붉은 행성에 착륙하다

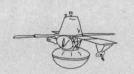

가끔은 꿈이 악몽일 때도 있다. 마르스Mars
는 여러 문화권의 신화들 속에서 언제나 불길한 존재로 등장했다.
고대 문명들은 마르스를 전쟁과 종말을 가져오는 사악한 전령으로
여겼다. 전 세계 어디나 이와 유사한 신화들이 존재한다.[1] 후기 바
빌로니아 문헌들에서 마르스는 파괴와 전쟁의 광포한 신 네르갈과
동일시되었다. 그리스인들에게 마르스는 올림포스의 열두 신들 중
제우스와 헤라의 아들 아레스였다. 전쟁터에서는 공포와 두려움의
상징인 데이모스와 포보스가 그와 동행했고, 그의 여동생이자 친구
인 에리스는 불화의 여신이었다.[2] 아레스는 기량은 탁월했지만 좀
체 호감이 가지 않는 인물이었다. 로마인에게 이르면서 아레스는
전쟁뿐 아니라 농사를 돕는 남성미 넘치고 고귀한 신으로 변모했
다. 우리 달력으로 매년 셋째 달에 그를 기리는데, 그때가 로마 군
사들이 군사작전을 개시할 수 있을 만큼 겨울의 추위가 누그러드는
시기였다. 전설 속에서 마르스는 그의 쌍둥이 자녀인 로물루스와
레무스를 유기했고, 쌍둥이들은 로마를 건설한다.[3]

화성의 신비로움은 어쩌면 역행운동 때문에 더 부각되었는지도 모른다. 화성은 대략 2년마다 80일 가까이 별들 사이에서 반대방향으로 움직이는 것처럼 보인다.[4] 모든 외행성exterior planet•이 이런 행동을 보이지만, 목성이나 토성과 비교하면 화성의 방향 전환은 더욱 극적이다. 불그레하게 빛나는 소박한 점에 지나지 않는 행성이 어떻게 그런 극적인 역행을 할 수 있는지 신기할 따름이었다(plate 1).

테이프를 빨리 감아 거의 2,000년이 지난 최근까지도 화성은 여전히 대중의 상상력을 장악하고 있었다. 때는 할로윈 전날이자 2차 세계대전의 전야였다. 미국의 거의 모든 가정에서 〈머큐리 극장The Mercury Theatre on the Air〉을 듣기 위해 라디오 곁에 둘러앉았다. 〈머큐리 극장〉은 젊은 오손 웰즈가 감독을 맡은 주간 프로그램으로, 오손 웰즈 본인은 물론이고 끼 많은 배우들이 대거 등장하는 라디오극이었다. 청취자들은 뉴욕의 한 호텔에서 연주 중인 살사풍으로 편곡한 오케스트라 음악을 감상하고 있었다. 그때 아나운서의 목소리가 음악을 끊었다. "신사숙녀 여러분, 잠시 음악을 중단하고 인터콘티넨탈 라디오 뉴스에서 전해온 특별 속보를 전해드리겠습니다."[5]

뉴스는 화성의 표면에서 이상한 활동이 감지되었다는 소식이었고, 곧이어 음악이 흘러나왔다. 몇 분 만에 아나운서는 다시 음악을 중단하고 화성에 대한 추가 소식을 전했다. 잠시 후 라디오에서는 뉴저지에 운석이 충돌했다는 다급한 목소리가 들리더니, 얼마 지나

• 지구를 기준으로 할 때 지구의 공전궤도보다 큰 궤도를 도는 행성들을 말한다.

지 않아 이번에는 겁에 잔뜩 질린 목소리로 운석에서 괴이한 생명체들이 빠져나오고 있으며, 알고 보니 그 운석이 우주선이었다는 소식을 전했다. 우주선에서 나온 화성인들이 구경하는 민간인들에게 열선을 발사했으며, 엄청난 화염 속에서 많은 사람들이 죽어가고 있다는 소식을 전하는 아나운서의 목소리는 중간 중간 끊어지고 있었다. 긴박감과 현장감을 연출하기 위해 대본에 몇 초씩 침묵 또는 '방송 중단' 표시를 해놓은 웰즈의 꾀가 먹혀들었다.[6] 뉴저지를 비롯해 그 일대의 사람들은 공황상태에 빠졌고, 많은 사람들이 자동차에 가재도구와 귀중품들을 우겨넣고 피난길에 올랐다.[7]

지금 다시 들어보면 웰즈의 프로그램은 허구적인 냄새가 물씬 풍기는 B급 공상과학 소설에 불과하다. 하지만 그 당시 세상은 전쟁이라면 치를 떨었고, 외계인이 실제로 지구를 방문할 가능성이 매우 희박하다는 사실을 잘 모를 만큼 순진했다. 미국이 우주시대로 발을 들여놓기 불과 20년 전에 일어났던 일이다. 사실 화성인의 침략에 관한 이야기는 비단 특정한 문화나 시대에 국한되지 않는다. H. G. 웰즈의 소설 《우주전쟁The War of the Worlds》은 1898년에 출간되자마자 고전의 반열에 올랐다. 그의 문장들은 시간이 지나도 전혀 퇴색되지 않는 힘을 지니고 있다.

"하지만 우주의 심연을 가로질러, 지능이 뛰어나고 차갑고 무정한 존재들이 지구를 시기어린 눈길로 바라보며 우리를 없애기 위한 계획을 서서히 그러나 철저하게 준비하고 있었다."

한 세기가 훌쩍 지난 2005년에 스티븐 스필버그가 이 소설을 영화로 제작했을 때도 기본적인 줄거리는 그대로였다.[8] 외계인 침략

에 대한 공포는 인간의 영혼 깊은 곳의 꿈만큼이나 원초적인 무언
가로 스며들어 있다.

화성의 바다와 운하

해마다 몇 달 간격으로 달라지는 화성의 밝기는 심지어 맨눈으로
도 뚜렷하게 보인다. 태양을 기준으로 화성은 지구보다 약 50퍼센
트 더 멀리 떨어져 있다. 지구에서 화성까지의 거리는 두 행성이 태
양의 어느 편에 위치하느냐에 따라 달라진다. 정확하게 말하면, 두
행성 모두 타원형의 궤도를 갖기 때문에 궤도상의 위치에 따라 행성
간 거리가 조금씩 달라진다. 지구와 가장 가까울 때는[9] 그 거리가 약
5,500만 킬로미터지만, 가장 멀어질 때는 약 4억 킬로미터나 된다.
거리상의 이 차이가 겉보기밝기에서는 50배, 각도에서는 7배로 나
타난다. 맨눈으로는 오직 밝기 차이만 확인할 수 있으며, 흐릿한 붉
은색 원반 모양을 확인하기 위해서는 망원경이 필요하다. 우리 하
늘에 가장 가까이 나타났을 때에도 화성은 25초각arc second만 슬쩍
가로지르는데, 보름달이 그리는 호의 길이의 70분의 1밖에 안 된다.

망원경이 발명된 이후로 화성에 대한 관점은 오히려 비교적 더
디게 발전했다. 갈릴레오가 화성을 관찰하기 시작한 것은 1610년
9월이었다.[10] 그는 화성이 태양과 이루는 각도가 변한다는 사실을
알아챘고, 화성도 위상의 변화를 갖는다고 추측했다. 네덜란드의
천문학자 크리스티안 하위헌스는 화성의 표면에 나타난 특징들, 특

히 시르티스 메이저Syrtis Major라고 불리는 어두운 '바다'의 윤곽을 그림으로 그렸다. 하위헌스는 화성에 누군가, 어쩌면 지능이 높은 생명체가 살고 있으리라 추측했다. 17세기 중반 조반니 카시니와 하위헌스는 화성의 흐릿한 극지 빙관polar cap들을 발견했고,[11] 18세기 초반 카시니의 조카 자코모 마랄디는 화성의 극지 빙관들의 모습이 변화함을 발견했다. 비록 구름의 효과를 배제할 수는 없지만, 그는 이 빙관들의 변화에 대해 화성의 계절이 바뀌면서 물이 결빙과 해동을 반복하기 때문이라고 추측했다.[12]

윌리엄 허셜은 자신이 제작한 최첨단 망원경으로 1770년부터 무려 8년이 넘는 기간 동안 화성을 관찰하고, 화성의 극지가 얼음으로 덮여 있다는 설명 쪽으로 무게중심을 옮겨놓았다. 또한 화성의 공전궤도에 대한 자전축의 기울기를 측정하여 화성도 지구와 비슷하게 계절을 갖는다는 사실을 밝혀냈다. 허셜은 《우주이론 Cosmotheoros》도 읽었다. 이 책은 네덜란드의 천문학자 하위헌스가 태양계에 다른 생명체가 존재하리라 추측하면서 썼고, 그의 사후에 출간되었다. 런던왕립협회에서 했던 연설에서 허셜은 도전적 어조로 이렇게 주장했다.

"이러한 변화들은 저 행성의 대기를 부유하는 구름과 수증기의 변덕스러운 배열이 아니고서는 달리 설명할 방도가 없다. … 화성의 대기는 풍부하고 온화하며, 그곳의 거주자들은 여러 가지 면에서 우리와 아주 비슷한 상황을 겪고 있으리라 사료된다."[13]

유명한 과학자들이 꽤 오랫동안 화성의 생명체에 대해 기대감을 쌓아왔다는 점을 생각하면, 이런 개념이 현대에도 널리 받아들여지고 있다는 사실이 그리 놀랍지 않다.

19세기를 지나는 동안 성능이 더 좋아진 망원경들은 보다 선명한 화성의 이미지들을 보여주었고 화성의 더 세밀한 특징들까지 속속 밝혀냈다. 1863년 예수회 신부였던 천문학자 안젤로 세키는 화성의 '바다' 색깔이 변한다는 사실을 발견하고, 때에 따라 녹색, 노란색, 파란색, 갈색을 사용해 휘황찬란한 바다를 그렸다. 또한 두 개의 검은 선을 발견하고, 이 선들에 이탈리아어로 수로를 뜻하는 카날리canali라는 이름을 붙여주었다.[14] 영어로 기술적으로 발달한 문명에 의해 건설된 운하canal를 가리킨다는 점에서, 그의 명명은 그야말로 운명적인 선택이었다.

화성의 생명을 향한 열병

———

머나먼 세상들을 바라보는 우리의 시력은 갈릴레오가 가느다란 수제 망원경으로 밤하늘을 조준한 이래로 눈부시게 발전했다. 관측천문학은 맨눈 관찰에서 대형 CCDCharge-Coupled Device, 즉 전하결합소자를 이용한 관측으로 도약했다. 이런 장비들은 입사된 빛을 전자로 바꾼 다음 다시 전기의 흐름으로 전환하여 영상을 기록하는데, 천문학자들은 대개 몇 분에서 길게는 한 시간 가량 집광한 후 장치에 기록된 내용을 해석하고 영상을 분석한다. 천문학자들이 이용하는 CCD는 디지털 카메라와 휴대폰 카메라 등에 장착되는 매우 흔한 탐지장치들의 대형 버전이다. 하지만 사진촬영기법이 무르

익기 전에 천문학의 유일한 탐지장치는 맨눈이었고, 영상을 기록하는 방법도 종이 위에 스케치하는 게 전부였다.

전문가든 아마추어든 천문학자들은 대기의 대류운동으로 인해 수시로 요동치는 이미지들을 '보는' 데 이력이 난 사람들이다. 별들을 반짝이게 만드는 것도 대기의 대류운동이다. 망원경으로 바라보면 별은 깜빡거리며 춤추는 듯 보인다. 그런데 간혹 '일시정지'의 순간도 있는데, 이때는 별의 이미지가 좀더 맑고 선명하게 보인다.[15] 갈릴레오 시대부터 관찰자들은 줄곧 이 최적의 순간을 놓치지 않고 재빨리 기록하는 법을 터득했다. 이런 순간에도 대기가 엉겨들기 때문에 빛이 아주 온전한 것은 아니지만, 다른 상황에서는 보이지 않던 특징들이 드러나거나 비록 한순간일지언정 매우 선명한 이미지가 포착되기도 한다.

1877년 화성이 지구에 가장 가까이 접근할 무렵 조반니 스키아파렐리는 화성을 관찰하기 위해 만반의 준비를 하고 있었다. 유능한 관찰자였던 그는 행성을 신속하게 스케치하기 위해 제도사로서의 실력을 발휘할 각오를 하고, 기나긴 겨울밤 그 한순간의 맹렬한 집중을 위해 체력도 충분히 길러놓았다. 이렇게 화성의 상세한 지도를 작성한 조반니는 드러난 지형들에 '바다'라는 이름을 붙여주었다. 이런 이름을 붙인 까닭은 실제로 물을 함유하고 있다고 여겨서가 아니라 갈릴레오 시대 이후부터 달의 지형들에 이름을 붙이던 관행 때문이었다.

조반니는 화성 표면에서 수백 킬로미터에 걸쳐 일직선으로 뻗은 지형들도 목격했다. 인공적인 구조물인 것 같다는 생각을 떨칠 수 없었지만, 이런 자신의 생각을 차마 그림에 표현할 수는 없었던 모양이다(그림 2.1).[16] 그러는 동안 세간에서는 화성의 대기에 수증기가 있느냐 없느냐를 놓고 일대 설전이 벌어지기도 했다. 일부 관찰자들은 수증기가 있다고 주장했지만, 지구 대기의 수증기가 빛속에 남긴 강력한 흔적에서 머나먼 행성을 감싸고 있는 수증기의 흔적을 분간해내는 것은 실로 어려운 일이었다. 결국 이런 관찰들은 오류로 판명났다.[17] 어쨌든 이탈리아인이었던 스키아파렐리는 '카날리'라는 용어를 다시 호출했고, 영어권 언론매체들이 이를 글자 그대로 번역하면서 잘못된 관념이 깊숙이 뿌리내리게 되었다.

화성을 향한 열병은 걷잡을 수 없이 번지기 시작했다. 1869년 수에즈 운하가 열리자, 세상은 오히려 화성 표면의 운하들이 암시하

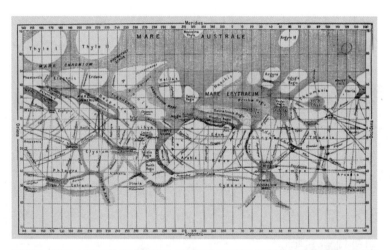

그림 2.1 조반니 스키아파렐리의 화성 지도. 1877년부터 1886년까지 제작한 지도로, 일직선으로 뻗은 여러 개의 지형들이 그려져 있다. 스키아파렐리는 이 지형들에 인공적이라든가 지적 생명체의 흔적이라는 해석을 달지 않았다. 하지만 퍼시벌 로웰은 이 지형들이 극지에서 적도 쪽으로 수로를 내기 위한, 쇠락해가는 화성문명의 흔적이라고 굳게 믿었다(《화성》, 카미유 플라마리옹(1892), 파리: 고티에-빌라르Gauthier-Villars).

는 공학적 위업을 극찬하기 시작했다. 모든 관찰자들이 일직선으로 뻗은 무늬들을 확인할 수 있었던 것은 아니었는데, 많은 관찰자들이 스키아파렐리의 기량에 경의를 표하면서 무늬들을 발견하지 못한 자신의 무능을 한탄했다. 아마추어 천문가이자 작가인 윌리엄 쉬한은 이런 사고방식이 미치는 영향력에 주목했다. 즉 기대와 예측이 감각적 경험을 제한할 수 있다는 사실을 간파한 것이다. "스키아파렐리는 관찰자들에게 행성을 바라보는 방식을 가르쳤고, 결국 그 가르침은 행성을 다른 시각에서 바라보지 못하게 만들었다. 기대가 환상을 낳은 것이다."[18]

이제 무대는 애리조나 북부로 옮겨간다. 1894년 퍼시벌 로웰은 화성이 특별히 더 가까워지기 전에 망원경을 완성하기 위해 일꾼들을 혹독하게 다그쳤다. 보스턴의 명문가 출신인 로웰은 상류층의 삶을 버리고 오로지 개인적 집념을 불사르기 위해 공기층이 얇은 애리조나 북부의 사막을 찾았다. 크리스마스 시즌을 앞두고 로웰은 카미유 플라마리옹에게서 《화성The Planet Mars》이라는 책 한 권을 선물로 받았다. 카미유 플라마리옹은 프랑스의 천문학자로 과학의 대중화에 앞장섰으며, 많은 사람들이 그를 칼 세이건의 선학先學으로 여긴다. 플라마리옹은 화성의 운하들이 지적 생명체의 존재를 상징한다는 해석을 인정했고 자신의 책에도 이렇게 기술했다.

"화성의 실제 상태로 보건대 그곳에 인간 종이 거주할 수 있고, 그들의 지적 능력과 행동방식이 우리보다 월등할 수 있다는 사실을 부인하는 것은 바람직하지 않다. 또한 우리는 그들이 행성 전체를 순환하는 시스템을 구상하고 원래의 강들을 정비하여 체계적으로 운하들을 건설했으리란 사실도 부정할 수 없다."[19]

천문학에 관심이 남달랐던 로웰은 선명한 화성의 이미지를 관찰할 수 있는 최적의 장소가 도시의 불빛들과 멀리 떨어진 높고 건조한 사막의 하늘이라는 사실을 정확히 간파했다. 마침 '기회를 놓치지 마라'라는 가훈도 실천할 겸 로웰은 느긋하게 아시아를 둘러보려는 여행계획을 접고 그랜드 캐니언 남쪽의 험준한 지역으로 모험을 강행했다.

15년 동안 로웰은 꾸준히 화성을 연구했고, 자신이 관찰한 얼키설키 얽힌 표면의 흔적들을 여러 장의 그림으로 그렸다. 로웰에게 운하들은 명백히 실재하는 인공적인 구조물이 분명했다. 관찰과 보조를 맞추어, 로웰은 운하망을 건설하여 극지에서 불모의 적도지방으로 물을 운반할 만큼 인간보다 지능이 뛰어난 사라진 종족에 관한 이야기도 지어냈다.[20] 전문 천문학자들은 그의 관찰과 해석들에 회의적이었고 그 배경 이야기를 대체로 무시했지만, 책과 대규모 강연으로 대중의 인기를 얻은 로웰은 천문학자들의 의심과 무시를 가뿐하게 우회했다. 로웰은 1896년 화성과 관련한 최초의 저서를 출판했는데, 책의 제목도 간단명료하게 《화성Mars》이었다. 화성에 대한 로웰의 관점에서 주요한 특징들을 구체화하여 H. G. 웰스가 2년 후에 발표한 《우주전쟁》은 선풍적인 인기를 끌며 대중의 호기심에 불을 붙였다. 《우주전쟁》은 찰스 디킨스 소설의 전통을 따라서 처음에는 잡지 연재물로 출판되었다. 책으로 출간된 후에는 단 한 번도 절판된 적이 없으며, 지금까지 다섯 편의 영화와 TV 시리즈로 제작되었고 무수한 아류작들을 낳았다. 그런 점에서 화성에 대한 과학적 시각은 문화적 시각과 긴밀하게 얽혀 있는 셈이다.

1906년 출간된 로웰의 책《화성과 운하들Mars and Its Canals》은 강력한 반론에 맞닥뜨렸는데, 그 장본인은 다름 아닌 자연선택이론의 공동 발견자인 앨프리드 러셀 월리스다. 그는 화성이 액체상태의 물을 보유하기에는 너무 춥다고 주장했다. 월리스는 화성의 극지 빙관은 물 얼음이 아니라 이산화탄소 얼음으로 이루어져 있다고 생각했고, 화성은 생명체가 거주하지 않는 행성일 뿐 아니라 거주할 수도 없는 행성이라고 결론 내렸다. 하지만 문화적 영역에서 월리스의 비판은 그다지 힘을 얻지 못했다. 10년 후 에드거 라이스 버로스는《화성의 공주A Princess of Mars》에서 진기한 동물들과 난폭한 전사들, 그리고 인간의 형상을 한 공주들이 살고 있는 붉은 행성 버전으로 화성의 이미지를 설정했다. 그 후 30년 동안 버로스가 쓴 화성에 대한 10편의 이야기들은 아서 C. 클라크와 레이 브래드버리에게 영감을 주면서 화성을 소재로 한 공상과학 소설 시대의 포문을 열었다.[21]

화성을 향한 열병은 개선된 천문학적 관측기술이라는 약에도 끈질기게 저항했다.[22] 로웰은 생을 마감할 때까지도 자신의 소신을 단호하게 관철했다. 1916년에 그는 이렇게 말했다.

"21년 전, 그 행성에 지적 생명체가 존재한다는 이론을 발표한 이래로 새로이 밝혀진 모든 사실들이 그 이론에 부합하는 것으로 확인되었다. 그 이론이 설명하지 못하는 것은 단 하나도 발견되지 않았다. 이것이야말로 하나의 이론이 세울 수 있는 신기록이다. 물론 새로운 아이디어의 도전을 받기도 했지만, 그 도전을 극복함으로써 오히려 시대를 앞서는 셈이 되었다. 해를 거듭할수록 스스로 증거를 목격한 사람은 늘어났고, 결국 새로운 사실들은 옛 사실들을 지지해줄 뿐이었다."[23]

1938년 즈음 망원 원격 탐지기술은 화성이 건조하고 황량한 불모의 사막이라는 사실을 반박의 여지없이 증명했지만, 교묘한 속임수로 대중을 낚은 오손 웰즈의 눈동자에 번득이는 기지까지 막진 못했다.

그러나 이 열병은 1965년 매리너 4호와 함께 급속히 식었다. 소련이 '최초'라는 수식어를 갈아치우며 우주로 보낸 일련의 우주 상품들에 자극받은 신생 정부기관 나사는 야심찬 계획들을 잇달아 세웠다. 아폴로 프로그램을 위한 하드웨어 개발은 1960년대 중반 즈음에서야 본격적인 궤도에 올랐으나, 나사 역시 행성탐사에서 '최초'라는 수식어를 얻고자 하는 욕심을 버릴 수 없었다.[24] 매리너 시리즈는 태양계 내부를 조사하기 위해 설계되었다. 우주탐사는 결단코 심약자들을 위한 놀이가 아니었다. 1960년대에 나사가 쏘아올린 탐사선들 중 거의 절반이 실패했다. 매리너 1호와 2호는 금성이 목표였다. 매리너 1호는 궤도를 이탈해 발사되자마자 파괴되었지만, 매리너 2호는 금성의 상공을 날면서 유용한 자료들을 전송했다. 금성은 두껍고 불투명한 구름으로 둘러싸여 있기 때문에 카메라를 싣지는 않았다. 매리너 3호와 4호는 화성을 향해 발사되었다. 매리너 3호는 발사된 지 8시간 만에 알 수 없는 이유로 동력을 상실했다. 이런 상황에서 세간의 이목은 매리너 4호에 집중될 수밖에 없었다.[25] 발사된 지 7개월, 2억 2,000만 킬로미터를 항해한 매리너

4호는 한 차례 중간 궤도 수정에 돌입한 후 화성 표면으로부터 1만 킬로미터 상공까지 하강했다.

매리너 4호는 21장의 흑백사진을 지구로 전송했는데, 우주탐사선이 달 너머의 세상을 찍은 최초의 사진들이었다. 사진은 작고 거칠었다. 평범한 휴대폰 카메라보다 해상도도 8배나 낮았고 화소수도 60배나 적었지만, 크레이터들이 숭숭 뚫린 척박한 화성의 표면을 우리에게 보여주었다. 그 밖의 장비들이 보여준 화성은 대기도 희박하고, 한낮 최고 기온도 섭씨 영하 100도에 머물렀으며, 위험한 우주선宇宙線, cosmic ray들로부터 행성을 보호해줄 자기장도 없었다.[26] 대중의 의식 속에 생명이 있는 세상으로 깊이 각인되었던 화성이 실은 달과 닮은 생명 없는 행성이었던 것이다.

화성에 착륙한 바이킹

1976년 7월 20일 작은 우주선 한 대가 구름 한 점 없는 화성의 살굿빛 하늘에 모습을 드러냈다. 그리고 크리세 평원, 일명 황금 평원 서쪽을 향해 하강을 시작했다. 옅은 화성의 대기를 교란시키며 통과하는 동안 우주선의 열차폐가 붉게 달아올랐다.[27] 약 6.5킬로미터 상공에서 낙하산이 펼쳐지면서 열차폐가 투하되었고, 집게발을 닮은 착륙용 다리 세 개가 펴졌다. 1.6킬로미터 상공에서 역추진 로켓이 점화되자 1분이 채 지나기 전에 바이킹 1호 착륙선의 하강속도는 시속 10킬로미터로 줄어들었다. 동체가 조금 흔들리는 것 같더니 이내 표면에 착륙했다.[28] 인류의 기술적 역량을 유감없이 발휘한 기념비적인 순간인 동시에 인류가 또 하나의 행성에 밀사를 연착륙시킨 최초의 순간이었다.

쌍둥이 바이킹들은 그때까지 설계된 탐사선들 중 가장 복잡한 행성탐사선이었다. 이 두 탐사선에 들어간 총 비용은 약 10억 달러, 인플레이션을 감안한 현재 시세로는 약 40억 달러에 이른다. 매리너 4호에 들어간 총 비용 8,000만 달러와 비교하면 그 규모가 어땠는지 짐작이 간다. 탐사선 설계자들은 도전과제들을 충분히 숙지하고 있었다. 앞서서 소련이 화성 연착륙에 네 차례나 실패한 바가 있었기 때문이다.[29]

각각의 바이킹 호는 행성의 형상을 본뜬 궤도선회우주선orbiter과 화성 표면에서 세부적인 실험들을 수행할 착륙선lander으로 구성되어 있었다.[30] 하드웨어 대부분은 문제없이 작동됐지만, 각 팀의 기술자들과 과학자들을 긴장하게 만든 순간들도 적지 않았다. 바이킹 탐사선들은 10개월 간 1억 킬로미터를 비행한 후 2주 간격으로 화성에 도착했다. 첫 번째 착륙은 1976년 7월 4일 미국 독립 200주년 기념일로 예정되어 있었고, 수년 간의 논의를 거쳐 착륙지점도 정해놓은 터였다. 그러나 두 대의 궤도선회우주선들이 이전에 찍은 그 어떤 영상들보다 10배나 선명한 영상들로 화성의 지도를 작성하기 시작하자, 우주선 설계자들은 충격에 휩싸였다. 왜냐하면 바이킹 1호의 착륙지점이 애초 예상한 것과 달리 완만한 평지도 아닐뿐더러 강바닥처럼 보이는 암석투성이 지대였기 때문이다. 결국 이 착륙지점은 포기할 수밖에 없었다. 바이킹의 과학분석 및 탐사계획

총책임자였던 젠트리 리는 새로운 영상들로 인한 당시의 충격과 혼란을 지금도 생생하게 기억한다.

"거의 3주 동안 바이킹 비행팀은 상상을 불허할 정도로 맹렬히 일했지요. 기술자들을 포함해 팀의 핵심 요원들은 물론이고 짐 마틴과 탐 영 그리고 행성과학 분야의 최고 두뇌들 모두가 바이킹 프로젝트 전 기간 동안 하루 14시간 이상씩 일에 매달렸습니다. 착륙 책임팀은 결과들을 종합하고 모든 논리적 선택지들을 검토하기 위해 거의 날마다 회의를 열었고, 칼 세이건, 마이크 카, 할 마수르스키를 포함하여 바이킹 호에 합류했던 뛰어난 과학자들은 각자 내놓은 착륙 후보지의 안전성을 놓고 설전에 설전을 거듭했습니다. 시한이 다 되어서야 가까스로 합일점에 도달할 수 있었죠."[31]

새로운 착륙지점으로 선택된 곳은 크리세 평원이었다. 일단 궤도선회우주선에서 분리되고 나면 착륙선은 차후에 어떤 명령이 접수되더라도 방향을 바꿀 수 없다. 주사위는 이미 던져진 셈이었다. 그날 밤 거의 모든 팀원들이 한숨도 잠을 잘 수 없었다. 언론과 대중의 관심은 절정에 달했다. 바이킹 1호와 2호가 돌투성이 화성의 붉고 거친 토양을 최초로 근거리에서 일별할 순간이 코앞으로 다가왔다.

"이른 시간임에도 불구하고 〔나사의〕 제트추진연구소Jet Propulsion Laboratory, JPL의 폰 카르만 회관은 발 디딜 틈이 없었습니다. 전 세계에서 몰려온 400명의 기자들에다 관제실 광경을 폐쇄회로 텔레비전으로 시청하기 위해 초대받은 내빈들도 1,800여 명이나 됐습니다. 영상 해설을 맡은 우주선 설계자 앨버트 힙스도 그 자리에 있었죠."[32]

그야말로 심장을 쥐어짜는 듯 고통스러운 19분(착륙선이 안전하다는 원격신호가 지구로 전송되는 데 걸리는 시간)을 모두가 숨죽이며 기다렸다. 첫 번째 사진은 착륙선의 다리를 찍은 사진이었는데, 화성의 토양에 착륙선의 다리가 어느 정도 깊이로 박혔는지까지 생생하게 보여주었다. 화성에서의 둘째 날 바이킹 1호는 화성의 지형을 한눈에 보여주는 최초의 컬러사진을 지구로 전송했다. 사진을 본 과학자들과 일반 시청자들은 화성의 토양도 미국 남서부 사막들에서 익히 보아왔던 불그스레하고 철분이 많은 토양이라는 사실을 인정했다(plate 2).[33] 실제로 언론을 통해 배포된 최초의 사진들 중에는 푸른 하늘 아래 펼쳐진 화성의 전경을 보여주는 사진도 있었다. 물론 제트추진연구소 과학자들은 그 사진을 보고도 화성의 하늘이 연어의 살색과 같다는 걸 금세 눈치챘지만 말이다. 파올로 울리비와 데이비드 할랜드는 이에 대해 이렇게 설명했다.

"처음에 영상처리 연구소에서는 화성의 엷은 대기가 검푸른 색 하늘을 연출할 것으로 예상하고 빨간색과 녹색, 파란색 프레임들을 조합했어요. 하지만 나중에 영상들을 재측정해보니 화성의 하늘은 분홍빛이 감도는 오렌지색이었습니다."[34]

착륙선들은 화성의 황량한 전경 사진들로 전 지구를 감전시켰고, 도저히 눈을 뗄 수 없는 발견 소식들을 연이어 들려주었다. 지금까지 여느 연구소들에서 수행된 어떤 과학도 들려준 적 없는 매혹적이고 짜릿한 이야기였다. 당시 느꼈던 감정을 나사의 젠트리는 이렇게 묘사한다.

"바이킹팀조차 화성의 대기에 대해 잘 알지 못했습니다. 우리는 화성의 지형이나 암석들에 대해 사실 거의 아는 바가 없었지요. 그러면서도 무모하게 그 표면에 연착륙을 시도했던 겁니다. 우리는 두려우면서도 들떠 있었어요. 정말 안전하게 착륙시켰다는 사실을 눈으로 확인했을 때 우리 모두는 그야말로 환희와 자부심에 가슴이 터질 것 같았습니다."[35]

바이킹이 보여준 화성

바이킹 1호는 1975년 8월 20일 케이프 커내버럴 기지에서 발사되었다. 그 쌍둥이 동생인 2호는 1975년 9월 9일에 발사되었고, 1호가 최초로 화성 착륙에 성공하고 몇 주 후인 1976년 8월 7일 화성 궤도에 도착했다. 두 번째 착륙선 바이킹 2호는 자체적으로 경미한 사고를 겪었지만, 1976년 9월 3일 유토피아 평원에서 수천 킬로미터 가량 떨어진 지점에 착륙하는 데 성공했다. 바위 때문인지 아니면 표면에서 반사된 빛 때문인지, 하향 레이더가 오작동을 일으켰던 것으로 추측된다. 그 바람에 반동추진 엔진의 점화시간이 너무 길어졌고 토양이 갈라지면서 흙먼지를 일으켰다. 착륙 다리 하나가 바위 위에 내려지면서 사고는 마무리되었지만, 착륙 각도가 8도 정도 기울어졌다. 그것만 빼면, 착륙선 기체는 전혀 손상을 입지 않았다. 착륙선의 하드웨어는 본래 90일 동안 기능하도록 설계되었지만, 내구성이 훨씬 더 뛰어나다는 사실이 입증되었다.[36] 바이킹 1호의 궤도선회우주선은 거의 2년 간, 바이킹 2호의 궤도선회우주선은 4년이 조금 넘는 기간 동안 작동했다. 화성 표면에 내린 바이킹 2호 착륙선은 배터리 고장으로 작동을 멈출 때까지 3년 하고도 6개월 간 임무를 수행했다. 불굴의 바이킹 1호는 6년 이상 듬직하게 버티다가 소프트웨어를 업데이트하는 과정에서 인간의 사소한 실수로 안테나가 접히면서 지구와 교신이 끊겼다.[37]

세상의 관심은 착륙선들과 이들이 수행하는 생명탐지실험들 그리고 '우리도 그곳에 있는' 듯 느끼게 해주는 영상들에 집중되었지만, 궤도선회우주선들도 오늘날 화성에 대한 관점을 선명하게 다듬어주었다는 점에서 착륙선들 못지않게 중요했다. 궤도선회우주선은 화성으로 착륙선을 운반했고 착륙지점을 물색했으며 착륙선이 수집한 자료를 지구로 전달했다. 각각의 궤도선회우주선들은 광학 및 적외선 이미지 장치들을 탑재하고 있었으며, 화성 전체 표면의 97퍼센트에 해당하는 영역의 지도를 작성하고, 4만 6,000장에 이르는 영상들을 지구로 전송했다. 이 우주선들은 화성 어느 곳이든 150미터에서 300미터 크기의 지형들을 관찰할 수 있었을 뿐 아니라 선별된 구역 안에서는 작은 집 한 채 크기만 한 특징까지도 잡아낼 수 있었다.[38]

매리너가 크레이터가 많은 오래된 지형들만 구별할 수 있었던 반면, 바이킹들은 다양한 지형과 지질학적 특징들까지 포착했다. 화성에는 거대한 화산과 주름진 용암평원, 깊은 협곡과 바람에 풍화된 지형도 존재한다. 화성은 낮은 평원들이 있는 북쪽 지역과 크레이터들로 움푹 팬 곳이 많은 남쪽의 고지대로 나뉜다. 비록 갓 홀러나온 듯한 용암은 없지만, 화성에는 화산활동으로 융기된 거대한 지형들도 있다. 먼지폭풍, 기압의 변화, 극지방들 사이를 오가는 기체의 순환과 같은 기후현상도 존재한다. 나사의 토머스 머치는 바이킹 궤도선회우주선들이 보내온 영상들을 보고 이렇게 말했다.

"그 영상들은 화성이 대단히 다채로운 행성이라는 사실을 보여준다. ... 비록 바이킹이 화성의 수수께끼 같은 암호를 푸는 데 엄청난 공헌을 한 것은 분명하지만, 그럼에도 우리는 아직 그 행성의 역동적이고 파란만장한 과거를 안다고 단언할 수 없다."[39]

가장 흥분되는 점은 바이킹들이 간접적이긴 하지만 결코 부정할 수 없는 물의 흔적을 보내왔다는 사실이다. 현재 물이 존재하는 것은 아니지만, (화성의 대기는 너무 차고 희박해서 물 한 컵을 지표면에 올려놓으면 몇 초 만에 증발해버릴 것이다) 궤도선회우주선들이 보내온 화성 전역의 영상들에는 과거에 엄청난 양의 액체상태의 물이 흐르면서 만들어졌다고밖에 볼 수 없는 암반층들이 찍혀 있다.* 거대한 하곡河谷들도 보이고, 사방으로 거미줄처럼 뻗은 지류들이 강물로 합쳐지고 고대의 얕은 바다로 흘러들어갔던 것처럼 보이는 지역도 있다. 지구에서라면 물 침식의 흔적으로 여길 만한 홈들이 화산의 경사면을 따라 나 있다. 크레이터들은 하나같이 충돌체가 진흙에 박혀서 생긴 듯한 모양새다. 그밖에도 마치 지하의 화산활동으로 빙하가 녹으면서 붕괴된 것 같은 종잡을 수 없는 지형도

• 2015년 9월 나사는 화성에 염류가 다량 녹아 있는 액체상태의 물이 흐른다는 증거를 발견했다고 발표했다. 물에 염류가 다량 녹아 있을 경우 어는점 이하의 낮은 온도에서도 액체로 존재할 수 있다.

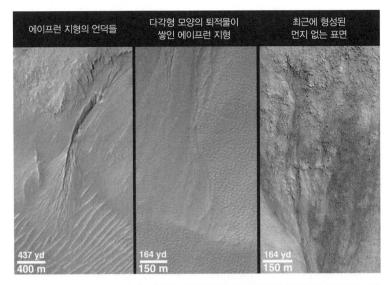

에이프런 지형의 언덕들 / 다각형 모양의 퇴적물이 쌓인 에이프런 지형 / 최근에 형성된 먼지 없는 표면

437 yd
400 m

164 yd
150 m

164 yd
150 m

그림 2.2 매리너 9호가 아주 먼 과거에 화성이 축축했다는 최초의 흔적을 발견한 뒤 40년 동안 오직 물의 작용으로만 형성될 수 있는 지질학적 증거는 더욱더 확고해졌다. 마스 글로벌 서베이어 탐사선이 보내온 이 영상들이 보여주는 지형은 표층 아래로 흐르는 물이 증발해 대기로 흩어지기 전에 간헐적 침식을 일으키며 지형을 변화시킨 흔적으로 보인다(나사/제트추진연구소).

있다. 그게 사실이라면 이때 녹은 빙하는 물이 되어 흘렀을 것이다. 지형적 특징들로 짐작건대 이런 물의 흐름들은 지구의 거대한 강물들과도 맞먹는 규모였을 것이다(그림 2.2).[40]

화성에 생명이 있을까

화성이 대중의 상상력을 사로잡은 까닭은 화성에 생명이 존재하느냐, 아니 존재했던 적이라도 있느냐 하는 의문 때문이다. 바이킹 착륙선들은 아예 처음부터 화성의 표토에서, 또는 지질학적 과거에서 생명의 흔적을 찾기 위해 설계된 탐사선들이다.[41] 생명탐지임무를 총괄한 부서에서 내린 간략한 결론은 그 전문을 들어보는 것이 좋겠다. 표현이 어찌나 애매모호한지, 사실 내용보다 그 표현이 더 인상적이다.

"화성에 생명이 존재하는지 즉시 검증하기 위해 세 차례의 실험이 실시되었다. 실험결과 놀랍게도 표면에서 산화작용이 거의 확실한 화학적 활성이 나타났다. 모든 실험에서 같은 결과가 도출되었지만, 그 결과들은 광의의 해석이 가능하다. 화성에 생명이 존재하는지와 관련해서는 이렇다 할 결론에 이르지 못했다."[42]

바이킹 착륙선들은 과학장비들로 빽빽했다. 탑재된 장비 무게만 90킬로그램이었다. 동력은 연속출력 30와트를 간신히 유지하는 플루토늄-238 동위원소 열발전기로 공급받았다. 1970년대 후반의 기술력으로 제작된 터라 바이킹의 데이터 처리능력은 보잘것없었다. 각각의 착륙선들이 한 번에 저장할 수 있는 데이터 용량은 오늘날 가장 평범한 메모리 스틱의 용량보다 수천 배나 적은 8메가바이트에 불과했다. 그밖에 360도 파노라마 영상을 찍을 수 있는 카메라가 장착되어 있었고, 지진 관측장비와 자기장 검출장비도 탑재되어 있었다. 굉음을 내며 기온과 기압, 풍속과 풍향을 측정하는 기상학 장비도 갖추고 있었다. 누가 뭐래도 착륙선에 탑재된 가장 중요한 장비는 토양 시료를 채취하여 각 착륙선에 있는 온도조절 밀폐 용기에 보관하도록 프로그래밍된 로봇 팔들이다(그림 2.3).

생물학적 실험장비는 총 네 개의 기계장치로 구성되어 있었다. 가스 크로마토그래프와 질량분석계는 채취한 토양 시료를 가열하

그림 2.3 나사가 제럴드 쇼팬 기념기지라고 이름 붙인, 바이킹 2호가 착륙한 지점의 모자이크 영상이다. 로봇 팔이 뻗어져 나와 화성의 표토를 채취한 뒤, 다시 오므라들면서 채취한 시료를 착륙선에 탑재된 생물학 실험장비들 중 하나에 담는 과정을 연속으로 촬영한 사진이다(나사/바이킹 착륙선 영상 기록보관소).

여 증발하는 수증기를 ppb(ppm의 1,000분의 1, 즉 10억분의 1) 단위로 농축하고 각 성분들의 분자량을 측정한다. 이 장비에서는 유의미한 농도의 유기분자 또는 탄소기반 분자가 발견되지 않았다. 화성의 토양은 아폴로 탐사선이 조사한 활기 없는 달의 토양보다 탄소 함량이 훨씬 더 적었다. 이 자체만으로도 생명이 승소할 수 없는 '분명한 증거'처럼 보였다. 기체교환장비는 채취한 토양 시료를 밀폐된 공간에 넣고 영양분과 수분을 차례로 공급한 다음, 산소나 메탄 같은 기체의 농도 변화를 관찰했다. 이 실험은 살아 있는 유기체가 있다면 이 기체들 중 하나를 처리할 것이라는 가설에서 출발했다. 결과는 부정적이었다. 또한 열분해 방출 실험은 밀폐된 공간에서 방사성 탄소를 이용해 '대기'가 형성되는지 확인하기 위한 실험이었다. 광합성 유기체가 존재한다면 지구의 식물들처럼 탄소를 이용하리라는 기대에서 실시된 실험이었다. 인공적인 태양빛(이때는 크세논 아크 램프를 이용했다) 아래에서 며칠 동안 배양시킨 후 시료를 고온처리하여 생물량biomass으로 전환된 방사성 탄소의 양을 측정했다. 물론, 이 결과도 부정적이었다.[43]

유일하게 남은 와일드카드는 표지된 분자 방출 실험뿐이었다. 토양 시료를 영양성분이 희석된 유기용액에 첨가했는데, 각 영양성분은 방사성 탄소로 '표지'되어 있었다. 이번에도 방사성 탄소가 추적자로 이용된 것이다. 실험결과 시료 위 공기에서 방사성 탄소가 검출되었고, 실험팀은 놀라움을 금치 못했다. 이는 미생물이 한 가지 이상의 영양성분을 대사했음을 암시하기 때문이다. 게다가 두 바이킹 착륙선에서 동일한 결과가 도출되었다. 하지만 1주일 후에 같은 실험을 다시 했을 때는 방사성 탄소가 검출되지 않았다. 결국 그 데이터로는 결론을 내릴 수 없다고 발표했다.[44]

전반적으로 모든 실험결과가 화성이 생명의 행성일지도 모른다고 일말의 기대를 품었던 이들에게 실망을 안겨주었다. 지구상의 생명들은 탄소 골격을 가진 복잡한 분자들(탄수화물, 단백질, 핵산, 지질과 같은 유기적 성분들)에 기반을 두고 있다. 유기적이라는 말이 생물학적이라는 의미는 아니지만, 어쨌든 지구상의 모든 생명은 탄소를 기반으로 하며, 따라서 유기적 성분으로 이루어져 있다. 바이킹 실험들은 화성의 표토에서 사실상 유기적 성분을 전혀 검출하지 못했다. 혜성이나 소행성, 운석 등과 같은 태양계의 작은 식구들에도 유기적 성분이 꽤 흔하다는 점을 감안하면, 오히려 바이킹 실험들의 결과가 놀라울 따름이다.

유기적 물질이 존재하지도 않는 상황에서 지구상의 미생물이 하는 것처럼 대기로부터 탄소를 결합하는 일종의 대사활동 여부를 탐지하려고 한 생물학적 실험들은 애초부터 실패할 운명이었는지도 모른다. 더군다나 착륙선이 채취할 수 있는 시료는 표면에서 수센티미터 이내의 표토에 불과했는데, 이 정도 깊이의 표토는 우주로부터 쏟아지는 자외선을 비롯한 각종 선cosmic ray들의 맹공에 버티지 못한다. (화성에는 오존 보호막이 없기 때문이다.) 화성의 표면에서는 산화철의 '녹슨' 붉은 빛깔이 보여주듯 강한 산화작용이 일어나고 있다.[45] 따라서 실험들에서 나타난 활성은 생물학적 설명의 대상이 아니라 토양에 함유된 분자들의 산화작용을 포함해 화학적 반응의 결과라고 해석하는 것이 가장 무난하겠다.

바이킹이 생명을 놓친 것은 아닐까

길 레빈은 결코 흔들리지 않았다. 바이킹의 표지된 분자 방출 실험의 수석 연구원이었던 그는 현재 아흔을 바라보고 있지만, 여전히 화성연구 분야에서 왕성하게 활동하고 있다. 레빈은 나사에 합류하기 전에 환경미화원으로 사회생활을 시작한 매우 독특한 이력의 소유자다. 120여 편의 과학논문을 저술한 것 외에도 인공감미료에서 치료약에 이르기까지 다양한 분야에 걸쳐 50여 개의 특허도 갖고 있다.[46] 레빈은 화성의 두 지역에서 실시한 아홉 차례의 실험들 가운데 일곱 번의 실험에서 생물학적 활성이 탐지되었다고 주장한다. 철저한 화학적 반응만으로는 화성에서 진행한 표지된 분자 방출 실험의 결과를 완벽하게 재현할 수 없다는 사실이 밝혀졌는데, 탐사임무 결과에 대한 간략한 총평에서 신중하고도 애매모호한 표현을 쓸 수밖에 없었던 까닭도 그 때문이다.

레빈은 소수파였지만, 바이킹의 결과가 재탐색할 가치를 방증한다는 신념에 있어서만큼은 결코 혼자가 아니었다. 라파엘 나바로-곤잘레스와 그의 팀은 아타카마 사막과 남극의 드라이 밸리 같이 세계에서 가장 높고 건조한 지역들을 찾아가 35년보다도 더 전에 바이킹이 실시했던 실험들을 그대로 재현했다.[47] 칠레 북부에서 그들은 바이킹의 실험장비들로는 탐지할 수 없었을 만큼 매우 소량의 유기물질을 함유한 메마른 토양을 발견했다. 물론 그 토양에는 박테리아가 존재했다. 다시 말하면, 바이킹의 실험장비들은 화성과 가장 유사한 지구상 토양에서도 생명은커녕 유기적 물질도 탐지할 수 없을 만큼 민감도가 떨어졌다.[48] 이 연구팀은 화성의 유기물질이 바이킹 실험실의 오븐이 도달할 수 있는 최고 온도인 섭씨 500도에서조차 기화하지 않을 만큼 극도로 안정적일 수 있다고 추측했다. 그들은 또 한편으로 토양 속의 철분이 유기물질을 산화시킨다면 질량분석계로도 검출되지 않을 수 있다는 점에 주목했다. 그 실험들에서 이산화탄소가 검출된 까닭도 이 때문일 것이다.

화성은 화학적으로나 물리적으로 매우 이질적인 환경이며, 따라서 그곳에서 생물학이 어떻게 작동하는지 알고자 한다면 고정관념에서 벗어나는 게 이치에 맞다. 우리가 알고 있는 생명만을 찾으려 한다면 생화학적 기반이 상이한 생명들은 영원히 놓친 채 앞으로도 우리의 탐지망에는 아무것도 걸리지 않을 것이다. 더크 슐츠-

마쿠흐와 조프 호우트쿠퍼는 화성이 어쩌면 물과 과산화수소를 물질대사의 근간으로 삼는 미생물들의 서식처일지도 모른다고 추측했다.[49] 그들은 가정에서 소독약으로 쓰이는 유독성 과산화수소가 생물의 기반으로는 부적합해 보이지만, 화성의 전형적인 극한의 환경에서라면 그런 유독성 물질조차 생명에 친화적일 수 있다는 점을 주시했다.

과산화수소는 친수성이고 물과 혼합하면 어는점이 섭씨 영하 57도까지 내려가는데, 심지어 더 낮은 온도에서도 세포를 파괴하는 얼음 결정을 형성하지 않는다. 지구상의 많은 미생물들이 과산화수소에 내성이 있으며, 특히 아세토박터 퍼옥시단스는 과산화수소를 대사의 기반물질로 이용한다. 폭탄먼지벌레는 과산화수소를 방어용 분무액으로 이용하고, 일부 포유류들의 경우에는 과산화수소가 세포 안에서 유익한 기능을 수행하기도 한다. 2007년 슐츠-마쿠흐가 주장했듯 "우리가 완전히 헛짚었을 수도 있다. 어쩌면 그곳에는 우리가 가정한 생명체가 전혀 존재하지 않을지도 모른다. 하지만 바이킹의 결과들을 설명하고자 한다면, 그나마 그것이 가장 일관성 있는 설명일 것이다. ... 만약 그 가설이 맞다면, 어쩌면 우리가 외계 생물과의 첫 번째 접촉에서 화성의 미생물들을 익사시켰다고 봐야 할 것이다. 무지로 인해서."[50]

또 한 가지 추측은 2008년 피닉스 탐사선이 화성의 극지에서 과염소산염을 발견하면서 급부상했다.[51] 피닉스는 수분-화학분석을 통해 화성의 토양이 알칼리성을 띠며, 지구상에 존재하는 유형의 염분은 거의 함유되어 있지 않음을 밝혀냈다. 하지만 동결방지 역할을 할 만큼 충분한 과염소산염을 함유하고 있기 때문에 비록 길지 않은 시간이지만 화성의 토양도 여름 중 얼마간은 수분을 간직하고 있을 것으로 밝혀졌다. 과염소산염은 강력한 산화작용을 하기 때문에 생명에게는 치명적인 성분으로 널리 알려져 있지만, 미생물 중에는 이를 대사하는 종들도 있다.[52]

2010년 피닉스의 발견을 참작하여 바이킹의 실험결과를 재해석할 때는 그간 외로웠던 길 레빈에게도 지원군이 있었다.[53] 아타카마 사막의 토양에 과염소산염을 첨가하고 바이킹의 시료분석법을 그대로 따라 한 결과, 염소화합물이 생성되었다. 1970년대 바이킹 실험들에서 염소화합물이 생성되었을 때는 지구에서 묻어간 세척액에 오염되었을 것으로 치부해버렸다. 하지만 화성의 중위도 지역 토양에 과염소산염이 존재한다면 당시의 결과들도 충분히 설명이 된다. 과염소산염은 가열하면 매우 강력한 산화제가 되기 때문에 어떤 유기체라도 파괴되었을 것이다. 그래서 바이킹이 아무것도 탐지하지 못했는지도 모른다. 이처럼 바이킹의 유산이 답을 알 수 없는 뜻밖의 의혹들을 꾸준히 내놓는다는 사실이 놀랍기만 하다.

바이킹의 생물학적 실험들을 재해석하는 과정에서 끊임없이 눈길을 끄는 주제는 오히려 지구상에 존재하는 생명의 범주가 실로 경이롭다는 사실이다. 식물과 동물에게라면 치명적일 수 있는 조건에서 내성을 갖는 미생물들, 심지어 그런 환경에서 더욱 번성하는 미생물들이 지구에 존재하기 때문이다. 물리적으로 극단적인 환경에서 발견되는 생명체를 통칭하여 극한성 생물extremophile이라고 한다. 생물의 서식가능 범위는 우리가 1970년대에 생각했던 것보다 훨씬 더 넓다. 물의 어는점보다 온도가 낮은 환경은 물론이거니와 화성처럼 유독한 알칼리성 환경에서도 너끈히 살아가는 미생물들이 있다. 화성과 복사에너지 수준이 비슷한 지구의 상부 성층권에서도 생존하는 미생물들이 있다는 점으로 보건대, 심지어 강력한 자외선 복사도 생명에게는 걸림돌이 되지 못하는 것이 확실하다.[54] 과학에서 '증명'은 최고의 모범답안이지만, 대개 엄청난 양의 증거를 필요로 하는 높디높은 빗장이기도 하다. 바이킹은 화성에서 생명을 발견하지 못했지만, 그 역가설, 즉 그곳에 생물학이 존재하지 않음을 증명할 능력도 없었다. 화성을 죽은 행성이라고 단언하는 것은 아직은 시기상조다. 놀랍게도 이 황량한 행성은 지구의 생명에 대한 패러다임에 신선한 영감을 주고 있다.

화성이 보여준 지구의 생명

바이킹이 남긴 실질적인 유산은 과학자들로 하여금 정교하게 조율되어 지구의 활기찬 생물권을 지탱하고 있는 생물지구화학적 순환을 더 깊이 인식하게 해주었다는 점이다. 전혀 예상하지 못했지만 바이킹이 수행했던 임무들 덕분에 20세기 말에 이르러 '지구의 생물권biosphere은 이 행성의 지구화학과 생물상生物相, biota의 상호작용으로 탄생한 자급자족 시스템'이라는 새로운 관점이 형성될 수 있었다. 브라이언 스키너와 바버라 머크의 주장에 따르면 미래의 역사가들은 지구의 지질, 물, 대기의 순환과 생물상 사이에서 일어나는 복잡한 상호작용을 발견한 것을 20세기 과학자들의 가장 중대한 공헌으로 꼽을 것이다.[55] 우리 행성에 대한 사고방식이 이처럼 급격하게 달라지기 시작한 것은 1960년대였다. 그 변화의 기치를 올린 사람은 가이아 가설을 주장한 영국의 과학자 제임스 러브록이다. 그의 가설은 훗날 가이아 이론Gaia Theory으로 발전했고 지구시스템과학이라는 학문 분야로 자리잡았다.

1960년대 초반 러브록은 여러 행성과학자들과 함께 나사의 제트추진연구소에서 화성에 미생물 형태의 생명이 존재하는지 여부를 알아내기 위한 실험들을 개발하고 있었다. 화성에서 생명을 찾기 위한 나사의 로봇탐사 임무 첫 명칭은 1977년에 발사된 행성탐사선 보이저와 같은 이름인 보이저였다. 그러나 막판에 이 계획은 취소되었고, 바이킹 프로젝트로 대체되었다. 1965년 러브록은 화성 착륙선들이 수행할 생명탐지실험의 개발을 돕는 동안 문득 지구의 대기가 지구의 생물상이 생산하는 일종의 부산물이며, 따라서 대기를 자연의 확장으로 봐야 한다는 사실을 깨닫는다. 러브록은 이 깨달음을 가이아 가설로 구체화시켜 바로 그해에 권위 있는 과학 저널 《네이처》에 논문으로 발표했다.[56]

60세인 1979년에 출판한 첫 저서 《가이아: 지구 생명을 보는 새로운 관점Gaia: A New Look at Life on Earth》에서 러브록은 화성의 토양에서 유기체를 탐지하는 방법들을 고심하다가 우리 행성으로 관심을 돌려 '지구의 대기를 위에서 아래로, 즉 우주에서 지상을 내려다본다면' 어떨지 상상의 나래를 펼치기 시작했다. 책을 여는 서문에서 러브록은 이렇게 적고 있다.

"내가 이 글을 쓰는 동안 두 척의 바이킹 탐사선은 우리의 이웃 행성 화성의 궤도를 선회하면서 지구로부터의 착륙 지시를 기다리고 있다. 이 탐사선들의 임무는 생명을 찾는 것이다. 아니, 엄밀히 말하면 현재 또는 오래 전에 있었을지 모를 생명의 흔적을 찾는 것이다. 이 책 역시 생명을 찾는 이야기다."[57]

그러나 러브록이 생각하는 유기체는 화성이 아닌 지구상의 생명이다. 러브록은 화성이 미생물들의 서식처냐 아니냐라는 질문의 답은 그곳 대기성분에 숨어 있다고 생각했다. 한 행성이 생명을 지탱하고 있다면 그곳의 대기는 부분적으로나마 그 생물상의 영향을 받는다고 단정하고 그는 이렇게 적었다.

"유동성 매체, 즉 대양이나 대기는 혹은 그 둘 모두는 그것을 자원과 배설물을 운반하는 컨베이어 벨트로 이용하는 생물상으로부터 영향을 받을 수밖에 없다. … 따라서 생명을 품고 있는 행성의 대기는 죽은 행성과 확연히 다를 것이다."[58]

러브록은 화성의 대기에 산소와 메탄 같은 반응성이 큰 기체들이 섞여 있다면, 지구에서와 같이 그것을 생명의 생물학적 서명으로 간주해야 한다고 생각했다. 그런데 때마침 1965년 프랑스 피크 뒤 미디 천문대의 연구원들이 금성과 화성의 대기에 다량의 이산화탄소가 함유되어 있다는 사실을 발표했다.[59] 이산화탄소는 산소나 메탄과 달리 반응성이 낮은 안정적인 기체로, 화성의 대기에서 생명활동의 흔적을 찾아내기에는 부정적이었다. 당시 나사의 동료 다이앤 히치콕과 공동으로 화성 대기의 적외부를 분석하면서 출판을 준비하던 러브록에게 피크 뒤 미디의 발표는 자신의 가설을 뒷받침

해줄 확실한 증거처럼 보였다.[60] 또한 러브록은 지구 대기에 함유된 반응성 큰 기체들은 지구의 생물상에 의해 끊임없이 보충되지 않으면 사라져버릴 것이란 사실도 알고 있었다. 러브록은 우리의 대기에서 메탄은 "빙핵 분석에서도 입증되었듯 지난 100만 년 간 산소와 마찬가지로 그 농도가 거의 일정했다"고 기록하고, "이런 항상성恒常性이 우연히 발생했을 리는 만무하며" 생명으로부터 지속적인 영향을 받은 것이 분명하다고 강조했다.[61]

러브록이 생물권을 이해하기 위한 접근법(즉 가이아 가설)의 윤곽을 잡았다면, 가이아 가설을 이론으로 공식화한 사람은 그의 동료 미생물학자 린 마굴리스다. 그 당시 마굴리스는 공생발생이론을 전개하고 있었는데, 간략히 설명하면 세포의 구조, 더 나아가 유기체는 그 전구 세포나 전구 유기체와의 공생관계에서 진화한다는 이론이다. 그녀는 초기 세포 진화에 대한 연구로도 명성을 얻었으며, 진핵세포의 미토콘드리아와 엽록체가 박테리아로부터 유래했음을 최초로 규명했다. 마굴리스는 또한 박테리아를 비롯한 미소 유기체들이 주변환경에 어떤 방식으로 영향을 미칠 수 있는지에 대해서도 관심을 갖고 있었다.

공교롭게도 러브록은 제트추진연구소에서 행성과학자인 칼 세이건과 연구실을 함께 쓰고 있었다(그림 2.4). 러브록의 전기 작가 존과 매리 그리빈에 따르면 "괴이쩍을 만큼 산소가 풍부한 지구의 대기에 대해 점점 더 깊은 관심을 갖게 된 마굴리스는 자신의 전 남편인 칼 세이건에게 이 문제를 함께 논의할 사람을 소개해달라고 부탁했다. 세이건은 적임자를 알고 있었고, 전 부인에게 러브록을 소개

그림 2.4 캘리포니아 데스 밸리에서 바이킹 착륙선 모형 앞에 선 칼 세이건. 세이건은 착륙선에 카메라를 설치해야 한다는 논의를 주도하면서 탐사계획의 중추적인 역할을 담당했다. 그는 행성 대기의 조성과 거주가능성 사이의 밀접한 관련성에 연구의 초점을 맞추었다(나사/제트추진연구소).

시켜주었다."[62]

세이건의 주선으로 만난 러브록과 마굴리스는 반응성이 매우 큰 기체인 산소가 지구의 대기 중에서 어떻게 수십억 년 동안 일정한 농도로 유지될 수 있었는지 파고들기 시작했다.

러브록과 마굴리스는 '지구의 거주가능성은 단순히 태양에 대한 지구의 위치에서 유발된 기능이기도 하지만, 한편으로는 대기의 기체들과 암석의 무기물들을 대사하고 순환시키는 생물상의 헌신에서 비롯된 결과이기도 하다'는 개념을 이론으로 정립하기 위해 힘을 모았다. 마굴리스는 "생물상의 대사와 성장 그리고 다각적인 상호작용은 지표의 온도와 산도 및 알칼리도를 조절하며, 대기 중 화학적으로 반응성이 큰 기체들의 조성을 바꾼다"고 설명했다.[63] 러브록이 지구의 생물권을 사용하고 유지하는 모든 생물의 영향력을 고려하고 있었다면, 마굴리스는 대기의 화학적 조성을 바꾸고 암석을 풍화시키고 식물성 플랑크톤을 매개로 해저에 탄소를 퇴적시키는 '미생물'의 영향력을 강조하면서 1970년대 초반 가이아 이론에 크게 기여했다. 러브록은 마굴리스의 공로를 이렇게 적고 있다.

"지구가 자율적으로 조절되는 행성이라는 물리화학자들의 견해가 지배적이던 당시 시스템과학 이론에 린은 미생물학에 대한 깊이 있는 지식을 접목했다. 린은 미생물 생태계의 중요성과 미생물 생태계가 지구라는 행성을 떠받치는 기반시설이라는 사실을 강조함으로써 가이아 이론의 뼈대에 살을 입혔다."[64]

하지만 1970년대 초반, 러브록과 마굴리스가 가이아와 관련된 개념을 제시했을 때만 해도 지구과학은 거의 고립된 분야였다. 러브록은 설명한다. "예를 들어 그들에게 있어 산소는 오로지 수증기가 분해될 때만 생성되는 것이며, 이때 수소는 대기권 밖으로 탈출하고 산소만 남는 것으로 생각했다. ... 그들 생각에 생명은 단순히 대기로부터 기체들을 빌려오고 원래의 모습 그대로 대기로 되돌려준다. 그러나 기존의 이러한 이론과 상반된 우리의 견해에서는 그 자체가 역동적으로 확장된 생물권인 대기가 필수 요소다."[65]

가이아 가설이 처음에는 논쟁을 유발하고, 그 뒤로 서서히 받아들여진 것도 그리 놀랄 일이 아니다. 1974년 즈음 러브록과 마굴리스는 가이아 가설에 대한 과학 논문들을 발표했다. 또 한편으로 스튜어트 브랜드가 창간한 《계간 공진화CoEvolution Quarterly》를 통해 〈대기, 가이아의 순환 시스템The Atmosphere, Gaia's Circulatory System〉이라

는 제목으로 비전문가들을 위한 에세이도 발표했다.[66] 수많은 비전
문가들의 지지와 시대의 새로운 흐름이라는 함의에도 불구하고 학
계는 그들의 주장을 인정하지 않았다. 생물권은 물론이거니와 그
것과 연동된 부분들의 지독한 복잡성도 또 하나의 걸림돌이었다.[67]
(과학자들은 생물권의 작용을 보여줄 강력한 예측 모델들을 만드느
라 애를 먹고 있었다.) 하지만 가이아 가설에 대한 과학계의 냉담한
태도와는 대조적으로 나사는 행성의 대기에 관한 러브록의 견해에
지대한 관심을 보였다.

　가이아 이론은 한마디로 박테리아를 비롯한 유기체들이 산소와
메탄 같은 대기의 성분을 소비하고 보충하며, 암석의 풍화가 탄소,
산소, 황을 포함한 여러 화학적 성분들을 순환시킴으로써 지구 생
물권의 온도와 거주가능성을 유지한다는 개념이다. 즉 암석권과 수
권뿐 아니라 대기권 역시 이 행성의 생물상과 연계된 시스템으로
이해해야 하며, 이러한 지상의 권역들이 서로 상호작용하여 물과
무기물, 화학적 성분들과 대기의 기체들을 순환시킨다는 것이다.
그러나 이 이론은 오랜 시간에 걸쳐 서서히 발전했고, 다종다양한
이론들로 세분되었다. 그중 가장 반박의 여지없이 확고부동한 전제
로 굳어진 이론은 '살아 있는 유기체들이 지구의 대기와 표면의 지
질학적 특징들을 바꾸어놓고 있다'는 이론이다. 여기서 파생된 또
하나의 이론이 '생물권과 지구가 음의 되먹임 순환고리에 기반을
둔 자율적 규제를 통해서 공진화한다'는 이론이다. 이 이론의 가장
극단적인 버전은 생명의 존속이 곧 공진화의 목적이라는 목적론적
관점에서 생물권 전체를 하나의 유기체로 바라보는 이론인데, 사실

그다지 신뢰를 얻지 못했다. 러브록 역시 한결같이 이런 견해들을 인정하지 않는다는 입장을 고수했다.

지구의 생명활동과 지표상의 여러 권역들이 밀접하게 연결되어 있다고 맨 처음 생각한 사람은 러브록도, 마굴리스도 아니었다. 더 일찍 이 개념을 발의한 사람은 18세기 스코틀랜드의 지질학자이자 현대 지질학의 아버지라 일컬어지는 제임스 허턴과 러시아의 광물학자 블라디미르 버나드스키다. 허턴은 암석의 순환이 행성 전체에 미치는 영향을 최초로 이론화했으며, 지구를 초개체superorganism라고 불렀다. 한편 버나드스키는 이미 20세기 초반에 지질학적 과정들이 생물권을 지탱하는 데 큰 역할을 한다는 이론을 정립했다.[68]

러브록과 마굴리스는 이 이론들을 통합하여 미생물이 지구의 대기와 기후를 친생명적으로 유지할 뿐 아니라 행성 전체의 환경을 바꿀 수도 있다고 가정했다. 이런 가정과 앞서 언급한 이유들로 인해 가이아 가설은 많은 사람들에게 터무니없는 주장으로 받아들여졌지만, 2009년 《사라져가는 가이아의 얼굴The Vanishing Face of Gaia》에서 러브록이 주장하듯 "추측의 형식은 제각기 달랐지만, 생명이 단순하게 물질적 환경에 적응해왔다는 잘못된 추측들이 너무 빈번하게 제기되어왔다. 그러나 실제로 생명은 훨씬 더 진취적이다. 적대적인 환경에 맞닥뜨렸을 때는 거기에 적응하지만, 안전하게 정착하는 것만으로 만족스럽지 않을 때는 환경을 변화시킬 수도 있다."[69]

오스트레일리아의 샤크 만에서 발견되는 스트로마톨라이트*가

---

* 주로 시아노박테리아에 주변 물질과 유기물이 붙잡혀 층층히 쌓여서 만들어진 화석을 말한다.

그 좋은 본보기다. 24억 년 전 즈음 시아노박테리아의 조상들은 산소성 광합성 능력을 발달시켰고, 주로 질소와 이산화탄소로 이루어져 있던 초기 지구의 대기를 오늘날 우리가 마시는 질소와 산소가 풍부한 대기로 개편하기 시작했다. 그러나 산소대사 생물의 출현과 지구 대기성분 사이의 상관관계는 그리 단순하지 않다. 측정 가능한 수준으로 산소 농도가 높아진 시기는 최초로 산소성 광합성의 증거가 나타난 시점에서도 3억 년 내지 10억 년이 지난 후였는데, 이는 다른 지질학적 과정과 수문학적hydrologic 과정들이 동시에 일어나면서 대기 중의 산소를 소비했음을 암시한다.[70] 미생물과 지구화학적 과정들이 결합하여 우리의 대기를 지탱하고 변화시킨 복잡한 방식들은 여전히 가이아 이론과 지구시스템과학의 핵심 과제로 남아 있다.

오히려 지구를 돌아보다

"어릴 때부터 다른 세상들에 대해 배운다면"이라고 운을 뗀 칼 세이건은 다음과 같이 말을 맺었다. "이 행성 환경의 나약함을, 그리고 지금과는 완전히 다른 모습의 행성이 될 가능성을 생각해보게 될 것이다."[71]

이 말에서 세이건은 금성에 대한 제임스 핸슨의 연구와 마리오 몰리나와 셔우드 롤런드의 연구를 염두에 두고 있다. 핸슨의 연구는 온실가스가 금성의 대기에 갇히게 된 이유를 추측하고, 지구의 기후에도 유사한 영향을 미치는지를 예측한 초기 기후 모델로 이어졌다. 몰리나와 롤런드는 금성의 대기에 함유된 염소와 불소 분자들을 연구했고, 이들의 연구는 지구 오존층을 위협하는 프레온가스에 대한 이해로 이어졌다. 금성에 대한 이러한 연구들 덕택에 지구의 역동적인 생물권이 생명을 지탱하는 능력을 상실할 수도 있다는 사실이 밝혀졌다.

러브록은 우리의 탄소발자국이 지구를 파괴할 것이라는 극단적인 경고보다는, 지구 대기의 온난화가 우리가 알고 있는 문명의 종말을 의미할 수도 있다는 선에서 자신의 우려를 표명해왔다. '지속 가능한 은신처'를 만들기 위한 계획을 세우자고 제안하면서 러브록은 "진짜 문제는 … 우리가 어디서 식량과 물을 얻고, 어떻게 에너지를 생산할 것이냐"[72]라고 일갈했다. 이때 그의 나이 89세였다. 러브록으로서는 새로울 것도 없는 주장이었다. 스티븐 딕과 제임스 스트릭의 말마따나 가이아 이론을 구상할 때부터 "러브록은 살아 있는 유기체가 가장 강력하게 영향을 미치는 기체들, 특히 이산화탄소, 메탄, 산소, 수증기가 바로 행성의 기후를 결정하는 가장 역동적인 기체들이라는 사실을 알고 있었다."[73] 1988년에는 러브록 본인도 이렇게 기록했다. "나는 단지 온난화라는 주문이 초래할 결과를 짐작해볼 따름이다." 이어서 러브록은 질문을 던진다. "보스턴과 런던, 베네치아와 네덜란드가 바다 아래로 사라질 것인가? 사하라 사막이 적도 전반으로 확장될 것인가?"[74]

그는 실없는 농담으로 사람들을 웃기는 익살꾼이 아니다.

과학자인 폴 마예스키와 과학저술가 프랭크 화이트는《빙하 연대기The Ice Chronicles》에서 1990년 그린란드 중앙의 대륙빙하에서 진행된 '그린란드 대륙빙하 프로젝트 2'의 결과물을 주제로 토론을 펼친다. 이때 채취한 빙핵은 지구 대기의 화학적 조성뿐 아니라 그린란드 빙하의 유실속도가 기록된 10만 년의 일지와도 같다. 이 책 서문에서 린 마굴리스는 "그린란드 중앙의 대륙빙하에서 플라이스토세의 기록을 입수한 과학계의 이야기는 한 편의 소설처럼 읽힌다"고 평했다.[75] 하지만 이 책은 자연에 대항한 인간의 모험담이라기보다 기나긴 시간의 규모에서 대기의 성분 변화를 기록한 엄숙한 평가서다. 그린란드 빙하 깊은 곳에 갇힌 작은 공기방울들은 수천 년 전에 묻힌 일종의 타임캡슐이다. 과학자들은 이 작은 방울들 속의 공기를 분석하여 몇 시대 전 과거의 대기성분을 밝혀낸다. 마예스키와 화이트는 단호하고 분명한 목소리로 주장한다. 산업과 농업 그리고 대량운송으로 증가한 메탄과 이산화탄소는 우리 행성의 대기를 급격하게 데우고 있다고. 이어서 두 사람은 이렇게 적고 있다.

"이산화탄소가 그렇듯 메탄도 전례 없는 속도로 증가하고 있다. 이산화탄소뿐 아니라 메탄의 증가 역시 기온 상승과 강력한 상관관계가 있다. … 결과적으로 지금 우리는 기후 시스템에 심각한 영향을 미치고 있는 것이다."

마예스키와 화이트는 빙핵에 기록된 데이터는 지구적 규모에서 생태계가 "빠르고 쉽게 교란될 수 있음"을 가리키고 있다고 주장한다.[76]

기후학자들은 지구온난화로 인해 전 세계의 대륙빙하가 붕괴될 수도 있으며, 그렇게 되면 해수면도 사상 초유의 높이로 상승할 것이라고 우려한다. 2011년 영국의 빙하학자 알룬 허버드는 맨해튼 면적의 두 배에 이르는 판빙이 그린란드로부터 떨어져 나오기 일보직전이라고 보고했다. 바로 전 해에는 맨해튼 면적의 네 배, 그러니까 290제곱킬로미터에 이르는 빙하가 그린란드에서 떨어져 나와 덩어리째 바다 위를 표류했다.

"이 빙하 섬이 갖고 있는 담수의 양은 델라웨어 강과 허드슨 강을 2년 이상 흐르게 할 정도입니다."

델라웨어대학의 안드레아스 무엔초프의 말이다. 그리고 그는 이 말도 덧붙였다.

"미국 전역의 수도꼭지를 120일 동안 틀어놓을 수 있는 양입니다."[77]

해양학자와 빙하학자와 기후학자들이 융해한 빙하의 위력을 여전히 실감하지 못하고 있음을 겨냥한 말이긴 하지만, 어쨌거나 무엔초프는 이런 현상을 대단히 우려하고 있다. 물론 무엔초프는 혼자가 아니다. 다음의 내용은 지구의 기후변화에 관한 '2001 암스테르담 선언'의 일부다.

지구적 변화는 단순한 인과관계의 프레임으로는 이해할 수 없다. 인간이 야기한 변화들은 지구 시스템 전반에 복잡하게, 그리고 다각적으로 영향을 미치고 있다. 이러한 영향들은 서로는 물론이고 국지적이고 지역적인 규모의 변화들과도 상호작용한다. 이런 다차원적 상호작용의 패턴들은 이해하기도 어려울 뿐 아니라 예측하기도 힘들다. … 중대한 환경적 패턴만 보더라도 지구 시스템은 최소한 지난 50만 년 동안 갖고 있던 자연적인 가

변성의 범위를 훌쩍 벗어났다. 오늘날 지구 시스템에서 동시에 일어나고 있는 변화들의 규모와 속도는 예측 가능한 범위를 벗어났다. 현재 지구는 전례 없는 상태로 작동되고 있다.[78]

1960년대 말에 가이아 이론이 출현하고, 이어 1970년대 초반에 시작된 우주시대의 전성기, 더 정확히 말하면 우주여행과 인공위성 관측이 현실화된 시기와 때를 맞춰서 지구에 대한 일관적이고 구체적인 관점이 형성되기 시작한 것은 결코 우연이 아니다(그림 2.5). 나사가 1972년에 발사한 랜드샛 1호는 오로지 지구를, 그중에서도 지구의 육지를 관측하기 위한 최초의 인공위성이다.[79] 러브록의 책 《가이아: 지구 생명을 보는 새로운 관점》의 초판본 표지가 사진역사가들 사이에서 역사상 가장 많이 복제된 사진으로 손꼽히는 아폴로 17호의 '지구 전신' 사진으로 디자인된 것도 전혀 놀랄 일이 아니다. 러브록이 주장했듯 "가이아 이론이 행성에 대한 하나의 관점을 강요하고는 있지만" 그 관점은 우주탐험에 진정한 기여를 할 때만이 진가를 인정받을 것이다. 러브록은 "살아 있는 유기체와 공기, 바다와 암석이 가이아로서 함께 존재하는 행성을 이해하기 위해서는 우주에서 지구를 바라보는 관점, 다시 말해 우주비행사의 눈을 통한 직접적인 관점과 시각적 매체들을 통한 간접적 관점이 모두 필요하다"[80]고 설명한다.

1983년 나사는 국제적으로 지구 연구들을 수행하는 협동 과학 프로그램과 위성 관측 프로그램들을 위한 권고안을 발표하기 위해 지구시스템과학위원회를 설립했다. 나사의 행성 연구와 최근의 지

그림 2.5 아폴로 8호의 우주비행사들이 달의 궤도에서 바라본 '지구돋이'. 무중력 상태에서는 위와 아래 그리고 지평선을 따지는 것이 무의미하다. 또 다른 세상의 지평선 너머로 고향 행성이 떠오르는 장엄하고 신기한 광경을 바라본 사람은 딱 12명의 우주비행사뿐이다(나사/아폴로 8호).

구관측 임무들은 우리의 생물권을 지탱하는 복잡하고 긴밀하게 연결된 지구 시스템에 대해 지금까지 과학자들이 갖고 있던 지식에 깊이를 더해주었다. 특히 몇몇 임무들은 산업화가 미치는 영향을 이해하고, 가능하면 그 영향을 완화시키는 데 초점을 맞춘 것이다.

나사의 고스Geostationary Operational Environmental Satellites, GOES 위성들은 지구의 기후 시스템에 관한 자료들을 실시간으로 제공한다. 아쿠아 위성은 지구상 모든 물의 온도와 식생의 밀도뿐 아니라 고체, 액체, 기체 상태로 순환하는 지구의 물순환 체계 전반을 관측하고, 이산화탄소로 껍질을 만들고 수명이 다하면 해저에 탄소를 쌓아놓는 식물성 플랑크톤의 양까지도 측정한다. 나사와 아르헨티나가 공동으로 쏘아올린 아쿠아리우스 위성은 지구 대양의 염도를 측정하며, 나사의 오러Aura 위성은 지구 오존층의 변화를 감시한다. 독일 항공우주연구소와 나사가 공동제작한 그레이스 위성은 북아프리카에서 캘리포니아의 샌 호아킨 밸리의 광활한 농업지대까지, 전 세계 담수의 수위가 현저하게 낮아졌다는 사실을 관찰했다.[81] 나사와 프랑스 국립우주연구센터가 공동으로 개발한 칼립소 위성은 공기로 운반되는 입자들과 연무질을 추적하고, 이런 물질들이 지구 기후에 미치는 영향을 예측한다.

여기까지는 지구의 생물권과 수권, 지구화학적 시스템 관측을 지원하고 있는 나사의 다양하고 복잡한 위성임무들 중 몇 가지만 소개한 것이다. 인공위성들이 수행하고 있는 이러한 임무들 덕분에 우리는 기후 변화는 물론이고 지구상의 생명에게 기후 변화가 미치는 영향에 대해서도 더 깊이 이해할 수 있다. 그뿐 아니라 태양계 변두리, 즉 외태양계outer solar system *의 위성들과 태양계 바깥의 다른 먼 별들 주위를 돌고 있는 외계 행성들에서 생명을 탐지하기 위한 토대를 마련할 수 있다. 망원 탐지기들의 민감도가 충분히 강력해

• 주로 화성과 목성 사이에 있는 소행성대 바깥을 가리키지만, 간혹 해왕성 바깥을 가리키기도 한다.

지면 우주생물학자들은 수광년 떨어진 외계 행성들의 스펙트럼을 꼼꼼히 분석하면서 산소나 오존 같은 생물지표들을 찾을 것이다. 지구에서도 이런 기체를 대기로 내뿜는 주요한 공급원으로서 살아 있는 유기체보다 더 강력한 것은 없기 때문이다.

2006년 바이킹 프로젝트 30주년 기념식에서 마스 아레스Mars Ares 탐사임무의 수석 연구원인 조엘 레빈은 아직까지도 과학자들은 바이킹이 전송한 6만여 장의 영상들을 연구하고 있다고 설명하면서 그 사진들은 "우리가 지금까지 입수한 가장 흥미롭고 가장 생산적인 자료"라고 말했다.[82] 참고로 아레스 탐사 프로젝트는 화성 상공에 로봇 비행선을 띄워서 생명의 증거를 탐지하는 임무다.

금성과 화성은 지구와 가장 가까운 행성들로, 여전히 우리에게 매력적이면서 수수께끼 같은 행성들이다. 금성은 지구와 거의 쌍둥이 같은 자매 행성이지만, 온실효과 폭주로 인해 생명이 존재할 수 없는 온도까지 과열되었다. 탄소 배출 면에서 우리가 사는 곳을 돌보지 않을 때 어떤 일들이 벌어질지 궁금하다면, 금성이 그 좋은 본보기다. 등골이 오싹해져 고개를 돌리고 말겠지만 말이다. 한편 화성은 지구의 경량급 사촌이다. 2009년 인도 우주연구기구의 과학자들은 지구 성층권에서 왕성하게 생육하고 있는 미확인 박테리아 세 종을 발견했다고 보고했다. 지구 성층권은 대부분의 유기체들에게 치명적인 자외선 복사에 끊임없이 노출되고 있는 곳이다. 이곳의 환경이 화성의 대기와 매우 유사하다는 사실을 감안하면, 이는 수십 년 전 바이킹들이 화성의 토양으로 실시했던 그 문제적 실험들을 또다시 소환한 발견이었다. 화성에 생명활동이 있다면 표층 아래의 쾌적한 구멍들 속에 희박하게 존재할 것이다.

화성에서든 그밖에 다른 곳에서든 생명의 확실한 물증을 발견할 때까지 우리는 이런 세상들에 우리의 모든 상상력을 쏟아부을 것이다. 그리고 우리의 희망과 공포뿐 아니라 언젠가는 우리의 고독이 끝나고 우주에서 동료애를 찾게 되리라는 염원과 기대를 그 세상들에 투영할 것이다. 설령 그 동료가 미생물 군체일지라도 말이다.

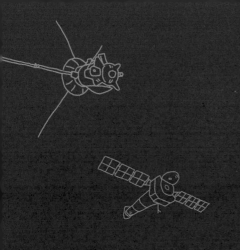

3장

화성탐사로버 MER,
화성으로 간 로봇 밀사들

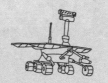

소감문은 짧고 간결했다. 그러나 단어 하나하나가 가슴을 울렸다.

"전 고아원에서 살았습니다. 그곳은 어둡고 춥고, 또 외로웠어요. 별들이 반짝이는 밤하늘을 바라보면 기분이 좋아졌습니다. 하늘을 날아다니는 꿈을 꾸었죠. 미국에서 저는 모든 꿈을 이룰 수 있을 겁니다. ... 정신Spirit과 기회Opportunity에 감사합니다."[1]

태어나자마자 시베리아의 한 고아원에 버려진 소피 콜리스는 양부모를 만나 애리조나 주 스코츠데일에 살고 있었다. 2003년 아홉 살 소녀 소피는 나사가 주최한 화성탐사로버들의 이름 공모전에서 수상한 소감을 위와 같이 썼다. 레고 사와 비영리단체인 행성협회Planetary Society에서 선출된 심사위원들이 1만여 건의 응모작들 중에서 고심 끝에 33개의 후보를 추렸고, 최종 당선작은 나사가 결정했다. 나사의 국장 션 오키프 주최로 열린 발사 전 기자회견에서 소피가 직접 로버들의 이름을 공개했다. 션 오키프 국장은 소피의 이야기가 우주여행을 시작한 최초의 두 국가와 어딘가 미묘하게 닮았다고 말했다. 소피의 꿈은 우주만큼 무궁무진하다고 해도 과언이 아니다.

그로부터 6년 후 미 하원 111번째 회기의 첫 번째 회의에 참석한 67명의 의원 전원은 만장일치로 이 뛰어난 로봇 밀사들의 임무를 공식적으로 확인하며 다음의 결정문을 낭독했다.

과거 한때 화성이 생명에 호의적인 환경을 갖고 있었다는 증거를 탐지하라는 임무를 수행하기 위해 화성탐사로버Mars Exploration Rovers, MER 스피릿과 오퍼튜니티가 각각 2004년 1월 3일과 2004년 1월 24일에 성공적으로 화성에 착륙했다. 두 대의 로버 스피릿과 오퍼튜니티의 설계와 제작은 캘리포니아공과대학 산하의 나사 제트추진연구소가 맡았다. 두 대의 로버에 탑재된 첨단 과학장비들의 개발은 코넬대학이 주도했다. 코넬대학은 로버들의 작동상황을 비롯해 지구로 전송된 영상 및 자료들의 처리와 분석에도 지속적으로 참여했다. 두 대의 로버는 화성 표면을 촬영한 25만 장 이상의 영상을 지구로 전송했으며, 로버들이 수행한 연구의 결과는 초기 화성이 충돌과 폭발성 화산들 그리고 지하수라는 특징을 갖고 있었음을 암시했다. 각각의 로버는 고대의 화성이 생명이 거주할 수 있는 환경이었을 수 있음을 암시하는 지질학적 증거를 발견했다. 두 대의 로버는 화성의 지형을 21킬로미터 이상 탐색했다. 화성의 언덕들을 오르고, 거대한 크레이터들 깊은 곳까지 내려가고, 모래폭풍도 견뎌냈으며, 세 차례에 걸친 춥고 어두운 화성의 겨울을 이겨냈다. 또한 스피릿과 오퍼튜니티는 각각 2009년 1월 3일과 2009년 1월 24일, 90화성일로 예정되었던 임무기간의 20배가 넘는 5년차에 진입했으며, 향후에도 화성 표면 탐사와 과학적 발견 임무를 지속적으로 수행할 것이다. 이상의 내용이 모두 사실임을 밝히며, 따라서 미하원은 제트추진연구소와 코넬대학의 엔지니어와 과학자 및 기술전문가들의 성공적인 업적과 화성탐사로버 스피릿과 오퍼튜니티의 지속적 작동에 대해 공식적으로 치하하고, 나사 화성탐사로버 프로젝트의 성공과 중대한 과학적 기여를 인정하는 바이다.[2]

소름끼치도록 아름답고 황폐한 곳

20세기가 끝날 무렵이 되자 화성의 경관은 우리에게 더 이상 낯설지 않았고 그런 행성에 우리는 마음을 빼앗겼다. 수성이나 금성 심지어 우리 곁의 달과 다르게, 화성은 완전히 무장해제된 채로 우리 앞에 그 맨 얼굴을 또렷하게 드러냈다. 마치 메카토르도법으로 그린 지도를 지면에서 떠서 구체로 둥글게 만 것처럼 극지의 빙관들, 하늘 높이 솟은 화산들, 헤아릴 수 없이 많은 열곡들, 한눈에도 알아볼 수 있는 크레이터들, 초승달 모양의 사구砂丘 평원들로 화성은 손에 닿을 듯 실감나게 우리에게 다가왔다. 우리의 로봇 파트너들은 이런 화성의 독특한 지형들에 상징적인 경관을 덧입혀주었고, 그 경관들은 우리의 상상 속에서 그 무엇도 대신할 수 없는 확고한 이미지들로 자리잡았다. 매리너와 바이킹 궤도선회우주선들, 마스 글로벌 서베이어Mars Global Surveyor, 화성정찰위성Mars Reconnaissance Orbiter, MRO이 전송한 이미지들 덕택에 우리는 화성이라는 행성을 요리조리 돌려보며, 화산들과 깨어지고 뜯어진 협곡들, 말라버린 고대의 강바닥들을 손으로 집어볼 수도 있다. 그만큼 세밀하고 생생했다.[3]

MER 스피릿과 오퍼튜니티와 함께 우리는 빅토리아, 구세프, 엔데버 크레이터들을 샅샅이 탐험했고, 지금까지 붉은 행성을 가장 가까이서 보여준 그 광경들에 넋을 잃었다. 달에서 가장 기념비적인 장소의 이름을 물으면 대다수의 사람들이 아폴로 11호의 착륙지점인 '고요의 바다'를 든다. 아폴로 15호의 착륙지점인 아펜닌 산맥을 기억하는 이들도 적지 않다. 그런데 초등학교 5학년 꼬맹이들에게 올림푸스 산이나 타르시스 융기, 마리너 계곡에 대해 물으면, 질문이 끝나기가 무섭게 대답이 튀어나오는 것은 물론이고 어느새 꼬맹이들의 머릿속에는 화성의 지형들이 그려지고 있을지도 모른다.

태양계를 조사하는 나사의 행성탐사 밀사들 덕분에 20세기 말엽에 이르자 '가까운 우주'는 우리에게 낯익은 경치가 되었다. 서지 브루니에는 "이제 우리에게 화성의 황무지와 토성의 고리들은 지구의 장엄한 경관들 못지않게 익숙해졌다"고 설명한다.[4] 문화지리학자 데니스 코스그로브 역시 달과 수성, 화성의 표면들은 뚜렷하게 구별되며, 과학자뿐 아니라 대중에게도 그 미학적 가치가 높아지고 있다고 말한다. 코스그로브는 또한 태양계 행성들의 경관이 뚜렷한 상像으로 자리잡은 만큼 이런 지형에 대한 인간의 세심한 이해와 보호가 더욱 절실해지고 있다고 설명한다.[5] 그는 달이나 화성의 전경, 목성과 토성의 위성들의 표면에 대해 우리가 갖고 있는 지식은 대양을 횡단하는 선원들이 이용하는 거친 지도나 암초의 위치를 그린 해도海圖와 같다고 말한다. 최초의 선원들에게 육지의 경계를 알려주는 표지물들은 설령 그것이 위험한 해안의 험악하고 들쭉날쭉한 가장자리일지라도 실로 반가운 표지물이었을 것이며, 위치와 방향을 가늠할 수 있는 이정표가 되었을 것이다. 비록 자그마한 표지물일지라도 육지나 바다의 특징을 알아볼 수 있다면 사방이 텅 비고 막막한 망망대해에서라도 마음의 위안을 얻고 항해할 용기를 내도록 해줄 것이다. 지도로 그리거나 기억해둔 뱃길과 해안선들은 지구와 우리의 관계를 바꾸어 놓았다. 서서히 밝혀지고 있는 행성들의 지형은 또다시 '위치'에 대한 우리의 감각을 수정하고 있다. 물론 이번에는 지구가 아니라 태양계에 대한 위치감각이다.

지구 밖 행성들 중에서도 화성의 지형은 어쩌면 우리에게 가장 친숙하고 깊이 각인된 대표적인 지형일 것이다. 바이킹 1호가 처음으로 흘낏 본 살굿빛 하늘을 머리에 이고 있는 바위투성이 평원의 모습은 바이킹 2호 착륙선이 찍은 서리 덮인 유토피아 평원의 거친 잡석들 사진과 함께 우리에게 놀라움과 즐거움을 선사했다. 애리조나와 닮은 사막지대, 끝이 없을 것처럼 펼쳐진 암석지대 위로 느리게 출렁이며 불어오는 먼지폭풍, 화성은 어느덧 우리가 알고 기억하고 탐험을 꿈꾸는 장소가 되었다. 지금도 여러 팀의 과학자들이 유타 주에 있는 '화성사막연구기지'나 칠레 아타카마 사막의 황폐하고 바싹 마른 소금 평원처럼 화성과 유사한 환경에서 실제 상황처럼 연구하고 있다. 모로코의 아틀라스 산맥 인근 계곡에도 유럽우주기구European Space Agency, ESA의 엑소마스ExoMars 임무에 대비하여 연구를 진행하는 과학자들이 있다.[6] 이 지역에서 수행되고 있는 연구들은 지질학자의 손과 눈으로 화성을 탐사하기 위해 그에 필요한 새로운 기술들을 개발하는 데 중점을 두고 있다.[7] 화성 표면에 우주비행사들을 내려놓는 임무를 성공시킬 때까지 우리는 로봇 파트너들이 찍은 들쭉날쭉하고 울퉁불퉁한 크레이터들, 끝없이 이어진 협곡들, 화산 꼭대기에 걸린 높은 구름들의 이국적인 지형들을 모아놓은 탁자 두께만 한 영상자료집을 오랜 시간 꼼꼼하게 들여다봐야 한다.

짐 벨의《화성에서 보내온 엽서Postcards from Mars》는 우리가 왜 이토록 붉은 행성에 매료되는지 그 이유를 분명하게 보여준다. 책장을 펼치면 구세프 크레이터 가장자리에서 스피릿이 찍은 석양 사진과 뾰족하게 각진 사구들이 1미터 높이로 솟은 인듀어런스 크레이터를 일망한 오퍼튜니티의 사진이 몇 페이지에 걸쳐서 파노라마처럼 열린다. 솔sol이라고 부르는 화성의 하루는 지구와 크게 다르지 않은, 약 24시간 37분이다. 화성도 지구처럼 자전축이 기울어져 있기 때문에 계절이 있고 극지의 빙관도 존재한다. 화성의 1년은 687일이다. 그러나 벨은 화성의 경관이 겉으로 보기에는 지구의 사막지대와 비슷해 보여도 대기의 환경은 우리가 거주하고 있는 세상과 결코 닮지 않았다는 사실도 분명히 밝히고 있다. 풍경 사진작가이자 MER 로버들의 카메라 선임 오퍼레이터인 벨은 스피릿과 오퍼튜니티에 장착된 파노라마 카메라(팬캠pancam)가 전송하는 이미지들을 처리하고 분석하는 일을 책임지고 있다. 지칠 줄 모르는 열정과 인내심으로 화성의 사진들을 분석하고 공개하면서 벨은 이렇게 설명한다.

"사막 어딘가를 드라이브할 때 창밖으로 펼쳐진 광경처럼 화성에는 '어디선가 본 듯한' 기분이 드는 곳들이 있다. 바위들, 언덕과 하늘, 모두가 지구와 몹시 닮아서 왠지 모르게 마음이 편안해진다. 하지만 그것은 착각이다. 화성의 평균기온은 영하 30도에서 50도에 이른다. (섭씨냐 화씨냐를 따질 필요도 없다.) 화성의 공기는 거의 전부가 이산화탄소고, 산소는 흔적만 남아 있다. 훨씬 이전에는 어땠는지 모르지만, 족히 20억 년에서 30억 년 사이에는 비가 내린 적도 없다."[8]

로버들에 장착된 팬캠은 화성의 전경을 놀라울 만큼 정교하게 포착하도록 특별하게 설계되었다. 수백 장의 사진들이 빈틈없이 이어 붙여져서 마치 한 장의 파노라마 사진처럼 보인다.[9] "지구의 아름다운 경치를 한눈에 보여주기 위해 엽서를 만들 듯 화성의 사진들을 엽서처럼 만들고 싶었다"고 벨은 말한다. "솔직히 우리는 처음 전송된 몇 장의 사진을 진짜 엽서처럼 직사각형 모양으로 짜맞추기도 했다." 사진 조판photocomposition은 화성의 태양광 조건에서의 색채를 감안한 해석과 연출을 필요로 하며, 미학과 과학이라는 목표를 다 충족시켜야 한다.[10] 벨은 스피릿이 최초로 보내온 착륙 지점 사진에서 착륙선의 에어백이 오므라들 때 화성의 토양에 케이블이 끌린 자국들에 주목했다.

"케이블이 끌린 자국 치고는 꽤 낯설었다. 마치 누군가 대패로

땅바닥을 민 것처럼 조각조각 들뜬 흙이 대패질한 나무 부스러기처럼 돌돌 말려 있었다. 처음에는 그저 평범하고 흔하게만 보였던 곳이 완전히 낯선 외계임이 밝혀지는 순간이었다."

스피릿과 오퍼튜니티가 찍은 광대한 전경은 풍식작용뿐 아니라 물에 의한 퇴적과 침식의 흔적을 더욱 또렷하게 확인시켜주었고, 화성 역시 끊임없이 지형이 변하는 행성이라는 사실을 더욱 확고하게 증명해주었다.[11] 한번은 이런 일도 있었다. 로버팀이 먼지회오리가 너무 빈번하게 나타나는 현상을 기이하게 여기자, 벨은 그 즉시 로버에게 그 자리에서 기다리면서 카메라 렌즈로 지나가는 것의 정체를 기록하라는 명령을 전송했다.

"며칠 만에 우리는 영상 속에서 평원을 가로질러 이동하는 먼지회오리를 포착하기 시작했다. 몇 달에 걸쳐 간헐적으로 모니터링하는 동안에만 수백 차례의 먼지회오리를 목격할 수 있었다. … 계절과 함께 평원의 기온이 올라가면서 이런 소규모 폭풍들이 일어나 화성 표면에서 흙먼지들을 이동시키는 것이 명백하게 드러났다."[12]

다행히도 먼지회오리들은 빗자루처럼 로버들의 태양전지판을 깨끗하게 비질해주었고, 그 덕분에 전지판의 수명도 몇 년이나 더 늘어났다.

두 대의 로버가 화성의 지형을 광범위하게 훑고 지나는 동안 우리는 화성탐사가 인간은 물론이고 로봇에게도 상당한 위험이 따르는 도전이라는 사실을 깨달았다. 2004년 가을 태양이 더욱 북쪽으로 이동하고 그 빛이 더 비스듬하게 누워 있는 동안에도 스피릿은 예비 배터리에 의존하며 날마다 가능한 한 더 멀리 이동했다. 벨은 그때를 이렇게 회상한다.

"움직이는 동안이나 서 있을 때나 우리는 마치 도마뱀처럼 최대한 햇볕을 쬐려고 노력해야 했다. 동력 공급을 최대화하기 위해 가능하면 태양광을 많이 흡수하도록 전지판들을 기울였다."

벨은 로버들이 태양광을 최대한 흡수할 수 있도록 릴리패드lily pad(태양전지판)들의 기울기를 어떻게 미리 예측하고 선택했는지도 설명한다.

2005년 말 허즈번드 힐에 정차한 스피릿은 지질조사를 잠시 중단하고 카메라를 하늘로 향한 채 몇 가지 천문학적 관측을 실시했다. 벨은 로버와 함께 "별이 지나가며 그린 곡선 모양의 빛의 선들, 밤중에 움직이는 감자를 닮은 화성의 달들, 유성들, 석양, 그리고 익숙한 [듯하면서도] 향수를 자아내며 떠오르는 낯선 지구"를 보았다.[13]

스티브 스콰이어스를 행성과학자가 되도록 이끈 것도 바이킹 궤도선회우주선과 착륙선이 지구로 보내온 화성의 상세한 영상들이었다. MER 임무의 수석 연구원인 스콰이어스는 코넬대학의 대학원생이었던 1977년에 자신이 어떻게 화성의 삭막한 풍경에 마음을 빼앗겼는지 어제 일처럼 기억하고 있다. 바이킹 프로젝트에 참여했던 과학자가 강연하는 세미나에 등록한 스콰이어스는 바이킹에서 전송한 사진들이 스트리밍되고 있는 클라크 홀의 '화성실'을 견학할 기회를 얻었다. 영상들 중 일부는 이미 여러 대의 노트북에 저장되고 있었지만, 스콰이어스의 말에 따르면 대부분의 사진들은 "사진 원지 두루마리째로 바닥에 쌓여 있거나 선적용 상자들에 담긴 채로 있었다." 스콰이어스는 상자 뚜껑을 열자마자 자기 눈앞에서 알몸을 드러낸 외계의 경관에 완전히 매료되고 말았다. 그때 스콰이어스는 과학자들조차 아직 그 사진들을 다 파악하지 못하고 있다는 걸 깨달았다. 그는 넋을 잃고 시간 가는 줄도 모른 채 네 시간 동안이나 사진들을 하나하나 꼼꼼히 들여다봤다. 스콰이어스는 "그 사진들에서 내가 본 행성은 소름끼치도록 아름답고 황폐한 곳이었다. 그 방을 나오면서 나는, 남은 인생 동안 내가 무얼 하길 원하는지 정확하게 깨달았다"고 회상한다.[14]

화성을 탐사하기 위한 스콰이어스의 여정은 나사의 쌍둥이 로버 스피릿과 오퍼튜니티로 결실을 맺었다. 그가 맺은 결실은 또다시 다음 세대의 행성과학자들과 탐험가들의 마음을 매료시키고 있다.

쌍둥이 로버들

앞 장에서 보았듯 궤도선회우주선들이 날마다 찍어 지구로 전송하는 영상들 속의 화성은 죽은 행성처럼 보인다. 희박한 대기를 뚫고 들어온 자외선 복사와 각종 우주선들이 토양을 태우고 있고, 온화한 여름 한낮에도 어는점 이상으로 기온이 올라가는 일은 정말 드물다.[15] 어떤 형태의 생명이든 현재의 화성 표면에서 생존할 가능성은 없지만, 화성이 늘 그토록 황량하고 적막했던 것은 아니다. 태양계에서 생명을 찾기 위해 나사가 쓰는 전략은 꼭 현존하는 표층수만이 아니라 과거에 존재했던 물의 흔적을 추적하는 것이다. MER 로버 스피릿과 오퍼튜니티는 각각 90일 간 임무를 수행하도

록 설계되었지만 이 로버들은 화성의 위협적인 지형을 꿋꿋하게 오가면서 예상했던 임무기간을 엄청나게 초과했다. 이 로버들을 생각하면 오로지 물의 표식을 찾겠다는 일념으로 똘똘 뭉친 쌍둥이 현장지질학자 로봇들 같다.[16]

오래 전 화성에 물이 있었다면, 그 흔적은 물이 존재할 때만 형성될 수 있는 암석과 광물들 그리고 지형들에 남아 있을 것이다. 본래 스피릿과 오퍼튜니티는 화성 토양에 현존하거나 또는 과거에 존재했던 생명을 탐지하도록 설계된 로버가 아니다.[17] 하지만 필요하다면 과거에 생명을 부양할 수 있을 만큼 안정적인 수역이 존재했는지 여부를 확인하는 정도의 임무는 수행할 수 있다. 화성 표면의 암석들은 과거 물의 흔적을 간직하고 있다. 암석들이 강수, 증발, 퇴적과 같은 과정들을 겪으면서 형성되었다는 것은 곧 과거에 물이 존재했다는 증거다. 현재 화성의 표층 아래에 물이 존재할 가능성을 암시하는 실마리도 암석들 속에 있다.

또한 로버들은 과학자들이 화성 기후의 역사를 규명하는 일도 돕는다. 현재까지 알려진 바로 20억 년에서 30억 년 전에 화성은 지금보다 더 따뜻하고 더 축축했다. 쌍둥이 로버들은 바람, 물, 지질구조, 화산활동 그리고 표면을 장식하는 크레이터들까지 각 요소들의 영향력을 개별적으로 분석하고 있다. 스피릿과 오퍼튜니티는 원격으로 지질학적 특징들을 조사하고 미래의 착륙지점들을 물색하고 있는 궤도선회우주선들에게 지상실측 정보를 제공하여 계측의 정확도를 높이도록 돕는 일도 한다. 최종 목표는 화성 환경의 고유한 문제들을 정확히 파악함으로써 미래의 우주비행사들을 위한 안전한 무대를 마련하는 것이다.

스피릿과 오퍼튜니티는 골프 카트만 한 크기와 거의 어른 키만 한 높이의 작고 튼튼한 로버들이다(plate 3). 각 로버의 무게는 180킬로그램이고, 두 로버 모두 여섯 개의 바퀴가 달려 있으며, 각각의 바퀴들은 자체 모터를 갖고 있다. 사륜구동식이므로 작은 반경에서 급회전도 할 수 있고 신속한 방향 전환도 가능하다.[18] 두 로버 모두 선배 로버 소저너의 로커-보기rocker-bogie 시스템에 기초하여 설계되었다.[19] 따라서 바퀴들은 차체 전반의 균형을 유지하기 위해 한 쌍씩 따로 회전하는 것은 물론이고 각각 수직으로 회전할 수도 있다. 고향 행성에서 수천만 킬로미터 떨어져 있는 엄청난 고가의 로버들에게 벌어질 수 있는 최악의 상황은 옆이나 뒤로 뒤집어지는 것이다. 그때는 바퀴들이 아무리 회전해도 소용없다. 이에 대비해 스피릿과 오퍼튜니티에는 서스펜션 시스템이 장착되어 있다. 현가장치懸架裝置라고도 하는 이 시스템은 언제든지 바퀴 하나를 올리거나 내려서 하중의 균형을 유지한다. 결과적으로 로버의 차체는 바퀴와 다리가 움직일 수 있는 범위의 절반만 이동하는 셈이다. 로버는 최대 45도까지 기울어질 수 있지만, 차체 기울기가 30도를 넘기면 언제라도 경보장치가 울리도록 프로그래밍되어 있다. 바퀴에는 클리트cleat•가 달려 있어서 부드러운 모래를 움켜쥐거나 암석들을 타고 넘을 수 있다.

당신이 나사의 엔지니어라고 상상하고 야구모자를 옆으로 돌려

• 미끄럼을 방지하기 위한 일종의 스파이크다.

쓴 다음, 경사진 화성의 모래언덕 위를 질주하도록 조이스틱을 왼쪽에서 오른쪽으로 휙 돌린다. 하지만 실제 로버들은 질주라는 말이 민망할 만큼 차분하게 움직인다. 로버의 최대 속력은 편평한 땅에서도 초속 2인치, 즉 시속 0.16킬로미터에 불과하기 때문이다. 그 정도 속력에서 난폭운전의 위험 따위는 없겠지만, 그럼에도 불구하고 위험 회피 프로그램이 내장되어 있기 때문에 로버들은 2초에 한 번씩 정지하여 전진 여부를 평가한다. 이런 이유로 로버들은 사실 무려 시속 0.03킬로미터라는, 가공할 수준의 저속으로 움직인다. 지구의 달팽이도 로버를 따라잡을 수 있을 것이다.

로버들의 차체는 일종의 온열 전기상자다. 단단한 외층은 컴퓨터와 전자장비들 그리고 배터리를 보호하도록 설계되었다. 이 장비들은 로버에게 두뇌와 심장에 해당하는 장비들이므로 화성의 악천후에도 손상받지 않도록 반드시 보호되어야 한다. 착륙지점들의 기온은 한낮에는 최고 섭씨 영상 21도까지 올라갔다가 밤이 되면 섭씨 영하 100도로 곤두박이칠 수도 있다. 우리가 지구에서 경험하는 일교차와는 비교도 안 될 정도로 어마어마하다. 엔지니어들은 금색 페인트와 히터뿐 아니라 에어로젤 단열재를 이용해서 로버의 온도를 적정 수준으로 유지한다.

온열 전기상자 내부에 있는 로버의 두뇌는 과학장비들로부터 데이터를 수렴해 이를 다시 궤도선회우주선으로 전송하는 컴퓨터다. 궤도선회우주선은 이 데이터를 다시 지구로 전송한다. 스피릿과 오퍼튜니티는 매우 아름답고 정교한 장치가 분명하지만, 데이터 처리 능력과 전송속도 면에서는 그다지 예술이라 할 만한 수준은 못된다. 컴퓨터의 성능이 18개월마다 거의 두 배씩 발전한다는 무어의 법칙Moore's law이란 게 있기도 했고, 로버에 장착된 하드웨어는 발사되기 오래 전에 열악한 우주의 환경과 '냉동' 조건에 대한 시험을 통과해야 했다. 따라서 각 로버의 두뇌는 램이 고작 128메가바이트고, 궤도선회우주선으로 데이터를 전송하는 속도도 초당 128킬로바이트에 불과하다. 아주 저렴한 넷북과 비슷한 메모리 용량에 전화식 모뎀의 두 배쯤 되는 속도로 데이터를 처리한다고 보면 된다. 우리가 사용하는 아이폰이면 두 로버의 컴퓨터가 처리하는 데이터 용량과 속도를 가뿐하게 소화한다.

로버의 심장박동은 태양전지판이 책임지고 있다. 화성이 받는 태양광의 광도는 지구가 받는 것의 반밖에 안 되기 때문에 로버와 로버에 장착된 장비들에 동력을 공급할 만큼 충분한 에너지를 모으는 게 진짜 관건이다. 각 로버는 140와트의 전력으로도 기능을 유지할 수 있는데, 평범한 백열전구의 전력 소비량과 비슷한 수준이다. 각 로버의 지붕에는 태양전지판들이 이어 붙여져 있고, 이 전지판들이 온열 전기상자 내부의 배터리들을 충전해준다. 화성에 겨울이 시작되면 운전에 필요한 동력이 부족하기 때문에 로버들은 북향 기슭으로 올라가 어느점 이하로 기온이 떨어지는 몇 달 동안 웅크리고 대기해야 한다. 오퍼튜니티보다 화성의 적도에서 한참 더 멀리 떨어져 있는 스피릿에게는 이런 대기기간이 훨씬 더 긴요하고 필수적이다.

쌍둥이 현장지질학자들의 필수 장비들

당신이 만약 현장지질학자라면 당신에게 가장 소중한 장비는 모름지기 눈일 것이다. 지질학자는 교과서에 실려 있는 원본의 이미지나 실험실에 구비된 표본을 통해서 암석과 광물과 결정들의 종류를 구별할 수 있도록 훈련받은 사람들이다. 하지만 모든 게 뒤섞인 복잡하고 혼란스러운 실제 현장에서 표본들이 지질학자의 수고를 덜어주기 위해 종류별로 정렬해 있을 리는 만무하다. 암석들은 겹겹이 쌓여 있는가 하면 때로는 뒤죽박죽 섞여 있기도 하고, 빛의 조건과 보는 각도에 따라 색깔과 질감도 달라질 수 있으며, 주변의 지형을 고려하지 않으면 암석들 각각이 어떤 사연들을 품고 있는지 파악할 수도 없다. 경험이 풍부한 지질학자라면 이 모든 정보를 자신의 눈을 통해서 취합한다. 소리나 냄새를 운반할 공기가 희박한 화성에서 시각은 가장 중요한 감각이다(그림 3.1).

로버의 눈은 안테나 기둥 꼭대기에 달려 있다. 지상에서 약 1.5미터 높이다. 바로 이 한 쌍의 CCD 카메라가 스테레오 영상을 촬영한다. 이 카메라는 완전한 파노라마 영상을 촬영할 때는 360도 회전이 가능하고, 풍경이나 하늘을 스캔할 때는 중심축을 기준으로 18도 회전한다. 우리가 시중에서 구입할 수 있는 최신 디지털 카메라와 비슷한 1,600만 화소의 감도를 갖고 있으며, 각각의 무게는 250그램, 크기는 손바닥에 올려놓을 수 있는 정도다. 하지만 상업용 카메라와 달리 로버의 카메라에는 암석과 광물의 성분 분석을 돕도록 설계된 커다란 컬러 필터와 태양을 관측하기 위한 태양광 필터가 한

그림 3.1 10년 넘게 화성 표면 탐사임무를 수행 중인 오퍼튜니티가 2004년 8월 메리디아니 평원을 촬영한 영상이다. 희박한 대기 속에서도 계절의 변화에 따른 바람으로 조각된 모래언덕들은 지구에서 볼 수 있는 여느 모래언덕들과 닮았다. 오퍼튜니티는 2006년부터 2008년까지 빅토리아 크레이터를 조사했고, 2011년부터 약 23킬로미터에 걸쳐 엔데버 크레이터를 조사했다(나사/제트추진연구소).

벌씩 장착되어 있다. 요즘 나오는 최신 자동차들처럼 로버들 역시 '장애물 경고' 카메라를 탑재하고 있는데, 정면과 후면에 한 쌍씩 장치된 이 카메라들은 불시의 충돌이나 장애물을 피할 수 있도록 전후방 3미터 범위를 감시한다.

　스피릿과 오퍼튜니티를 외팔이 지질학자로 볼 수도 있지만, 이 로버들의 팔은 팔꿈치와 손목을 가지고 있는 것은 물론이고 네 가지 모드로 움직이는 고성능 팔이다. 기계적으로 설명하면, 각 팔의 주먹은 지질학자들의 휴대용 확대경에 해당하는 일종의 소형 영상기다. 지질학자들이 손에 듬직한 망치가 들려 있지 않으면 어떤 현장 연구에도 임할 수 없는 것과 마찬가지로 로버들의 팔에는 암석연마도구Rock Abrasion Tool, RAT가 필수다. RAT는 다이아몬드가 박힌일종의 튼튼한 그라인더인데, 가장 단단한 화성암에도 두 시간 만에 지름 2인치, 깊이 0.2인치의 구멍을 뚫을 수 있다.[20] 암석 외부는풍화와 복사의 영향을 받아 물러지거나 먼지로 뒤덮여 있을 수 있지만, 암석 내부는 상황이 완전히 다르다.

RAT가 타공작업을 마무리하고 나서야 미세 영상기가 그 구멍속을 면밀히 조사할 수 있고, 암석을 분석하는 두 대의 과학장비가제대로 위치를 잡을 수 있다. 그중 하나는 뫼스바우어 분광기인데,광물 중에서도 특히 철을 함유한 광물을 매우 정확하게 분석한다.한 번 분석하고 측정하는 데 약 12시간이 걸린다. 또 다른 장비는알파입자 엑스선 분광기다. 이 장비에는 알파입자 소스(더 정확히는 고에너지 헬륨 원자핵)가 내장되어 있으며, 암석 시료에 알파입자 또는 엑스선을 쏘아 산란시킬 수 있다. 그럼으로써 암석 시료의원소구성을 알 수 있으며, 원소구성을 알면 어떤 화학물질들이 결합하여 암석 내부의 광물질을 이루고 있는지 알아낼 수 있다. 결과를 얻기까지 시료 하나에 대략 10시간이 걸린다.

로버의 정교한 장비세트는 소형 열방출 분광기로 완성된다. 모든 물체는 열을 방출하는데, 방출된 열의 스펙트럼을 분석하면 그물체의 구성성분을 추정할 수 있다. 이 장비는 탄산염이나 점토처럼 물이 존재하는 경우, 또는 물의 작용을 받을 경우에만 생성될 수있는 광물을 탐지하는 특별한 기기다. 무게는 2.3킬로그램에 불과하다. 로버 차체에 부착되어 있지만, 잠망경이 달려 있어서 로버의 눈들과 나란히 외부 상황을 관찰할 수 있다. 또한 상향 관측도 가능해서 기온, 수증기 농도, 대기 중 먼지의 유무를 측정할 수도 있다.

마지막으로 완벽하고 멋진 다른 과학 프로젝트들과 마찬가지로 MER 프로젝트에서도 자석을 빼놓을 수 없다. 자성을 띤 먼지 알갱이들은 사실 오래 전 축축했던 행성의 냉동건조된 파편들이다. 일부 분자들은 물에 녹은 상태에서 화성의 자기장에 맞추어 정렬하고, 광물이 응결될 때 그 방향성이 그대로 보존된다. 그렇기 때문에 자성 광물은 지질학적 역사를 알려주는 실마리이기도 하다. 로봇 팔 끝에 부착된 한 쌍의 자석이 RAT가 분쇄한 암석가루에서 자성을 띤 입자들을 모으고, 로버 전면에 부착된 또 한 쌍의 자석이 비스듬히 젖혀지면서 비자성 입자들을 떨어뜨린다. 이렇게 자석에 부착된 입자들을 두 대의 분광기가 분석한다.

화성에 도착한 스피릿과 오퍼튜니티

비록 나중에는 로버들이 엄청난 궁지에 빠질 때도 있었지만, 탐사임무를 위한 나사의 계획에는 애초 요행에 거는 기대 따위는 없었다. 모든 과학장비들은 실험실뿐 아니라 모의 화성 환경에서 철저한 시험을 거쳤다. 착륙지점도 150여 곳의 후보들 중 네 지점을 추려내고, 최종으로 두 지점이 선택되었다. 착륙지점 선별은 과학과 안전이라는 두 마리 토끼를 잡기 위해, 경사면들을 모조리 계산하고 잠재적으로 위험한 암석이나 바위들을 일일이 고려해야 하는 지난하고 고통스러운 과정이었다. 화성탐사 프로젝트에 참여한 과학자들과 엔지니어들에게 '발사'는 양날의 검이었다. 몇 년에 걸친 시험을 마쳤기 때문에 무사히 발사되기를 지켜보는 것 말고는 어찌할 도리가 없다는 것이 일면이요, 8억 달러가 걸린 일인 데다 참사가 일어날 경우의 수는 널리고 널렸다는 것이 또 다른 일면이었다. 관계자 모두가 과거 30년 동안 화성으로 보낸 탐사선들 중 절반이 행방불명되거나 실패했다는 사실을 알고 있었다.

2004년 1월 4일 장장 7개월 간 4억 8,000만 킬로미터를 여행한 스피릿이 음속보다 17배 빠른 시속 2만 킬로미터로 화성의 대기권에 진입했다. 그 후 벌어진 일을 두고 탐사 프로젝트 팀원들은 '공포의 6분'이라고 불렀다. 고층 대기권으로 진입하자마자 탐사선 선체가 과열되고 바람에 흔들리기 시작했다. 8킬로미터 상공에서 예정대로 낙하산이 펼쳐졌고, 하강속도를 늦추기 위한 역추진 로켓이 점화되었다. 에어백으로 사면이 감싸인 채 화성 표면에 충돌한 스피릿은 약한 중력 때문에 완만한 호를 그리며 4층 높이로 다시 튀어 올랐다. 10여 차례 이상 튕기기를 반복하면서 약 400미터 가량 구른 후에 정지했다(그림 3.2). 바운싱 백bouncing bag 방식은 이미 마스 패스파인더에서 이용한 바 있고 완벽하게 연착륙시켜야 한다는 부담을 덜어준 방식이지만, 대신 표면에서 튕겨져 나올 뜻밖의 상황을 감수해야 했다. 패서디나 제트추진연구소 관제실에 있던 200여 명의 과학자와 엔지니어 그리고 나사 관계자들은 참았던 숨을 토해냈다. 그리고 곧이어 귀청을 찢을 듯한 환호성이 터져 나왔다. 스피

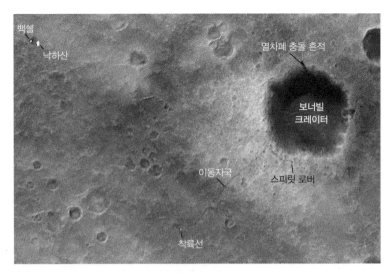

백쉘
낙하산
열차폐 충돌 흔적
보너빌
크레이터
이동자국
스피릿 로버
착륙선

그림 3.2 화성 궤도선회우주선 마스 글로벌 서베이어의 카메라에 잡힌 스피릿의 착륙지점과 바퀴자국, 그리고 2004년 3월 30일 스피릿의 위치. 쌍둥이 로버 오퍼튜니티와 마찬가지로 스피릿은 3개월 동안 임무를 수행하도록 설계되었지만, 2011년 부드러운 모래에 빠지는 바람에 나사로부터 임무중단을 언도받기 전까지 6년이 넘는 기간 동안 거의 8킬로미터를 이동하면서 임무를 수행했다(나사/제트추진연구소).

릿은 붉은 토양과 작은 암석들이 깔려 있고 완만하게 경사진 구세프 크레이터 표면에 착륙했다.

3주 후 오퍼튜니티는 구세프 크레이터에서 멀리 떨어진 메리디아니 평원 한가운데 착륙했는데, 그 과정에서 지름이 21미터밖에 안 되는 작은 크레이터 안으로 튕겨져 들어가버렸다. 한껏 우쭐해진 과학자들은 오퍼튜니티의 착륙을 '홀인원'이라 부르며 환호했다. 오퍼튜니티가 빠진 크레이터의 가장자리가 지질학적으로 매우 흥미로웠기 때문이다. 하지만 애초에 그런 홀인원을 겨냥했던 게 아니었으니, 엄밀히 말하면 그 결과는 순전히 요행이었다. 우주탐사 임무에서 뜻밖의 요행이나 예기치 못한 상황이 도와준 경우는

이번이 처음이었다. 스피릿과 오퍼튜니티는 동일한 하드웨어 DNA
를 갖고 있었지만, 착륙하자마자 각 로버가 처한 환경이 둘의 운명
을 가르기 시작했다. 두 로버는 시스템 점검을 거친 후 각자의 플랫
폼을 떠나 조심스럽게 붉은 행성 탐사를 개시했다.

화성에 물이 있을까

물, 물, 어딜 가나 물의 흔적은 있지만, 마실 물은 한 방울도 없
다. 화성탐사로버들이 일군 가장 기막힌 발견은 2004년《사이언스》
선정 '올해의 과학뉴스'에도 오를 만큼 충격적이었다.[21] 그것은 바
로 화성 표면에 소금기와 산성을 띤, 생명 유지 가능성이 있는 물이
장기간 실재했다는 증거였다.* 물론 이 물은 이미 오래 전에 사라
졌고, 실제로 스피릿과 오퍼튜니티가 수행한 모든 연구의 주요 대
상은 화성의 기후 변화였다. 앞서 바이킹 궤도선회우주선도 물을
암시하는 증거를 제시하긴 했지만, 두 대의 쌍둥이 로버들이 제공
한 증거는 암시 정도가 아니라 의심의 여지없이 명백했다. 화성 표
면 아래에는 엄청난 양의 얼음이 매장되어 있고, 그중 일부는 내부
암석에서 자연적으로 발생하는 소량의 복사열과 압력으로 인해 대

---

* 나사는 이미 2000년에 화성에 물이 존재한 흔적이 있다고 발표했고, 2008년에는 얼음
  형태로 물이 존재한다는 연구결과를 발표한 데 이어 2015년에는 염류가 다량 포함된
  액체상태의 물이 흐른다는 증거를 발견했다고 발표하는 등 화성에서의 물의 존재는
  기정사실화되고 있다.

수층 안에서 액체상태로 존재할 가능성도 적지 않았다.[22]

가장 작은 박테리아에서 가장 거대한 미국삼나무에 이르기까지 지구상의 모든 생명은 물을 필요로 한다. 화성이 생명을 가진 행성이었느냐 아니냐를 결정하기에는 아직 일렀지만, 붉은 행성에 당도한 지 몇 주 만에 오퍼튜니티는 메리디아니 평원이 한때 물에 잠겨 있었다는 사실을 보란 듯 증명했다.[23] 착륙지점에서 돌멩이를 던지면 닿을 자리에 도로 연석 높이만 하게 겹겹이 층진 암석 노두가 바로 그 노다지였다. 엘 캐피탄El Capitan이란 별명을 얻은 이 노두는 축축했던 이 행성의 과거를 알려줄 엄청난 단서들을 간직하고 있었다. 오퍼튜니티는 작고 단단한 구슬들을 발견했는데, 이 구슬들은 어떤 곳에서는 표면에 성기게 흩어져 있는가 하면 어떤 곳에서는 암석 속에 박혀 있었다. 과학자들은 이 구슬들에 블루베리라는 별명을 붙여주었다(그림 3.3). 블루베리들은 지구에서라면 물이 있는 곳에서나 형성되는 '철이 다량 함유된 광물'로 이루어져 있었다. 바로 물의 산소 원자들이 광물의 철 원자들과 결합한 적철광이다. 과학자들은 지하수가 운반한 용해된 철 원자들이 사암 속으로 스며들어 구슬을 형성했을 것으로 추측했다.[24] 나중에 오퍼튜니티는 지구에서는 산성을 띠는 물이 존재할 때만 형성되는 자로사이트jarosite도 발견했다.[25] 철이 다량으로 녹아 있어 강한 산성을 띠는 스페인 리오 틴토 광산의 유출액과 같은 환경에서도 생태계가 발견되는 것으로 미루어 보건대 산성을 띠는 물이든 용해된 철을 다량 함유하고 있는 물이든, 미생물에게는 충분히 서식처가 될 수 있다.

여기서 끝이 아니라 오퍼튜니티는 포개지거나 서로 엇갈려 겹

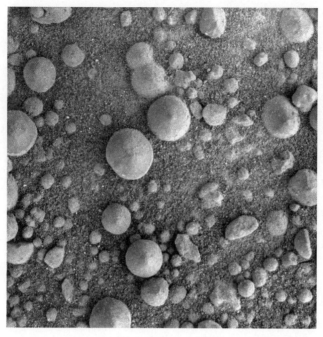

그림 3.3 오퍼튜니티는 빅토리아 크레이터 북쪽에서 마이크로스코픽 이미저로 지름이 몇 밀리미터에 불과한 이 '소구'들을 찍었다. 블루베리라는 별명으로 불리는 이 작은 구체들은 지하수에 오랫동안 잠겨 있던 침전물로서 철이 풍부한 결석結石일 것으로 해석된다(나사/제트추진연구소-칼텍/코넬/USGS).

쳐 있는 1인치 높이의 암석층도 발견했다. 지질학자들은 이런 암석층을 사층리斜層理라고 부른다. 오퍼튜니티가 발견한 암석층의 크기와 모양은 이 암석층이 흐르는 물에 의해 형성되었음을 암시한다. 일부 암석층들이 바람에 의해 풍화된 것으로 미루어 볼 때 물은 간헐적으로 존재했던 것이 분명하다. 사층리 속 광물들은 황과 염소, 브롬을 다량 함유하고 있고, 이는 이 광물들이 소금기 있는 호수나 얕은 바다의 바닥에 가라앉아 있었음을 암시하는 명백한 증거다. 지구의 사막지대에서도 이와 유사한 염분을 함유한 퇴적물들이 발견된다. 오퍼튜니티가 발견한 또 한 가지 물의 증거는 작은 정동晶洞, vug들이다. 길이가 1인치가 채 안 되는 작은 정동들은 한군데 모여 있던 광물질들이 지하수에 의해 분산되면서 생겼을 가능성이 크다. 이처럼 화성의 광물들은 축축했던 과거의 이야기를 들려주고 있었다.

한편 뚜렷한 퇴적의 흔적이 없는 돌투성이 화산 평원에 착륙한 스피릿은 그때까지도 바퀴를 굴리지 못하고 있었다. 하지만 그에 굴하지 않고 곧 발견활동을 개시했다. 험프리라 이름 붙여진 화산암의 갈라진 틈에서 물에 용해되었던 것이 분명한 결정화된 광물들이 가득차 있는 것을 발견했다. 클로비스라는 이름을 갖게 된 암석에서 스피릿이 그 흔적을 발견한 침철석도 지구 환경에서는 물이 존재할 때만 형성되는 광물이며 황과 염소, 브롬의 존재를 폭로하는 밀고자다. 스피릿이 분석한 토양 샘플에서는 고농도의 염분이 발견되었는데, 이것 역시 물을 암시하는 간접적인 증거다.[26]

과학은 언제나 제한적이고 불완전한 정보를 다루기 때문에 현혹되기 쉬운 대안적 가설들을 제외시키는 것이 무엇보다 중요하다. 사층리를 비롯해 토양 표면의 무늬들을 설명하는 또 하나의 대안적 가설은 풍식, 즉 바람에 의한 침식작용이다. 지구에서는 바람에 의한 침식작용과 물에 의한 침식작용이 뚜렷하게 구별된다. 화성은 과거 화산활동이 매우 활발했으며, 화산활동 역시 용융한 방울들이나 동공들, 때로는 황산염과 자로사이트 같은 광물들로 구체들을 만들어내기도 한다. 그럼에도 오로지 물의 활동을 끌어들여야만 설명되는 특징들을 비롯해 로버들이 수집한 화학적 증거들은 '표면에

물을 갖고 있는 고대 화성'을 뇌리에서 지울 수 없게 만들었다.[27]

오래 전 화성에 물이 존재했다는 흔적의 발견은 그 발견이 내놓을 수 있는 해답보다 더욱더 많은 질문을 쏟아냈다. 화성은 지구보다 더 가변적인 경사각(자전축이 기운 채로 태양을 공전하면서 생긴 경사각)을 갖고 있다. 어떤 행성이든 기운 채로 궤도운동을 하면 계절이 생긴다. 우리 지구의 기울기는 달에 의해 23.5도에 가깝게 고정되어 있는 반면 화성은 과거 10만 년 동안 10도에서 60도까지 기울기의 변화가 많았을뿐더러 더 오래 전에는 기후 변화의 폭도 매우 극적이었을 것이다. 수십억 년 전의 화성이 더 따뜻하고 더 축축했다는 개념은 매력적일는지 모르지만, 기후 모델과 화성의 운석들에서 발견된 증거들은 이 개념을 그리 썩 잘 뒷받침한다고 볼 수 없다.[28]

더 큰 문제는 화성의 겸손한 중력으로는 대기를 두텁게 유지할 수 없을 뿐 아니라 초기 태양은 오늘날만큼 강렬하지도 않았다. 물이 흐를 만큼 지표 온도를 높이기 위해서는 65도에서 70도 정도의 온실효과가 필요한데, 초기 화성에 화산활동이 맹렬해서 열차폐 온실가스인 이산화탄소를 생산했다고 하더라도 당시 화성의 대기는 지표의 온도를 어느점 이상으로 올려놓을 만큼 두껍지 않았을 것이다. 화성의 기후 변화는 여전히 해답을 알 수 없는 수수께끼다.

작은 로버들에게 너무나 가혹한 화성

인간의 모든 영감과 노력의 결정체라서 그런지, 스피릿과 오퍼튜니티를 의인화하지 않기가 오히려 더 어렵다. 이 프로젝트에 참여한 엔지니어와 과학자들은 모두 명석함과 논리성으로 정평이 난 사람들이지만, 자신들이 낳은 쌍둥이들이 역경에 부딪치거나 발견을 이뤄낼 때마다 천국과 지옥을 왔다갔다했다. 똑같이 화성에 있으면서도 서로 다른 경험을 한 탓에 로버들은 성격도 달랐다. 각자의 이름에 걸맞게 '행운의' 기회Opportunity와 '불굴의' 정신Spirit이었다.[29]

오퍼튜니티의 행운은 착륙 때부터 시작되었다. 착륙 예정지에서 24킬로미터쯤 벗어난 크레이터 지역으로 떨어졌는데, 공교롭게도 물로 인해 형성된 흔적이 남아 있는 암석들 바로 옆이었던 것이다. 2009년 말까지 오퍼튜니티는 20킬로미터 정도 화성을 유랑했다. 맨 처음 오퍼튜니티는 1킬로미터 거리에 있는 인듀어런스 크레이터로 파견되었다. 크레이터 진입은 위험한 계획이었다. 오퍼튜니티 운전팀은 다시 밖으로 빠져나오지 못할 수도 있다는 가능성을 염두에 두고 일단 마음을 비우기로 했다. 경사가 30도나 된 데다 바퀴까지 헛돌았음에도 불구하고 오퍼튜니티는 6개월 간 크레이터 바닥을 탐험하며 많은 성과를 얻었고, 더욱이 무사히 크레이터를 빠져나왔다. 인듀어런스 크레이터를 빠져나오자마자 오퍼튜니티는 또 한 차례 뜻밖의 행운을 맞았다. 착륙할 때 폐기된 열차폐를 조사하라는 명령을 받고 착륙지점으로 가던 오퍼튜니티는 철-니켈로 이루어진 농구공 크기만 한 운석을 발견했다. 지구가 아닌 다른 행성에서 최초로 운석을 발견한 것이다.

2005년 3월 25일 오퍼튜니티는 두 로버를 통틀어 하루 이동거리 신기록을 세웠다. 220미터! 그 후 오퍼튜니티는 모래언덕 '지옥'에 빠졌고, 무려 3개월 동안이나 한 번에 1인치씩 움직이며 사투를 벌였다. 발열체를 제어하는 스위치도 고장난 데다 모터가 나갈 위험까지 겹치는 바람에 오퍼튜니티의 어깨관절은 줄곧 뻑뻑하게 말을 듣지 않았다. 2008년 로버의 팔을 구하기 위해 온갖 궁리를 다 해봤지만, 결국 엔지니어들은 로버의 팔을 포기하기로 결정했다. 어쩔 수 없이 오퍼튜니티는 눈가리개를 한 사람이 장애물에 걸리지 않으려고 손을 앞으로 뻗고 걷는 것마냥 지금도 한 팔을 뻗은 채로 이동하고 있다. 한편 2007년에는 오퍼튜니티에게 더 큰 행운이 따랐다. 숨 막힐 듯한 모래폭풍이 태양광을 99퍼센트까지 차단하자 먼지로 뒤덮인 태양전지판으로 얻는 동력이 위험한 수준까지 떨어졌다. 그 다음의 반전은 거의 기적에 가까웠다. 먼지회오리가 태양전지판의 모래와 먼지를 휩쓸면서 여러 차례에 걸쳐 '청소'를 해준 것이다. 그 덕분에 오퍼튜니티는 거의 완전히 충전되었다.

그때부터 화성의 매서운 겨울이 끝나기를 기다리는 잠깐의 기간만 빼고, 오퍼튜니티는 장거리 달리기 선수다운 인내심으로 꾸준히 임무를 수행했다. 오퍼튜니티는 빅토리아 크레이터까지 6.5킬로미터 가량 전진했고, 그 주변부 4분의 1 정도를 꼼꼼하게 탐색한 뒤 안전한 내리막길을 발견하고 그곳에서 거의 1년을 더 작업했다 (plate 4). 2008년 8월 오퍼튜니티는 그때까지 없던 가장 야심찬 여행을 시작했다. 거대한 엔데버 크레이터까지 직선거리 13킬로미터에 이르는 여정을 3년 예정으로 시작했고, 총 약 23킬로미터를 이동했다. 최고 기록을 보유하고 있던 오퍼튜니티는 2009년 4월 또다시 먼지회오리 청소부의 도움으로 동력을 40퍼센트까지 충전하고 과감하게 새로운 모험에 돌입했다. 2011년 초반 지름 400미터에 이르는 산타마리아 크레이터를 탐험하기 위해 우회했던 오퍼튜니티는 엔데버 크레이터로 다시 기수를 돌렸다. 2011년 8월 목적지에 당도한 오퍼튜니티는 화성 역사 초창기에 형성된 지질학적 표본을 채취하는 데 성공했다. 지금까지 발견된 어떤 표본들보다 오래된 표본이었다. 크레이터 가장자리에서 오퍼튜니티가 발견한 한 노두에는 물의 존재를 암시하는 고농도의 아연이 존재했고, 수산화된 황산칼슘이 반짝이는 가는 줄 모양으로 암맥을 이루고 있었다. 스콰이어스는 이 표본에 대해 "우리가 지금까지 8년 간 화성에서 발견한 것 중 액체상태의 물을 암시하는 가장 명백한 증거"라고 설명했다.[30]

2011년 말까지 오퍼튜니티는 총 주행거리 33킬로미터가 넘는 장거리 기록을 경신했는데, 이렇게 왜소한 탐사차량으로서는 가히 영웅적이라 할 만 하다.* 화성에 겨울이 찾아올 때마다 로버의 금속성 외피는 죽은 듯 정지했지만, 미지근한 태양빛이 비치는 봄이 되면 로버는 또다시 기지개를 켜고 용맹스러운 여행을 시작했다.

스피릿의 사연은 마치 생물학적 교훈을 들려주는 듯하다. 두 대의 로버들은 유전적 성분이 같다. 하지만 예기치 못한 화성의 환경

---

* 2015년 3월 24일 오퍼튜니티는 42.195킬로미터 거리를 돌파했다. 화성에 도착한 지 11년 2개월 만이다. 이를 기념하여 그해 4월 10일 제트추진연구소 직원들이 마라톤을 했다.

은 유독 한 로버에게 더 가혹했다. 스피릿에게 첫 번째 재난이 닥친 것은 착륙한 지 3주가 채 안 되었을 때였다. 돌연히 관제센터와의 교신이 끊겼다. 재시동하는 중에 결함이 생기면서 '재시동 반복' 순환에 빠진 것이다. 자칫하면 영원히 그 순환에서 빠져나오지 못할 수도 있었다. 만에 하나 하드웨어 결함이 그 원인이라면 말 그대로 치명적일 터였다. 다행히 플래시 메모리 결함으로 밝혀졌고, 엔지니어들은 온갖 지략을 동원하여 문제를 해결했다.

스피릿은 줄곧 바퀴 하나에 문제가 있었지만 그럼에도 (자유의 여신상보다 높은) 허즈번드 힐을 올라갔으며, 드릴에 달린 다이아몬드 날이 떨어져나간 RAT로도 너무나 근면하게 작업을 수행했다. 2005년 3월에는 오퍼튜니티가 누린 행운이 스피릿에게도 슬쩍 찾아왔다. 먼지회오리가 태양전지판을 닦아준 덕에 동력을 50퍼센트까지 올릴 수 있었다. 그러나 1년 후 제트추진연구소는 상태가 좋지 않던 스피릿의 앞바퀴가 완전히 작동불능 상태가 되었다고 발표했다. 그 후로 스피릿은 흙 속에서 헛도는 바퀴를 질질 끌면서 역방향으로만 주행했다. 2007년 12월 스피릿은 고장난 바퀴 덕분에 실로 중대한 발견을 일궈낸다. 고장난 바퀴가 헛돌면서 표면 한 층을 벗겨내자 그 아래로 희끄무레하고 반짝이는 물질이 드러났다. 하필이면 그것이 실리카라고도 불리는 이산화규소가 풍부한 물질이었다. 이 물질이 발견될 수 있는 경로는 두 가지다. 간헐온천의 뜨거운 물에 녹은 이산화규소가 퇴적되었거나, 산성을 띤 시냇물이 암석 속으로 흘러들어가 다른 광물질들을 씻겨내고 이산화규소만 남긴 것이거나. 지구에서는 이 두 가지 시나리오 모두가 흔한 현상일뿐 아니라 어떤 현상이든 그런 곳에는 늘 미생물이 풍부하게 서식한다.

그 후 스피릿에게는 갖고 있던 모든 용기와 극기심을 총동원해야 하는 일이 벌어졌다. 2007년에서 2008년까지 잠시도 쉴 새 없이 불어닥친 모래폭풍 때문에 동력이 매우 위험한 수준으로 떨어진 것이다. 모든 시스템이 정지할 때도 많았다. 2009년 초가 되어서야 비로소 살가운 바람이 불어와 동력을 높여주었다. 그해 봄, 컬럼비아 힐스 기슭에서 거무스름하고 딱딱한 층이 깨지면서 스피릿의 왼쪽 선체가 연하고 성긴 모래 속에 박혀버렸다. 이 물질은 황산철로 밝혀졌는데, 응집력이 거의 없기 때문에 로버의 바퀴들이 접지력 있게 밀착하여 나아갈 수가 없었다. 이번에는 발견이 아니라 진짜 심각한 문제였다. 스피릿이 트로이라 불리게 된 이 지역에서 작동을 멈춘 채 붙들려 있는 동안 엔지니어들은 해결책을 찾기 위해 머리를 모았다. 나사의 제트추진연구소뿐 아니라 여러 곳에서 스피릿의 팬들이 Free Spirit이라는 글귀가 새겨진 티셔츠를 응원하듯 입고 다녔다.

아무런 진척 없이 시간만 야속하게 흘러갔다. 2009년 11월 21일 16피트(5미터) 전진하라는 명령을 전달했으나 스피릿은 고작 0.1인치 나아가는 데 그쳤다. 기계에도 수명이 있는지라, 스피릿은 메모리 손실까지 겪고 있었다. 모래함정에서 빠져나오기 위한 수많은 시도들이 허탕에 허탕을 거듭하면서 9개월이 지났을 때 나사는 '전화위복'을 할 때라고 결정하고, 스피릿을 일종의 과학기지로 삼겠다고 발표했다. 총 8킬로미터 가량의 탐사를 마친 스피릿은 여정의 막을 내려야 했다. 2010년 3월 22일 제트추진연구소와 스피릿의 통신은 완전히 두절되었다. 2011년 5월 25일까지 보낸 1,300여 건의 명령들에도 반응이 없자, 복구를 위한 모든 노력은 종결되었다. 결국 스피릿은 부침 많은 화성의 환경에 굴복하고 만 것이다.

로버를 운전하는 사람들

지금까지 성공을 거둔 모든 로봇 로버 뒤에는 운전자들이 있었다. 스피릿과 오퍼튜니티에도 14명의 운전자들이 포진해 있었다. 휴스턴에 있는 우주비행 관제센터라 하면 으레 머리가 허옇고 조직생활이 몸에 밴 남성들이 앉아 있는 장면이 떠오르지만, 로버 운전자들은 의외로 젊을 뿐 아니라 여성이 많다. 물론 운전자들이 조이스틱 같은 걸로 실시간으로 로버를 운전하는 것은 아니다. 실시간 제어는 상당히 위험할뿐더러 즉각적인 피드백도 없기 때문이다. 지구와 화성은 각자의 궤도를 가지므로 두 행성 간 거리는 때에 따라 5,500만 킬로미터에서 4억 킬로미터까지 변폭이 크다. 따라서 최대 20분까지 신호 전송시간이 지연될 수 있다.

엔지니어와 과학자 200여 명이 로버를 조작하는 운전팀이다. 이 모든 사람들이 로버가 하는 임무들의 분야마다 일정 부분씩 관여하고 있다. 보통 매일 그 전날의 결과를 가능한 한 신속하게 평가하는데, 대개 한 시간 이내에 완결된다. (물론 이 결과 역시 몇 주 혹은 몇 달 단위로 계획한 큰 전략의 일부다.) 그런 다음 운전자들은 과학자팀과 머리를 맞대고 그날의 활동계획을 세운다. 흥미로운 암석을 측정하거나 어떻게 장애물을 우회하여 로버를 운행시킬지 등의 계획들이 여기에 포함된다. 이렇게 세운 계획은 로버가 실행할 수 있도록 일련의 명령들로 변환된다. 명령들은 다시 실사 애니메이션으로 예비 실행을 거치는데, 과학자팀과 함께 이 예비 실행 상황을 점검하면서 잘못될 수 있는 모든 경우의 수들을 조목조목 찾아낸다. 일어날 수 있는 모든 우발적인 상황들을 고려해야 하기 때문이다. 이렇게 해서 최종 결정된 명령 목록들을 두 번 더 점검한 후에야 로버들에게 전송된다. 그런 후에 이러한 과정들이 다시 시작된다. 2,500일이 넘는 기간 동안 이 일이 반복되었지만, 로버들이 동면하면서 동력을 아껴야 하는 화성의 겨울 동안에는 이 작업도 중단된다.

운전자들에게도 애로사항이 있다. 1화성일은 지구의 하루보다 40분이 더 길다. 따라서 운전자들은 매일 그 전날보다 40분 늦게 하루를 시작한다. 로버 운전자인 스콧 맥스웰의 말마따나 "한밤중에 하루를 시작해야 할 때도 있습니다. 새벽 2시나 새벽 4시에 말입니다. '화성 시차증'인 셈이죠. 몸과 뇌뿐 아니라 인간관계도 고단해질 수밖에 없습니다."(그림 3.4)[31] 이런 생활은 피로로 이어지고, 피로는 다시 실수로 이어질 수 있다. 그래서 운전자들 중에는 카페인 섭취량을 체크하고, 비번인 날에도 화성시간에 맞추어 생활하는 이들이 많다. 상황이 이러니 인간관계에도 스트레스가 가중되고 일은 점점 더 '비현실적'이 되어갈 수밖에 없다. 지구가 아닌 다른 곳에서 행성탐사 로봇 차량을 조종하는 일이 어떤 기분인지 알고 싶다면 탁월한 로버 운전자 중 한 명인 애슐리 스트로프의 이야기를 들어보는 게 좋겠다.

그림 3.4 스콧 맥스웰은 나사의 제트추진연구소에서 일하고 있으며, MER 로버의 선임 운전자다. 컴퓨터공학에 대한 탄탄한 지식을 갖춘 맥스웰은 로버 운전자가 되기 전에는 소프트웨어 엔지니어로 일했다. '화성과 나Mars and Me'라는 제목으로 자신의 경험담을 블로그에 연재하고 있다(스콧 맥스웰과 나사 제공).

"경외심 그 자체죠. 내가 우주비행사가 된 것 같은 기분이랄까요. 낯설고 새로운 장소들로 가서 그곳을 본 최초의 인간이 된다는 건 말로 설명할 수 없는 엄청난 일입니다. 내가 상상할 수 있는 최고의 직업이죠."[32]

로버들의 개성은 운전에도 투영된다. 스트로프는 설명한다.

"로버들은 행동에도 개성이 뚜렷해요! 스피릿과 오퍼튜니티는 서로 아주 다른 지형에서 탐사를 시작했습니다. 그러니 조종하는 방식도 달라야 했죠. 그뿐 아니라 로버들은 나이를 먹는 속도도 다릅니다. 우리의 운전전략도 달라질 수밖에 없었어요. 스피릿은 고장난 오른쪽 앞바퀴를 끌고 가기 위해 거의 대부분 역방향 주행을 해야 했습니다. 오퍼튜니티는 조인트 부분이 파손되는 바람에 전면에 있는 로봇 팔을 앞으로 뻗은 채로 운전해야 했지요. 로봇 팔을 접어 넣을 수가 없었거든요."

맥스웰이 자신의 블로그에도 썼다시피 환희의 순간도 물론 있었다.

"탐사임무 초기에 플래시 파일 시스템에 발생한 문제 때문에 우리는 스피릿을 잃었다고 생각했다. 문제를 진단하고 오류를 바로잡고 플래시 드라이브를 말끔히 청소하자, 비로소 한고비 넘겼다는 생각이 들었다. 화이트보드에 누군가 이렇게 적었다. '스피릿은 간절하나 플래시가 따르지 않는구나!Spirit was willing, but the flash was weak!'"●

맥스웰이 경험한 최악의 난관은 스피릿이 겨울을 날 수 있는 안전한 장소를 찾는 일이었다. 뻑뻑한 바퀴를 끌고 모래언덕을 넘어야 했기 때문이다. 그의 표현을 빌자면 "쇼핑카트를 밀고 사막을 횡단한다고 상상해보세요. 그것도 바퀴 하나가 꿈쩍도 하지 않는 쇼핑카트를 말입니다."

화성탐사는 애들 장난이다

로버 운전자들 중 상당수가 35세 미만의 젊은이들이다. 으레 행성과학은 나이 지긋한 남성 과학자들의 놀이로 통한다. 우주탐사 프로그램을 계획하고 실행하는 데 보통 10년 이상이 걸린다는 점

● 원래는 flash 대신 flesh이며, '마음은 간절하나 몸이 따르지 않는구나!'라는 의미다.

도 그렇거니와 이 분야에서 여성 비율이 꾸준히 증가하고 있다고는 해도, 아직은 남성이 월등히 많기 때문이다. 어찌 되었든, 나사는 열정적인 젊은이들과 여성의 참여를 확대하지 않으면 우주 프로그램의 활기와 생명력을 유지하기 어렵다는 점을 잘 알고 있다. 차세대 젊은 인재를 참여시키는 데 있어서 MER 프로젝트는 확실한 본보기를 보여주었다. 앞서도 언급했지만 아홉 살 소녀의 응모작으로 로버들의 이름을 짓는 것부터가 우선 남달랐다.

전 세계 10세에서 16세 사이 학생들 가운데 이미 예심에 통과한 아홉 명이 불꽃 튀는 경쟁을 벌였다. 이들에게는 마스 서베이어 탐사임무에서 로봇 로버의 경로를 유도할 수 있는 특전이 주어졌다. 하지만 아쉽게도 그 탐사임무는 취소되었고, 대신 2001년 3월 미국의 초청으로 마스 글로벌 서베이어 궤도선회우주선팀과 함께 일해 볼 기회가 주어졌다. 나사의 탐사임무를 지휘한 역사상 최초의 일반인이 된 것이다. 또 수천 명의 응모자들 중에서 선발된 여덟 명의 학생들에게는 로버를 이용하여 가상의 화성 지역을 탐사하고 일지를 기록하는 특권이 주어졌다. 11세에서 17세 사이의 이 학생들은 2002년 패서디나 제트추진연구소에서 이틀 동안 파이도Fido라 불리는 첨단 모형 로버로 화성을 탐사하는 모의실험에 참여했다. 물론 이 학생들은 탐사임무를 맡은 과학자팀과 똑같은 훈련을 받았다.

이 모든 시도들의 백미는 행성협회가 후원한 국제 에세이 콘테스트에서 선발된 16명의 '학생 우주비행사'였다. 13세에서 17세 사이의 여덟 명의 남학생과 여덟 명의 여학생은 2004년 초 제트추진연구소를 방문했고, 최초로 현재 진행 중인 화성 탐사임무의 1일 조작에 참여한 청소년들이 되었다. 이 학생들이 참여할 당시 스피릿과 오퍼튜니티는 가장 흥미로운 발견들을 일궈내느라 한참 분주했다. 온라인에 게시된 일지들 중 몇 대목만 봐도 당시 이 학생들이 어떤 경험을 했는지 훤히 보인다. 미국 출신의 커트니 드레싱은 "오늘은 내 생에 최고의 날! 스피릿이 화성에 착륙했다!"고 적었다. 인도 출신인 사트빅 아가왈은 이렇게 기록했다. "과학자들이 하던 일을 멈추고, 조금도 성가셔 하는 기색 없이 우리에게 그분들이 하는 일을 설명해주셨다. 정말 멋졌다!" 캐나다에서 온 키어스틴 로지냐크는 "오늘은 가장 흥분되는 화성일이었다! 화성의 하루하루가 담긴 새로운 이미지들을 확인하고 다른 로버를 조작해보고 싶은 마음을 억누를 수 없었다!"고 기록했다. 영국에서 온 카밀라 제단은 이렇게 적었다. "모든 회의에서 받은 전반적인 메시지는 바로 열정, 끝까지 해내겠다는 열정이었다. 정말이지 내가 지금 여기 있는 게 꿈인지 생시인지 모르겠다."[33]

로버들이 화성에 착륙한 이후 5년 동안 이 어린 친구들이 어떻게 변했는지 추적했다. 거의 대부분이 과학분야의 학위를 따기 위해 노력하고 있었고, 과학이나 항공우주산업 분야로 진로를 정하고 있었다. 우주에 대한 이 친구들의 열정은 식을 기미가 보이지 않았다. 다른 세상들에 대한 꿈이 더욱 깊고 풍성하게 자라고 있었다. 물론 이 친구들이 특별히 운이 좋아서 이례적인 경험을 했던 것도 사실이지만, 화성 로버들이 더 많은 사람들의 삶에 가깝게 다가간 것도 사실이다.

화성은 놀이동산이다

우주 프로그램에 참여한다는 것은 여전히 많은 사람들에게 그림의 떡처럼 보인다. 수많은 훈련을 거쳐야 함은 물론이고 전문가 수준의 지식을 겸비해야 할 뿐 아니라 고가의 각종 기기들은 조작이나 운전은 고사하고 그 기능들을 이해하기에도 벅차다. 하지만 이런 고정관념은 컴퓨터, 게임, 시뮬레이션들을 갖고 노는 N세대의 뛰어난 재능을 모르고 하는 소리다. 그뿐 아니라 아직껏 자신의 한계를 시험받은 적이 없는 젊은이들의 비상하는 야심을 무시한 생각이기도 하다. 아폴로의 달 착륙 이후 이렇다 할 소산이 없던 시절을 살았던 베이비부머 세대에게 우주여행은 실로 요원한 일이었다. 그러나 우주가 최초로 산업분야로 편입되는 광경을 목격한 밀레니엄 세대에게 우주여행은 자연스럽고도 필연적인 일이 되었다.

학생 우주비행사 프로그램을 비롯하여 그 이전에 있던 선구적 프로그램들은 비영리 후원 조직인 행성협회와 연방정부 기관인 나사 그리고 누구나 익히 알고 있는 기업 레고 컴퍼니, 세 단체의 이례적 협업이 그 원동력이었다. 애초에 이들이 공동으로 기획한 프로그램은 '레드 로버 화성에 가다Red Rover Goes to Mars'였다. 그 후속으로 1995년에는 '레드 로버, 레드 로버Red Rover, Red Rover' 프로젝트가 출범했다. 행성협회의 상임이사 루이스 프리드먼은 한 교육 워크숍에서 어떤 교사가 컨트롤 랩Control Lab이라는 레고 상품을 활용해서 학생들에게 컴퓨터로 조종할 수 있는 엔진이 달린 장치를 만들도록 가르치는 광경을 목격했다. 그는 그 모습을 보자마자 화성

탐사 로봇이 떠올랐다고 한다. 어린이들이 컴퓨터로 다른 방이나 심지어 다른 나라에 있는 로버를 조종할 수 있다면, 로봇의 감각에만 의지해 탐험할 수 있는 세상, 즉 다른 행성에 있는 로버를 조종하지 못하리란 법은 없을 터였다.

2003년부터 화성과 유사한 지형을 갖고 있는 미국과 영국 그리고 이스라엘의 여러 곳에 '화성기지'들이 세워졌고, 웹카메라가 달린 레고 로버들을 투입하면서 일종의 네트워크가 형성되었다. 원하는 사람 누구나 인터넷을 통해서 이 로버들을 운전해볼 수 있게 하자는 취지였다.[34] 레고 에듀케이션Lego Education은 어린이들이 실제 운전이 가능한 로버를 만들 수 있도록 조립상품들을 출시했다. 물론 아이들이 집안을 화성처럼 꾸미고 정말 화성인 양 휘젓고 다니는 걸 부모들이 용인해줄 것이라는 전제를 깔고서 말이다.

아이들의 마음을 사로잡은 또 하나의 아이디어는 각각의 MER 로버 안에 레고 미니 피규어를 하나씩 넣자는 것이었다. 이름 공모전을 통해 피규어들에게는 비프 스탈링Biff Starling과 샌디 문더스트Sandy Moondust라는 이름이 생겼고, 로버들이 화성을 탐사하는 동안 이 피규어들의 이름으로 온라인상에 자유롭게 일지를 기록하기도 했다.* 레고 피규어들은 미니 DVD 판에 부착되었고, 로버들이 화성의 먼지폭풍 속으로 들어가기 전에 찍은 몇 장의 사진에는 피규어들도 자그맣게 찍혔다. (화성에 있는 레고를 본다는 게 상당히

---

* Marsdiary.com이라는 웹사이트에 피규어의 이름으로 기록한 화성 탐사일지가 있었지만, 현재는 폐쇄된 듯하다.

괴이쩍긴 하다.) 미니 DVD에는 400만 명의 이름이 기록되어 있다. 대부분이 행성협회 회원들이고 나머지는 행성협회가 운영하는 별도 웹사이트에 가입한 사람들이다.[35] 역사상 두 번째로, 사적으로 개발한 하드웨어가 행성탐사 차량에 장착된 것이다. 이런 파트너십을 통해서 우주여행은 더욱더 많은 사람들을 매료시켰다. 오늘날 어린이들이 갖고 있는 화성에 대한 꿈은 허접한 소설과 환상으로만 겨우 명맥을 유지하던 증조할아버지 세대 어린이들의 꿈과는 차원이 다르다.

행성 여행자를 위한 가이드

조용하고 한적한 캘리포니아 주 레들랜즈의 한 지역 도서관에 있는 '천문학 및 관련 과학 서적' 서가에는 유독 닳고 구겨지고 표지가 뜯긴 책 한 권이 꽂혀 있다. 행성과학자 윌리엄 K. 하트만의 《화성 여행자를 위한 가이드A Traveler's Guide to Mars》가 그 책이다. '놀랍고 감동적인 베데커'라는 광고문구처럼 그 구성 역시 유명한 여행안내서의 양식을 그대로 따르고 있다.* 초판을 발행한 지 두 달 만에 재발행을 할 만큼 날개 돋친 듯 팔려나간 이 여행안내서는 화성 표면의 자잘한 특징들까지 상세하게 설명하고 있다. 책장을 열면 크레이터들과 화산들, 고대의 수로들과 범람원들이 우리에게 낯

---

* 독일의 베데커 사에서 발행한 여행안내서를 말한다.

익은 것과 미지의 것을 가리지 않고 모두 망라되어 있고, 펼쳐서 볼 수 있는 지도들과 중요한 지질학적 장소들이 표시된 화려한 색채의 사진들, 거기에 특정 지형에 대한 관련 기사들까지 독자들의 모험심을 자극할 만반의 채비를 하고 기다리고 있다. 이 책은 청소년만을 위한 책이 아니라 화성에 관심 있는 모든 이를 위한 '진지한' 안내서다. 이 책의 독자들은 그동안 공개되지 않았던 마스 글로벌 서베이어가 찍은 사진들을 최초로 살펴볼 수 있는 특전을 누렸다. 하트만이 이 탐사임무 영상팀에서 활약했기 때문이다.

하트만의 안내서에서 제공하는 화성의 지질 형성에 대한 자못 진지한 해설에는 '화성을 마모시키는 것의 정체: 화성의 기후'라는 제목의 관련 기사가 첨부되어 있다. 이 기사를 읽은 독자들은 화성의 평균기온이 정오에는 섭씨 영하 25도에서 밤중에는 섭씨 영하 87도까지 급격하게 떨어지며, 대기라고 해봐야 엄청나게 얇은 이산화탄소 층이 전부고, 기압도 현저히 낮아서 보호장구가 없으면 인간이 생존할 수 없다는 사실을 알게 된다. 하트만은 여행자들이 화성의 밤하늘에 익숙해지기 위해서는 다음을 명심하라고 말한다.

"희미한 석양빛이 사그라지고 나면 별들이 빛난다. 별자리들은 지구에서 보는 것과 비슷하다. 단, 한 가지 예외가 있다. 푸르스름하게 빛나는 '샛별', 즉 금성은 혼자가 아니라 흐릿한 동료 '별'과 함께 보이며, 때로는 땅거미가 진 후 한 시간 가량 더 도드라져 보인다."[36]

칼 세이건에게서 영감을 받은 것이 분명한 짐 벨의 파노라마 사진들 중 한 장과 비슷하게, 구세프 크레이터에서 화성의 지평선 위로 떠오른 우리의 '창백한 푸른 점'을 포착한 것이다.

지구의 유명한 관광지들이 그렇듯, 이미 가봤던 곳일 것 같아서 따분해 하는 여행자들은 어쩌면 일찌감치 구글 마스를 통해 환상적인 화성의 여러 명소들을 둘러봤을지도 모른다. 그 구글 마스가 제공하는 가상의 화성여행과 주요한 명소들에 대한 해설도 하트만의 여행안내서에서 발췌한 것이다. 노엘 고어릭이 이끄는 구글팀과 나사가 공동으로 개발하고 2009년에 출범한 구글의 가상 화성은 행성과학자들뿐 아니라 일반인들도 과거와 현재의 탐사선들이 찍은 방대한 사진정보에 쉽게 접근할 수 있도록 설계되었다.[37]

구글 어스와 마찬가지로 사용자들은 클릭과 줌 기능을 통해 화성의 지형을 3D로 감상할 수 있으며, 바이킹을 포함해 패스파인더, MER, 마스 글로벌 서베이어, 화성정찰위성MRO, 마스 익스프레스, 마스 오디세이 궤도선회우주선Mars Odyssey Orbiter 등 나사와 유럽우주기구의 탐사선들이 제공하는 영상들까지 살펴볼 수 있다. 여행안내서라는 하트먼의 테마를 강조하기 위해 지리적으로나 지질학적으로 화성의 백미를 이루는 장소들에는 여행자를 상징하는 초록색 기호 두 개가 표시되어 있다. 이용자들은 스피릿과 오퍼튜니티의 이동경로를 따라갈 수도 있고, 바이킹 착륙선의 위치를 확인할 수도 있다. 또한 마리너 계곡으로 이어진 협곡의 가장자리를 관찰할 수도 있으며, 협곡 바닥으로 시선을 돌려볼 수도 있다. 협곡 바닥으로 시선을 떨어뜨리면 협곡의 벽이 4킬로미터나 된다는 하트만의 메모가 뜬다.

샌디에이고 캘리포니아대학에서 제작한 스타케이브StarCAVE는 그야말로 입이 쩍 벌어질 만큼 스릴 넘치는 장관을 보여준다. 커다란 옷장 크기만 한 이 3D 가상 몰입환경은 화성의 드넓은 지형을 실제처럼 탐사할 수 있게 해준다. 나사 에임스연구센터와 카네기멜론대학 그리고 구글이 공동개발한 MER 로버의 팬캠은 고해상도 사진을 찍을 수 있을 뿐 아니라 매우 정밀하게 360도 파노라마 촬영을 할 수도 있다. 스타케이브 파노라마 영상은 바닥에서 천장까지 확장하여 보여주므로 행성과학자들은 그 자리에서 화성을 가상으로 탐사하면서 토양의 퇴적상태나 바람과 물에 의한 침식을 비롯해 여타의 지질학적 과정들과 관련된 단서를 찾을 수 있다. 권총처럼 생긴 작은 기기를 이용하면 암석이나 퇴적층들을 확대해 볼 수도 있고, 피사체를 급격히 축소하여 전반적인 지세를 조사할 수도 있다. 스타케이브를 운영하는 캘리포니아 정보통신연구소 소장 래리 스마르는 과학연구에서 이 몰입환경이 가지는 가치를 한마디로 평가한다.

"스타케이브 안에 들어가는 순간 당신은 화성에 있습니다."

연출이 몹시 정교하기 때문에 행성과학자들은 화성의 풍경 속을 거닐며 암석과 지형을 바로 가까이서 조사할 수 있고 주변 지형과 비교하여 한 지역 전체를 이해할 수도 있다고, 래리 스마르는 설명한다.[38]

스타케이브 안에서는 3D 안경을 착용해야 하지만, 시카고 일리노이대학에서 개발한 퍼스널 배리어Personal Varrier 기술을 이용하면 헤드기어를 착용하지 않고도 가상의 몰입환경에서 연구를 할 수 있다. TV 시리즈로 방영된 〈스타 트렉: 넥스트 제너레이션〉에 나오는 가상의 홀로데크holodeck와 비슷하다고 볼 수 있다. 현재 연구자들은 이 기술을 이용해서 기둥과 터만 남은 룩소르 신전으로 걸어 들어가거나 분자의 구조나 인간 게놈 조각 안에 들어가 내부를 조사하는 등 다양한 환경들 속에서 연구를 수행한다.

이런 가상의 연구환경들이 실험실 밖으로 나온다면 대중에게 미칠 영향은 대단할 것이다. 나사와 미 의회는 이와 유사한 기술을 이용해 일반인들이 행성과학을 접할 기회를 늘려주자는 데 의견을 같이 하였고, 급기야 미 하원은 2008 나사 승인법을 발의해 일반 대중들이 HD 비디오나 입체영상, 3D 카메라와 같은 기술을 통해 달과 화성을 비롯해 태양계 내 여러 행성들에 대한 탐사활동을 경험할 수 있는 프로그램을 개발할 것을 나사 측에 요청했다.[39] 구글 마스나 스타케이브의 몰입환경, 퍼스널 배리어 기술을 보면, 궤도상에 있든 표면에 있든 우리와 가까운 다른 세상들에 먼저 가서 그곳들을 샅샅이 조사하고 익숙하게 만들어주고 있는 로봇 파트너들의 존재감이 더욱 깊이 와 닿는다.

점점 더 낯익어지는 붉은 행성

나사의 역사학자를 역임했던 스티븐 딕은 처음에는 미국 물리학자 니콜라 테슬라가, 몇 십 년 후에는 무선전신을 발명한 이탈리아의 혁신가 굴리엘모 마르코니가 화성으로부터 무선신호를 수신했다고 주장한 사실을 이야기한다. 1901년 《콜리어스 위클리Collier's

Weekly》가 보도한 바에 따르면, 테슬라는 "한 행성에서 다른 행성으로 보내는 인사를 최초로 들었다"고 확신했으며, 그 전파신호는 화성에서 보냈을 확률이 높다고 생각했다.[40] 1920년대 초엽까지 마르코니는 화성으로부터 단파 무선신호를 수신하기 위해 여러 시도를 거듭했음이 확실하다. 딕은 이렇게 설명한다.

"행성 간 소통에 대한 마르코니의 관심은 1922년 3월 23일에서 6월 16일까지, 영국 사우샘프턴에서 뉴욕 시까지 [자신의 요트] 일렉트라Electra를 타고 항해하던 중에 최고조에 달했다.《뉴욕 타임스》는 마르코니가 대서양을 건너오면서 주로 화성에서 보내오는 신호를 듣기 위한 전기실험들을 수차례 진행했다고 보도했다."[41]

2년 후, 1804년 이후로 화성이 지구와 가장 가까워졌을 때 윌리엄 쉬한과 스티븐 오메라에 따르면 "전 세계의 라디오 방송국들은 정해진 시간 동안 일제히 전파 전송을 중단할 수밖에 없었다. 화성에서 지구로 보내는 전파를 방해할 우려가 있기 때문이었다."[42] 딕의 설명에 따르면, 심지어 미 해군도 화성의 메시지일 가능성이 있는 전파를 감시했다.

한 라디오 방송국이 1938년 10월 〈머큐리 극장〉이라는 프로그램 중간에 뉴저지 그로버스 멀에 있는 윌머스 농장에 화성인들이 착륙했다는 속보를 전했을 때, 수많은 사람들이 화성 침공이 시작되었다고 판단하게 된 까닭도 어쩌면 앞서와 같은 기사들이 연이어 터졌기 때문인지도 모른다. 2장에서도 살펴보았듯 오손 웰즈의 라디오 연출은 라디오 역사상 가장 이례적인 사건 중 하나일 것이다. 브루스 렌털도 말했듯 20세기 초반에 라디오 방송은 주요한 뉴스 공급처였다. 렌털의 말마따나 미국인들의 "라디오 보급률은 1930년대 초반만 해도 40퍼센트였으나 후반에 이르면서 거의 90퍼센트에 육박했다. 1940년대에는 자동차, 전화, 전기, 수도 시설을 갖춘 가정보다 라디오를 갖고 있는 가정이 더 많았다."[43]

렌털은 실제로 약 600만 명의 사람들이 하워드 코치가 각색한 H.G.웰스의 《우주전쟁》을 라디오로 청취했고, 그중에서 약 100만 명이 속보 내용대로 화성인들이 착륙했다고 믿었을 것으로 추정한다. 테슬라와 마르코니가 화성으로부터 신호를 포착했다고 주장한 후, 일부에서는 이 두 유명인이 포착했다는 전파신호가 화성에 거주하는 발달된 문명의 것일지도 모른다고 진지하게 생각했다. T. S. 엘리엇은 시 〈드라이 살비지스The Dry Salvages〉(1941)에서 '화성과의 교신'이 '흔한 유희' 중 하나라는 의미를 통속적으로 묘사한다.[44] •

세계여행 시대의 막이 오른 20세기에 화성과 지구의 행성 간 여행은 어쩌면 막연한 환상처럼 보이지만은 않았을 것이다. 20세기 초반 몇 십 년 만에 열차와 여객선 여행은 기하급수적으로 늘어났고, 자동차 여행은 물론이고 비행기 여행도 일상이 될 만큼 빠르게 발전했다. 실로 엄청난 수의 사람들이 몇 해 전에는 엄두조차 낼 수 없거나 아예 상상도 못 해본 다양한 수단을 통해 이동하게 되었다. 1920년대 로켓공학의 눈부신 발전과 1930년 미국 행성간협회, 1933년 영국 행성간협회의 잇단 창립으로 지구와 화성 간 여행은

• 〈네 개의 사중주〉 중 세 번째인 〈드라이 살비지스〉는 'To communicate with Mars'로 시작한다.

급기야 그 가능성이 저울질되면서 상상 속에서 단단한 토대를 쌓기 시작했다.

많은 사람들이 하루 만에 여러 시간대를 지나는 여행을 할 수 있게 되자, 영국 작가 버지니아 울프는 마침내 사람들이 지구의 지형을 더욱 정교하고 세밀하게 내면화하기 시작했다고 말했다. 그녀는 또한 여행을 함으로써 지구의 얼굴을 감각적으로 더욱 선명하게 느낄 수 있고, 그로 인해 지구의 광범위한 지형적 윤곽을 한결 더 쉽게 떠올리고 이야기로 전할 수 있게 되었다고 말했다. 자신의 소설 《등대로To the Lighthouse》(1927)의 수입으로 남편 레너드와 함께 중고차를 구입했을 때, 울프는 "자동차 여행은 우리 삶을 활짝 열어주었고" 그 덕분에 "우리 〔원문 그대로〕 마음속에 이 세상의 지도가 그려지는 신기한 일이" 벌어졌음을 알아차렸다.[45] 1909년 초반 이탈리아를 여행하는 동안 울프는 일기장에 이렇게 적었다. "〔원문 그대로〕 머릿속에 지구를 그릴 수 있다니, 놀랍고도 낯설다. 피렌체에서 〔런던의〕 피츠로이 광장까지 줄곧 단단한 땅을 밟으며 여행할 수 있다."[46]

울프가 하고 싶었던 말은 지구의를 돌리면서 대륙들과 산맥들, 섬들과 해안선들을 손가락으로 따라가기라도 하는 것처럼 지구라는 구체의 윤곽을 쉽게 상상할 수 있게 되었다는 뜻일 것이다.

20세기 초반 몇 십 년 만에 세계여행이 폭증한 것과 발맞춰 윌슨산천문대에 설치된 100인치 망원경 같은 신세대 거대 망원경들이 잇따라 제작되었다. 천문학적 발견들을 보도하는 기사들이 신문과 주간지 지면을 수시로 장식했고, 달과 행성의 풍경들을 인용한 광고들이 줄줄이 제작되는 것으로도 모자라 달과 행성을 빗댄 관용어들까지 등장했다. 1926년 1월 울프의 친구이자 유명한 작가인 비타 색빌-웨스트는 자동차로 여행하는 동안 울프에게 보낸 편지에서 이집트 테베 근처의 구릉지를 "달의 산악지대 같은 풍경"이라고 묘사했다. 그 이듬해인 1927년 3월 페르시아를 여행한 색빌-웨스트는 테헤란에서 울프에게 편지를 썼다.

"작은 소행성이 하나 있단다. 세레스라고 하던데, 지름이 6킬로미터밖에 안 된다는구나. 모나코 공국 크기와 비슷하겠지. 고독하게 태양 주위를 돌고 도는 저런 소행성에 살고 싶다는 생각이 들었어."[47]

추측건대 색빌-웨스트는 가장 큰 왜소행성을 발견했다는 기사를 읽은 듯하다. 현재 그 왜소행성은 지름이 975킬로미터인 것으로 밝혀졌다. 다른 행성의 풍경을 일깨워준 비타의 편지를 받은 그해 9월에 울프는 자신의 일기장에 다음과 같이 적었다.

"자동차 여행에서 특히 내 맘에 드는 건 … 마치 발끝으로 또 다른 행성을 스치며 지나가는 장거리 여행자가 된 기분을 불현듯 느끼게 해준다는 점이다. 영원히 계속될 것 같은, 과거에도 늘 그래온 것처럼, 이렇게 우연히 행성을 스치는 것 말고는 아무런 기록도 남기지 않은 채 앞으로도 여행이 계속될 것 같은 기분을."[48]

그로부터 수십 년 후 스피릿과 오퍼튜니티는 아주 오랜 시간 동안 아무도 그 지질학적 변화들을 기록한 적 없는 화성을 최초로 가장 가깝고 폭넓게 우리에게 보여주었고, 우리는 붉은 행성의 풍경과 지형을 더욱 깊이 내면화할 수 있었다.

21세기에 기록될 여행기

1960년대 말에서 1970년대 초반까지 이어진 달 착륙은 인류 역사에 위대한 여행기로 기록되었다. 우리의 위대한 여행의 다음 번 목적지는 화성이다. 이 행성이 우리의 관심을 끄는 이유는 한두 가지가 아니다. MER와 다른 탐사선들을 통해서 화성은 점점 더 낯익고 촉지할 수 있는 행성으로 다가왔다. 지구 지형의 70퍼센트를 이루는 대양이 우리에게 여전히 미지의 영역인데 반해, 우리는 화성 표면 전체를 눈으로 보고 조사할 수도 있다. 행성과학자들은 어떤 면에서 고향 행성보다 화성의 표면에 대해 더 많이 알고 있다. 마스 글로벌 서베이어가 제작한 화성의 다채로운 입면지도는 화성의 북반구가 남반구보다 고도가 더 낮다는 사실을 보여주었다. 북반구에 충돌 크레이터가 훨씬 더 적다는 것은 어쩌면 한때 이 지역이 원시 바다로 덮여 있었다는 증거일지도 모른다.* 타르시스 융기의 돌출부는 태양계를 통틀어 가장 높은 화산인 올림푸스 산으로(그림 3.5) 인근에 세 개의 순상 화산을 거느리고 있다. 화성의 북극 쪽으로 시선을 돌리면, 가장 남쪽으로 아르시아 화산이 있고 파보니스 화산과 아스크레우스 화산이 차례로 서 있다. 연쇄상으로 연결된 이 세 화산들은 하와이 제도를 형성했던 지각운동을 연상케 하고, 화성에서 아직 지열작용이 일어나고 있을지도 모른다는 의구심을

---

* 화성의 북반구는 크레이터가 많지 않은 편평한 저지대고, 남반구는 많은 크레이터로 뒤덮인 고지대다.

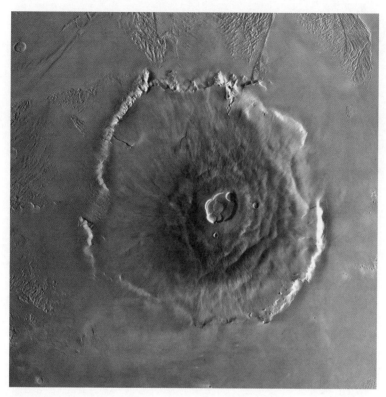

그림 3.5 화성 표면에서 22킬로미터나 솟아 있는 올림푸스 산은 태양계에서 가장 높은 산이며, 붉은 행성의 지형 중 가장 유명한 곳이다. 하지만 화성은 지질학적으로 말해서 거의 죽은 행성이나 다름없는 아주 작은 행성이다. 그에 비해 금성과 지구는 화산활동이 더욱 격심했다. 사진에 나타난 올림푸스 산의 폭은 600킬로미터가 넘는다(나사/제트추진연구소).

자아내기에 충분하다.

또한 지표 깊은 곳의 지하수 속이나 화성의 극지 빙관에는 극한성 생물이 번성하고 있을 가능성도 없지 않다. 연구자들은 화성의 대기에서 메탄을 탐지했는데, 이 기체의 발견이 흥미로운 까닭은 활발한 화산활동을 암시한다는 점 때문이기도 하지만 그보다는 미생물이 그 공급 원천일 가능성 때문이다.[49] 화성의 희박한 대기에도 불구하고 화성정찰위성이 찍은 영상들에는 지하수가 간헐적으로 지표를 뚫고 올라와 경사가 급한 곳에서 아래로 일시적으로 흘러내린 흔적이 보였다. 2008년 피닉스 착륙선이 전송한 자료에서는 화성의 토양이 지구 토양의 산도와 유사하다는 징후가 나타났다. 여기에 더해 최근 지구에서는 약 34억 년 전의 것으로 추정되는 고대 생물의 화석이 발견되었는데, 당시 지구의 대기에 산소가 충분하지 않았다는 점으로 미루어 이 고대 생물은 산소 대신 황을 대사하며 생존한 것이 분명하다.[50] 이 모든 정황들로 볼 때 화성은 붉은 토양 깊은 곳에 생명을 품고 있을지도 모른다. 화성과학실험실Mars Science Laboratory, MSL의 로버 큐리오시티Curiosity가 고대에 존재했거나 혹은 현존하는 극한성 생물의 증거를 발견한다면, 어쩌면 초기 지구에 생명이 등장한 방식까지도 밝힐 수 있을 것이다.

화성이 결코 거부할 수 없는 매력덩어리인 까닭은 가까운 미래에 지구의 우주비행사들이 여행하고 탐사할 수 있는 유일한 행성이라는 점 때문이다. 우리의 달 너머에 있는 세상들에 발자국을 찍고 싶은 열망을 내비치면서 레이 브래드버리는 이렇게 말한 바 있다.

"왜, 차가운 공간을 가로지르는 강파른 길에 여행이라는 실을 꿰어넣어 머나먼 세상들을 우리의 숨결로 뜨겁게 데우려는지, 그 이유를 우리는 알지 못한다."[51]

어쩌면 우리가 비교적 차가운 우리 행성에서 오로지 기술 덕택에 생존하고 있기 때문인지도 모른다. 인류학자 벤 핀니는 우리가 극지에서 극지까지 지구 전역에 거주할 수 있는 것은 오로지 우리의 기술적 수완 덕분이라고 말한다. 이어서 핀니는 인간이 이주할 수 있는 다음 번 정착지는 달이나 화성이 될 것이라고 주장한다. 그는 중국 남부와 아시아 남동부에서 하와이를 비롯한 여러 섬들까지 1,600킬로미터에 이르는 망망대해를 카누를 타고 건너간 폴리네시아인들의 항로를 연구했다. 이유는 오로지 인간이 가까운 행성들까지 건너갈 수 있는지를 증명하기 위해서였다. 핀니는 폴리네시아인들이 막연하게 존재한다고 생각할 뿐 본 적도 없고 기록된 적도 없는 섬들에 정착하기 위해 필요한 모든 물품들을 싣고 바다를 건넜다는 사실을 증명했다. 해도는커녕 나침반도 하나 없이 바다를 건넜다는 것은 실로 엄청난 위업이다. 그들은 수평선과 해와 별이 뜨고 지는 것에만 의존해서 그 일을 해냈다. 핀니는 폴리네시아인들의 성공을 "바다를 낯선 환경이 아니라 지극히 자연적인 (그리고 인간의 삶의 지평을 넓히기 위해 반드시 필요한) 환경으로 여긴 결과"라고 설명한다.[52] 심지어 고대의 항해자들도 태평양이라는 불모지 어딘가에 있을 무인도에 정착하기 위해 낯익은 해안을 등지고 멀리 모험을 했던 것처럼, 우리도 태양계를 가로질러 나아갈 수 있으며 또 나아가야만 한다고 핀니는 주장한다. 비록 거대한 도전이긴 하지만 화성이나 소행성을 향한 인류의 모험이 그 첫걸음이 될 것이다.

모두가 아는 물리학자 스티븐 호킹도 핀니의 주장에 고개를 끄덕일 것이다. 호킹은 인간이 스스로 불러오거나 자연적으로 일어나는 지구적 재앙들에서 살아남기 위해서는 진정한 우주여행자가 되어야만 한다고 주장한다. 그래야만 인류의 미래가 보장된다는 것이다. 고고학자 피터 카펠로티는 "200만 년보다 훨씬 이전에 조악한 석기

몇 개로 아프리카 올두바이 협곡에서 시작한 극한의 탐사 역사는 마침내 아폴로 11호에 이르렀다"고 말한다. 카펠로티는 여행과 탐사에 대한 우리의 열망이 우리를 지구 너머 먼 곳으로 데려갈 것이라고 말한다.

마침내 한 인간이 북극점에 발을 디뎠을 때 그 얼음 위의 좌표는 우리의 문화와 우리 자신에게서 뭔가 더 웅대한 것을 찾으려는 인류의 노력의 표상이 되었다. 그 표상은 지금도 유효하다. 우리의 여행이 끝없이 이어지리라는 사실을, 우리가 도달했던 지리학적 '최초들'은 200만 년 전에 시작된 여행의 중간 기착지들에 불과하다는 사실을 우리는 느끼고 깨닫는다. 우리의 문화가 ... (그리고 더 나아가 우리의 로봇들이) 이 여행을 허락한다면, 앞으로 수백만 년 동안 이 여정은 지속될 것이다. 지금까지 우리는 하나의 북극점에만 인간의 발자국을 찍었지만, 우주에는 수백만 개의 북극점들이 발견되길 기다리고 있다.[53]

지금 이 글을 쓰고 있는 순간에도 오퍼튜니티는 화성 지형의 표본을 모으고 있다. 오퍼튜니티의 바퀴들이 방향을 돌릴 때마다 우리는 더 많은 풍경을 입수한다. 그 풍경들은 나사의 문서국이나 구글 마스에 첨부된 링크들뿐 아니라 우리의 상상과 꿈속으로도 다운로드되고 있다. 카펠로티가 말했다시피 태양계 안에는 아직까지 우리 로봇 동료들의 입체 카메라로만 흘깃 본, 그러나 언젠가는 우리 눈으로도 직접 보게 될 수많은 산 정상들이 존재한다. 산악등반가들과 우주에 열광하는 사람들은 화성 표면에서 22킬로미터나 치솟아 있는 올림푸스 산 정상에 올라 화산활동으로 움푹 팬 칼데라 가장자리에서 사방을 휘돌아 펼쳐진 전망을 바라볼 날을 꿈꿀 수도 있다. 아니면 18킬로미터의 아스크레우스 화산 정상이나 19킬로미터의 아르시아 화산 정상은 어떨까?[54] 그에 비해 우리 행성에서 가장 높다고 하는 에베레스트 산은 해발고도 9킬로미터밖에 안 된다. 또 암벽등반가라면 높이가 낮은 곳은 4킬로미터에서 높은 곳은 10킬로미터에 이르며, 길이가 4,000킬로미터 이상 뻗어 있는 마리너 계곡 벽을 타고 오르는 원대한 모험을 꿈꿀 수도 있다. 하지만 우리는 대담한 탐험가들이 자일을 타고 10킬로미터가 넘는 올림푸스 산의 가파른 경사면을 내려올 때까지 기다릴 필요가 없다. 로봇의 눈들이 바로 이 순간에도 우리를 그곳으로 데려다 놓고 있기 때문이다.

갈라지고 팬 험준한 화성 표면을 횡단하는 여행은 21세기가 남길 위대한 여행기 중 하나가 될 것이다. 로버들과 함께 이미 우리는 그곳에 착륙했고, 매혹적이고 흥미진진한 그곳의 사막지대를 드라이브하고 있다. 1997년 7월 패스파인더 탐사선은 아레스 협곡에 성공적으로 로버 소저너를 내려놓았다. 이 프로젝트에 참여한 과학자 매튜 골롬벡은 그 순간을 이렇게 표현했다. "또 다른 행성에 착륙하는 광경을 한 세대 전체가 목격한 적은 한 번도 없었다." 그리고 소저너가 작동을 개시한 첫 한 달 동안 대략 5억 6,600만 명이 이 탐사임무 웹사이트에 접속했다고 밝혔다.[55] MER의 쌍둥이 로버들은 그보다 훨씬 더 많은 관객을 끌어모았다. MER 프로젝트의 과학자 로버트 마클리의 말마따나 "소저녀는 암석 몇 개의 광물성분을 기록하면서 고작 몇 야드 여행한 게 전부다. 그러나 2004년의 로버들은 지구의 사막을 연상케 하는 화성의 경관을 마치 인간이 걸어다니면서 찍은 것처럼 생생한 영상으로 기록해 우리에게 전송해주었다." 마클리는 스피릿과 오퍼튜니티가 전송한 사진들을 "처음으로 다른 행성으로 소풍가서 찍은 사진들"이라고 말하면서 "인간의 눈으로 볼 수 있도록 시각화한 기호의 일부"가 되었다고 설명한다.[56]

이 로버들을 통해 우리는 화성의 퇴적층과 화산암들뿐 아니라 화성 도처에 존재하는 먼지들의 표본을 조사했다. 화성의 공기냄새를 맡고 기압을 측정했으며, 알칼리성인지 산성인지, 염분이 얼마나 있는지 알아보기 위해 화성의 토양을 맛보았다. 혹시나 있을지 모를 화석화된 물의 흔적을 찾기 위해 암석에 구멍을 뚫어보기도 했다. 화성 기준으로 '온화한' 오후에는 여러 개의 먼지회오리들이 일제히 춤추는 광경도 목격했다. 고요한 일출을 바라보고 계곡들에 매달린 아침 안개가 흩어지는 광경도 감상했다. 허즈번드 힐에 오른 스피릿의 카메라를 통해 지평선 아래로 지는 태양을 감상하기도 했다. 겨울마다 로버들이 춥고 어두운 날들을 견딜 때는 우리도 그들과 함께 기다렸다. 로버들이 우리와 함께 탐험을 했다기보다는 매혹적이면서도 황량한 화성 표면을 가로지르고 사진을 찍는 로버들을 우리가 따라다녔다는 게 맞다.

인간은 화성에 있다. 비록 지금으로서는 메마른 평원을 느릿느릿 유랑하는 원격조정 로버들이 우리를 대신하고 있지만 말이다. 스티브 스콰이어스도 자신의 용감한 로버들이 본래 임무기간인 90일을 홀쩍 넘어 몇 년 동안 꾸준히 임무를 수행하리라고는 꿈에도 몰랐을 것이다. 스콰이어스는 언젠가 우주비행사들이 버려진 이 로버들을 발견하게 될 날을 기대한다.

"다른 건 다 떠나서, 나는 누군가가 이 로버들을 다시 발견해주기만을 바란다. … 내게 스피릿과 오퍼튜니티는 그저 단순한 기계가 아니다. 그들은 우리의 대리자이며, 언젠가 우주비행사들이 이글 크레이터*에 남아 있는 로버들의 바퀴자국 위에 자신들의 발자국을 찍기 전까지, 그들은 우리의 로봇 선구자들이다."[57]

그 우주비행사들이 화성과학실험실 로버 큐리오시티의 바퀴자국을 발견할 가능성도 크다. 위스턴 휴 오든이 〈달 착륙Moon Landing〉이라는 제목의 시에서 쓴 것처럼 최초의 부싯돌 조각에서 달 표면에 발자국을 남기기까지의 모든 일들이 우발적인 사건이라면, 화성 표면에 부츠 발자국을 남기는 것도 충분히 가능한 (심지어 필연적인) 일일는지도 모른다.[58]

• 오퍼튜니티가 2004년 1월 화성에 착륙한 지점이다.

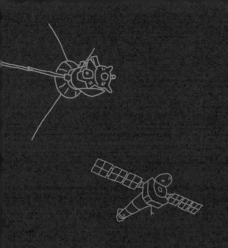
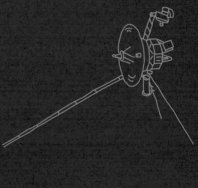

4장

보이저,
태양계 끝 그리고 그 너머로

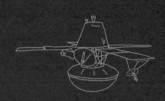

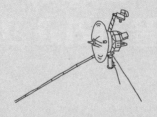

나사 홈페이지에는 지금까지 지구에서 가장 멀리 나아가 텅 빈 우주를 항해하고 있는 두 개의 인공물을 추적할 수 있는 사이트가 있다. 그 사이트의 배너 화면에 보이저 1호와 2호 우주선의 실시간 주행기록계가 소리 없이 쉭쉭 넘어가고 있다. 몇 초마다 수백 킬로미터가 넘어가기 때문에 1킬로미터 단위로 숫자를 헤아리기는 힘들다. 심지어 10킬로미터 단위도 눈으로 좇기 힘들다. 숫자가 증가하는 단위나 속도를 보면 국가 채무액이나 세계 인구의 증가율을 보는 듯 머리가 아찔하다. 이렇게 큰 폭으로 증가하는 숫자를 한눈에 알아보기는 힘들다.[*] 2012년 말까지 보이저 1호는 지구로부터 184억 킬로미터 떨어진 곳까지, 보이저 1호와 거의 쌍둥이 같은 보이저 2호는 지구로부터 150억 킬로미터 떨어진 곳까지 나아갔다. 시속 약 6만 킬로미터로 우주를 전력질주하고 있는 이 우주선들이 보내는 약한 전파신호는 지구에 도달하는 데만

• http://voyager.jpl.nasa.gov/where/index.html

도 하루가 넘게 걸린다.[1]

이 우주선들이 우리의 우주여행 역사에 엄청난 도약을 이루었다고 말하는 데는 나름의 이유가 있다. 지구를 골프공 크기로 축소한 태양계 모형을 생각해보자. 우선 포도알만 한 달은 두 팔을 뻗은 거리만큼 지구와 떨어져 있다. 인간은 아직껏 이 거리보다 멀리 여행한 적이 없다. 달의 궤도에 진입한 것까지 포함해서 지금까지 24명의 인간을 달에 보내기 위해 인류가 투자한 돈은 2011년 물가로 계산해서 약 1,500억 달러다.[2] 이 축소 모형에서 화성은 어린아이들이 갖고 노는 커다란 구슬만 하고 지구와 가장 가까울 때 약 340미터 떨어져 있다. 앞서도 살펴보았지만, 우리와 가장 가까운 이 행성에 탐사선 한 대를 성공적으로 착륙시키기 위해 나사의 과학자들은 10년이 넘는 시간을 쏟아부었다. 태양계 바깥을 탐험하기 위해서는 우선 아주 깊이 숨을 들이마셔야 한다. 우리의 축소 모형에서도 목성과 토성은 지구로부터 각각 2.4킬로미터와 5.6킬로미터 떨어져 있으며, 커다란 비치볼만 하다. 천왕성과 해왕성은 축구공만 하고 지구에서 각각 11킬로미터와 19킬로미터 떨어져 있다. 행성 간의 이 엄청난 간격들이 우주선 설계자들과 엔지니어들에게는 크나큰 도전이다. 이 규모에서 보이저 1호와 2호 우주선은 집에서 각각 77킬로미터와 60킬로미터씩이나 떨어져 있는 금속성 먼지 티끌밖에 안 된다.

13세기의 위대한 대학자이자 도미니크회 수사였던 알베르투스 마그누스는 선현들과 마찬가지로 다른 세상들의 존재에 대해 의문을 품었다. 이 문제를 바라보는 그의 시각은 현대의 과학자라고 해도 손색이 없어 보인다. 말하자면, 그는 이 질문에 대해 "대자연을 연구하는 데 있어서 가장 참신하고 고귀한 질문들 중 하나"라고 생각했다.[3] 보이저 우주선이 태양계를 넘어 '위대한 여행'을 하기 전, 거대 가스행성들은 암호처럼 불가해했고 가장 큰 지상망원경들을 통해서나 간신히 분석되는 수준에 그쳤다. 수킬로미터 거리에 있는 비치볼과 축구공의 세세한 부분들을 관찰하려 한다고 상상해보라. 파이오니어 10호와 11호 탐사선으로 인해 해답을 알고 싶은 욕구는 더욱 커졌다. 두 탐사선은 1973년과 1974년에 목성을 근접비행했고 11호는 1979년에 토성을 향해 더 나아갔지만, 보다 선명한 사진들을 지구로 전송한 탐사선은 보이저 쌍둥이들이다. 1970년대에 들어서서 이 거대 가스행성들이 태양과 유사하게 수소와 헬륨으로 이루어진 구체라는 이론이 제기되었다. 이 행성들의 핵이 완전히 고체라면 아마 그 표면온도는 지구보다 수만 배 높고 표면압력도 수백만 배는 되었을 것이다.[4] 거대 가스행성들의 위성들은 수성이나 우리의 달처럼 그다지 흥미로울 게 없는 비활성 암석덩어리일 것으로 짐작되었다. 세상world이란 단어는 인간이 존재하고 생명의 사건들이 일어나는 장소를 일컫는 고대 영어 woruld에서 유래했다. 비인간적이고 생명이 사건을 일으키기에 부적합해 보이는 외태양계는 아직 '세상'이라는 이름이 어울리지 않는 듯하다.

그런데 혹시, 그게 아니라면? 보이저 호가 발사되기 딱 1년 전, 코넬대학의 천문학자 칼 세이건과 에드윈 샐피터는 상당히 도발적인 논문을 발표했다. 논문에서 두 사람은 거대 가스행성들의 대기 상층부의 온도에서라면 부유생명체floater가 서식할 가능성이 있다고 주장했다.[5] 두 사람은 지구의 생물학 범위를 초월하는 생명의 개념을 강력하게 밀어붙였다. 공기 중에서 생장하는 '기체 주머니', 언뜻 보면 공상과학 소설에나 나올 법한 엉뚱한 생각 같지만, 당시에는 어느 누구도 이 논문의 저자들이 틀렸다는 걸 증명할 수 없었다. 완전한 미지의 땅으로 모험을 떠나는 탐험가 같은 보이저들이 무엇을 발견할는지 아무도 몰랐기 때문이다.

중력을 훔쳐 달아나라!

아폴로 13호는 파손됐다. 지구에서 32만 킬로미터 가량 떨어진 곳에서 산소탱크가 폭발했다. 사령선의 파괴 수준이 너무 심각해서 어쩔 수 없이 13호의 비행사 세 명은 지구로 귀환할 때 '구명보트'로 쓰게 될 달착륙선Lunar Module으로 옮겨 탔다. 비행감독 진 크랜즈는 일단 달착륙작전을 중단하고 해결책을 고민했다. 사령선Command Module 엔진의 방향을 거꾸로 돌려 사령선을 지구로 향하게 하는 것이 가장 간단한 방법이었지만, 그런 식으로 엔진을 사용해도 안전한지 불확실했다. 그보다 더 큰 문제는 아폴로 13호가 이미 달의 중력권에 진입한 상황이라는 것이었다. 크랜즈가 대안으로 선택한 방법은 달착륙선의 엔진을 이용해서 우주선의 경로를 바꿔 달의 뒤편으로 돌아간 다음 달 중력의 '도움'을 받자는 것이었다. 성공하기만 하면 지구에 착륙하기 알맞은 궤도로 우주선을 올려놓을 수 있을 것 같았다. 말은 쉽지만 웬만한 담력이 없으면 실행하기 어려운 작전이었다. 중력의 도움을 받은 우주선이 비행사들을 무사히 지구로 귀환시켜줄 수 있을지, 온 세상이 숨죽이며 기다렸다.[6]

태양계 여행은 한마디로 중력과의 사투다. 이 싸움의 모든 양상이 탐사임무에 필요한 연료의 양에 영향을 미친다. 물론 그에 따른 비용도 엄청나게 달라진다. 우주선이 맞닥뜨리는 1차 관문은 지구의 중력권 탈출이다. 이 관문을 통과하려면 두 단계를 거쳐야 한다. 우주선을 궤도로 올려줄 덩치 큰 소모용 화학로켓을 투하하는 것이 첫 단계이고, 우주선에 탑재된 로켓으로 40퍼센트의 속력을 추가로 얻어서 지구의 중력을 탈출하는 것이 두 번째 단계다. 지구 중력 탈출속도는 초속 11.2킬로미터다. 이 관문을 무사히 통과한 우주선은 이번에는 태양의 손아귀에 걸려든다. 금성이나 수성까지 가는 우주선은 태양 중력의 품에 안기는 꼴이므로 그나마 쉬워 보일지도 모른다. 하지만 쉬운 것도 거기까지다. 진짜 문제는 표적에 가까이 갔을 때 드러난다. 착륙을 하든 가까이서 조사를 하든, 어떻게 속력을 줄일 것인가? 화성을 비롯한 외태양계 행성들까지 가는 것은 태양 중력의 파도를 거슬러서 헤엄치는 것과 같다. 태양은 멀리 있지만 덩치가 엄청나다. 그래서 지구를 벗어났다고 하더라도 목성까지는 초속 12.4킬로미터의 추가 속력이 필요하고, 토성까지는 초속 17.3킬로미터의 속력이 더 필요하다. 지구에서 목성까지 가려면 지구를 탈출하는 데 드는 에너지만큼이 더 필요하고, 토성까지는 그 두 배의 에너지가 더 필요한 셈이다. 간단히 말해 태양계를 완전히 벗어나기 위해서는 초속 42.1킬로미터라는 어마어마한 속도로 날아가야 한다. 그렇다면 이 모든 에너지를 어디서 조달할까?

속도와 에너지라는 두 마리 토끼를 잡기 위한 해답은 중력에 있다. 이 개념은 20세기 초반에 러시아의 이론물리학자 유리 콘드라트유크와 프리드리히 챈더가 토대를 쌓았고, 후에 미국의 수학자 마이클 미노비치가 더욱 섬세하게 다듬었다.[7] 중력도움을 처음으로 활용한 우주선은 1959년 러시아가 달의 뒷면을 촬영하기 위해 쏘아올린 루나 3호였다. 1970년 나사는 이 작전을 모방하여 아폴로 13호를 구했다. 그 속을 잠시 들여다보자. 다가오고 있는 기차를 향해 테니스공을 던졌다고 상상해보자. 그 공은 기차를 맞춘 후 더 빠른 속도로 튕겨져 나온다. 왜냐하면 기차가 공에게 약간의 에너지를 전달했기 때문이다. 이번에는 당신에게서 멀어지는 기차를 향해 공을 던졌다. 아마 공은 던질 때보다 더 느린 속도로 당신을 향해 튕겨져 올 것이다. 기차가 공의 에너지를 빼앗아갔기 때문이다. 신기하게도 에너지는 더 생기지도 사라지지도 않는다. 기차가 당신을 향해 달려오고 있을 때 당신이 던진 공은 실제로 기차의 속도를 늦췄다. 기차가 워낙 큰 데다 상상할 수도 없을 만큼 미세하게 감속했기 때문에 감지하기 어려울 뿐이다. 기차가 당신에게서 멀어질 때 던진 공은 비록 무시할 만한 수준이지만 기차의 속도를 높여주었다. 중력은 텅 빈 공간에 작용하기 때문에 물리적인 접촉은 없다. 우주선이 자신보다 느리게 움직이는 행성의 진행방향 앞쪽에서 접근하면 행성에게 약간의 에너지를 전달하면서 속도가 느려진다. 반대로 자신보다 빠른 속도로 움직이는 행성의 진행방향 뒤쪽에서 접근할 때는 행성으로부터 에너지를 얻어서 속도가 빨라진다. 이 개념은 행성들뿐 아니라 위성들에도 통한다.[8]

파이오니어 10호는 나사의 우주선들 가운데 처음으로 중력도움의 혜택을 받은 우주선이다. 1973년에 목성과 만나면서 속도가 두 배로 늘었고 언젠가는 태양계를 벗어날 예정이다. 파이오니어 11호는 1년 늦게 발사되어 10호의 뒤를 따라갔다. 매리너 10호도 1974년 금성의 곁을 지나 수성탐사 여정에 올랐다. 그보다 최근에는 메신저MESSENGER 탐사선이 지구를 한 차례, 금성을 두 차례 근접비행flyby* 했고, 2011년에는 수성의 가장 안쪽 궤도로 진입하기 위해 수성을 세 차례 근접비행하면서 의도적으로 에너지를 잃었다.

태양계 바깥쪽으로 향하는 우주선들은 어떻게든 중력으로부터 추진력을 얻어야 한다. 거대 가스행성들을 탐험한 갈릴레오 호와 카시니 호 모두 중력의 '킥'을 한 방 얻어맞기 위해 금성을 돌아가는 우회로를 택했다. 실제로 에너지는 중력의 춤 속에 보존된다. 그래서 메신저 호가 수성을 이용해 속도를 늦추고 궤도에 진입했을 때, 사실 메신저 호는 수성에게 약간의 에너지를 주면서 태양으로부터 아주 조금 멀리 밀어버렸다. 그리고 파이오니어 호가 목성의 에너지를 조금 '도둑질'했을 때도, 사실 파이오니어 호는 이 거대한 행성을 아주 조금 태양 쪽으로 밀어버렸다.

1977년 여름, 플로리다 주 케이프 커내버럴에서 보이저 탐사선 두 대가 발사되었다. 보이저 호들의 발사체 타이탄III/센타우르는 목성까지 비행하는 데 필요한 에너지만 공급했다. 목성의 도움이 없었다면 이 우주선들은 태양을 기준으로 지구보다 더 가까워지지

• 중력도움을 뜻하는 용어는 gravity assist, swingby, flyby, slingshot 등 다양하다.

도 않고 목성보다 더 멀어지지도 않는 타원형 궤도에 갇혀 옴짝달싹 못하는 신세가 되었을 것이다. 그러나 나사의 엔지니어들은 적시에 목성을 근접비행하게 함으로써 목성이 두 우주선을 힘껏 밀어주도록 계획했다. 보이저 1호는 보이저 2호보다 나중에 발사되었지만, 태양계 가장 바깥쪽 행성들을 방문하겠다는 욕심을 버리고 처음에는 목성까지, 그리고 다음에는 토성까지 더 빠르고 더 일직선에 가까운 경로로 날아갔다. 명왕성을 들를 수도 있었지만, 그러려면 토성의 위성인 타이탄을 가까이서 볼 기회를 접어야 했다. 1998년 보이저 1호는 천천히 비행하고 있던 파이오니어 10호를 추월하면서 지구에서 가장 멀리 나간 인공물이 되었다. 보이저 2호는 조금 더 에두르는 경로를 택해 태양계를 통과했고, 네 개의 가스

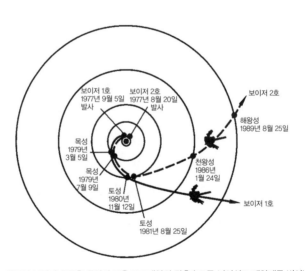

그림 4.1 쌍둥이 보이저 호들은 중력의 도움으로 태양의 탈출속도를 넘어섰고 태양계를 벗어났다. 보이저 1호는 나중에 발사되었지만, 보이저 2호보다 직선경로를 택한 덕분에 넉 달 먼저 목성에 당도했다. 두 우주선 모두 토성에 이르긴 했지만, 보이저 2호만 천왕성과 해왕성과 조우했다(나사/제트추진연구소).

행성들을 죄다 들렀다. 이 행성들과 만날 때마다 중력도움으로 약간의 추진력도 얻었다(그림 4.1).[9] 처음부터 보이저들은 176년마다 한 번 있는 절호의 기회를 이용할 작정으로 설계되었다. 즉 네 개의 가스행성들과 명왕성이 거의 완벽하게 일직선으로 정렬되는 때를 노린 것이다. 항공우주공학자 개리 플랑드로가 행성 간 '위대한 여행'에 이 정렬을 이용해야 한다고 나사를 설득했다. 그런데 예산 삭감으로 보이저 호 계획은 본래의 규모보다 축소된 버전으로 진행되고 말았다.

이렇게 멋진 '구식' 장비라니!

쌍둥이 장거리 탐험가들의 필수품은 무엇일까? 보이저들은 말 그대로 거의 쌍둥이처럼 닮은 우주선이다. 무게는 두 대가 모두 약 800킬로그램씩 나가며, 소형 자동차만큼 작다. 쌍둥이의 심장은 각종 전자장비들이 담겨 있는 십면체인데, 하이드라진hydrazine이라는 연료가 담긴 구형의 탱크도 이 심장 안에 있다. 심장에는 지름 3미터의 고이득 안테나high-gain antenna가 달려 있다. 이 안테나 덕분에 수십억 킬로미터 밖에서 작은 점으로 멀어지고 있는 와중에도 고향 행성과 연락을 주고받고 있다. 십면체 심장 한쪽에는 금으로 도금된 LP 레코드판이 부착되어 있는데, 누가 봐도 생뚱맞은 이 레코드판에 대해서는 나중에 다시 이야기하기로 하자.

보이저에는 10개의 과학장비가 탑재되어 있으며, 모두 십면체 심장에서 뻗은 기둥들에 부착되어 있다. 카메라와 분광기를 비롯해 주로 자기장, 하전입자, 우주선宇宙線, cosmic ray, 전파 등을 측정하는 장비들이다. 비디오카메라는 1950년대에 RCA 사에서 개발한 제품을 바탕으로 제작된 것이다. 너무 구식이라 쓸모가 있을까 싶지만, 보이저에 장착된 비디콘vidicon은 굉장히 튼튼하기도 하거니와 무엇보다 어디 한 군데 나무랄 데 없이 잘 작동했다.[10] 해왕성과 조우하기까지 보이저 계획에 소요된 비용은 8억 6,500만 달러나 되지만, 태양계를 벗어나면서부터는 찔끔찔끔 들어가고 있다. 1마일당 5센트(1.6킬로미터당 60원) 수준이니, 연비 좋다고 소문난 도요타 프리우스를 굴리는 것보다도 저렴하다. 실제로 보이저들의 연비는 그보다 훨씬 더 좋다. 보이저들의 발사체에는 각각 700톤의 연료가 실려 있었다. 그것만 따지면 지금까지 보이저들은 1리터당 3만 4,000킬로미터를 주행한 셈이다!

태양계 바깥쪽으로 갈수록 태양에너지가 부족하다. 즉 우주선까지 도달하는 복사에너지가 너무 적다. 보이저의 선체에는 방사성 동위원소 열전기 발전기Radioisotope Thermoelectric Generator, RTG가 탑재되어 있다. 이 발전기 세 대가 선체에서 뻗은 기둥에 부착되어 있다. 앞서 바이킹들과 파이오니어들도 RTG를 사용했으며, 보이저의 뒤를 이은 갈릴레오, 율리시스, 카시니, 뉴호라이즌스까지도 RTG를 동력으로 이용했다. RTG는 산화플루토늄을 담고 있는 주먹 크기의 방사선원을 이용해서 열을 발생시키는데, 이때 발생한 열은 지속적으로 전기로 전환된다.[11] 플루토늄-238은 반감기가 약 88년이고, 핵무기에 사용되는 플루토늄-239와는 전혀 다르다. 보이저들은 발사될 때 출력이 470와트까지 올라갔지만, 지금은 약 250와트로 줄었다. 핵물리학적으로도 이 우주선들의 동력은 서서히 감소할 수밖에 없다. 동력이 약해지면서 각종 장비들도 하나씩 꺼지고 있다. 몇 년 안에 자이로스코프가 멈출 테고, 2020년대 중반 즈음이면 보이저들은 고요히 잠들 것이다.

이 쌍둥이들은 정말 놀랍도록 작은 탐사선이다. 더욱이 요즈음 기준에서는 몹시 노쇠하고 한물간 것처럼 보이지만 쌍둥이 탐사선들은 35년이 지난 지금도 꾸준히 과학적 사실들을 발견하고 있다. 한번 생각해보자. 이 탐사선들은 초당 160비트의 속도로, 쉽게 말해 우리가 말하는 속도보다 느린 속도로 정보를 전달하고 있다. 기본 광대역 인터넷 서비스와 비교하면 무려 2만 5,000배나 느린 속도다. 그런데 백열전구 세 개에 들어가는 것보다 적은 전력으로 이일을 해내고 있다. 더군다나 얼마나 알뜰한지 160억 킬로미터를 여행한 뒤에도 가지고 있는 하이드라진 연료 100킬로그램 중에서 아직 절반밖에 쓰지 않았다! 지구에서 8트랙 테이프 데크와 LP 레코드는 중고시장에나 가야 구경할 수 있지만, 태양계 가장자리에서 이것들은 여전히 최첨단 기기들이다. 무엇보다 보이저들은 이른바 뉴미디어 기술에서도 결코 구세대가 아니다. 트위터 팔로워 수만 평균 40만 명이 넘으며, 특히 보이저 2호는 트위터에 어찌나 많은 글을 올리는지 수다스러울 지경이다.

에드워드 스톤은 중년기에 접어든 쌍둥이 탐사선들의 '아버지'나 다름없다. 제트추진연구소 소장과 캘리포니아공과대학의 물리, 수학 및 천문학부 학과장을 역임했던 스톤은 그야말로 화려한 경력의 소유자다. 현재도 미국 국립과학원 회원이고, 미국 국가과학상과 나사 최고의 상인 공로훈장을 받은 바 있다. 또한 자신의 이름을 딴 소행성 5841도 갖고 있다. 나사의 우주탐사 임무들 중 아홉 번의 탐사임무에서 수석 연구원으로 일했지만, 보이저들에 대한 그의 마음은 더욱 각별하다. 1972년 보이저 계획이 처음 출범할 때부터 참여했고, 80세에 가까운 지금도 그의 사전에 은퇴나 게으름 따위는 없다. 스톤은 보이저들과 끝까지 함께 별들 사이 우주 깊은 곳까지 가볼 작정이다. 2011년의 한 인터뷰에서 스톤은 스스로 감흥에 젖어 이렇게 말했다.

"이보다 더 멋지고 짜릿한 여행이 있을까요. … 우리는 지금 한 번도 상상하지 못했던 사실들을 발견하고 있는 겁니다. 지구가 속해 있는 미지의 환경을 더 분명하게 이해하고 있는 중이지요. 저는 지금도 눈을 감으면 모든 일들이 생생하게 떠오릅니다."[12]

태양계 가족을 소개합니다

———

보이저들은 그동안 대략의 윤곽만 듬성듬성 연구돼왔던 태양계를 해부하고, 네 개의 거대 가스행성들과 그 행성들의 고리, 자기장 그리고 48개의 위성들을 채워서 가족사진을 완성했다. 이 우주선들이 더하고 수정한 내용들은 천문학 교과서를 다시 쓰기에도 충분했다.[13] 중요한 가족 구성원들에 대해 어떤 사실들이 밝혀졌는지 잠시 살펴보자.

1번 주자는 목성이다. 이 덩치 큰 가스행성은 태양계 다른 행성들을 모두 합한 것보다 두 배 이상 무거우며 지구보다는 무려 320배나 무겁다(그림 4.2). 1979년 보이저들은 4개월 간격으로 차례로 목성에 당도했다. 수세기 동안 망원경으로 관측했음에도 불구하고, 목성은 신비롭고 놀라웠다. 대적점Great Red Spot은 지구를 삼키고도 남을 만큼 거대한 고기압성 소용돌이임이 밝혀졌다. 그것도 단일한 소용돌이가 아니라 그 주변에 크고 작은 소용돌이와 소규모 폭풍들

그림 4.2 지구와 목성의 크기를 비교한 사진. 이 사진에 보이는 대적점처럼 목성의 대기에서 일어나는 가장 거대한 현상은 그 크기가 지구와 맞먹으며 몇 세기 동안 지속된다. 보이저 탐사선들은 네 개의 거대한 가스행성 대기의 특징들을 유래 없이 세밀하게 촬영했고, 이 행성들이 암석질의 핵을 보유하고 있다는 간접적인 증거도 전송해주었다(나사 행성사진집).

을 거느린 거대한 소용돌이 단지였다. 파이오니어 호가 근접비행한 이후 6년 동안 이 소용돌이의 색깔은 오렌지색에서 짙은 갈색으로 변해 있었다. 보이저들은 목성 뒤편을 지나면서 밤이 된 목성의 반구에서 번쩍이는 번개도 목격했다.[14] 보이저 1호는 목성 둘레에서 안쪽의 위성들이 고속으로 충돌할 때 분사된 먼지들로 형성된 아주 흐릿한 고리계ring system를 발견했다.[15] 목성의 고리들은 토성의 고리보다 인상적이진 않지만, 과학적인 측면에서는 토성의 고리들 못지않게 흥미롭다. 가장 주요한 고리는 목성의 중심으로부터 12만 2,000킬로미터에서 12만 9,000킬로미터쯤 떨어져 있다.

보이저 1호는 목성의 제법 큰 위성 두 개를 발견했는데, 바로 테베와 메티스다. 두 위성은 모두 모양이 불규칙하다. 가장 넓은 부분을 기준으로 테베의 지름은 116킬로미터이고, 메티스는 60킬로미터에 불과하다.[16] 보이저 2호는 가로 폭이 20킬로미터로 작은 마을 정도밖에 되지 않는 위성 아드라스테아를 발견하면서 본격적인 활동에 돌입했다. 하지만 보이저 2호가 진짜 우리를 흥분시킨 발견은 목성에 가장 가까이 있는 위성이자 태양계에서 네 번째로 큰 위성인 이오에서 일어났다. 마치 곰팡이 핀 오렌지처럼 얼룩덜룩한 황갈색 표면의 이 기괴한 암석 덩어리는 사실 태양계에서 지질학적으로 가장 활동적인 곳이다. 보이저는 그 얼룩들 사이에서 폭발 중인 화산을 아홉 개나 발견했다. 최초로 지구가 아닌 다른 곳에서 격렬한 화산활동을 목격한 것이다. 이오의 표면 위 480킬로미터까지, 시속 3,200킬로미터에 가까운 속도로 연기기둥이 솟구쳐 올랐다.[17] 이오의 표면에는 400개 이상의 화산들이 점점이 흩어져 있는데, 전부 다 활화산은 아니다.

어째서 이오는 그렇게 활발할까? 보통, 행성의 위성들은 내부의 암석들이 지각 변동을 일으킬 만큼 충분한 방사성 열을 방출하지 않기 때문에 지질학적으로 죽어 있다. 그런데 이오는 옆에 있는 목성뿐 아니라 세 개의 갈릴레오 위성들Galilean moons*, 가니메데, 칼리스토, 유로파와도 중력의 '줄다리기'를 하고 있다. 라켓볼을 계속 튕기면 따뜻해지는 것처럼 끊임없이 밀고 당기는 힘겨루기로 이오의 내부가 뜨겁게 데워진 것이다. 이오는 목성의 중력이 잡아당기는 힘 때문에 모양이 약간 찌그러져 있는데, 이처럼 중력으로 인해 일그러진 천체의 부분을 가리켜 조석 팽대부tidal bulge라고 부른다. 이오의 경우 92미터나 팽대되어 있다. 달에 의해 부푼 지구의 단단한 부분이 대략 30센티미터 남짓인 것과 비교하면 엄청나게 팽대된 셈이다. 화산에서 분출된 황과 산소 원자들은 이오를 빙 둘러 플라스마 토러스**를 형성하는데, 수백만 킬로미터 떨어진 곳에서도 목성의 자기권 가장자리 오른쪽에 이 이온화된 원자들이 그린 무늬가 관찰되었다. 이따금씩 이오의 표면을 붉은색, 오렌지색, 누런색으로 칠하면서 용암이 흘러내린다. 용암에서 내뿜는 황화합물질은 매년 이오의 표면 전체를 1인치 두께로 덮을 만큼 엄청나다.

'목성의 아기들'인 다른 갈릴레오 위성들 역시 저마다 개성이 뚜

• 또는 갈릴레이 위성들, 1610년 갈릴레오 갈릴레이가 목성 주변에서 발견한 네 개의 위성을 말한다.
•• 이오를 둘러싼 플라스마 고리를 가리킨다.

렷하다는 사실이 밝혀졌다(plate 5). 가니메데는 태양계 전체에서 가장 큰 위성으로, 심지어 수성보다도 크다. 천문학자들이 2006년 왜소행성으로 강등시키는 바람에 왠지 사생아처럼 가련해 보이는 명왕성보다는 무려 두 배 이상 크다. 가니메데는 지형도 갖고 있다. 충돌구들과 균열들이 곳곳에 있는데, 이런 지형들은 가니메데가 지각 변동을 겪은 흔적으로 여겨진다. 암석과 얼음이 뒤섞여 가니메데의 표면을 덮고 있다. 최근에는 얼음으로 덮인 표층 아래 액체상태의 바다가 존재한다는 사실이 관측되기도 했다.[18] 보이저들은 또한 칼리스토에서 이 위성을 산산조각 내버릴 만큼 엄청난 폭발을 암시하는 흔적들과 함께 거대한 크레이터들을 발견했다. 그런데 이 크레이터들은 신기하리만치 매끄럽고 지형의 기복도 거의 없었다. 이는 어느 순간 얼음물이 크레이터들 위로 흐르고 그 내부를 채웠음을 암시한다.

유로파는 처음으로 그 영상이 지구로 전송되었을 때 탐사임무에 참여한 과학자들의 마음을 가장 강렬하게 사로잡은 위성이다. 보이저 1호가 보내온 저해상도 영상에는 유로파 표면에 어지러이 교차하고 있는 선들이 포착되었다. 보이저 2호가 보내온 고해상도 영상들은 호기심을 더욱 자극했다. 유로파 표면은 너무 밋밋하고 매끄러웠는데, 우리가 익히 알고 있듯 지각판들이 서로 미끄러져 겹쳐지고 충돌하는 지각운동으로는 도저히 그런 표면이 만들어질 수 없다. 유로파 표면이 부빙浮氷으로 덮여 있다는 설명 말고는 어떤 해석도 설득력이 없었다. 그 밖의 관측들을 통해서 유로파 표면에 있는 부빙 수킬로미터 아래에 수십 킬로미터 깊이의 액체 바다가 존재한다는 추측이 제기되었다. 그 덕분에 유로파는 향후 탐사선들이 노려야 할 가장 매력적인 목적지로 등극했다.[19]

1980년과 1981년 보이저들은 차례로 토성 근접비행을 실시했다. 이 쌍둥이 우주선들은 목성의 고층 대기권에 접근할 때보다 네 배 더 가까이 토성에 접근했다.[20] 이전에도 토성의 웅장하고 화려한 고리들은 많은 궁금증을 자아냈고 경이로움의 원천이었다. 가까이서 본 그 고리들은 믿기지 않을 만큼 세밀한 구조를 갖고 있었다. 여러 개의 고리들이 동심원을 이루고 있었고, 고리 사이 간격이 크고 흐릿한 것에서 칼로 자른 듯 선명한 것들까지 다양했다. 뿐만 아니라 카메라에는 방사상으로 뻗은 빗살들, 뒤틀린 부분들, 섬세하게 꼬인 부분들도 포착되었다. 저속으로 촬영한 영상 속에서는 이런 특징들이 나타났다가 사라지기를 반복했다. 토성의 고리들은 얼음과 암석 입자들로 이루어져 있는데, 현미경으로나 볼 수 있을 만큼 작은 것에서 집채만 한 것까지 크기도 다양했고, 작고 모양이 불규칙한 여러 위성들의 호위를 받고 있었다.

토성을 비롯한 거대 가스행성들의 고리들은 미묘하고 놀라운 중력 춤의 소산이다. 유일한 안무가인 뉴턴의 '중력의 법칙'만을 따라서, 암석과 먼지 같은 물질들이 섞인 원반이 아주 복잡한 구조를 이루며 자연스럽게 발달한 것이다. 공전주기가 간단한 정수비를 이루는 작은 두 위성들의 궤도에서는 공명이 일어난다. 이 경우 두 위성은 상호작용을 하며 서로의 위치를 재배치하거나 다른 하나를 고리계에서 밀어낼 수도 있고, 둘 중 하나가 고리 안에서 미세한 입자들을 빨아들이면서 방사상의 독특한 모양을 형성할 수도 있다. 어떤 공명은 1:2:4의 비율로 공전주기를 갖는 목성의 위성 가니메데, 유로파, 이오처럼 안정적인 궤도를 형성한다. 그네를 타고 있는 아이가 있다고 가정해보자. 아이가 탄 그네가 오르락내리락할 때마다 한 번씩 그네를 밀어줄 수도 있고, 두 번에 한 번씩 또는 세 번에 한 번씩 밀어줄 수도 있다. 이렇게 밀어주는 주기를 달리함으로써 우리는 아이가 탄 그네의 운동 범위를 일정하게 유지하거나 바꿀 수 있다. 궤도공명의 원리는 밝혀졌지만, 토성 고리들에서 나타나는 미묘한 특징들은 아직까지 다 밝혀지지 않았다.

보이저는 또한 토성의 거대한 달 타이탄을 재방문할 장소로 점찍어두었다. 타이탄은 질소가 풍부한 제법 두꺼운 대기층을 갖고 있으며, 표면에 액체상태의 에탄과 메탄이 흐르고 있는 것으로 추측된다. 다음 장에서 더 자세히 살펴보겠지만, 타이탄은 20년이 지나서야 카시니를 통해 그 응당한 대접을 받게 된다.

어둡고 음산한 천왕성과 해왕성은 태양계 가족의 일원이면서도 보이저 이전에는 거의 관심을 얻지 못했다. 보이저 2호가 태양계 행성 중에서 가장 바깥쪽에 있는 이 두 행성을 단독으로 근접비행하면서 발견한 가장 놀라운 사실은 이 행성들의 자기장이 자전축에서 상당히 멀리 기울어져 있다는 것이다. 보이저가 전송한 자료에 따르면 천왕성의 위성은 5개가 아니라 그 세 배인 15개나 됐다. 현재까지 알려진 천왕성의 위성은 27개다. 대부분 윌리엄 셰익스피어의 희곡에 등장하는 인물들의 이름을 따서 명명되었고, 알렉산더 포프의 시 〈머리카락을 훔친 자The Rape of the Lock〉의 등장인물에서 이름을 따온 위성도 몇 개 있다. 해왕성의 위성도 3개에서 7개로 두 배 가까이 늘어났다. 현재까지 해왕성의 위성은 14개가 알려져 있으며, 그리스 로마 신화 속 해양 신들의 이름을 따서 명명되었다.

천왕성의 5개 주요 위성 중 가장 안쪽에 있는 미란다는 아주 기묘한 위성이다. 지름이 470킬로미터밖에 안 되는 작은 위성임에도 거대한 협곡과 높이가 16킬로미터나 되는 단구를 갖고 있고, 생성된 지 오래된 표면과 얼마 안 된 표면이 뒤섞여 있다. 보이저팀의 과학자들은 깨진 위성의 파편들이 다시 뭉쳐져 미란다를 형성했을 것으로 추측했지만, 현재는 미란다가 지금보다 치우친 궤도를 갖고 있었을 때 조석 가열tidal heating*로 인해 지형이 형성되었으리라는 추측이 지지를 얻고 있다.

해왕성은 태양계 가족사진 가장자리를 빙글빙글 돌고 있다. 이 차갑고 그늘진 행성에는 시속 1,930킬로미터로 윙윙거리며 몰아치는 바람도 있고, 목성의 대적점과 맞먹는 대암반Great Dark Spot도 있다.[21] 해왕성의 가장 큰 위성인 트리톤Triton은 해왕성에 포획된 후 약 10억 년 동안은 용융한 상태였을 것으로 추정된다. 트리톤 표면에서 간헐온천들이 희박한 대기로 검댕과 질소가스를 게워냈을 것이다. 트리톤은 현재 태양계에서 가장 추운 곳이다. 섭씨 영하 235도쯤 되는데, 그런 곳에서는 입김을 내쉬자마자 딱딱하게 얼어버릴 것이다.

---

* 공전 및 자전하는 천체가 곁에 있는 천체의 중력에 의해 밀고 당겨지는 과정이 반복되면 내부에 마찰에 의한 열이 발생한다. 즉 조석력에 의해 열이 발생하는 것이다.

태양계 저 너머에는 무엇이 있을까

'크리프 미션$_{creep\ mission}$'은 나사 안에서만 쓰는 일종의 은어다. 개발 중인 임무에 새로운 목표 또는 능력들(대개는 추가 비용과 관련된 능력)을 추가해야 하는 상황에서 이 은어를 쓴다. 부정적인 분위기를 풍기는 은어지만, 보이저 우주선에는 명예의 배지나 다름없다. 본래 이 두 행성탐사선의 임무기한은 5년이었다. 보이저들이 목성과 토성에 대한 모든 임무를 다 수행하고도 천왕성과 해왕성이라는 태양계 가장 바깥 행성들까지 근접비행을 수행했을 때, 이 프로젝트 기획자들은 두 우주선의 매력에 압도되고 말았다. 5년이었던 임무기한은 12년으로 연장되었다. 우주선이 지도에도 없는 미지의 영역으로 달려가면서 보낸 신호가 제트추진연구소로 되돌아오는 데에도 하루가 넘게 걸렸다. 엔지니어들은 보이저들이 더 자율적으로 작동할 수 있도록 원격조정 프로그램을 개선할 방법을 모색했다. 지구로부터 멀어질수록 이 우주선들의 고이득 안테나 감도도 점점 더 약해졌다. 현재 심우주통신망$_{Deep\ Space\ Network}$*에 감지되는 보이저들의 전력은 10^{-16}와트(백열전구의 10억 곱하기 10억분의 1)밖에 안 된다.[22]

태양계 너머에는 무엇이 있을까? 해왕성은 30AU**, 그러니까

---

* 나사에서 운영하는 통신시설로 미국 캘리포니아, 스페인, 호주에 위치하고 있다. 태양계 공간에서 운용되는 우주선들과의 통신을 위해 사용되며, 우주에서 오는 전파를 관측하는 데에도 사용된다.
** Astronomical Unit. 태양과 지구 사이의 평균거리를 1AU라고 한다.

지구와 태양 사이 거리의 30배쯤 떨어져 있다. 30AU에서 50AU 사이에는 소행성대와 비슷한, 파편들로 이루어진 거대한 고리가 있다. 카이퍼 벨트Kuiper Belt라고 불리는 이 고리에는 왜소행성들을 포함하여 지름이 50킬로미터가 넘는 약 10만 개의 암석들이 넓게 퍼져 있다.[23] 태양계의 경계가 어디이며, 어디서부터 성간우주가 시작되는지에 대해서는 아직 명확한 합의에 이르지 못했다. 태양은 고층 대기권 밖으로 고에너지 하전입자들을 분출하고 사방으로 퍼뜨린다. 이 태양풍은 시속 160만 킬로미터의 속도로 우리를 쏜살같이 지나가면서 태양권heliosphere이라고 불리는 텅 빈 영역 또는 일종의 거대한 거품을 형성한다. 태양권은 태양풍이 태양계 내의 모든 행성들을 지나, 우리 은하의 별들 사이를 메우고 있는 희박한 수소와 헬륨 기체들과 만나는 곳에서 끝난다. 쾌속 질주하던 태양풍이 음속 이하의 속도로 느려질 때는 충격파가 발생한다. 천체물리학에서 이 충격파가 발생하는 경계층의 위치는 풀리지 않은 가장 큰 미스터리 중 하나다.

보이저들은 태양계 바깥의 거의 진공에 가까운 영역에서 벌어지는 비가시적인 작용들을 진단하기 위한 몇 가지 묘책을 갖고 있다. 이 우주선들은 태양 자기장의 강도와 방향을 분석할 뿐 아니라 태양풍 입자들의 조성과 방향, 에너지까지 분석할 수 있다. 또 태양권 너머에서 방출되는 전파의 강도도 조사할 수 있다. 태양권의 경계에서 시속 160만 킬로미터이던 태양풍의 속도는 갑자기 느려지고 입자들은 더 촘촘하고 뜨거워진다. 2004년 12월 보이저 1호가 바로 이 충격파의 경계를 넘어섰다.[24] 그로부터 몇 년 후, 보이저 2호도 쌍둥이 형을 따라 미지의 영역으로 들어갔다. 최근의 분석결과는 더욱 놀라웠다. 태양계의 가장자리는 잔잔하기는커녕 폭이 1억 6,000만 킬로미터가 넘는 자기거품들이 일대 혼란을 일으키며 부글거리고 있었다. 이런 자기거품들은 멀리 있는 태양의 자기장선들이 흐트러졌다가 재배열되면서 생성되는 구조들이다. 이 거품들이 관측되기 전까지 우리는 태양계 너머의 우주가 잔잔하고 별 특색 없이 단조로울 것으로 예측했다. 2010년 12월 보이저 1호는 태양계 너머에서 태양풍 입자들의 속도가 제로가 되는 것을 목격했다. 태양풍의 정체停滯는 전혀 예상하지 못한 현상이었다. 어쩌면 보이저들이 새로운 영역의 관문을 넘어서 별들 사이의 광막한 우주로 들어갔음을 의미할 수도 있다.

보이저 프로젝트는 인간이 수행한 어떤 프로젝트보다 야심차고 도전적인 임무다. 지금까지 매년 1만 3,000명이 이 우주선 프로젝트에 매달렸는데, 이집트의 쿠푸 왕이 기자 지구에 죽은 파라오의 영혼이 별들과 기거할 수 있도록 오르막 통로를 낸 대피라미드를 건설할 때 동원한 노예들의 절반에 해당한다.[25] 그로부터 4,500년이 지난 지금, 우리는 다른 세상들을 향해 쾌속으로 질주하는 로봇 밀사들 덕분에 파라오들이 그토록 원했던 그곳까지 오르막 복도가 아닌, 직통으로 갈 수단을 갖고 있는 셈이다.

우주의 루브르박물관을 거닐며

1944년 《라이프》에 타이탄과 다른 위성들에서 바라본 토성을 실감나게 묘사한 체슬리 본스텔의 그림이 실렸다. 이 그림은 우리가 언젠가 태양계 바깥에서 발견하게 될 풍경들에 대한 대중의 상상력에 불꽃을 당겼다. 보이저 프로젝트는 거대 가스행성들과 그들의 위성의 모습을 분명하게 보여줌으로써 천문학자들이 오랫동안 막연하게 마음으로 그리기만 했던 풍경이 사실임을 확증해주었다. 그들이 추측했던 것처럼 지구는 어느 정도까지는 다른 세상에서 일어나는 기상과 지질학적 작용들을 가늠하게 해주는 견본이었다. 세르주 브루니에가 설명했듯 "안개, 구름, 빙하, 계절의 순환, 공기로 인한 침식 그리고 화산활동까지, 이 모든 것은 우주적 현상이다."[26] 그럼에도 태양으로부터 수십억 킬로미터 떨어진 세상들에서 일어나는 지질학적 작용들을 실제로 목격한 과학자들과 전 세계의 우주 마니아들은 놀람과 동시에 완전히 넋을 잃었다. 가까이서 바라본 목성의 위성들은 주인 행성의 중력 조석으로 굴곡진 모양을 하고 있었고, 이는 내부열internal heating이 존재한다는 사실을 암시했다. 깊숙이 바다를 숨기고 있을지도 모르는 유로파의 얼음으로 덮이고 균열이 나 있는 표면, 액체 메탄이 흐르는 타이탄의 바다 등 위성들은 하나같이 기기묘묘하고 매력적인 지형들을 갖고 있었다.

행성과의 조우는 각종 언론의 지면을 빼곡하게 채우면서 전 세계인의 이목을 끌었다. 1980년 11월 보이저 1호가 토성에 도착했을 때, 헨리 데슬로프와 로널드 스콘에 따르면 대략 1억 명의 사람들이 나사의 제트추진연구소에서 진행된 생방송으로 채널을 돌렸고, 세계 각지에서 모인 500여 명의 기자들이 무인 우주탐사 역사상 최초로 각국으로 뉴스를 내보냈다.[27] 보이저 탐사계획에 대중의 관심이 그토록 맹렬했던 것도 사실 전혀 놀랄 일이 아니었다. 보이저는 글자 그대로 사상 최초로 다른 세상들의 지도를 그리는 장면을 우리의 거실로 쏘아주고 있었던 것이다. 보이저 1호가 태양계에서 두 번째로 큰 행성과 조우하는 장면에 대해 제트추진연구소의 전임 소장 브루스 머리는 "《타임》과 《뉴스위크》 모두 토성을 커버스토리로 다뤘다. 패서디나에서 날마다 쏟아지는 생방송 프로그램은 캐나다에서 핀란드, 심지어 일본 시청자들의 안방까지 방영되었다. 웅장하고 화려한 고리들에 둘러싸인 토성의 다채로운 영상들은 순식간에 팝아트 문화의 상징이 되었다"고 썼다. 토성의 기후는 목성보다 훨씬 더 난폭하다는 사실이 밝혀졌다. 1,930킬로미터 두께의 대기층에서는 시속 1,600킬로미터가 넘는 강풍이 불고 있었다. 머리는 당시 지미 카터 대통령이 토성에 부는 바람의 속도와 토성에서도 오로라가 발견되는지 궁금해 했다고 회상한다. 머리와의 전화통화에서 지미 카터 대통령은 이렇게 말했다.

"토성의 사진들이 정말 기막히게 아름답습니다. 어제 저도 두 시간 내내 그 장면들을 보았습니다. 제가 그렇게 오랜 시간을 일정에서 뺄 수 있으리라고는 상상도 못했어요."

1989년 여름, 보이저 2호가 해왕성과 그 위성 트리톤에 이르렀을 때도 이 탐사선에서 전송하는 흑백의 정지영상들이 생방송으로 방영되었다. 나사와 PBS, CNN은 보이저 2호와 해왕성의 조우를 처음부터 끝까지 중계방송하기 위해 프로그램을 개편했다. 머리는 텔레비전으로 중계되는 보이저의 근접 영상들이 과학자들뿐 아니라 일반 신청자들에게도 "우주의 루브르박물관 안을 거니는 듯한" 경험을 선사했다고 표현했다.

"수백만 명이 PBS의 프로그램 〈목성 감상Jupiter Watch〉과 ABC의 〈나이트라인Nightline〉, 칼 세이건의 〈코스모스Cosmos〉 시리즈를 시청했고, 일본, 영국, 멕시코, 남아메리카 등지의 시민들도 수시로 텔레비전 스크린에 뜨는 영상들을 감상했다. 보이저는 비밀리에 숨겨져 있던 추상화 매장지를 발굴한 것이다."[28]

칼 세이건은 보이저 영상과학팀의 일원이었고, 자신이 해설을 맡은 PSB의 프로그램 〈코스모스〉(1980)를 제작할 때 행성 근접비행을 영상화하는 작업에도 공동으로 참여했다. 또한 제트추진연구소의 보이저팀을 도와 컴퓨터 그래픽 영상도 제작했다.[29] PBS 〈코스모스〉 시리즈(그리고 동명의 저서)와 자니 카슨의 심야 토크쇼를 통해 세이건은 행성과학과 보이저 탐사임무를 널리 알리고 대중의 관심을 집중시키는 데 막중한 역할을 했다. 코넬대학의 수석 천문학자로 이미 명성을 떨치고 있던 세이건은, 대다수 천문학자들이 학자적 명성에 연연하여 몸을 사리고 있을 때도 천문학과 행성과학의 최신 발견들을 세상에 알리는 일에 헌신했다. 그는 우주에 매료된 일반 대중이 기대하고 원하던 바로 그것을 제공했다. 세이건은 고삐 풀린 듯 제어가 안 된 온실효과의 본보기로 금성의 대기를 연구하면서 나사의 프로젝트들을 지지했고, 천문학적 현상들과 행성에서 일어나는 현상들을 생생하게 묘사한 영상으로 세상에 즐거움을 선사했다. 보이저 호가 일단 해왕성 궤도를 지나 황도면에서 멀어지면, 태양계 규모에서 실제로 드러나는 지구의 모습을 사진에 담을 수 있을 것이라고 주장한 사람도 바로 칼 세이건이었다. (겉보기에는 그저 그가 붙인 이름대로 '창백한 푸른 점pale blue dot'처럼 신통치 않아 보일지라도 말이다.)

창백한 푸른 점

보이저가 전송한 놀라운 영상들 가운데 태양계의 차가운 외곽에서 지구를 찍은 보이저 1호의 사진만큼 이 광활한 우주 안에 있는 인류의 보금자리를 깊이 각인시켜준 사진은 없을 것이다. '창백한 푸른 점' 사진은 탐사임무뿐 아니라 우리 시대 전체를 통틀어 가장 의미 있고 중요한 성과 중 하나다.

1990년 2월 지구에서 59억 킬로미터 떨어진 곳에서 보이저 1호는 태양을 향해 60장의 사진을 찍었고, 그 후 3개월 동안 그 사진들을 지구로 전송했다. 촬영한 사진들 중 마지막 여섯 개 프레임 가운데 단 한 장에 인류가 존재한 이래 가장 먼 곳에서 바라본 지구가 담겨 있었다. 세이건이 이 사진을 찍어보자고 보이저 영상팀에 제안했을 때, 나사의 행정가들은 추가 영상을 찍으라는 명령을 전송하는 일도 만만치 않은 데다 그 자료들이 과학적으로 얼마나 유용할지도 불분명하다는 이유로 승인을 꺼려했다. 그러나 보이저 영상 관측 설계를 도왔던 행성학자 캔디스 한센을 비롯해 몇몇 사람이 사진을 찍어야 한다는 세이건의 주장을 지지하고 나섰다. 한센은 영상과학팀이 훗날 '가족사진Family Portrait'●이라고 불리게 될 그 사진을 얼마나 애타게 찍고 싶어 했는지 생생하게 기억한다.

"우리는 진심으로 지구를 찍고 싶었습니다. 그래서 우리는 지구 궤도가 태양으로부터 가장 멀어지는 지점을 찾아야 했지요. 나중에야 알게 됐지만, 지구가 그 지점에 있을 때 해왕성, 천왕성, 토성, 목성 그리고 금성까지 한 프레임에 다 잡히더군요."

세이건과 마찬가지로 한센은 수십억 킬로미터 밖에서 바라본 지구의 모습은 그 자체만으로도 "이 세상을 바라보는 전 세계인의 관점에 영향을 미칠 만큼 … 감격스러울 것"이라는 점을 알고 있었다.[30] 이보다 더 훌륭한 선견지명이 있을까?

그야말로 절호의 순간에, 비록 무지갯빛 띠 가운데서 포착되긴 했지만, 지구가 카메라에 포착되었다. 사진에서 보이는 인공적인 빛은 태양빛이 보이저 호에 반사되면서 나타난 것이다(그림 4.3). 세이건은 오히려 이 인공적인 빛의 띠가 이 광활하고 텅 빈 우주에서 우리 세상이 얼마나 조그마한지 강조해준다고 생각했다. 보이저 프로젝트의 공보담당관 위리에 판 델 바우데는 우리의 작은 세상을 또렷하고 효과적으로 포착한 단 한 장의 지구 사진을 포함하여 마지막 여섯 장의 사진을 입수하는 것이 실제로 얼마나 어려운 일이었는지 이렇게 설명한다.

● 행성사진Portrait of the Planets이라고도 하며, 보이저 1호가 59억 킬로미터 거리에서 여섯 개의 행성을 촬영한 60장의 사진을 이어 붙인 사진을 말한다.

그림 4.3 '창백한 푸른 점'은 1990년 59억 킬로미터 떨어진 곳에서 보이저 1호가 찍은 지구의 사진이다. 칼 세이건은 보이저의 카메라가 태양으로부터 산란된 광선을 등지고 지구를 향해 돌아서서 초점을 맞추게 하자고 요청했다. 이 사진은 우주 프로그램 역사상 가장 상징적인 사진이 되었다(나사/제트추진연구소-칼텍).

　그 사진들은 보이저에 탑재된 테이프 리코더에 저장되어 있었다. 심우주통신망─오스트레일리아, 마드리드, 캘리포니아 골드스톤에 있는 커다란 안테나들─은 마젤란과 갈릴레오 탐사 위성들의 자료를 수신하느라, 늙고 지친 보이저의 신호를 곧바로 수신할 수 없었기 때문이다. 3월 말쯤에야 우리는 그 영상들을 재생할 수 있었다. 마드리드 안테나에서 마지막 다섯 장 내지 여섯 장 가량의 사진들을 수신하려고 시도했으나 비가 내리는 바람에 데이터 전송이 차단되었고, 4월에 다시 시도했다. 이번에는 골드스톤 안테나를 사용했는데, 이 안테나의 하드웨어에 문제가 있다는 사실을 나중에야 발견했다. 그 여섯 장의 사진을 입수하는 데 또 실패한 것이다. 하는 수 없이 5월에 또다시 시도해야 했고, 마침내 그 사진들을 손에 넣을 수 있었다.[31]

빈 바호르스트는 "토성의 달 위에 서서 지구를 똑바로 바라보는 것, 그것은 우리 종만의 독특한 정체성을 행동으로 옮긴 것이다"라고 썼다.[32] 바호르스트는 태양계 변두리의 외행성에서 지구를 바라보는 것이 우리 인간의 집단의식을 근본적으로 바꾸어놓았다는 사실을 매우 정확하게 꿰뚫었다. 아폴로 탐사임무는 최초로 39만 킬로미터 떨어진 곳에서 지구를 바라볼 기회를 선사했다. 바싹 마르고 구멍이 숭숭 뚫린 달의 가장자리로부터 솟아오르는 불룩한 지구를 찍은 아폴로 8호의 '지구돋이Earthrise' 사진은 아폴로 17호가 찍은 '지구 전신사진Whole Earth'과 함께 20세기 유인 달착륙 프로그램의 본질을 밝힌 결정적인 이미지들 중에서도 단연 돋보였다. 아폴로 8호의 비행사 제임스 러벨은 1968년 12월 달의 궤도를 돌고 있는 우주비행사의 눈에 비친 지구에 대해 이렇게 말했다. "여기서 바라본 지구는 광대한 우주에 떠 있는 웅장한 오아시스다."[33]

이와 대조적으로 보이저가 운 좋게 슬쩍 포착한 지구는 텅 빈 심연에서 천천히 태양의 둘레를 돌고 있는 '점'에 불과했다. 45억 년 동안 우주라는 황무지에서 우리의 태양계는 단 한 번도 같은 길을 지나지 않았다. 물론 앞으로도 영원히 같은 길을 지나는 일은 없을 것이다. 창백한 푸른 점을 찍은 사진에는 우리가 미지의 새로운 방향으로 주춤주춤 나아가는 순간이 적나라하게 포착되었다. 그 한 장의 사진을 찍기 위해, 보이저는 우리의 삶과 이야기와 예술이 모두 담겨 있는 아주 작고 푸른 세상에 초점을 맞춘 것이다.

보이저의 황금 레코드

각각의 보이저 호에는 금도금된 동 축음 레코드판이 하나씩 실려 있다. 이 레코드에는 우리 은하 안 외계 행성에 있을지도 모를 문명에게 보내는 지구의 인사말이 담겨 있다(plate 6). 지구의 인사말은 다른 탐사선에도 실린 적이 있지만, 보이저에 실린 레코드가 각별한 이유는 최초로 우리의 목소리와 음악 그리고 사진들까지 담겨 있기 때문이다. 파이오니어 10호와 11호에는 우리 은하에서 태양의 위치를 알려줄 만한 주변의 가까운 펄서pulsar*들의 지도와 태양계의 구성, 세 번째 행성을 기준으로 한 나머지 행성들의 궤도 순서와 파이오니어 탐사선의 윤곽도, 그리고 인간의 외형과 양성의 상대적 체격을 알 수 있도록 정면을 향해 서 있는 남성과 여성의 모습을 그린 금속 현판이 실려 있다. 이와 대조적으로 보이저에는 이 탐사선을 우연히 발견할지도 모를 가상의 종들에게 건네는 인사말이 세목에 걸쳐 더욱 상세하게 실려 있다.

보이저 탐사선에 지구의 인사말을 싣자는 생각은 명실공히 존 카사니의 아이디어였을 것이다. 1975년부터 1977년까지 보이저 프

• 이 천체는 일정한 간격으로 전자기파를 방출한다.

로젝트의 감독을 맡았던 카사니는 1974년 10월 제트추진연구소의 핵심 사안 및 활동 정기보고서에 다음과 같은 문장을 휘갈겨 썼다. "우리의 태양계 바깥 행성 이웃들에게 메시지를 보내기로 한 계획이 누락되었음." 그리고 이렇게 덧붙였다. "메시지를 보내라!"[34] 카사니는 메시지 작성을 위해 칼 세이건에게 자문을 구했다. 그 일의 수장으로 칼 세이건만 한 적임자는 없었다. 세이건은 코넬대학의 천문학자 프랭크 드레이크와 함께 파이오니어 10호와 11호 금속 현판 개발팀을 조직했던 전력도 있었다. 세이건은 존재할지도 모르는 은하계 내의 문명들에게 인사말을 건네는 것이 대중에게 강력한 인상을 주리란 걸 알고 있었고, 두말않고 카사니의 제안을 수락했다. 그리고 곧바로 과학자와 교수, 경영자들로 나사 보이저 레코드 위원회를 조직했다.[35] 세이건은 공상과학 소설가 아서 C. 클라크, 로버트 하인라인, 아이작 아시모프에게도 추가적인 조언을 구했고, 드레이크를 포함하여 작가 앤 드루얀, 과학저술가이자 교수 티모시 페리스, 우주그림작가인 존 롬버그, 린다 살즈만 세이건을 주축으로 핵심 팀을 구성했다. 그중 드레이크는 1961년 우리 은하에 존재할 가능성이 있는 문명의 수를 계산하는 공식을 개발했던 장본인이고, 린다 살즈만 세이건은 파이오니어 금속 현판의 이미지를 직접 그린 실력가다. 이 핵심 팀이 선별한 메시지와 소리, 음악과 사진, 그리고 도표들이 지금도 행성 사이 우주의 심연을 질주하고 있다.

황금 레코드Golden Record의 가는 홈들에 새겨진 것은 지구의 소리를 담은 한 편의 에세이다. 소리와 글로 적힌 인사말과 혹등고래의 울음소리, 지구의 자연과 과학, 그리고 인간활동과 관련된 115장의 사진과 도표들, 90분짜리 음악까지. 보이저에 실린 행성 간 기록물의 편찬과정을 설명한 《지구의 속삭임Murmurs of Earth》에는 레코드에 삽입할 내용을 선별하고 이 특별한 지구의 발문跋文을 가장 잘 보존할 수 있는 매체를 결정하기까지 얼마나 심혈을 기울였는지 소상히 적혀 있다. 소리뿐 아니라 사진도 저장하여 텔레비전 영상처럼 출력되도록 일종의 축음 레코드를 사용하자는 의견을 낸 사람은 드레이크였다. 우주의 진공상태에서는 부식이 일어나지 않으므로 태양계 내에서 유성진流星塵이나 우주파편들과 충돌하지만 않는다면 레코드판은 적어도 10억 년 동안은 멀쩡할 것으로 추정되었다. 당시 12분짜리 소리 에세이에 담길 오디오 클립들을 취합한 드루얀은 그때 일을 이렇게 기억한다.[36]

"노아의 방주 임무를 떠맡은 기분이었다. 영원한 삶, 실제로 10억 년 동안 존재하게 될 지구의 음악과 소리를 우리가 결정하고 있었던 것이다. 우리는 경건하면서도 벅찬 마음으로 그 일을 수행했다."

소리 에세이는 벨연구소에서 케플러가 쓴 수학책 《우주의 조화Harmonica Mundi》를 소리로 변환하여 연주한 음악으로 시작한다. 드루얀의 설명이다.

"각각의 진동수는 행성을 상징한다. 가장 높은 진동은 지구에서 바라본 수성의 궤도운동을 상징하고, 가장 낮은 진동수는 목성의 궤도운동을 상징한다. ... 행성운동의 약 100년을 주기로 마디를 구분하여 녹음했다."

이 다음에는 원시지구를 상징하는 소리들, 이를테면 화산과 지진, 천둥과 진흙이 부글부글 끓어오르는 소리가 녹음되었다. 생명의 진화를 묘사하기 위해서 파도 소리, 비와 바람 소리 다음에는 귀뚜라미와 개구리 울음소리가, 그리고 그 뒤에는 새와 하이에나, 코끼리와 침팬지의 소리가 녹음되었다. 인간의 발소리, 심장박동, 음성과 웃음소리가 이어진 후에는 도구의 진화를 설명하기 위해 불꽃이 내는 소리와 부싯돌로 돌을 내려치는 소리가 아련히 들리면서 잦아든다. 그 후에는 애완견이 짖는 소리와 양떼의 울음소리, 대장간에서 나는 소리, 톱질하는 소리와 농사와 관련된 소리가 차례로 녹음되었다. 그 다음에는 칼 세이건이 제안한 라틴어 문구 Ad astra per aspera가 모스부호로 녹음되었다. 해석하면 '역경을 넘어서 별까지'라는 의미다. 이어서 20세기 우주탐사 기술의 발전 상황을 알리기 위해 마차가 덜그럭거리는 소리에서 자동차 소리, F-111기의 저공비행 소리, 그리고 새턴 5호가 발사되는 소리가 녹음되었다. 소리 에세이의 마지막은 인간의 두뇌활동을 전자기파로 기록한 소리와 엄청난 속도로 자전하며 붕괴하는 펄서에서 나오는 전파신호가 장식했다. 실제로 드루얀 본인의 뇌가 그 대상이었는데, 발달한 문명이라면 인간의 생각을 읽을 수 있으리라는 전제에서였다. 드루얀의 말마따나 "생명의 신호는 우주 깊은 곳에서 나오는 전파신호와 아주 비슷하게 들린다. 녹음해서 들어보면 인간과 별의 전자기 신호는 거의 구분하기 어렵다. 우리가 우주와 깊이 연결되어 있으며 우주에 존재의 빚을 지고 있음을 상징하는 것처럼 보인다."[37]

프랭크 드레이크와 예술가 존 롬버그는 황금 레코드에 삽입할 포토 에세이를 수집하고, 비인간 종들이 이해할 수 있을 법한 이미지들을 선별하는 작업을 맡았다. 롬버그는 아마도 이 세상 누구보다 많이 자신의 작품들을 우주로 보낸 사람일 것이다. 스피릿과 오퍼튜니티 로버에 실린 해시계도 그가 설계했고, 피닉스 착륙선에 장착된 DVD 〈화성의 비전Visions of Mars〉도 그가 제작했다. 이 DVD 에는 붉은 행성을 탐사하게 될 미래 세대들에게 보내는 메시지가 담겨 있다. 보이저에 실릴 음반을 위해서 드레이크와 롬버그는 곤충과 야생동물, 발레리나와 원주민 사냥꾼, 다양한 경치와 건축물들, 손을 찍은 엑스선 사진, 전파망원경, 우주에서 본 지구, 궤도선 상에서 우주유영을 하는 우주비행사를 표현한 사진과 그림들 115점을 편집했다. 두 사람은 지구의 아름다움을 전달하기 위해 심지어 석양도 포함시켰는데 "붉게 번지는 빛이 지구의 대기에 대한 정보를 담고 있다"고 생각했기 때문이다.[38]

보이저 음반의 알루미늄 표지에는 이 음반을 작동시키는 방법뿐 아니라 이 음반이 롬버그의 작품임을 알리는 내용이 섬세하게 새겨져 있다. 표지 오른쪽에는 사진들을 텔레비전 영상으로 시청할 때의 적당한 화면 비율과 첫 화면에 가장 먼저 단순한 원이 보여야 한다는 내용을 묘사한 삽화가 그려져 있다. 왼쪽에는 동봉된 축음기 바늘을 놓을 정확한 위치를 위와 옆에서 본 장면으로 그려넣었고, 이진법으로 계산한 정확한 rpm 숫자도 기록해 놓았다. 이 음반은 일반적인 LP 음반처럼 33 1/3rpm이 아니다. 가능하면 더 많은 자료를 담으려 했던 위원회는 음반의 플레이타임을 16 2/3rpm 으로 늦추면 더 많은 음악과 이미지를 넣을 수 있다는 사실을 알아냈다. 음반 표지의 오른쪽 하단에는 수소 원자가 가장 낮은 두 에너지 상태를 오가는 전환주기를 나타내는 그림이 그려져 있는데, 7억분의 1초에 해당하는 이 주기가 이진부호에서는 1에 해당한다.* 이 그림을 넣은 까닭은 음반의 정확한 회전속도를 알려주기 위해서이기도 하고, 왼쪽 하단에 있는 태양에 대한 펄서 14개의 위치를 나타낸 펄서 지도를 해석할 때 각 펄서의 정확한 전파주기를 이진부호로 변환했음을 알려주기 위해서이기도 하다.**

위원회는 예술 양식들 중에서도 유독 음악을 고집했는데, 음악적 표현이 가장 우주적인 수학의 언어이기 때문이다. 하지만 90분의 녹음 분량을 채울, 지구를 대표할 만한 음악을 선별하는 것은 몹시 고된 일이었다. 고심 끝에 우주 멀리 돌진할 음악으로 선택된 것은 자바 섬의 가믈란, 자이르의 피그미 소녀들의 초대의 노래, 일본의 샤쿠하치, 인도의 전통음악 라가, 멜라네시아의 팬파이프 연주곡, 페루의 팬파이프와 드럼 연주곡, 불가리아의 양치기 노래, 나바호 원주민의 밤의 창가, 뉴기니의 부족 음악, 루이 암스트롱이 연주한 재즈, 척 베리의 로큰롤, 그리고 모차르트와 바흐, 스트라빈스키, 베토벤이 작곡한 클래식 연주곡 등이었다. 특히 베토벤의 현악 사중주 제13번 내림나장조 작품번호 130의 카바티나 부분은 그 악보의 사진과 함께 실렸다. 카바티나 부분은 베토벤이 한 친구에게 눈물이 흐를 만큼 아낀다고 고백했다는 바로 그 부분이다.[39]

베토벤의 카바티나를 검토하던 중 드루얀은 바로 그 다음 작품의 악보에 베토벤이 적은 글귀를 발견했다. "천왕성에 있는 사람들

- 보이저 음반에는 동그라미 두 개가 그려져 있고, 그 안에 각각 숫자 1이 표기되어 있다.
- 펄서 지도는 태양을 기준으로 한 각 펄서의 위치를 전파주기에 따라 길고 짧은 직선들로 나타냈다.

이 내 음악을 어떻게 생각할까? 그들이 나를 어찌 알까?" 드루얀의 말마따나 베토벤은 틀림없이 "자신의 음악이 〔우리의〕 행성을 떠날 수도 있다고 생각했던 것 같다."[40] 베토벤의 직관적인 질문에서 자신의 시대를 훌쩍 초월한 한 예술가의 면모가 엿보인다. 그런 점에서, 그리고 청각장애를 갖고 있었다는 점에서 베토벤은 종종 제대로 이해받지 못했고, 때로는 괴팍한 사람으로 여겨졌다. 베토벤은 들판을 거닐며 출판업자로부터 마지막까지 거절당한 현악 사중주 제13번을 수정하면서 머릿속에서 연주되는 자신의 음악을 귀로는 들을 수 없을지언정 온몸으로 느꼈을 것이다. 그런 베토벤의 음악이 실제로 천왕성까지 여행했다는 사실, 또 지금 이 순간에도 보이저에 실려 오염되지 않은 행성들 사이의 공허를 쏜살같이 질주하고 있다는 사실, 이보다 더 조화로운 결말이 있을까?

은하 이웃 여러분, 안녕하세요

린다 살즈만 세이건은 지구 거주자들의 인사말 녹음을 책임졌다. 인간 종의 다양성을 반영하기 위해 위원회는 의도적으로 여러 문화와 언어별로 자원자를 모집했다. 가능하면 방언들도 포함시키려고 했다. 인사말 녹음팀은 가장 널리 사용되고 있는 언어들의 인사말뿐 아니라 아카드어나 수메르어, 히타이트어 같이 지금은 사용하지 않는 아주 오래된 언어들의 인사말도 녹음하기로 결정했다. 인간 중심적인 기록이 되지 않도록 혹등고래의 울음소리도 넣기로 했다. 칼 세이건의 말마따나 "행성 지구의 또 다른 지적 종에게도 별들에게 인사를 건넬 기회를 주기로" 한 것이다.[41]

실제로 혹등고래의 노래는 혹등고래들이 의사를 공유하는 한 형식으로, 지금은 수백 또는 수천 킬로미터 이상 떨어진 무리들과 문화교류 수단으로서 노래를 부른다는 사실이 밝혀졌다. 고래연구가 엘런 가렌드는 태평양 서쪽에서 동쪽까지 혹등고래 무리들 사이에서 특정한 노래가 전달된다고 보고한 바 있다. 혹등고래들은 서로에게 이 노래를 배우고 또 다른 고래들에게 가르치기도 하는데, 이는 "방대한 규모로 문화를 교환"하는 것이라고 가렌드는 말한다. 가렌드는 동료들과 함께 혹등고래들이 기존의 노래에 새로 배운 구절을 더한 노래를 집단에서 집단으로 전달한다는 사실도 증명했다.[42]

1970년대는 연구자들이 고래의 노래가 의도적인 의사소통이라는 사실을 막 깨달아가고 있는 시점이었지만, 드루얀이 행성 사이를 여행할 음반에 혹등고래의 노래를 녹음하고자 자문을 구했을 때 동물학자 로저 페인은 반색하며 이렇게 외쳤다. "당연한 결정이에요! 아, 이런 순간이 마침내 왔군요! … 1970년 버뮤다 해안에서 기막히게 아름다운 고래의 노래를 들은 적이 있었죠. 최고였습니다. 부디 그 노래를 보내주세요." 로저 페인이 준 테이프를 듣고 드루얀은 "그 테이프를 듣는 순간, 그 기품 있고 충만한 소리에, 너무나도 자유롭고 점점 더 환희에 차오르며 서로 이야기 나누고 싶어 하는 듯한 그 노랫소리에 우리는 완전히 넋을 잃었다. 그 노래를 수없이 반복해서 들었고, 들을 때마다 우리는 지금으로부터 10억 년 후, 우리가 상상하는 외계 생물이 어쩌면 우리에게는 불가해했던

지구 생물의 메시지를 이해할지도 모른다는 야릇한 기분을 느꼈다"고 말한다.[43]

보이저 음반에 녹음된 55명의 인사말은 매혹적이기도 했지만, 지금껏 몰랐던 흥미로운 사실을 알려주었다. 예상대로 몇몇 사람들은 평화를 기원하는 메시지를 전달했다. 그냥 "안녕"이라고 말한 사람도 여럿이었다. 당시 여섯 살이던 세이건의 아들 닉도 한마디 남겼다. "행성 지구의 어린이입니다. 반갑습니다." 인사말에는 건강과 행복을 비는 말들이 후렴구처럼 들어가 있었다. 지원자들 중 상당수가 외계 행성에 있으리라고 믿는 거주자들에게 건강을 기원하거나 그들의 행복과 안녕을 기원하는 표현을 담았다.

몇 가지 예를 들어보자면, 광둥어를 쓰는 스텔라 페슬러는 "안녕, 잘 지내시나요? 평화와 건강 그리고 행복이 가득하길 바랍니다"라고 인사했다. 러시아의 마리아 루비노바는 "건강하세요. 반가워요"라고 말했다. 잠비아의 사울 무볼라는 냔자어로 "다른 행성들의 주민들 모두 잘 지내죠?"라고 인사했고, 버마의 마웅 미요 륀은 "건강하신가요?"라고 질문을 던졌다. 리앙 쿠는 중국 표준어로 "모두의 행복을 기원합니다. 우리는 항상 당신들을 생각합니다"라고 전했다. 프리드리히 아홀은 웨일스어로 "앞으로도 영원히 건강하시길 바랍니다"고 인사했다. 줄루어를 쓰는 프레드 두베는 "우리는 여러분을, 아무튼 멋진 분들을 환영합니다"라는 메시지를 전했다. 우크라이나 출신의 앤드류 체헬스키는 "지금 우리가 살고 있는 세상에서 인사를 전합니다. 행복하고 건강하세요. 오래도록"이라고 전했다. 한국의 신순희는 "잘 지내시나요?"라고 질문을 던졌다.

마가렛 숙 칭과 시 게바우어는 중국 동부 아모이 사투리로 "우주의 친구들, 안녕하세요? 식사하셨어요? 시간 있으면 놀러오세요"라고 인사를 전했다.[44]

전체 인사말들 가운데 4분의 1 이상이 건강과 행복 또는 장수를 기원하는 표현들이었다. 이런 인사말들은 신체적 건강과 안녕을 최우선 순위로 여기는 우리의 인지상정이 반영된 듯하다. 어쩌면 지극히 당연한 일인지도 모른다. 현재 우리 인류는 감기나 독감, (두 발 보행자들에게 흔한 문제지만) 심각하고 고질적인 요통 같은 질병들과 사투를 벌이거나 외상성 손상에서 회복하기 위해 애를 쓰고 있다. 많은 사람들이 보이저 음반에 남긴, 있을 법한 은하 이웃들의 건강을 비는 말은 우리 스스로 자신의 덧없음을 뼈저리게 인식하고 있다는 반증인지도 모른다.

소박하지만 위대한 도전

발사된 지 30년, 지구로부터 수십억 킬로미터 벗어난 보이저 탐사선들은 행성 간 우주를 유영하면서 끊임없이 우리에게 자료를 전송하고 있다. 나사는 보이저 탐사선들이 작동을 완전히 멈출 때까지 그들을 추적할 것이고, 그들이 전송하는 자료에 귀를 기울일 것이다. 그래서 언젠가는 우리도 작가 스티븐 파인이 태양계 바깥의 '매끄러운 지형'이라고 부른 그곳에 대해, 그리고 그 지형 너머에 있는 것에 대해 알게 될지도 모른다. 파인뿐 아니라 여러 사람들이 언급했듯 설령 탐사선들이 또 다른 종을 만난다고 하더라도 그들이 축음 레코드를 읽는 방법을 알아내거나, 알아내더라도 그것을 메시지로 인식할 가능성은 매우 낮다. 오늘날 10대들에게 보이저 음반 복사본을 준다면 어떻게든 작동방법을 알아내긴 하겠지만, 그리 만만한 일은 아닐 것이다. 파인은 말한다.

"보이저가 목성과 토성에 닿을 무렵 레코드판은 이미 자기 테이프로 대체되었고, 보이저가 천왕성과 해왕성에 당도했을 때 자기 테이프는 CD에 밀려났다. 보이저가 태양권덮개heliosheath*에 이르렀을 때 CD는 디지털 드라이브와 아이팟에 자리를 빼앗겼다. 황금 레코드가 태양계 가장자리에 도착하자마자 축음 레코드판은 이미 골동품이 되어버렸다. 쐐기문자 서판을 넘어선 지 얼마나 됐다고!"

파인이 일갈한 대로 보이저 탐사선은 여러 가지 면에서 미지의 세상을 여행하기에는 조악한 장비가 분명하다.

"보이저 탐사선들은 휴대폰 한 대를 작동하기에도 부족한 컴퓨터 동력을 갖고 태양계를 벗어나고 있으며, 시계 겸용 라디오 한 대를 작동하기에도 부족한 전력으로 움직이고 있다. 하지만 아직 보이저 호들에게는 조사할 것이 많다. 태양풍의 역학 … 태양 자기장의 역전, 성간입자들, 태양권계 내부와 외부에서 전파를 방출하는

• 태양권은 태양풍의 영향이 크게 미치는 태양과 그 위성들의 영역이 가장 안쪽에 있고, 초음속으로 내달리던 태양풍이 성간매질을 만나 속도가 크게 줄어드는 말단충격(면) termination shock이 그 다음에 자리하며, 그 바깥쪽에는 태양풍이 성간매질에 의해 더이상 앞으로 나아갈 수 없는 경계면인 태양권계면heliopause이 있다. 말단충격과 태양권계면 사이의 영역을 태양권덮개라고 한다.

다양한 전파원들, 그리고 모든 게 잘 돌아간다면 성간물질까지도."

하지만 보이저들의 이런 기술적 한계에도 불구하고, 파인은 이 탐사선들이 후세에도 회자될 전설적 존재라고 역설한다.

"지금 이 순간에도 보이저는 새로운 환경에 대한 정보를 꾸준히 전송하고 있다. 보이저는 그 어떤 탐사선도 해내지 못한 일을 해내는 중이다. 지구의 임무종결 선언 따위로는 보이저의 이야기를 중단시킬 수 없다."[45]

지구와 교신하는 보이저의 동력은 플루토늄 발전기에만 의존하고 있지만, 탐사선을 발사시킨 생물 종이 그러하듯 보이저들과 그들이 세우는 기록은 불가능해 보이는 한계에 부닥칠 때마다 어김없이 회복력을 발휘할 수 있다는 사실을 증명하고 있다. 음악 선별작업에 참여했던 티모시 페리스는 설령 언젠가 보이저 음반을 입수한 존재가 그 내용을 해독할 수 없다고 하더라도, 한 가지 분명한 메시지는 전달될 것이라고 믿고 있다. 즉 "우리가 미개한 듯 보일지라도, 탐사선이 아무리 조악해 보일지라도, 우리는 우리 스스로가 우주의 시민이라고 상상할 만큼 똑똑하다는 사실을 … 우리도 한때 이 별들의 집에서 살았고, 그리고 당신들을 생각했다는 사실을 전달해줄 것이다."[46]

멸종될 가능성에도 불구하고, 아니 더 정확히 말해서 '멸종될 수도 있기 때문에' 우리는 우리 종 내면 깊은 곳에 흐르는 천성적인 낙천주의에 기대어 이 상서로운 탐사선들을 헤아릴 수 없는 심연으로 쏘아 보냈다. 또 다른 문명이 보이저 음반을 손에 넣고 작동시킬 확률은 그야말로 천문학적으로 낮다. 그럼에도 불구하고 우리가 보이저 탐사선들을 우주로 보낸 까닭은 우리가 살고 있는 곳과 우주를 이해하는 일이 우리 종의 시원始原부터 우리를 깊이 사로잡아왔던 문제라는 걸 인식했기 때문이다. 보이저 행성탐사 임무는 인간의 본질적인 특징 두 가지를 은연중에 드러낸다. 우리가 비교적 신체적으로 허약하다는 것이 하나요, 다른 종들과 마찬가지로 우리도 멸종할 수 있지만 그럼에도 우리에게는 가장 열악한 상황에서도 희망을 잃지 않는 불가해한 능력이 있다는 것이 또 하나다. 그 어떤 역경에도 굴하지 않고 희망을 가질 수 있는 이 본능적이고 대담한 능력은 호모 사피엔스 시절부터 생존전략으로 진화시킨 것이 분명하다. 지금까지는 그런대로 잘 작동했다. 우리는 현존하는 유일한 인간 종이다.

극복할 수 없을 것처럼 보이는 상황에서도 결코 희망을 잃지 않고, 인류는 가장 위대한 일들을 성취했다. 완전히 귀가 먹고 치명적인 병을 갖고 있음에도 불구하고 베토벤이 가장 뛰어난 작품들을 작곡할 수 있었던 바탕에도 바로 그런 불굴의 회복력이 있었다. 아폴로 13호 임무 도중 탐사선은 물론이고 비행사들까지 모두 잃을 수 있는 절체절명의 위기가 닥쳤을 때에도, 나사의 엔지니어들과 우주비행사들은 포기하길 거부했고 중력도움을 통해 비행사들을 무사히 지구로 데려왔다. 있는지 없는지도 모를 은하의 문명들에게 인사말을 담아 우주로 보낼 때에도, 우리는 마찬가지로 포기하길 거부했고 희망을 걸었다. 세이건은 바로 이 점을 감동적으로 묘사했다.

"앞으로 수십억 년이 지나면 우리의 태양은 적색거성으로 부풀어오르고 지구를 새까만 숯덩이로 만들 것이다. 그러나 보이저에 실린 음반은 한때 지구라는 머나먼 행성에서 번성했던 (어쩌면 그 후에 더욱 위대한 행동을 통해 그 자리에 그대로 존재할지도 모르고, 아니면 다른 세상으로 이사했을지도 모를) 고대 문명의 속삭임을 거의 원본 그대로 보존한 채 우리 은하의 아득히 먼 어느 곳엔가 존재할 것이다."[47]

은하 이웃에게, 그리고 우리 자신에게 크세니아를

모든 인간 문명에서는 인사를 신호로 소통이 시작된다. 대개 인사는 적의가 없음을 보여주는 일종의 '문 열기'인 셈이다. 대통령의 연설문이든 저녁 뉴스든, 편지나 문자, 혹은 친구나 낯선 이와 거리에서 스치며 지나갈 때도 우리는 인사말을 기대한다.[48] 또한 인사는 고대 그리스어에서 크세니아xenia라고 부르는 '미지의 타인에 대한 호의'를 보이는 시작이기도 하다. 생명문화학자 브라이언 보이드는 고대 그리스 문화에서 호의 또는 크세니아는 공간적으로나 시간적으로 적대적인 환경에서도 이방인들 사이에서 협동을 이끌어냈다고 주장한다. 보이드는 특히 《일리아드Iliad》와 《오디세이Odyssey》에 담긴 핵심 가치 역시 '호의'라고 주장한다.

크세노스xenos라는 단어는 한 단어 안에 이방인-손님-주인-친구로 이어지는, 귀감이 될 만한 이야기 한 편을 온전히 담고 있다. 나의 집 문 앞에 이방인이 서 있을 때 … 그에게 누구냐고 묻기 전에 먼저 환영하고 먹일 의무가 내게 있다. 그 이방인은 나의 손님이 되고 또한 나의 친구가 될 사람이니, 마땅히 그가 떠날 때 귀한 선물을 주어야 하고 여행을 계속할 수 있도록 도와야 한다. 그러면 그는 내가 그의 집 문지방에 섰을 때 나를 환대하는 주인이 될 것이다. … 그러나 그것이 끝이 아니라 환영의 인사로 시작하고 선물로 공고해진 크세니아 관계는 평생 지속될 것이며, 우리 후손에게까지 전해진다.[49]

그 예로써 보이드는 《일리아드》의 한 장면을 든다. 그리스인과 트로이인 전사가 서로 크세니아 관계라는 이유로 싸우기를 거부하는 장면이다.

처음 제작할 때부터 보이저 음반은 보이저가 만날지도 모를 존재뿐 아니라 우리 스스로에게 보내는 메시지이기도 하다는 인식을 담고 있었다. 지미 카터 대통령의 인사말에서도 그 인식이 드러난다.

"이 음반은 머나먼 작은 세상에서 드리는 선물입니다. 우리의 소리, 우리의 과학, 우리의 이미지, 우리의 음악, 우리의 생각, 그리고 우리 감정의 징표입니다. 지금 우리는 생존하기 위한 시도를 하고 있으며, 언젠가는 당신들의 세상에서 살아야 할지도 모릅니다. 언젠가는 우리가 직면한 문제들을 해결하고 은하문명 공동체에 합류하기를 소망합니다."[50]

칼 세이건은 설령 보이저의 음반을 통해 존재할지도 모를 은하문명들에게 호의를 확장할 수 있다고 해도, 그 전에 먼저 우리는 이웃한 국가들에게, 우리가 이미 잘 알고 있는 국가들에게 아낌없이 호의를 확장해야 한다고 거듭 주장했다. 그의 이런 생각은 1988년 게티즈버그 전투 125주년을 기념하는 연설에도 잘 나타난다.

오늘날 우리는 군비 축소와 세계 경제 그리고 지구 환경에 대해 힘을 모아야 할 다급하고 불가피한 필요에 직면해 있습니다. 지금은 전 세계 국가들이 함께 일어서지 않으면 일거에 붕괴할 수밖에 없습니다. ... 게티즈버그의 진정한 승리는 1863년이 아니라 살아남은 노장들, 서로 적이었던 생존 병사들, 푸른 군복과 회색 군복을 입었던 적군들이 종전을 기념하는 엄숙한 추모비 앞에서 만났던 1913년이었다고 생각합니다. 그 전쟁은 형제가 형제를 대적케 한 전쟁이었습니다. 마침내 세월이 흘러 전쟁 50주년을 기념하는 자리에서 만난 생존자들은 서로를 부둥켜안고 눈물을 흘렸습니다. 그들은 다른 누구도 아닌 그들 자신이었기 때문입니다.[51]

비록 임무의 비전에 비해 엉성하고 조악한 장비처럼 보일지 모르지만, 보이저 탐사선들은 인간의 창조물과 음악, 그리고 어떤 기대나 호혜를 바라지 않는 무조건적인 관용과 크세니아를 담은 인사말이 녹음된 선물을 싣고 창백한 푸른 점 같은 행성에서 헤아릴 수 없는 우주의 심연으로 날아갔다. 그 선물은 우리가 하나의 종으로서 존재했음을 보증하고, 진보한 은하 공동체의 일원이 되기를 소망하는 우리의 바람을 담은 징표다. "탐험의 취지, 그 목표를 이루려는 고귀한 야망, 전혀 해를 입히지 않으려는 선의, 그리고 그 빼어난 설계와 눈부신 성과로, 이 로봇 탐사선들은 감동적으로 우리를 대변하고 있다"고 칼 세이건은 기록했다.[52]

스타 트렉, '평화적 탐험사절단'이란 신화의 탄생

보이저의 행성탐사 임무는 1966년부터 1969년까지 마이너 TV 시리즈로 시작했던 드라마 〈스타 트렉〉 도입부에 흐르던 목소리를 상기시킨다.

"인간이 가본 적 없는 미지의 세계를 향해 대담하게."

엔터프라이즈 우주선의 함장을 연기했던 윌리엄 샤트너로 인해 불멸의 명성을 얻은 이 말은 우주탐사와 관련된 모든 대중적 담론의 강력한 토대가 되었다. 1960년대 말 즈음 미국인들은 진 로든버리가 각본을 쓰고 허브 소로우, 진 쿤, 매트 제프리스, 밥 저스트만이 공동으로 제작한 우주 드라마를 시청하기 위해 채널을 돌렸다. 〈스타 트렉〉은 대적할 프로그램도 없고 전례도 없는, 한마디로 충격적인 드라마였다. 수십 년 동안 매체와 장르를 가리지 않고 팔려나간 〈스타 트렉〉 시리즈는 전 세계 시청자들을 매료시켰다.

영화사학자 콘스탄스 펜리는 문화적 담론 안에서 〈스타 트렉〉과 나사는 불가분하게 연결되었다고 설명한다. 나사와 TV 시리즈의 융합을 설명하면서 펜리는 "나사/트렉NASA/TREK은 다양한 상호작용을 통해 우주탐사에 대한 대중적이고 직관적인 이미지를 형성한 강력한 문화적 아이콘"이 되었다고 주장한다. 1976년에 이르면서 나사와 〈스타 트렉〉은 대중의 뇌리 속에서 떼려야 뗄 수 없는 관계로 자리잡았고, 급기야 〈스타 트렉〉의 팬들은 당시 베일이 벗겨진 우주왕복선의 이름을 콘스티튜션에서 엔터프라이즈로 개명해달라고 제럴드 포드 대통령에게 청원까지 했다. 펜리는 또 "엔터프라이즈 호가 알렉산더 커리지가 작곡한 〈스타 트렉〉 테마곡에 맞춰 에드워드 공군기지의 타맥 포장도로 위로 위용을 드러냈을 때 〈스타 트렉〉의 배우들도 그 자리에 있었다"고 설명한다.[53]

그 당시 제트추진연구소 소장이었던 브루스 머리는 그 이듬해인 1977년 보이저 우주선이 발사되었을 때 목성궤도탐사Jupiter Orbiter with Probe, JOB 프로젝트에 대한 자금 지원이 취소되었던 사실을 떠올린다. 바로 그해 여름 진 로든버리는 공교롭게도 필라델피아에서 열린 〈스타 트렉〉 학회에서 연설을 하게 되었고, 그 자리에 모인 5,000여 명의 청중들에게 각 지역의 하원의원들에게 연락해서 JOB 프로젝트 재개를 촉구하라고 부추겼다.[54] 결정을 번복한 까닭이 무엇이었든지 간에 목성탐사 임무는 결국 갈릴레오 궤도위성Galileo Orbiter이라는 명칭으로 승인되었다.

〈스타 트렉〉이 대중의 마음을 사로잡은 것은 의심의 여지가 없다. 윌리엄 샤트너는 오리지널 〈스타 트렉〉 시리즈가 역사상 가장 성공적인 TV 시리즈로 등극하고, 여기서 파생된 TV 시리즈물들과 J. J. 에이브럼스 감독의 영화 〈스타 트렉: 더 비기닝〉(2009)과 〈스타 트렉: 다크니스〉(2013)를 포함하여 소설뿐 아니라 만화, 캐릭터 피규어, 트렉 대회Trek convention 등 수많은 마케팅 상품들이 쏟아져 나오는 거대한 산업으로 진화하는 것을 직접 목격했다.[55] 〈스타 트렉〉과의 제휴를 통한 독점사업권으로 나사는 날로 더해가는 대중의 관심을 실감했다. 2011년 케네디우주센터는 'Sci-Fi의 여름: 공상과학과 과학의 만남'을 주최하여 관람객들을 끌어들였다. 이 행사를 안내하는 웹사이트에는 1960년대 〈스타 트렉〉 시리즈의 벌컨식 인사법에 따라 (검지와 중지, 약지와 새끼손가락을 붙인 후 그 사이를 벌린 채) 손을 들고 "장수하고 번영하라"라고 인사말을 날리는 복고풍 헤어스타일의 스팍이 등장한다.[56] 행사 참가자들은 스타플릿 커맨드*에 갓 입대한 초년병 역할을 체험해볼 수 있는 라이브 무대를 즐기고, 우주왕복선 시뮬레이터 및 '스타 트렉: 전시회'를 관람할 수 있었으며, 운이 좋으면 전직 우주비행사 릭 시어포스가 조종하는 엑스코어 에어로스페이스 사의 링스 준궤도 비행기에 탑승해 준궤도 비행suborbital flight**을 할 특전을 누릴 수도 있었다.

〈스타 트렉: 더 모션 픽처Star Trek: The Motion Picture〉(1979)는 마치 보이저 탐사임무를 영화로 제작한 것처럼 보였다. 이 영화에서 커크 함장은 창조주를 찾는 과정에서 거치적거리는 모든 것을 초토화시키는 정체불명의 지적 비행체로부터 지구를 구하기 위해 전직 승무원들을 소집한다. 안타깝게도 이 정체불명의 비행체에게 커크 함장과 승무원들은 우주선에 침입한 탄소 기반의 감염체로밖에 보이지 않는다. 이 비행체는 '미지의 외계인'들이 그 비행체

• 〈스타 트렉〉에 등장하는 행성연방의 우주함대를 일컫는다.
•• 지표로부터 100킬로미터 상공에 위치한 카르만 선 부근까지의 비행을 말한다. 이곳은 대기가 매우 희박해 사실상 지구와 우주의 경계선이다.

의 핵심이 되는 지구의 구식 우주선을 수리한 후부터 '의식'을 갖게 되는데, 그 구식 우주선의 이름이 바로 보이저를 약간 변조한 듯한 비저V'Ger였다. 보이저 탐사선의 머리글자를 따서 지은 것 같은 느낌을 지울 수 없다. 실제로 보이저 탐사선의 시험 모델은 이름이 VGR77-1이었고, 각각 VGR77-2, VGR77-3이라는 이름으로 발사되었다.[57] 최근 미국 라디오 방송국 NPR의 프로그램 〈금요 과학〉에서 이라 플래토우는 쌍둥이 탐사선의 아버지 에드워드 스톤에게 이 영화에 대한 감상을 물었다. 스톤의 대답은 이러했다.

"이 탐사선(보이저)을 모델로 삼은 건 정말 멋진 아이디어였습니다. 의식이 있는 존재의 한 부분으로 만든 것도 왠지 그럴 듯했습니다. 물론 공상과학 영화지만, 대중의 상상 속에 각인된 보이저 탐사선들을 정말 실감나게 묘사했다고 생각합니다."[58]

나사와 〈스타 트렉〉의 대중적 결합은 평화로운 국제협력을 통한 우주탐험의 가능성에 대해 문화적으로 강력한 서사를 만들어냈다. 400년 후의 인간문명을 바라보는 로든버리의 이타적 시선은 가상의 우주선 이름에서도 명백히 드러난다. 최초의 핵동력 항공모함인 U.S.S. 엔터프라이즈와 대비시키기 위해 로든버리는 자신의 우주선에 유나이티드 스타십 엔터프라이즈라는 이름을 지어주었고, 그 승무원들에게는 평화적 우주탐사 임무를 맡겼다.[59] 현재 최초로 민간 우주관광의 시대를 열 만반의 채비를 하고 있는 리처드 브랜슨의 버진 스페이스십 엔터프라이즈 호* 역시 〈스타 트렉〉의 엔터프라이즈 호에서 그 이름을 가져왔다.

저예산 TV 시리즈에서도 귀담아들을 교훈이 있다. 비록 세 번째 시즌을 끝으로 막을 내렸지만, 그럼에도 불구하고 〈스타 트렉〉은 인류의 평화로운 미래에 대한 불후의 비전을 제시했다. 존 바그너와 장 런딘은 이렇게 주장한다. "신화는 사람들의 마음 깊은 곳에 있는 이야기고, 그들의 세계관을 구성하는 서사다." 또한 〈스타 트렉〉과 그 파생 시리즈들이 고대의 신화를 밑그림으로 하고 있지만, 민족이나 인종과 상관없는 평등, 인류가 "불관용과 착취, 탐욕과 전쟁, 물질만능주의를 척결한 행성연합"을 조직하게 될 미래를 편집해 넣음으로써 오히려 고대의 신화를 현대적 신화로 고쳐 썼다고 주장한다.[60] 펜리 또한 "도시와 사회, 도덕과 정치적 사안들에 대한 지독히 복잡한 대중적 담론이 〈스타 트렉〉 특유의 관용구와 아이디어들의 필터를 통해 핵심들만 여과"되었다고 주장한다. 그리고 어쩌면 이것이 〈스타 트렉〉 시리즈가 "장차 일어날 일에 대한 이야기로서 대단한 인기"를 구가한 이유를 말해주는지도 모른다고 부연한다.[61]

저서 《창백한 푸른 점Pale Blue Dot》에서 칼 세이건은 "우리가 우리 아이들에게 보여주는 비전들이 미래를 만든다. 중요한 것은 그것이 어떤 비전인가다"라고 썼다. 문화적 담론은, 심지어 공상과학 시리즈에서 파생되었다 하더라도 한 세대와 한 문화가 오랜 기간 생존하는 데 필요한 통찰을 형성하는 강력한 도구다. 우주탐험으로 우리 세대를 자극하는 동시에 깊은 울림을 주는 서사들 가운데 보이저의 영웅적 여행과 태양계 변방에서 탐사선의 시야에 잡힌 지구에 대한

• 2014년 10월 테스트 비행을 하던 중 추락하여 폐기됐다. 2016년 2월 2호기가 공개됐다.

세이건의 절묘한 논평은 단연 돋보인다. 세이건은 책망하듯 말한다. "저 점을 보라. 저것이 바로 여기다. 우리의 고향이다. 저것이 바로 우리다. 당신이 사랑하는 모든 사람들, 알고 있는 모든 사람들, 이름을 들어봤을 모든 사람들, 이전에 존재했던 모든 사람들이 여기서 삶을 누렸다. … 저 점 말고, 우리 종이 이주할 다른 곳은 없다. 적어도 가까운 미래에는 없다. 찾아가볼 수는 있겠으나 정착할 수는 없다. 좋든 싫든, 지금 당장 우리가 설 곳은 지구뿐이다. … 저 점은 우리가 서로를 더욱 친절하게 대하고 우리가 알고 있는 유일한 고향인 창백한 푸른 점을 보존하고 아껴야 할 책임이 우리 자신에게 있음을, 역설하고 있는 듯하다."[62]

불가능을 넘어

우리와 가장 가까운 항성계 사이에 놓인 깊은 '우주 구멍the gulf of space'*을 이해하려면, 이 장의 도입부에서 언급한 태양계 모델로 돌아가야 한다. 지름 6미터의 이글거리는 구체, 즉 태양에서 800미터가 채 안 되는 거리에 있는 골프공만 한 지구를 떠올려보자. 빛의 속도를 이 모델의 거리에 맞추어 줄이면 시속 5킬로미터에 채 못 미치는, 사람이 걷는 속도와 비슷해진다. 그렇다면 지구에서 몇 미터 떨어져 있는 달까지는 빛의 속도로 1초가 약간 넘는다. 335미터

• H. G. 웰스의 《우주전쟁》에서 항성 간 공간을 가리키는 표현이다.

쯤 떨어진 화성까지는 걸어서 15분 정도면 닿는다. 바깥쪽의 거대 가스행성 해왕성은 19킬로미터 떨어져 있으며, 빛의 속도 또는 걸어서 4시간이면 충분하다. 지금 우리는 우주를 2억 3,000만 배 축소했다. 축적이 1:230,000,000인 지도를 떠올리면 된다. 그럼 이 순간 보이저 1호는 지구로부터 77킬로미터 떨어진 곳에, 보이저 2호는 60킬로미터 떨어진 곳을 날고 있다(그림 4.4). 우리와 가장 가까운 별 프록시마 센타우리Proxima Centauri는 이 모델 규모에서도 16만 킬로미터 이상 떨어져 있으며, 보이저 호보다도 2,000배 멀리 있다. 실제 우주에서 현재 보이저 탐사선들이 있는 곳까지 35년이 걸렸으니, 가장 가까운 별까지 가려면 약 7만 년이 걸린다.

이처럼 무시무시할 만큼 고립된 현실에서 다른 세상들은 그야말로 가까이 하기엔 너무나 멀게만 보인다. 보이저 탐사선들의 경로는 특정한 별을 표적으로 삼도록 설정되지 않았다. 누대가 지나도 이 탐사선들은 다른 별들을 지나치며 표류할 것이다. 대략 4만 년쯤 지나면 보이저 1호는 1.5광년 거리를 날아가 14조 4,000억 킬로미터 떨어진 기린자리의 어느 이름 없는 별을 지나고 있을 것이다. 한편 보이저 2호는 하늘에서 가장 밝게 빛나는 시리우스를 향해 전진하면서, 30만 년쯤 되면 40조 킬로미터 떨어진 곳을 지나고 있을 것이다.[63] 그러기 한참 전에, 지금부터 앞으로 25년 이내에 두 탐사선은 동력이 떨어져 모든 장비들의 전원이 꺼지면서 우리 은하 속을 유영하는 침묵의 파수꾼이 된다.

별들은 언제나 그렇듯 멀게만 보인다. 우주왕복선 프로그램이 종료되고 대다수 과학자들마저 고비용의 국제우주정거장을 효율적

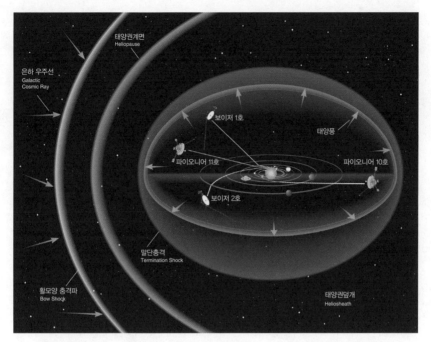

그림 4.4 보이저와 파이오니어 탐사선들은 태양계 가장 바깥쪽 행성들의 궤도를 벗어났으며, 현재 태양권계면 미지의 영역 안에 있다. 태양풍은 태양권계면에서 뜨겁고 거의 완벽하게 진공에 가까운 확산 성간매질과 만난다. 현재 속도로 보이저가 가장 가까운 별들에 이르려면 수만 년은 걸릴 것이다 (나사 사이언스 뉴스).

이고 강력한 연구 플랫폼으로 여기지 않는 작금의 상황에서, 나사는 아폴로 프로그램을 뜨겁게 달궜던 비전을 되찾고, 보이저 탐사선들로 그 완벽한 본보기를 보여주었던 행성탐사의 '황금기'를 다시 한 번 구가하기 위해 분투하고 있다. 별들에 이르기 위해서는 현재의 최대 속도보다 훨씬 더 빠른 속도를 내야 한다. 고속도로 평균 주행속도인 시속 90킬로미터로 달린다면 프록시마 센타우리까지 5,000만 년이 걸린다. 아폴로 우주선의 속도로 달려가도 100만 년이 걸린다. 시속 6만 킬로미터로 날아가고 있는 보이저 탐사선들로도 프록시마 센타우리까지는 7만 년은 지나야 한다. 인간의 수명 안에 가장 가까운 별로 탐사선을 보낸다는 것은 완강한 물리법칙들과 정면충돌하겠다는 것이나 마찬가지다. 운동에너지는 속도의 제곱에 비례하므로 보이저보다 1,000배 이상 빠른 속도를 내려면 100만 배 정도의 에너지가 필요하다. 지금까지의 우주 프로그램들은 화학로켓으로 동력을 얻었는데, 화학적 결합에서만 에너지를 얻는 이 방식은 사실 효율이 매우 낮다. 원자핵에서 에너지를 얻는 핵융합이라면 효율이 1,000만 배는 높아진다.[64] 그렇더라도 셔틀버스 크기의 탐사선이 프록시마 센타우리까지 50년 안에 도착하려면 10^{20}줄Joule의 에너지, 그러니까 미국이 1년 동안 쓸 수 있는 에너지가 필요하다. 불가능한 이유는 또 있다. 그만큼의 에너지를 공급하려면 수소연료 50만 킬로그램이 필요한데, 현재의 핵융합 기술로는 그만큼의 연료를 셔틀버스만 한 상자 안에 담을 재간이 없다.[65] 이론상으로는 그 연료 전부를 싣고 갈 필요도 없고 연료가 없어도 속도를 높일 수 있다지만, 태양광을 이용하는 태양 돛은 별에서 멀어지면 쓸모가 없고, 별과 별 사이에는 포집해서 에너지로 쓸만 한 수소가 별로 없다. 아무리 생각해도 무리다.

빛의 속도로 우리 은하를 일주하는 데에는 10만 년이 걸린다. 그런데도 우리는 그 너머에 있는 끝없는 불모지를 넘보고 있다. 이처럼 연약한 종이 품기에는 실로 놀랍고 원대한 꿈이다. 공학자들 가운데는 행성 간 여행이 불가능한 목표라고 생각하는 사람들도 있다. 그 생각이 맞을지도 모른다. 하지만 우리는 지구가 자전하는 방향으로 우주선을 발사시킴으로써 정말이지 지구의 '천연 에너지원'

을 아주 단순하게 이용한다. 마찬가지로 보이저들은 태양계 바깥쪽에 있는 거대 행성들의 공전 에너지에서 추진력을 얻어 그보다 먼 행성으로 날아갔다. 보이저를 비롯해 다른 탐사선들도 중력도움을 활용했다. 이는 우리가 태양계 그 자체를 에너지원으로 이용하기 시작했음을 의미한다. 엄밀하게 말하면 가까운 행성들의 공전에서 에너지를 빌려 쓰고, 그곳에 우리의 흔적을 살짝 남긴 것이다. 칼 세이건은 달 위를 걷고 월면차를 굴린 일이나 중력도움을 이용한 일이 인류 진화의 자연스러운 수순이라고 말한다. 그는 보이저 탐사선들에 대해 이렇게 적었다.

"장차 우리의 먼 후손들에게 고향이 될지도 모를 곳으로 최초의 탐험을 떠난 우주선들이다. … 우리가 우리 스스로를 파괴하기 전까지 우리는 우리의 수렵채집 조상들에게 보이저가 그렇듯, 우리 자신에게 매우 낯설고 새로운 기술들을 개발하게 될 것이다."[66]

1985년부터 나사의 글렌 리서치 센터에서 행성 간 여행을 위한 추진력에 대한 연구 프로젝트가 진행되었으나 1992년 150만 달러의 초기 지원금이 바닥나면서 중단되었다. 740쪽짜리 책으로 엮은 이 연구의 결과는 출판되자마자 추진체 과학의 바이블이 되었다.[67] 이 연구 프로젝트를 이끌었던 마르크 밀리스는 나사의 혁신적 추진체 물리학Breakthrough Propulsion Physics 프로그램 웹사이트에 다음과 같이 경각심을 일깨우는 글을 남겼다.

지나치게 열광적인 사람이나 학자연한 비관주의자 모두 이처럼 예시적이고 중대한 함의를 담고 있는 주제를 다룬 문헌에서는 자칫 섣부른 결론을 내릴 수 있다고 지적한다. 가장 생산적인 방법은 혁신자들의 통찰과 회의적 도전들로 밝혀낸 '생사가 걸린 중대한 사안들'과 '너무 오랫동안 밝혀지지 않은 문제들'을 집중적으로 다룬 출판물을 찾거나 출판하는 것이다. 깊이 없고 입증되지 않은 주장들에 휘둘리지 않는 길은, 지지하든 멸시하든 둘 중 하나다.[68]

그러나 그 예시들은 지금까지도 건재하다. 그것도 꽤 적중률이 높아서 우리는 지금 태양계 울타리를 넘어갈 미래를 계획하기에 이르렀다.[69] 민간 부문에서 새로운 발사기술을 개발하도록 장려한 미 정부의 조치가 그것을 반영한다. 2011년 방위고등연구계획국 Defense Advanced Research Projects Agency, DARPA은 기술자와 공학자, 항공우주국 관계자, 기업가, 우주론 지지자뿐 아니라 공상과학 소설가, 의료업계와 교육계 및 예술계 종사자와 일반인까지 다양한 분야의 사람들로 구성된 학회와 토론회를 개최하기 위한 연간 전략을 세웠다. 이런 그룹들뿐 아니라 학계와 재계의 협력을 도모하기 위해 조직된 100 Year Starship 프로젝트의 목표는 지금 당장 다른 별까지 여행이 가능한 우주선을 설계하자는 것이 아니라, 향후 100년 이내에 행성 간 여행에 따르는 기술적 문제들을 해결하기 위한 민관 합동 연구의 시동을 걸자는 데 있다. 이 프로젝트가 개최하는 학회에서는 빛의 속도에서의 추진력, 의료기술, 우주여행, 가능한 목적지들, 경제 및 법률적 문제들, 철학적 함의뿐 아니라 행성 간 여행의 비전에 대해 이야기나 스토리텔링으로 대중과 소통하는 문제까지

도 집중적으로 논의한다.[70]

100 Year Starship 프로젝트는 공상과학에서 제기되었다가 현실이 된 잠재력 있는 아이디어를 구체화시킨 선도적 본보기다. 이미훌륭한 사례도 있다. 플립형 휴대전화기도 〈스타 트렉〉의 통신기를모델로 삼은 것이고, 데스크톱 컴퓨터, MP3 다운로드 파일, 아이팟과 아이패드 역시 〈스타 트렉〉이라는 공상과학 작품에서 영감을 얻었다. 나사 돈Dawn 탐사선의 수석 공학자이자 프로젝트 관리자 마크 레이맨은 행성 간 탐사선의 이온 추진 설계는 〈스타 트렉〉 에피소드 중 '스팍의 두뇌' 편에서 영감을 얻었다고 말한다. 그 에피소드에서도 '이온 추진'이라는 용어가 등장한다(그림 4.5). 돈 탐사선의 동력원인 이온 추진은 엔진을 계속 점화하기 때문에 화학 추진을 훨씬 능가하는 속도를 낼 수 있게 해준다.[71] 마찬가지로 퀄컴 트라이코더 엑스 프라이즈 대회는 즉석에서 질병을 진단할 수있는 저렴한 장비를 개발하기 위해 2012년 엑스 프라이즈 재단이처음 개최했는데, 이것 역시 〈스타 트렉〉의 휴대용 의료장비인 트라이코더가 영감을 준 혁신이다.[72]

미래학자 레이 커즈와일은 기하급수적으로 발전하고 있는 정보기술, 유전학, 나노기술, 로봇공학으로 인해 우리는 지금 인간 진화의 결정적 국면을 맞이하고 있다고 생각한다. 커즈와일뿐 아니라많은 사람들이 새로이 등장한 3D 프린팅 기술이 우리가 알고 있는이 세상을 근본적으로 변화시킬 것이라고 예측한다. 실제 비행이가능한 항공기 부품을 플라스틱 원료로 출력하거나 액체 콘크리트로 건축용 자재 완제품을 출력하는 등 3D 프린터로 생산할 수 있

그림 4.5 진 로든버리의 우주선 엔터프라이즈는 50년이 지난 지금도 문화적 아이콘으로 명성을 갖고 있으며, 100 Year Starship 프로젝트의 자극제가 되었다. 〈스타 트렉〉의 과학적 허구, 가공의 등장 인물들과 나사 우주 프로그램의 우주비행사들 사이에는 서로 묘하게 겹치는 부분들이 있다. 엔터프라이즈 호의 축소판인 사진 속 작품은 브리티시 콜롬비아 랭글리에 있는 페이머스 플레이어스 콜로서스 시어터에 전시되어 있다(Wikimedia Commons/Despayre).

는 아이템들은 무궁무진하다. 메이드 인 스페이스 사는 국제우주정 거장이나 달 또는 화성에 세우게 될 전초기지에서 3D 프린터를 사 용하자고 제안했다. 이 신생 기업은 캘리포니아의 나사 에임스연구 센터 내에 레이 커즈와일과 피터 디아만디스가 공동으로 설립한 싱 귤래리티대학의 한 프로그램으로 시작됐다. 2011년 나사는 출력할 수 있는 탐사선 연구뿐 아니라 행성 표면에 거주시설을 짓기 위한 3D 프린팅 기술에도 자금을 지원했다. 또다시 달에 가게 될 우주 비행사들이나 언젠가 화성 표면을 걷게 될 우주비행사들은 어쩌면 3D 프린터와 프로그램을 가져가 필요한 장비를 출력해 쓸지도 모른다. 달의 표토나 화성의 불그스름한 먼지만 가지고 거주할 수 있는 우주실험실을 짓기 위한 재료들을 프린터로 출력해 쓸 수도 있다. 3D 프린팅이란 간단히 말해 가루상태나 액체상태의 플라스틱 또는 금속 원료를 연속적으로 겹겹이 쌓는 것이다. 심지어 인간 세포를 원료로 쓸 수도 있다. 현재 의료계에서는 인간의 줄기세포를 이용하여 3차원 척추 추간판을 제작해 척추 손상을 치료하거나 심장 또는 간 이식에 활용할 방도를 모색하고 있다.[73]

앞으로 30년쯤 후면 3D 프린팅 기술뿐 아니라 생화학과 유전자 치료, 생명공학과 나노기술을 통한 의학적 발전으로 모든 질병이 사라질 것이라고, 커즈와일은 예측한다. 현재 MIT에서 정상 세포는 건드리지 않고 바이러스에 감염된 세포들만 파괴할 수 있는 약물개발 연구가 순조롭게 진행되고 있는 것으로 미루어, 커즈와일의 예측이 적중할 수도 있다. 현재까지 인간에게 가장 흔한 인플루엔자 바이러스인 H1N1이 쥐를 대상으로 한 실험에서는 완전히 박멸됐으며, 위장 내 바이러스들과 감기 바이러스를 제거하기 위해 개발한 약물들도 매우 긍정적인 결과들을 내놓고 있다.[74] 커즈와일은 앞으로 수십 년 내에 혈액세포 크기만 한 인공지능체를 인간의 몸속에 주입하여 건강을 증진하는 것은 물론이고 지능과 계산능력도 강화할 수 있을 것으로 확신한다. 심지어 그는 이런 기술들로 인간의 수명이 수만 년까지, 어쩌면 영원히 불로장생할 수 있으리라고 예측한다.[75]

마냥 뜬구름 잡는 이야기만은 아니다. 1988년 해양생물학과 학생이던 크리스티안 좀머가 처음 발견하고 지금은 해양생물학자 신

쿠보타가 연구하고 있는 트리톱시스 도니, 일명 불멸의 해파리를 보면 생각이 달라진다. 이 해파리는 성숙기에 이르면 나이를 거꾸로 먹기 시작해서 발생기로 돌아가고, 또다시 삶을 시작한다. 이 생명체의 자연적인 생명주기는 영원히 끝나지 않는다. 쿠보타는 이 해파리의 게놈이 완전히 해독되면, 인간도 어쩌면 불멸의 존재가 될 수 있을지도 모른다고 믿는다. 이런 시나리오라면, 인간이 이웃 별들로 탐사선을 타고 가는 것도 마냥 불가능해 보이지만은 않는다.

우리의 생명유지 비용이 고가인 점을 감안하여 굳이 인간을 보내려고 고집하지 않는다면, 머지않아 나노기술이 행성 간 여행을 앞당겨줄 대안이 될지도 모른다. 제프리 마시와 데브라 피셔 같은 외계 행성 사냥꾼들은 알파 센타우리 항성계에서 가장 밝은 별 두 개를 연구하고 있다. 알파 센타우리 항성계는 지구에서 가장 가까운 항성계이며, 세 개의 태양인 알파 센타우리 A와 알파 센타우리 B, 프록시마 센타우리를 갖고 있다. 2012년 10월 제네바천문대에서 대학원생 사비에르 두무스크가 알파 센타우리 B 항성을 공전하고 있는 지구와 비슷한 크기의 행성을 발견했다. 별과 너무 가까운 궤도를 돌고 있기 때문에 거주할 만한 행성은 아니지만, 대다수 천문학자들은 그 일대에 거주하기에 조금 더 적합한 행성이 하나쯤은 존재할 가능성이 있다고 입을 모은다. 이 발견과 직접적인 연관은 없지만, 피셔는 이 행성의 발견을 '10년 야화'라고 부른다.[76]

외계 행성 발견에 있어 그 발전속도는 아찔할 정도로 빠르다. 1995년 최초로 목성과 질량이 비슷한 '표적'을 발견한 것을 필두로 지금은 지상망원경과 궤도망원경들을 통해 지구 크기의 외계 행성들이 그야말로 밥 먹듯 발견되고 있다. 하지만 애석하게도, 아득히 멀리 있는 이 행성들을 세밀하게 조사하기란 그야말로 지독히 어렵다. 16만 킬로미터 밖에 있는 골프공을 조사한다고 생각해보라. 마시가 꿈꾸는 그 다음 단계는 무엇일까?

"나사는 즉시 우주선의 추진력에 대해 가장 뛰어난 전문가들로 위원회를 구성할 것이고, 그곳에 탐사선을 보낼 수 있는지 검토할 겁니다. 거의 디지털 카메라 크기 정도의 탐사선이 되겠죠. 광속의 10분의 1쯤 속도를 낼 수 있지 않을까요? 그것들이 사상 최초로 별들로 달려간 탐사선이 될 겁니다."[77]

그 별들 근처에 '지구'가 있다면, 알파 센타우리는 50년 전의 달처럼 아마 가장 흥미진진한 목적지가 될 것이다.

추진체를 소형화해야 하는 까다로운 문제를 어떻게든 풀고자 한다면 나노봇nanobot이 해답이 될 수도 있다. 나노봇 탐사선은 현재 기술로도 에너지 필요량을 충족할 수 있을 만큼 크기가 작다. 앞으로 한 세대 안에 나노봇 탐사선들이 거주가 가능한 다른 세상들의 영상을 찍어서 지구에 있는 우리에게 전송할 것이다. 이런 초소형 밀사들은 보이저들의 고풍스럽고 매력적인 사진기록보다 훨씬 더 방대한 정보를 전송할 수 있다. 초소형 밀사들의 디지털 메모리는 지금까지 인류가 축적한 모든 지식을 담을 수 있을 만큼 넉넉할 테니까 말이다. 보이저 탐사선들과 함께 우리는 반신반의하며 태양계 울타리 밖으로 첫걸음을 내디뎠다. 미래가 우리를 손짓하며 부른다.

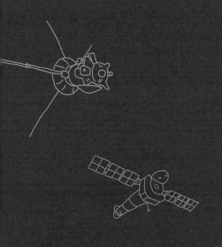

5장

카시니-하위헌스,
눈부신 고리와 아름다운 얼음 세상

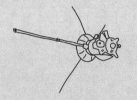

"그것은 태양만큼 오래되고, 시간만큼 단호한 한 편의 드라마다. … 대본에 쓰인 대로 정확하게, 소리 없이 우주의 힘을 드러내면서 빛과 그림자 속에서 펼쳐지는 영원한 하늘의 춤, 바로 주야평분시라 부르는 드라마다."

　카시니의 영상팀 팀장인 캐롤라인 포르코가 자신의 웹사이트의 '함장일지Captain's Log' 카테고리에 올린 글이다. 포르코는 토성과 그 달들을 관측한 카시니 탐사선의 활약을 일기처럼 이곳에 기록해 놓았다. 토성이 태양의 둘레를 한 바퀴 도는 데는 약 30년이 걸린다. 따라서 이 행성의 주야평분시equinox, 즉 태양이 토성의 북반구와 남반구를 공평하게 비추는 분점은 15년에 한 번뿐이다. 2009년 8월 카시니가 토성과 그 달들을 탐사하고 있을 때 토성에 바로 그 주야평분시가 돌아왔다. "16억 킬로미터 이상 멀리 떨어져서 카시니를 원격 조종하는 운전자들에게 이 특별한 시즌의 막이 오르는 순간은 정말이지 오랜 기다림 끝에 맞는 매혹적인 순간이었다. … 태양이 토성의 남쪽에서 북쪽 하늘을 공평하게 가로지르며 고리들을 정면으로 비추기 시작했다"고 포르코는 기록하고 있다. 토성의 분점을 현장에서 관찰한 포르코는 그 장면에 대해 "지금까지 아무도 목격한 적 없는, 우주의 장엄한 현상"이라고 우리를 일깨운다.[1]

태양계 가장자리의 거대한 외행성들 모두 고리를 갖고 있지만, 토성의 고리들만큼 화려하고 웅장하진 않다. 토성의 고리들은 두께는 수십 미터에 불과하지만 지름은 25만 킬로미터에 가깝다. 편평한 고리면에 대해 태양빛의 각도가 작아지는 주야평분시 동안 고리들은 더 가늘어지고 흐려지면서 토성 표면에 그림자를 드리운다(그림 5.1).[2] 시적 감성과 표현력이 풍부한 포르코는 토성 고리들의 아름다움을 칭찬하느라 여념이 없다.

"마치 지구의 바다처럼 광활하게 펼쳐진 얼음 파편들의 구역을 [...] 휘저으며 포말을 일으키는 것은, 바람이 아닌 토성의 달들이 내뿜는 발작적인 힘이다. 4세기 동안 인간의 뇌리에 순수한 2차원

그림 5.1 카시니는 2006년 토성의 그림자 안에 12시간을 머물면서 일식이 일어나고 있는 모습을 뒤에서 찍어 보내주었다. 밤이 된 쪽도 고리들에서 반사된 빛 덕분에 완전히 어둡지 않다. 행성의 그림자에 가려진 고리들은 어둡게 보인다(나사/제트추진연구소/유럽우주기구/CICLOPS).

의 선으로만 각인되어 있던 이 유명한 장식품은, 마치 누군가 마술이라도 부린 듯 어느새 갑자기 3차원으로 도드라졌다."[3]

토성에 찾아왔던 분점은 북반구에 여름이 찾아오면서 사라졌다. 카시니와 함께 우리는 선명하고 짙푸른 토성의 북반구 하늘이 흐려지면서 토성의 서명이나 다름없는 복숭아 또는 오렌지 빛 색조로 바뀌는 모습을 관찰했다. 카시니와 같은 로봇 탐험가들 덕분에 우리는 외태양계에 있는 다른 세상들을 완전히 새로운 시각으로 바라보게 되었다.

토성과 고리, 그리고 우주예술

네덜란드의 수학자이자 천문학자였던 크리스티안 하위헌스가 최초로 발견하고 그 이미지들을 그림으로 그렸던 1600년대 중반부터 토성의 고리계는 인간의 상상 속에 확실히 자리를 잡았다.[4] 토성의 달 타이탄을 최초로 발견한 사람도 하위헌스다.[5] 그보다 최근에는 체슬리 본스텔이 묘사한 토성의 이미지가 그 자리를 대신하면서 토성을 대중의 영역으로 불러들였다. 건축을 전공했지만, 본스텔의 이름이 널리 알려지게 된 계기는 아마도 1944년 5월 잡지 《라이프》에 실린 충격적일 만큼 아름다운 토성의 그림들일 것이다. 그 그림들 중 가장 유명하고 인상적인 그림은 '타이탄에서 바라본 토성'이라는 제목의 그림이다. 5월 29일에 발행된 《라이프》에 실린 한 벌의 그림들에 독자들은 경탄했다. 다른 면들은 대부분 전쟁에 총력을 기울이자는 홍보성 기사들과 전쟁에 관한 소식들로 도배되어 있어서, 어쩌면 본스텔의 그림이 더 도드라져 보였는지도 모른다. 유럽에서 미군이 처한 상황이나 전쟁과 관련된 광고들, 군부대를 찍은 흑백사진들이 130쪽에 걸쳐 빼곡하게 채워진 가운데 타이탄의 하늘에 육중하게 떠 있는 토성을 실감나게 그린 본스텔의 총천연색 그림들은 독자들로 하여금 전쟁의 시름에서 잠시 벗어나 매혹적이고 이국적인 행성의 경치 앞에 서게 해주었다.

본스텔은 고리를 가진 이 아름다운 행성을 그릴 수밖에 없게끔 자신에게 영감을 주었던 1905년의 한 일화를 이렇게 회상한다. "열일곱 살 때였지요. 내 미래의 직업을 결정하게 한 중대한 일이었다는 걸, 그때는 잘 몰랐습니다." 본스텔은 친구와 해밀턴 산 정상에 있는 릭천문대로 하이킹을 갔다. "그날 밤 난생처음 36인치 굴절망원경으로 달을 보았습니다. 하지만 가장 감동적이고 아름다웠던 것은 12인치 망원경으로 바라본 토성이었지요. 집에 돌아오자마자 토성을 그렸습니다."[6] 1906년 샌프란시스코 대지진 때 일어난 화재로 그 그림은 유실되었지만, 토성은 이 젊은 예술가에게 오래도록 지워지지 않는 인상을 남겼다.

그로부터 거의 40년이 지나서 본스텔은 '타이탄에서 바라본 토성'을 포함하여 여러 장의 그림들을《라이프》편집부로 보냈고, 편집부는 그 즉시 그림들을 싣기로 결정했다. 론 밀러와 프레더릭 듀런트는 "이전에는 본 적 없는 대단한 그림들이었다.《내셔널지오그래픽》사진기자가 찍은 사진이라 해도 믿을 정도로 실감났다(그림 5.2). 단순히 '예술가'의 감상이 아니라 실제 장소처럼 보이도록 행성들을 묘사한 그림은 처음이었다"고 회상했다.[7] 밀러와 듀런트는 칼 세이건조차 "본스텔의 그림들을 보기 전까지 다른 세상들이 어떤 모습일지 전혀 알지 못했다"고 말할 정도였다고 썼다. 공상과학 소설가 아서 클라크의 말마따나 어떤 면에서 본스텔은 닐 암스트롱보다 오래 전에 이미 달 위를 걸어봤던 사람이다. 들리는 소문에 따르면 "'고요의 기지'는 본스텔의 발자국과 다 짜버린 물감 튜브들 위에 건설되었다"는 우스갯소리도 클라크가 한 말이라고 한다.[8]

빈 바호르스트는 본스텔의 유명한 그림 '타이탄에서 바라본 토성'이 왜 그렇게 수많은 사람의 마음을 사로잡았는지 꼼꼼히 분석

그림 5.2 체슬리 본스텔의 '타이탄에서 바라본 토성'은 인간의 눈이 본 적 없는 행성의 경치를 실감나게 묘사했다. 이 상징적이고 강렬한 이미지는 '사실주의' 우주예술의 문을 열어젖혔고, 머나먼 세상들에 대해 더 많은 사실을 밝히려는 행성과학자들에게 정보와 영감을 동시에 선사했다(체슬리 본스텔, Bonestell LLC).

했다.

"태양계에서 유일하게 대기를 가진 위성인 타이탄의 짙푸른 하늘에 마치 외계의 함선이 정박한 듯 얼음 바다 위에 우뚝 솟은 들쭉날쭉한 절벽들 사이로 낮게 떠오른 거대한 토성, 초승달 모양의 토성을 가르고 있는 가늘게 빛나는 고리들. ... 하늘을 찌를 듯한 산봉우리 저 멀리 수평선 위로는 여명의 기운이 감돌고, 거대한 초승달 빛 아래로는 대낮처럼 밝은 평원 조각이 엿보인다."

《라이프》에는 그밖에도 토성의 다른 달들인 포이베와 이아페투스, 미마스, 디오네에서 바라본 토성을 그린 그림도 실렸다. 그리고 토성의 구름 위에서 바라본 고리들을 그린 그림도 있다. 바호르스트는 본스텔이 토성의 다양한 표정들을 보여주기 위해 토성이 아닌 그 바깥의 위성들에서 바라본 토성을 그렸다고 설명한다.[9]

수성에서 명왕성까지 다양한 행성들의 무수한 경관들을 화폭에 담았지만, 미학적으로 본스텔을 사로잡은 것은 토성이었다. 일생에 걸쳐 그의 붓을 끊임없이 잡아당긴 대상도 역시 토성이었다. 그는 타이탄을 비롯해 토성의 여러 달들에서 바라본 토성을 수없이 반복해 그렸다. 1949년 본스텔은 디오네에서 본 토성 그림을 완성했는데, 이 그림에는 디오네의 한 동굴 입구에서 어렴풋 보이는 토성의 전체 모습이 담겨 있다. 그리피스천문대를 위해 1959년에 완성한 그림은 토성이 수평선 위로 낮게 떠 있는 타이탄의 얼음 덮인 경관을 묘사한 것으로, 예지적 그림이라는 평가를 받았다. 1960년대 내내 본스텔은 빛의 각도를 달리하거나 타이탄의 경치에 미묘한 변화를 주면서 타이탄에서 바라본 토성을 다양하게 표현했다. 1972년에는 이아페투스에서 바라본 토성을 그린 두 작품을 완성했으며, 아서 클라크의 책《목성 너머Beyond Jupiter》를 위해 위성 엔셀라두스에서 바라본 토성을 그렸다. 이처럼 본스텔은 공간적 배치와 배경, 빛의 조도나 각도를 달리하면서 토성을 그리고 또 그렸다.

이 모든 작품들은 샌프란시스코의 금문교와 몬테레이 주 페블비치의 17마일 드라이브 해안도로, 뉴욕에 있는 크라이슬러 빌딩의 독수리 형상의 가고일gargoyle*과 아르데코 양식의 건물 전면, 그리고 패서디나에 있는 캘리포니아공과대학 건물 설계에 막중한 역할을 했던 한 건축가의 손에서 나온 것이다.[10] 그는 〈노트르담의 꼽추〉(1939)와 〈시민 케인〉(1941)과 같은 영화작업에 참여하면서 할리우드에서 몸값이 가장 비싼 특수효과 예술가가 되었다. 우주예술space art로 전환한 후 본스텔의 무대는《라이프》와《콜리어스 위클리》같은 유명 잡지와 〈데스티네이션 문〉(1950), 〈세계가 충돌할 때〉(1951), 〈우주 정복〉(1955)과 같은 영화들이 되었다. 그의 작품들에서 영감을 얻은 세대는 우리 태양계의 황량하면서도 아름다운 행성들과 우리 은하 아득한 곳의 항성계들로 상상의 나래를 펼쳤다. "본스텔은 추상으로부터 무한한 공간 한 귀퉁이를 끌고 와 생생한 경험의 영역으로 던져주었다"고 바호르스트는 말한다.[11] 본스텔은 인간의 눈이 이전에는 볼 수 없었던 행성의 풍광들뿐 아니라 때로는 그 광막한 경치에 둘러싸여 더욱더 왜소해 보이는 우주비행사들을 슬쩍 그려 넣기도 했다. 실제로《라이프》에 실린 미마스에

---

* 주로 건축물을 장식하는 데 쓰이는, 사람이나 동물의 형상을 한 괴물의 조각을 말한다.

서 본 토성 그림과 1969년에 새롭게 다시 그린 '타이탄에서 본 토성'에는 우주비행사 세 명이 절벽 위에서 눈부신 빛을 받고 있는 토성을 바라보는 모습이 조그맣게 그려져 있다. 그중 한 비행사는 토성의 고리들을 가리키고 있다.

본스텔의 사실주의적 연출기법은 1920년대 《일러스트레이티드 런던 뉴스》에서 일하는 동안 과학삽화가인 스크리븐 볼턴을 사사한 것이 분명함을 보여준다. 왕립천문학회Royal Astronomical Society 회원이기도 한 볼턴은 행성들의 경치를 석고 모형으로 제작해서 사진으로 찍은 다음 행성과 별들 안에 그려 넣었다.[12] 이 작업에 참여했던 본스텔은 자신이 만든 석고 모형에 빛을 비춤으로써 행성에 태양빛과 그늘이 드리워진 모습을 포착한 듯한 그림을 그렸을 것이다. 손에 닿을 것처럼 생생한 행성의 경관은 그렇게 탄생했다. 이렇게 해서 널리 알려진 그의 기법은 "외태양계 위성들에서 바라본 듯한 행성의 경관을 연출함으로써 구경꾼들을 끌어모았다. 본스텔의 그림 속에서 타이탄의 경치는 미국 남서부의 경관이나 한겨울 로키 산맥의 깎아지른 바위절벽과 닮은 듯하고, 짙푸른 하늘은 지구의 하늘을 연상케 한다."[13] 메탄이 풍부한 타이탄의 탁한 대기를 감안하면 그런 장관이 보일까 싶지만, 본스텔은 어떤 한 세상의 해안에서 인접한 또 다른 세상을 바라보는 숭고하고 경이로운 경험을 예견하는 선견지명이 있었다.

빈 바호르스트는 "본스텔의 그림에는 별들이 가득한 심연의 바다 가장자리로 황량하고 으스스한 해변이 펼쳐진 일종의 우주의 해안선"을 떠올리게 하려는 의도가 담겨 있으며, 그 해안선이야말로 지구와 바깥 우주를 가르는 지구의 수평선을 상기시키기 위한 본스텔 예술의 "근원적인 은유"라고 설명한다. 본스텔의 작품들은 "나뭇잎에 올라탄 작은 진드기처럼, 우주의 한 해변에서 창백하고 푸른 조각배에 올라타 소용돌이치며 회전하는 광대한 은하 암초가 깔린 우주라는 바다를 바라보고 있는" 우리의 모습을 상기시킨다.[14] 칼 세이건은 《창백한 푸른 점》에서 인간은 아득히 먼 옛날부터 본능적으로 수평선을 마음에 품고 있었다고 말한다. 고대 이집트인들은 자신들의 신 호루스가 태양과 함께 수평선 위에 기거하고 있으며, 토성이 바로 황소 호루스를 상징한다고 여겼다.[15] 기자의 대스핑크스는 호루스와 관련이 있는 것이 분명하다. 스핑크스가 향한 방향이나 눈으로 좇고 있는 곳도 동쪽 수평선이다.[16] 본스텔의 작품들이 세이건에게 영감을 줬다는 건 의심할 여지가 없다. 그러지 않고서야 세이건이 PBS에서 방영한 〈코스모스〉 첫 회의 제목을 '코스모스의 바닷가에서The Shores of the Cosmic Ocean'라고 지었을 리가 없다.

해안선에 서서 미지의 세상을 꿈꾸다

해안은 역공간域空間, 즉 공간의 경계를 나타내는 표시다. 해안이 우리에게 매력적인 데는 여러 이유들이 있지만, 열악한 환경에도 불구하고 그곳에서 생존하는 생명의 끈질긴 집념을 상기시켜준다는 점도 그 한 이유다. 해양동물학자 레이첼 카슨은 해안을 정의하길, 열악하지만 생동하는 생물권계라고 했다. 《침묵의 봄Silent Spring》

이라는 역작으로 처음 이름을 알린 카슨이 진짜 열정을 갖고 매달린 전문 분야는 바다였다. 바다와 관련해서 그녀가 쓴 세 권의 책 모두 베스트셀러 반열에 올랐지만, 그중에서도 《바다의 가장자리 The Edge of the Sea》는 적대적인 해안환경에서 생존하기 위해 생명들이 겪을 수밖에 없는 고초에 대해 기술했다.[17] 해안을 "우리의 기억에서 멀어진 머나먼 조상들이 기원한 곳"이라고 묘사하면서 카슨은 이렇게 썼다.

이 변화무쌍한 지역에서는 가장 강하고 적응력이 뛰어난 개체만이 살아남지만, 그럼에도 불구하고 조수가 드나드는 조간대는 식물과 동물로 북적인다. 이 곤궁한 해안 세상에서도 생명은 상상할 수 있는 모든 적소들을 차지하며 엄청난 강단과 생명력을 과시하고 있다. 눈에 띄기로는, 해안가 암석들을 덮고 있거나 암석의 갈라진 틈과 균열 속에 반쯤 몸을 숨기고 있는 생명들, 또 자갈 아래나 어둡고 축축한 해안가 동굴 속에 잠복하고 있는 생명들이 있다. 한편 꼼꼼하지 않은 관찰자라면 생명 따위는 없다고 말할 만한 곳에도 눈에는 보이지 않지만 생명이 존재한다. 모래 속 깊은 곳에 대롱이나 통로 같은 굴을 파고 살아가는 생명이 있다. 생명은 단단한 암석에 터널을 만들고 이탄과 점토에 구멍을 뚫는다. 수초나 둥둥 떠다니는 목재, 갯가재의 단단한 키틴질 외피에도 생명이 덮여 있다. 더 미세한 생명은 암석 표면이나 부두에 매놓은 말뚝을 얇게 덮고 있는 박테리아로, 바다 표면에서 반짝이는 바늘구멍보다 작은 공 모양의 원생생물로, 그리고

모래 알갱이 틈 사이의 검은 구멍 속에서 헤엄치는 극미세 생물로 존재한다.[18]

유명한 인류학자이자 자연주의자인 로렌 아이슬리는 〈불가사리를 던지는 사람The Star Thrower〉이라는 제목의 에세이에서 카슨과 비슷한 경험담을 들려준다. 그의 표현에 따르면 "생명의 잔해들이 어지러이 널려 있는" 플로리다 주 새니벨의 엄혹한 해안가 환경에서 "집게들이 제방으로 떠밀려 올라와 새로운 집을 찾느라 모래를 더듬거리고, 알몸으로 해변에 팽개쳐진 집게들은 갈매기들의 부리로 갈기갈기 찢길 운명에 처한다. 밀물과 썰물이 남긴 축축한 모랫길을 따라 죽음은 다양한 형태로, 거대하게 다가온다. 자신들을 먹이고 보호해준 대자연의 품으로 돌아가고자 사투를 벌이는 생명에게는 너덜너덜 찢긴 초록색 해면조각들조차 힘겨운 걸림돌이다."[19]

아이슬리는 해변을 따라 걷다가, 험악한 파도에 해변으로 떠밀려온 불가사리를 줍고 있는 남자와 만난 이야기를 들려준다. 아이슬리는 걸음을 멈추고 그 남자와 함께 "팔들을 뻣뻣하게 치켜세우고 몸은 이미 진흙에 뒤덮인" 불가사리들을 본다. 남자는 불가사리를 줏어 밀려오는 파도 너머 바다로 던진다. 어느새 아이슬리도 그 남자와 함께 다만 몇 마리라도 살리려고 해변에 널브러진 불가사리들을 바다로 던져주고 있었다. 아이슬리는 불가사리 한 마리를 집어들고 "불가사리의 관족이 내 손가락들 사이에서 소심하게 꿈틀댔지만 … 그것은 생명을 갈구하는 무언의 울음이었다"고 묘사한다.[20] 이 수려한 산문으로 아이슬리는 경계환경에서 생존하는 끈질긴 생명의 힘을 생생하게 들려준다. 약 5억 년 전에 진화한 불가사리는 우리를 포함한 더 복잡한 생명들의 조상이다. 그 순간 아이슬리의 손가락과 불가사리의 관족 사이에 포착된 것은 두 존재가 오로지 생명을 놓치지 않으려는 바람으로 서로 간에 간결한 이해의 메시지를 주고받으면서 나눈 생명의 원초적 감촉이었다.

벌거벗은 발, 아니 관족에 의지해 살아가는 종을 묘사한 이 생생한 표현들은 우리로 하여금 머나먼 타이탄의 해변을 떠올리게 한다. 바닥에 새겨진 물골들과 메탄 호수를 생각하며, 얼어버린 그 해안선들에 어떤 미생물이 혹은 어떤 육상 연체동물이 꿈틀거리며 살고 있지는 않을까, 한번쯤 궁금히 여기게 되는 것이다. 우주시대의 여명기에 본스텔은 자신만의 우주 풍경들을 그림으로 그렸고, 지금까지 우리는 고향에서 수십억 킬로미터 떨어진 곳까지 우주선들을 보내왔다. 때가 되면 우리는 본스텔도 틀림없이 품었음직한 질문들의 해답을 찾을 것이다. 토성의 얼음 달의 표면을 구르는 돌들과 그 갈라진 틈 속에 매달려 있을지도 모를 생명체에 대해서 말이다.

토성을 향해

1997년 10월 스쿨버스 크기만 한 6톤짜리 탐사선이 토성까지의 장장 16억 킬로미터에 걸친 여정에 올랐다. 이 우주선의 이름은 17세기 이탈리아의 천문학자 조반니 도메니코 카시니의 이름을 따랐다. 카시니는 목성의 대적점을 공동 발견한 데 이어 토성을 돌고 있는 네 개의 달, 테티스, 디오네, 이아페투스, 레아를 발견했고, 토성 고리들 사이의 틈을 처음으로 확인했다. 그 틈에는 그의 이름이 헌정되었다. 카시니 우주선은 그 안에 실린 하위헌스 탐사선과 더불어 나사 역사상 가장 복잡하고 야심찬 탐사임무 중 하나로 꼽힌다.[21]

카시니와 같은 규모의 행성탐사 임무를 성사시키기 위해 과학자들은 거의 평생을 바치기도 한다. 처음 이 탐사임무가 논의되기 시작한 것은 1982년이었다. 그러다가 유럽우주기구의 합류를 놓고 말이 오가던 1980년대 말에 본격적으로 구체화되기 시작했다. 합동 탐사임무라는 점이 1990년대 초반 의회의 예산삭감 칼날을 피하는 데 큰 힘이 되었다. 처음 이야기되기 시작한 지 30년이 훌쩍 지난 지금도 카시니는 건재하다. 카시니가 갖는 또 하나의 중대한 의의는 우주임무에서 국제적 협력을 보여주는 훌륭한 본보기라는 점이다. 전 세계 17개국에서 모인 5,000명 이상의 과학자와 엔지니어들이 이 탐사임무에 헌신했다. 지금까지 나사가 달 너머로 쏘아올린 우주선들 가운데 카시니보다 무거운 우주선은 없다.

현재까지 카시니-하위헌스에 들어간 총 비용은 약 35억 달러나 된다. 많은 사람들이 복잡한 행성탐사 임무에 소요되는 이 어마어마한 비용을 보고 슬금슬금 꽁무니를 뺀다. 1990년대 초반에 나사의 새 국장으로 선출된 대니얼 골딘이 '보다 빠르고, 보다 훌륭하고, 보다 저렴하게'라는 모토를 내세운 것도 카시니 프로젝트의 예산이 점점 더 늘어나고 있었기 때문이다.[22] 골딘의 재임기간 동안 나사는 평균 1억 달러의 비용으로 거의 150여 개의 로켓을 발사했고, 실패율도 10퍼센트를 넘지 않았다. 그러나 비용절감에 집착하여 불필요한 장비들을 모두 걷어낸 가벼운 탐사선들만 쏟아내는 나사의 동향을 대중은 그리 달가워하지 않았다. 2011년 한 보고서에서 나사는 저비용 전략으로 인해 너무 많은 부분들을 제거하다보니 자존심이 상할 만큼 실패율이 높아진다고 주장했다.[23] 대중은 고성능 화성기후탐사위성Mars Climate Orbiter과 폴라 랜더Polar Lander의 실패에 주목하고 있었다. 화성기후탐사위성은 어처구니없게도 영어권에서 쓰는 계량형을 미터법으로 전환하지 못해서 실패한 것으로 유명하지만, 폴라 랜더는 2007년 화성으로 보낸 피닉스 탐사선으로 다시 태어나면서 그나마 성공을 거두었다.

하지만 이런 논의는 어쩌면 잘못된 이분법인지도 모른다. 최근에 달로 발사된 LCROSS 탐사선과 마스 글로벌 서베이어 같은 특수 목적 탐사선들은 오로지 한 가지 임무만을 수행하도록 설계된 것이다. 반면 수십억 달러 규모의 탐사선들은 일반적으로 10여 개 이상의 과학장비들을 탑재하고 있으며 매우 다재다능하다. 우주 프로그램에서 이런 탐사선들은 '스위스 군용 칼'과도 같다. 그런 탐사선들 중 보이저와 갈릴레오는 예정된 수명을 훌쩍 넘기고 있으며, 주어진 과학적 목표들을 모두 충실히 이행하고 있다. 1차 임무를 완수한 카시니는 2008년에 2년 임무 연장을 승인받아 카시니 분점 탐사임무Cassini Equinox Mission에 돌입했다. 2010년에는 최소한 2017년까지로 임무기한이 연장되면서 명칭도 카시니 지점 탐사임무Cassini Solstice Mission로 바뀌었다. 명칭들만 보아도 이 탐사선이 2017년 말까지 토성의 계절주기 전체를 관측하리란 걸 알 수 있다. 지금까지 카시니-하위헌스가 전송한 자료를 바탕으로 출간된 연구 논문만

1,500건이 넘는다. 카시니-하위헌스가 가장 생산적인 행성탐사 임무라는 사실을 여실히 보여주는 대목이다.

이 탐사임무는 감동적이고 성대한 환호를 받으며 종료될 것이다. 현재 계획대로라면 카시니는 2017년 9월 15일, 토성의 고리 내부로 진입하여 토성을 스물두 바퀴 돌고나서 그 대기 속으로 죽음의 하강을 시작할 것이다. 바라건대 카시니의 탐사임무에 감화된 음악가가 다른 행성에서 맞는 최후를 주제로 아름다운 곡을 써주시길.

카시니, 중력과 춤을

지구에 가장 가깝게 다가왔을 때 토성은 지구와 태양 간 거리의 약 아홉 배, 그러니까 지구로부터 13억 킬로미터 거리에 있다. 그러나 카시니는 토성까지 무려 35억 킬로미터를 날아가야 했다. 나사는 당시로서는 최고 성능을 자랑하는 로켓을 이용해 카시니를 발사했지만, 토성까지 직선거리로 쏘아올리기에는 역부족이었다. 왜냐하면 우주선은 비행하는 내내 태양의 중력과 싸워야 하기 때문이다. 그래서 탐사선 설계자들이 생각해낸 것이 바로 중력도움이다. 중력의 작용을 이용해 마치 새총을 쏘듯 '슬링샷'을 날려 표적을 맞추자는 것이다. 앞에서도 살펴봤지만, 1970년대 이후로 행성탐사선들은 이 방법을 통해 자연의 도움을 받아 태양의 중력권을 벗어났다.[24] 중력도움은 탐사선이 한 행성의 뒤를 따라가면서 행성의 궤도각운동량으로부터 일종의 '킥'을 얻어맞고 속력을 얻는 것을 말한다. 이론적으로 탐사선은 그 행성 궤도속도orbital velocity[•]의 두 배에 이르는 속력을 얻을 수 있다.

카시니는 금성을 두 번, 지구를 한 번, 마지막으로 목성을 한 번 근접비행한 후 토성을 향해 날아갔다. 지구 근접비행에 대해서는 논란의 여지가 많았다. 카시니의 동력원이 갖는 특성 때문이다. 태양전지판은 태양빛에서 너무 멀어지는 탐사임무에는 적합하지 않다. 그래서 카시니에는 플루토늄-238의 방사성 붕괴열을 열전쌍 thermocouple 효과를 통해 전기로 전환시키는 발전기인 방사선 동위원소 열전기 발전기RTG 세 기가 실리게 되었다. 바로 이 동력원이 발사 전 미 의회 의원들의 눈썹을 치켜 올라가게 한 것이다.

근접비행을 결정할 시기가 다가오자 의회는 나사에게 카시니가 지구에 영향을 미칠 가능성에 대해 환경영향평가를 하도록 지시했다. 평가결과 최악의 시나리오는 카시니가 지구 대기로 아슬아슬한 각도로 진입하면서 방사성 물질을 서서히 분사할 수도 있다는 것이었다. 하지만 그 확률은 1,000만분의 1을 넘지 않았다.[25] 결국 근접비행을 진행하라는 허가가 떨어졌다. 이에 항의하기 위해 시위를 하는 사람도 있었고 심지어 소송을 제기한 사람도 있었지만, 카시니의 발사와 근접비행은 순탄하게 진행되었고, 현재 그 문제의 플루토늄은 16억 킬로미터 떨어진 안전한 곳에 있다.

지구 근접비행은 카시니가 토성에 도착할 때까지 보여준 놀라운

• 제1우주속도. 행성의 중력에 잡혀 떨어지지 않고 행성 주위를 공전할 수 있는 속도를 말한다.

'중력 춤'들을 위한 몸풀기에 불과했다(그림 5.3). 핵심 임무를 수행하는 동안 카시니는 토성을 140번이나 돌았다. 토성과 그 고리들, 큼지막한 위성들과 토성의 자기권을 상상할 수 있는 모든 각도에서 관찰하기 위해 카시니는 장착된 로켓엔진들은 물론이고 70회에 걸쳐 타이탄을 근접비행하면서 얻은 중력의 도움을 이용해 자신의 궤도 크기와 주기, 속도, 그리고 토성과의 경사각을 조정했다. 가장 큰 위성답게 타이탄은 토성계를 일주하는 카시니에게 가장 훌륭한 '조종장치' 역할을 해주었다. 근접비행 때마다 타이탄은 다음번 근접비행에 유리하도록 알맞은 궤도로 카시니의 방향을 조정해주었다.

다른 위성들과의 조우는 그때그때 상황에 맞게 '표적 근접비행'을 통해 이루어졌다. 임무 종료까지 모두 50번에 걸쳐 다른 위성들을 조사하도록 계획되었는데, 그 가운데 열두 번은 작고 매력적인 엔셀라두스 위성에게 배당되었다. 2004년부터 2011년까지 카시니

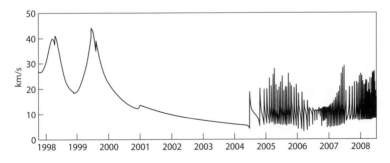

그림 5.3 발사 후 첫 10년 동안 태양에 대한 카시니 우주선의 속도를 나타낸 도표다. 앞쪽의 돌출부들은 토성까지 가기 위해 중력을 이용해 슬링샷 작전을 개시했을 때의 속도다. 카시니는 이때 얻은 속도로 토성 궤도에 진입했다. 후반부의 자잘한 돌출들은 토성의 위성들을 오차 없이 근접비행했을 때의 속도다(Wikimedia Commons/YaoHua2000).

는 그 아찔한 근접비행을 100회나 성공했고, 2012년에도 열두 차례나 완벽하게 해냈다. 나사는 젊은 세대의 관심을 유도하기 위해 '투어 데이트'라는 다정한 이름의 카테고리를 만들고 조그만 배너를 달아서 카시니가 다음 번 토성의 위성을 기습적으로 방문하게 될 때까지 남은 시간을 알려주고 있다.[26] 이 영리한 계획 덕분에 나사의 엔지니어들은 탐사임무 기한을 두 배로 연장할 수 있었다. 비록 카시니의 연료탱크에 남은 연료는 4분의 1밖에 안 되지만 말이다. 타이탄의 중력으로 카시니의 궤도 경사도가 서서히 기울고 있기 때문에 카시니는 고리들을 위쪽에서뿐 아니라 아래쪽에서도 관찰할 수 있었고, 토성 극지들에서 일어나는 대기현상을 처음으로 포착할 수 있었다.

타이탄을 근접비행할 때는 970킬로미터 이내로는 접근할 수 없다. 이 커다란 위성의 두터운 대기가 탐사선의 속도를 늦춰버릴 수 있기 때문이다. 반면 작은 위성들을 근접비행할 때는 24킬로미터까지 접근하는 경우도 더러 있다. 16억 킬로미터 떨어진 곳에서 이런 근접비행을 성공시켰다는 것은 대서양 연안에서 태평양 연안에 있는 지름 1인치 구멍 속으로 골프공을 단번에 넣은 것이나 다름없다. 홀인원이다!

멀리 떨어진 탐사선을 원격 조정하는 데 따르는 어려움은 이것만이 아니다. 지구와 토성의 궤도 모양 때문에 이 두 행성 간 거리는 가까울 때는 8AU, 멀 때는 10AU까지 벌어진다. 그렇기 때문에 탐사관제실에서 보낸 전파신호가 우주선에 전달될 때도 궤도상의 위치에 따라 70분에서 85분까지 도달시간이 달라질 수 있으며, 반대로 우주선으로부터 전송받을 때도 그와 같은 시차가 발생한다. 즉 관제실의 운전자들은 '실시간' 명령을 내릴 수 없다. 어떤 문제에 대해 즉각적으로 조치를 취한다 해도 카시니가 그에 반응하기까지는 거의 3시간이 걸리는 셈이다. 이 문제는 근접비행의 판을 완전히 새롭게 짜도록 만든다. 오차범위가 1초를 넘어서는 안 되기 때문이다.

우주의 '스위스 군용 칼'

카시니 궤도선회우주선에는 총 12개의 과학장비가 실려 있고, 하위헌스 탐사선에는 6개의 장비가 실렸다. 이 '스위스 군용 칼'에 실린 장비들은 크게 세 종류로 분류된다. 가시광선을 이용하는 원격 탐지장비, 마이크로파를 이용하는 원격 탐지장비, 탐사선 주변의 환경을 연구하기 위한 장비들이다(그림 5.4). 1만 3,000개의 전자부품들로 구성되고 16킬로미터 길이의 케이블로 연결되어 있지만, 지금까지 모든 장비들은 계획된 대로 작동했다. 많은 과학적 연구들이 한 가지 이상의 장비들에서 얻은 데이터를 이용한다. 광학 원격 탐지장비들은 하나의 팔레트 위에 설치되어 있기 때문에 모두 같은 방향을 바라보고 있다. 가시광선과 자외선 및 적외선 촬영이 가능한 이미징 사이언스 서브시스템Imaging Science Subsystem, ISS을 갖춘 카시니의 주카메라가 바로 우리를 토성과 그 위성들의 이국적인 세상으로 안내한다.

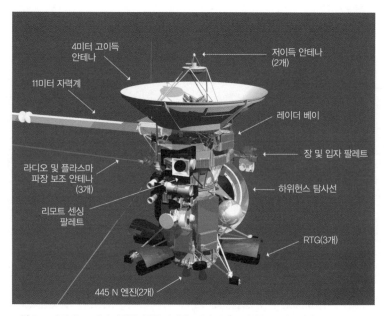

그림 5.4 카시니는 12개의 과학장비들뿐 아니라 6개의 장비를 탑재한 하위헌스 탐사선까지 싣고 있는 버스만 한, 크고 복잡한 우주선이다. 카메라와 분광기를 포함해 자기장과 고에너지 입자, 전파와 마이크로파를 측정할 수 있는 여러 장비들이 카시니에 실려 있다. 동력원은 방사성 플루토늄-238이다 (나사/제트추진연구소).

영상팀을 총괄하고 있는 캐롤라인 포르코는 놀랍고 경이로운 영상들에 눈으로 본 듯 생생한 설명까지 곁들여서 웹사이트에 올리고 있다.[27] 앞서도 언급했지만, 포르코는 '함장일지'를 통해 〈스타 트렉〉에 대한 자신의 애정을 은연중에 드러내고 있다. 카시니가 전례가 없을 만큼 세밀하게 찍어서 보내주는 새로운 세상들의 영상과 함께 포르코는 인생의 황금기를 누리고 있는 게 틀림없다. 거대한 우주탐사 임무에서 그녀가 보여주는 리더십은 마치 자녀를 양육하는 부모의 마음에 견줄 만하다. 때로는 가슴 조이고 절망도 따르지만 스릴과 흥분으로 가득찬 모험을 떠난 아이를 20년이 넘도록 지켜보는 부모의 마음 말이다. 거대과학big science에 질린 냉소가들조차 카시니의 주카메라가 보여주는 기막힌 사진들을 보면 황홀함에 넋을 잃을 것이다.

두 대의 맵핑 분광기는 토성과 그 위성들과 고리들을 각각 가시광선 파장과 적외선 파장에서 관찰한다. 표적의 구조와 온도를 파악하는 데 가장 중요한 관찰이다. 또한 자외선 분광기는 우리 눈이 볼 수 있는 것보다 짧은 파장에서 표적을 관찰하고 각각의 화학적 조성을 측정한다. 카시니는 대기나 고리들에서 직접 표본을 채취할 수 없기 때문에 화학적 성분들을 조사하기 위해서는 이런 분광기들을 통한 원격 탐지가 최선의 방법이다.

카시니의 마이크로파 원격 탐지장비들은 기능이 조금 다르다. 광학 원격 탐지장비들은 행성과 위성들, 고리의 입자들에서 반사되는 복사선이나 자연광만을 이용하는 데 반해, 카시니의 마이크로파 원격 탐지장비는 독자적으로 전파와 마이크로파를 발생시켜 이를 우주선 한쪽 끝에 장착된 4미터 고이득 안테나를 통해 표적에게 발사한 뒤 표적으로부터 되돌아오는 약한 메아리 신호를 '듣는다.' 이런 레이더 장비는 두꺼운 타이탄의 대기도 투과하기 때문에 타이탄 표면의 정밀사진을 찍고 그 지형들을 지도로 그릴 수 있다. 물론 토성의 대기에 대해서도 다른 어떤 장비들보다 더 깊이 투사할 수 있다. 이런 전파장비들로 표적의 세밀한 구조까지 알아낼 수 있으며, 도플러 효과를 이용한 측정도 가능하다. 목성 위성들의 질량을 정확하게 계산해낸 것도 이런 장비들이다.[28]

카시니에는 언제라도 자신의 현 위치에서 이온들, 에너지를 가진 입자들, 자기장의 세기 등을 측정하는 장비들도 탑재되어 있다. 탑재된 장비들로 이런 성분들의 분산상태 '지도'를 작성하려면 시스템이 허락하는 한 가능하면 여러 위치에서 자료를 수집해야 하기 때문에 카시니는 궤도상에서 일종의 고난이도 체조를 해야 한다. 카시니의 장비들 중에는 토성의 자기장으로 인해 가속되는 하전입자들을 통해 역으로 토성의 자기장을 파악하는 장비도 있다.

편중된 해석을 피하기 위해 나사는 여러 과학분야의 과학자들로 구성된 여섯 팀을 선발했다. 이들이 하는 일은 카시니의 장비들을 조화롭게 이용해서 이해를 극대화하는 것이다. 여러 의문들에 대해 예측하지 못했던 해답을 찾을 가능성도 있다. 이 모든 장비들에는 동력이 필요하고, 태양계 바깥쪽으로 나간 다른 탐사선들과 마찬가지로 태양전지판에만 의지하기에는 태양빛이 충분하지 않기 때문에 카시니는 33킬로그램의 플루토늄을 사용한다.

카시니가 보여준 토성의 세계

카시니가 이룬 수많은 과학적 발견은 토성에 관한 지식을 고쳐 쓰게 했다. 처음 6년 간의 카시니의 발견들은 2010년 두 편의 논문으로 요약되어 《사이언스》에 실렸다.[29] 가장 위대하다고 평가받는 카시니의 성과 중 두 가지는 개념과 관련된 것이다. 하나는 거대 가스행성과 그 위성들의 흑백 초상화를 선명하고 정확한 색으로 채색해 그곳들이 개성과 기이한 특징을 갖는 매력적인 세상이라는 사실을 보여주었다. 보이저가 길을 냈다면, 카시니는 그곳에 한걸음 더 가까이 다가갔고, 그 이웃들과 아주 오랜 시간을 머물렀다. 카시니가 이룬 또 하나의 개념적 성과는 태양계 가장자리 부근에서 생물학을 이야기할 수 있는 명분을 주었다는 점이다. 비록 온기 어린 태양광이 닿지 못하는 변방이지만, 토성의 가장 큰 위성들은 암석물질의 방사성 붕괴로 인해 내부에 에너지를 지니고 있을 뿐 아니라 거대한 부모 행성의 중력에 따라 주기적으로 '비틀리면서' 여분의 열을 얻는다. 생명을 지탱하는 데 에너지와 액체상태의 물과 유기물이 필요조건이라면, 토성의 위성들 중 여섯 개 정도에서는 이 조건이 충족될 수도 있다. 이 발견은 우주의 다른 곳에서 생명을 찾기 위한 노력에 활기를 불어넣었다. 왜냐하면 위성계moon system를 갖고 있는 거대 행성들은 우주에 널리고 널렸을 것으로 추측되기 때문이다.

카시니가 수집한 모든 과학적 자료가 일반 대중에게 죄다 쉽게 이해되는 것은 아니다. 자기장의 세기나 스펙트럼, 하전입자 유동 등은 배경지식이 없거나 그 맥락을 알지 못하면 매우 추상적이고 난해한 개념들이다. 따라서 일반 대중에게 카시니의 업적은 영상기술로 평가되고 있다. 그런 점에서 이미징 사이언스 서브시스템ISS은 발군의 장비가 아닐 수 없다. ISS팀을 이끌고 있는 캐롤라인 포르코는 우리가 외태양계 행성들과 그 위성들에 관심을 가져야 하는 까닭을 감동적으로 보여주는 대변자다. 웹사이트 ciclops.org에는 64장의 토성 이미지들을 이어 붙여 토성계Saturn system를 한눈에 보여주는 대형 사진이 올라와 있다. 이 사진은 빛을 퍼뜨리거나 산란시킬 공기가 전혀 없는 곳에서도 빛과 그림자가 상호작용한다는 사실을 보여주는 감동적인 증거다. 위성들은 고리들 위에 또는 서로에게 그림자를 드리우고, 낮은 각도로 비추는 빛은 위성의 구릉들과 파인 구멍들 위로 깊은 그림자를 새겨놓고 있다. 명암법만 보면 이탈리아의 화가 카라바조의 그림 같다. 강렬한 빛과 그림자만을 순수하게 묘사한 역사는 레오나르도 다빈치와 갈릴레오의 달 스케치, 본스텔의 그림들, 그리고 카시니가 전송한 사실적 영상들까지 끊임없이 이어져 있는 셈이다.

카시니의 과학적 활동은 토성에 도착하기 오래 전부터 시작되었다고 할 수 있다. 중력도움을 받기 위해 목성을 지나면서 카시니는 2만 6,000장에 달하는 사진을 찍었고, 이 거대 행성을 역방향으로 회전하는 대기 대(帶)들의 순환 패턴을 조사했다. 또한 목성의 흐릿한 고리가 작은 위성들과 충돌한 미소운석들 때문에 생겨났음을 보여주는 증거도 포착했다.[30] 카시니는 일반상대성 이론을 새롭게 검증함으로써 알베르트 아인슈타인에게 찬성의 한 표를 던져주기도 했다. 중력은 빛뿐 아니라 거대한 물체를 지나는 어떤 형태의 복사든 아주 미세하게 휘어지게 하고 속도를 늦춘다. 카시니가 태양을 지나면서 보낸 전파신호가 지구에 도달할 때 신호의 지연을 측정하여 중력의 영향을 알 수 있었다. 그 결과는 일반상대성 이론의 예측과 오차범위 5만분의 1로 거의 정확히 맞아떨어졌다. 이전 실험들보다 정확도 면에서 거의 50배나 향상된 것이다.[31]

2004년 카시니가 토성의 위성 세 개를 발견하면서 토성의 위성은 총 61개가 되었다. 카시니가 발견한 위성들은 지름이 3킬로미터에서 4킬로미터 사이의 작은 위성들로, 마치 우주에 떠다니는 산

같았다. 1년 후 카시니는 토성의 고리들 사이에서 조금 더 큰 위성 하나를 추가로 발견했다. 위성들과 고리들은 서로 복잡한 중력의 왈츠를 추고 있는 형국이다. 고리들 사이에 난 간극들 중 일부는 위성이 그 일대의 입자들을 흡수해버려서 생긴 것이지만, 더 멀리 있는 위성이 일으킨 공명 때문에 생긴 간극들도 있다. 앞 장에서도 설명했듯 만약 두 물체의 공전주기가 작은 정수비를 갖는다면, 바깥쪽 물체가 안쪽 물체에 영향을 미칠 수 있다. 이러한 경우 바깥쪽에 위치한 위성이 안쪽에 있는 고리들 사이에 틈을 만든다. 토성계에는 위성이 많기 때문에 궤도들 사이에 정수비가 성립할 확률도 크다. 이러한 조화로운 효과로 인해 사실 토성의 고리계는 매우 복잡하다.[32] 고리와 위성들은 진공상태의 우주에서 조용히 궤도를 돌고 있지만, 고리와 위성으로 이루어진 이 시스템들은 그 하나하나가 독특하고 아름다운 악기의 음색을 지닌다.

2004년 7월 카시니의 토성 도착은 실로 대담하고도 위험천만한 작전이었다. 카시니는 F고리와 G고리 사이의 틈을 향해 발사되었는데, 이는 한 번에 바늘귀에 실을 꿰는 것과 맞먹는다. 지구에서 벗어난 카시니는 고이득 안테나를 회전시키면서 항해하는 동안 맞닥뜨리는 아주 작은 입자들과의 충돌로부터 선체를 보호하고, 토성의 중력권에 포획될 수 있도록 로켓들을 이용해 정확한 속도 범위로 감속해야 했다. 토성에 가장 근접했을 때는 토성의 구름 위 2만 1,000킬로미터 상공을 스치듯 비행했다. 지구 760개를 합친 것만큼 거대한 행성을 덮고 있는 구름의 경관을 감상하며 비행한다고 상상해보라. 그 장엄하고 웅대한 경치를 말이다! 카시니는 베일에 가려저 있던 고리계의 환상적인 세밀화를 보여주었다.[33] 무신경한 관찰자에게는 그런 미묘하고 복잡한 패턴들이 오로지 자연적으로 발생한 기적처럼 보이겠지만, 고리들 뒤에 숨겨진 중력 메커니즘은 이미 수십 년 전에 밝혀졌다.

카시니는 고리를 이루는 입자들의 크기 분포를 더욱더 정확하게 측정했고, 그 입자들이 어떻게 '돌 부스러기를 모아놓은 것'처럼 느슨한 하나의 집합을 이루었는지도 밝혀냈다. 또한 위성이 고리에서 입자를 훔치는 순간뿐 아니라 반대로 위성이 입자를 내뿜는 순간들도 포착했다. 카시니가 모은 새로운 자료는 고리의 90퍼센트가 물로 이루어져 있음을 증명했다. 쉽게 말해서 고리들은 현미경으로나 볼 수 있는 미세한 알갱이에서 집채만 한 덩어리까지 거의 모든 크기의 얼음 덩어리들을 싣고 질주하는 거대한 범퍼카인 셈이다. 놀랍게도 가까이서 관찰한 고리들은 연한 붉은빛을 띠었다. 과학자들은 녹이나 작은 유기분자들이 얼음과 뒤섞여서 그런 색을 내는 것으로 추측한다(plate 7). 중력역학의 내로라하는 권위자들에게 토성 고리들의 다양한 빗살들, 나선형 밀도파density wate, 고리에 박힌 소위성들moonlet, 파도나 지푸라기 또는 꼬인 밧줄처럼 보이는 특징들을 밝히는 일은 필생의 업적이 될 것이다.[34]

그 후에도 카시니의 근접비행을 계획하고 수행하는 데는 실로 오랜 시간이 걸렸다. 포이베 근접비행은 초기 단계에서 단 한 번뿐이었는데, 신기하리만치 작은 이 위성은 더 이상의 접근을 허락하지 않았다. 지름이 고작 240킬로미터에 불과한 포이베는 가장 바깥쪽에 있는 위성 중 하나이고, 위성 표면 여기저기에 밝게 보이는 커다란 크레이터들이 있다. 과학자들은 그 크레이터들 표면 아래로 얼음이 존재한다고 여긴다.

근접비행들 중 최고의 작품은 타이탄을 탐험하기 위한 비행이었다. 타이탄은 태양계에서 두 번째로 큰 위성이다. 타이탄보다 큰 위성은 목성의 위성 가니메데뿐이다. 우리의 달보다 50퍼센트 더 크며 질량은 거의 두 배에 이른다. 지구보다 두꺼운 대기를 갖고 있는 유일한 위성일 뿐 아니라 질소를 주요 대기성분으로 갖고 있다는 점도 지구와 닮았다. 이오 표면에 이따금씩 용암이 흐른다는 점을 제외하면, 타이탄은 지구를 제외하고 그 표면에 안정적인 액체를 지닌 유일한 위성이다. 카시니는 두껍고 어두운 타이탄의 대기를 레이더로 투사하여 타이탄 표면의 킬로미터 단위의 세밀한 부분들까지 우리에게 보여주었다.[35]

타이탄의 오렌지색 안개는 본래 광화학 스모그*로 인해 발생한다. 메탄과 에탄은 질소와 섞이면서 구름과 비를 만드는데, 이 비는 실제로 표면 위로 떨어진다.[36] 타이탄에는 기후현상이 일어나지만 그 화학적 환경을 들여다보면 우리가 알고 있는 기후와 완전히 딴판이다. 프로판을 포함하여 아세틸렌, 아르곤, 시안화수소 같은 성분들도 검출된다. 산소만 조금 더하면 엄청난 화재를 일으킬 수 있는 조합이다. 인간이 결코 마시고 싶지 않은 공기 레시피이기도 하다. 탄화수소는 결합이 깨졌다가도 태양이 비추면 고층 대기 안에

• 질소산화물과 탄화수소 등이 태양빛을 받아 화학반응을 일으켜 형성되는 스모그를 말한다.

서 다시 결합한다. 메탄은 한 5,000만 년쯤 시간이 지나면 더 복잡한 성분으로 전환될 수도 있는데, 메탄이 다량 검출된다는 것은 타이탄의 내부에서 메탄이 보충되고 있음을 암시한다. 로버트 주브린은 타이탄 대기의 기저부는 밀도가 매우 높고 중력이 상당히 낮은 편이기 때문에 우주비행사의 팔에 전동날개를 달아주면 충분히 날아다닐 수도 있을 것이라고 말한다.[37]

그런데 타이탄의 진짜 보물은 대기를 메우고 있는 화학 안개가 아니라 표면에 반짝이는 액체다. 2009년 말 나사는 북쪽 극지를 찍은 휘황찬란한 사진을 공개했다. 태양의 역광이 액체상태의 수원에 반사되어 빛나고 있었다.[38] 또 다른 사진들에서 밝혀진 바로, 이 액체의 수위는 3밀리미터 이내로 거의 일정했다. 타이탄에 지상풍이 거의 없기 때문이다. 타이탄의 북극과 남극 일대에는 폭이 1.6킬로미터인 것에서 지구의 가장 큰 호수보다 더 큰 것까지 다양한 크기의 호수들이 산재해 있다. 호수들은 대개 메탄과 에탄으로 이루어져 있으며, 여기에 소량의 암모니아와 물이 섞여 있을 가능성이 높다.[39] 호수에서는 대기에서 검출되는 메탄을 다 공급할 정도의 증발이 일어나지 않는데, 이는 역으로 지하에 훨씬 더 큰 액체 메탄 저수지가 존재함을 암시한다. 글자 그대로 타이탄은 유기물질 속에서 헤엄치고 있는 위성이다. 타이탄에는 지구에 존재하는 석유와 가스를 다 합한 것보다도 수백 배 더 많은 액체 탄화수소가 존재한다.

하위헌스, 타이탄에 착륙하다

카시니 교향곡에서 절정을 이룬 가장 감동적이고 아름다운 짧은 아리아는 2005년 타이탄의 표면을 향해 하강하면서 하위헌스 착륙선이 들려주었다.[40] 타이탄은 태양계 안에서 지구와 가장 닮은 위성이다. 기후와 침식지형을 갖고 있을 뿐 아니라 지질활동도 활발하고 호수와 강, 범람원 같은 복잡한 지형을 갖고 있다. 30억 년 전, 지금보다 태양이 흐릿하고 미생물들이 지구의 대기로 산소를 뿜어내기 전에 지구와 타이탄은 판박이처럼 닮은 차가운 세상이었다.

하위헌스는 카시니 탐사임무에 함께한 유럽우주기구의 대표적인 성과물이다. 비록 지구로 전송한 데이터의 양은 많지 않지만 결코 실망을 안겨주진 않았다. 2004년 12월 25일 이 착륙선은 본체 우주선에서 분리되어 위험천만한 하강을 시작했다. 고층 대기권에서 강풍에 시달린 데다 짙고 두꺼운 스모그로 인해 태양을 자동 추적할 수도 없는 상황에서 하위헌스는 낙하산으로 속도를 늦추며 마침내 2005년 1월 14일 얼음 자갈들이 흩어져 있는 범람원인 듯한 곳에 착륙했다(plate 8).

설계 당시 타이탄의 표면상태에 대한 정보가 전무했으므로 여느 착륙선과 동일하게 하위헌스를 설계할 수는 없었다. 대신 암석지대든 바다든, 어떤 표면이든지 무사히 착륙하여 수명이 다하기 전에 소량의 정보라도 전송하게 하자는 것이 하위헌스의 설계 목표였다. 하위헌스의 수명은 배터리 분량으로 결정됐는데, 단 세 시간을 버틸 수 있는 배터리가 장착되었고, 그나마도 하강할 때 이미 많이 소모되었다. 그런데 이 착륙선의 임무에도 작은 재난이 닥쳤다. 프로그램에 에러가 발생해서 착륙선이 찍은 영상들 중 일부가 업로드되지 않은 것이다. 350여 장의 이미지를 전송했지만, 그와 비슷한 분량의 이미지를 잃어버렸다. 반면 자칫 대형 참사로 번질 뻔한 문제를 가까스로 피하기도 했다. 하위헌스 탐사선을 발사하고 한참 뒤에 헌신적이고 끈기 있는 몇몇 공학자들이 카시니의 통신장비에 심각한 설계 오류가 있음을 발견했다. 하위헌스가 입수한 데이터를 모두 날려버릴 수도 있었다. 계획은 하위헌스가 입수한 데이터를 카시니의 4미터 안테나로 무선 전송하면, 카시니는 이를 받아 다시 지구로 전송하도록 하는 것이었다. 그런데 하위헌스의 가속도로 인해 데이터에 도플러 이동 효과가 나타나면서 카시니의 하드웨어 범위를 벗어나고 말았다. 이 재난상황으로부터 하위헌스를 구조하기 위해 항공공학자들은 비행 궤도와 착륙 궤도를 수정하여 도플러 이동 효과를 최대한 줄이는 데 성공했다.

하위헌스는 무게 320킬로그램의 착륙선으로, 6개의 과학장비가 탑재되어 있었다. 주로 대기를 조사하기 위해 설계된 장비들이다. 마이크로폰 장비는 지구에서 멀리 떨어진 천체의 소리를 최초로 기록했다. 또 다른 장비로는 타이탄의 고지대에서 지상으로 부는 바람의 속도를 기록했다. 또한 표면을 비출 수 있는 램프도 장착되어 있었는데, 지독히 어두운 타이탄에서는 대단히 쓸모 있는 장비였다. 하위헌스팀의 연구원 마틴 토마스코는 그때 일을 이렇게 회상한다.

"이 사진들을 얻기 위해 얼마나 사투를 벌였는지 모릅니다. 태양 조도의 1퍼센트밖에 안 되는 빛으로 두꺼운 대기를 뚫고 들어가야 했어요. 안개가 어찌나 자욱하던지 두께가 얇은 곳에서도 빛이 투과하지 못할 정도였습니다. 땅거미가 진 후에 시커먼 아스팔트 주차장에 대고 셔터를 누르는 기분이었습니다."41

또다른 장비는 착륙선이 표면에 충돌하기 직전에 자체적으로 가열되는 점을 이용해 표면에서 올라오는 수증기를 분석했다. 얼음이 부서지고 메탄이 액체상태로 존재할 만큼 지독하게 추운 타이탄의 표면은 섭씨 영하 179도나 됐다. 과학자들은 관제실 모니터 앞에 모여서 몇 시간 동안 이 황량하고 진기한 장면들을 숨죽이며 지켜봤다. 30분으로 예상했던 수명보다 더 오랫동안 탐사를 진행한 하위헌스는 결국 배터리가 나가면서 꺼져버렸다.

예상치 못한 엔셀라두스의 호랑이

카시니가 토성에 도착하기 전에 천문학자들은 타이탄의 10분의 1 크기밖에 안 되는 엔셀라두스에는 거의 관심을 두지 않았다. 1970년대에 보이저 탐사선들이 포착한 엔셀라두스는 태양빛을 거의 100퍼센트 반사하는 얼음 당구공처럼 보였다. 엔셀라두스의 표면에는 지질활동의 징후가 보였다. 오래되고 가혹하게 얼어맞은 크레이터들이 많았고, 일부는 최근 1억 년 동안 화산활동으로 변형된 것처럼 보였다. 하지만 과학자들에게는 이후 카시니가 밝혀낼 증거들과 대조할 만한 사전지식이 전혀 없었다.

2005년 엔셀라두스의 얼음 표면의 갈라진 틈들에서 연기기둥이 솟구쳐 오르는 것이 목격되었다(그림 5.5). 몇 해에 걸쳐 방대한 관측을 수행한 카시니의 장비들 덕분에 지금 우리는 그곳에서 무슨 일이 벌어지는지 알고 있다. 엔셀라두스는 남쪽 극지 인근 지표면의 무수히 많은 핫스폿들에서 미세한 얼음 알갱이로 이루어진 간헐천을 뿜어내고 있다. 이 연기기둥들은 엔셀라두스 탈출속도escape velocity보다 빠른 시속 1,600킬로미터가 넘는 속도로 솟구친다. 연기기둥들은 표면에서 수천 킬로미터 상공까지 솟아오르면서 토성의 E 고리를 형성하고 있었다.[42] 간헐천은 호랑이 줄무늬tiger stripes라고 불리는 지형에서 뿜어져 나오는데, 이런 지형들이 있는 곳은 엔셀라두스의 다른 지역들에 비해 온도가 섭씨 38도에서 93도 더 높다. 지질학자들은 호랑이 줄무늬 지형들 내부에서 지구 심해의 해령 인근에서 벌어지는 것과 비슷한 지각운동이 활발하게 일어나고 있다

그림 5.5 토성의 작은 위성 엔셀라두스는 생명에 필요한 모든 성분을 갖고 있다. 바로 액체상태의 물과 에너지 그리고 유기물질이다. 태양에 비친 엔셀라두스 가장자리 위로 보이는 연기기둥은 표면 아래 물이 존재한다는 증거로 여겨진다. 이 연기기둥들은 미세한 얼음 결정들로 이루어져 있으며, 지하의 짠 바다로부터 표면의 핫스폿들을 통해 분사된다(나사/ 제트추진연구소/SSI).

고 생각한다.

조석 가열이 막중한 역할을 하는 것은 분명하지만, 엔셀라두스에서 일어나는 활발한 지질활동의 원인은 여전히 미스터리다. 왜냐하면 그와 이웃해 있는 비슷한 크기의 위성 미마스는 지질활동이 전혀 없기 때문이다. 카시니는 수차례에 걸쳐 연기기둥들 속을 관통했다. 그중 세 번은 48킬로미터 이내로 접근하여 장비들로 연기기둥의 '맛을 보면서' 그 화학적 조성을 알아냈다. 연기기둥은 미세한 얼음 알갱이와 메탄, 에탄, 프로판, 아세틸렌, 기타 유기분자들이 포함된 수증기로 이루어져 있다. 연기기둥의 화학적 조성은 혜성과 닮은 듯하다. 무엇보다 흥미로운 점은 이 연기기둥이 염화나트륨, 우리가 흔히 소금이라 부르는 성분을 함유하고 있다는 사실이다. 엔셀라두스 지표 아래로 바다가 존재하며, 그것이 이따금씩 표면 위로 분출된다는 주장을 뒷받침하는 가장 강력한 증거다.

이런 정보들의 상당 부분은 여러 차례에 걸친 급강하 근접비행들을 통해 수집되었다. 가장 가깝게 접근했을 때는 지상 24킬로미터 이내까지 영상을 확대 촬영할 수 있었다. 영상팀은 이 작전을 스키트 사격skeet shoots이라고 부른다. 우주선이 매우 빠른 속도로 움직이면서 위성에 아주 가까이 접근하기 때문에 카메라는 미처 그 속도를 따라가지도 못할 뿐 아니라 특정한 지형에 초점을 맞추기도 어렵다. 하지만 일부 영상들에서는 거실 크기만 한 지름 10미터의 작은 특징들까지 분석이 가능했다. 2009년 11월 말 카시니는 이 작은 위성 엔셀라두스가 토성의 길고 추운 겨울의 그림자 속으로 들어가기 전에 마지막으로 여덟 번째 근접비행에 성공했다. 앞으로 최소한 15년 동안은 외태양계 탐사계획이 없으니, 한동안은 이런 영상들을 다시 볼 기회가 없을 것이다.

그건 그렇고, 타이탄의 표면과 엔셀라두스 내부에 액체상태의 무언가가 존재한다는 것은 생물학에 대한 고민을 불가피하게 만든다. 달들을 보호하고 있는 별들로 향했던 우리의 꿈은 이제 그 달들이 품고 있을, 어둡고 냉랭한 깊은 바다를 떠다니는 잠재적 생명들로 방향을 바꾸고 있다.

외계의 바다에는 생명이 살고 있을까

《외계의 바다: 미생물의 바다로 떠나는 인류학적 항해Alien Ocean: Anthropological Voyages in Microbial Seas》에서 스테판 헬름라이히는 지구의 심해에서 발견되는 생명은 외계의 바다들에 생명이 존재할 가능성에 더욱더 힘을 실어준다고 주장한다. 1977년 태평양의 심해 열수 분출공熱水噴出孔들 근처에서 왕성하게 번식하는 크릴새우를 비롯해 서관충 등 극호열성極好熱性 생물들이 발견되었다.[43] 이런 유기체들은 햇빛이 투과되지 않는 깊은 바다의 완벽한 어둠 속에서 살아간다. 과학자들은 원시지구의 심해 바닥에서 영양분을 게워내던, 황이 풍부한 뜨거운 열수기둥 속에서도 생명이 번성했으리라 짐작한다. 우리는 지구상의 모든 생명이 바다에서 시작되었다고 믿을 뿐아니라 헬름라이히 말대로 원시적인 형태의 생명들이 심지어 오늘날에도 바다 깊은 곳에 존재할지도 모른다고 상상해왔다. 생명의 기원에 대해서라면 어쩌면 지금도 극단적인 환경에서 생존하고 있는 극한성 생물들이 가장 훌륭한 본보기를 보여주는지도 모른다. 헬름라이히는 "일부 해양미생물학자들은 열수분출공의 극호열성 생물들이 지구상에서 가장 보존이 잘된, 최초 생명의 직계혈통이라고 주장한다"고 설명한다.[44]

우리가 알고 있는 극한성 생물이나 메탄을 대사하는 메탄영양세균들이 어쩌면 다른 세상들에 생명이 존재할 가능성을 보여주는 지표일는지도 모른다. 헬름라이히의 설명에 따르면 "우주생물학자들은 외계의 생태계 모델로서 지구의 비정상적인 환경들, 이를테면 메탄이 스며나오는 곳이나 열수분출공 같은 서식지를 꼽는다."[45]

카시니는 토성의 몇몇 위성들에 액체상태 또는 얼어 있는 바다와 염수 간헐천들이 존재한다는 사실을 밝혀냈다. 얼음과 소금이 함유된 연기기둥을 내뿜는 엔셀라두스와 타이탄은 그중에서도 특히 더 흥미로운 위성이다.[46] 우주생물학자 크리스 맥케이는 태양계에서 대기의 조성이 지구와 가장 흡사한 천체인 타이탄은 지구에서 어떻게 생명이 출현했는지 그 실마리를 알려줄 수도 있다고 주장한다.[47] 타이탄과 엔셀라두스가 토성의 중력 조석에 의해 내부에 열을 간직하고 있을 가능성을 염두에 둔 우주생물학자들은 이 위성들의 극지 심해 열수분출공 인근에도 극한성 생물이 존재할 수 있다고 생각한다. 과학자들은 지구 남극의 비다 호수와 같이 2,800년 동안 15미터 두께의 대륙 빙하로 덮여 있던 곳에서도 번성했던 고대의 미생물들을 발견했다.[48] 헬름라이히는 "우주생물학자들은 극한성이든 아니든, 액체상태의 매질에는 생명이 존재할 것이라고 믿는다. 외계 행성의 바다들이 매력적인 표적인 것도 그런 이유에서다"라고 말한다.[49] 이 발견만으로도 카시니-하이헌스 탐사임무는 과학적 의미뿐 아니라 중대한 문화적 의의를 지닌다.

로봇과 미생물과 공생하는 인류

작은 탁자 크기만 한 책 《토성: 새로운 풍경Saturn: A New View》의 서문에서 킴 스탠리 로빈슨은 카시니가 토성을 탐험하면서 기록한 아름답고 놀라운 사진들을 설명하면서 이렇게 덧붙였다. "토성 고리들의 아름다운 동일 중심성은 중력이 자신의 존재를 드러내고 있는 것처럼 보인다." 로빈슨은 우주비행사가 아직 엔셀라두스나 타이탄을 여행하지 못했다는 사실을 결코 애석해하지 않는다. 로빈슨은 "결국, 우리는 토성에 가게 될 것이다." 그리고 "그것은 일종의 순례처럼, 숭고한 경험이 될 것이다"라고 말한다.[50] 하지만 로봇공학자 로드니 브룩스라면 우리가 이미 토성까지 여행을 했고 그 위성들 중 한 곳에 착륙한 적이 있다고 주장할지도 모른다.

나사의 행성탐사선들은 우리의 확장된 일부다. 행성 간 우주의 깊고 어두운 협곡을 가로질러 수십억 킬로미터를 여행하는 능력을 가진 이 작은 기계장치들은 마치 콘택트렌즈나 안경이 우리의 시력을 높여주듯, 우리의 시력과 다른 세상들의 대기 표본을 시음하는 능력을 확장해주고 있다. 인공 달팽이관이나 맥박 조정기, 또는 양측 하지마비 환자들을 올림픽 육상선수보다 더 빨리 달릴 수 있게 해주는 티타늄 의족처럼 카시니는 외태양계의 멀고 먼 해변으로 우리를 데려갔고, 지금도 토성과 그 위성들의 상황을 아주 세밀하게 기록하고 있다. 우리가 보낸 다른 행성탐사 우주선들과 마찬가지로 카시니는 첨단기술로 무장한 인류의 확장된 일원으로서 자신의 역할을 묵묵히 수행하고 있다. 우리의 감각을 외태양계의 냉랭한 변방으로 확장시키고 있는 이 로봇 탐험가들은 브룩스의 말마따나 곧 '우리'이고, 미래의 생명공학은 지금 우리가 생각하는 인간의 정의를 바꾸어 놓을 것이다. "우리의 기계들은 더욱더 우리와 닮아갈 것이고, 우리는 더욱더 우리의 기계와 닮아갈 것이다." 브룩스의 예언이다. 그는 이어서 "우리와 로봇 사이의 구별은 사라질 것이다"라고 힘주어 말한다.[51]

미래학자 레이 커즈와일 역시 브룩스의 예언에 고개를 끄덕일 것이다. 커즈와일은 향후 30년 안에 우리가 생화학과 생명공학, 나노기술을 이용하여 인간의 몸을 바꾸어 놓을 것이라고 예언한다. 그는 부분적으로 기술들을 조합하여 우리의 수명을 늘리고 지적 역량을 보강하는 일은 그리 머지않았다고 말한다. 커즈와일은 기술이 우리의 생물학적 역량을 급속히 증진시키고 있는 예로 시력의 진화를 든다.

생물학적 진화로 야기된 질서와 복잡성이 기술을 통해 꾸준히 증가하면서 많은 파장을 낳았다. 예를 들어 관찰의 한계만 따져보자. 초창기 생물학적 생명은 화학적 변화도만을 감지하여 고작 몇 밀리미터 이내의 사건들만 관찰할 수 있었다. 시력을 가진

동물들이 진화했을 때도 그들은 수킬로미터 이내의 사건들만 관찰할 수 있었다. 망원경을 발명하면서 인간은 수백만 광년 떨어진 다른 은하들을 볼 수 있게 되었다. 거꾸로 현미경으로는 세포의 내부구조까지 관찰할 수 있게 되었다. 현재의 최첨단 기술로 무장한 지금의 인간은 관측 가능한 우주의 변경인 130억 광년보다 먼 곳과 양자 크기의 아원자 입자들까지 관찰할 수 있다.[52]

커즈와일은 시각적 관찰의 진화를 정보기술의 진화에 견주어 설명한다. 그는 미생물들도 자신들과 인접한 환경에서 일어나는 사건들에 대해 반응하고 소통할 수 있지만, 인간은 언어와 글쓰기 기술을 진화시킴으로써 수천 년 동안 꾸준히 정보를 기록해왔다는 점을 강조한다. 쐐기문자든 현대의 언어든 상관없이 글쓰기라는 단순한 기술은 우리의 과학적 지식과 그 범위를 폭발적으로 확장해주고 있다. 우주로 나가 있는 우리의 로봇 파트너들은 망원경이나 글쓰기 기술과 마찬가지로 우리 자신의 확장된 일부일 뿐 아니라 우리의 행성과 태양계, 더 나아가 아직 우리의 발이 닿지 않은 수십억 개의 세상들에 대해 갖고 있는 현재의 지식을 더욱 강력하게 만들어주었다. 어쩌면 지금 우리는 영리한 기계들과 공동으로 탐험에 나선 탐험가들이다. 인류학자 스테판 헬름라이히는 이렇게 말한다.
"해양학과 민속지학에 종사한다는 것의 의미가 바뀌고 있다. 원격조종 로봇, 인터넷 해양관측소, 다현지 현장연구, 온라인 민속지학의 시대에 '분야'라는 단어는 점점 더 부분적이고 세분화되고 보조적인 의미가 강해지고 있다. 공간적으로 흩어져 여러 장소에서 이루어지고 있을 뿐 아니라 서로 다른 장르의 경험과 이해, 그리고 데이터들이 아귀가 맞게 꿰어 맞춰지고 있다."[53]

　이런 협력적 과학탐험은 인간과 기계 사이에서 이미 수행되고 있으며, 덕분에 우리는 태양계 전반에 걸쳐 지적 능력을 나누는 것이 가능해졌다. 헬름라이히와 브룩스, 커즈와일은 기계를 우리의 공생자로 여겨야 한다고, 즉 그들이 없으면 우리는 목성과 토성의 궤도를 돌고 있는 얼음 위성들의 호수와 심해는커녕 지구의 심해도 탐험할 수 없다는 사실을 상기해야 한다고 주장한다.

　영리한 기계들과 우리의 협력에 고무된 헬름라이히는 또 다른 차원의 뜻밖의 협력을 고민한다. 바로 인간과 미생물 간의 협력이다. 그는 엔셀라두스의 얼어붙은 바다나 타이탄의 탄화수소 호수에 미생물들이 존재한다면, 그런 외계의 미생물들은 어쩌면 우리가 상상하는 것 이상으로 지구의 생명과 유사할지도 모른다고 주장한다. 미생물학자 조 한델스만은 "우리는 인간 세포보다 10배나 많은 박테리아 세포를 몸에 지니고 있다. 따라서 우리는 90퍼센트 박테리아인 셈이다"라고 말한다.[54] 우리 몸에 공생하고 있는 미생물들에 대해 과학자들은 "우리는 그들과 공생적 관계를 맺으며 진화했고, 이 사실은 누가 누구를 점유하고 있는 것인지 의혹을 떨칠 수 없게 만든다"고 말한다.[55]

　실제로 이미 의사들은 미생물들을 우리의 침입자나 이방인이 아니라 암과 싸우는 용병으로 대우하기 시작했다. 펜실베이니아대학의 연구원들은 바이러스를 비롯한 여러 미생물들과 우리의 공생적 관계에 의지해서 암세포들을 공격하고 죽이고 있다. 그들은 바이러스를 이용해 환자의 T세포에 DNA를 삽입하고, 이 T세포가 암세포들만 선택적으로 공격하고 죽이는 방법을 연구하고 있다. 스테판 헬름라이히가 분명히 못 박았듯,

미생물은 인간의 기원이 남긴 단순한 찌꺼기나 모든 진화적 유대에서 버림받은 고아가 아니다. 미생물은 과거에도 현재에도 우리의 파트너이며, 우리 몸의 일부인 마이크로바이옴microbiome, 즉 세컨드 게놈이다. '고유한' 인간의 게놈은 사실 미생물들의 사연으로 가득차 있다. ... 우리 몸에 거주하는 박테리아는 (우리 혈액에 소금물이 있을지언정) 바다에 서식하는 박테리아의 단순한 견본이 아니다. 우리 몸에 미생물이 존재한다는 것은 인간의 본질이 바다의 본질과 같다는 의미가 아니다. 그것은 일종의 본질들의 얽힘이요, 낯선 것들 사이의 친밀한 관계다. 이러한 역학적 관계는 인류anthropos임을 판단하는 근거를 바꾸고 있다. 어쩌면 인류를 호모 알리에누스Homo alienus, 즉 '혼자가 아닌 인간'으로 바꾸어야 할는지도 모른다.[56]

세상 여러 지역에 사는 사람들의 유전자 구성이 부분적으로는 각지의 미생물에 의해 서로 다르다는 사실이 이를 증명한다. 일본계 후손들은 "해양 박테리아에서 유래한 해조류 소화효소를 생산하는 유전자를 획득했다. 북아메리카인들의 장에서는 발견되지 않는 이 유전자가 어쩌면 김초밥의 소화력을 높여주는 것인지도 모른다."[57]

바이킹 탐사선에 관한 2장에서도 언급했지만, 가이아 이론에 대한 린 마굴리스의 공헌은 우리의 생존이 지구의 미생물과 매우 밀접하게 연결되어 있다는 점을 부각시킨 것이다. 공생하는 종들 간의 유전물질 공유가 곧 진화의 메커니즘이라고 주장하면서 공생발생설을 제안한 마굴리스는 단세포 유기체의 몸속에 침입한 박테리아가 미토콘드리아와 엽록체가 되었다는 사실을 증명했다. 타이탄과 엔셀라두스에, 또는 목성의 위성 유로파 같은 다른 세상들에 극한성 생물이 존재하는지 우리는 알지 못한다. 그럼에도 이 먼 세상들의 해안으로 탐험을 지속하도록 우리를 떠미는 힘은 우리의 '기원'이 어쩌면 그들의 기원과 얽혀 있을 수 있다는 추측인지도 모른다.

생명이란 무엇인가

하위헌스는 카시니의 눈부신 업적들 가운데서도 단연코 화룡점정이다. 인간이 최초로 외태양계의 천체에 탐사선을 착륙시킨 위업을 달성해주었기 때문이다. 하위헌스는 타이탄에서 거대한 탄화수소 모래언덕들과 해안선을 장식하는 구불구불한 수로들, 바람과 물에 휩쓸리고 씻긴 지형을 목격했다. 멀리 있는 화산들은 용암 대신 물을 내뿜고 있을 확률이 높다. 그런가 하면 작은 엔셀라두스의 얼음 표면 아래에는 미지근한 바다가 잠들어 있다. 예전에는 낯설기만 했던 이 두 위성은 이제 익숙한 세상이 되었다. 이 위성들이 생명을 품고 있다면, 아마 그 생명은 지구상에 알려진 어떤 생명의 형태와도 다를 것이다. 2011년 지금까지의 모든 증거들을 종합하여 대대적인 회의를 열었던 과학자들은 엔셀라두스를 지구 이외에 "태양계 안에서 거주가능성이 가장 큰 곳"으로 승격시켰다. 타이탄, 심지어 화성보다도 지위가 높아진 것이다.[58]

지구 너머에서 생명을 찾기 위한 연구들을 가로막는 난관 중 하나는 인간중심적 사고방식이다. 우리 행성의 모든 생명은 단 하나의 공통조상으로부터 유래했고, 유전물질 속에 단 하나의 정보저장 도구만을 갖고 있다. 귀납적으로 생물학의 '일반 이론'을 공식화할 방법은 없다. 또 조건이 약간 달랐다면 과연 생명이 어떤 형태로 진화했을지, 아니 생명이 진화하긴 했을지, 우리는 알지 못한다. 이런 가설들의 해답을 알 방도가 없으니 우리는 지구 생명의 기원이 역사적 우연이었는지, 아니면 물리적이고 화학적인 조건들에 시간이라는 요인이 더해져 나타난 필연적 결과였는지도 알 수 없다. 희박하든 아니면 무수히 많든, 우주 어딘가에 있을 생명에게 이 두 시나리오는 완전히 다른 배역을 맡길 것이다.

우리는 지구에서 생명이 물의 어는점보다 온도가 낮은 곳, 태양이나 광합성을 에너지원으로 쓸 수 없는 곳을 포함하여 상상 가능한 거의 모든 생태적 적소에 적응해왔다는 사실을 알고 있다. 우리가 상상할 수 있는 거의 모든 장소와 때로는 우리가 상상할 수 없는 장소에서도 생명은 마치 열병처럼, 집요하게 이 행성을 붙잡고 있다.

타이탄과 엔셀라두스가 생명의 거주지라면 우리는 생명활동에 대한 전통적인 생각의 상자를 확장해야 한다. 아니 어쩌면 그 상자를 아예 집어던져야 할지도 모른다. 만일 거대 행성의 위성이 생명활동에 우호적이라면, 지구와 닮은 행성들을 찾는 데만 골몰하다가는 이야기의 진짜 알맹이를 놓치고 말 것이다. 태양에서 멀리 떨어진 작은 달에 생명이 살 만하다면, 우리 은하 전반에 걸쳐 생명이 살고 있을 만한 세상들의 숫자는 극적으로 늘어난다. 어쩌면 수십억 개가 될지도 모른다. 에탄과 메탄을 기반으로 하고 물과 암모니아가 첨가된 생화학은 지금껏 지구에서 본 어떤 생화학과도 닮지 않았다. 컴퓨터와 실험실 시뮬레이션이 도움이 되겠지만, 우리는 아직 이 위성들의 물리적·화학적 조건들에 대해 아는 게 너무 없다. 2015년에서 2017년 사이 우리는 또 한 번 중력의 도움을 얻어 토성계를 다시 방문할 기회를 잡을 수 있다. 그때를 놓치면 2030년까지 기다려야 하므로 마음이 급하다. 카시니와 하위헌스는 우리에게 지구 밖 생명의 가능성을 맛보게 해주었다. 이 심오한 문제의 해답을 찾으려면, 우리는 다시 그곳으로 돌아가야 한다.

6장

스타더스트,
혜성의 꼬리를 잡아라

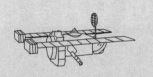

우주에서 생명의 이야기는 곧 별들의 이야기다. 130억 년보다 훨씬 더 전에 갓 태어난 우주에서 첫 번째 가스구름들이 별들을 형성할 때, 우주에는 수소와 헬륨 그리고 몇 가지 가벼운 원소들이 아주 조금 있을 뿐이었다. 이 가벼운 원소들의 원자핵은 빅뱅 후 몇 분 동안 우주 전체가 지금 태양의 중심처럼 뜨겁게 달아올랐을 때 그 극렬한 열기에서 탄생했다. 우주가 급격히 팽창함에 따라 느슨하게 풀리기 시작한 복사에너지는 빅뱅 후 50만 년이 채 되기도 전에 전자들이 원자핵과 결합하여 수소와 헬륨 원자가 생성될 정도로 차갑게 식어갔다. 지금은 화학반응이 가능하지만, 두 개의 가장 단순한 원소로만 이루어진 우주는 화학적인 면에서 몹시 둔했다. 그나마 수소 원자들은 자기들끼리 결합하여 수소 분자를 형성하지만, 헬륨은 아예 그런 활성도 없기 때문이다.

팽창하는 기체에서 최초의 별들이 응결하는 동안 행성은 존재하지 않았다. 왜냐하면 행성을 만들 재료가 없었기 때문이다. 산소는 커녕 탄소와 질소도 없는 마당에 생명이 존재할 리도 만무했다.[1] 암석행성에 우리가 존재하기까지는 별들이 그 중심에서 무거운 원소들을 융합하고 그것들을 다시 우주로 폭발시켜 태양계의 원자재를 공급할 때까지 무수한 세대를 거듭해야 했다.[2] 그런 폭발도 사방에서 일어나는 우주의 팽창에 맞설 만큼 중력이 강력해져서 엄청난 밀도로 물질을 모을 때까지는 일어날 수가 없었다. 그러기까지 수억 년이 걸렸다. 그 상태가 되자 공처럼 부푼 천체들의 표면은 붕괴를 일으켰고, 수많은 별들이 폭발하며 불타오르기 시작했다. 원자핵들은 너무 세게 충돌하는 바람에 결합할 수밖에 없었고, 처음으로 주기율표의 칸들이 채워지기 시작했다. 45억 년보다 훨씬 이전에 우리 몸의 모든 탄소 원자는 머나먼 우주의 별 속에 있었다. 어떤 원자들은 별들과 함께 수많은 세대를 거치며 순환했다. 덧없는 인간사에 편입되어 완전히 통합될 때까지, 이 원자들이 누대에 걸쳐 겪은 사연들은 이루 헤아릴 수가 없다. 우리는 별의 먼지로 이루어져 있다.

별의 핵융합 산물들이 태양과 행성들을 형성한 성운을 비옥하게 만든 방식을 이해하려면 태양계 안에 존재하는 원시물질을 발견해야 한다. 그러기 위해 우리가 이용할 수 있는 가장 원시적 시료는 특정한 유형의 운석과 혜성들*이다. 혜성은 약 1조 개쯤 있을 것으로 추정되며, 대부분의 시간을 태양과 지구에서 멀리 떨어진 깊고 차가운 우주에서 보낸다. 태양계 바깥쪽에서 유래한 물질은 45억

---

* 소행성과 혜성은 거의 같은 천체이며, 태양 근처로 와서 얼음과 먼지를 잃어버리면서 꼬리를 만들면 혜성, 그렇지 않으면 소행성이라고 한다. 이들이 지표면에 떨어지면 운석이다.

6,700만 년 전부터 방사상으로 유입된 것으로 추정되는데, 이는 형성 시기가 그때라는 의미다. 혜성은 태양으로부터 10만 AU나 먼 곳까지 나아갈 수도 있다. 이런 혜성은 태양의 스위치가 처음으로 켜졌던 순간의 역사를 담고 있는 작고 연약한 유물이다. 행성들의 궤도 바깥 부분으로 나간 혜성들은 검고 음산하지만 태양에 가까이 다가올 때는 생기 있고 뚜렷하게 보인다. 투명에 가까운 얼음으로 덮인 이 작은 세상들은 우리의 기원을 알려줄 중요한 실마리들을 갖고 있다.

혜성의 꼬리잡기

별의 먼지를 모으려면 우선 혜성의 꼬리를 잡아야 한다. 그야말로 신기에 가까운 재주를 부려야 한다. 혜성에서 나오는 물질을 포획하기 위한 탐사임무는 지금까지 나사가 수행한 어떤 탐사임무보다 도전적이었다. 스타더스트 우주선은 1999년 2월 7일 케이프 커내버럴에서 델타 2 로켓으로 발사되었다. 크기에서나 무게에서나 꽉 채운 냉장고만 하고, 소비되는 전력도 냉장고와 비슷한 350와트다.[3] 스타더스트는 심우주의 냉혹함을 견뎌야 하므로 주로 행성간 탐사선들의 골격으로 쓰이는 관 크기만 한 우주비행체 버스spacecraft bus를 기반으로 제작되었다. 선체의 외장은 미소운석들과의 충돌로 인한 손상을 방지하기 위해 캡톤Kapton이라는 물질로 덮었다. 캡톤은 아폴로 시대부터 우주복 외피의 재료로 쓰인 물질이다.[4] 스타더

그림 6.1 빌트 2 혜성에 다가가고 있는 스타더스트 탐사선을 묘사한 그림이다. 이 혜성은 태양에서 아주 먼 심우주에서 수십억 년을 보내다 태양계 안쪽으로 진입한 지 불과 수십 년밖에 안 됐기 때문에 태양계 원시물질을 대표한다. 태양에 근접한 궤도를 지날 때마다 얼음 기체가 끓어오르면서 빛나는 꼬리가 달린다(나사 행성사진집).

스트의 표적은 지구에 접근하는 혜성 빌트Wild 2였다(그림 6.1).

왜 하필 빌트 2일까? 거의 대부분의 혜성들은 태양에서 아주 멀리 떨어진 곳에서 더 오랜 시간을 보낼 뿐 아니라 심지어 행성들의 궤도 범위 안으로 들어오지도 않는다.[5] 반면 핼리 혜성처럼 우리에게 익숙한 몇몇 혜성들은 주기적으로 태양계 안쪽으로 들어와 태양을 가까이 지나는데, 이때는 암석과 뒤섞인 얼음이 증발하면서 화려하고 빛나는 꼬리를 단다. 그런데 세 번째로 아주 특별한 부류의 혜성들이 있다. 말하자면 태양계에 첫 선을 보이는 완전히 신참 혜성들이다.

빌트 2는 45억 년 동안 아주 무사 평온한 삶을 살다가, 1974년 목성을 100만 킬로미터 이내로 근접하여 지나던 중 이 거대 행성의 강력한 중력 때문에 궤도가 변경되었다. 그 결과 공전주기가 43년에서 6년으로 짧아지면서 태양에서 화성까지의 거리만큼 가깝게 태양계 안쪽을 드나들기 시작했다.[6] 스타더스트와 조우할 때까지 빌트 2는 태양의 둘레를 단 다섯 차례만 순회했기 때문에 본래의 성분을 거의 그대로 간직하고 있었다. 한번 상상해보라. 한 동물학자가 여느 때 같으면 먼 숲속을 어슬렁거릴 이국적이고 생소한 동물을, 그것도 바로 자기 집 마당에서 딱 마주쳤다. 털 한 오라기까지 정확히 보이는 거리에서 말이다. 이와 대조적으로 이름도 유명한 핼리 혜성은 지구와 태양 근처를 100번도 더 지나다니는 바람에 원래 성분이 남아나지 못할 만큼 태양 복사로 닳고 닳았다. 혜성이 태양 근처를 1,000번 이상 지나다니면 아주 바싹 구워져서 그냥 돌덩이에 지나지 않게 된다. 반면 빌트 2에는 동결된 액체뿐 아니라 수

증기, 일산화탄소, 이산화탄소, 암모니아, 휘발성 메탄과 같은 기체들이 풍부하다.[7]

발사될 당시 스타더스트는 표적에 도착할 수 있을 만큼 에너지가 넉넉하지 않았다. 이 탐사선이 짜낸 묘책 역시 중력도움 작전이다. 스타더스트의 중력 절도 대상은 지구였다.[8] 앞서도 살펴보았듯, 중력도움은 우주선의 속력을 높이고 태양의 중력을 극복하기 위해 더 큰 물체로부터 에너지를 '훔치는' 기발한 작전이다. 이 작전을 수행하는 우주선은 거대한 물체의 뒤쪽으로 접근했다가 약간의 운동량을 훔쳐 달아난다. 행성은 우주선에 비해 어마어마하게 무겁기 때문에 이때 늦춰지는 속도는 티도 안 난다. 그러니 2001년 1월 15일 아침 스타더스트가 지구를 근접비행하며 지구의 에너지를 조금 훔쳐 빌트 2를 향해 줄행랑을 쳤을 때도, 그 사실을 눈치채고 아침을 먹다가 하늘을 올려다본 사람은 한 명도 없었을 것이다. 빌트 2로 가는 도중에 스타더스트는 작은 소행성 안네프랑크에 접근할 기회도 잡았다.[9]

스타더스트가 드디어 빌트 2와 만나자 탐사선 관제실에서는 스타더스트를 빌트 2의 뒤로 접근시켜서 두 물체의 상대속도를 최소화했다. 빌트 2의 빛나는 코마 속으로 비행할 때도 스타더스트의 속도는 소총에서 발사된 총알보다 다섯 배나 빠른 시속 2만 1,000킬로미터였다. 빌트 2에 근접한 스타더스트는 총 72장의 사진을 찍었다. 고작 그것뿐이냐고 할 수도 있지만, 고속으로 비행하면서 잠시 조우하는 동안 별로 크지도 않은 혜성을 카메라 시야에 잡은 것만으로도 대견한 업적이다.[10] 사진에 찍힌 빌트 2의 표면은 수십 미터에서 수백 미터까지 높이가 제각각인 깎아지른 듯한 절벽과 편평한 바닥에 움푹움푹 팬 구멍이 가득했다. 지름이 약 5킬로미터에 불과한 이 혜성은 모양도 가지런하지 않았다. 충돌 크레이터들과 가스 분출공들이 그 지형을 이루고 있었으며, 스타더스트가 가까이 비행하는 동안에도 10개의 분출공들이 활동하고 있었다.

스타더스트가 비장의 무기로 갖고 있던 가장 빼어난 기량은 혜성의 꼬리에서 분출되는 물질을 채집하는 것이었다. 재는 재로, 먼지는 먼지로! 이 음산한 주문에는 천문학적 진리가 숨어 있다. 우주의 모든 단단한 물체는 미세한 먼지입자들(별의 먼지$_{stardust}$)로 만들어졌기 때문이다. 이 탐사선은 혜성의 꼬리를 통과하는 8분 동안 잘 보이지도 않는 미세한 물질을 채집한 뒤 다시 집으로 장거리 비행을 하도록 설계되었다. 스타더스트 임무의 가장 중요한 목표는 우리의 기원을 말해줄 수도 있는 두 가지 물질을 집으로 가져오는 것이었다. 하나는 에어로젤$_{aerogel}$로 혜성의 꼬리를 쓸어서 태양계의 탄생 시점에 형성된 것으로 추측되는 혜성 입자들을 채집해 오는 것이고, 또 하나는 훨씬 더 드문 성간먼지들의 시료를 갖고 귀가하는 것이다. 이런 먼지입자들은 45억 년 이상 된 것으로 수세대 이전의 별들에서 유래했을 것이다. 이 임무를 수행하기 위해 스타더스트에는 테니스 라켓을 사방으로 늘려놓은 것 같은 수집기가 장착되었다. 이 라켓의 내부는 에어로젤이라는 특별한 물질이 격자 모양으로 채워졌다.

먼지를 담아 집으로

에어로젤은 1931년 우연한 내기의 결과로 탄생했다. 스티븐 키슬러는 잼 병에 든 액체를 부피의 변화 없이 기체로 치환할 수 있느냐를 놓고 친구와 내기를 했다. 키슬러는 구조적 특성은 똑같이 유지하면서 완전히 건조한 무언가로 잼 병을 채울 수 있다고 생각했다. 내기에서 그를 이기게 해준 것은 99.8퍼센트가 공기로 이루어져 있으며, 알려진 모든 고체 중에서 밀도가 가장 낮은 물질이다. 에어로젤은 초임계 건조법으로 젤에서 액체를 제거한 것이다. 이 공법 덕분에 증발이 일어나는 동안에도 모세관 현상에 의해 젤이라는 고체 매질이 붕괴되지 않고 물만 서서히 빠져나간다. 최초의 에어로젤은 이산화규소로 만들었으나 보다 최근에는 알루미나와 탄소를 첨가하기도 한다.[11]

에어로젤은 스티로폼이나 화원에서 꽃꽂이할 때 쓰는 그린폼과 비슷한 질감을 갖고 있다. 살짝 누르면 흔적이 전혀 남지 않고, 세게 눌러도 약간 움푹 들어가는 정도다. 그러나 매우 심하게 압박하면 수지상 조직이 마치 유리가 박살나듯 산산이 부서진다. 에어로젤은 자기 무게의 4,000배까지 지탱할 수 있으며, 가볍고 강하다. 에어로젤의 밀도는 유리보다 1,000배 낮고, 미세한 기공들이 다공성 구조를 형성하고 있기 때문에 최고의 절연체로 꼽힌다. 나사 제트추진연구소 실험실의 공학자들은 거의 완벽에 가까운 에어로젤을 만들어낼 수 있었고, 이를 패스파인더 탐사선에 절연체로 사용했다. 피터 추는 제트추진연구소에서 에어로젤 마법사로 통한다.

에어로젤 제작기술이 워낙 출중해서 스타더스트 프로젝트의 부수석 연구원으로 임명되었을 정도다.

스타더스트가 감당해야 할 가장 큰 과제는 소총에서 발사된 총알보다 다섯 배쯤 빠른 속도로 움직이면서 증발이나 화학적 변형을 일으키지 않고 미세한 입자들을 채집하는 것이었다. 여기에 에어로젤은 완벽한 도구였다. 공기보다 밀도가 높지 않은 단단한 발포성 표면에 부딪치는 순간, 입자들은 속도가 느려지면서 비교적 얌전하게 정지하는데, 이때 입자들은 그 크기의 200배쯤 되는 원뿔 모양의 흔적을 남긴다. 젤리로 가득찬 수영장에 총알이 박힌다고 상상해보라. 스타더스트의 에어로젤은 테니스 라켓과 크기와 모양이 비슷한 모듈 안에 채워졌다. 우주선이 혜성에 접근하면 이 모듈이 선체 밖으로 펼쳐진다. 양면으로 된 이 모듈은 한쪽 면은 전방의 빌트 2를 향하고, 반대쪽 면은 성간먼지를 포집하기 위해 후방을 향한다. 사용 전후에 모듈은 표본회수캡슐 안에 보관된다(plate 9).[12]

스타더스트는 2004년 1월 2일 240킬로미터 이내로 빌트 2에 접근한 후 마치 이산화규소 거미줄에 걸린 파리들처럼 모듈에 포획된 귀한 화물을 싣고 지구로 기수를 돌렸다. 2006년 1월 15일 스타더스트는 7년 만에 50억 킬로미터에 가까운 여행을 마치고 집으로 돌아왔다. 탐사선 관제실의 운전자들은 지구와의 충돌을 피하기 위해 단거리 로켓을 연소시켜 우주선의 방향을 바꾸면서 20킬로그램의 연료만 남게 했다. 그 다음에는 두 개의 케이블 절단기와 세 개의 지지 볼트를 풀어서 46킬로그램의 회수캡슐을 떼어냈다. 그리고 스프링처럼 우주선에서 튕겨져 나오는 캡슐을 추적했다. 캡슐은 지구로 귀환했던 그 어떤 인공물보다 빠른 시속 4만 7,000킬로미터의 속도로 새벽이 채 밝기도 전 캘리포니아 하늘에 줄무늬를 그리며 떨어졌다. 열차폐와 낙하산도 한 치의 오차 없이 작동했고, 캡슐은 새벽 5시 10분 유타 주의 사막에 착륙했다. 그날 아침에도 하늘에서 떨어지는 불덩이를 보거나 음속 폭음을 듣고 밖으로 나와 하늘을 올려다본 사람은 거의 없었다.

착륙한 지 이틀 만에 휴스턴에 있는 존슨우주센터의 청정실에서 에어로젤이 담긴 캡슐이 개봉되었다. 스타더스트는 최대 오염규제 대상이었다. 왜냐하면 생명의 보금자리일 가능성이 있는 외계로부터 물질을 가져왔기 때문이다. 사실 외계의 생명이 지구를 '감염'시킬 위험은 매우 낮았다. 우리가 알고 있는 어떤 유기체도 에어로젤에 부딪치는 충돌속도에서는 거의 파괴될 것이 분명하기 때문이다. 하지만 나사는 도박을 하지 않았다. 탐사임무는 행성간 보호지침 5등급의 절차를 따라 실시되는데, 이는 에볼라나 마르부르크병과 같은 출혈열을 다룰 때 따르는 생물안전도 레벨 4 절차보다 훨씬 더 엄격하다.[13] 즉 발사 전에는 열과 화학물질, 방사선으로 우주선을 완전히 멸균하고, 회수된 표본 역시 안전시설에서 인간의 직접적 접촉 없이 다뤄져야 한다.

캡슐회수팀은 아폴로 비행사들이 가져온 수백 킬로그램의 월석이 보관된 곳의 복도 끝에 있는 청정실에서 캡슐을 개봉했다.[14] 청정실은 병원 수술실보다 100배 더 깨끗했다. 그들은 입자들의 충돌로 마치 미세한 생물들이 굴을 파고 숨어 있는 것처럼 보이는 에어로젤 모듈 칸들을 보고 기뻐서 어쩔 줄 몰랐다. 임무는 성공했다.

집에서 별 먼지 모으기

과학자들은 성간먼지에서 우리의 원초적 기원을 추적하는 것이 건초더미에서 바늘 찾기(또는 젤 블록에서 알갱이 조각 찾기)와 같다고 생각했다. 과학자들은 혜성의 티끌들을 향해 있던 에어로젤 모듈 한쪽 면에는 약 100만 개 정도의 입자들이 수집되었겠지만, 성간우주를 바라보고 있던 모듈의 반대쪽 면에는 운이 좋아야 수십 개 정도의 먼지가 포획되었을 것이라고 생각했다. 그도 그럴 것이 에어로젤 한쪽 면은 혜성 입자들을 따라가며 그대로 받아냈지만, 성간먼지는 그 반대쪽이 잡아내야 했을 뿐 아니라 몹시 드물기 때문이다. 무엇보다 우주에서 7년을 머무는 동안 묻은 온갖 얼룩과 흔적들 틈에서 성간먼지만을 딱 집어내는 것도 여간 어려운 일이 아닐 것이다. 축구장만 한 잔디밭에 얌전히 숨어 있는 개미 수십 마리를 찾는다고 상상해보라. 그래서 200여 명에 이르는 각국의 과학자들로 구성된 팀은 약간의 도움을 받기로 결정했다.

Stardust@home은 전 세계에서 거의 3만 명의 일반인이 참여한 성간먼지 찾기 프로젝트다. 시민과학 프로젝트의 원조는 SETI@home이다. 이 프로젝트는 외계의 지적 존재들이 보내는 전파를 구별해내기 위해서 개인용 PC 수백만 대를 일종의 '스페어' CPU 네트워크로 연결하여 무수한 전파 데이터를 분석할 목적으로 시작됐다.[15] SETI@home 프로젝트는 참여자의 의지나 생각을 필요로 하지 않는 분산 컴퓨팅 모델이다. 반면 Stardust@home은 과학적 목표를 위해 소정의 훈련을 거친 사람들의 눈과 머리를 활용하는 은하동물원Galaxy Zoo 프로젝트와 더 닮았다.[16] 시민과학citizen science은 연구의 '민주화'를 도모하는 취지에서 최근에 발전한 재미있는 봉사활동 중 하나로, 관심 있는 일반 시민들이 온라인을 통해 엄청난 분량의 자료를 분류하고 걸러내는 훈련을 받은 뒤, 새로운 지식의 창조에 기여할 수 있는 프로젝트다. 때때로 이 신중하고 겸손한 아마추어들이 중대한 발견을 이뤄내기도 한다.[17]

Stardust@home에서 다루는 재료는 에어로젤에 나 있는 깊이가 모두 각각인 구멍들에 자동으로 초점을 맞추어 광학현미경으로 찍은 방대한 수의 사진들이다. 에어로젤의 아주 작은 한 구간을 표면에서 100미크론(1만분의 1미터) 깊이까지 찍은 40장의 사진이 한 세트다. 이 사진들이 연속적으로 이어지면서 '영화'처럼 제공되기 때문에 관찰자들에게는 마치 에어로젤 속으로 들어가는 영상처럼 보인다. 수집기 1,000제곱센티미터를 다 분석하려면 이런 영화 160만 편을 봐야 한다. 숫자만 봐도 시민들의 도움이 필요한 이유가 짐작이 된다. 2006년 8월에 상영을 시작한 스타더스트 영화들은 일반인들도 관람할 수 있다.

열의가 넘치는 참여자들은 먼저 단기교육을 수료하고 실제로 입자의 흔적들을 구별할 수 있는지를 증명하는 소정의 시험을 치러야 한다. 시험에 통과한 참가자들은 본격적으로 '건초더미' 속으로 흩어진다. 우주먼지 입자들의 '서명'은 텅 빈 구멍인데, 대개 1미크론보다 크지 않은 미세한 입자가 구멍 바닥에 박혀 있다(그림 6.2) 그런 입자 100만 개가 에어로젤을 들이받은 것이다. 물론 0.1밀리미터나 그보다 조금 더 큰, 맨눈으로도 보일 만큼 큰 입자도 10개나

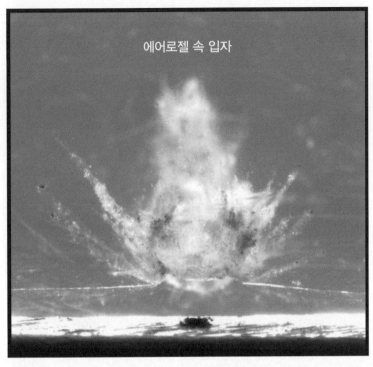

그림 6.2 스타더스트 임무에서 얻은 이 사진은 가로 1밀리미터의 구간을 찍은 사진이며, 아래쪽에서 입자가 들어와 에어로젤 블록을 감싸고 있는 알루미늄 호일을 뚫고 에어로젤 속으로 분사된 흔적이다. 헌신적인 시민과학자들이 입자들이 에어로젤에 남긴 흔적을 찾는 데 노력을 아끼지 않고 있다(나사 뉴스 아카이브).

됐고, 지름이 1밀리미터나 되는 큰 입자도 하나 있었다. 컴퓨터 프로그램은 입자의 충돌 흔적을 신뢰할 만한 수준으로 분간해내지 못한다. 그렇다고 컴퓨터를 훈련시킬 수도 없는 노릇이다. 왜냐하면 지금껏 인간도 그런 탐지작업을 해본 적이 없기 때문이다! 한편 에어로젤 말고 알루미늄 호일 탐지기에 충돌한 먼지입자들에서도 정보를 얻는다.[18]

시민과학자들은 뭔가를 찾아냈다고 바로 만족감을 얻을 수 있는 것도 아니다. 그들은 웹브라우저상에서 가상 현미경Virtual Microscope 이라는 프로그램을 사용해 얻은 결과를 버클리에 있는 Stardust@ home 본부에 보고해야 한다. 영화 한 편을 네 명의 참가자에게 보내주면, 그들은 각자 독립적으로 입자의 흔적을 찾는다. 입자를 찾은 사람이 과반수가 넘을 때만 스타더스트 과학자팀에게 전달이 되고 확증을 받는다. 그러면 이 자원자들에게 돌아오는 노동의 대가는 무엇일까? 대개 온라인 인증서를 받고, 중대한 과학적 임무에 직접적으로 공헌했다는 사실을 알고 넘어가는 정도다.

그런데 캐나다 온타리오에 살고 있는 브루스 허드슨은 사정이 좀더 나았다. 뇌졸중을 겪은 적 있던 브루스는 자신에게 주어진 엄청난 시간을 보낼 묘안으로 스타더스트 임무에 지원했다. 1년이 넘는 기간 동안 매일 15시간씩 매달린 끝에, 그는 에어로젤 속에서 성간먼지 입자로 확증된 첫 번째 흔적을 발견했다. 두 번째 입자도 그의 몫이었다. 게다가 그 입자들에 오리온과 시리우스라는 이름까지 지어주었다. 곧 그 결과를 발표한 논문의 공동 저자에도 그의 이름이 오를 것이다. 아이러니하지만, 지름이 1킬로미터 미만인 소행성이나 크레이터들의 이름을 지어준 천문학자가 별로 없다는 사실을 안다면, 브루스는 아마 더 흐뭇해 할 것이다. 10억 배나 더 작은 물체에 이름을 지어주었으니 흐뭇해 할 만하다.

성간먼지와 혜성 먼지는 화학적 분석을 통해서 구별한다. 심우주의 입자들은 투명하며, 망간이나 니켈, 크롬, 철, 갈륨과 함께 다량의 알루미늄을 함유하고 있다. 연구자들은 지금까지 시민과학자들이 발견한 일곱 개의 성간입자들을 떨어뜨리거나 잃어버리지 않도록 각별한 주의를 기울인다. 그랬다가는 3억 달러를 물어줘야 하기 때문이다.

이런 일들이 고도의 기술을 요하는 어려운 일처럼 보인다면 자기 집에서 편하게 혜성의 (그리고 소행성의) 먼지를 모으는 쉬운 방법도 있다. 최소한 지붕에 올라가기만 하면 된다. 매년 1만 톤의 미소운석과 매일 100톤의 우주먼지가 지구로 떨어지는데, 그중 얼마는 우리의 지붕 위에 내려앉을 것이다. (흙 속의 입자들보다 훨씬 작기 때문에 땅바닥에서 먼지입자들을 골라내긴 어렵다.) 나뭇가지로 하늘이 가려지지 않은 기울어진 얇은 양철 또는 슬레이트 지붕이라면 더할 나위 없다. 하루 이상 흘러내리는 빗물을 모아서 방충망으로 여러 번 거른 후 더 가는 체에 받쳐서 나뭇잎이나 페인트 조각, 기타 인공적인 물질들을 걸러낸다. 그 다음 단계는 네오디뮴이나 희토류 자석과 같은 매우 강력한 자석을 이용해 잔류물 속에서 미세한 금속성 조각들을 모으는 것이다.[19] 이러한 자석은 우편주문으로 쉽게 구입할 수 있다.

여기까지 하면 주로 금속성 물질들이 분리된다. 하지만 먼지나 부스러기 형태를 띤 지상의 많은 물질들도 자성을 띠기 때문에 마지막 단계에서는 돋보기나 저렴한 현미경을 사용해야 한다. 크게 확대해서 보면, 녹은 흔적이 있고 구멍이 뚫린 둥근 미소운석과 좀 더 평범한 지상의 금속성 입자들이 쉽게 구별된다. 인내심을 갖고 신중하게 이 방법을 따라하면 집 밖으로 나가지 않고도 심우주에서 날아온 엄청난 수의 입자들을 모을 수 있을 뿐 아니라 수억 달러보다는 조금 더 저렴한 가격표를 붙여서 수익을 얻을 수도 있다.

스타더스트의 깜짝선물

스타더스트는 탐사임무에 참여한 과학자들을 위해 몇 가지 깜짝선물을 준비했다.[20] 첫 번째 선물은 스타더스트에 접근하는 동안 도착했다. 팀원들과 혜성 전문가들은 빌트 2가 크고 검은 감자처럼 생긴 특별할 것도 없는 혜성일 거라 생각하고 있었다. 하지만 스타더스트가 지구로 보내온 72장의 사진들은 그야말로 장관이었다(그림 6.3). 수직으로 뚫린 수백 미터 깊이의 구멍들, 솟아오른 절벽들, 수백 미터 높이로 솟은 뾰족한 산봉우리들, 엄청난 가스를 내뿜고 있는 분출구들, 우주로 굽이쳐 날아가는 먼지들까지. 어떤 구멍들은 대기가 없는 수성이나 달처럼 우주에 노출된 천체의 표면에서 발견되는 충돌 크레이터와 전혀 닮지 않았다. 협곡들과 깊은 틈들은 혜성의 표면이 매우 젊을 뿐 아니라 혜성 내부에서 일어나는 역동적인 작용들로 인해 끊임없이 지형이 생성되거나 모양이 변하고 있음을 암시했다. 분출활동이 태양의 작용 때문에 일어나는 것이 아님을 증명이라도 하듯, 분출구들 중 일부는 혜성의 어두운 구역에 있었다. 빌트 2는 스타더스트가 찍었던 다른 혜성이나 소행성과 완전히 딴판이었다(plate 10).

그것과 비슷한 또 하나의 선물은 스타더스트가 빌트 2에서 벗어나면서 먼지와 파편들 사이를 비행할 때 도착했다. 과학자들은 입자들이 우주선 선체에 충돌하는 속도가 처음에는 증가하다가 서서히 정점에 달하고, 혜성이 백미러의 시야 밖으로 빠르게 사라지면 다시 느려질 것으로 예측하고 있었다. 그런데 입자들의 충돌속도가

그림 6.3 스타더스트 우주선이 근접했을 때 바라본 빌트 2 혜성을 그린 그림이다. 태양 근처에 있을 때 이 혜성은 활발해지면서 뜨거운 가스와 물질을 우주로 분사한다. 그 표면은 가파른 협곡들과 웅장하고 역동적인 계곡들로 조각되어 있다. 이 모든 지형들이 지구의 작은 마을 크기만 한 면적에 존재한다(나사/제트추진연구소).

순식간에 치솟았다 일순간에 푹 떨어졌다. 추측건대 우주선이 혜성 표면에서 탈출하면서 가스 분출구를 통과하고, 그 다음에는 얼음에 달라붙어 함께 증발하는 혜성의 '흙덩어리' 속을 통과해서 그런지도 모른다.[21]

가장 흥미로운 발견은 2009년에 있었다. 고더드우주비행센터의 한 연구팀이 분석 중이던 작은 입자들 속에서 아미노산의 일종인 글리신을 발견했다고 보고한 것이다.[22] 혜성이 아미노산 같은 분자를 지니고 있다는 사실도 놀라웠지만, 그보다 더 놀라운 깜짝선물은 시속 수천 킬로미터나 되는 속도로 충돌한 물질 속에서도 온전히 보존되었다는 점이다. 이 글리신을 동위원소 분석한 결과, 지구에서 오염된 것이 아니라는 사실도 밝혀졌다. 이 발견은 생명에 필수적인 성분들 가운데 적어도 하나는 혜성을 통해서 배달되었다는 사실을 증명한다. 그뿐 아니라 대다수의 별들이 혜성 무리를 거느리고 있을 것으로 보이는데, 이 발견대로 혜성이 지구와 닮은 행성들로 생명의 전구적 분자pre-biotic molecule들을 배달하는 중요한 택배 시스템이라면 이미 우주에는 생명을 위한 '밥상'이 차려진 셈이다. 예상치 못한 또 하나의 선물은 빌트 2에서 철과 황화구리처럼 물이 있을 때만 형성되는 광물질이 발견되었다는 사실이다.[23] 그것은 혜성이 섭씨 영상 50도에서 200도 사이, 물이 액체 또는 수증기 상태로 존재할 수 있는 온화한 지역에서 얼마간의 시간을 보낸다는 의미다. 그러므로 모두의 예측과 달리 혜성은 '얼어붙은 눈덩어리'가 아닌 셈이다.

과학에서는 종종 있는 일이지만, 제한된 데이터를 바탕으로 세운 단순한 모델이나 이론은 그보다 더 나은 데이터가 축적되면 수정되거나 심지어 폐기될 수도 있다. 자연은 우리가 동경하는 것보다 훨씬 더 어지럽다. 스타더스트 탐사임무는 혜성의 구조와 형성 메커니즘에 대한 기존의 개념들을 수정하는 데 결정적인 역할을 했다. 꽤 오랫동안 우리는 단주기 혜성들이 해왕성 궤도 너머 차가운 카이퍼 벨트 안에서 응축된 물질로 이루어져 있다고 생각했다. 반면에 장주기 혜성들은 태양과 가까운 거대 가스행성들 사이의 온도가 높은 지역에서 형성되고, 그 후 곧바로 (대개 목성의 중력에 의해서) 가장 가까운 별과 태양의 중간쯤 되는 궤도로 튀어 나간다고 생각했다. 그런데 단주기 혜성과 장주기 혜성 무리 모두에게 양분을 주고 있는 해왕성 바깥 천체trans-Neptunian objects˙들의 발견은 이 단순했던 그림을 복잡하게 만들었다. 그런데 스타더스트가 수집한 데이터는 그림을 다시 그리지 않으면 안 될 정도로 더욱 복잡하게 만들었다.

혜성에 대해 우리가 얻은 직접적인 정보는 아직까지 소박한 편이다. 최초의 혜성 탐사선은 1978년에 발사되어 자코비니-지너 혜성에 접근했고, 혜성이 '더러운 눈덩어리'라는 개념을 강화해주었다. 우주시대 이후 핼리 혜성이 태양계 안쪽을 처음 방문한 것은 1986년이었는데, 이때 이 혜성은 우주선 군단(지오토, 수이세이, 사키가케, 베가 1, 베가 2)의 방문 사례를 받았다. 15년 후에는 딥 스페이스 1호가 보렐리 혜성을 방문했다. 스타더스트가 그 다음 주자였고, 2005년에는 딥 입팩트가 템펠 1 혜성에 시속 3만 7,000킬로미터의 속도로 충돌하면서 1만 톤의 물질을 우주로 쏟아냈다. 2006년 귀환한 스타더스트는 달 이외의 다른 곳에서 물질적 시료를 채취해 온 첫 번째 우주선이었다.

왕복 수십억 킬로미터를 여행하고 집으로 돌아온 유일한 인류의 소장품으로서, 스타더스트의 표본회수캡슐은 대단히 상서로운 안식처를 얻었다. 스타더스트 표본회수캡슐은 2008년 나사 출범 50주년을 기념하여 스미소니언박물관 '비행역사 기념물' 전시장에 아폴로 11호와 찰스 린드버그의 스피릿 오브 세인트루이스 호, 라이트 형제의 1903 플라이어와 나란히 전시되었다.

• 궤도장반경이 해왕성보다 큰 천체들로, 카이퍼벨트, 산란원반, 오르트구름에 있는 천체들이 이에 속한다.

혜성을 다시 생각하다

혜성 구름comet cloud은 태양계 가장자리에 먼지와 얼음조각이 무수히 모여 있는 넓은 공간을 의미하는데, 그 범위는 태양에서 행성들까지의 거리보다 1,000배나 넓으며 태양과 가장 가까운 별들 사이의 공간 상당 부분을 차지하고 있다.* 이 공간에 모여 있는 작은 물체들은 형성될 때부터 얼어 있던 잔해들이었을 것으로, 다시 말해 45억 년 간 본질적으로 변화를 겪지 않은 얼음 잔해였을 것으로 추측돼왔다. 또 혜성은 이전 세대의 별들이나 태양 탄생 이전의 파편들로부터 나온 먼지들로 이루어져 있다고 여겨졌다. 스타더스트라는 명칭도 이런 연유에서 탄생하게 되었다.

그런데 뭔가 예기치 못한 것이 발견되었다. 불과 얼음이었다.[24] 혜성은 해왕성 밖의 냉랭한 지역에서 형성된 얼음도 간직하고 있지만, 여전히 혜성의 질량 대부분은 암석이 차지하고 있다. 그런데 그 암석물질이 벽돌을 증발시킬 만큼 엄청난 고온에서 형성된 것처럼 보인 것이다. 스타더스트의 에어로젤에 박힌 혜성의 입자들은 화성과 목성의 궤도 사이, 소행성대에서 형성된 소행성들에서 떨어져나온 운석들에서나 발견되는 두 가지 성분을 함유하고 있었다. 하나는 태양의 둘레를 돌 때 녹았다가 빠르게 식은 원시운석들에서 발견되는 둥근 암석 알갱이인 콘드룰chondrule이고, 또 하나는 칼슘-알루미늄 함유물Calcium-Aluminium Inclusion이라고 부르는 희귀한 광물인

----

* 장주기 혜성의 근원지로 알려진 오르트구름Oort cloud을 일컫는다.

데, 매우 특이한 화학적 조성을 가진 흰색의 부정형 입자들로서 극도의 고온에서만 형성되는 물질이다. 스타더스트팀은 이 발견에 어리둥절했지만, 발견이 의미하는 바는 명확했다. 어떻게 된 영문인지는 몰라도 태양계 안쪽 내태양계에서 자연스레 형성된 물질이 젊은 태양계의 가장자리로 운반되었고, 그곳에서 혜성을 형성했다는 것이다. 빌트 2도 태양 탄생 이전의 별 먼지 알갱이들을 갖고 있지만, 사실 그런 물질은 매우 드물다. 혜성은 다른 별들에서 나온 물질로 만들어지지 않았다. 즉 대부분이 태양 인근에서 형성된 물질들로만 이루어져 있다는 의미다. 그렇기 때문에 혜성들이 45억 년 전에 태양계의 행성과 달들이 어떻게 형성되었는지 알려줄 단서를 갖고 있다고 말하는 것이다.

행성과학에 대한 스타더스트의 중요한 공헌은 태양계를 형성한 바로 그 태양계 성운 안에서 물질들이 뒤섞이면서 방사상으로 넓게 퍼졌다는 개념을 증명한 것이다. 또한 혜성들이 우리가 상상하는 것 이상으로 물질적으로 다양하고 다채로운 구성을 갖고 있다는 사실도 보여주었다. 우리가 가까이서 개별적으로 관찰한 혜성들(헬리, 보렐리, 템펠 1, 빌트 2)은 모양과 표면의 질감 및 구조, 활동성이 저마다 달랐다. 행성이나 달들에 비해 크기는 작을지 모르지만, 행성 시스템에서 혜성들이 하는 역할은 결코 작지 않다. 혜성들은 물을 포함하여 생명의 건축자재인 유기물질을 육지가 있는 행성들로 실어 나를 뿐 아니라 지구의 지질학적 기록에도 나타나 있다시피 행성과 충돌함으로써 행성의 생태계 역사를 바꾸거나 심지어 행성의 생물권 전체 판도를 바꿀 수도 있다. 인류의 모든 문화들이 혜성에 매료되고, 혜성을 삶과 죽음의 전조로 여기는 것도 어떤 면에서는 지극히 당연한 현상이다.

혜성에 대해 더 많이 알려면, 현재 얼마 되지 않는 직접적인 지식을 더 늘리는 수밖에 없다. 스타더스트가 표본을 회수한 후에 새롭게 임무연장을 승인받은 일은 그래서 더 큰 흥분을 자아냈다. 2007년에 나사는 2005년 혜성 템펠 1이 딥 임팩트 탐사선과 충돌한 지점을 재탐색하기 위해 '템펠 1을 향한 새로운 탐사임무New Exploration Tempel 1, NExT'를 승인했다.[25] 스타더스트에는 혜성을 향해 두 번째 여행을 할 수 있을 만큼 하이드라진 연료가 남아 있었다. 임무 목표는 딥 임팩트가 남긴 충돌의 흔적을 확인하고, 최근에 태양에 접근했던 템펠 1에 어떤 변화가 있었는지 관찰하는 것이었다. (딥 임팩트의 카메라는 충돌할 때 분출된 먼지에 뒤덮여 장님이 되고 말았다.) 2010년 초, 연소제어 프로그램에 따라 스타더스트는 최적의 속도로 템펠 1에 접근했다. 초속 11킬로미터의 속도를 유지하며, 공중제비 넘듯 요동치는 혜성 핵의 충돌지점에 정확하게 카메라 초점을 맞추는 것이 이번 방문의 가장 큰 과제였다. 템펠 1과의 두 번째 데이트는 마침 공교롭게도 2011년 밸런타인데이에 이루어졌다. 스타더스트는 2005년에 생긴 폭 150미터의 충돌 흔적이 뚜렷하지도 않을뿐더러 구멍은커녕 오히려 중심이 언덕처럼 불룩 솟아 있다고 보고했다. 충돌 시에 분출된 물질 대부분이 혜성의 약한 중력에 이끌려 다시 충돌지점으로 떨어졌음을 암시했다. 템펠 1의 핵이 부서지기 쉽고 아주 약하게 뭉쳐져 있음을 보여주는 결과였다.

좋은 일에도 끝은 있는 법. 스타더스트에게는 2011년 3월 24일이 그랬다. 임무 책임자들은 일부러 '완전 연소'라는 명령을 전송했다. 이미 체력이 다해가고 있던 스타더스트에게 연료가 완전히 바닥날 때까지 주 엔진들을 점화하라는 명령을 내린 것이다. 나사는 스타더스트와 비슷한 종류의 엔진을 장착한 우주선 모델들에 대해서는 연료 소모를 재촉하는 최종 연소 명령을 사용한다. 스타더스트는 최후의 연료를 태우기 직전까지도 유용한 자료를 전송했다. 그 이튿날 프로젝트 총감독 팀 라슨은 우주선이 안전모드로 들어가면서 전송장치 전원이 꺼졌으며, 제어계기판에서 사라졌다고 전했다. 임무종결.

우리는 별에서 태어났다

1929년 8월《뉴욕 타임스》과학 섹션에 '별 먼지, 그것이 인간이다'라는 제목의 기사 한 편이 실렸다. 천문학자 할로 섀플리는 인간이 별의 부산물에 지나지 않는다는 관점을 대중화했다. 그보다 몇 해 전 하버드대학 천문대가 시리즈로 제작한 라디오 토크 프로그램에서 섀플리는 "우리는 별을 이루고 있는 것과 똑같은 물질들로 이루어져 있다"는 사실을 강조했다.[26]《뉴욕 타임스》기사에서도 섀플리는 똑같이 말했다.

"우리는 별과 똑같은 물질로 이루어져 있다. 따라서 우리가 천문학을 한다는 것은 우리의 머나먼 조상을 연구하고, 별을 이룬 물질이 가득한 우주에서 우리의 자리를 조사하는 한 가지 방식일 뿐이다. 우리 몸은 가장 멀리 있는 성운에서 발견되는 바로 그 화학적 성분들로 이루어져 있다."[27]

당시에는 인간이 별들 안에서 일어나는 핵분열과 핵융합 반응의 산물에 지나지 않는다는 개념을 당황스럽게 여기는 이들이 적지 않았다.[28]

우주학자들은 우주의 모든 수소 원자들과 거의 대부분의 헬륨 원자들이 빅뱅 직후부터 존재했음을 보여주는 훌륭한 증거를 갖고 있다. 가장 단순한 원소인 수소는 그야말로 원시의 원소고, 거의 대부분의 헬륨은 원시 핵합성 또는 빅뱅 핵합성이라고 알려진 과정이 일어난 직후에 생성된 원소다. "우주를 구성하고 있는 물질의 원시 핵은 최초 3분 동안 만들어졌다." CERN의 이론물리학자 루이스 알바레즈 고메의 말이다. 그는 또 이렇게 설명한다.

"우주 오븐은 약 75퍼센트의 수소와 약 24퍼센트의 헬륨을 구성하는 약간의 원자핵들을 생산했다. 듀테륨, 트리튬, 리튬, 베릴륨도 소량 생산했지만, 우리의 몸과 우리 주변의 물질을 이루는 다른 원자들, 이를테면 탄소나 질소, 산소, 규소, 인, 칼슘, 마그네슘, 철 등의 원자들은 거의 만들지 않았다. 이런 원자들은 별들의 탄생과 죽음이 여러 세대 반복되는 동안 별들 속 우주 오븐에서 탄생했다. 칼 세이건의 말마따나 우리는 별의 먼지에 불과하다. 죽어간 별들의 잔해다."[29]

옥스퍼드 영어사전은 stardust를 "우주로부터 지구로 떨어지는 것으로 짐작되는 미세한 입자들: '우주먼지cosmic dust'"라고 정의하고 있다. 이 사전에는 1879년에 출판된 한 주해서의 내용이 인용되어 있다. 그 인용문은 대양 바닥에 퇴적된 진흙의 일부도 "바깥 공간에서 떨어지는 바로 그 별-먼지star-dust"로 이루어져 있는 것이 분명하다고 주장한다.[30] 실제로 우주를 마구 휘저으며 떠돌다가 지구 표면으로 떨어지는 성간먼지 입자들은 매년 1만 톤이 넘는 것으로 추정되지만, 그중 해저에 축적되는 양은 아주 적다. 성간먼지 또는 별 먼지 저장소 중 가장 오염이 덜 된 곳은 혜성들이다. 태양의 원시행성계 원반이 안정화되고 약 1,000만 년이 지나 우리의 태양계가 삶을 시작하던 초기에 형성된 혜성들은 태양계의 가장 싸늘한 변방에서 생의 대부분을 보낸다. 그 결과 혜성 핵은 열과 용융, 그리고 다른 천체들과의 충돌로부터 대체로 안전하다. 그래서 혜성의 얼음성분과 먼지 알갱이들에는 원시태양계가 갖고 있던 원소들의 정체가 숨겨져 있다.

별에서 일어나는 핵융합 반응은 가벼운 원자핵들이 일련의 작용을 겪거나 서로 결합하면서 일어난다. 핵융합 '피라미드'의 맨 아래층에서는 수소가 융합하여 헬륨이 만들어지는데, 태양과 같이 질량이 작은 별들에서 이 반응이 일어나고 있다. 우리 태양과 질량이 비슷한 별들은 헬륨과 탄소, 산소까지는 합성할 수 있지만, 더 무거운 원소들을 만들 만큼 밀도나 온도가 높아지지 않는다. 크고 무거운 별들은 수소로 헬륨과 탄소, 산소를 만들고 나서도 진화의 단계들을 이어가며 네온, 마그네슘, 규소, 황, 니켈 그리고 철까지 생산한다. 철은 가장 안정적인 원소이기 때문에 보통 철을 생산하는 단계까지 이르면 연쇄적인 핵융합 반응은 멈춘다. 그보다 더 무거운 원소들은 두 가지 경로를 통해서 생성된다. 무거운 별들의 대기에서 중성자들을 포획하면서 천천히 생성되거나 신성novae과 초신성 supernovae으로 알려진 별의 폭발을 통해 보다 급속하게 생성된다.[31] 가장 무거운 원소들이 탄생하려면 더 무거운 별들이 필요한데 이런 별들은 우주에도 그리 흔치 않다. 무거운 원소들이 수소와 헬륨 같은 가벼운 원소들보다 드문 까닭도 이 때문이다.

1세대 별들은 대략 빅뱅 후 2억 년에서 3억 년 사이에 탄생했을 것으로 보인다.[32] 현재의 이론에 따르면 1세대 별들 중 지금까지 존재하는 별은 없다. 확실히 아직까지는 발견되지 않았다. 신성이나 거대 초신성으로 폭발했거나 블랙홀로 붕괴했을 수도 있고, 또는 연료를 모두 소진하면서 다 타버렸을 가능성도 있다. 현재 가장 오래된 별들은 우주를 비추던 최초의 별들의 몇 세대 후손들이다.[33] 천문학자들은 평범한 은하 안에서 매년 25개 정도의 신성이 폭발하면서 무거운 금속 원소들로 된 성간먼지를 일으키고 있을 거라 추산한다. 몇 세대에 걸쳐 신성과 초신성이 반복되면서 생성된 기체와 먼지, 탄소, 규소, 기타 금속들이 뒤섞인 구름들에서 또다시 새로운 별들과 그들에 딸린 행성들이 태어난다.

신성이란 백색왜성과 이웃한 별(동반성)의 바깥쪽 층들이 백색왜성의 중력에 이끌려 가 그 표면에 쌓이다가 핵융합 반응을 일으켜 갑자기 밝아지는 별이다. 동반성에서 유입된 기체로 백색왜성의 질량이 늘어나 압력이 높아지고 가열되면, 백색왜성의 표면에서 수소가 헬륨으로 핵융합하면서 폭발이 일어난다. 초신성 중에는 이런 신성이 극대화된 유형도 있는데, 이웃한 별이 젊은 별일 경우에는 백색왜성으로 유입된 질량이 너무 커서 탄소 핵융합 반응을 일으킨다. 물론 그러면 더 격정적으로 폭발한다. 또 다른 유형의 초신성은 핵붕괴형 초신성인데, 이때는 하나의 거대한 별이 핵연료를 다 소진하고 핵붕괴를 일으키면서 폭발한다. 신성과 비교할 때 초신성은 100만 배 이상의 에너지를 방출하기 때문에 몇 주 동안 은하의 모든 별들을 다 합친 것만큼 밝게 빛날 수 있다. 우리 은하의 경우 약 4,000억 개의 별이 있을 것으로 추산된다. 말하자면 초신성은 거대한 연금술 시연이다. 1987년 우리와 가까운 은하에서 폭발한 초신성은 지구 20만 개를 만들 수 있을 만큼의 별 먼지를 일으켰다.[34]

우리 은하는 태어난 지 약 100억 년 가량 되었지만, 우리 태양은 고작 45억 살이다. 태양과 그 이웃한 별들은 성간기체와 성간먼지가 빽빽하게 밀집한 지역에서 태어났을 것이다. 운석의 표본을 동위원소 분석해보면 우리 태양은 훗날 태양계가 될 원시행성계 원반이 형성되기 대략 100만 년 전에 근처 우주에서 폭발한 거대 초신성의 잔해들로 이루어져 있다.[35] 우리가 이런 사실을 알 수 있는 까닭은 지구의 핵을 이루고 있는 철과 같이, 우리 태양이 만들 수 없는 금속 원소들의 존재 때문이다. 우주의 탄생 때부터 존재했던 원시원소인 수소를 제외하면, 우주의 거의 모든 원자들이 이글거리는 가마솥을 지나 냉랭한 우주를 순회하는 놀라운 여행을 묵묵히 따랐고, 때로는 연쇄적인 모험도 마다하지 않으면서 재활용되었다. 하지만 안타깝게도 원자들은 별의 핵을 통과하면서 겪은 그 특별한 여정의 흔적을 갖고 있지 않다. 그렇기 때문에 천문학자들도 통계적으로만 그 기원을 묘사할 뿐이다.

우리 눈동자 속에도 별의 먼지가...

원자의 개수로만 따지면, 인간과 다른 모든 생명체들은 대략 63퍼센트가 수소로 이루어져 있다. 26퍼센트는 산소, 10퍼센트는 탄소, 그리고 나머지 1퍼센트는 질소가 차지한다.[36] 우리의 혈액 속 철이나 치아와 뼈 속 칼슘을 비롯해 살아 있는 모든 유기체를 이루는 원자들은 재활용된 별 먼지다. 존과 매리 그리빈은 "우리가 마시는 공기와 DNA 속의 질소는 (우리 몸을 이루는 대부분의 탄소와 함께) 오래 전에 행성상성운의 일부로 존재했었고, 적색거성들로부터 한 번 이상 쫓겨난 원자다"라고 힘주어 말한다. 연필 속 납, 바나나 속 칼륨, 비타민제 속 아연과 셀레늄은 모두 별들 속에서 버려진 원자들이다. 동전 속 니켈과 지구 대기 속 산소, 온도계 속 수은, 금과 은 같은 귀금속도 별들이 바깥층들을 폭발시키면서 죽어갈 때 버려진 무거운 원소들이다. "네온사인 속 네온, 소금 속 나트륨, 불꽃놀이에 (정말 그 본분에 맞게 제대로) 쓰이는 마그네슘도 내부에서 탄소를 태우던 별들 속에서 탄생했다."[37] 그리고 죽어가는 별들을 감싸고 있는 가스 껍질들을 빛나게 하는 자외선 별빛은 지구의 대기와 바다를 구성하는 필수 성분이자 우리가 알고 있는 생명의 결정적 재료를 엄청나게 많이 만들 수 있다. 바로 물이다.[38]

혜성은 우리 은하 안에서 태양이 형성될 당시 우리 구역의 화학적 환경을 그대로 보관한 냉동창고인 셈이다. 그들은 태양 가까이 다가오면 45억 년 전에 보관되었던 화학적 성분들이 해동되면서 활기를 띤다. 우리의 눈을 위한 축제를 열기 위해 혜성은 불을 켠다. 바라봐줄 눈도 없던 아주 오래 전 옛날에 그 원자들을 제조하면서 눈부시게 빛났던 별들의 희미한 잔영으로.

우주에서 날아온 우리의 조상님들

로버트 번햄은 우주시대가 열리기 전에는 천문학자들도 태양계 전역에 걸쳐 혜성과 소행성 충돌이 얼마나 만연한 현상인지 깨닫지 못했다는 점을 강조한다. 충돌 흔적들로 표면이 울퉁불퉁한 달 말고도, 나사의 행성과학 임무들을 통해 확인된 태양계의 수많은 천체들이 충돌 크레이터들로 그야말로 벌집이 되어 있다. 번햄은 설명한다.

"〔행성탐사 임무들은〕 태양계에서 가장 흔한 지형적 특징들 중에서도, 특히 충돌 크레이터가 압도적으로 많다는 사실을 보여주었다. 모든 행성들과 위성들 그리고 소행성들의 표면이 충돌 크레이터들로 뒤덮여 있음이 밝혀졌고, 그 크기도 지구만 한 것에서 아주 미세한 것까지 다양했다. 수성에서 명왕성까지 모든 천체의 단단한 표면에서 크레이터 혹은 그 흔적을 발견할 수 있다. 물론 그 너머의 천체들에서도 틀림없이 빈번히 발견될 것이다."[39]

1908년 6월 30일 오전 7시 15분경 스토니 퉁구스카 강 인근 시베리아 침엽수림 지대를 황폐화시킨 주범은 운석이었을 것이다. 그런데 이 미확인 충돌체는 약 5만 년 전 애리조나에 '운석충돌구'를 만든 물체와 달리 철로 이루어지지 않았다. 시베리아에 떨어진 충돌체는 오늘날의 도시 하나를 초토화시키고도 남을 만큼 강력했다. 원자폭탄 1,000개와 맞먹는 위력으로 폭발했던 것으로 추정된다. 전하는 바에 따르면 이 폭발로 3,000만 그루의 나무가 쓰러지면서 2,200제곱킬로미터의 숲이 글자 그대로 납작해졌고, 800킬로미터 떨어진 곳에서도 폭발음이 들렸다고 한다. 실로 수많은 사람들이 이 사건을 목격했는데, 그 가운데 충돌지점에서 65킬로미터 떨어진 곳에 있던 한 남자는 폭발로 발생한 폭발폭풍 때문에 다리가 후들거렸다고 증언했다.[40] 기압기록계에 기록된 대기의 압력파는 전 세계를 한 바퀴 돌고 난 후에도 시속 수백 킬로미터나 됐다. 그 폭발로 충돌지점 일대에는 며칠 동안 지자기 폭풍이 지속되었을 것으로 보인다. 런던 시민들은 수상하게 빛나는 대기의 현상과 저녁 하늘에 나타난 술 장식을 단 것 같은 분홍색 구름들을 괴이쩍게 여겼다. 영국의 한 운석전문가는 자신이 관찰한 바를 1908년 《네이처》에 실었다. 그는 잉글랜드 주 브리스톨의 밤하늘이 별들이 거의 보이지 않을 만큼 너무 밝아졌다고 기록했다.[41]

1994년 7월 혜성 슈메이커-레비 9이 산산조각 나면서 목성에 연달아 충돌했다. 그 폭발의 위력은 인간이 만든 모든 핵무기를 합친 것보다 600배나 강력했고, 목성의 구름 위 수천 킬로미터 높이로 폭발 잔해들을 뿜어냈다. 천문학자들뿐 아니라 세계의 지도자들과 정치인들, 그리고 우주에 매료된 일반인들까지 수백만 명이 텔레비전 뉴스와 제트추진연구소 공식 웹사이트에서 실시간으로 제공하는 영상들에서 눈을 떼지 못했다. 그 단 한 번의 충돌사건은 지구 거주자들에게 똑같은 일이 일어날 경우 그 피해가 얼마나 심각할지 경각심을 일깨우기에 충분했다(그림 6.4). 그 혜성은 7월 16일에 목성에 충돌하기 시작했다. 그로부터 3일 만에 미 의회의 과학기술위원회는 지구를 위협할 가능성이 있는 혜성과 소행성을 추적하기 위한 나사 프로그램을 가동할 것을 투표로 결정했다. 슈메이커-레비 혜성의 공동 발견자인 데이비드 레비는 그때 일을 똑똑히 기억한다. "그 투표는 지구로 향하고 있을지도 모를 파괴자를 추적하는 일에 대한 국가적 열망과 인식의 발전을 보여주었다. 미래 세대를 보호하기 위해 대책 마련이 시급함을 인식하게 된 것이다." 혜성이나 소행성 충돌의 위험에서 성공적으로 벗어날 수 있을까?

그림 6.4 혜성은 생명의 전령인 동시에 죽음의 사자이기도 하다. 한 예술가가 그린 이 그림은 초기 지구에 거대한 혜성이 충돌하는 장면을 인상 깊게 보여준다. 혜성은 지구에 대양을 만들어준 물을 포함해 아미노산과 같은 생명의 기본적인 자재들을 지니고 있지만, 이따금씩 일어났던 혜성의 충돌은 과거 5억 년 동안 일어난 몇 차례의 멸종을 포함하여 지구의 역사에 기록될 만한 대파괴와 대멸종을 불러왔다(나사/돈 데이비스).

레비는 슈메이커-레비 혜성에 대한 지구적 관심이 "우리 행성을 구원하기 위한" 효과적인 첫걸음이 될 것이라고 말한다.[42]

비록 혜성 충돌이 파멸을 가져올 것은 분명하지만, 이 원시의 얼음 덩어리는 지구상에 생명이 존재하게 된 '원인'일 가능성이 크다. 우주 도처에 존재한다는 점에서도 혜성은 지구에 생명이 출현하게 만든 가장 흔한 매개체일 것으로 여겨진다. 앞서도 언급했듯 스타더스트 우주선이 전송한 자료를 분석한 연구원들은 혜성 빌트 2의 표본에서 글리신이라는 아미노산을 발견했다. 아미노산은 흔히 CHON이라고 통칭되는 원자들, 즉 탄소, 수소, 산소, 질소 원자와 그것들의 분자들로 이루어져 있으며, 인이나 황과 결합하여 DNA의 모든 화학적 성분들을 구성한다. 지구에 충돌한 혜성과 운석들은 이런 유기물질들을 흩뿌려 놓았거나 심지어 유기물질들을 합성하기도 했다.[43]

과학저술가 코니 발로는 "고대의 별들도 우리의 조상에 포함된다. 별들은 우리 가계도의 일원이다"라고 주장한다.[44] 발로는 우리의 기원을 찾기 원한다면, 단순히 조상일 가능성이 있는 유기체에 현미경을 들이대는 것만으로는 충분치 않다고 말한다. 그보다는 가령 탄소 같이 생명에 꼭 필요한 무거운 원소들이 버려진 용광로, 즉 별들을 바라봐야 한다. 또한 지구에 생명이 필요로 하는 화학성분들을 내려놓았을지도 모를 혜성과 소행성들에게도 우리의 기원에 대한 공을 돌려야 할 것이다. 우리가 알고 있는 모든 유기체들은 각자가 가진 DNA의 산물이지만, 그 DNA 성분들 중 일부는 운석들에서 발견되기 때문이다.

2011년 나사의 과학자들은 운석에서 "아데닌과 구아닌을 발견했다"고 보고하고, 이어서 "핵염기라 알려진 아데닌과 구아닌은 시토신, 티민과 함께 DNA 이중나선 구조의 가로대를 형성한다"고 설명했다.[45] DNA는 우리 세포들 안에 존재하며, 생물학적으로 우리가 누구인지 또 무엇인지를 결정하는 암호화된 정보다. "꼬인 사다리처럼 생긴 DNA 분자의 중심에 고리처럼 생긴 구조를 핵염기라고 한다. 나사와 워싱턴의 카네기과학연구소의 과학자들은 12개의 운석 중 11개에서 바로 이 작은 고리들을 발견했다"고 보고했다.[46] 운석은, 만약 그것이 이웃한 행성에서 내버린 게 아니라면 틀림없이 태양이 형성될 때 쓰고 남은 암석 찌꺼기들이 뭉쳐진 덩어리일 것이다. 이런 운석들이 유기분자들을 지구로 배달했다는 점에서 우리의 별이 태어나던 시기의 분자들이 우리 DNA 속에 존재하는 것은 우연이 아닌, 필연이다.

《네이처》에 캄브리아 대폭발보다 약 15억 년 앞선, 대략 21억 년 전의 것으로 추정되는 다세포생물의 화석이 발견됐다는 소식이 실렸다. 서아프리카의 흑색혈암에서 발견된 이 화석들은 다세포생물의 출현 역사를 다시 쓰게 했다.[47] 사실 미생물은 이보다 훨씬 더 앞서 지구에 등장했다. 지구상의 생명의 연대기를 다시 쓰고 있는 생물학자와 천문학자 그리고 우주생물학자들은 혜성들과 태양계 전반에 별의 먼지를 뿌린 그들의 역할에 대한 우리의 인식을 고쳐 놓고 있다.

태양계에 골고루 퍼져 있는 성간먼지 입자들을 포획하기 위한 스타더스트의 임무는 우리의 태양이 어떻게 탄생하고 진화했는지를 밝히고 생명의 기원으로까지 이어진 초기 태양계의 특징을 규명하기 위한 시도다. 스타더스트 임무는 혜성과 소행성들이 생명의 원자재가 보관된 창고란 사실을 우리에게 알려주었다. 20개의 아미노산은 자연적으로 배열될 수 있는 경우의 수가 실로 어마어마하며, 이런 배열을 통해 지구상의 모든 살아 있는 유기체를 형성하는 단백질을 생산한다. 존과 매리 그리빈은 "포름산(일부 개미들이 방어용 무기로 분사하거나 쐐기풀의 따끔거리는 성분)과 메타니민은 성간구름 속에 높은 농도로 함유되어 있다고 밝혀진 다원자 유기분자들의 일종이다. 이 두 분자가 결합하면 글리신이라는 아미노산이 형성된다"고 설명한다.[48]

가이아 이론의 창안자인 제임스 러브록의 말처럼 "마치 우리 은하 전체가 생명에 필요한 예비 부품들을 보관하고 있는 거대한 창고처럼 보일 지경이다."[49] 어쩌면 우주는 생명을 위해 건설되었는지도 모른다. 두 그리빈은 생명을 위한 화학이 마치 우주 전체의 고질병인 것 같다고 말한다. "20세기 과학의 가장 심오한 발견들 중 하나를 들라면"이라는 말로 운을 띄운 두 그리빈은 이 우주가 "생명을 위한 원자재로 이루어져 있으며, 그 원자재들은 별의 탄생과 죽음이라는 과정에서 필연적으로 생산된다는 사실을 발견한 것"이라고 말한다.[50]

별과 행성, 별의 먼지구름을 이루고 있는 평범한 물질들은 우주에 존재하는 모든 물질 중 극히 일부일 뿐이지만, 그럼에도 불구하고 바로 그 별들의 잡동사니들이 생명의 모든 필수 성분들을 제공한다. 물론 우주의 모든 물질이라는 것도 대부분이 여전히 정체가 밝혀지지 않은 미스터리한 검은 물질이지만 말이다. 두 그리빈은 "지구상에서 생명활동을 일으킨 최초의 분자들로 조립된 원자재는 혜성의 냉동된 심장 속에 보관된 작은 성간물질 알갱이에 실려서 지구의 표면에 내려앉았다"고 쓰고, 곧이어 다음과 같이 감동적인 글로 마무리한다.

"그 알갱이들은 은유가 아닌 글자 그대로, 별들이 내뱉은 성분으로 만들어졌다. 지구 표면으로 생명의 전구체를 실어다준 '하늘의 만나'는 물론 이번에도 은유가 아니라 글자 그대로, 별 먼지다. 그리고 우리도, 바로 그 별 먼지다."[51]

우리가 별에서 온 먼지라는 말은 괜한 폄훼가 아니다. 아주 먼, 아득히 먼 은하들에서 어떤 별들의 주위를 돌고 있는 어떤 행성들에도 그렇게 생명이 출현했는지도 모른다. 만약 그게 사실이라면 당연히 그 생명들도 피와 칼슘을 갖고 있을 테고, 그들의 혈관 속을 흐르는 피와 그들의 뼈를 이루는 칼슘도 모두 그들의 태양의 불길 속에서 벼려졌을 것이다.

우주의 보물덩어리

혜성과 소행성들은 우리 태양계의 형성 시기에 관한 정보를 지니고 있다. 이들은 우리를 만들고 있는 원시의 별 먼지를 대표한다. 또한 이들은 지구상 생명의 진화과정에서 일어난 탄생과 멸종과도 깊이 연루되어 있다. 스타더스트가 방문한 세 혜성은 모양도 제각각에 특징들도 잡다했다. 소행성 5535 안네프랑크는 지름이 5킬로미터이고 직각프리즘을 닮았다. 그보다 조금 더 작은 혜성 81P/빌트 2는 구멍이 숭숭 뚫려 있고 반짝반짝 빛나는 표면을 갖고 있다. 9P/템펠 1은 안네프랑크보다 조금 더 크고 감자를 닮은 혜성이다. 이렇게 작은 천체들에 '세상'이라는 이름을 붙여도 될까? 우리가 꿈에 그리던 장소를 갖고 있을 만큼이라도 클까? 당연하다! 대기를 보유하기에는 너무나 작지만, 혜성과 소행성들은 개성을 불어넣을 만큼 독특한 모양과 지형을 갖고 있다.

현재 우리는 우리에게 가까이 다가오는 우주 암석에 중력의 '올가미'를 걸어서 지구 궤도로 방향을 돌리게 할 수 있을 정도의 기술력을 갖고 있다. 혜성들은 생명을 지탱하는 데 꼭 필요한 물 얼음과 유기물질을 함유하고 있으며, 그 물속의 수소와 산소만 있으면 로켓연료를 만들 수도 있다. 지구고궤도를 도는 혜성은 외태양계와 그 너머로 유인탐사선을 보내기 위한 완벽한 출발점이 될 수도 있다. 소행성 역시 금속과 광물의 훌륭한 보고寶庫다. 최근의 한 추산에 따르면, 소행성대가 품고 있는 광물의 자산가치가 전 세계인에게 1,000억 달러씩 나눠줄 수 있을 정도라고 한다.[52] 빌트 2도 산업적으로 희소가치가 있는 금속들을 함유하고 있는데, 그 자산가치가 약 20조 달러나 된다. 백금 한 가지만도 1,000억 달러가 넘는다.[53] 실제로 현재 우리가 갖고 있는 귀금속들은 태양계의 형성을 목격했던 혜성이 준 선물이다. 지구가 형성될 때 존재했던 금속들은 지구가 용융을 겪는 동안 핵 속으로 깊숙이 내려앉아버렸다. 지표에서 우리가 긁어내는 귀금속은 나중에 파도처럼 밀어닥친 혜성들이 '먼

지처럼 뿌려놓은' 것들이다.[54]

하지만 우주광물산업은 말할 것도 없고, 작고 볼품없는 돌덩어리에 대해서도 우리는 함부로 소유권을 주장할 수 없다. 1967년 유엔 우주조약은 어떤 국가도 달과 임의의 소행성과 혜성에 대해 소유권을 주장할 수 없다고 명시하고 있다. 하지만 이 책의 독자들에게만 살짝 귀띔해준다면, 개인의 소유권을 배제한다는 특별한 명시가 없기 때문에 이 조약에도 빠져나갈 구멍은 있다.[55]• 작은 세상이 겉으로는 좀 답답하고 이런저런 한계가 있을 것처럼 보이지만, 당신이 작은 마을 크기만 한 세상을 소유하고 마치 거대한 조각상을 닮은 그 영토를 측량한다고 생각해보라. 얼마나 즐겁고 유쾌할까. 빌트 2의 중력은 너무 약해서 당신 몸이 마치 깃털처럼 가볍게 느껴질 것이다. 바닥을 살짝만 밀어도 당신은 당신의 세상을 벗어나 깊은 우주의 바다를 항해할 수도 있다. 무엇보다, 지금까지 꿈꾸었던 모든 꿈들을 실현시켜줄 만큼 어마어마한 양의 번쩍이는 광물들이 매장되어 있지 않은가!

• 2015년 11월 미국 오바마 대통령은 민간 기업과 개인이 소행성의 자원을 채굴하고 소유할 수 있도록 한 새로운 우주법에 서명했다.

plate 1

퍼시벌 로웰이 화성의 지도를 그린 후 100년이 지나서야 화성은 고성능 허블 우주망원경의 카메라에 진정한 맨 얼굴을 드러냈다. 1997년 3월 화성 북반구에 봄이 끝나자마자 찍힌 사진이다. 이때 화성은 지구와 가장 가까웠고, 6,000만 킬로미터 떨어져 있었다(NASA/David Crisp, WFPC2 Camera Team).

plate 2

바이킹 2호 착륙선이 바라본 화성의 모습이다. 퍼시벌 로웰과 그 후에 등장한 공상과학 소설들이 불붙인 살아 있는 행성으로서의 화성에 대한 열기는 이러한 영상들로 차갑게 식었다. 바이킹은 만에 하나 표면에 물이 있더라도 순식간에 증발돼버리고 마는, 희박한 대기에 냉랭하고 건조한 사막 같은 화성의 맨살을 보여줬다(NASA/Mary Dale-Bannister, Washington University in St. Louis).

plate 3

화성을 탐사 중인 화성탐사 로버를 실제처럼 합성한 그림이다. 스피릿과 오퍼튜니티는 가혹한 화성의 환경에서도 기대 수명을 훨씬 뛰어넘어 매우 높은 수준의 과학 활동을 수행했다. 두 대의 로버는 하드웨어는 동일했지만, 서로 완전히 다른 모험을 했다. 오퍼튜니티는 원래 계획된 수명의 40배나 넘겼다(NASA/Jet Propulsion Laboratory).

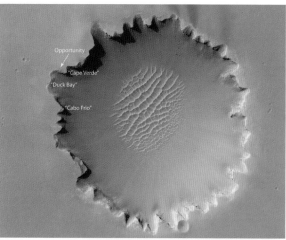

plate 4

화성 메리디아니 평원에 있는 빅토리아 크레이터의 모습이다. 지름이 약 730미터에 이른다. 오퍼튜니티는 빅토리아 크레이터 가장자리에 2년 이상 머무르면서 때로는 내부로 모험을 감행하기도 했다. 2011년 중반까지 오퍼튜니티는 화성의 지형을 30킬로미터 넘게 여행했다. 오퍼튜니티에게는 스피릿을 재앙에 빠뜨렸던 사구를 피해서 착륙하는 행운도 따랐다(NASA/Jet Propulsion Laboratory).

plate 5

1979년 보이저 호가 방문한 목성의 갈릴레오 위성들이다. 큰 것부터 가니메데, 칼리스토, 이오, 유로파 순이다. 이 그림에서 목성은 실제 크기로 표현되지 않았다. 가니메데는 지름이 5,300킬로미터다. 이오의 표면에서 화산 활동을 포착하고 유로파에서는 표면 해수를 발견하는 등 목성의 위성계에서 많은 발견을 이뤄냈다(NSAS/Planetary Photojournal).

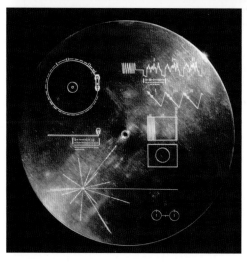

plate 6

보이저 호들에 실린 황금 레코드판의 모습이다. 이 레코드판에는 몇 곡의 음악과 사진들 그리고 여러 나라 언어로 녹음된 인사말이 기록되어 있으며, 이 정보를 재생하는 방법을 담은 설명서도 내장되어 있다. 이 아날로그 기술은 내구성이 뛰어나 아득히 먼 우주에서도 보존될 것이다(NASA/Jet Propulsion Laboratory).

plate 7

토성의 고리들을 가까이서 바라본 광경을 그린 작품이다. 토성의 고리들은 토성의 조석력 때문에 위성으로 뭉치지 못한 물질들이 고리 모양으로 퍼져 있거나 반대로 조석력 때문에 부서진 위성의 파편들일 것으로 짐작된다. 고리를 이루는 입자들은 주로 얼음이나 암석들이며, 지름이 1밀리미터도 안 되는 것에서 10미터가 넘는 것까지 크기가 다양하다 (NASA/Marshall Image Exchange).

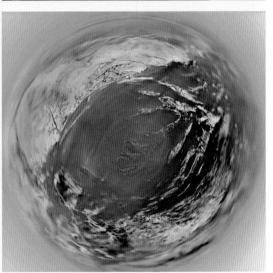

plate 8

2004년 말 토성의 위성 타이탄 표면으로 하강하던 하위헌스 착륙선이 찍은 타이탄의 전경이다. 5킬로미터 상공에서 포착된 물고기 눈을 닮은 어두운 색의 모래 분지는 조금 더 흐릿한 색의 언덕들로 둘러싸여 있다. 표면에는 하상河床 지형과 메탄과 에탄으로 이루어진 얕은 액체 바다의 흔적이 보인다(NASA/ESA/Descent Imager Team).

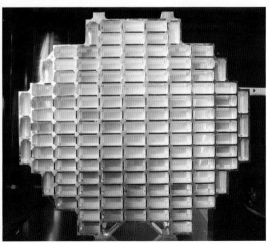

plate 9

스타더스트는 에어로젤이 채워진 모듈로 혜성 입자와 성간먼지 시료를 채집했다. 에어로젤은 이산화규소로 만들어진 튼튼하면서도 상당히 가벼운 발포성 물질이다. 이 단단한 발포성 물질에 고속으로 충돌한 입자들은 충돌 즉시 속도가 감소하면서 갇히게 된다. 스타더스트는 2006년 채집한 시료를 갖고 지구로 귀환했다(NASA/Jet Propulsion Laboratory).

plate 10

이 합성사진은 2004년 초반에 스타더스트가 빌트 2에 접근하던 중에 포착되었다. 빌트 2는 지름 5킬로미터에 이르는 혜성이다. 혜성 표면에서는 기체가 분출되고 먼지기둥이 치솟는 등 매우 강렬한 활동이 일어나고 있었다. 이 사진은 표면의 특징을 장시간 노출로 찍은 영상과 제트 분출을 단시간 노출로 찍은 영상을 합성한 것이다(NASA/Jet Propulsion Laboratory).

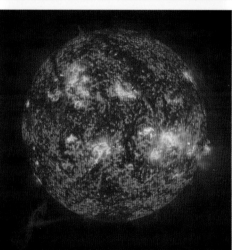

plate 11

2011년 1월 소호 위성이 포착한 태양의 모습이다. 비교적 차분한 태양의 광학적 이미지는 자외선으로 촬영한 이 영상에서처럼 거대하게 뒤틀리면서 솟구치는 태양 표면의 격렬한 활동을 보여주지 못한다. 이런 격렬한 활동들이 지구 정면에서 일어나면 통신과 전력망이 피해를 입을 수도 있다(NASA/SOHO).

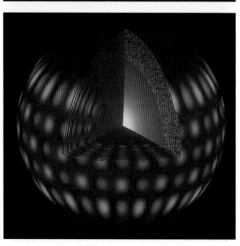

plate 12

수천 가지 모드로 진동하는 태양의 음파들 중 하나를 보여주는 컴퓨터 시뮬레이션 영상이다. 진동이 (내부로 후퇴하는) 약해지는 지역은 붉은색으로, 진동이 (밖으로 전진하는) 강해지는 지역은 파란색으로 나타냈다. 태양은 여러 개의 복잡한 화음들을 갖고 있는 종처럼 '울린다.' 표면파 운동을 이용해서 태양 내부를 진단할 수 있다(NSO/AURA/NSF).

plate 13

고대로부터 인간은 하늘을 지도로, 시계로, 달력으로 이용했을 뿐 아니라 문화와 정신의 배경으로도 이용했다. 이 하늘지도는 17세기 네덜란드의 지도제작자 프레드릭 드 비트가 그렸다. 여러 세대가 지나는 동안 별자리들과 별 패턴은 달라지지 않았다. 그래서 별들이 영원한 존재로 각인되었는지도 모른다 (Wikimedia Commons/Frederick de Wit).

plate 14

캘리포니아 데스 밸리에서 포착된, 하늘을 가득 메운 우리 은하의 전경이다. 우리는 바로 이 별들의 도시 안에 거주하고 있다. 들쭉날쭉한 빛의 띠는 우리가 거주하는 나선은하의 원반 건너편의 전경이다. 히파르코스 위성은 이 원반 가까운 지역들과 확장된 헤일로의 일부를 지도로 작성했다(U.S. National Park Service/Dan Duriscoe).

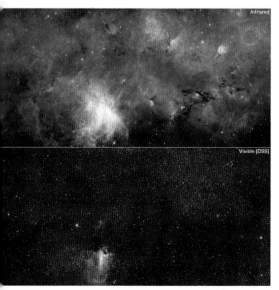

plate 15

별이 태어나고 있는 M17 오메가성운 주변을 포착한 스피처 우주망원경의 영상이다. 이 메시에 천체Messier Object는 30개 남짓한 뜨겁고 어린 별들로 이루어진 개방성단을 감싸고 있는 성운으로 지구와는 5,000광년 떨어져 있다. 스피처는 보이지 않는 긴 파장 범위에서 정보를 기록한다. 적외부 파장에서 본 영상(위)과 광학 파장에서 본 영상(아래)의 차이가 극명하게 드러난다. 적외부 파장에서 색깔은 온도 차이를 나타내며, 붉은색은 가장 차갑고 파란색은 가장 뜨거운 지역이다(NASA/JPL-Caltech/M. Povich).

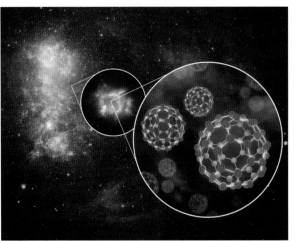

plate 16

스피처 우주망원경은 우리와 가까운 소마젤란성운에서 버크민스터 풀러린 또는 버키볼이라 불리는 분자들을 탐지했다. 사진 속 작은 원은 버크민스터 풀러린 분자들이 발견된 행성상성운을 확대한 것이고 큰 원은 그 분자의 구조를 확대한 것이다. 60개의 탄소 원자들이 작은 축구공 모양을 이루며 배열되어 있다(NASA/SSC/Kris Sellgren).

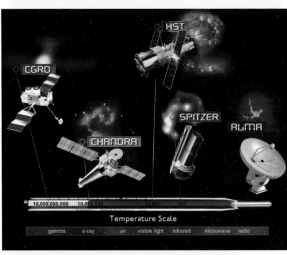

plate 17

복잡한 장비들을 탑재한 나사의 대형 망원경들은 천체물리학 모든 분야의 기저에 있는 근본적인 질문들에 대한 답을 찾기 위해 설계되었으며, 수십억 달러를 호가하는 고가의 탐사위성들이다. 아타카마 대형 밀리미터 어레이ALMA를 포함하여, 이들 탐사위성들은 절대온도의 수십억 배 범위 안에서 우주의 온도를 측정할 수 있다(NASA/CXC/M. Weiss).

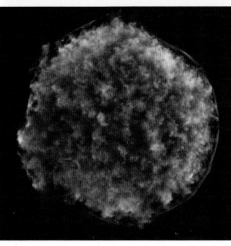

plate 18

1572년 티코 브라헤는 뜨겁게 타오르는 거대한 가스거품을 형성하면서 죽어가는 별을 처음으로 포착했다. 백색왜성은 동반성으로부터 유입된 질량으로 붕괴가 촉발될 경우 초신성으로 폭발한다. 연이은 폭발에서 발생한 충격파가 푸르스름한 호를 그리고 있다. 주변 물질은 철을 풍부하게 함유하고 있으며, 고도로 들뜬 상태의 철 원자들은 엑스선 파장에서 탐지되는 스펙트럼을 형성한다(NASA/CXC/Chinese Academy of Science/F. Lu).

plate 19

약 7,500광년 떨어진 용골자리성운Carina nebula 안 별들이 태어나고 있는 3광년 높이의 성운기둥. 이 영상들은 각기 다른 파장 범위에서 필터를 달리하여 '실제 색'으로 조합한 것이다. 가시광선(왼쪽)이나 적외선(오른쪽) 파장에서 나타난 색들은 모두 천체물리학적 정보들을 담고 있다. 이런 이미지들 속에서 성운과 은하, 성단들은 대중의 상상력을 자극하는 '풍경'으로 자리잡았다(NASA/ESA/STScI/M. Livio).

plate 20

M16 독수리성운 안에서 솟아오른 가스기둥들을 찍은 영상으로 밝은 점들은 어린 별들이다. 허블 우주망원경이 찍은 영상들 가운데 가장 널리 알려진 사진일 것이다. 허블 유산 프로젝트에 동기를 제공한 영상이기도 하며, 웹사이트에서는 이 영상을 매달 다른 색으로 보정하여 게시한다. 뜨거운 가스기둥들 꼭대기에서 새로운 세상들이 태어나고 있다(NASA/ESA/STScI/J. Hester/P. Scowen).

plate 21

￼이크로파 하늘을 찍은 아름답고 정확한 이 지도는 구체의 하늘을 평면에 투사한 것으로 우주의 아주 어￼ 시절을 담고 있다. 붉고 푸른 '반점들' 사이의 온도 변화는 0.01퍼센트 정도다. 약 1도의 각 범위인 이 작￼ 요동들이 은하 형성의 씨앗이었다. 중력이 힘을 발휘해 최초의 은하를 형성하기까지는 1억 년 이상이 ￼렸다(NASA/WMAP Science Team).

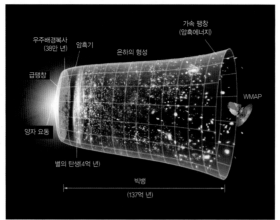

plate 22

WMAP은 빅뱅 모델의 한계를 확장하는 데 크나큰 역할을 했다. 현재 팽창하는 우주 모델은 인플레이션, 즉 급팽창이 일어난 초기 시대까지 확장되었다. 그 이후 우주는 암흑물질에 의해 팽창 속도가 줄었고, 최근에는 암흑에너지에 의해 팽창속도가 빨라졌다. WMAP은 정밀우주론의 시대를 활짝 열어주었다 (NASA/WMAP Science Team).

plate 23

큐리오시티라고 불리는 화성과학연구소는 최소한 2년 동안 화성을 탐사할 예정으로 2012년 8월에 발사되었다. 이 로버는 SUV만 한 크기로, 골프 카트만 했던 화성탐사로버들과 무선조종 자동차만 했던 패스파인더에 비하면 덩치가 큰 편이다. 큐리오시티는 화성의 암석과 대기의 화학적 조성을 분석함으로써 화성의 과거와 현재의 거주가능성을 조사할 것이다(NASA/JPL-Caltech).

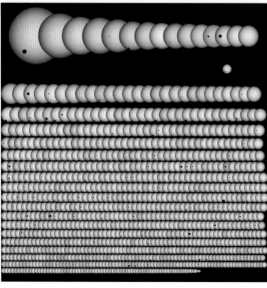

plate 24

케플러가 탐지한 1,235개의 외계 행성 후보들을 각자의 부모별 정면에 투사하여 그린 일종의 몽타주다. 그림에서처럼 외계 행성들은 부모별의 빛을 미세하게 흐리는 '횡단'을 통해 탐지된다. 임무기한을 마칠 때쯤이면 케플러는 부모별의 둘레에서 지구와 비슷하게 궤도운동하는 지구형 행성들을 엄청나게 수확할 것으로 기대된다. 그 중 상당수가 거주가능 행성일 것으로 짐작된다 (NASA/Kepler Science Team).

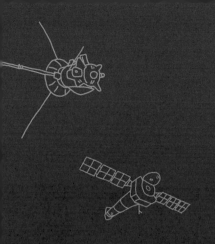

7장

소호,
근면성실한 별과 함께 산다

어느날 아침 눈을 떠보니 당신의 행성이 별의 대기 속으로 휩쓸려 들어갔다. 고에너지 입자들이 연신 대기를 때려대면서 아련한 오로라를 연출하고 있다. 흑점sunspot들도 깜빡거리고 있다. 명멸하는 흑점 하나에서만 가장 큰 핵폭탄보다 더 큰 에너지를 방출한다. 별의 표면에서 마치 감긴 밧줄이 풀리듯 거대하고 뜨거운 가스 선들이 수백만 킬로미터나 뻗어 나오고 있다. 가스 선들의 채찍에 맞은 인공위성들의 회로판들이 부글부글 끓어오르고 유도장치들이 망가지면서 인공위성들이 돌고 있던 행성의 궤도는 삽시간에 아수라장이 된다. 당신의 행성은 거의 빛의 속도로 휘몰아치는 고에너지 입자들의 공격을 쉴 새 없이 받고 있다. 당신의 행성에 유일한 그 별에서 방출되는 빛은 날짜나 해를 헤아리기 어려울 만큼 전혀 변화가 없는데, 눈에 보이지 않는 짧은 파장의 복사는 예측할 수 없을 정도로 거칠게 요동친다.

　여기가 어딜까? 바로 행성은 지구고, 그 별은 태양이다. 여기서 말한 현상은 태양이 핵연료를 다 소진하고 적색거성으로 변했기 때문에 일어난 일이 아니다. 우리의 별은 아직 생애 중반쯤에 와 있을 뿐이다. 한낮의 하늘에 명료하고 또렷한 테두리를 가진 듯 보이는 태양은 환영이다. 완만하게 곡선을 이루는 태양의 표면(광구光球, photosphere 테두리)은 태양의 가스가 희박해지는 지점으로, 이 지점에서는 광자들이 더 이상 입자들 속을 질주하지 못해 자유롭게 빠져나오지 못한다.[1] 이 지점에서 가까스로 빠져나온 광자들은 멈춤 없이 직선으로 뻗어 나와 8분 만에 지구를 강타한다. 태양의 지름을 기준으로 보자면 광구는 사과의 껍질보다 더 얇은 껍질에 불과하다. 이러한 광구 안쪽의 태양은 불투명해서 우리의 시력으로는 볼 수가 없다. 태양의 가장자리 층이 또렷한 테두리를 가진 것처럼 보이는 것은 마치 구름이 뚜렷한 윤곽을 가진 것처럼 보이는 것과 같은 이치다.[2]

물리적 표면이나 경계가 없다는 점에서 태양의 테두리는 환영이다. 만약 우리가 우주선을 타고 태양 속으로 질주한다면 충돌을 전혀 느끼지 못할 것이다. 태양을 이루는 물질은 그 가시적 경계보다 우주로 훨씬 더 멀리 뻗어 있다. 온도와 압력 그리고 밀도라는 태양의 물리량은 핵으로부터 바깥쪽으로 가면서 끊임없이 완만하게 변화한다. 태양의 코로나는 섭씨 수십만 도가 넘으며 그 영향력은 지구의 공전궤도를 지나 태양계 경계까지 미친다. 보이지 않는 고에너지 복사와 아원자 입자들(자외선 파장, 엑스선, 감마선, 상대론적 우주선들relativistic cosmic rays*)은 우리를 향해 전속력으로 달려오

---

* 태양 자기장의 영향으로 운동속도가 광속에 가까워 에너지가 매우 높은 입자들을 포함한 우주선이다.

고, 또 빛의 속도로 우리를 지난다. 실제로 우리는 활동적인 별의 대기 '안'에서 살고 있으며, 그 대기는 지상의 생명에게 심오하고 놀라운 영향을 미치고 있다.

보이지 않는 태양

인간은 태양의 각종 선線. ray들이 지상의 생명을 지탱한다는 사실을 오래 전부터 알고 있었다. 그러나 망원경이 발명되기 전까지 태양은 얼룩 하나 없는 완전하고 매끄러운 것으로 여겨졌다. 기원전 28년, 그리고 어쩌면 그보다 수세기 더 전에도 중국에서 태양의 흑점들을 맨눈으로 관측했다는 몇몇 증거가 있다.[3] 하늘이 완벽하다는 아리스토텔레스의 강력한 추측이 어쩌면 거의 2,000년 동안 유럽에서 흑점을 관찰하지 못하게 한 눈가리개였는지도 모른다. 1610년에야 갈릴레오가 흑점들을 관찰했고, 그것들이 태양과 함께 회전한다는 사실이 이목을 끌었다. 예수회의 천문학자 크리스토프 샤이너도 갈릴레오의 뒤를 이어 흑점들을 관찰했는데, 그는 이 흑점들이 공전하는 위성들이라고 믿었다.[4] 하지만 1630년 샤이너는 아리스토텔레스의 관점을 버리고 태양 흑점들이 태양의 적도에서는 빠르게, 극지에서는 느리게 회전한다는 사실을 인정했다. 흑점들의 회전속도가 다르다는 것은 태양이 고체로 이루어진 게 아니라는 사실을 방증했다. 기체나 액체로 이루어져 있을 확률이 더 커 보인 것이다. 17세기를 지나는 동안 태양 흑점의 수는 거의 0까지 줄어들면서,

우리 기후에 미치는 태양의 영향을 처음으로 실감하게 해주었다. 흑점의 수가 매우 적은 마운더 극소기Maunder minimum라 불리는 기간에 유럽은 수십 년 간 깊은 동결상태에 빠졌고, 잉글랜드 남부 지역이 얼음에 갇히는가 하면, 네덜란드 사람들은 여름 내내 언 수로에서 스케이트를 타기도 했다. 1840년대에 이르러 하인리히 슈바베가 태양 흑점의 수가 11년 주기로 달라진다는 사실을 발견했다(그림 7.1).

갈릴레오가 망원경으로 선구적 연구를 하던 바로 그 무렵, 윌리엄 길버트는 지구가 자철광이라고 불리는 자화된 암석의 쌍극자와 동일한 자기장을 갖는다는 사실을 간파했다. 그 후 수백 년 동안 과학자들은 보이지 않는 지구의 자기장을 탐구하고, 마치 태양의 변화에 순종하듯 지구의 자기장이 불규칙적으로 동요한다는 사실을 증명했다. 1777년 요한 빌케는 극지방에 나타나는 오로라 선들이 길버트의 쌍극자 자기장 선의 방향과 일치한다는 점을 알아냈다. 그러다가 1859년에 두 과학자가 태양 표면에서 백색광 플레어를 발견했고, 그 이틀 후 지구에 지자기폭풍이 불어닥쳤다.[5] 1,000년에 한 번 일어나는 이 사건 때문에 인류가 기억하기로 이런 현상을 단 한 번도 본 적 없는 카리브 해를 포함한 지구 전역에서 오로라가 발생했다. 북쪽 지역에서는 그 빛이 너무 밝아서 북아메리카 로키 산맥 인근의 광부들은 아침이라고 착각하고 아침식사를 할 정도였다. 전 세계의 전신 시스템이 마비되었고, 전신장비를 다루던 기술자들이 기계에서 발생한 강력한 정전기에 감전되었다고 보고했다.

이런 우연의 일치가 섬뜩하기는 했으나 제대로 된 설명은 나오

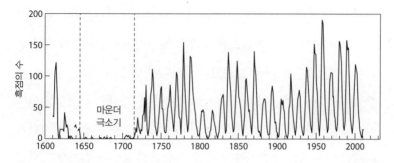

그림 7.1 망원경의 발명으로 태양 흑점의 수를 체계적으로 관찰할 수 있게 되었다. 흑점의 수는 '마운더 극소기'까지 줄어들었다가 금세 다시 늘어났다. 마운더 극소기는 북유럽의 기후가 매우 추워졌던 시기와 일치한다. 이는 태양의 변화가 기후와 관련이 있음을 암시하는 초기 지표다(나사/데이비드 해서웨이).

지 않았다. 1896년 노르웨이의 과학자 크리스티안 비르셸란은 지구를 자화된 둥근 양극으로 하고 태양을 음극으로 삼은 세련된 실험을 궁리해냈다. 커다란 진공실에 두 구체를 설치한 그는 지자기위도가 높은 곳에서 발생하는 오로라처럼 전기방전을 일으키면서이 두 구체가 태양과 지구의 축소 모형처럼 움직이는 것을 관찰했다. 얼마 안 있어 조지 엘러리 헤일은 캘리포니아 윌슨 산에서 처음으로 태양 플레어를 연구하기 위한 기계를 제작 설치하고, 지구의지자기폭풍과 태양 플레어 사이에 이틀이라는 시차가 있음을 확인했다. 헤일은 태양 흑점들이 자성을 띤다는 사실도 증명했다. 지구너머에서 최초로 자기장을 발견한 셈이다. 또한 그는 쌍극성을 띠는 흑점들이 동일한 주기로 극성이 역전된다는 사실도 발견했다.[6]

많은 연구자들이 태양의 흑점과 지구의 기후 사이의 상관관계를찾아냈다. 흑점들은 실제로 그것을 둘러싼 지역보다 온도가 낮은데, 그 까닭은 흑점들이 갖고 있는 강력한 자기장 선들이 태양 내부에서 열을 운반하는 대류를 방해하기 때문이다. 그렇다면 흑점 최소기에 지구의 기온이 내려간 이유는 무엇일까? 흑점을 둘러싼 영역이 태양 표면의 평균 밝기보다 더 밝은 것도 한 가지 이유가 될 수 있다(그림 7.2). 따라서 흑점이 많을수록 태양은 더 밝다. 하지만 그 정확한 원인은 여전히 미스터리다. 1970년대에 과학자들이 디지털 탐지기를 개발하여 흑점 주기에 따른 태양의 밝기를 조사했

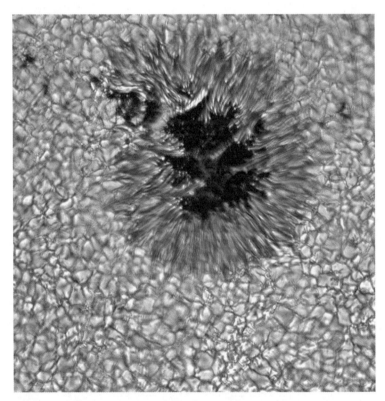

그림 7.2 이 그림에서 마치 세포나 과립처럼 보이는 것들은 태양 표면에서 부글거리며 요동치는 고온의 플라스마다. 흑점은 광구에서 강력한 자기장이 발생하여 에너지의 대류를 방해하면서 주변보다 온도가 낮아진 지점이다. 주로 쌍으로 발생하며 온도가 낮기 때문에 상대적으로 검게 보인다. 그림에서 검게 보이는 흑점은 지구 크기와 맞먹는다(나사/소호).

지만, 그 차이는 불과 1,000분의 1, 즉 0.1퍼센트에 불과했다. 지구의 기온 변화를 설명하기에는 너무 미미한 차이다. 마운더 극소기를 제외하면, 흑점 주기가 비계절성 기후 변화를 일으킨다고 주장할 만한 설득력 있는 증거는 없다. 특히 과거 반세기 동안 지구 전체 기온이 상승한 것은 흑점 주기로는 도저히 설명이 안 된다.[7]

고에너지 복사와 같은 비가시적 형태로 나타나는 태양의 변화는 가시광선의 변화보다 훨씬 더 극단적이다. 무엇보다 우주는 대다수 과학자들이 한때 상상했던 것만큼 완벽한 진공상태가 아니다. 50년 전만 해도 태양은 자성을 띤 기체인 플라스마로 두껍게 둘러싸여 있으며, 너무 뜨거워서 그 입자들이 거의 빛의 속도로 방출된다고 여겨졌다. 태양으로부터 방출되는 입자들의 기류(태양풍solar wind)는 수천만 킬로미터를 날아와 지구 자기장에 부딪치면서 비틀린다.[8] 비록 그 효과의 본질이 복잡하고 미묘하긴 하지만, 태양과 지구는 연결된 하나의 시스템이다.

지구 바깥의 기상?

2011년 전형적인 여름날, Spaceweather.com에서 알려주는 현재 기상상태는 "태양풍이 초속 515.9킬로미터로 불고, 1세제곱센티미터당 양성자 비율은 0.3퍼센트"다. 즉 시속 185만 7,000킬로미터로 태양풍이 불고, 각설탕만 한 부피 안에 원자 하나가 들어 있다는 의미다. 또는 우리가 마시는 공기보다 10억 곱하기 10억 배 희박한 진공상태라고 해석할 수도 있다. 이 웹사이트는 예보도 해준다. "엑스선 태양 플레어: 24-hr max: B4." 쉽게 말하면 1859년에 일어난 사건보다 수천 배 약한 플레어가 예상된다는 의미다.[9] 우주 기상등급에서 B등급 태양 플레어는 '레이더에 잡히지 않는' 무시할 만한 수준을 의미한다. C등급의 태양 플레어는 규모가 작고 지구에 거의 영향을 미치지 않는 수준을 뜻하고, M등급의 플레어는 일시적으로 전파 방해를 일으키며 지구의 북극과 남극 일대에 영향을 미칠 수 있는 수준이다. X등급 플레어는 지구 곳곳에 전파방해를 일으키고 몇 주 이상 복사폭풍radiation storm이 지속되는 매우 심각한 사건이다. 미국 해양대기관리처(미국 기상청으로 더 널리 알려져 있다)는 우주의 기상상태를 10분마다 업데이트하여 제공한다. 거의 모든 사람이 의아하게 여기는 점은 1억 5,000만 킬로미터 떨어져 있는 생명의 오아시스인 지구와 태양 플레어가 어떤 관련이 있느냐다.

지구에서 160만 킬로미터 떨어진 라그랑주 점 1Lagrangian point 1, L1*에 마치 외딴 초소처럼 위치해 있는 나사와 유럽우주기구의 태양 및 태양권 관측위성Solar and Heliospheric Observatory, SOHO 소호는 태양의 맥동을 꾸준히 주시하고 있다. 소호가 하는 일은 일진학日振學, helioseismology, 쉽게 말해 태양 전체에 울려 퍼지는 음파sound wave들의 '허밍'을 연구하는 것이다. 과학자들은 이 음향을 이용해서 태양의

• 두 개의 큰 천체와 한 개의 작은 천체가 있을 때 작은 천체가 큰 천체들의 중력에 영향 받지 않는 5개의 점 중 한 곳이다. 라그랑주 점에 인공위성이나 우주망원경, 우주정거장 등을 설치하면, 태양과 지구의 영향을 받지 않고 안정적으로 궤도를 돌 수 있다.

내부구조와 에너지양을 파악할 뿐 아니라 흑점과 같이 그 표면에서 일어나는 동요들을 분석한다. 소호는 태양 플레어가 상상을 초월하는 에너지 격변을 일으킬 수 있음을 증명했다(plate 11). 플레어가 발생하면 갑작스러운 물질의 폭발과 함께 태양 표면에서 전자기 복사와 고에너지 입자들이 방출된다. 미시건대학의 우주물리학 교수 마크 몰드윈도 언급했다시피 "플레어들은 몇 분 만에 어마어마한 양의 에너지를 방출하고, 온도가 1억 K캘빈에 도달할 수도 있다. 이는 태양의 핵보다 훨씬 더 뜨거운 온도다."[10] 소호와 같은 우주망원경과 태양활동관측위성Solar Dynamics Observatory, SDO은 우리의 강력한 발전기인 태양을 관찰할 수 있는 최전방으로 과학자들을 안내한다.

태양은 자기극을 갖고 있는데, 대략 11년마다 그 극의 방향이 역전된다. 막대자석보다 수조 배 더 큰 물체가 그 자기장을 완전히 바꾼다고 생각해보라. 이런 대규모 구조 변경은 실로 가공할 위력의 자력磁力을 방출한다. 수년 동안 태양의 활동과 태양폭풍의 강도를 극도로 키워놓기도 한다. 이 엄청난 에너지 방출과정에서도 가장 극렬한 단계는 태양 극대기라고 알려져 있다. 존 웨일리 감독의 아이맥스 영화 〈솔라맥스Solarmax〉(2000)는 2000년에서 2001년까지 태양 극대기에 비견할 만큼 격심했던 태양폭풍을 촬영한 소호의 영상으로서, 천체투영돔(플라네타륨)과 과학박물관에 모인 청중들을 완전히 사로잡았다. 타임랩스 기법으로 촬영한 이 놀라운 영상은 우리 태양의 변덕스러움과 코로나 질량 방출coronal mass ejection이라는 폭발성 에너지 그리고 태양의 코로나로부터 우주로 휘몰아치며 지구에 격심한 지자기폭풍을 일으킬 수도 있는 플라스마와 자기장 분출까지 생생하게 보여준다.

지구의 자기권은 강력한 전하를 띤 태양풍으로부터 우리를 지켜주는 주된 보호막이다.[11] 지구에 자기권이 없다면 우리가 알고 있는 모든 생명이 존재할 수 없다는 점에서, 이 보호막의 가치는 더욱 크다. 자기장이 매우 약한 화성은 태양풍에 시달려 이미 오래 전에 대기의 대부분과 바다 전부를 잃어버렸다. 하지만 태양풍이 위험한 수준을 넘어서 우주폭풍으로 돌변하면, 지구에서도 전력망이 파손되면서 수백만 명이 정전상태에 놓일 수 있다. 어쩌면 인공위성들은 급속한 전력 증강으로 인해 그 정교한 장비들이 새까맣게 타버릴지도 모른다. 우리가 이처럼 막강한 우주기상space weather의 영향력을 인지한 것은 불과 수십 년 밖에 되지 않는다.

우주기상 연구자들은 "지구의 기후에 미치는 태양활동의 영향력을 보여주는 증거"를 강조한다.[12] 마크 몰드윈은 서기 900년부터 1250년까지 350년 동안 지속된 온난한 기후가 태양의 활동성이 증가하면서 일어난 현상이라고 주장한다. 당시 북대서양 인근의 기온이 매우 온화해졌고, 여기에 힘을 얻은 북유럽인들이 그린란드로 건너가 "1년 내내 세상에서 가장 거대한 대륙 빙하로 덮인 땅에 도무지 어울리지 않는 이름을 지어주고" 그곳에 공동체를 건설했다는 것이다.[13]

그 후 태양의 활동성이 계속 감소하면서 그린란드는 온통 꽁꽁 얼어붙었고, 정착민들은 이주하거나 죽거나, 양단간의 선택을 해야 했다. 훗날 역사학자들은 대략 1550년에서 1750년까지 지속된 소빙하기Little Ice Age라 불리는 기간 동안 "겨울마다 매서운 추위가 몰아닥쳤고 … 유럽 중위도 지역의 주요 강들이 얼어붙었다"고 기록했다.[14] 태양 극소기에 따른 현상이었을 것이며, 분명히 그 기간 동안 태양 흑점들도 거의 없었을 것이다.

본래 지구가 주기적으로 빙하기를 겪은 것은 사실이지만, 몰드윈의 설명대로 가장 최근의 빙하기는 제4기에 해당하는 약 250만 년 전부터 1만 년 전까지였고, 빙하의 퇴각 범위가 넓어지면서 끝이 났다. 현재 우리가 당면한 문제는 지구온난화인데, 과거 1만 년 동안 일정했던 기온이 지금은 상승곡선을 타고 있다. 몰드윈은 "모델의 예측에 따르면 앞으로 100년 안에 지구의 기후는 현재와 철저히 달라질 것이며, 그 주요한 원인은 운송과 에너지를 위해 우리가 태운 탄화수소 연료다. 정상적인 기후 변화 추이와 비교하면 매우 빠른 속도로 변하고 있다"고 말한다.[15] 지구의 오존층에 심각한 위험을 안길 수 있는 태양폭풍도 기후 변화에 한몫을 한다. 자외선으로부터 지구상의 모든 생명을 보호하고 있는 오존층이 파괴된다면 지구 대기의 온난화에 영향을 줄 수도 있다.

나사는 2001년에 출범한 '별과 더불어 살기Living with a Star'라는 프로그램을 통해 태양이 지구에 미치는 영향을 이해하기 위한 자료들을 수집하고 있다.[16] 우리 행성을 벗어나 우주탐험을 일상적으로 하게 된다면, 우리는 십중팔구 지구의 자기장과 대기가 제공하는 보호 '거품'을 벗어나게 될 것이다. 그러려면 우주선들과 우주비행사들이 태양과 태양의 험악한 기후를 이겨내야 한다. 이미 이 위험천만한 시도를 감행하고 있는 소수의 우주함대들이 있지만, 여기 그중에서도 발사된 지 21년이 지난 지금까지도 여전히 충실하게 임무를 수행하고 있는 옹골차고 강단 있는 우주선이 하나 있다.

태양을 관측하라

1995년 12월 2일 플로리다의 케이프 커내버럴 기지에서 아틀라스 로켓에 실려 소호 우주선이 발사되었다. 미니밴 크기만 한 선체와 날개처럼 달린 태양전지판들을 다 합해도 스쿨버스 크기밖에 되지 않는 이 우주선의 무게는 2톤 가까이 된다. 소호는 유럽우주기구가 구상한 우주선으로, 설계와 제작에만 14개국 300명 이상의 엔지니어들이 참여했다. 나사는 발사와 지상에서의 운전을 책임졌다. 소호는 다국적 협력을 통해 최첨단 과학실험을 수행할 수 있음을 강력하게 증명한 시금석이다.

소호는 그 크기와 복잡성에서 스위스 군용 칼과 같은 카시니를 연상케 한다. 소호의 가용공간은 자기장에서 엑스선들까지 모든 현상들을 측정할 수 있는 12개의 장비로 빽빽하다. 그중 9개의 장비는 유럽의 과학자들이, 3개의 장비는 미국의 과학자들이 책임을 지고 있지만, 모든 팀들이 다양한 국적을 가진 과학자들로 이루어져 있다. 트집과 반목이 난무하는 정치세계나 동족중심주의 세계에서는 어떤지 잘 모르겠지만, 과학은 끊임없이 노력하고 시도하는 분야다. 과학에서 국적이나 국경선 따위는 아무런 의미가 없다. 소호에 실린 장비 중에는 독일의 킬대학이 제작한 '초고온 및 에너지 입자 종합분석기'라는 어마어마한 이름의 장비도 있지만, 일반적으로 장비들이 하는 일은 고에너지 엑스선과 자외선, 우주의 각종 선들의 위치, 강도, 스펙트럼을 측정하는 것이다. 다국적 협력으로 국가 간 경계는 허물었는지 모르지만, 성비 불균형의 벽은 우주과학에서도 여전하다. 우주천문학은 아직도 남성이 지배적이다. 12개의 장비를 다루는 수석 연구원들 전원과 과학팀 구성원의 80퍼센트가 남성이다.[17]

소호는 첫 번째 라그랑주 점, L1이라 불리는 우주의 한 지점에서 지구와 보조를 맞추어 천천히 태양의 둘레를 공전하고 있다. 라그랑주 점이란 태양과 지구의 중력이 만나 태양과 지구 사이에서 위성의 위치를 고정시켜주는 지점을 말하는데, 이 지점에서 위성은 지구의 공전주기와 똑같은 궤도주기를 갖는다.[18] L1은 지구로부터 태양을 향해 약 160만 킬로미터 떨어져 있다. 지구에서 달까지의 거리보다 약 네 배 더 멀다. 태양의 활동이 가장 잘 보이는 자리에 소호의 둥지가 있는 셈이다. 다른 우주탐사선들도 L1을 이용하고 있거나 이용할 계획을 갖고 있으며, 이 궤도에서는 인공위성이 지구나 달의 그림자로 덮이지 않기 때문에 태양을 관찰하기에 더없이 완벽하다.

소호는 12개의 과학장비가 입수한 정보를 매일 1기가바이트 또는 CD 두 장만큼씩 지구로 전송하고 있다. 핵융합이 진행되는 핵으로부터 표면 근처로 에너지가 운반되는 태양의 대류층을 처음으로 찍은 영상들, 광구 바로 아래서 발생하는 태양 흑점의 구조 등 소호가 보내준 자료를 분석하면서 우리는 태양에 대해 놀라운 통찰을 얻고 있다. 소호는 지금까지 태양의 온도와 자전 그리고 내부 기체 흐름의 패턴들을 가장 정확하게 측정했고, 태양 표면에서 일어나는 코로나와 폭풍의 파동들 같은 새로운 유형의 태양활동을 밝히기도 했다. 2015년 말까지 소호의 데이터를 바탕으로 3,000개가 넘는 혜성들이 발견되었다.[19] 소호의 명목상 수명은 2년이었으나 성공적인 임무수행을 인정받아 1997년 임무기간이 5년으로 연장되었고, 2002년에 5년을 추가로 승인받았다. 그 후 두 차례 더 임무가 연장되면서 현재 소호의 임무기간은 2016년 말까지로 늘어났다. 소호는 현재 태양주기solar cycle(11년 주기) 2차 관측에 돌입하고 있다. 하지만 소호의 여정이 늘 순탄했던 것은 아니다.

인간의 실수

우주과학자들이나 엔지니어들에게는 그야말로 최악의 악몽 같은 상황이다. 전혀 문제없이 잘 작동하던 탐사선이 예측하지 못한 사건이나 부주의로 인해 통제를 벗어나 공중제비를 넘는다고 생각해보라. 과학적 임무를 수행하라고 수억 달러를 들인 하드웨어가 일순간에 먹통이 되는 꼴이다. 원격 측정도 말을 듣지 않고 우주비행사들의 손도 닿지 않는 깊고 먼 우주에서 실없이 공중제비만 넘고 있는 신세라니.

1998년 6월 어느 저녁, 메릴랜드 고더드우주비행센터의 관제실에서는 소호가 자체적으로 ESREmergency Sun Reacquisition 모드로 돌입한 것을 발견했다. ESR 모드란 우주선이 이례적 상황을 맞닥뜨리면, 언제라도 자동으로 '착륙대기 선회비행 경로'로 들어갈 수 있는 안전모드를 말한다. 이 모드에 돌입하면 지상관제실에서는 정상 작동상태를 회복하도록 일련의 명령을 전송하는데, 그 첫 단계는 우주선이 태양을 향하도록 지시함으로써 현재 위치를 파악하는 것이다. 1995년 12월에 발사된 후로 소호는 다섯 차례나 이 모드로 전환한 적이 있었기 때문에 관제실에서도 크게 우려하지 않았다. 그런데 이번에는 뭔가 달랐다. ESR 모드로 돌입한 후 두 시간 동안 잇달아 발생한 오류들이 우주선의 종말을 예고하는 듯 보였다. 처음에는 자세 제어기능이 상실되었고 뒤이어 중요한 원격 측정이 중단되었다. 그 다음에는 동력 상실, 급기야 온도조절 기능까지 완전히 망가졌다. 어둡고 음산한 날씨마저 이 어린 우주선의 죽음을 예고하는 불길한 징조처럼 보일 지경이었다.[20]

처음 ESR 모드로 전환되었을 때, 엔지니어들은 침착하게 세 개의 회전 자이로스코프를 조정하여 태양을 찾으라는 명령을 소호에게 전달했다. 이 프로젝트에 참여한 과학자 베른하르트 플렉은 처음에는 크게 염려할 일이 아니었다고 말한다. 심지어 몇 시간 후 두 번째로 ESR 모드에 들어갔을 때도 엔지니어들은 전혀 당황하지 않았다. 그 전에도 이런 상황을 숱하게 봐왔기 때문이다. 그런데 태양을 향하기 위해 '회전 반동 추진 엔진'에 점화한 순간 소호는 세 번째로 ESR 모드에 돌입했다. 메릴랜드에서 160만 킬로미터나 떨어진 아득한 우주의 심연에서 소호는 점점 더 빠르게 회전하기 시작했다. 그러자 통신회선마저 다운되었다. 아무래도 우주선의 난폭한 회전으로 통신이 두절된 듯했다. 소호는 말 그대로 걷잡을 수 없는 상태가 되었다.

사후 조사에서 밝혀진 바에 따르면 우주선은 설계된 대로 작동했다. 모든 오류의 원인은 사람이었다. 뒤늦은 후회였지만 2년 반이나 무리 없이 작동했다는 사실만 믿고 모두 안전의식이 희미해졌던 것 같다고 플렉은 말한다.[21] 이착륙에도 이골이 나고 화창한 날이든 폭풍우가 부는 날이든 숱하게 비행해본 파일럿처럼, 소호 프로젝트팀도 이미 다 경험했던 일이라고 안일하게 생각했던 것이다. 추락하고 있다는 걸, 그들은 몰랐다.

가망 없을 것 같은 상황에서 나사와 유럽우주기구는 정황 파악과 사후 분석을 위해 신속하게 심의위원회를 소집했다.[22] 심의위원회는 관제실에서 육감과 경험에만 의지해 내린 결정이 문제를 악화시켰다고 결론지었다. 관제실은 소호의 정상적인 안전모드 기능을 무시하고 세 개의 자이로스코프 중 두 개의 상태를 오진하는 실책을 범했던 것이다. 경미한 사고가 벌어진 동안 한 번이라도, 자이로스코프 A가 정확한 회전각도로 조정되지 않는다는 사실만 확인했어도 심각한 문제는 얼마든지 피할 수 있었다. 너무 상투적이고 다소 멋쩍은 결론이긴 하지만, 인간이 만들고 운영하는 아주 복잡한 시스템은 조만간 고장이 나게 마련이다.

지상관제실의 엔지니어들은 심우주통신망을 이용해서 소호로 계속 메시지를 전달했지만, 마음은 여전히 무거웠다. 우주선은 통제 불능의 회전을 계속했고, 그 회전속도는 구조적 손상을 일으킬 만큼 빨랐다. 엔지니어들은 태양전지판들이 태양을 정면으로 향하지 않은 채 회전하면 동력을 전혀 생산하지 못할 것이라고 생각했다. 그렇게 되면 배터리들과 실려 있는 연료는 회복 불가능한 상태로 동결해버릴 터였다. 그런데 지푸라기라도 잡을 기회마저 없는 것은 아니었다. 태양을 향한 소호의 꾸준한 궤도 변경 덕에 몇 달 동안 전지판을 비추는 태양광이 증가했는데, 이를 이용하면 배터리가 재충전될 가능성이 있었던 것이다.

관제실에서는 응답이 오길 간절히 바라면서 하루 12시간씩 소호의 상태를 테스트했다. 소호와 연락이 두절된 지 한 달, 침묵이 깨졌다. 아레시보 관측소의 305미터 전파망원경 안테나가 레이더로 소호의 반응을 감지한 데 이어서 골드스톤에 있는 심우주통신망에 그 미약한 신호가 잡힌 것이다. 소호의 분당 회전속도는 생각보다 빠르지 않았다. 냉동된 우주선과의 교신은 쉽지 않았지만, 연락이 두절된 지 6주 만에 드디어 가냘픈 신호가 수신되었다. 소호는 살아 있었다.

그 후 두 달에 걸쳐서 엔지니어들은 벼랑 끝에 있던 소호를 구해냈다. 배터리들과 연료관들도 녹여주었다. 더욱이 섭씨 영상 100도에서 영하 120도 사이를 오락가락하며 고초를 겪은 후에도 과학장비들의 기능이 전혀 손상되지 않았다는 사실에 가슴을 쓸어내렸다. 심지어 이 화끈한 온도차를 겪은 후에 오히려 성능이 더 좋아진 장비도 있었다. 어쨌든 소호는 돌아왔다. 하지만 세 개의 자이로스코프 중 두 개가 망가져버렸다. 엎친 데 덮친 격으로 몇 달 후에는 세 번째 자이로스코프마저 작동을 멈추고 말았다. 과학 데이터를 수집하는 데 꼭 필요한 장치는 아니지만, 자이로스코프 없이 태양을 향한 비행자세를 유지하려면 소중한 연료를 소비해야 하고, 만에 하나 문제가 발생하면 잉여 안전율도 떨어진다. 하지만 엔지니어들은 오히려 이 악조건을 전화위복의 발판으로 삼았다. 그들은 '반작용 조절용 바퀴'를 이용해서 소호가 태양을 향한 자세를 취할 수 있도록 특별한 소프트웨어를 개발했다. 유럽우주기구의 우주선이 자이로스코프 없이 작동하기는 처음이었다. 철저하고 치밀한 계획을 세웠음에도 불구하고, 결국 소호는 궁여지책으로 내린 결정들에서 얻은 잔재주로 그럭저럭 생을 연장한 셈이다.

태양의 노래를 들어라

———

그리스의 수학자 피타고라스는 숫자로 표현된 우주를 상상했다. 그가 말한 '구체들의 화음'은 천상의 물체들을 싣고 있는 투명한 껍질에서 들려오는, 계몽된 인간만이 들을 수 있는 음악을 의미했다. 케플러는 피타고라스의 생각을 행성들의 타원형 궤도에도 적용했다. 다소 구닥다리 같은 생각 같지만, 이들의 생각이 완전히 빗나간 것만은 아니다. 우주에서는 주기적인 현상과 진동형태의 현상들이 많이 일어나고 있으며, 이런 현상들을 연구하는 분야에는 조화로운 진동수의 결과를 분석하는 활동도 포함된다.[23] 행성, 위성, 고리계, 이들 각각의 궤도와 상호작용들, 우리 은하의 나선 팔들, 초기 우주의 물질과 복사에너지의 상호작용 등 전혀 상관없어 보이는 이러한 현상들도 진동수와 조화를 연결하면 얼마든지 잘 묘사할 수 있다.

카시니에 관한 5장에서 설명한 토성의 고리들과 위성들의 복잡한 중력 춤 속에서 우리는 이미 이 아름다운 사례들을 살펴보았다.

100년 전만 해도 '조화' 혹은 '화음'의 측면에서 태양이 연구되리라고는 아무도 상상하지 못했다. 흑점이라는 '얼룩들'만 빼면 태양의 표면은 아무런 특색도 없고 매끄럽게만 보였다. 사실 태양의 특성들은 우리가 '표면'이라고 알고 있는 부위 전반에서 잔잔하고 고르게 변한다. 태양의 경계면은 기체의 밀도가 감소하여 빛이 더 이상 입자들과 상호작용하지 않고 자유롭게 나아갈 수 있는 지점을 나타낸다. 빛은 광구라고 부르는 이 경계면 안쪽에 갇히기 때문에 태양의 내부는 보이지 않는다.

태양의 내부가 맥동하고 있다는 개념이 처음 대두된 것은 20세기 초반에 조지 엘러리 헤일이 헬리오스탯heliostat, 즉 일광반사장치를 윌슨 산에 설치했을 때다. 고배율 사진들이 보여준 태양 표면은 미세구조를 갖고 있었고, 저속촬영한 영상들 속의 태양 표면은 흑점 쌍들이 커다란 수련 잎처럼 떠 있는 펄펄 끓는 바다 같았다. 한 세기가 지나는 동안 일진학도 발전했고, 태양과학자들은 태양이 수천 가지의 진동모드를 갖고 있음을 규명했다. 태양은 마치 종처럼 울리고 있었다. 태양은 반향실과도 닮았다(plate 12). 소리는 플라스마를 통과해 마치 드럼의 막면이나 오르간과 목관악기 내부의 공기처럼 진동하는 정상파를 형성한다.[24]

지진학자들이 지구를 관통하는 지진파나 음파로 지구의 내부구조를 추측하듯 일진학을 연구하는 학자들은 태양의 표면에 나타나는 음파들을 관찰함으로써 태양을 연구한다. 음파를 통해 태양 내부의 밀도, 온도, 화학적 조성을 측정할 수 있을 뿐 아니라 태양계의 나이와 중력상수의 불변성까지 추론해낼 수 있다.[25] 소호에는 태양 전체의 진동을 보여준다고 해서 '영상기'라는 이름이 붙은 마이켈슨 도플러 영상기가 탑재되어 있다. 이 장비는 태양의 중심에서 표면까지의 거리 3분의 1을 차지하는 층을 발견했는데, 이 층 안에서 에너지는 방사상으로 질서정연하게 흐른다. 이 층 바깥쪽으로 가면서 에너지는 난기류로 변하고 대류 순환을 통해 이동한다. 바로 이 경계면에서 태양의 자기장이 형성된다. 멕시코만류와 제트기류 같은 대규모 흐름들이 지구의 기후에 영향을 미치듯, 소호가 수집한 자료에 따르면 이와 같은 태양 내부의 에너지 흐름들이 태양의 기후를 결정한다.

소호의 고품질 데이터 덕분에 우리는 최초로 태양의 3D 지도를 그릴 수 있었다. 갈릴레오가 품었던 질문에 해답을 제시한 것도 이 지도들이다. 흑점의 깊이는 얼마이기에 한 번 나타나면 몇 주씩 지속될까? 깊이는 아주 얕지만, 그 뿌리는 플라스마가 수렴되면서 아래를 향해 격렬하게 흐르는 지점에까지 이어져 있다는 것이 그 해답이다. 소호 프로젝트의 과학자들은 홀로그램의 마법을 이용해서 태양 반대편의 특징들을 재구성하는 데도 성공했다.[26] 누구나 언제든 웹사이트에서 모든 영상들을 확인할 수 있다. 이렇게 인터넷을 통해 태양에 관한 무수한 영상자료를 쉽게 감상할 수 있는 것도 우리 생명의 원천인 태양을 한시도 쉬지 않고 관찰하고 있는 작은 인공위성 함대들 덕분이다.

난폭하지만 고요한 태양

통상 말하는 기후 변화가 단지 지구온난화만이 아니라 기후 양상들이 더욱 극단적으로 나타나는 현상까지 아우른다는 사실을 모르는 사람은 별로 없다. 토네이도와 허리케인 또는 홍수와 같이 드물지만 매우 위협적인 사건들도 늘어나는 추세다.[27] 인간의 삶에 영향을 미칠 수 있는 또 다른 유형의 기후도 있다. 우주기상이다. 수소와 헬륨으로 이루어진 초고온의 기류, 즉 태양풍을 방출하는 것 말고도 태양은 코로나 질량 방출*이라는 대폭발을 통해 주기적으로 수십억 톤의 플라스마를 뿜어낸다. 과학자들은 마치 고무줄을 끊어질 때까지 당기듯 태양의 자기장이 팽창하다가 어느 순간 자력선이 끊어질 때 코로나 질량 방출 현상이 일어난다고 생각한다.[28]

100억 톤에 이르는 뜨거운 기체가 거대한 구름처럼 분출되는데, 만약 지구와 마주본 표면에서 코로나 질량 방출이 일어나면 지구의 고층 대기권에 격렬한 자기폭풍을 일으킬 수도 있다. 우주에서 일어나는 이 극단적인 '기후'는 지상에 있는 첨단기술 제품들의 기능과 신뢰도를 떨어뜨릴 수 있고, 지구저궤도에도 영향을 미칠 수 있다. 우주기상으로 발생한 강력한 전자기장은 전선에 서지 전류surge current**를 유발하거나 송전을 방해할 수도 있다. 또한 광범위한 지역을 정전시킬 수도 있고 인터넷 기반 시설에도 영향을 미칠 수 있

• 코로나 물질 방출이라고도 한다.
•• 짧은 시간 안에 극심하게 변화하는 과도한 전류를 말한다.

다. 전력망은 우주폭풍으로 인한 전력 과부하에 특히 더 취약하다. 극한적인 우주기상은 흔히 태양풍으로부터 지구를 보호한다고 알려진 밴 알렌 복사대Van Aallen radiation belts를 교란시키고, 통신과 기상예보, GPS 등에 쓰이는 인공위성들에도 심각한 피해를 초래할 수 있다.

역사적으로 고위도 지역 사람들은 오로라를 통해 지구와 태양 간의 상호작용을 체험했지만, 그 상호작용의 효과가 언제나 자비롭지만은 않았다. 1859년 한여름에 미국과 유럽의 전신망이 일제히 두절되었고 대규모 화재가 잇달았다. 얼마 후에는 로마와 하와이 같은 남쪽 지방에서도 북극광Aurora Borealis이 관찰되었다. 우주 버전의 '퍼펙트 스톰'이 일어난 태양 표면에 몇 가지 변화가 겹치면서 매머드급 태양 플레어가 형성된 것이다. 1895년의 태양폭풍은 지금까지 기록된 것 중 가장 강력한 폭풍이었다. 전기기술이 막 걸음마를 뗐을 때 일어난 사건이라는 점이 그나마 다행이었다. 1921년 그보다 조금 약한 태양폭풍이 발생했을 때는 지상 전류에 이상이 생겨 뉴욕 시의 지하철 시스템을 마비시켰다. 1989년과 1994년에 발생한 훨씬 더 약한 태양폭풍은 통신위성들을 망가뜨리고 북아메리카 전력망 일부를 훼손했다.

아서 클라크가 1945년에 《와이어리스 월드》 편집자에게 보낸 편지에 했던 "지구정지궤도에 통신과 텔레비전 위성들을 설치하자"는 공상적인 제안은 정보화시대의 막을 여는 기폭제가 되었다. 미국 인공위성 데이터베이스가 제공한 자료에 따르면, 2009년 10월 기준으로 지구 궤도에서 작동 중인 위성은 1만 3,000여 기가 넘는다.[29] 2001년 기준으로 지구 궤도를 돌고 있는 위성들의 시가총액은 1,000억 달러였다.[30] 단 한 차례의 태양폭풍만 불어 닥쳐도 이 궤도에서 수십억 달러어치의 하드웨어가 망가지거나 고물이 될 수 있는 것이다. 1989년 태양폭풍이 지나간 후 스텐 오덴왈드는 "극궤도에 있던 위성들은 실제로 몇 시간 동안 통제 불능으로 곤두박이쳤고" 몇몇 위성들도 "거꾸로 뒤집혀지기 일보직전"이었다고 설명한다.[31] 존 프리만은 정교한 전자공학 기술에도 불구하고 위성들이 태양폭풍에 속수무책인 이유를 이렇게 설명한다. "우주에서 부는 폭풍은 한마디로 인공위성 표면에 떨어지는 소형 벼락"이며 "이 벼락을 맞은 인공위성은 '뜨거운 전자구름'에 묻히는 셈"이다. 실제로 전자구름에 감싸인 인공위성들은 지상관제실에서 보내지도 않은 명령들을 수신한 듯한 착각에 빠진다.[32]

인공위성 군단이 입는 손실이 현실적으로 감이 잘 안 잡힌다면 이렇게 생각해보자. 며칠 또는 몇 주씩 인터넷 접속도 안 되고 GPS도 작동이 안 된다면 어떨까? 항공 및 해운 통신 시스템과 내비게이션 시스템이 마비되고 화물선과 도로교통 시스템이 멈춘다면 어떨까? 태양폭풍은 심지어 송유관에도 영향을 미칠 수 있다. 태양으로부터 분출되는 하전입자들이 송유관의 부식을 가속시킬 수 있기 때문이다. 부식된 송유관에는 결국 구멍이 뚫릴 것이다.[33]

우주기상 예보는 이제 막 걸음을 뗀 신생 과학이며, 그 선봉에는 나사와 유럽우주기구 그리고 유엔 우주업무사무소가 있다. 소호가 전송한 자료도 중요하지만, 무엇보다 우주기상의 영향에 대한 관심이 증가하고 있는 현실을 직시한 나사는 2009년 새로운 연구를 승인했다. 이 연구는 태양의 격렬한 활동이 지구와 그 주변환경에 미칠 위험을 경제적으로 명쾌하게 정량화한 자료를 내놓았다. 극단적인 우주기상은 대규모 지진과 해일처럼, 빈도는 낮지만 광범위한 지역에 영향을 미치는 자연재해와 같은 범주로 분류된다.[34] 앞으로 20년 내에 최소한 한 차례 이상 고층전류 교란이 일어나 국가전력망에 지장을 줄 것으로 예상된다. 1989년에 일어난 태양폭풍은 송전시설 일부를 파괴했고, 그 파급효과가 연쇄적으로 일어났다. 그로 인해 1억 3,000만 명 이상이 정전사태를 겪었고, 한 국가의 절반 가까이가 피해를 입었다.*

소호가 이런 자연재해를 막을 수는 없겠지만, 지구를 겨냥한 지자기폭풍을 최소한 이삼일 전에 경고해줄 수는 있다. 우주폭풍을 예측하는 능력이 점점 더 향상됨에 따라 인공위성 운영자들은 유사시에 인공위성들을 보호모드로 전환할 수 있고, 전력 공급을 중단하거나 제한할 수 있다. 또한 일반 항공기들을 회항시키거나 여객선과 화물선에게 미리 경고를 해줄 수도 있고, 국제우주정거장의 우주비행사들을 가능하면 안전한 구역으로 대피시킬 수도 있다. 이런 사전 조치들은 생명을 구할 뿐 아니라 전 세계를 연결하고 있는 전기통신망의 근간인 정보 시스템들을 보호할 것이다.

소호의 주요 임무는 태양활동의 특징인 고에너지 복사를 추적하는 것이지만, 최근 들어 소호는 태양의 활동성이 너무 떨어지고 있

---

* 캐나다 퀘백 주에서 태양폭풍으로 수력발전소 전압기가 불에 타 전력 공급이 중단된 사고를 말한다.

다는 점을 예의 주시하고 있다. 2008년과 2009년 사이 태양 흑점들이 눈에 띄게 줄어들었다. 자연적인 태양주기 때문일 수도 있지만, 언제나 침묵이 더 섬뜩한 법이다. 몇 달 동안 태양 표면에 검은 얼룩이 단 한 개도 나타나지 않는다면 한 세기 전의 태양 극소기처럼 심각한 지경에까지 이를 수도 있었다. 미국 국립태양천문대의 빌 리빙스턴과 매트 펜이 발견한 사실은 더욱 심란했다. 태양 흑점의 자력이 매년 50가우스Gauss씩 감소하고 있다는 것이다.[35] 그들의 마음을 심란케 한 발견을 태양 흑점의 속성에 맞게 다시 설명하면 (물질이 아니고 자력이 집중된 어둡고 차가운 부분을 일컫기 때문이다) 태양의 자기장이 1,500가우스 이하로 떨어질 수도 있다는 의미다. 그 수준에 이르면 흑점이 아예 형성되지도 못한다. 17세기 말에 유럽의 기후를 오싹하게 만들었던 마운더 극소기의 재현을 암시하는 전조일까? 다행히 2010년에 태양은 정상상태를 회복하면서 흑점의 수도 서서히 증가하기 시작했다.

태양은 에너지 생산량의 변화에 있어서는 상당히 차분한 편이다. 태양광 변화율은 최고점과 최저점의 차이도 0.1퍼센트에 불과하고, 최근 30여 년 동안 장기적 변화는 관찰되지 않았다. 하지만 극자외선extreme UV의 변화폭은 좀더 크다. 몇 주 만에 30퍼센트까지 늘어날 수도 있고, 태양주기 전체로 따지면 파장에 따라 2배에서 많게는 100배까지 증가할 수도 있다.[36] 이 사실은 지구의 기후를 이해하는 데에도 중요한 단서를 던져준다. 인간이 야기한 기후 변화와 태양의 에너지 생산량 변화에 따른 자연적인 기후 변화를 구별해야 하기 때문이다.

태양이 너무 변함없다는 말은 어쩌면 꾸준히 혜성들을 주전부리로 삼는다는 사실을 두고 하는 말인지도 모른다. 소호의 기특한 점 중 하나는 혜성 사냥꾼으로서의 기량을 제대로 보여주었다는 점이다. 이미 소호의 트롤망에 걸린 혜성은 3,000개가 넘는다. 소호에 탑재된 광각 분광 코로나그래프는 명암판으로 태양의 얼굴을 가려서 인위적으로 일식을 연출한다(그림 7.3). 인위적으로 연출한 일

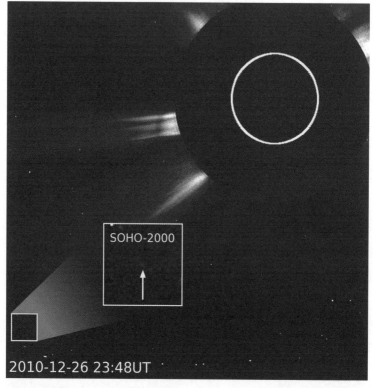

그림 7.3 혜성들은 긴 타원궤도를 따라 여행한다. 안쪽 궤도에 진입한 혜성들 중에는 태양에 먹혀버리는 것도 있다. 이 이미지는 소호가 명암판으로 태양을 가리고 2,000번째 혜성의 희미한 빛을 포착한 장면이다. 이 혜성은 아마추어 천문가인 칼 베이텀스가 발견했다. 그는 소호의 자료를 이용해서 100개 이상의 혜성을 발견했다(나사/소호/칼 베이텀스).

식상태에서는 이카루스처럼 태양에 아주 가깝게 다가가 꽁꽁 얼었던 핵이 데워지면서 꼬리를 키우는 선그레이저sun-grazer 혜성들이 뚜렷하게 보인다.* 이탈리아 칼라브리아의 한 고등학교 교사인 토니 스카르마토는 2006년 1,000번째 혜성을 발견했다.** 코로나그래프로 얻은 자료를 웹사이트에 올린 직후 크로이츠 혜성군Kreutz Sun-grazer 중 3분의 2 가량이 발견되었다.[37] 소호는 2015년 중반에 3,000번째 혜성을 발견함으로써 1761년 이후 궤도가 측정된 혜성들 가운데 대부분을 발견하는 쾌거를 이루었다. 다재다능하고 변화무쌍한 이 우주탐사선은 혜성이 추는 불과 얼음의 춤으로 대중의 가슴을 파고들었다.

문명에 깊게 드리워진 태양

북극광과 남극광Aurora Australis은 태양풍에서 방출되는 전자기 입자들이 지구 자기권 내의 원자들과 충돌할 때 나타나는 현상이다(그림 7.4). 지금 우리는 오로라와 자기폭풍의 관계를 명확하게 이해하고 있으며, 최근에는 "북반구와 남반구에서 나타나는 오로라가 거의 서로의 거울상(켤레)이라는 3세기 전 이론"도 옳다고 판명이 났다.[38] 눈부신 빛의 향연이 일상처럼 펼쳐지는 고위도(또는 저

• 선그레이저 혜성은 태양을 스쳐가는 혜성을 총칭한다.
•• 크로이츠 혜성군 중에서 발견했다.

그림 7.4 1991년 태양의 활동이 극대기에 이르렀을 즈음 우주왕복선에서 바라본 남극광의 모습이다. 오로라는 고에너지 태양 복사를 받은 기체층이 발광하면서 나타나는 현상으로, 높이가 480킬로미터에 이르기도 한다. 하지만 이 빛의 향연은 궤도를 돌고 있는 우주선과 위성들에 피해를 입힐 수도 있다(나사/지구과학 및 영상분석 연구소).

위도) 지역에 거주했던 인류는 극히 일부에 지나지 않았다. 수천 년 동안 지구의 극지 상공 96킬로미터에서 320킬로미터에 걸쳐 수 직으로 드리워진 하늘하늘한 빛의 커튼은 경탄의 대상이었을 뿐 아 니라 시와 음악에 영감을 불어넣는 원천이었다. 북유럽의 해적 바 이킹들은 서기 1250년에 북극광에 대한 기록을 남겼다. 700년이 지난 1897년 노르웨이의 탐험가 프리드쇼프 난센은 북쪽 하늘의 빛을 이렇게 기록했다.

"그것은 선명한 색채로 끝없이 빛나는 환등이었고, 상상할 수 있 는 어떤 것보다 빼어났다. 때로 그것은 숨을 멎게 할 만큼 아름답고 화려한 장관을 이루었다. 마치 뭔가 기이한 일이 벌어질 듯한 예감, 최소한 하늘이 지상으로 떨어질 것만 같은 기분이 들었다."[39]

20세기의 작곡가 에드가르 바레즈는 자신의 음악에 비음악적 소리와 테레민Theremin같은 전자악기의 소리를 조합해서 이른바 '발견된 소리'로 음악을 만들었다. 북극광을 보았던 기억을 바탕으로 작곡한 음악도 있다. 그의 부인 루이 바레즈는 그 음악을 작곡했던 당시의 기억을 떠올리며 이렇게 말했다. "자연은 가장 웅장하고 소름 끼칠 만큼 인간의 상식을 벗어난 모습으로 남편을 강렬하게 사로잡았다." 그의 작품들 중 많은 작품이 천문학을 비롯한 과학용어에서 그 제목을 따왔다. 루이는 오로라에 대한 바레즈의 감상도 생생하게 기억한다. 바레즈는 밤하늘을 가로질러 너울거리는 장엄한 발광 커튼을 "보았을 뿐 아니라 들었다"고 말했고, 후에는 그것을 "빛의 움직임에 맞춰 들려오는 소리"라고 기록했다.[40] 전자기 파장이나 자연적인 전파는 전파수신기를 통해서만 탐지된다.[41] 바레즈가 느꼈던 감상은 아마도 일종의 공감각共感覺이었는지도 모른다. 그는 실제로 북쪽 하늘의 빛을 '들었는지도' 모른다. 루이 바레즈는 여러 작품들 중에서도 남편이 말한 오로라에 대한 작품이 '레 시클르 뒤 노Les Cycles du Nord'가 아니면 '미어 리히트Mehr Licht'일 것으로 추측한다. 이 두 작품은 나중에 유실되거나 파기되었다.

그보다 최근에 테리 라일리가 작곡하고 크로노스 콰르텟이 연주한 실내악곡 '선 링스Sun Rings'는 태양의 역동적인 자기장에서 영감을 얻은 곡으로, 소호와 트레이스Transition Region and Coronal Explorer, TRACE 위성이 찍은 초대형 영상의 배경음악으로 연주되었다. 라일리의 작품은 태양의 얼굴에 점점이 박힌 거대한 흑점들과 표면을 뚫고 고리를 그리며 높이 솟구쳤다가 다시 표면 속으로 빨려 들어가듯 잠기는 자기장 선들이 그리는 섬세한 장면들과 함께 연주되었다. 이런 동시대의 작품들은 고대 조상들에 못지않게 현재 우리의 삶에도 그 의미와 중요성이 큰 태양과 우리의 깊고 원초적인 관계를 보여준다.

선사시대부터 현대까지 인간은 직관적으로 태양을 존재의 필수불가결한 요소로 이해했다. 구석기시대와 신석기시대에 지구 전역에 흩어져 살던 공동체들은 그들의 삶이 태양에 강력히 예속되어 있음을 알고 있었다. 몰타의 므나이드라 신전, 아일랜드의 뉴그레인즈, 그리고 솔즈베리 평원의 스톤헨지를 비롯한 여러 거석 구조물들은 고대인들이 태양의 중요함을 인식했다는 증거다. 이러한 유적들은 본질적으로 다른 시간과 공간을 살았던 고대 조상들이 우리의 별에 얼마나 주의를 기울였는지, 또 그들이 얼마나 용의주도한 관찰자였는지 웅변한다.

시칠리아의 해변에서 조금 떨어진 몰타 섬에는 기원전 5500년의 것으로 추정되는 복잡한 석조 사원 므나이드라의 유적들이 남아 있다. 석회암 건축물들 중 하나에는 가을과 겨울 동안 태양의 분점과 지점의 정확한 배열이 표시되어 있다.[42] 물리학자 귈리오 마글리는 므나이드라를 춘분과 추분이 표시된 '거석 달력'이라고 설명한다. "신전 안쪽 제단의 빛이 비치는 지점에 서면 계절이 지나는 동안 수평선 위로 떠오른 태양의 위치와 움직임을 날마다 관찰할 수 있다."[43] 므나이드라 신전 안쪽에는 지중해를 굽어볼 수 있는 자리가 있는데, 이는 이 거석 신전은 물론이고 그 부지도 고대의 건축자에게 헌납된 것임을 한눈에 알 수 있다. 금속 도구를 전혀 사용하지 않고 교묘하게 지은 이 건축물은 완성되기까지 들어간 노력이 엄청 났을 것이다. 태양에 대한 고대인들의 경외심을 똑똑히 보여준다.

기원전 3015년에서 2400년 사이에 고대 영국인들이 솔즈베리 평원에 세운 뛰어난 건축물 스톤헨지는 "건축물 축들의 전체적인 방향이 한쪽은 하지 때 해가 뜨는 방향을, 다른 쪽은 동지 때 해가 지는 방향을 향해 (바라보고) 있다."[44] 캐롤라인 알렉산더는 우연한 기회에 스톤헨지를 보고 "거대한 어깨를 이고 있는 듯한 형상은 선사시대의 것이 틀림없으며, 마주한 순간 금방이라도 시간이 뒤집어져 잃어버린 세계로 들어간 듯하다"고 묘사했다. 알렉산더는 거석 꼭대기에 얹힌 처마 도리들에 대해 이렇게 주장한다. "처마 도리들은 목수들이 쓰던 '장부맞춤' 공법을 그대로 사용하여 거석들을 연결하고 있으며, 근본적으로 새로운 혼성 건축법이 당시에 이미 성행하고 있었음을 증명한다. 이전에는 존재하지 않았을 이런 참신함과 확고한 인식, 계시적 특징은 폐허만 남은 유적에서도 여전히 손에 만져질 듯 생생하다." 터키의 괴베클리 테페의 석조 사원은 대략 기원전 9600년의 것으로 훨씬 더 오래되었지만, 스톤헨지 같은 선사시대 건축물은 이 세상 어디에도 없다. 알렉산더는 이 석조 건축물을 지은 고대의 영국인들이 "그때까지 몰랐던 무언가를 발견했고, 불현듯 어떤 진리를 깨달으면서 새로운 길목으로 접어들었다. 확신컨대 의도적으로 거석들을 세웠을 때는 분명히 그에 합당한 의미가 있었을 것이다"라고 말한다.[45] 마글리는 스톤헨지 건축가들이 동지와 하지를 표시할 의도로 거석들을 배열했다는 점을 강조하면서 이렇게 적는다. "따라서 스톤헨지는 그 건축가들이 우리에게 남긴 유일한 정보인 셈이다. 돌 안에 돌로 적힌 태양과 돌의 언어라는 점은 분명하지만, 그럼에도 불구하고 그 정보는 적혔다."[46]

기원전 1세기 그리스의 사학자 디오도로스 시켈로스(또는 시칠리아의 디오도로스)도 "오늘날 프랑스 맞은편 북쪽 큰 섬에 '아폴로를 모신 거대한 구역과 유명한 구형의 신전'을 묘사하는 3세기 전에 기록된 사라진 문서"에 대해 언급했다고 전해진다.[47] 디오도로스는 스톤헨지가 태양에 경의를 표하기 위해 건축되었다고 생각했다. 선사시대의 다른 유적들과 마찬가지로 스톤헨지에 대해서는 여러 가지 해석이 가능하다. 스톤헨지 리버사이드 프로젝트를 이끈 고고학자 마이크 파커 피어슨은 최근에 스톤헨지를 '묘지 유적'으로 재해석했다. 그는 백악 구릉지에 거석을 세운 사람들이 한 해의 시작을 즈음하여 동지 때마다 그곳에 모여서 석양을 표시하고 조상들을 기린 것이 분명하다고 주장한다.

천문학자 에드워드 크루프는 아일랜드의 뉴그레인즈 또는 브루나 보너Bru na Boinne라고 불리는 정교하고 큰 석실분을 조사했다. 크루프는 "고속도로 여행자들의 눈길을 사로잡으면서" 밋밋한 경관 사이로 불쑥 나타난 건축물처럼 보이는 "뉴그레인즈는 놀라운 거석묘"라고 기록했다.[48] 동지가 되면 마치 새해의 시작을 알리려는 듯 이 거석묘 안쪽 석실분까지 태양빛이 비춘다. 기원전 약 3700년에서 3200년 사이의 것으로 추정되는 뉴그레인즈는 "동지를 기준으로 앞뒤 2주 동안 아침마다 태양이 입구의 긴 통로에서도 보일만큼 낮게 떠서 중앙 석실까지 (지금도 여전히 그렇듯) 빛을 드리우도록 설계되었다."[49] 거석묘 안쪽으로 깊이 들어오면서 가늘어진 태양광선은 계산된 거석들의 배치로 인해 무늬를 만든다. 마글리의 설명을 들으면 이 건축물을 제작하는 데 얼마나 어마어마한 노력이 들어갔을지 짐작이 된다. "5,000년 전에 수천 톤의 흙과 바위로 석실을 짓고, 석영으로 겉을 덮어 거대한 보석함처럼 만들었다. 〔게다가〕 코끼리 여러 마리를 합친 것보다 무거운 돌로 지은 통로를 따라 빛이 들어오게끔, 동지 때 태양이 뜨는 방향까지도 세심하게 계산했다."[50] 뉴그레인즈와 관련된 전설에 아일랜드 최초의 신들인 '빛의 주인들'의 이야기가 등장하는 것도 그리 놀랄 일이 아니다.[51]

페루의 찬킬로 유적단지는 잉카인들의 태양 숭배와 그들의 공식적 숭배의식보다 더 앞선 선배들이 존재했다는 사실을 통찰하게 해주었고, 덕분에 잉카의 역사는 2,000년이나 더 먼 과거로 연대가 조정되었다. 2007년 페루의 고고학회장 이반 게찌와 천문학자 클라이브 러글스는 아메리카 대륙에서 가장 오래된 것으로 추정되는 태양 신전의 배치에 대해 통찰력 있는 견해를 발표했다. 게찌는 기원전 4세기 경 페루의 사막지대 북쪽 해안에 의식용 단지로 건설된, 찬킬로에 인접한 능선을 따라 있는 13개 탑의 용도를 처음으로 추측했다. 그동안 요새로만 알려져 있던 찬킬로 유적은 잉카문명의 역사를 더 오래 전으로 끌어올린 사람들이 건설한 대단히 정밀한 태양관측소였던 것으로 밝혀졌다. 게찌는 단지에서 떨어져 일렬로 세워진 탑들이 1월에서 12월까지 태양의 위치를 가리키는 표지라는 사실을 간파했다. 그는 러글스에게 연락을 취했고, 두 사람은 휴대용 GPS를 이용해서 반대쪽 지평선에서 태양빛이 비친다고 봤을 때 탑들의 위치가 "1년 동안 태양이 뜨고 지면서 움직이는 범위와 거의 정확히 일치"한다는 사실을 발견했다. 특히 동지와 하지 때 태양의 움직임은 탑들의 위치와 정확하게 일치한다. 게찌와 러글스는 탑과 탑 사이 간격이 "지평선에서 뜨고 지는 태양의 경로를 불과 이삼일 오차로 정확하게 추적하는" 수단이었다는 사실을 증명했다.[52]

찬킬로에서 발견한 것 중 특히 더 중요한 사실은 "티티카카 호수에 있는 태양의 섬 성소에서 치러진 일출의식들은 잉카족 이전부터 있었던 것이 거의 확실"하다는 점이다.[53] 잉카족이었든 또는 그들의 선조들이었든, 티티카카 호수의 섬에 '태양의 섬Isla del Sol'이라는 이름을 지어준 까닭은 태양과 달, 별들과 인간을 창조한 신에 대한 경의에서였다. 1400년대 말에 건설된 안데스 고산지대의 도시 마추픽추에는 잉카인들이 잉카력의 첫째 날인 동지를 정확하게 표시한 기록이 남아 있다. 하지만 잉카인들의 태양에 대한 경의는 그들의 위대한 문명의 역사를 더 먼 과거로 옮겨놓은 사람들에게서 물려받았을 것이다.

신석기시대 영국인들이 솔즈베리 평원에 범상치 않은 거석 기념물을 세우기 오래 전에 이집트인들은 이미 저술과 기록보관 기술을 발전시켰고, 태양의 신 호루스를 인정했든지 또는 호렘아케트가 수평선 위에 떠오른 태양의 현신이라고 굳게 믿었든지, 어떤 이유에서든 기자 지구에 대스핑크스를 건설했다.[54] 태양의 신 호루스보다 훨씬 이전에는 라Ra가 있었다. 라는 나일 강 어귀의 삼각주에 위치한 이집트의 고대 도시 헬리오폴리스Heliopolis의 수호신이었다. 대략 기원전 2400년에 라는 테베스의 신과 결합하여 이집트 신전에서 가장 높은 지고의 신 아문-라Amun-Ra가 된다.

여기까지는 생존과 직결된 태양의 중요성을 인식한 다양한 문명들 중 대표적인 몇몇 사례만을 든 것이다. 이른바 정보의 시대를 살고 있는 우리 역시 고대의 사람들 못지않게, 아니 어쩌면 더욱 더 강력하게 우리의 별 태양에 의존하고 있다.

태양은 여전히 헌신적인 후견인이다

탤런 멤모트의《렉시아 투 퍼플렉시아Lexia to Perplexia》는 온라인에 공개된 하이퍼텍스트 소설 프로젝트다. HTML과 자바스크립트에 사용되는 프로그래밍 코드를 기존의 평범한 이야기 속에 삽입하여 소통기술의 디지털화가 인류의 문화 형성에 어떤 영향을 미쳤는지 알아보기 위한 프로젝트였다. 멤모트는 "지구의 활동적인 지표 위에 우리는 안테나를 바깥을 향하게 높이 세우고, 이른바 '텔레tele-'의 시대를 열 탑들을 건설했다"라고 쓰고 있다.[55] 멤모트는 흥미로운 개념을 꺼내놓는다. 인간이 지구의 표면 전반에 전자층 또는 정보와 기술의 층을 만들었다는 것이다. 이 전자층은 산 정상에 세워진 라디오와 텔레비전 무선중계국에서 각 가정과 사업체에 깔린 광섬유 케이블까지, 그리고 고지대에 듬성듬성 서 있는 기지국 안테나에서 바다 깊은 곳에 깔려 있는 대양 횡단 케이블에 이르는 기술들로 이루어져 있다. 데이터로 충만한 이 전자층의 범위는 뒤뜰의 위성방송 수신 안테나에서 뉴멕시코 주 소코로의 사막지대를 가로지르며 일렬로 서 있는 강력한 천문 전파망원경들까지, 그리고 지구의 저궤도를 돌고 있는 수십억 달러를 호가하는 인공위성들까지를 아우른다. 이런 기반시설들은 휴대폰과 라디오, 텔레비전, 컴퓨터, GPS 시스템, 긴급구조대, 병원, 기상관측소 등으로 정보를 전달한다. 멤모트는 또 이렇게 쓰고 있다. "팬을 펼치고 신호를 보내놓고 담배를 한 대 피거나 다른 일을 하면서 에코Echo를 기다린다."[56]

요점은 이렇다. 아주 오래 전부터 인간은 의사소통의 범위를 점점 더 넓게 확장해왔고, 현재는 기술을 통해 정보를 빛의 속도로 지구 전역에 전송하고 있다. 그런데 투명에 가까운 이 '피부'는 우주 환경의 조건에 상당히 민감하다. 마치 우리의 피부가 태양에 민감한 것처럼. 태양 내부에서 일어나는 활동들과 그런 태양의 활동이 정보기반의 우리 문화를 지탱하는 전자기술에 어떤 영향을 미치는지 이해하는 일이 우리에게 지금처럼 중대했던 적은 없었다. 지구를 감싸고 있는 이 전자층 또는 정보층을 계속 확장하고 점점 더 의지할수록 우리는 태양의 강력한 자성에 점점 더 큰 영향을 받을 것이다.

진화론적으로도 우리는 우리의 별과 함께 살아가도록 적응했다. 존 프리만이 지적하듯 인간은 다른 포유류들이나 곤충들, 식물들과 마찬가지로 "태양이 바깥쪽으로 내뿜는 전자기 복사 물결을 이용할 수 있는 감각기관들을 진화시켰다. 우리의 눈이 태양 복사가 가장 강력한 부분의 전자기 스펙트럼에 민감한 것도 우연이 아니다."[57] 마찬가지로 우리의 피부도 다양한 방식으로 태양빛에 잘 적응하고 있다. 그 한 예로 태양빛에 15분 정도만 노출되면 우리의 피부는 하루에 필요한 비타민D를 충분히 흡수한다. 우리의 삶은 태양에 강력하게 예속되어 있다. 단순히 우리가 태양의 빛과 열기를 필요로 하기 때문만은 아니다. 우리 혈액 속의 철은 45억 년보다 더 전에 거대한 별들 속에서 벼려졌고, 성간우주로 분출된 초신성의 폭발폭풍을 견디어냈다. 태양과 같은 별들은 우주로 무거운 원소들을 게워냈으며, 결국 그 원소들이 융합하여 우리의 태양과 태양계를 형성했다. 20세기 초반 할로 섀플리는 우리가 '별 먼지'로 이루어졌다고 주장함으로써 이 개념을 대중화했다. 인간의 몸은 지구상의 모든 생명과 마찬가지로 탄소와 칼슘, 산소를 비롯하여 우리의 태양이 태어나기 오래 전에 폭발한 별들의 핵에서 벼려진 여러 무거운 원소들로 이루어져 있다. 눈에 보이는 것이 태양의 전부가 아니며 훨씬 더 많은 것이 있다는 점을 고려할 때, 나사가 처음으로 맹인을 위해 출간한 점자책들 중 하나가 태양에 관한 책인 것도 당연하다.[58]

2010년 초에 발사된 태양활동관측위성SDO은 소호가 했던 임무에 정밀성을 더욱 높여 태양의 내부구조를 파악하고 그 안에서 퍼져 나와 표면을 가로지르는 음파들을 해석하고 있다. 나사의 '별과 더불어 살기' 프로그램의 일환인 SDO는 태양의 11년 주기를 추동하는 메커니즘을 발견하기 위해 태양 내부의 자기장을 추적하고 있다. 이 위성이 지구로 데이터를 전송하는 속도는 소호보다 1,000배쯤 빠르다. 쉽게 말해 하루에 30만 곡의 노래를 다운로드하는 셈이다. 소호보다 무게도 50배나 더 나가고, 시력도 훨씬 좋아서 태양을 고화질로 보여줄 뿐 아니라 10초마다 8가지 색 버전으로 사진을 찍고, 거의 아이맥스에 버금가는 영상을 연출할 수 있다.[59] 또한 이 위성은 최초로 우리의 연약한 고향 행성에 덮칠 수 있는 강력한 자기폭풍을 예보해주는 시스템도 갖고 있다.

소호와 다른 탐사선들이 있었기에 태양에서 꾸준히 방출되는 빛이 매년 또는 10년 간격으로 1퍼센트 미만의 범위에서 달라진다는 사실을 알게 되었지만, 실은 그게 다가 아니다. 비가시적 복사 형태들을 보면 태양은 서사적이고 복잡 미묘하게 행동한다. 그래서 과학자들도 지극히 단순해 보이는 중량급의 중년에 이른 이 별을 아직 완전히 이해하지 못하고 있다. 추산하기로는 우리 은하에만 태양과 닮은 별들을 돌고 있는 지구와 닮은 거주가능한 세상들이 1억개 가량 된다. 그 세상들도 각자의 부모별과 각별하고 복잡한 관계를 맺고 있을 것이다.[60] 우리의 태양과 우주가 연출하는 기상은 우리 종의 미래뿐 아니라 지구상의 모든 생명들의 미래, 더 나아가 이 행성 자체의 미래까지도 결정할 것이다. 수십억 년 동안 우리의 세상을 지탱해온 태양은 여전히 우리의 헌신적인 보호자이자 후견인이다. 1억 6,000만 킬로미터도 멀다 않고 달려와 우리를 얼러주고 안아주고 쓰다듬어준다. 물론 때로는 호되게 꾸짖기도 하지만.

8장

히파르코스,
우리 은하의 지도 그리기

1939년에 출간된 알베르트 아인슈타인의 전기에는 우주 안에서의 지구를 상대적으로 바라본 뛰어난 과학자의 관점이 극명하게 드러난 대목이 있다.

"우주 안에서 이 세상은 매우 빠른 속도로 움직인다. 아침에 당신이 출근한 사무실이 있는 곳은 퇴근할 때의 그곳이 아니다. 우주에서, 당신의 사무실이 같은 곳에 있는 일은 결코 일어나지 않는다!"[1]

실제로 태양은 날마다 광막한 우주의 공허 속을 2,000만 킬로미터씩 움직이고, 한 번 지나간 자리로 결코 돌아오지 않는다. 지구는 태양의 둘레를 대략 시속 10만 8,000킬로미터의 속도로 공전하고 있으며, 심지어 태양은 시속 79만 킬로미터로 굉음을 내며 우리 은하 둘레를 질주한다. 여기서 끝이 아니라 우리의 은하 역시 약 5,400만 광년 떨어져 있는 가장 크고 가장 가까운 은하들의 무리인 처녀자리은하단을 향해 얼레에 실이 감기듯 굴러가고 있다. 우주배경복사에 대해서도 우리 은하는 시속 210만 킬로미터의 속도로 우주를 질주하고 있다.[2] 천문학자들이 우주에서 우리의 자리를 간신히 파악하는 순간에도 우리의 행성, 태양, 태양계뿐 아니라 우리 은하는 우주의 심연 속을 미친 듯 회전하며 질주하고 있다.

하지만 우리의 이웃 별과 은하들도 우리와 함께 미지의 심연 속을 쾌속으로 질주하고 있다는 사실을 생각하면 조금은 위로가 된다. 1,000년 간 밤하늘은 동일하게 기록되었고, 이 기록은 여전히 인류의 소중한 자산이다. 글로 쓰인 기록이 존재하기 오래 전, 지도로 그려진 적도 없고 거의 아무도 거주한 적이 없는 지구 표면의 광대한 영토와 사막과 불모지들을 여행할 때, 그리고 해도로 그려진 적 없는 망망대해를 항해할 때, 별들의 위치는 방향을 일러주는 이정표로 쓰였다.

지구의 계절이 변화함에 맞춰 태양을 중심으로 언제나 똑같은 별들이 언제나 똑같은 궤도상에 그 모습을 드러냈다. 인간이 하나의 종으로서 처음 언어를 만들었을 때에도, 밤하늘에 뜨고 지는 별들과 또 해마다 같은 자리로 돌아오는 별자리들은 이 황량한 세상에서도 불변하는 것이 있음을 인식하게 해주었을 것이다. 우리의 원초적 의식 깊숙한 곳에서 별들은 낯선 지역을 지나거나 제철 열매와 식물의 위치를 찾을 때마다, 또 우리에게 먹을 것과 걸칠 가죽을 제공하는 동물들의 무리를 따라가거나 다음에 돌아올 계절에 대비할 때마다 우리를 인도해줄 안내자로 각인되어 있었다.

우리 태양보다 훨씬 더 오래 전인 약 130억 년 전에 만들어지기 시작한 우리 은하는 2,000억 개에서 4,000억 개쯤으로 추정되는 별들로 이루어진 빗장나선은하다. 수백만 개의 별들이 모인 불룩한 은하의 중심을 거대한 나선형 팔들이 휘감고 있으며, 이 거대한 팔들에도 가스와 먼지가 한데 엉겨 합쳐지면서 새로운 별들을 만들고 있는 거대한 성운들이 흩뿌려져 있다. 먼지와 행성계로 이루어진 이 소용돌이의 규모가 워낙 거대하기 때문에 우리와 이웃한 별들은 고정된 패턴으로 별자리를 이루고 있는 것처럼 보인다. 이 별자리들의 상대적 위치가 바뀌려면 수천 년이 지나야 한다(plate 13).

우리 행성이 어떤 별 하나의 주위를 돌고 있고, 또 다시 그 별은 대강의 구체 구조를 형성하며 무리지어 있는 수백만 개의 별들 틈에서 궤도운동을 하고 있다고 상상해보자. 인접한 모든 별들의 패턴은 아마 우리 일생 동안 꾸준히 바뀔 것이다. 똑같은 패턴이 되풀이되는 일은 결코 일어나지 않을 수도 있다! 밤하늘의 별들은 방향을 가늠할 익숙한 이정표가 아니라 오히려 방향감각을 잃게 만들 수도 있다. 그럼에도 밤하늘이 늘 똑같게 보이는 것은 이웃 별들도 2억 2,600만 년마다 우리 은하를 쏜살 같이 일주하는 우리의 태양과 나란히 돌고 있기 때문이다. 상대적인 위치는 거의 변하지 않는 상태에서 고속으로 원형 트랙을 질주하는 경주용 자동차들이 연상된다. 다만 그 트랙의 규모가 은하 규모일 뿐. 이웃한 별들 중 가장 가까운 별조차 상상할 수 없을 만큼 멀리 떨어져 있기 때문에 우리는 그 별들이 성간우주를 질주하는 것을 거의 인지할 수 없다. 히파르코스 임무를 이끌었던 과학자 마이클 페리먼의 설명을 들어보자.

예를 들어 북쪽의 별자리들 가운데 가장 크고 가장 눈에 잘 띄며 북두칠성으로 알려져 있는 큰곰자리의 밝은 별들은 수백 년 전과 지금의 모습이 똑같아 보인다. 프톨레마이오스는 이 별들에 대한 기록을 남겼고, 셰익스피어와 테니슨은 이 별들을 노래했으며, 반 고흐는 그림으로 그렸다. 물론 이 별들은 우리의 아이들에게, 또 그 아이들의 아이들에게도 같은 모습으로 보일 것이다. 그러나 수십만 년 전 초기 인류에게 이 별자리는 분간할 수 없을 만큼 모습이 흐트러져 있었을 테고, 앞으로 수십만 년 후의 인류에게도 그럴 것이다.[3]

기록이 없던 오래 전 과거에 이 별들은 인간이 조사할 수 있는 범위 밖에 있었다. 조사는커녕 어쩌면 파악할 수도 없었을 것이다. 우리의 이웃 행성들에 비해 극단적이라 할 만큼 먼 별들과 우리와의 '거리'는 애초에 그 별들의 참모습을 가늠할 수 없게 만든 눈가리개였던 셈이다. 시간이 흘러 이제야 우리는 그 별들이 본질적으로 우리의 태양과 닮았다는 사실과 그 별들 역시 우리가 이제 막 탐험하기 시작한 세상들을 거느리고 있다는 사실을 깨달았다. 앞으로 더욱 명백해지겠지만, 오랫동안 인간이 헤아릴 수 없는 자연의 현상으로 보이던 밤하늘의 동일성은 다름 아닌 우리의 생존과 직결되어 있었다.

옛사람들의 별 목록과 하늘지도

기록도 존재하지 않는 먼 옛날부터 우리는 우리의 이야기들과 신화들 그리고 전설들을 밤하늘에 투사해왔다. 별들 사이의 패턴을 살피는 일은 태곳적부터 엄숙하고 중차대한 일이었다. 문화와 시대를 막론하고 별자리와 관련된 이야기들은 신화 속 인물들의 이야기들 못지않게 우리의 생존 메커니즘의 일부로 작동했고, 결코 경시되거나 과소평가되지 않았다. 생명문화학자 브라이언 보이드는 인간이 패턴에 대해 가지는 관심과 집중이 진화적 적응으로써 등장했다고 말한다. 보이드뿐 아니라 여러 학자들이 스토리텔링이나 노래 그리고 동굴 예술처럼 패턴에 바탕을 둔 예술작품들이 자연선택을 통해서 등장했고, 개개인과 집단들의 협동과 정보 공유를 원활하게 해줌으로써 인류의 생존율을 높여주었다고 말한다.[4]

프랑스의 동굴들에 남아 있는 선사시대 그림들과 문양들을 분석한 최근의 연구에서는 기원전 3000년경에 최초로 그림문자(혹은 상형문자)를 기록하려고 시도했음을 암시하는 듯한 26가지의 상징들을 추려냈다. 인류학자 제네비브 폰 펫징거와 에이프릴 노웰은 약 3만 5,000년 전에서 1만 년 전의 것으로 추정되는 프랑스의 동굴 유적지 146곳에서 발견된 문양들의 데이터베이스를 대조했다. "충격적인 사실은 26개의 문양들을 그린 방식이 모두 동일했을 뿐 아니라 다수의 유적지들에서 반복적으로 나타났다는 점이다."[5] 프랑스의 동굴 유적지에는 직선, 원, 나선, 타원, 점, 엑스 자, 물결무늬 등의 문양들을 비롯하여 손을 상징하는 다양한 그림들이 섞여 있었다. 이와 유사한 상징과 문양들이 전 세계 구석기시대 유적지들에서 발견되었다. 프랑스에서 발견된 특정한 상징들은 종종 의도적으로 함께 배치된 것처럼 보이는데, 가령 점들과 특정한 손 문양들이 그렇다. 이런 배치들은 마치 쓰기체계가 발달하기 시작한 듯한 암시를 풍긴다. 노웰의 짐작대로 "어쩌면 우리는 매우 초보적인 수준의 언어체계의 시초를 목격하고 있는지도 모른다."[6]

유명한 라스코 동굴 벽화는 이런 상징들뿐 아니라 플레이아데스성단과 히아데스성단 그리고 빙하시대 밤하늘의 전경까지 표현한 것처럼 보인다. 2010년 국제천문연맹 산하의 천문학 및 세계 유산 조사위원회를 이끌었던 클라이브 러글스와 미셸 코트는 몇몇 고천문학자들의 견해를 종합하여 라스코 동굴 '황소의 방'의 야생 소들 머리 위에 그려진 일련의 점들이 플레이아데스성단을 나타내며, 야생 소 한 마리의 눈 근처에 그려진 점들은 알데바란 별과 히아데스성단을 표현한 것이라고 유네스코에 보고했다.[7] 라스코 동굴 작품들을 공개한 프랑스의 공식 웹사이트에 게시된 설명에 따르면, 동굴의 많은 작품들 중에서도 말 그림이 가장 먼저 그려졌고 그 다음에는 야생 소들과 수퇘지들이 차례로 그려졌다. 이 동물들은 순서대로 봄, 여름, 가을을 상징하며 "이런 배치를 통해 생물학적 시간과 우주적 시간이 연결되어 있음을 은유적으로 표현한 것"처럼 보인다.[8]

샹탈 자크 볼키에바이즈는 더욱더 흥미로운 주장을 펼쳤다. 라스코 동굴 작품들 가운데 두 화폭의 그림이 대략 1만 7,000년 전 하지 동안 라스코 언덕 꼭대기에 있던 마들렌기(구석기시대 최후기) 사람의 눈에 비친 밤하늘일 수도 있다고 주장한 것이다. 마지막 빙하기의 밤하늘을 예측한 컴퓨터 모델과 동굴 그림들을 대조하는 과정에서 그녀는 또 한 가지 사실을 발견했다. 하짓날 해가 지는 동안 동굴 깊숙이 들어온 태양빛이 그림들의 일부를 비추게끔 의도했다는 사실이다. 물론 이 의도는 지금의 하짓날에도 유효하다.[9]

라스코 동굴 그림들의 점들이 실제 별자리를 의미한다고 단정하긴 어렵지만, 빙하시대 사람들이 라스코 동굴의 아름다운 그림들 곁에 남겨놓은 표식들은 그것들이 의미심장한 정보를 전달하기 위한 한 형식이었을 것이라는 해석을 접을 수 없게 만든다. 생명문화학과 고고학 연구의 결과만 놓고 보면, 밤하늘의 별자리에서 나타나는 패턴에 대한 우리의 관심과 집중은 우리 종의 시원부터 시작된 듯하다.

현재 서구 문화권에서 통용되는 별과 별자리들의 이름은 그 기원을 추적하기 어려울 만큼 오래되었다.[10] 최초의 필록筆錄이 존재하기 오래 전에도 인류는 별들에 대한 이야기를 지어내고 여러 개의 별들을 묶어 별자리들을 만들었다. 그 별자리들은 계절에 대한 지식의 창고이자 여행자와 항해자들의 기억을 돕는 충실한 기호였을 뿐 아니라 수많은 전설과 신화를 품고 있는 보고寶庫였다. 우리가 별들의 자취를 좇았다는 명백한 증거는 3,600년 전부터 발견되기 시작한다. 중국의 통치자들은 궁중 천문대장을 고용하여 별들의 움직임을 비롯해 초신성과 같이 일시적이지만 엄청난 사건들에 대한 정보를 기록하게 했다. 그런데 고대 중국의 기록보다 훨씬 더 오래된 기록도 있다. 네브라 스카이 디스크Nebra Sky Disc가 그것이다. 고천문학자들은 독일 네브라에서 발견된 네브라 스카이 디스크가 청동기 시대에 제작된 튼튼한 하늘지도라고 확신하며, 제작연대는 기원전 1600년경이었을 것으로 추정한다.

이 디스크는 1999년 미텔베르크 힐 정상에 흙벽으로 둥글게 울타리가 쳐진 고대의 묘지를 파헤치던 도굴꾼들 덕분에 발견되었다. 지름이 30센티미터(11.8인치)인 이 디스크는 두 개의 청동 검을 포함한 다른 여러 유물들과 함께 발견되었다. 이 하늘 디스크는 청동으로 제작되었으며, 태양 그리고 모양이 다른 두 개의 달과 다수의 별들을 그린 후 금을 덧입혀놓았다. 원반 양쪽 가장자리의 금색 띠는 동쪽과 서쪽의 지평선을 가리키며, 82.5도의 중심각을 갖는 호의 모양이다. 네브라에서 하지와 동지에 지평선 위로 보이는 일몰의 각도가 82.5도다. 위도에 따라서 일몰지점의 각도가 다르다는 점을 감안하여 일부 고천문학자들은 이 원반이 네브라 지역에서 제작된 것이 분명하며 세계에서 가장 오래된 현존하는 하늘지도라고 확신한다.

원반 상단부에 무리지어 있는 일곱 개의 별들은 플레이아데스성단을 표현한 최초의 문양으로 여겨지고 있으며, 파종과 수확 시기를 확인하기 위한 용도로 쓰였다고 추측한다(그림 8.1). 원반의 금속성분을 분석한 결과 알프스 산맥에 있던 청동기시대 광산에서 유래했음이 밝혀졌다. 이 원반이 발견된 지역은 약 7,000년 전의 것으로 추정되는 신석기시대 제식용 우드헨지woodhenge*가 발견된 독일 고제크에서 불과 24킬로미터 거리밖에 안 되는 곳이다. 연구자들은 이 우드헨지 역시 하지와 동지에 태양이 뜨는 위치를 표시한 것이 틀림없다고 말한다. 스위스 경찰을 도와 구매자로 위장하고,

---

* 원형의 나무기둥 유적군이다.

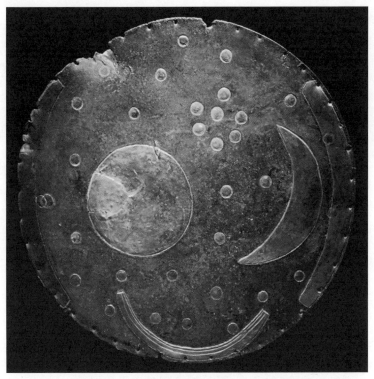

그림 8.1 기원전 1600년경의 것으로 추정되는 네브라 스카이 디스크는 현존하는 가장 오래된 플레이아데스성단의 지도로 알려져 있다. 고대의 많은 문명들에서 별 지도를 제작했으며, 어떤 문명들은 매우 사실적으로 표현한 인공물을 유물로 남기기도 했다. 플레이아데스성단은 우리와 가까운 젊은 성단으로, 여전히 그 모태인 빛나는 가스구름에 싸여 있다. 원반에는 오른쪽 상단에 오밀조밀 모여 있는 일곱 개의 별로 표현되었다(Wikimedia Commons/Dbachmann).

네브라 스카이 디스크를 팔아넘기려는 도굴꾼들을 잡는 데 공을 세운 고고학자 하랄드 멜러는 이 원반이 "그리스 천문학보다 1,000년 더 앞선 것"이라고 주장한다.[11]

고대 그리스 시인 호메로스와 헤시오도스는 식별할 수 있는 별들과 플레이아데스와 히아데스 같은 성단들의 이름뿐 아니라 큰곰자리 같은 별자리들의 이름도 알고 있었다. 호메로스라는 이름으로 알려진 시인의 작품인 《일리아드》와 《오디세이》는 현재 남아 있는 가장 오래된 그리스 문헌이다. 호메로스가 들려주는 이야기들은 본래 그가 기록으로 남기기 몇 세기 전에 구전으로 전해지던 설화들에 그 뿌리를 두고 있다. 일반적으로 기원전 700년경에 기록된 것으로 알려진 《일리아드》에서 헤파이스토스가 아킬레스를 위해 단조한 방패에는 현재 우리가 알고 있는 몇 개의 별자리들이 그려져 있다.

> 그는 지구를 만들고, 그 위에 하늘을 올려놓았다. 바다의 물과 지칠 줄 모르는 태양 그리고 점점 더 모양이 차오르는 달을 만들고, 그 위에 모든 별자리를 만들어 하늘을 장식했다. 플레이아데스와 히아데스 그리고 강인한 오리온과 곰까지.[12]

제임스 에반스는 오디세우스가 천구의 북극을 향하고 있는 큰곰자리를 배의 왼편에 둔 채 동쪽으로 항해했다고 설명한 호메로스의 표현에 주목한다.[13]

초기 농경사회들이 밤하늘의 별들을 표시했던 가장 큰 이유는 파종과 수확에 중요한 농사달력을 개발하기 위해서였다. 에반스는 호메로스 이후 몇 세대가 지나 헤시오도스가 쓴 《일과 날Works and Days》에서도 별들이 뜨고 지는 것과 농사를 직접적으로 연결 지은 내용이 서두를 장식하고 있다는 점을 예로 든다.

> 플레이아데스가 떠오르면 아틀라스의 딸들이 일어나 추수를

시작하고,

플레이아데스가 지면 밭을 간다.[14]

에반스는 고대 그리스에서 재배했던 밀은 가을밀이 유일했으므로 플레이아데스가 서쪽으로 지는 늦가을 무렵이면 어김없이 밭을 갈고 밀을 심어야 했다고 설명한다.

닉 카나스는 고대 그리스의 천문학자들이 이집트인과 바빌로니아인들에게서 수집한 자료들로 밤하늘에 대한 지식을 보충했다고 주장한다.

"이집트 사람들로부터 한 해의 길이와 한 해를 열두 달로 쪼갠 달력, 밤과 낮을 열두 시간 단위로 분할하는 법 등을 배웠고, 메소포타미아 사람들에게서는 정교한 별자리 체계와 황도대를 따라 나타나는 십이궁도를 전수받았다."[15]

바빌로니아 사원의 필경사들은 엄숙하게 하늘을 관측하고 그 내용을 신중하게 쐐기문자 서판들에 기록했다. 이 천문학적 기록들 중 상당수가 복원되었는데, 그중에는 기원전 7세기경의 것으로 추정되는 기록도 있다. 가장 널리 알려진 쐐기문자 서판들 중 많은 것들에 쟁기 별을 뜻하는 '물.아핀MUL.APIN'이라는 제목이 붙어 있다. 이는 삼각형자리의 별들과 알마크라고도 불리는 감마 안드로메다별을 언급하고 있는 것이 분명하다. 이 별은 쟁기, 북두칠성, 또는 북두성이라는 이름으로도 알려져 있으며, 큰곰자리를 언급한 것은 아니다. 에반스는 훨씬 더 오래 전 문헌들의 사본이기도 한 물.아핀 서판들이 수십 개에 이르는 별들의 목록으로 시작한다는 점을 근거로, 한 해의 특정한 시점에 뜨고 지는 별들을 표시한 일종의 별 달력 역할을 했다고 설명한다. 또한 물.아핀 서판들은 헤시오도스의 농사달력보다 더 정확할 뿐 아니라 다양한 별자리들을 관측한 내용과 바빌론의 주요 신들과 관련 있는 수성, 금성, 화성, 목성, 토성과 같은 행성들을 관찰한 내용도 포함하고 있다.

고대 그리스의 천문학자들은 별들이 고정되어 있거나 또는 움직이지 않는다고 생각했다. 그러나 훗날 유럽우주기구의 히파르코스 탐사위성에 자신의 이름을 남긴 그리스의 천문학자 히파르코스는 "별들 중 하나가 움직일지도 모른다는 의심을 품고 … 자신의 후계자가 차후에 의심스러운 움직임이 감지되는지 확인해주길 바라며 자료를 남긴" 예리한 눈의 관찰자였다.[16] 히파르코스는 오늘날 우리가 천문학이라 부르는 분야에, 아니면 적어도 별들을 비롯한 우주 천체들의 위치와 움직임을 측정하는 과학에 관심이 지대했다. 비록 지금은 소실되거나 파기되었지만, 그는 별들의 일람표도 만들었다. 플로르 판 레이우엔의 설명에 따르면 "현재 우리가 알고 있는 대로의 별들의 위치를 기록한 가장 오래된 일람표는 기원전 129년경에 히파르코스가 편찬한 것으로서 이 일람표는 지금도 꾸준히 연구되고 있다. 현존하는 유일한 사본은 파르네세 아틀라스라고 알려진 로마 후기 조각상이 짊어진 하늘의 지도에 나타나 있다."[17]

수천 년 동안 우리가 히파르코스의 별 안내서에 대해 알고 있는 것은 모두 프톨레마이오스의 설명을 거친 것이다. 하지만 천문학자 브래들리 섀퍼는 그리스 사람 아틀라스가 무릎을 굽힌 채 별자리가 새겨진 구체를 어깨에 지고 있는 형상의 파르네세 아틀라스(그림

8.2) 석상이 실제로 고대 그리스인들이 알고 있던 대표적인 별들과 별자리들을 표현한 것이라고 주장한다. 섀퍼는 그 석상이 "서양의 고유한 별자리들을 묘사한 가장 오래된 것이며, 따라서 별자리들의 초기 양상을 연구하기 위한 자료로서 그 가치가 매우 크다"고 주장한다.[18] 석상이 지고 있는 구체를 꼼꼼히 연구한 끝에 섀퍼는 그 별자리들이 기원전 129년 히파르코스가 살았던 지역의 밤하늘 별자리와 일치한다는 사실을 발견했다. 이 가설을 뒷받침하는 증거로서

그림 8.2 파르네세 아틀라스는 그리스 원본을 본떠 만든 2미터 높이의 로마시대 대리석 석상이다. 브래들리 섀퍼는 이 석상이 지고 있는 구체에 새겨진 섬세한 별자리들이 히파르코스의 별 일람표에서 영감을 얻은 것이라고 주장했다. 이런 섀퍼의 해석과 석상의 제작연대에 대해서는 여전히 논란이 있다(Wikimedia Commons/Gabriel Seah).

새퍼는 두 가지를 제시한다.

"첫째는 별자리들이 의미하는 상징들과 그 관계가 히파르코스의 설명과는 일치하는 반면, 그 외에 우리가 알고 있는 다른 고대 자료들과는 매우 다르다는 점이다. 둘째로 본래 이 별자리들의 관측연도는 기원전 125년을 기준으로 전후 55년 사이인데, 히파르코스의 별 일람표가 작성된 연대는 기원전 129년으로 여기에 포함되는 반면 이 시기에 그 외의 설득력 있는 일람표가 작성되었다는 증거는 없다."

그리고 새퍼는 이렇게 결론을 내린다.

"이 석상을 조각한 그리스 조각가가 최종적으로 이용한 [석상의 구체에 새겨진 별자리들의] 위치정보 자료는 히파르코스의 자료였다."[19]

히파르코스는 태양과 달의 중력이 지구의 적도 융기 부분에 영향을 미치면서 일어나는 세차운동precession을 최초로 규명했다. 지구의 세차운동(춘분점의 세차운동)은 태양과 달의 중력으로 인해 지구의 자전축이 서서히 바뀌는 현상을 가리킨다. 그 결과 분점들이 조금씩 이동하고, 2만 5,765년마다 새로운 세차운동 주기가 시작된다. 바꾸어 말하면 세차운동은 태양에 대해 지구의 자전축이 미묘하게 바뀌면서 별들의 경치가 달라지는 것을 의미한다. 물론 유럽우주기구의 히파르코스 위성이 그려낸 별들의 운동과는 상관이 없다.[20] 마이클 페리먼이 설명하듯 히파르코스 탐사위성은 시차parallax 개념에 바탕을 둔다.

"항성 간 거리를 측정할 때는 실제로 고전적인 측량기법인 삼각측량법을 기본으로 삼는다. 복잡하게 생각할 것도 없이 코페르니쿠스 시대 이래로 널리 알려진 진리를 이용하면 된다. 즉 지구는 태양을 돌고 있고, 지구가 그 궤도를 완주하는 데 1년이 걸린다는 진리 말이다. 바로 이 1년 주기의 운동 때문에 우리가 태양의 둘레를 돌면서 바라보는 우주의 경치가 약간씩 달라진다."

일상에서도 이와 유사한 효과를 경험할 수 있다. 어떤 한 사물을 관찰할 때 처음에 한쪽 눈을 감은 채 보고 그 다음에는 다른 쪽 눈을 감은 채 보는 경우가 그렇다. 페리먼은 말한다.

"스테레오 비전, 즉 양안시兩眼視로 인해 우리는 깊이를 인지할 수 있으며, 적어도 가까이 있는 물체들에 대해서는 그 거리를 측정할 수 있다. ... 천문학자들도 바로 이 양안시 기법을 이용한다. 다만 그 대상이 지구가 태양의 둘레를 돌면서 마주하게 되는 우주적 하늘의 경관이라는 점이 다를 뿐이다. 그 과정에서 대자연은 너그럽게도 우리에게 뜻밖의 재미를 선사했다. 드넓게 펼쳐진 우리 은하의 방대한 거리를 측정할 수 있게 해준 것이다."[21]

천문학의 인간 게놈 프로젝트

마이클 페리먼은 히파르코스 탐사위성에 '천문학 버전의 인간 게놈 프로젝트'라는 별명을 붙여주었다.[22] 페리먼은 천문학자들이 우리 은하에 속한 별들의 위치, 속도, 진행궤도에 대해 더욱더 정확한 지도를 그리게 되면서 우리가 우리 은하의 나이와 구조뿐 아니라 애초에 우리 은하가 어떻게 형성되고 진화했는지, 또 태양계와 이 은하가 장차 어떻게 변모할지 가늠할 수 있게 되었다고 설명한다. 히파르코스 탐사위성 덕분에 우리가 우리 은하의 현재 구조를 더욱 세밀하게 이해하게 된 것도 그 한 예라고 볼 수 있다. 지금 우리는 우리 은하가 완벽한 나선구조라기보다 서로 반대방향으로 휘어진 나선 팔들이 양쪽으로 뻗어 나와 있는 빗장나선은하라는 사실을 알고 있다(그림 8.3).

천문학자들에게뿐 아니라 일반 대중을 위해 히파르코스 탐사위성이 이룬 또 하나의 중요한 성과는 외계 행성들을 거느리고 있는 별들까지의 거리를 보다 정확하게 측정할 수 있게 해주었다는 점이다. 그 덕분에 우리는 머나먼 우주의 다른 세상들의 수를 구체적으로 헤아릴 수 있다. 앞에서도 살펴보았지만, 태양계 내의 행성들과 그 달들도 생명의 잠재적 거주지들이다. 인간 게놈 프로젝트가 지구에 거주하는 생명의 근본적인 구조를 지도로 그린다면, 히파르코스 탐사위성은 천문학자들을 도와 지구 밖 생명들이 거주할지도 모를 장소들의 지도를 그리고 있는 셈이다. 지구 너머에서 생명을 찾는 일은 과학계의 가장 궁극적인 숙원사업이다. 그런데 여기에 전혀 뜻밖의 사람들이 동참하고 있다.

로마 교황청은 공식적인 역년의 날짜를 결정하기 위해 수세기 전부터 천문관측소를 운영해왔다. 1582년부터 서구 세계에서 사용한 그레고리력이 그 결과물이다. 하지만 최근 들어서 바티칸천문대의 천문학자들은 이례적인 주제에 관심을 모으고 있다. 2009년 11월 교황 베네딕토 16세는 천문학과 우주생물학 분야의 유명한 석학들

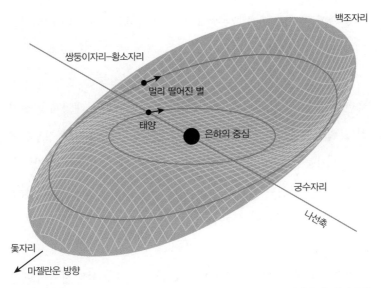

그림 8.3 히파르코스 탐사위성이 수십만 개 별들의 위치를 측정함으로써 500광년이 넘는 우리 은하 원반의 지도를 그릴 수 있게 되었다. 이 도표에서도 보이지만, 우리 은하 원반의 미묘한 휘어짐까지도 파악할 수 있을 만큼 정확한 지도다. 원반의 모양은 한쪽 가장자리가 아래로 휘어진 챙이 넓은 모자와 닮았다(유럽우주기구/히파르코스).

을 일주일 동안 바티칸시티로 초청하여 별들의 궤도를 돌고 있는 외계 행성들을 주제로 의견을 나누고, 이런 항성계 안에 존재할 수 도 있는 지적 생명체들에 대한 토론회를 개최했다.

과학전문기자 마크 코프먼은 우주생물학에 대한 바티칸의 관심 에 대해 다음과 같이 썼다.

"코페르니쿠스 혁명이 우리에게 지구가 우주의 중심이 아니란 사실을 부정할 수 없게 만들었던 것처럼 현재 우주생물학자들의 논 리는 또 다시 신념을 뒤엎는 방향을 가리키고 있다. 우리가 혼자가 아닐 가능성, 어쩌면 우리가 우주에서 가장 진보한 피조물이 아닐 가능성을 가리키고 있는 것이다. 어쩌면 ... 우리가 우리의 정체성과 존재의 근원에 대해 그동안 나누었던 이야기들과 전면 대치되는 논리인지도 모른다."[23]

바티칸이 주최한 5일 간의 회의에서 과학자들은 생명의 기원, 극한성 생물과 그들의 서식지, 또 그러한 생명들이 태양계 가장자리의 위성들에 번성할 가능성, 외계 행성들에서 생명의 징후들이 탐지될 가능성 등과 같은 주제들에 대해 토론과 강연을 이어갔다.

지금까지 발견된 외계 행성들은 대개가 생명이 존재할 가능성이 희박한 거대한 가스행성들이지만, 지구 질량과 비슷한 행성까지로 그 탐사 범위를 좁힌 나사의 케플러 우주망원경이 연구에 박차를 가하면서 과학자들은 물론이고 철학자들과 신학자들까지 우주에서 우리의 자리가 갖는 함의를 재고하고 있다. 바티칸천문대의 대장인 예수회 사제 호세 가브리엘 푸네스는 "이제는 생명의 기원과 우주의 다른 곳에 생명이 있을지 여부를 묻는 질문을 … 진지하게 고려해야 한다"고 설명했다.

바티칸 회의에서 공동 논문을 발표하고 의사록의 공동 편집을 맡았던[24] 필자는 "과학과 종교 어느 쪽이든, 생명을 이 광막하고 대체로 적대적인 환경의 우주가 낳은 특별한 소산으로 단정한다. 이 생물학적 우주에는 현역 우주생물학자들과 우리 존재의 의미를 찾는 전문가들 사이의 대화에 타협점을 제공할 장소들이 많다"고 평했다.[25] 바티칸 회의에 참석했던 기자 데이비드 아리엘도 아주 적절한 논평을 내놓았다.

"1600년 이탈리아의 철학자 조르다노 브루노가 다른 개념, 특히 생명이 거주할 수 있는 다른 세상들이 있을지도 모른다는 생각을 품은 이단자로 몰려 화형당한 이래로 로마 교회의 관점은 근본적으로 달라졌다."[26]

지금 당장은 일람표에 오른 무수한 별들 대부분이 관측의 한계 너머에 있지만, 비교적 가까운 수백 개의 별들이 행성들을 거느리고 있음이 이미 밝혀졌고, 그곳들까지의 거리를 측정하는 데 히파르코스가 중차대한 역할을 맡아왔다. 10여 광년에서 수백 광년 범위 안에도 거주가능성이 잠재된 새로운 세상들이 있다. 일각에서는 우리 은하 전체의 규모로 미루어 볼 때 태양과 비슷한 별들에 예속되어 있는 거주가능한 육지를 가진 행성들이 약 80억 개쯤 있다고 추산한다. 생명의 보금자리일 가능성을 갖고 있는 행성이 그만큼이라는 말이다.[27] 인간의 유전체를 이루는 염기쌍들의 수(약 30억 개)와 같은 자리수의 숫자라는 점도 우리 은하에서 생명을 조사하기 위한 방대한 지도 작성 프로젝트와 인간 게놈 프로젝트의 유사성을 더욱 돋보이게 하는 듯하다.

한없이 지루한 작업들

히파르코스 탐사위성의 과학적 공헌을 올바르게 평가하려면, 우선 별들의 위치를 측정하는 일이 기본적인 일인 동시에 얼마나 지루한 일인지 알아야 한다. 기본적인 일이라고 말하는 까닭은 우주에 있는 조사 대상들의 물리적 속성을 파악하는 데 '위치'가 중요한 열쇠가 되기 때문이다. 삼각측량법으로 거리를 파악하기 위해서는 정확한 위치를 먼저 측정해야 하며, 정확한 거리를 알아야 임의의 행성이나 별 또는 은하의 고유밝기나 크기와 질량을 계산할 수 있다.[28] 거리를 알지 못하면 우리는 하늘에 보이는 별들의 겉모습에만 얽매일 수밖에 없다. 멀리 있으면서도 밝은 별은 가까이 있으면서 흐린 별과 같은 밝기로 보일 수 있다. 이런 모호성은 밤하늘의 식구들을 제대로 이해하는 데 치명적인 걸림돌이다.

한편 이 일이 지루한 또 하나의 이유는 어느 한 별의 위치를 측정하는 것이 그 별의 속성을 파악하는 방법들 중 가장 단순하고 특이할 것 없는 빤한 방법이기 때문이다. 하늘에 찍혀 있는 점 하나의 위치를 확인하기 위해서는 영상이나 아름다운 사진 따위도 필요 없고, 단 두 개의 각도만 알면 된다. 심지어 장비도 필요 없다. 두말할 나위도 없지만, 이런 지루하기 짝이 없는 일을 하는 사람들이 언제나 그에 합당한 대접을 받는 것도 아니다.

물론 전부 다 그런 것은 아니다. 회전하는 지구에서 별의 정확한 위치는 시간을 기록하고 항해를 하는 데 반드시 필요한 조건이다. 인류의 초기 문화들은 마치 사활이 걸린 것처럼 별들의 위치를 주시하고 추적했다. 중요한 것은 그들이 그것을 실제로 해냈다는 점이다! 기원전 3세기에 알렉산드리아의 대도서관에서 일하던 티모카리스와 아리스틸루스가 최초로 별 목록을 작성했다. 그로부터 약 1세기 후에 히파르코스는 두 사람의 목록을 확장하여 850개 별들의 위치가 기록된 일람표를 작성했다. 또한 히파르코스는 로그함수적으로 늘어나는 밝기에 따라 별들을 분류했는데, 이 분류법은 현재 천문학자들이 이용하는 별 분류체계의 토대가 되었다. 우리 눈이 빛에 대해 비선형적 또는 로그함수적으로 반응한다는 점에서 히파르코스의 별 밝기 분류법은 지극히 자연스러운 방법이었다. 이후 프톨레마이오스는 히파르코스의 별 목록을 1,022개로 확장했다.[29] 이 별 일람표들은 고대 지성이 이룬 가장 감동적인 쾌거로서 후대의 명망 있는 천문학자들은 프톨레마이오스의 별 일람표를 알마게스트Almagest라고 불렀다. 아랍어로 알마게스트는 '가장 위대한'이라는 뜻이다.[30]

천문학에도 많은 세부 영역들이 있는데, 별의 지도를 작성하는 일에서만큼은 아랍인들이 1,000년 동안 선봉에 서 있었다. 서기 964년경 페르시아의 압드 알-라만 알-수피는 별자리들을 아름답고 자연스러운 색채로 표현한 《고정된 별들의 책Book of Fixed Stars》을 저술했다. 알-수피는 대마젤란운과 안드로메다성운을 처음으로 목록에 실었다. 멀리 떨어져 있는 이 두 항성계는 1930년대까지도 정확한 특징이 밝혀지지 않았다. 망원경 발명 이전의 천문 관측에서 최고봉은 16세기에 티코 브라헤가 밟았다. 세밀한 부분들에 대한 집중과 분류상의 오류들을 방지하기 위한 끈질긴 집념을 바탕으로 브라헤는 선배들의 위치 오류들을 50배나 정확하게 수정하면서 별 목록을 개선했다. 브라헤에게 명성을 안겨준 다른 위대한 업적에 비하면 보잘 것 없는 일일지도 모르지만, 어쨌든 갈릴레오가 등장하기 전까지 그는 평생 동안 가장 위대한 천문 관측자로서의 영예를 누렸다.

위치천문학의 큰 성과는 임의의 한 별까지의 거리를 측정할 수 있게 해주었다는 점이다. 별들은 몹시 멀리 있기 때문에 망원경을 발명하고 200년이 지나도록 우리는 더 먼 별에 대한 가까운 별의 위치 변화, 즉 시차라고 부르는 효과를 포착하지 못했다. 프리드리히 베셀은 가장 가까운 별들 중 하나인 백조자리 61번 별이 우리와 거의 10광년 떨어져 있다는 사실을 밝힘으로써 시차 발견 경주에서 우승을 거머쥐었다. 10광년이면 96조 킬로미터나 되는 엄청난 거리다.[31]

베셀은 대학 교육을 받지 못했지만, 용의주도하고 꼼꼼한 계산으로 19세기의 가장 뛰어난 과학자이자 수학자로서 명성을 얻었다. 시차이동은 몹시 미묘해서 지구가 자전축을 중심으로 기운 채 태양을 공전하면서 일어나는 대규모의 별자리 이동에 비하면 탐지하기가 극도로 어렵다(그림 8.4). 거의 대부분의 별들이 1년 동안 약 1초각 미만씩 시차이동을 하고 있다. 맨눈으로 보이는 대다수 별들은 0.1초각에도 못 미치는 미세한 범위 안에서 시차이동을 한다. 20/20 시력 단위로 표시된 시력검사표의 글자 간 간격이 5분각 arc minute임을 감안하면 별들의 시차이동 범위가 얼마나 미세한지 실감이 날 것이다. 그 글자 간격이 별들의 이동 범위보다 3,000배나 크다.

그 후로 위치천문학은 꽤 훌륭하지만 지루한 학문으로 전락했다. 시차 측정이 대단히 어렵다는 점도 한몫했다. 베셀이 백조자리 61번의 거리를 측정한 이후 반세기 동안 새롭게 거리가 계산된 별은 고작 1년에 하나 꼴밖에 안 되었다. 20세기를 지나면서 발달한 사진건판 기술 덕분에 별을 포착하고 위치를 측정하는 일이 한결 수월해졌다. 우리 은하의 지도를 작성하기 위한 윌리엄 허셜의 프

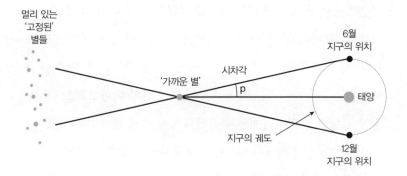

멀리 있는 '고정된' 별들

6월 지구의 위치

시차각

'가까운 별'

p

태양

지구의 궤도

12월 지구의 위치

그림 8.4 망원경이 발명된 후에도 200년이 넘도록 별들 사이의 거리를 측정할 수 없었다. 1803년에 처음으로 성공한 이 기법은 히파르코스 탐사위성에도 이용된 기법이다. 히파르코스는 이 기법을 통해 지구가 태양의 둘레를 공전함에 따라 발생하는 '더 먼 별에 대한 가까운 별의 시각차'를 탐지한다(크리스 임피/애리조나대학).

로젝트는 유럽과 미국의 연구자들이 이어받았다. 그러나 어려움은 또 있었다. 대기라는 골칫덩어리가 모든 별들의 빛을 지름 1초각(3,600분의 1도)까지 흐릿하게 퍼뜨리기 일쑤였다. 시차이동을 탐지하기 위해 측정해야 하는 각도보다 오히려 큰 오차를 야기한 것이다. 눈의 굴절과 망원경의 곡률도 시차 측정을 방해하기는 마찬가지였다. 대기의 장벽에 번번이 부딪친 천문학자들로서는 대기가 없는 순수한 진공 환경을 찾는 수밖에 달리 방도가 없었다. 우주로 나가야 했다.

히파르코스, 하늘을 스캔하다

1980년대 즈음까지 천문학자들은 우주관측소를 설치하여 우주

공간에 흩어져 있는 별들의 위치를 측정할 수 있다면 꽤 괜찮은 투자가 될 것이라고 자금지원 기관들을 줄기차게 설득했다. 그리고 1989년, 유럽우주기구에서 설계연구를 거친 고정밀 시차 수집 위성High Precision Parallax Collection Satellite, Hipparcos 일명 히파르코스 탐사위성이 프랑스령 기아나에서 아리안 4호 로켓에 실려 발사되었다.[32] 히파르코스는 이 책에서 다루는 우주탐사 밀사들 중 나사의 지원이나 관리를 받지 않은 유일한 탐사장비지만, 이 밀사의 중요성은 태어난 국가를 초월한다. 현재 미국의 천문학자들도 다양한 연구에 이 위성의 광범위한 자료를 이용하고 있다. 밤하늘에는 국경선도 없을뿐더러 국제적 공조는 이제 천문학의 공통어가 되었다. 사실 별들은 어느 한 사람의 소유가 아닌, 모든 이의 것이다.

천문학자들이 하늘의 지도를 그릴 수 있을 만큼 관측 정확도를 높여준 히파르코스 망원경은 기껏해야 정찬용 접시만 한 직경 29센티미터짜리 망원경이다. 지금은 아마추어 천문가들도 그보다 더 큰 렌즈를 반사경으로 이용해 망원경을 제작한다. 히파르코스는 1989년 8월부터 1993년 3월 임무가 종료될 때까지 불과 3년 6개월 동안 작동했지만, 이 탐사위성의 자료들은 아직까지도 과학적 결과들을 생산하고 있으며 20년이 지난 지금도 출판물을 내놓고 있다.[33]

히파르코스는 전하결합소자, 즉 CCD 탐지 기술이 등장하기 전 마지막 탐사위성들 중 하나다. 이 탐사위성은 하늘을 크게 둘로 나누어 스캔하듯 관측했는데, 이때 수집된 별빛은 투명과 반투명 띠가 교대로 배치된 장치를 통과한 다음 구식 광전자증배관photomultiplier tube에 닿는다. 히파르코스 탐사위성의 주요 임무는 0.002초각의 정확도로 10만 개에 이르는 별의 위치를 측정하는 것이다. 0.002초각이 어느 정도인지 감이 잘 안 잡힌다면, 지구의 대기로 인해 흐릿해진 별의 이미지가 일반적으로 보여주는 각도 차이보다 500배 적다고 생각하면 된다. 그래도 이해가 안 된다면 이렇게 상상해보자. 뉴욕에 있는 1페니 동전의 지름을 밑변으로 하고 파리까지 두 변을 그어 삼각형을 만들었을 때 그 꼭짓점의 각도를 생각하면 된다.

빙 둘러서 울타리가 쳐진 거대한 도시가 있고, 밤에 도시 밖에 있는 당신이 높은 울타리 둘레를 걸어가면서 도시 안을 바라본다고 상상해보자. 도시의 불빛은 울타리 살을 지날 때는 가려졌다가 살 사이 틈을 지날 때 다시 보이면서 깜빡일 것이다. 이번에는 상황을 바꿔서 도시 안에서 머리에 두건을 푹 눌러 쓰고 있다고 생각해보자. 눈 부위에 뚫린 구멍에 아주 가는 살들이 마치 초소형 울타리처럼 덮여 있다. 당신이 그 자리에 서서 회전하면 거리와 건물들의 빛이 눈구멍의 살들 사이로 보였다 사라졌다 할 것이다. 히파르코스도 이러한 두 상황에서처럼 20분 간격으로 임의의 별을 관찰하면서 두 시간마다 커다란 원을 그리며 하늘을 스캔했다. 두 살 사이의 각도가 1초각밖에 안 되고 하나의 별을 수백 번 이상 관측하기 때문에 각도 오차가 매우 적고 더 정밀하게 측정할 수 있었다. 히파르코스가 회전하며 반복적으로 스캔한 하늘의 자료들은 위치를 측정할 때만이 아니라 수십만 개에 이르는 별들의 밝기에서 일어나는 변화를 탐지할 때도 이용된다.

히파르코스가 입수한 자료를 직접 보고 싶다면, 유럽우주기구가 웹사이트에서 제공하는 하늘의 지도를 보면 된다. 하늘의 지도라고 해도 손바닥 위에 올려놓을 수 있을 만큼 작다.[34] 히파르코스 스타 글로브Hipparcos Star Globe는 히파르코스 탐사위성이 측정한 가장 밝은 별들과 주요 별자리들의 약도를 나타낸 것으로, 종이에 인쇄해서 둥근 모양으로 조립할 수도 있다. 하늘을 삼각형 20개로 나누어 그렸기 때문에 실제로 이어붙이면 20면체의 다각형 구조가 된다. 물론 이 천문학적 종이접기 설명서도 유럽우주기구 웹사이트에서 제공한다.

이처럼 간단한 하늘 약도는 밤하늘 별들의 '골격'에 지나지 않는다. 사실 히파르코스는 매우 정교한 해부도를 그려냈다. 히파르코스의 주요 장비는 11만 8,218개 별들의 위치를 매우 정확하게 측정하고 도표로 보여주었다.[35] 또한 빔 스플리터beam-splitter를 이용한 2차 탐지를 통해 약간 정확도가 낮은 하늘의 지도도 그렸다.《티코 성표Tycho Catalog》라고 불리는 이 별 목록에는 105만 8,332개의 별이 수록되어 있다.[36] 히파르코스 탐사위성의 운전이 종료되고 몇 년 후 천문학자들은 최종적으로 253만 9,913개의 별들이 수록된 《티코-2 성표》를 발표했다.[37] 그중 99퍼센트의 별들이 광도 11등급 이하의 별들인데, 가장 밝은 별인 시리우스보다 무려 10만 배나 흐린 별들이다. 히파르코스는 우리 은하라고 불리는 '별들의 도시'에 위치한 우리 지역을 이처럼 정교하고 세밀하게 지도로 작성했다(plate 14).

우주탐사 임무들이 내놓는 복잡하고 풍부한 자료들은 그 결과가 모두 알려지기까지 대개 몇 년이 걸린다. 히파르코스도 예외는 아니다.《티코-2 성표》는 히파르코스 탐사위성이 마지막으로 자료를 전송하고 7년이 지난 2000년에야 출판되었다. 그보다 최근인 2007년에는 네덜란드의 천문학자 플로르 판 레이우엔이 히파르코스의 자료를 재분석했다. 그는 초기 분석에서 누락되었거나 간과되었던 수많은 자잘한 효과들의 원인을 규명했다. 가령 탐사위성이 지구의 그림자 범위로 들어갔다가 다시 태양빛을 받을 때마다 영상기하학에서 나타나는 미묘한 변화들이라든가, 미소운석들의 충돌로 탐사위성의 방향이 미세하게 전환되면서 나타나는 효과들을 다시 분석한 것이다.

컴퓨터 성능이 향상된 것도 그에게는 엄청난 이점이었다. 100만 개의 별이 있다고 가정했을 때 임의의 별과 다른 모든 별들 사이의 각도는 100만 제곱 개 또는 1조 개나 된다. 위치 오차를 찾아내려면 이 1조 개의 각도들을 숱하게 반복해서 계산해야 하는데, 히파르코스 탐사위성의 임무가 종료될 당시 이 작업은 컴퓨터 프로세서로 6개월이 걸린 반면 판 레이우엔은 훨씬 더 빠른 프로세서를 이용해서 불과 일주일 만에 끝냈다. 그의 분석을 통해 위치 오차는 처음 목표했던 0.002초각보다 세 배 가량 줄어들었고, 가장 밝은 별들의 경우에는 10배까지 오차를 줄일 수 있었다.[38] 얼마나 미세한 각도인지 감이 안 잡힌다면, 이번에는 뉴욕에 있는 1페니 동전 앞면에 새겨진 링컨 대통령 눈동자의 지름을 밑변으로 삼고 파리까지 삼각형을 그렸을 때 그 삼각형 꼭짓점의 각도를 상상해보시라.

히파르코스의 재주는 별의 위치를 측정할 때 각 별들의 위치를 일일이 따로따로 측정한 게 아니라 하늘 전체를 스캔하듯 가로지르며 위치를 측정했다는 점이다. 한마디로 엄청난 숫자로 승부를 건 셈이다. 만약 우리가 크기는 비슷하지만 모양이 불규칙한 타일로 큰 방의 바닥을 덮는다고 생각해보자. 타일을 한 장씩 붙인다면 이웃한 타일과 얼추 비슷한 것들로 간격을 유지하며 붙일 수 있겠지만, 방이 아니라 넓은 지역이라면 얘기가 달라진다. 달리 말해서 균일성을 유지하기가 몹시 어려울 것이다. 한가운데서 바깥쪽으로 타일을 붙이든, 바깥쪽에서 중심으로 붙이든, 아니면 좌우로 붙여나가든, 어디선가는 분명히 타일들이 겹치거나 간격이 너무 뜰 수 있다. 최적의 해법은 임의의 타일 두 개 사이의 간격(거리)을 알고, 전체 면적을 덮을 수 있도록 그 간격을 조절한 후 고르게 채우는 것이다. 여기서 타일은 밤하늘의 별들이고, 과학자들이 했던 일이 바로 히파르코스가 계산한 자료에 맞춰 타일을 붙이는 것이다. 모든 별들을 동시에 만족시킬 수 있는 최적의 해법을 찾은 것이다. 물론 실제로 타일 붙이기는 그 당시 최고 성능의 컴퓨터로도 수행하기 버거운 계산이었다.

숫자만으로 히파르코스의 임무를 다 설명할 수는 없다. 숫자 이면에는 히파르코스의 임무를 성공시키기 위해 과학자로서의 경력을 모두 쏟아부은 사람들이 있었다. 런던 바로 북쪽의 루턴이라는 음산한 공업도시에서 태어난 마이클 페리먼은 어릴 때부터 수학과 숫자에 관심이 많았다. 그를 가르친 수학 선생님은 그에게 좀더 유망한 직업과 관련 있는 과목을 공부하라고 조언했다. 하지만 페리먼은 선생님의 조언을 뒤로 하고 케임브리지대학에서 이론물리학을 공부했다. 박사학위를 따기 위해 케임브리지에 있는 동안 전파천문학으로 관심을 돌린 페리먼은 1974년 펄서를 발견한 공로로 마틴 라일과 안토니 휴이시에게 노벨상이 돌아갔다는 소식으로 잔뜩 고무된 일단의 무리에 합류한다. 이때부터 페리먼은 따분하고 매력 없지만 매우 중요한 '별들의 지도'를 그리는 일에 꼬박 30년을 바쳤다. 천문학의 걸출한 영웅 티코 브라헤가 별 관측에 보낸 시간보다도 더 긴 세월을 헌신한 것이다.[39] 마땅히 2001년 유럽천문학회는 신망 있는 티코 브라헤 상의 수상자로 페리먼을 택했다.

페리먼이 히파르코스 탐사위성 프로젝트 과학자로 뽑혔을 때 그의 나이 불과 26세였다. 명예도 컸지만, 사실 젊은 과학도가 짊어지기에는 그 책임이 너무 막중했다.[40] 프로젝트 과학자로 임명되자마자 그는 200여 과학자들의 협력을 이끌어내고 복잡한 다국적 프로젝트를 진행하는 데 따르는 온갖 문제들을 해결할 책임이 자신에게 있음을 실감했다. 가장 큰 골칫거리는 발사 직후에 불거졌다. 아리안 발사 로켓의 모터가 정상적으로 작동하지 않는 바람에 탐사위성이 예정된 지구정지궤도에 진입하지 못한 것이다. 예정에 없던 궤도에 오른 히파르코스는 하루에 두 번씩 매우 높은 수준의 복사열에 노출되었고, 그 상태라면 몇 달도 버티지 못할 터였다. 프로젝트팀이 백방으로 손을 써서 가까스로 최악의 상황을 모면하긴 했지만, 자이로스코프들마저도 망가져버리는 바람에 페리먼은 2년 이상을 '다모클레스의 칼'을 머리 위에 매달고 사는 기분이었다. 한마디로 언제 터질지 모르는 시한폭탄을 끌어안고 있는 꼴이었다. 하지만 히파르코스 탐사위성은 예정된 수명과 과학이라는 두 가지 목표를 거뜬히 초과 달성했다. 히파르코스 프로젝트와 별도로 페리먼은 하이킹과 동굴탐험을 즐겼는데, 어쩌면 그 나름대로 하늘을 바라보는 일상의 삶에서 땅 속으로 탈출을 꾀한 게 아닌가 싶다.

멀고 먼 우주에서도

한 가지 관찰모드만 갖고 있는 작은 망원경이 행성들과 우주 전체를 다루는 천체물리학의 모든 영역을 아우른다고 하면 과장처럼 들리겠지만, 실제로 히파르코스는 그 일을 해냈다. 10만 개가 넘는 별들의 위치를 이전 어떤 측정보다 200배나 정확하게 측정함으로써 히파르코스는 별들의 기본 속성을 새롭게 정의하고 가다듬었다. 가까운 은하들까지의 거리, 더 나아가 우주의 넓이를 측정하기 위한 수많은 방법들이 별들의 기본 속성을 아는 데서 출발한다는 점에서 이 업적은 천체물리학의 토대라고 할 수 있다.[41] 이웃 별들까지의 거리를 모른다면 '적색편이'를 우주 팽창에 따른 '거리'로 여기는 우주론적 이해체계 전체가 흔들릴 수도 있다. (적색편이란 은하들이 멀어지면서 복사에너지가 긴 파장 쪽으로 편향되는 현상을 말한다.)

태양계 안에 있는 행성들까지의 거리는 이미 매우 정확하게 측정되었다. 우리는 수성, 금성, 화성으로 전파를 쏜 다음 되돌아오는 데 걸리는 시간으로 각 행성들까지의 거리를 계산한다. 외태양계 행성들까지의 거리는 공전주기와 거리 사이의 관계를 정립한 케플러의 법칙으로 쉽게 계산할 수 있다. 하지만 일단 태양계를 벗어나면 아무리 가장 가까운 별이라고 해도 수조 킬로미터나 떨어져 있다! 임의의 한 별까지의 거리를 측정하는 가장 직접적인 방법은 관점을 약간 달리하여, 지구의 공전궤도상에서 6개월 간격으로 그 별의 위치를 관찰하는 것이다. 앞서도 살펴보았듯 이것이 바로 별의 시차다. 지구 공전궤도의 지름을 밑변으로 하고 임의의 별까지 그보다 수만 배 더 긴 직선을 그으면 아주 가느다란 예각 삼각형을 얻게 된다. 삼각법으로 측정한 거리는 (3차원의 공간을 점과 선과 면으로 이루어진 편평한 유클리드 기하학으로 다루기는 했지만) 단순한 추정치가 아니기 때문에 우주의 다른 모든 표적들까지의 거리를 결정하기 위한 매우 안전한 토대가 된다.[42]

천문학자들이 더 넓은 우주로 관측 영역을 넓혀감에 따라 전반적인 규모에 적용할 수 있는 거리 측정법이 시급해졌다. 그래서 생각한 것이 적용 범위가 각기 다른 일련의 지표들을 구하고 그 교집합을 찾는 것이었다. 사다리들을 연결해서 하늘 높이 올라간다고 가정해보자. 사다리 아래쪽이 살짝이라도 흔들린다면 사다리 전체가 휘청거릴 것이다. 마찬가지로 짧은 거리의 규모가 오차 없이 탄탄해야만 은하들까지의 거리도 더 정확하고 신뢰도가 높아진다. 히파르코스 이전의 천문학자들은 겨우 1퍼센트의 정확도로, 그것도 수십 개에 불과한 별들의 거리를 측정했다. 히파르코스 탐사위성은 이것을 400개가 넘는 별들의 등급까지 알아낼 만큼 진전시켰다. 히파르코스가 신뢰할 만한 삼각법을 이용해 5퍼센트 정확도 수준으로 거리를 측정한 별들의 숫자는 100여 개에서 7,000여 개까지 늘어났다. 현재는 태양으로부터 거의 500광년에 이르는 별들에게도 신뢰할 만한 수준의 거리 결정법을 광범위하게 활용할 수 있다. 우리 은하의 폭이 10만 광년이라는 사실에 비추어 보면 500광년은 작은 조각에 불과하지만, 이 작은 우주 조각 안에도 우리가 알고 있는 거의 모든 유형의 별들과 외계 행성들이 포함되어 있다. 거리에 대한 지도가 정확할수록 크기와 광도, 질량과 같은 다른 변수들에 대한 지도도 정확해진다.

히파르코스는 밝은 별인 북극성까지의 거리를 432광년으로 측정했는데, 이는 30광년이었던 기존의 오차 범위를 7광년으로 줄인 것이다. 거리 척도에서 북극성이 중요한 까닭은 이 별이 세페이드 변광성과 가장 가까우면서도 가장 밝은 별이기 때문이다. 세페이드 변광성은 우리 은하 내의 우리 이웃들뿐 아니라 수천만 광년 떨어진 다른 은하들에도 적용될 수 있는 거리 지표의 기준이 된다. 안타깝게도 북극성은 밝기가 변칙적이라는 사실이 밝혀졌고, 최근의 한 연구를 통해 히파르코스가 432광년으로 계산한 북극성까지의 거리도 323광년으로 조정되었다.[43] 막연하게 3,200광년으로 측정되었던 또 다른 밝은 별 데네브(백조자리의 알파성)까지의 거리도 1,400광년으로 수정되었다. 이 별의 오차 범위는 230광년이다. 이 밖에 히파르코스는 플레이아데스와 히아데스 같은 몇몇 개방성단들까지의 거리도 측정했고, 이로써 우리는 더 먼 우주에까지 다리를 놓을 수 있게 되었다.[44]

우선 주계열성들의 경향(수소 핵융합을 에너지원으로 하는 경우 온도와 광도 사이의 관계)은 그 성단 내의 모든 별들에 적용해도 들어맞는다. 따라서 별의 밝기가 거리의 제곱에 반비례한다는 점을 이용하면 주계열성 최적합 맞추기를 통해서 임의의 두 성단의 상대적 거리를 구할 수 있다. 둘째 임의의 한 성단은 세페이드나 거문고자리 RR과 같이 아주 먼 거리에서도 보이는 희귀한 변광성들을 포함하고 있다. (북극성은 세페이드 변광성 근처에 있다.) 세페이드 변광성들은 광도와 변광주기의 관계가 선형적이기 때문에 두 세페이드 변광성의 변광주기와 상대적 밝기를 알면 그 둘의 상대적 거리도 계산할 수 있다.[45] 인접한 변광성들의 시차 측정은 5,400만 광년 떨어진 처녀자리은하단처럼 아주 먼 은하들이 갖고 있는 유사한 변광성들에도 적용될 수 있다. 일단 은하들 영역에서 회전속도나 크기와 같은 전반적인 특징들을 알아내면 그것을 이용해 상대적인 거리를 계산할 수 있다.

물론 이쯤 되면 사다리는 금방이라도 무너질 것처럼 휘청거리고 오차율도 10퍼센트를 훌쩍 넘어간다. 이 지점을 넘어서면 모든 은하들이 우주 팽창으로 인해 적색편이를 일으키며, 지구로부터의 거리도 빅뱅 모델의 맥락에서 결정된다. 초신성이라고 불리는 별들의 폭발도 지구로부터 수십억 광년 떨어진 머나먼 은하들까지의 거리를 계산하는 데 이용할 수 있지만, 아무튼 이 모든 방법들의 뿌리는 소박한 히파르코스 우주망원경의 임무에 있다.

작지만 일당백

위치천문학은 현대 천문학의 '신데렐라'인지도 모른다. 하지만 천문학의 전 분야가 별들의 밝기와 위치가 표시된 정확한 지도에서

출발한다는 사실을 모르는 천문학자는 없다. 히파르코스 탐사위성은 가장 정확한 기준 척도를 제공함으로써 천체 측정의 역사에 지렛대 효과를 가져왔다.[46] 천문학자들은 19세기 중엽에 발명된 사진 건판 기술 덕분에 연대별로 별들의 위치를 비교하는 것이 가능해졌다. 이론적으로는 별의 움직임도 밝힐 수 있어야 했지만, 건판상의 오류를 판별하는 기준도 모호한 데다 어떤 연대의 사진들이 가장 큰 오차를 갖고 있는지도 불분명했다. 그런데 견고한 '황금 기준'을 제공한 히파르코스 덕분에 천문학자들은 한 세기 전 자료들에서 새로운 통찰들을 건져냈다.

히파르코스 탐사위성이 임의의 별에 대해 100여 차례 이상 관측한 덕분에 각 별의 변광 범위도 탐지되었다. 히파르코스의 관측자료에서 1만 2,000개가 넘는 변광성이 발견되었는데, 그중 약 3분의 2 정도의 별들이 이전에는 알려지지 않았었다. 히파르코스가 발견한 변광성 중 10퍼센트는 이미 연구가 완료되었다.[47] 변광성 관측은 아마추어 천문가 조직과의 협력으로 이뤄냈다. 어떤 별 하나가 탐사위성의 시야에서 일시적으로 사라지면 아마추어 천문가들이 자료를 활용해서 그 자리를 메워나갔다. 이밖에 히파르코스는 두 개 혹은 여러 개의 별들로 이루어진 항성계들도 2만 4,000개 이상 분류해냈다.[48] 쌍성들은 과학팀에게 진짜 골칫거리였는데, 그 이유는 광도 측정도 곤란할뿐더러 두 별의 이미지가 말끔하게 분리되지 않는 쌍성인 경우에는 흐릿한 짝이 더 밝은 짝의 위치를 헷갈리게 할 수도 있기 때문이다.

히파르코스의 관측결과들 중 표본 하나만 살펴봐도 히파르코스 데이터의 활용 범위가 얼마나 넓은지 알 수 있다. 은하고고학이 그 좋은 예다. 히파르코스 데이터는 태양과 이웃한 별들 중 일부가 우리 은하에 속한 대부분의 별들이 형성되었던 원반보다 10배나 두꺼운 원반에서 태어났다는 사실을 보여주었다.[49] 태양과 그 이웃한 별들의 성분 중 무거운 원소의 함량 차이는 우리 은하가 수십억 년에 걸쳐 더 작은 은하들이 모여 조립되었다는 은하 모델과 일치한다.[50] 그런데 우리 은하 중심의 둥근 헤일로halo•에 있는 별들 중 10퍼센트에 이르는 별들은 '두꺼운' 원반에서 형성된 별들과 마찬가지로 우리 은하가 형성된 직후에 끼어든 '침입자 은하'에서 형성된 것처럼 보였다.

그뿐 아니라 히파르코스가 선명하게 찍은 별들의 이동 이미지를 바탕으로 천문학자들은 시간을 거꾸로 돌려서 지난 5억 년 동안 우리 은하 원반의 안팎을 넘나들며 회전한 태양의 경로를 추적할 수 있었다. 그동안 태양은 우리 은하의 나선 팔을 네 번 통과했는데, 그 시기가 지구의 기후 역사에서 유난히 한파가 길었던 기간과 일치했다. 나선 팔에 머무는 동안 고도의 우주선 흐름에 노출되고, 그 결과 구름이 더 많이 덮이면서 빙하기를 연장했을 것으로 보인다.[51]

히파르코스 데이터는 몇몇 항성계 안에 흐릿하게 보이는 천체들이 갈색왜성이라는 사실을 증명하는 데도 이용되었다. 또렷하게 모습을 드러내지 않는 갈색왜성들은 대개 태양 질량의 8퍼센트에 불

• 은하 전체를 감싸듯이 구형으로 분포되어 있는 희박한 가스층으로 은하 중심에 주로 몰려 있으며, 성간물질과 구상성단이 흩어져 있다.

과한 가스 천체들로, 너무 차가워서 핵융합 반응으로 빛을 내지 못한다. 이런 왜성들은 우주 공간으로 에너지를 흘리면서 천천히 수축하는 과정에서 빛 대신 적외선을 방출한다.

1991년 어렴풋하게 빛나는 별 하나가 그 앞을 지나는 거대 가스 행성의 그림자에 가려지는 모습이 히파르코스의 탐지기에 잡혔다. 이것은 태양계 너머에서 최초로 '행성'을 발견해서 세상을 놀라게 한 미셸 마이어와 디디에 켈로즈보다 4년이나 앞선 발견이었다. 하지만 1999년에 이 행성을 가리고 있던 장막이 걷히기 전까지 히파르코스 데이터에서 이런 징후를 눈여겨본 사람은 아무도 없었다.[52] 그때부터 지금까지 연구자들은 히파르코스가 축적한 데이터베이스에서 외계 행성들을 줄줄이 캐내고 있다.

히파르코스는 일반상대성 이론을 아름답게 확증한 탐사위성으로도 유명하다. (카시니가 일반상대성 이론을 검증했다는 사실은 5장에서 이미 살펴보았다.) 아인슈타인은 질량이 빛을 휘어지게 만든다는 사실을 이론으로 정립했고, 이 이론은 1919년 일식에서 태양의 가장자리를 스쳐지나는 별빛의 휘어짐을 관찰함으로써 최초로 증명되었다. 일반상대성 이론에 따르면 태양의 가장자리에서 빛은 1.7초각 휘어지며, 이 휘어짐은 태양의 중력으로부터 투사거리가 멀어질수록 감소하지만, 태양을 바라보는 시선에 대한 수직선을 기준으로 삼았을 때는 0.004초각의 휘어짐까지 탐지할 수 있다.[53] 히파르코스는 이 미세한 휘어짐을 측정함으로써 공간의 휘어짐이라는 패러다임이 모든 곳에 적용된다는 사실을 증명했다. 사실 이 곡률은 너무나 미세하기 때문에 거리를 측정할 때 이용하는 유클리드 삼각법에는 영향을 미치지 않는다. 우주의 크기와 팽창속도를 정확하게 측정하는 동시에 일반상대성 이론을 검증하는 일은, 너무 작아서 그 존재조차 잊히기 일쑤인 우주탐사 밀사들만이 할 수 있는 대단한 업적이다.

차세대 탐사위성 가이아

어떤 면에서, 밤하늘을 바라보던 고대 조상들과 현재 우리는 별로 다를 바가 없다. 오늘날의 천문학자들도 똑같이 우리 은하 안팎의 별들의 패턴을 해석하고 있다. 유럽우주기구는 2013년 말에 차세대 천체 측정 임무를 수행할 가이아 탐사위성을 발사했다. 천체물리학을 위한 글로벌 측정학적 간섭계Global Astrometric Interferometer for Astrophysics, GAIA 즉 가이아로 명명된 이 탐사위성은 히파르코스의 임무를 확장한 것이다.[54] 가이아 탐사위성은 조사 범위와 정확성 면에서 히파르코스를 훨씬 더 능가할 것이며, 우리 은하에 속한 수십억 개 별들에 대한 데이터를 축적하여 각각의 위치와 거리, 밝기와 이동을 정밀한 지도로 작성하게 될 것이다(그림 8.5).

가이아 탐사위성에는 히파르코스의 것보다 훨씬 더 큰 망원경과 감도가 뛰어난 CCD 탐지기가 장착되었다. 가이아는 15등급의 별들, 쉽게 말해 우리 눈이 감지할 수 있는 것보다 4,000배 희미한 별들에 대해서는 20마이크로 초각의 정확도를, 그리고 20등급의 별들, 즉 우리 눈이 감지할 수 있는 것보다 40만 배 희미한 별들에 대해서는 200마이크로 초각의 정확도를 구현하는 것을 목표로 삼고 있다. 히파르코스의 임무에서 예로 들었던 삼각형으로 설명하자면, 뉴욕에 있는 1페니 동전 앞면에 새겨진 링컨 대통령의 눈동자의 지름을 밑변으로 하는 삼각형을 그리되, 이번에는 파리가 아니라 달 표면에 꼭짓점이 있는 삼각형을 그려야 한다!

가이아 탐사위성은 수천 개의 외계 행성들의 특징을 잡아내고 부모별의 세력권 안에서 나타나는 그 행성들의 미세한 움직임까지 포착해낼 것으로 기대된다. 이 머나먼 세상들 중에는 틀림없이 지구와 닮은 행성이 존재할 것이다. 하지만 가이아의 핵심 임무는 바로 대단히 정밀하고 정확하게 우리 은하의 3D 지도를 그리는 것이다.[55] 가이아 웹사이트에서 밝히고 있듯이 "가이아는 별들의 기원

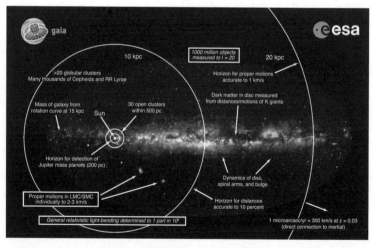

그림 8.5 별들의 거리를 측정하는 다재다능한 가이아의 기능은 광범위한 천문학 프로젝트들에 유용하게 이용될 것이다. 히파르코스는 수백만 개의 별들을 다뤘지만 가이아 탐사위성은 10억 개에 이르는 별들을 측정함으로써 일반상대성 이론의 국소적 검증은 물론이고, 우리 은하에 대한 역사적 고증까지 가능하게 해줄 것이다(유럽우주기구/가이아).

과 향후 진화의 단서를 숨기고 있는 별들의 이동을 지도로 작성하게 될 것이다. 또한 포괄적인 광도 분류를 통해 관측한 10억 개 별들 각각의 물리적 특징들을 밝혀낼 것이다." 물리적 특징들에는 광도뿐 아니라 별의 온도와 중력, 원소 조성에 관한 데이터도 포함되며, 이런 정보들을 바탕으로 우리는 우리 은하의 기원과 구조, 그리고 진화의 베일을 벗겨낼 수 있을 것이다.

"가이아가 거둘 것으로 예상되는 과학적 수확은 상상을 초월할 만큼 광범위하고 중대한 의미를 갖는다. ... 기본적인 물리적 특성과 관련된 성과들 중에서도 특히 가이아는 태양에 의한 별빛의 휘어짐을 하늘 전반에 걸쳐서 추적함으로써 시공간 구조를 직접적으로 관찰하게 될 것이다."

가이아 탐사위성 계획자들은 그 선배 탐사위성과 가이아를 이렇게 비교한다.

"히파르코스의 데이터가 16권짜리 책이라면, 가이아는 16만 권에 이를 겁니다. 평범한 책꽂이 정도로는 어림도 없죠. 파리에서 암스테르담까지 이어진 책꽂이 정도는 있어야 할 겁니다."[56]

가이아가 해낼 가장 중요한 일은 어쩌면 우리 은하뿐 아니라 더 나아가 우주 안에서의 인류의 보금자리에 대한 우리의 관점을 본질적으로 바꿔놓는 것인지도 모른다. 아폴로 8호의 '달에서 본 지구'나 아폴로 17호의 '지구 전신사진'을 훨씬 초월하여, 가이아 탐사위성은 성간우주의 틈에 끼인 모래 알갱이 같은 지구를 보여주며 우리의 관점을 송두리째 뒤엎고 재정비할 잠재력을 갖고 있다.

천문학자들 사이에서는 이미 이 탐사위성이 대중에게 어느 정도로 강력한 파장을 미칠지가 화제다. 각종 교육기관과 천체투영관에서 가상 천문학 강좌를 신설할 계획을 세우고 있는 것으로 미루어 볼 때, 앞으로 10년 안에 우리 아이들은 가장 가까운 이웃 별들 사이에서 우리의 '자리'를 정교하고 세밀한 영상으로 감상하게 될 것이다. 또한 가이아 탐사위성이 축적하게 될 새롭고 풍부한 데이터를 활용해 3D 버전으로 구축한 광활한 우리 은하 가상비행은 가이아에 잠재된 수많은 교육적 효과 중 하나에 불과할지도 모른다.[57] 가이아의 데이터로 구축될 가상 은하는 우리 은하 안에 있는 우리의 '자리'에 대한 과학적이고 대중적인 이해의 판도를 근본적으로 바꾸어놓을 것이다.

현재 전 세계 인구의 절반 정도가 도시 지역에 살고 있다. 도시들이 안고 있는 빛 오염을 감안하면 인류의 50퍼센트가 밤하늘에 접근할 기회나 지식을 넓힐 기회를 잃어버린 셈이다. 그러나 히파르코스와 가이아 같은 과학 탐사위성들은 별들과 우리의 관계를 회복시켜주고 있으며, 우리 은하 속 지구의 위치에 대한 놀랍고도 새로운 지식을 꾸준히 생산하고 있다. 히파르코스는 우리가 우리 아이들에게 들려줄 우리 은하의 과거와 현재의 구조, 그리고 별들 근처를 배회하고 있는 외계 행성들에 대한 이야기를 이미 말끔하게 다듬어주었다. 이제는 가이아가 그 배턴을 이어받아 교과서를 새롭게 고쳐 쓸 차례다. 우리가 미래 세대들에게 들려줄 우리 은하에 관한 이야기들은 우리와 닮은 세상들의 숫자와 위치의 비밀을 담고 있을 뿐 아니라 미래 인류의 존망을 결정할 중대한 이야기가 될 것이다.

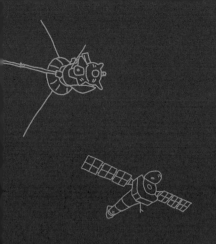

9장

스피처,
차가운 우주의 베일을 벗기다

우주는 대부분 텅 비어 있지만, 흐릿하고 불그레한 별빛들 사이의 공간은 가스와 먼지로 채워져 있다.[1] 가스와 미세한 먼지 알갱이들로 이루어진 수천조 제곱킬로미터 넓이의 거대한 이 구름들은 가시광선을 흡수한 후 적외선 파장으로 재복사한다. 나사의 스피처Spitzer 우주망원경은 성간먼지를 투시할 수 있는 놀라운 능력을 발휘하여 우리와 가장 가까운 오리온성운처럼 별들이 태어난 광대한 구름 속을 보여주고 있다. 스피처는 이전에는 투시가 거의 불가능했던 우리 은하의 어둡고 먼지 가득한 면을 꿰뚫어볼 수도 있다. 생명체처럼 열을 발산하는 물체는 물론이고 행성이나 위성들, 심지어 지름이 100분의 1밀리미터에서 1만분의 1밀리미터밖에 안 되는 (암석질의) 규산염 알갱이와 (검댕 같은) 탄소처럼 우주에 퍼져 있는 차가운 물체들도 적외선을 방출한다. 이처럼 인간의 눈으로는 볼 수 없는 긴 파장의 빛을 내는 물체는 오직 적외선망원경으로만 볼 수 있다. 지구에서 수십억 광년 떨어진 빛도 탐지할 수 있는 스피처 우주망원경은 바로 이처럼 인간의 눈으로 볼 수 없고 냉랭한 우주를 전례 없이 또렷하게 보여주었다.

2015년 초반까지 알려진 1,000여 개 이상의 외계 행성들과 케플러 망원경이 정체를 밝힌 4,600여 개의 후보 행성들 말고도 천문학자들은 우리 은하에 최소한 500억 개의 외계 행성들이 있을 것으로 추산한다. 과학자들은 그중에서 특히 생명을 허용할 만큼 부모별과의 거리를 유지하며 궤도를 돌고 있는 행성도 5억 개쯤 있을 것으로 예상한다.[2] 이처럼 태양계 밖 세상들을 탐지하고 그 특징들을 밝히는 일을 나사의 스피처 우주망원경이 돕고 있다.

2010년 12월 스피처는 최초로 탄소가 풍부한 외계 행성을 발견했다. 우리와 1,200광년 떨어져 있는 WASP-12b라는 이름이 붙은 이 행성의 지질은 대부분 다이아몬드와 흑연으로 이루어진 것으로 추정된다.[3] 지구의 광물이 일반적으로 규소와 산소가 함유된 석영과 장석의 형태로 존재하는 점과 비교하면, 스피처가 관측한 WASP-12b는 지구의 지질과 닮은 데가 전혀 없다. 탄소가 풍부한 행성들에 대한 가설을 제시했던 나사 고더드우주비행센터의 천문학자 마크 쿠치너는 행성의 구성성분 중 탄소가 증가하면 행성의 지질학도 완전히 달라진다고 설명한다.

"이런 일이 지구에서 일어난다면 우리는 희귀하고 값비싼 '유리'를 결혼반지로 쓸 겁니다. 그런 지구의 산들은 온통 다이아몬드 천지겠죠."[4]

스피처가 전송한 외계 행성들의 지질성분에 대한 정보를 바탕으로 천문학자들은 애초의 예상을 완전히 뛰어넘는 뜻밖의 사실들을 발견하고 있다.

우리와 가까운 우주의 희미한 세상들을 탐지하는 한편으로 스피처는 엄청난 속도로 별들을 벼려내고 있는 수십억 광년 떨어진 거대한 은하들도 발견했다. 적외선 복사로 밝게 빛나는 은하 하나 안에서만 매년 수천 개의 별들이 만들어지고 있을 가능성이 크다. 우리 은하에서 매년 두 개의 별이 형성되는 것과 비교하면 엄청난 숫자다. 이런 '폭발적 항성 생성' 은하들은 우주의 초기 건설단계에서 피어 오른 일종의 적외선 봉화로 볼 수 있는데, 이 단계에서는 최초로 작은 은하 '조각들'이 조립되어 거대한 은하들을 형성했을 것이다.[5] 먼지로 덮인 머나먼 은하들의 심장부 깊은 곳에서는 정말이지 환상적인 속도로 새로운 세상들이 탄생하고 있다. 우주에 띄워놓은 소박한 크기의 망원경 하나가 이런 은하들의 중심부를 꿰뚫어보고 우리에게 그 세상들의 탄생 비화를 통째로 들려주고 있는 것이다.

보이지 않는 빛의 팔레트

우리는 전자기 복사로 가득 찬 물리적 우주에 살고 있다. 흔히 전자기파라고도 불리는 전자기 복사는 파장의 길이에서 수조 배 이상 차이가 나는 모든 파장들의 총칭이다. 인간의 눈은 전자기 복사 중에서 가시광선이라고 부르는 아주 미세한 일부 파장만 볼 수 있다. 예를 들어 우리 앞에 88건반 피아노가 놓여 있는데, 그중에서 연달아 있는 단 두 개의 건반만으로 음악을 연주해야 하는 운명인 셈이다. 스피처를 비롯해 다음 장에서 설명할 찬드라 엑스선망원경과 같은 우주망원경들은 우주를 바라보는 데 필요한 감각의 팔레트를 활짝 열어줌으로써 인간이 인지할 수 있는 파장의 범위를 한 옥타브 이상 확장해주었다. 특히 적외선 천문학은 별과 행성들로 이루어진 항성계들이 어떻게 형성되었는지, 그 베일을 벗기는 데 막중한 역할을 수행하고 있다. 스피처는 무수한 별들이 태어나고 있는 거대한 구름 속을 투시할 수 있으며, 대개 테두리나 원반의 형태로, 새로 태어난 별을 에워싸고 있는 파편과 입자들의 장막도 꿰뚫어볼 수 있다. 이런 능력은 글자 그대로 우리의 눈을 활짝 열어서 무지개의 빨간색 너머에 있는 세상들을 볼 수 있게 해주었다.

아이작 뉴턴은 유리 프리즘을 통과한 태양 광선을 관찰하여 가시광선 스펙트럼의 색깔을 최초로 규명했다. 뒤이어 윌리엄 허셜은 가시광선의 각 색깔들과 관련된 온도를 연구했다. 빛을 실험대에 올려놓았을 당시의 허셜은 이미 1781년, 고대시대 이후 첫 번째 새로운 행성인 천왕성을 발견하여 당대 가장 뛰어난 천문학자 반열에 올라 있었다. 그는 여러 가지 색깔의 필터들을 통과한 열을 이용해 태양을 관찰할 수 있다는 사실에 주목했고, 이 현상을 밝히기 위한 실험들을 수행했다. 허셜은 열 흡수율을 높이기 위해 검댕으로 검게 칠한 온도계를 이용해 가시광선의 색깔 띠 각각의 온도를 측정했고, 가시광선 스펙트럼의 보라색에서 붉은색 쪽으로 갈수록 온도가 높아진다는 점을 주시했다.[6] 그리고 놀랍게도 붉은색 띠 바깥쪽의 온도가 가장 높았다. 이로써 허셜은 우리가 볼 수 없는 파장 안에도 전자기 복사가 존재한다는 사실을 분명히 보여주었다. 허셜이 발견한 전자기 복사가 바로 적외선이다. 전자기 스펙트럼과 관련된

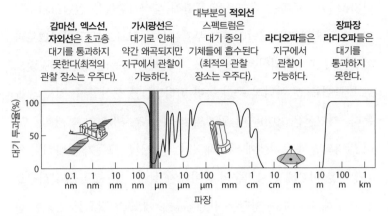

감마선, 엑스선, **가시광선은** 대부분의 **적외선** **라디오파들은** **장파장**
자외선은 초고층 대기로 인해 스펙트럼은 지구에서 **라디오파들은**
대기를 통과하지 약간 왜곡되지만 대기 중의 관찰이 대기를
못한다(최적의 지구에서 관찰이 기체들에 흡수된다 가능하다. 통과하지
관찰 장소는 우주다). 가능하다. (최적의 관찰 못한다.
장소는 우주다).

그림 9.1 전자기 스펙트럼은 미터 단위의 라디오파에서 원자핵 크기에 불과한 감마선까지, 파장 길이에 따라 15개의 범위를 갖는다. 우주에서 지상에 도달할 수 있는 파장은 라디오파와 마이크로파, 그리고 광파 중 극히 일부와 적외선에 가까운 파장뿐이다. 스피처는 지구 궤도상의 전망 좋은 지점에서 긴 적외선 파장을 측정한다(나사/Wikimedia Commons/Mysid).

이러한 초창기 발견들은 우주를 연구하는 데 놀랍고도 새로운 가능성들을 열어주었다.

일반적으로 빛은 파장에 따라서 라디오파, 마이크로파, 적외선, 가시광선, 자외선, 엑스선, 감마선으로 세분되며, 라디오파는 차갑고 긴 파장들을, 감마선은 고에너지의 짧은 파장들을 통칭한다. 하지만 이러한 세분화는 연속된 전자기파에서 두드러지게 나타나는 특징들에 따라 편의상 구분한 것에 지나지 않는다. 우주의 발원지에서 방출된 거의 대부분의 전자기파들은 지구의 표면까지 도달하지 못한다. 하지만 진공상태에서의 빛이 그렇듯 모든 전자기파가 대략 초속 30만 킬로미터란 무시무시한 속도로 나아간다.

대부분의 전자기파들은 우리의 삶과 매우 밀접하게 관련되어 있다. 라디오 방송국에서 들려주는 음악과 뉴스는 라디오파가 전달한다. 마이크로파는 휴대폰을 포함해 통신기술들을 실현시켜주었다. 물론 흔히 전자레인지라고 부르는 마이크로오븐도 마이크로파와 관련 있다. 자외선은 순식간에 우리의 피부를 건강한 구릿빛으로 만들어줄 뿐 아니라 우리 몸이 비타민D를 생산할 수 있도록 돕는다. 자외선은 1970년대 일종의 자외선 조사장치인 흑광black light이 발명되면서 우리에게 익숙해졌다. 엑스선은 모두가 알다시피 치과장비를 비롯해 의학기술의 총아이자 살아 있는 조직을 실시간으로 투사해 보여주는 형광투시법fluoroscopy에도 꼭 필요한 귀중한 전자기파다. 한편 고에너지 레이저는 뇌와 눈 등의 정밀한 수술에 이용된다. 적외선 파장부의 전자기파 역시 강력한 치료효과를 내는데, 미국 국립생물공학정보센터가 언급한 보고서도 밝히고 있듯 '콜드 레이저'로 불리는 저출력 레이저 치료법은 상처치료에 효과가 있다.[7] 나사가 개발한 적외선 발광다이오드는 화학요법 합병증으로 구강병변을 앓는 환자들의 고통을 완화시키는 치료법으로 이용되고 있다.[8] 지난 50년 동안 우리는 이런 비가시적 복사에너지들을 이용해서 전반적인 삶의 질을 향상시켜왔다.

적외선으로 우주를 보다

지구는 물론이고 지구의 대기에서도 사방으로 적외선이 방출된다. 이 적외선은 그냥 방출되기만 하는 것이 아니라 우주로부터 날아오는 모든 신호들을 집어삼키고 있다.[9] 한낮의 하늘에서 별을 보

기 힘든 것도 같은 이치다. 적외선망원경을 이용해 온도가 높은 적외선 배경막으로부터 흐릿하고 차가운 신호를 내는 발원체를 또렷하게 구분해내려면, 이 따뜻한 배경의 온도를 낮춰야만 한다. 다시 말해 더 긴 빛의 파장들을 관찰하려면 망원경의 온도를 낮추어서 망원경의 탐지기가 우주로부터 날아오는 적외선 발원체를 포착하도록 만들어야 한다. 적외선 천문학은 1960년대 즈음 구식 라디오미터보다 감도가 높은 새로운 유형의 고체검출기solid-state detector (반도체 검출기)* 개발과 함께 등장했다.[10]

온도 말고도 우주의 발원체로부터 방사되는 적외선을 탐지할 수 없게 만드는 또 다른 장애는 이런 긴 파장들이 우리가 숨쉬는 공기 속 수증기에 대부분 흡수된다는 점이다. 이 장애를 극복하기 위해 처음에 천문학자들이 선택한 방법은 가능하면 적외선을 흡수하는 대기의 두께가 얇은 높은 산꼭대기에 관측소를 설치하는 것이었다. 하와이에 있는 해발 4,200미터 높이의 휴화산 마우나케아 산 정상에 세운 관측소나 해발 5,000미터의 칠레 아타카마 사막 차이난토르 고원에 설치 중인 밀리미터 파장 탐지망원경 어레이ALMA** 등 최근 설치중인 최신 망원경들이 그 예다.

이런 전략을 가장 극단적으로 구현한 것은 1974년부터 1995년

• 매우 낮은 온도에서는 부도체, 온도가 높아지면 도체처럼 작용하는 반도체의 성질을 이용한 검출기로, 외부로부터 광자에너지를 흡수하면 온도가 높아져 자유전자가 방출되는 순간 도체가 되며, 이때 전하를 측정하면 흡수된 광자를 측정할 수 있다.
•• 망원경 어레이array란 여러 대의 망원경을 가동시키는 것을 말한다. 칠레 아타카마 사막의 알마 전파망원경 어레이Atacama Large Millimeter-submillimeter Array, ALMA는 전파망원경 66대로 구성되어 허블 우주망원경보다 10배 이상 해상도가 높다.

까지 운영된 카이퍼 공중망원경Kuiper Airborne Observatory이었다. 개조한 에어 포스 C141 제트기에 장착된 이 36인치 망원경은 한 번 이륙할 때마다 해발 4만 5,000피트 상공에서 몇 시간씩 우주를 관측했다. 그 후속으로 등장한 것이 보잉747-SP를 개조하여 그 안에 장착한 2.5미터 망원경 소피아Stratospheric Observatory for Infrared Astronomy, SOFIA다.[11] 고공 기구와 로켓에 장착된 소형 망원경들은 해발 10만 피트 이상까지도 올라갈 수 있었다.

적외선망원경 탐지기 자체에서 방출되는 복사열로 우주의 신호들이 오염되지 않게 하려면 액체 질소나 심지어 액체 헬륨의 온도까지 탐지기를 냉각시키는 기술이 관건이었다. 가시광선보다 2배에서 6배 긴 적외선 부근의 파장들을 관측하는 지상기반의 망원경들은 보통 액체 질소를 이용해서 탐지기의 온도를 섭씨 영하 177도(77K)까지 낮춘다. 엄청난 고비용 냉각기술 같지만, 따지고 보면 액체 질소는 공기를 액화시킨 것이나 다름없기 때문에 우유 생산비용 정도면 충당이 된다. 가시광선보다 20배에서 200배 긴 중적외선 파장을 관측할 때는 액체 헬륨을 이용해서 섭씨 영하 269도(4.2K)로 냉각시켜야 한다. 거의 절대영도(0K, 섭씨 영하 273.15도)에 육박하는 온도다. 하지만 온도를 이렇게까지 낮춘다고 해도 지구 환경 역시 이 파장 범위에서 엄청난 복사에너지를 방출하면서 우주의 모든 신호들을 집어삼키기 때문에 멀리서 방출되는 중적외선을 관측하기 위해서는, 결국 우주로 나가는 수밖에 없다.

우주 적외선 천문학은 1983년에 최초로 적외선 영역에서 하늘 전체를 조사한 나사의 적외선 천문위성Infrared Astronomical Satellite, IRAS

의 성공과 함께 본격적으로 시동을 걸었다. 발사된 지 1년도 채 안 돼서 IRAS는 35만 개의 적외선 발원체를 탐지했다. 거의 같은 시기에 유럽우주기구 역시 감도가 더 뛰어나고 더 넓은 범위의 파장을 관측할 수 있는 적외선 우주망원경Infrared Space Observatory, ISO을 발사했다.[12] 1997년에는 허블 우주망원경에도 적외선 카메라가 추가로 장착되었다. 허블의 이 카메라가 대단한 성공을 거두기는 했지만, 관측 범위도 좁고 다른 네 개의 장비와 시간을 나누어 써야 했기 때문에 적외선 천문학자들은 자기들만의 전문 장비를 갖는 것에 늘 목말라 있었다. 그에 비해 처음부터 적외선 천문학을 위해 특별히 설계된 망원경이 스피처다. 스피처는 수십억 광년 떨어진 별과 은하들의 적외선 신호들을 탐지할 만큼 감도가 높다. 이 우주망원경은 왜성이나 외계 행성처럼 작고 희미한 표적들을 탐지하는 데 결정적인 역할을 했을 뿐 아니라 심지어 그 표적들을 감싸고 있는 희박한 대기의 온도까지 측정할 수 있었다.

원래 1970년대 말에 나사의 우주 적외선망원경 기지Space Infrared Telescope Facility, SIRTF라는 이름으로 계획된 스피처 우주망원경은 챌린저 우주왕복선의 폭발로 연기되었다가 거의 취소될 위기에 처하기도 했다. 의회의 승인 여부도 불투명했고 예산 삭감까지 겹치면서, 말 그대로 망원경 렌즈를 닫아야 할 신세였다. 우여곡절 끝에 나사가 실시한 공모전에서 선택된 이름으로 명찰을 바꾸어 달고, 2003년 드디어 발사되었다. 나사의 대형 망원경 네 대 중 막내인 이 8억 달러짜리 망원경의 이름은 일찍부터 궤도망원경의 중요성을 역설했던 라이먼 스피처의 이름을 딴 것이다.[13]

발사된 후에도 이 탐사위성이 작동 온도인 5K까지 냉각되는 데만 40일이 걸렸다. 일단 냉각된 후부터는 하루에 액체 헬륨 30그램 정도로도 탐지기의 작동 온도를 유지할 수 있었다. 태양을 정면으로 향하고 있는 한 장의 태양전지판이 동력을 모으는 동시에 방사선들로부터 망원경을 보호한다. 태양전지판 반대쪽에 겹겹이 장착된 원통들과 검은색 패널은 우주로 열을 방출한다. 스피처의 가장 소중한 자원은 망원경과 각종 장비들의 온도를 정확히 1.2K으로 유지해주는 액체 헬륨이다. 거의 이 온도 부근에서 원자와 분자들은 활동을 멈춘다. 우리 피부에서 수분이 증발하면서 냉각효과를 내는 것처럼 액체 헬륨이 우주로 증발하면서 망원경을 냉각시킨다. 이 냉각효과를 통해 스피처 망원경은 지표에 설치된 비슷한 크기의 망원경보다 100만 배 정도 복사열을 줄일 수 있다. 스피처 망원경의 냉각제는 미니밴의 가스탱크와 비슷한 크기의 연료통에 350리터가 채워졌다. 증발을 통해 냉각효과를 내기 때문에 망원경이 작동하는 동안에는 지속적으로 냉각제가 줄어들 수밖에 없다.

스피처는 처음부터 액체 헬륨의 증발속도와 망원경의 냉각기능을 최적으로 유지하는 데 초점이 맞춰져 설계되고 예상 궤도가 정해졌다. 유입되는 열을 밀리와트 단위에서 감지하고 조절하도록 섬세하게 설계되었는데, 우리 손가락에서 25밀리와트의 열이 방출되는 것과 비교하면 얼마만큼 정밀하게 설계되었는지 짐작이 갈 것이다. 스피처 본체는 높이 4.5미터, 지름 2.1미터에 무게는 미니밴만하다. 이전의 우주 관측 망원경들은 우주왕복선의 호위를 받으며 지구저궤도를 돌거나(허블 우주망원경), 하루에서 이틀 주기로 지구고궤도를 돌도록 제작되었다(찬드라 엑스선망원경). 그런데 스피처는 이례적으로 지구 궤도를 따라 태양을 돌고 있다. 지구에서 발산되는 열의 영향을 받지 않기 때문에 망원경을 냉각시키기 유리한 환경에 있는 셈이다. 또한 지구의 복사대를 벗어나 있으며, 지구와 달의 방해를 받지 않는 궤도를 돌고 있기 때문에 우주를 관측하기에도 더할 나위 없다. 하지만 한 가지 단점은 지구에서 조금씩 멀어지고 있기 때문에 스피처의 전파신호들이 점점 더 약해진다는 점이다. 스피처는 매년 지구로부터 1,600만 킬로미터씩 멀어지고 있으며, 지금은 태양보다 더 멀리 있다. 감도가 뛰어난 심우주통신망의 70미터짜리 대형 접시 안테나로만 스피처가 전송하는 소중한 자료를 받을 수 있다. 스피처 탐사위성 관계자들은 2010년대가 끝날 무렵이면 스피처와의 교신이 완전히 두절될 것으로 예상한다.*

암흑 속에서 별들이 태어나고 있다

우리가 우리 은하의 평면을 들여다본다고 해도 성간먼지로 자욱한 은하의 중심은 꿰뚫어볼 수 없다.[14] 우리 은하의 중심은 우리와 2만 8,000광년 떨어져 있으며, 그 중심에서는 1조 개의 광자 중 단

* 2015년 8월 나사는 스피처 우주망원경 발사 12주년을 기념하여 그동안 스피처가 촬영한 아름다운 은하와 성운들의 사진으로 달력을 제작해 공개했다. 나사는 스피처의 공식 홈페이지에서 스피처의 실시간 위치를 알려주고 있는데, 2016년 6월 17일로 발사 4,680일을 맞은 스피처는 지구로부터 2억 2,314만 6,478킬로미터 떨어진 곳에 있다.

하나만 탈출할 수 있다. 쉽게 말하면 닫힌 현관문 안쪽을 투시하려고 애쓰는 꼴이다. 이 차갑고 거친 먼지입자들을 이해하지 못하면 별들의 본질적인 특성을 왜곡할 수 있다는 주장은 1930년 로버트 트럼플러가 최초로 제안했다. 가스와 먼지가 뒤섞여 소용돌이치는 이 빽빽하고 혼돈스러운 지역에서 별들이 형성되는데, 먼지의 농도가 너무 높기 때문에 별의 형성과정은 완전히 시야에서 가려진다.

광학적(가시광선) 시야와 적외선 시야는 극명하게 다른데, 오리온성운을 보면 그 차이를 알 수 있다. 광학적 시야로 보면 밝은 오리온성운 안에는 별들이 거의 없는 것처럼 보이는 어두운 지역이 존재한다. 하지만 먼지를 꿰뚫어볼 수 있는 적외선 시야로 보면 이 어두운 지역 안에도 밀도가 높은 성단이 자태를 드러낸다.[15] 갓 태어난 별들은 가장 강력한 광학망원경으로도 보이지 않는다. 그러나 먼지를 투시하는 스피처 망원경에는 M42 오리온성운과 M17 오메가성운 내부의 별 형성 영역을 비롯해 우리 은하 전반에 걸친 별 형성 영역들이 포착되었다(plate 15).

스피처는 감도가 매우 뛰어난 탐지기로 우주에서 최초로 탄생한 몇몇 별들의 비밀을 밝히는 데도 성공했다. 모든 은하들의 중심에 웅크리고 있는 블랙홀들은 연료에 굶주려 있고 대개 고요한 상태다. 하지만 언제나 그런 것은 아니다. 현재 나이의 약 7퍼센트에 불과했던 130억 년 전의 우주는 지금보다 7배 더 뜨거웠고 350배 더 조밀했다. 빅뱅 후 30억 년 동안 우주는 별들이 형성되고 은하들이 건축되느라 매우 격렬하고 소란스러웠는데, 가장 거대한 축에 드는 은하들의 대부분이 이 시기에 만들어졌다.

스피처는 아득히 먼 우주를 연구하는 데 독보적인 장점을 두 개나 갖고 있다. 첫 번째 장점은 우주의 팽창으로 야기된 적색편이와 관련이 있다. 130억 광년 떨어진 은하의 빛이 우리에게 도달할 즈음이면, 그 빛은 이미 더 멀리 달아나 있고 대부분 적외선 파장 쪽으로 편이를 일으킨 상태가 된다. 두 번째 장점은 별 형성 영역과 블랙홀 성장 영역에서 나오는 빛은 초기 우주의 먼지에 흡수되고 재복사되는데, 스피처가 바로 이 재복사되는 긴 파장의 빛을 가장 잘 탐지한다는 점이다. 스피처가 우주 전체의 별 형성 내력을 보다 확실하고 소상하게 밝힐 수 있는 것도 바로 이 두 번째 장점 덕분이다.[16] 가장 먼 곳에서 적외선 파장으로 빛나는 은하들은 별 형성속도가 우리 은하보다 수천 배 빠르다. 이런 속도를 유지할 수 있는 까닭은 더욱 밀도 높은 원시우주의 가스가 이용 가능한 상태로 완비되어 있기 때문이다. 대신에 워낙 빠른 속도로 가스가 소비되기 때문에 불꽃은 오래 지속되지 못한다.

한 연구팀은 스피처를 이용해서 이른바 우주의 '암흑기'가 끝날 무렵 중력으로 인해 최초로 형성된 물체를 규명할 수 있다는 도발적이고 흥미로운 주장을 펼치기도 했다. 이 연구를 이끌었던 알렉산더 카실링스키와 그의 연구팀은 스피처가 전송한 심우주 영상 속에 널리 퍼져 있는 적외선 배경을 연구했다.[17] 이들은 먼저 앞쪽에 있는 별들과 은하들의 빛을 조심스럽게 제거했다. 그리고 그 뒤에 남아 있는 가장 오래 전에 산란된 희미한 적외선 복사의 흐름과 변동을 분석하고, 초기 우주에서 일어난 군집현상을 시뮬레이션한 프로그램과 대조했다(그림 9.2). 카실링스키는 설명한다.

"밤중에 번화한 대도시 건너편에서 불꽃놀이를 한다고 상상해봅시다. 도시의 불빛을 모두 꺼버리면 불꽃놀이가 조금 더 잘 보일 겁니다. 우리가 한 일은 바로 그 도시의 빛을 모두 *끄*고 그 너머에서 최초로 터진 불꽃의 윤곽을 본 겁니다."[18]

스피처의 심우주 영상 속에 나타난 희미한 적외선 빛이 실제로 태양의 질량보다 수백 배 더 큰 거대한 1세대 별들에서 방출된 것인지, 아니면 초대질량 블랙홀들이 방출한 최초의 파장인지는 확실치 않다. 어느 쪽이든지간에 이 고대의 복사에 아주 어린 우주에 대한 정보가 담겨 있는 것은 분명하다.

고향 행성과 관련해서 스피처는 GLIMPSE 프로젝트, 즉 은하 유산 적외선 평단면 특별조사Galactic Legacy Infrared Mid-Plane Survey Extraordinaire

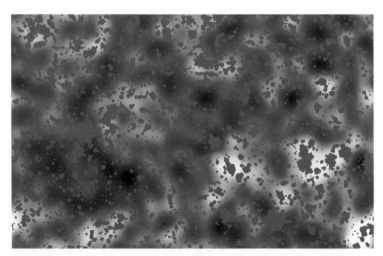

그림 9.2 스피처 우주망원경이 촬영한 이 깊고 아득한 영상 속에는 우주 진화의 초기 단계가 담겨 있다. 별과 은하의 장막(균일한 회색 영역들)을 지우고 나면, 적외선 복사로 흐릿하고 다양하게 발광하는 부분들이 있는데, 이 부분들이 바로 130억 년 전에 형성된 우주의 구조들이다(나사/SSC/알렉산더 카실링스키).

로 이름을 바꾸어 달고 우리 은하에 대한 조사를 실시했다. 이 프로젝트를 위해 스피처는 우리 은하를 중심으로부터 65도 간격으로 호를 그리며 분할 촬영하고, 은하 평단면을 1도 간격으로 분할 촬영하여 파노라마 사진을 완성했다.[19] 이전의 어떤 영상보다 100배 이상 감도가 뛰어나고 해상도도 10배나 뛰어난 GLIMPSE 모자이크는 스피처가 조준한 11만 개의 지점들을 찍은 84만 장의 사진을 이음새 없이 꼼꼼히 이어 붙여 완성한 한 장의 우주지도다. 스피처의 GLIMPSE 프로젝트 사진들은 과학적 가치는 말할 것도 없고 미학적으로도 상당히 아름답다. 하지만 본래 비가시적 파장들에서 수집한 자료이기 때문에 우리가 알고 있는 무지개의 일곱 색깔로 판별하긴 힘들다. GLIMPSE 모자이크에 사용한 스피처의 필터는 먼지입자들이 방출하는 30K에서 1,600K 사이의 열에 민감하기 때문이다.*

GLIMPSE가 그린 지도에서 파란색은 보통 늙은 별들이 방출하는 복사를 나타낸다. 초록색은 일명 다환방향족 탄화수소라고 불리는 복잡한 분자들을 방출하는 별의 배아를 나타낸다. 지구에서 이런 분자들은 자동차 배기가스나 바비큐 그릴 등 탄소가 불완전 연소하는 곳에서 발견된다. 붉은색은 여전히 차가운 먼지 태반 안에 머물고 있는 가장 어린 별들이 방출하는 복사를 나타낸다. 미세한 연필심 같은 흑연 알갱이들이 방출하는 복사도 붉은색으로 나타난다. 단순한 색깔 분석으로 천체물리학의 모든 세세한 부분들을 다

---

* 가시광선의 온도는 1,000K에서 1만 K 사이다.

설명할 수는 없지만, 이 삼색체계는 별 형성을 연구하는 학자들과 이론 감식가들에게 상당히 유용하다.

별들이 방출하는 다환방향족 탄화수소는 예민한 후각을 가진 사람도 그 냄새를 맡을 수 없을 만큼 밀도가 매우 낮지만, 적외선 파장에서는 새로 태어난 거대한 별들의 위치를 가늠하게 해줄 만큼 뚜렷하게 나타난다.[20] 길쭉하게 솟은 초록색 능선의 가장자리나 거대한 거품 같은 성운 속에 거주하는 갓 태어난 별들은 항성풍에 의해 모양이 변한다. 이런 별들은 대개 초신성으로 생을 마감하면서 가스의 확산을 더욱 부추긴다. 젊은 별들은 노란색이나 붉은색 점처럼 보이는데, 촘촘하게 무리를 이루고 있는 것들도 있고 은하 원반 여기저기에 불규칙하게 흩어져 있는 것들도 있다. 더 나이 많은 별들은 파란색으로 나타나는데, 그 수가 워낙 많기 때문에 푸르고 흰 안개처럼 뭉쳐서 보인다.

GLIMPSE 프로젝트는 우리 은하의 형태를 이해하는 데 새로운 지평을 열어주었다. GLIMPSE 연구팀은 GLIMPSE 영상 속에서 1억 개 이상의 별들을 분류했고, 이를 이용해 우리 은하의 나선 팔들과 빗장의 윤곽을 그리는 데 성공했다. 스피처 프로젝트 과학자 마이클 워너는 GLIMPSE 조사가 "우리 은하가 빗장나선은하라는 이전의 증거를 더욱 강력하게 뒷받침한다"고 보고했다.[21] 이전의 연구와 히파르코스 위성의 자료를 바탕으로 우리는 우리 은하가 네 개의 나선 팔, 즉 직각자자리, 페르세우스자리, 궁수자리, 방패-켄타우르스자리를 갖고 있다고 생각했다. 하지만 히파르코스의 연구에 더 많은 데이터를 추가한 GLIMPSE 조사는 우리 은하가 은하 중심을 가로지르는 빗장의 끝에서 방패-켄타우르스자리와 페르세우스자리를 두 팔처럼 뻗고 있는 구조라는 사실을 밝혀냈다. 그뿐 아니라 GLIMPSE 조사 덕분에 천문학자들은 성간먼지의 방해에도 아랑곳 않고 별들까지의 거리를 보다 정확히 측정함으로써 우리 은하의 불명료한 관계를 밝혀냈다.

가장 근본적인 수확이라면, 별들의 형성속도를 통해 은하의 '맥동'을 측정했다는 점일 것이다. 우리 은하는 늙은 별들의 죽음으로 재순환된 가스를 이용해서 태양과 비슷한 규모의 별을 평균적으로 매년 하나씩 생산한다. 수천억 개의 별들로 이루어진 은하 시스템치고는 너무 적은 것 같지만, 안정된 중년기로 접어들기 시작한 우리 은하도 오래 전에는 매년 수천 개의 별을 생산하던 정력 넘치는 시절이 있었다.

GLIMPSE가 수집한 자료의 방대한 양으로 인해 또 한 번 시민과학자의 힘이 필요해졌다. Zooniverse.org 웹사이트는 천문학자를 도와서 우리 은하를 조망한 스피처의 영상을 분석할 자원자들을 모집했다. 2007년에 출범한 주니버스의 우리 은하 프로젝트Milky Way Project에 참여한 시민과학자들은 스피처의 GLIMPSE 영상들을 꼼꼼하게 분석하여 가스성운과 새롭게 태어나고 있는 별들을 찾아내고 있다.[22] 시민과학자들은 우주의 고대 기후 패턴을 추적하거나 태양풍을 관찰하기도 하고, 초신성이라 불리는 별들의 거대한 폭발을 사냥하기도 한다. 우리 은하 프로젝트에 참가한 시민들은 간단한 온라인 도구를 이용해서 별들이 형성되고 있는 거대한 가스와 먼지거품들에 동그라미를 친다. GLIMPSE 조사는 새로 탄생한 별들이 방출하는 고에너지 복사와 주변의 먼지구름들이 충돌하고 있는 구형의 거품들을 수천 개나 영상으로 담았다. 우리 은하 프로젝트 웹사이트에서도 밝히고 있듯 "지금까지 이해한 바에 따르면 젊고 거대한 별들이 내뿜는 강렬한 빛이 강력한 충격파를 야기하여 겉에서 감싸고 있는 먼지구름들을 부풀게 하는데, 이렇게 부푼 먼지구름들은 적외선 파장에서만 관찰된다."[23] 스피처의 영상에 나타난 거대한 거품들을 찾고 있는 시민들은 과학자들을 도와 별의 탄생 메커니즘을 규명하고 있다.

물론 천문학자들이 스피처에 실린 350리터의 액체 헬륨이 마지막 한 방울까지 모조리 증발해버릴 날이 온다는 걸 모를 리 없었다. 2009년 5월 15일이 바로 그날이었다. 액체 헬륨이 다 떨어지자 망원경의 장파장 탐지장치의 감도도 제로로 떨어졌다. 하지만 한 대의 카메라가 보유한 단파장 채널 두 개는 설계될 때의 감도를 유지하며 작동했다. 그 덕분에 스피처는 이른바 '따뜻한 탐사' 임무를 수행해도 된다는 승인을 받았고, 지금까지도 중요한 과학적 활동을 이어가고 있다. 심지어 기능이 '반감된' 상태에서도 스피처는 적외선 영역에서만큼은 어떤 지상망원경보다 더 뛰어나다. 물론 '따뜻한'이란 의미는 상대적이라서 스피처 망원경 몸체의 어떤 부위라도 손을 대면 아주 심각한 냉동화상을 입을 수 있다. 스피처는 섭씨 영하 242도라는 비교적 온화한 작동 온도에서 한 장비의 두 채널을 이용해 '따뜻한 탐사' 임무를 묵묵히 수행하고 있다.[24]

근적외선 채널로도 혜성부터 우주를 아우르는 과학활동을 수행할 수 있다는 전제 아래 스피처의 임무기간은 2009년 '따뜻한 탐사' 임무가 시작된 이래로 5만 시간이 넘게 연장되었다. 태양계외 행성들, 일명 외계 행성들은 말 그대로 '뜨거운' 관심의 대상이기 때문에 거대 프로젝트 탐사위성들 중에는 아예 외계 행성의 궤도 면에 맞추어 정렬된 것들도 있다. 외계 행성이 그 부모별의 뒤를 지날 때 부모별과 행성으로부터 방출되는 적외선 복사의 합이 감소하는데, 서로 다른 파장에서 측정하면 이 행성의 크기와 온도를 알 수 있다. 현재까지 특징이 밝혀진 외계 행성은 열두어 개 남짓인데, 스피처의 임무기간이 끝날 무렵이면 50개에서 많으면 60개 행성들의 특징이 밝혀질 것이고, 우리는 우주 안에 있는 기상천외하고 다양한 다른 세상들에 대해 더 많은 것을 알게 될 것이다. 스피처가 펼칠 흥미진진한 과학의 무대를 마련하기 위해 우리는 먼저 생명의 진화에 있어서 빛과 어둠의 역할을 에둘러 볼 필요가 있다. 지금 우리는 다른 별들의 궤도를 돌고 있는 행성들에 혹시 존재할지도 모를 식물상과 동물상에 대해 그저 상상만 할 뿐이다. 하지만 이곳 지구의 생명들이 빛에 적응해온 역사가 어쩌면 그 상상에 실낱같은 단서를 제공할 수도 있다.

지구의 동물은 왜 눈을 갖고 있을까

어느새 외계 행성들은 지구 밖에서 생명을 찾는 연구뿐 아니라 헤아릴 수 없을 만큼 깊고 넓은 우주에서 우리가 진정 고독한 존재인지를 묻는 질문의 표적이 되었다. 무더기로 발견된 거주가능한 외계 행성들은 '생명이 충만한 우주'라는 생각을 저버릴 수 없게 만들었다. 지금도 천문학자들은 거주가능한 세상을 거느리고 있을 확률이 가장 큰 별들을 찾아 우리 은하를 샅샅이 뒤지고 있다.

목성만 한 작고 차가운 왜성들에서 태양을 200개 합친 것만큼 무겁고 태양보다 1,000만 배나 밝은 거성들에 이르기까지, 우주에는 실로 다양한 별들이 존재한다. 플레이아데스성단이나 오리온 벨트에 속한 청색거성들은 매우 뜨겁고 밝은 별들로서 대부분 자외선을 방출한다. 모든 별들의 약 절반은 하나가 다른 하나의 궤도를 돌고 있는 쌍성들이다. 그리고 쌍성계 중에는 동시에 두 별 둘레를 안정적인 궤도를 그리며 돌고 있는 '쌍성 주위 행성들'을 거느리고 있는 경우도 있다(그림 9.3).

2011년 이런 기이한 외계 행성들 중 첫 번째 행성이 발견되었다. 이 행성은 영화 〈스타워즈〉에 등장한 태양이 두 개인 행성의 이름을 따 타투인Tatooine이라는 별명을 얻었다.[25] 하지만 일부 쌍성계의 별들은 서로 기체반응을 일으켜 동행 행성의 생명에 치명적일 만큼 강력한 엑스선을 방출한다. 우리 은하에서 가장 흔한 별은 M형 왜성이다. 태양 질량의 절반이 채 안 되는 가벼운 M형 왜성들은 적외선 파장부에서 대부분의 빛을 방출한다. 반면 크기가 너무 작아서 핵 내부에서 핵융합 반응을 일으키지 않는 갈색왜성들은 오로지 적외선 파장으로만 빛을 방출한다. 워낙 많은 종류의 별들이 있으니 우리가 그 궤도를 돌아도 될 만큼 썩 괜찮은 별이나 태양보다 더 생명에게 적합할 것 같은 별이 있으리란 기대를 품지 않을 수가 없다.

어떤 유형의 별이든 행성들을 거느릴 수 있지만, 그 행성들에 생

그림 9.3 조지 루카스 감독의 〈스타워즈〉에 등장하는 타투인 행성처럼 두 개의 석양 빛을 받고 있는 케플러16b 행성을 표현한 그림이다. 이 외계 행성은 토성의 질량과 비슷하고 1년에 두 번씩 쌍둥이 별 둘레를 공전한다. 천문학자들은 행성들이 두 개의 별을 돌면서 쌍성계를 이룰 수 있다는 사실에 모두 놀랐다(나사/제트추진연구소–칼텍/T.Pyle).

명이 존재하는지, 또 존재한다면 어떤 종류의 생명인지를 결정하는 것은 별들이 발산하고 있는 빛이다. 천문학자 레이 볼스텐크로프트와 존 레이븐은 생명이 청색광에서 가장 왕성하게 생육할 수 있다고 설명한다. 그들은 지구에서 광합성을 촉발한 빛도 청색광이라고 주장한다.[26] 그들의 주장이 사실이라면 뜨겁고 푸른 별의 궤도를 돌고 있는 행성이 생명의 보금자리일 가능성이 가장 크다고 추측할 수 있다. 하지만 거대하고 푸른 별들은 매우 치명적인 자외선을 방출할 뿐 아니라 그런 별들이 갖고 있는 연료는 고작 1,000만 년에서 2,000만 년 분량뿐이다. 이와 반대로 우리 태양은 지금까지 45억 년 동안 연료를 태워왔고, 천문학자들의 계산대로라면 앞으로도 40억 년은 더 빛날 것이다. 광합성 유기체들이 시간적 여유를 갖고 출현할 수 있었던 것도 부분적으로는 태양의 긴 수명 덕택이다.

공교롭게도 우리 태양은 가시광선 범위에서 엄청난 양의 복사에너지를 방출하는 주계열성이다. 30억 년 전 어느 시점에 유기체들이 이 에너지를 이용해 광합성을 시작했다.[27] 시아노박테리아였든지 아니면 그 선배들이었든지, 태양빛과 이산화탄소를 활용해 당분의 형태로 식량을 생산하면서 산소를 조금씩 뱉어내기 시작했다. 언뜻 보면 지극히 간단하고 느린 변화 같지만, 실은 매우 과격하고 근본적인 발전이었다. 이 발전으로 인해 혐기성 생물에 호의적이었던 지구 대기의 화학 조성이 산소가 풍부한 대기로 변화하기 시작했다. 하지만 현재 우리가 알고 있는 복잡한 생명들을 지탱할 만큼 산소 농도가 높아진 것은 약 5억 5,000만 년 전이었다. 레슬리 뮬렌이 보고했듯 "어느 곳에서나 광합성이 동일한 방식으로 진행된다면, 청색거성들은 그 방식을 지원하기에는 수명이 너무 짧다." 즉 그 주변 행성들에서 생명이 등장할 만큼 충분히 오래 빛나지 못한다는 의미다.[28]

생명이 정확히 어떻게 출현했는지 그 정답은 아무도 모르지만, 산타페연구소에 소속된 일단의 과학자들은 변환 크렙스 회로Krebs cycle가 탄소 분자들을 연쇄적으로 연결하면서 최초의 유기체가 만들어졌을 것으로 가정한다.[29] 시트르산 회로 또는 TCA 회로라고도 불리는 크렙스 회로는, 한마디로 유기체가 탄수화물과 지방, 단백질을 잘게 분해하여 에너지를 생산하는 경로다. 유기체보다 대사작용이 우선했을 것으로 가정하는 이른바 '대사 우선' 이론에서 최초의 유기체를 생산한 메커니즘으로 제시한 것이 바로 이 변환 크렙스 회로다.

"일부 원시 단세포 유기체들에서는 [크렙스 회로가] 역으로, 즉 에너지를 흡수하고 작은 분자들을 큰 분자들로 묶도록 작동한다. 이처럼 역으로 작동하는 반응을 '변환 크렙스 회로'로 명명한다."[30]

산타페연구소의 에릭 스미스 교수는 에너지 면에서 매우 왕성했던 초기 지구의 지구화학적 작용들로 인해 작은 분자들이 큰 분자들로 결합되었으며, 이런 결합반응들이 변환 크렙스 회로에서 일어나는 화학반응과 유사하다고 주장했다. 쉽게 말해서 생명이 '조립'된 것일 수 있다는 의미다. 또는 생명의 출현이 지구의 지질구조상 예상된 결과일 수 있다는 의미다.

식물은 태양을 향해 줄기와 잎을 뻗는다. 어쩌면 최초의 유기체도 광자 하나를 이용해 인접한 환경에 대한 소중한 정보를 획득했을지도 모른다. "어쩌면 바로 그 색소가 광합성으로 이어졌고, 최초의 생명으로 하여금 빛에 반응하는 법을 터득하게 했는지도 모른다"고 벤 보바는 설명한다. 그는 또한 "단세포 생물도 빛을 흡수하는 예민한 색소인 빛 수용체를 갖고 있다"는 점을 강조한다. 마이클 소벨의 《빛Light》, 마이클 그로스의 《빛과 생명Light and Life》, 그리고 벤 보바의 《빛 이야기The Story of Light》는 모두 지상의 생명이 태양빛에 적응하고 그 빛을 이용하는 무궁무진한 방법들을 설명한 책이다.

동물뿐 아니라 식물과 박테리아에게도 있는 광수용체 세포들은 가시광선에 대한 선택압을 보여주는 훌륭한 증거다. 이런 세포들이 진화한 까닭은 가시광선 영역에서 가장 많은 복사에너지를 방출하는 별의 주위를 공전하는 행성에서는 이런 기능이 유기체에게 생존의 이점으로 작용했기 때문이다. 보바는 "아주 초창기의 유기체들은 시각기관을 갖고 있지 않았을 것"이라고 설명한다. "바람 부는 대로 나부끼는 휴지조각처럼 당시 유기체들은 빛을 향해 이동하든지 아니면 빛을 등지든지 둘 중 한 가지 방식으로밖에 반응하지 않았을 것이다."[31]

선캄브리아시대 즈음에 말랑말랑한 해양동물들이 출현했다. 이들은 적어도 빛과 어둠을 분간할 정도는 되지만 여전히 미숙한 시각기관을 갖고 있었는데, 이런 감각만으로는 먹이를 찾거나 포식의 위험을 피하기에 역부족이었다. 하지만 지질학적 시간 규모로 보면 지상의 생명은 '별안간' 변화했다. 신경생리학자 마이클 랜드와 동물학자 댄-에릭 닐슨은 "선캄브리아시대와 캄브리아시대 사이 어느 시점에 뭔가 굉장한 일이 벌어졌다. 500만 년이 채 안 되는 이 시기 동안 동물상이 거시적 규모로 다양하고 풍부하게 진화했고, 그들 중 대다수가 큰 눈을 갖고 있었다"고 기술한다.[32] 랜드와 닐슨은 가늘고 긴 단순한 조각에 불과했던 광수용체 세포들이 이윽고 입사광의 방향을 더 잘 감지할 수 있도록 곡선 모양으로 변하기 시작했다고 단언한다. 만약 이 곡선 모양의 공간이 액체로 차 있었다면 렌즈처럼 빛을 모을 수 있었을 테고, 비로소 상像을 형성하는 시각을 제공했을 것이다. 닐슨과 랜드는 상을 형성하는 눈의 진화가 50만 년 이내에 이루어졌을 것으로 조심스럽게 추측한다. 어쩌면 30만 년에서 40만 년이 걸렸을 수도 있다.

닐슨과 댄뿐 아니라 동물학자 앤드류 파커도 태양이 생산한 빛에 반응하는 과정에서 눈이 어떻게 출현했는지를 연구하고 있다. 최초의 정교한 눈은 5억 3,000만 년 전 캄브리아시대 초기에 출현했는데, 놀라우리만치 잘 보존된 캐나다의 버제스셰일 화석군에 그 명백한 증거가 남아 있다. 파커는 캄브리아시대에 이른바 진화의 '빅뱅'이 일어났다고 말한다.

"캄브리아시대는 오스트레일리아의 그레이트 배리어 리프에서 브라질의 열대우림에 이르기까지 오늘날 발견되는 무수히 다양한 생명들이 출현할 수 있도록 문을 활짝 열어준 시대였다. 그야말로 창조성이 전무후무하게 폭발하여 현존하는 동물들의 외형을 만들 청사진이 완성된 시기라고 볼 수 있다. 이빨과 촉수, 발톱과 턱을 가진 동물들이 느닷없이 출현했다."[33]

파커는 가시광선이 대부분의 종들이 눈을 진화시키는 데 강력한 선택압으로 작용했다고 주장한다. '빛 스위치Light Switch'라고 명명한 이론에서 파커는 태양빛이 동물의 진화와 행동 그리고 형태를 결정한 주요 인자였다고 설명한다. 보다 복잡한 눈의 출현을 기화로 캄브리아시대 종들은 고대 대양의 물기둥 안에서 생태적 적소를 차지할 수 있었으며, 그곳의 환경에 맞도록 몸의 구조가 잡혀갔다. 삼엽충이 바로 그 본보기다. 캄브리아시대의 바다에 번성했던 4,000여 종에 이르는 삼엽충은 복잡한 눈을 발달시킨 최초의 동물이 분명하다. 주변환경을 또렷하게 볼 수 있었던 삼엽충들은 헤엄쳐 다니고 먹이를 찾는 데 유리했을 것이다. 결과적으로 삼엽충을 비롯한 다른 많은 종들이 스스로를 보호하기 위해 딱딱한 외골격을 발달시켰

다. 파커는 화석의 기록을 근거로, 초점을 맞출 수 있는 눈의 진화
와 동시에 본질적으로 다양한 동물들이 출현하면서 모든 동물 문^門
을 형성했다고 주장한다. 랜드와 닐슨도 그에 동의하며 "눈이 진화
하지 않았다면 지구상의 생명은 현재와 매우 달랐을 것이다. 다른
어떤 기관들보다 눈은 캄브리아 폭발 이후로 모든 동물과 생태계의
진화 양상을 결정했다"고 설명한다.[34]

빛을 쏟아내는 태양 곁에서

인간을 포함한 모든 척추동물의 눈은 사실 돌출된 뇌라고 할 수
있다. 마이클 소벨은 발생학 연구들을 예로 들며 이렇게 설명한다.
"눈은 나중에 뇌로 진화하는 신경관 위에 있던 작은 두 개의 돌기
로 발달하기 시작했으며, 그 시기도 매우 일렀던 것으로 보인다."[35]

우리는 무심코 스스로를 진화적 적응의 최고봉으로 여기곤 하지
만, 실제로 인간의 눈은 전자기 스펙트럼 중 극히 협소한 영역만을
감지하도록 진화했다. 물론 이것은 결코 우연이 아니다. 우리 태양
이 갈색왜성이었다면, 그래서 그 빛을 적외선으로만 방출했다면 우
리의 눈은 적외선 파장을 감지하도록 적응했을 것이다. 실제로 몇
몇 동물과 곤충들은 우리에게 전혀 보이지 않는 빛의 파장을 볼 수
있다. 살무사는 눈 옆에 또 하나의 감각기관을 갖고 있어서 먹이가
발산하는 적외선 또는 열 이미지를 감지할 수 있다. 나비들도 매우
광범위한 영역을 감지하는 시력을 갖고 있는 것으로 보인다. 이 녀

석들은 날개 위에 찍힌 자외선 무늬로 짝짓기 파트너를 구별할 수 있다. 벌, 여러 종의 물고기, 일부 새 역시 자외선을 본다. 최근에 과학자들은 자외선 파장에서 보면 꽃과 식물들에 우리 눈에는 보이지 않는 패턴이 드러나고, 그 자체도 우리가 보는 것과 완전히 다른 색으로 보인다는 사실을 발견했다. 자외선 파장에서 드러나는 패턴들은 곤충들에게 꽃가루가 있는 부위를 안내해주는 일종의 '활주로' 또는 표지물의 역할을 하는 것이 분명하다.[36]

광수용기 역할을 하는 피부 조각처럼 단순한 구조에서 파리와 거미의 겹눈과 매나 오징어의 정교한 눈에 이르기까지 최소한 40가지에서 60가지 유형의 눈들이 독자적으로 진화했으며, 상像을 형성하는 방법도 10가지에 이른다. "주변환경에 대한 정보를 얻기 위해 미세한 구멍, 렌즈, 거울, 스캔장치 등이 다양하게 조합되면서 수많은 종류의 눈을 탄생시켰다"고 랜드와 닐슨은 말한다. "모든 눈이 쌍을 이루고 있지도 않을뿐더러 반드시 머리에 달려 있는 것도 아니다. 일례로 딱지조개의 눈은 등 껍데기 전체에 골고루 퍼져 있으며, 다모류의 일종인 새날개갯지렁이의 눈은 촉수에 달려 있다. 조개의 눈은 외투막 가장자리에 붙어 있다."[37] 빛이 없는 동굴에 서식하는 여러 동물 종들은 눈 없이 진화했다. 일부 도마뱀과 개구리 그리고 물고기는 복잡한 눈을 지니고 있음에도 불구하고 머리 꼭대기나 뒤쪽에 제3의 눈, 즉 두정안을 하나 더 갖고 있다. 이 눈으로도 최소한 포식자의 그림자로 인한 빛과 어둠의 교차를 감지할 수 있다. 이렇게 퇴화된 눈도 생존에 반드시 필요한 정보 정도는 포착할 수 있다.

눈의 스펙트럼 진화의 또 다른 정점에는 상자해파리가 있다. 이 녀석은 각기 다른 네 가지 유형의 눈을 24개나 갖고 있는데, 그중 두 개는 인간의 눈과 소름 끼칠 만큼 닮았다. 6억 년에서 7억 년 전에 출현하여 다섯 차례의 대멸종에서 살아남았음에도 불구하고 해파리는 종종 뇌가 없는 동물로 오해받는다. 최근 연구에 따르면 해파리들은 신경 중심부에서 뻗어 나와 몸 전체에 골고루 퍼져 있는 뉴런을 갖고 있으며, 목적한 방향을 향해 헤엄칠 수 있는 것으로 밝혀졌다. 상자해파리들은 먹이를 찾기 위해 수초들 사이를 드나들다가 수면 가까이 올라와 인간과 유사한 눈의 정확한 시력을 이용해 수면 위와 아래를 훑어본다. 《뉴욕 타임스》에도 해파리의 눈과 관련된 기사가 실린 적이 있다.

"인간의 눈처럼 각막과 수정체 그리고 망막을 갖추고 있을 뿐 아니라 이 눈들은 한쪽 끝에 무거운 결정체가 달린 자루에 매달려 있다. 하늘을 향해 정확하게 초점을 맞출 수 있는 일종의 자이로스코프 구조인 셈이다. … 아침마다 영양을 보충하기 위해 해파리들은 수초 속으로 돌아간다. 그리고 다음 번 영양 보충을 위해 수초 밀림 사이로 돌아가기 전까지 해파리들은 수면 가까이 올라와 눈을 위로 치켜뜨고 하늘을 조사한다."[38]

해파리의 눈보다 더 복잡한 문어나 오징어 같은 두족류의 눈은 지구에서 가장 정교한 눈으로 정평이 나 있다. 두족류들은 척추동물과 달리 수정체를 섬세하게 움직여서 초점을 맞춘다. 게다가 자동적으로 동공들을 수평이 되게 유지할 수 있을 뿐 아니라 빛의 편광도 감지할 수 있다.

바다속에서 빛나는 생명들

———————

  지구상에서 가장 거대하고 가장 북적이는 생명의 거주지는 바다다. 클레르 누비앙은 "심해, 시간의 태동 이래로 완벽한 어둠 속에 잠겨 있는 그곳에 ... 이 행성에서 가장 거대한 서식지가 있다"고 설명한다. 동물학자와 해양학자들조차 아찔할 정도로 엄청난 해양생물의 양을 가늠하지 못한다. "아직 발견되지 않은 종만 적게는 1,000만 종에서 많게는 3,000만 종에 이를 것으로 추산된다"고 누비앙은 말한다. "이와 대조적으로 지구에 서식하고 있는 것이 확인된 생물 종은 육해공을 모두 합쳐도 약 140만 종에 불과하다."[39]

  태양빛이든 달빛이든, 대양의 물기둥 상층부에서 아래로 비치는 빛을 따라가면 해양동물의 위치 또는 은신처를 알 수 있다. 포식자를 피하기 위해 대부분의 해양동물들은 어둠의 호위를 받으며 밤에 먹이를 찾는다. 그 결과 대양의 물기둥은 지구상에서 가장 많은 동물들의 이동이 일어나는 장소인데, 얕게는 10여 미터에서 깊게는 1킬로미터까지 수직으로 해양동물의 이동이 매일 일어난다. 하버 브랜치 해양연구소의 과학자 마쉬 영블루스는 다음과 같이 설명한다.

  밤과 아침마다 지구상의 모든 대양과 호수들은 수십억이 넘는 생명들이 깊은 곳에서 표면으로 헤엄쳐 등장했다가 다시 차갑고 어두운 세계로 퇴장하는 극장이 된다. ... 60년 전에 처음으로 능동 음파탐지기를 사용한 어선의 선장들은 해저 바닥이

어선 바로 아래로 솟구쳐 올라온다고 생각했다. '수직회유vertical migration'라고 부르는 이 현상은 지구상에서 가장 거대한, 동물의 동시 이동이다. ... 오아시스를 찾는 사막의 유목민처럼 동물들은 먹이를 찾아 심층에서 표층으로 이동한다. '투광대'라고 하는 태양빛이 비치는 수심 100미터 범위 안에 먹이가 풍부하기 때문이다. ... 이런 대이동을 촉발하고 재설정하는 신호는 매일 규칙적으로 일어나는 태양빛의 증감이다. 따라서 대이동은 주로 해질녘에 시작해서 동틀녘에 끝난다.[40]

비록 심해는 태양빛이 닿지 않는 곳이지만 빛과 시력은 육상생물들 못지않게 해양생물들에게도 중요하다. 차갑고 어두운 태평양의 수심 1,000미터쯤 되는 깊은 곳에 서식하는, 일명 스푸크피시로 알려진 배럴아이는 반사망원경 눈을 갖고 있다.[41] 최초의 천문학자라고 말할 수는 없지만, 스푸크피시는 다른 척추동물들과 달리 망막에 빛을 모을 수 있는 수정 같은 반사경을 갖고 있다. 그뿐 아니라 일부 해양동물들은 편광 선글라스를 쓴 것 같은 효과를 내도록 눈을 진화시켰다. 편광을 볼 수 있는 이런 종들은 해파리를 비롯해 물기둥 속을 헤엄치는 거의 투명에 가까운 종들을 식별한다.

산호초 깊은 곳에 서식하는 해양동물들은 스스로 빛을 발산하여 주변을 보거나 먹이를 유혹하기도 한다. 동료들에게 조난신호를 보내거나 서로 소통할 때, 짝짓기 상대를 찾을 때나 포식자를 쫓거나 기절시킬 때도 발광을 이용한다. 반대로 스스로에게 그늘을 드리워 몸을 감추기도 한다.[42] 누비앙은 생체발광이 지구상에서 가장 흔한 통신 모드라고 주장한다. 모든 해양동물들의 90퍼센트 가량이 생체발광을 하거나 적어도 어느 정도씩은 이용하고 있다. 냉체 복사 또는 냉광cold light이라고 불리는 생체발광의 경우 이 빛을 내는 데 이용되는 에너지의 약 98퍼센트가 최소한의 열을 방출하는데, 이는 적외선을 감지하는 포식자들로부터 발광성 유기체를 보호해주는 역할을 하는 것으로 보인다.

생체발광의 수준은 종의 생존에 유리한 정도에 따라 40배에서 50배까지 진화했다. 육상생물들 가운데 반딧불이는 가장 대표적이고 친근한 생체발광 종이다. 그밖에도 파리의 유충을 비롯해 지렁이, 달팽이, 버섯, 지네류도 냉광을 발산하는 육상 종들이다. 바다 속으로 들어가면 생체발광은 예외가 아니라 표준이다. 생체발광 해양생물들 중에서도 박테리아, 달팽이, 크릴새우, 오징어, 뱀장어, 해파리, 해면, 산호, 조개, 해양벌레, 초록색 랜턴 상어, 넓은주둥이 상어 그리고 다수의 물고기들이 우열을 다툰다. 중층 수역에 서식하는 생물 종들이 스스로에게 역그늘을 만들거나 아래로 비추는 빛에 교묘히 몸을 감추기 위해 발산하는 생체발광은 물기둥 생태계 안에서 매우 유익하다. 최소 200여 종이 서식하고 있을 것으로 추정되는 샛비늘치과의 물고기들은 몸 전체에 길게 분포된 발광포로 빛을 내면서 역그늘을 만든다. 스크립스 연구소의 토니 코슬로는 말한다.[43]

"발광포는 발광세포뿐 아니라 대개 반사기와 렌즈와 색 필터까지 완비된, 고도로 진화된 구조입니다. 대부분의 발광포는 스펙트럼의 끝 부분인 파란색 파장에서 빛을 발산하는데, 이는 수면으로부터 하강하는 빛의 파장과도 일치하죠."

바이퍼피시와 심해 아귀는 빛나는 미끼가 달린 일종의 낚싯대를 가지고 있다. 이 미끼로 제법 큰 먹이를 유인해서 곧장 날카로운 이빨이 나 있는 입 속으로 가져간다. 해양생물학자 에디스 위더는 심해의 생체발광 동물들의 또 다른 면에 주목한다.

심해에는 먹이를 유인하거나 짝을 찾기 위해 '전조등'을 이용하는 물고기와 새우와 오징어가 있다. … 게다가 일부 자동차의 전조등처럼 심해 동물들의 전조등도 사용하지 않을 때는 하향 조준되거나 꺼진다. 전조등을 하향 조준하여 표면에서 반사된 빛에 슬쩍 몸을 감추거나 전조등을 끄고 아예 어둠 속으로 숨어 들어가기도 한다. 심해의 전조등은 대부분 푸른빛을 낸다. 해수를 뚫고 가장 멀리 나갈 수 있는 색이기도 하지만, 무엇보다 심해의 동물들이 볼 수 있는 유일한 색이기 때문이다. 하지만 드래건피시처럼 아주 이색적인 예외도 있다. 이 녀석의 전조등은 다른 대부분의 심해 어종들에게는 보이지 않고 오직 자기들끼리만 볼 수 있는 붉은색이다. 드래건피시는 이 붉은색 전조등을 마치 저격병의 적외선 조준기처럼 이용해서 이 빛을 보지 못하고 방심하고 있는 먹이를 쥐도 새도 모르게 덮칠 수 있다.[44]

심해새우와 몇몇 오징어 종은 생체발광 액체를 분사하여 포식자를 깜짝 놀라게 함으로써 위기를 모면하기도 한다. 코슬로의 설명에 따르면 "일부 해파리들은 도망가기 전에 발광성 촉수를 던져버린다. 도마뱀이 포식자의 주의를 딴 데로 돌리기 위해 꿈틀거리는 꼬리를 잘라버리고 도망가는 것과 매우 흡사하다."[45] 포식자를 향해 발광성 물질을 분사하는 해파리도 있다. 덕분에 갑자기 시야가 환해진 포식자는 재빨리 다른 먹이를 찾는다.

얼마 전부터는 의학계도 심해의 생체발광 동물들에 주목하기 시작했다. 태평양 북서부 푸젯 사운드 만 해안가에 서식하는 발광평면 해파리에서 최초로 추출한 녹색형광 단백질은 암과 뇌 연구뿐 아니라 세포생물학과 유전공학에 없어서는 안 될 소중한 의료자원이다.[46] 생체발광 기능을 가진 다양한 심해동물들에 대한 동물학자들의 연구는 천문학자들이 유로파의 꽁꽁 언 바다나 외계 행성들의 이국적인 바다 속에서 빛나고 있을지도 모를 생명 형태를 예측하는 데에도 큰 도움을 줄 수 있다. 그 최전방에는 다른 세상들을 찾아 매일 밤하늘을 샅샅이 뒤지고 있는 스피처와 우주망원경들이 있다.

생명을 벼리는 곳

차갑고 먼지투성이인 성운은 별들이 형성되는 곳이기도 하지만 행성들의 탄생지이기도 하다. 그리고 스피처는 그 탄생 이야기를 우리에게 들려주고 있다. 갓 태어난 별들은 먼지와 알갱이들로 이루어진 원시항성계 원반 안에 파묻혀 있으며, 이런 원반 안에서 각운동량보존법칙에 따라 별 주위로 파편구름들이 엉겨 붙는다. 피겨스케이트 선수가 양팔을 가슴에 모은 상태에서 더 빠르게 회전하듯 흩어져 있던 구름이 회전하면서 오그라들면 원반은 더 빠르게 회전하며 더 촘촘해진다.[47] 오리온성운 안에 있는 것과 같은 원시행성 원반들은 중심에 있는 별로 인해 온도가 높아지면서 모든 에너지를 적외선 파장으로 재복사한다. 이런 원반 안에서는 불과 수백만 년이면 목성이나 토성과 같은 거대 가스행성들이 형성된다. 우주의 시간으로 따지면 거의 눈 깜빡할 사이다. 그러고 나면 큰 암석 덩어리로 뭉쳐지거나, 증발을 겪으면서 수없이 재활용된 입자들로 이루어진 파편 조각들만 드문드문 남은 성긴 원반이 된다(그림 9.4).

스피처는 이런 파편원반들을 연구하는 데 완벽한 장비다. 왜냐하면 적외선 파장에서는 차가운 물질이 별보다 훨씬 더 빛나기 때문이다. 다양한 발달단계를 거치고 있는 원반들을 비교하면 태양계가 어떻게 태어났는지 그 진화의 역사를 퍼즐처럼 꿰어 맞출 수 있다.[48]

스피처가 전송한 자료에 따르면 원반 발달단계 중에서 극도로 밀도가 높은 초기 단계는 약 200만 년 간 지속된다.[49] 이 과정은 미세한 입자들이 먼지 알갱이와 비슷한 크기의 조금 더 큰 입자들로 뭉치면서 시작된다. 지구나 화성 같은 암석행성들은 이렇게 강착accretion을 통해 형성된다. 모래알처럼 작은 알갱이들이 자갈로, 산으로 그리고 행성으로 자라기까지 약 1,000만 년이 걸린다. 스펙트럼을 분석한 결과 이 먼지 알갱이들은 물(수증기)과 일산화탄소, 이산화탄소, 메탄을 포함한 기체상태의 유기분자들과 섞여 있다. 검댕 또는 순수한 탄소 알갱이들은 행성뿐 아니라 탄소기반 생명체

그림 9.4 가스와 먼지로 이루어진 밀도 높은 원반 안에 갓 태어난 별을 그린 그림이다. 이 원반 안에서는 빛도 탈출할 수 없지만, 적외선은 그대로 방출되어 행성의 형성과정을 보여준다. 이론대로라면 이 원반 안에서 먼지 알갱이는 불과 수백만 년 안에 달 질량의 수천 배에 이르는 거대한 천체로 강착될 수 있다(나사/제트추진연구소–칼텍).

의 중요한 성분이다. 몇 해 전 천문학자들이 심우주에서 일명 버키볼이라고 부르는 버크민스터 풀러린을 발견하고 환호성을 지른 것도 그 때문이다. 버키볼은 축구공의 가죽 조각처럼 60개의 탄소 원자들이 오각형과 육각형으로 결합된 공 모양의 분자다. 버크민스터 풀러린이라는 이름은 건축가 버크민스터 풀러의 이름에서 딴 것인데, 그는 공 모양으로 결합된 탄소 분자들을 닮은 다면체 돔을 설계했다. 스피처는 별들이 태어난 가스상성운과 같이 수소가 풍부한 우주 지역에서 버키볼 또는 버크민스터 풀러린들이 흔하다는 사실을 똑똑히 보여주었다.[50] 버키볼은 놀라우리만치 튼튼할 뿐 아니라 생명의 출현과도 관련 있을 가능성이 높다. 안정적인 버키볼 안에 다른 분자들이 응축되면 분자들의 상호작용 속도가 빨라지고 화학적으로 더 복잡한 분자의 탄생을 촉진할 수도 있기 때문이다 (plate 16).

스피처는 행성이 탄생하고 있는 현장의 화학을 진단하는 데도 최적화된 장비다. 왜냐하면 분자들의 스펙트럼 변화가 적외선 파장 범위에서 일어나기 때문이다. 태양 질량의 절반이 안 되는 가벼운 별 주위에는 성간질소를 저장하고 있는 대표적인 분자인 시안화수소가 희박하다. 다시 말하면 저질량 항성 주변의 행성들은 질소가 빈약하다는 의미다. 질소가 생물의 주요 성분이라는 점을 고려하면, 저질량 항성의 행성들에는 생명이 아주 드물거나 있다고 해도 본질적으로 전혀 다른 종류의 생명일 가능성이 있다. 스피처가 증명한 또 한 가지 사실은 별들 사이 우주에 존재하는 단단한 규산염 물질들은 모양이 불규칙한 반면, 행성들이 태어나고 있는 파편원반들 안에 존재하는 규산염 물질들은 규산염 결정과 비슷하게 더 뚜렷한 스펙트럼을 갖는다는 점이다.[51] 실험실에서 부정형의 규산염을 결정구조로 전환시키려면 1,000K으로 담금질하여 분자구조를 서서히 재배열해야만 한다. 원시행성 원반들 안에서 이런 담금질이 일어나려면 원반이 발달하기 시작하는 첫 100만 년 동안 수없이 별이 타올라야 한다. 적외선망원경이 있기에 지금 우리는 이 차가운 영역에서 행성과 생명들이 거쳐온 초기 단계들을 관찰할 수 있다.

외계 행성을 찾아라

태양이 아닌 다른 별을 돌고 있는 행성을 발견한 것은 20세기 과학계에서 가장 극적인 사건이었다. 1995년까지, 우리 태양계는 유일했다. 그때부터 발견에 가속도가 붙으면서 지금까지 1,000여 개 이상의 외계 행성들이 확인되었고, 외계 행성 후보에 오른 천체도 4,600개가 넘는다.[52] 그중 상당수가 목성의 질량과 맞먹는 거대 행성이고, 대부분 우리와 100광년보다 멀지 않은 곳에서 태양과 닮은 별들을 돌고 있다.[53] 외계 행성의 탐지 범위는 지구 질량에 가까운 행성들로 꾸준히 좁혀지고 있으며, 일곱 개 정도의 행성들을 거느린 항성계들도 이미 발견되었다. 이런 외계 행성들 대부분은 행성들의 중력이 부모별에 영향을 주어 나타난 부모별의 떨림 또는 '반사운동'을 통해 간접적으로 발견되었다. 부모별의 떨림은 별의 스펙트럼에서 주기적으로 나타나는 도플러 이동(또는 도플러 편이)으로 탐지된다. 초기에 발견된 행성들은 이른바 '뜨거운 목성들hot Jupiters'이라 부르는 부모별과 가까운 궤도를 돌고 있는 거대 행성들이었다. 그런데 도플러 이동을 탐지하는 방법으로는 행성의 질량과 궤도거리 이외의 자세한 정보를 알아낼 수 없다.

그에 반해 스피처는 외계 행성이 그 부모별의 앞쪽이나 뒤쪽으로 지나가는 것을 관찰한다. 이것을 일식 또는 횡단이라고 한다. 일식이나 횡단은 궤도면이 우리의 시선과 일렬로 배치된 극히 일부의 항성계들에서만 발견된다. 스피처의 탐지기는 우리 태양과 200광년 거리 이내에 있는 별을 공전하면서 최소 1,000K까지 가열된 거대 행성들이 방출하는 적외선 빛을 수집할 수 있다. 행성이 부모별 앞을 횡단할 때는 별빛의 일부를 가리는데, 이때 항성계 전반의 적외선 신호도 일시적으로 감소한다. 이런 일식 또는 횡단으로 생기는 신호 감소로 행성의 크기를 측정할 수 있다. 행성이 별의 뒷면을 지날 때도 (이를 가리켜 부극소secondary eclipse라고 한다) 적외선 신호가 감소하는데, 이때는 행성이 항성계의 열 신호를 빼앗기 때문이다. 감소한 열 신호의 양이 곧 이 행성에서 방출하는 적외선의 양이다. 확장된 궤도뿐 아니라 밝기에서 나타나는 0.1퍼센트의 미세한 변화까지 측정할 수 있는 스피처의 뛰어난 성능 덕분에 임의의 외계 행성의 궤도 전체를 지속적으로 관측할 수 있다(그림 9.5).

2009년 3월에 발사된 나사의 케플러 우주망원경 역시 백조자리의 한 영역을 주시하며 외계 행성들이 일으키는 횡단을 찾고 있다. 케플러 프로젝트 과학자들의 목표는 지구처럼 공전주기가 길고 암석으로 이루어진 작은 행성들이 흔한지를 알아내는 것이다. 지구보다 2.4배 큰 외계 행성 케플러 22b는 케플러 우주망원경이 발견한 최초의 행성으로, 태양과 닮은 별 주위의 거주가능한 궤도를 돌고 있다. 스피처의 GLIMPSE 조사자료를 분석하기 위한 우리 은하 프로젝트와 마찬가지로 주니버스의 행성 사냥꾼Planet Hunters 프로젝트도 나사를 도와 케플러의 자료를 꼼꼼히 분석할 자원자들을 기다린다.

케플러가 일정한 간격으로 15만 개가 넘는 별에 관한 자료를 지구로 전송하면, 행성 사냥꾼 프로젝트 자원자들은 별의 광도곡률을 조사하여 그것이 행성의 횡단으로 야기된 것인지 아닌지를 판별

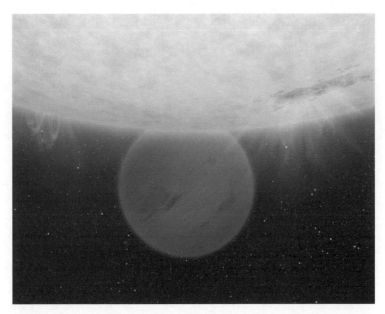

그림 9.5 머나먼 외계 행성이 부모별에 살짝 가려진 모습을 그린 그림이다. 스피처는 관측된 결과를 이용해 행성의 대기에 흡수된 원자나 분자를 측정한다. 외계 행성 대기의 '맛'을 보는 셈이다. 이 그림에서 묘사된 행성은 온도가 약 섭씨 540도에 이르며, 대기 중 일산화탄소는 매우 풍부한 반면 놀랍게도 메탄은 거의 없다(나사/SSC/조셉 해링턴).

한다. "행성 사냥꾼은 인간의 패턴인식 능력을 활용한 일종의 온라인 실험입니다." 주니버스 웹사이트에 게시된 설명이다. 지금까지 케플러의 데이터에서 시민과학자가 찾아낸 유사 행성은 두 개다.[54] 과학의 역사가 시작된 이래로 죽 그래왔던 것처럼, 케플러의 과학적 성과에도 신중한 비전문가들의 공헌이 큰 몫을 하고 있다.

케플러 우주망원경은 우리 은하 도처에 존재하는 행성의 수를 통계적으로 예측할 수 있지만, 그 행성들의 화학적 조성을 알아내기 위해서는 감도 높은 적외선망원경이 필요하다. 머나먼 외계 행성들의 대기 조성을 진단하는 스피처의 능력은 실로 놀랍다. 스피처가 이미 대기를 진단한 외계 행성만 두 다스가 넘고, '따뜻한' 임무를 수행하는 동안에도 수십 개 이상 알아낼 것으로 기대된다. 스피처 프로젝트 과학자 마이클 워너는 스피처 우주망원경의 과학적 성능을 이렇게 설명한다.

"이른바 뜨거운 목성들의 대기를 구성하는 화학성분들은 각기 다른 강도로 길이가 다른 파장들을 내뿜는다. 스피처의 데이터는 행성의 온도를 가늠할 수 있게 해주었을 뿐 아니라 (수증기의 존재 여부를 포함하여) 화학적 조성을 특징 짓는 요인들과 대기의 구조와 대기 역학을 파악할 수 있게 해주었다."[55]

스피처의 주요 임무가 성간먼지 속에 숨겨진 천체들을 탐지하는 것이긴 하지만, 어쩌면 외계 행성들의 특징을 밝히는 일이야말로 스피처의 가장 위대한 과학적 공헌인지도 모른다.

2007년에는 최초로 태양계 너머에 있는 한 행성의 기후를 측정하는 데 성공했다.[56] 부모별의 둘레를 이틀 주기로 공전하는 행성 HD189733b의 기온이 970K과 1,220K 사이에서 오르락내리락하고 있다는 사실이 관측된 것이다. 이 정도로 소박한 기온차를 유지하는 것으로 미루어 볼 때 시속 9,600킬로미터의 강풍이 행성을 휩쓸고 있다고 봐야 할 것이다. 지구에서 가장 풍속이 강한 제트기류가 시속 320킬로미터에 불과하다는 점과 비교하면 그 위력이 짐작된다. 안드로메다자리 웁실론 b라고 불리는 외계 행성은 낮과 밤의 기온차가 무려 섭씨 1,400도나 된다. 지구의 평균 일교차의 100배가 넘는다![57]

외계 행성을 연구하는 분야는 아직 젊고 역동적인 학문인 만큼 놀라운 일도 많고 이론적 예측이 빗나가는 일도 허다하다. 목성을 닮은 뜨거운 행성 하나에서는 일산화탄소는 발견된 반면 메탄은 전혀 탐지되지 않았다. 뜨거운 가스행성에서는 대부분의 탄소 원자들이 메탄의 형태로 존재한다는 전형적 모델에서 벗어난 행성이다. 또 다른 두 개의 행성은 우리 태양계에서는 볼 수 없는 먼지투성이의 건조한 구름으로 뒤덮여 있었다. 아직까지 이 행성들은 존재할 것으로 기대되는 물이나 수증기를 거의 보여주지 않고 있다. 만약 물이 존재한다면 펄펄 끓는 바다의 형태로 구름 아래 숨겨져 있을지도 모른다.

어두운 곳에서 살아가는 생명이라면?

　별과 행성 그 중간 어디쯤에 갈색왜성이라 불리는 천체들이 있다. 태양 질량의 8퍼센트가 안 되는 이 왜성들의 물리적 조건에서는 수소에서 핵융합 반응이 일어날 수 없다. 수소가 듀테륨, 즉 중수소로 융합하면서 에너지를 방출하며 깜빡거릴 수는 있지만, 대부분의 저질량 천체들은 지속 가능한 에너지원을 갖고 있지 않다. 물론 젊을 때는 갈색왜성들도 중력 붕괴를 하면서 엄청난 열을 발산하기 때문에 적외선 파장에서 쉽게 감지된다. 하지만 나이가 들어가면서 점점 더 차갑고 희미해진다. 태양 질량의 10퍼센트만 되어도 온도가 3,000K에 이르고 태양의 1만분의 1에 해당하는 광도를 가질 수 있다. 그에 반해 태양 질량의 5퍼센트인 갈색왜성은 그보다 세 배는 더 차갑고 100배 더 흐릿하다. 태양만큼 강렬한 빛을 내려면 이런 왜성들 100만 개를 모아놓아야 한다. 일부 천문학자들은 목성을 별이 되려다 실패한 행성 또는 갈색왜성으로 간주하기도 한다. 천문학적 모델들에 따르면 갈색왜성들도 목성과 토성처럼 기후시스템과 간헐천, 화산과 산악지대 그리고 (유로파처럼 꽁꽁 얼어버린 바다일지언정) 바다들을 지닌 작은 위성 세상들을 거느리고 있을 수 있다.

알파 센타우리 항성계 인근 거대 가스행성의 한 위성을 배경으로 펼쳐지는 제임스 카메론 감독의 2009년 영화 〈아바타〉는 소용돌이 구름과 대적점까지도 실제 목성과 닮은 한 행성을 돌고 있는 위성 판도라로 영화팬들을 사로잡았다. (공교롭게도 토성의 위성 중에 판도라가 있다.) 카메론의 판도라는 크리스마스트리웜을 닮은, 손대면 갑자기 움츠러드는 거대한 생물들, 해파리의 촉수처럼 팔랑거리며 날아다니는 신성한 나무의 씨앗들, 그리고 식물과 동물과 곤충들의 몸에 점점이 박힌 발광포들까지 지구의 바다 속 풍경을 연상케 할 만큼 화려하고 다채로운 식물상과 동물상으로 가득하다.[58] 카메론의 판도라에 거주하는 나비Na'vi 족의 푸른 피부색은 어쩌다 우연히 선택된 색도, 예술팀이 임의대로 고른 색도 아닌 것 같다. 바다 속에서 가장 흡수가 덜 되고 가장 깊이 투과되는 빛이 바로 푸른색 빛이기 때문이다. 심해에 서식하는 대부분의 동물들이 유일하게 볼 수 있는 색이 푸른색인 것도 같은 이유에서다. 2012년 10월 알파 센타우리 항성계 안에서 지구의 질량과 비슷한 외계 행성이 발견되었다는 공식발표 덕분에 카메론이 묘사한 가상의 세상

이 왠지 더 그럴듯해 보인다.[59]

카메론이 영화팬들의 마음을 사로잡은 또 한 가지 설정은 생체발광으로 화려하게 수놓은 판도라의 숲이다. 심해의 동물상을 탐험하고 기록한 영화 〈에이리언 오브 더 딥〉(2005)에서 이미 무수한 생체발광 심해 생명들과 가까워진 카메론은 가상의 세상에 그와 유사한 식물과 동물을 그려넣기가 한층 더 쉬웠을 것이다. 생체발광으로 빛나는 나무줄기들이 머리채처럼 드리워진 판도라의 숲에는 반딧불이들과 회전하는 깃이 달린 도마뱀들이 우글거린다. 숲 바닥에도 밝게 빛나는 이끼들이 카펫처럼 깔려 있고 강바닥들도 빛나는 말미잘들로 가득하다. 사실상 카메론은 거대 가스행성 또는 갈색왜성을 돌고 있는 외계 위성에 생명이 있다면, 그것들이 어떻게 적응하며 진화했는지를 예시적으로 보여준 듯하다. 그런 세상들에 존재하는 생명이라면, 카메론이 예측한 것처럼 발광포들로 빛을 내는 발광성 생물군일 가능성이 높다. 어쩌면 밤이나 조도가 낮은 환경에 더 적합한 눈을 지닌 종들이 거주할는지도 모른다.

고양잇과 동물들의 어둠적응 시력이 인간보다 월등한 것처럼 이목구비가 고양잇과 동물을 닮은 듯한 나비 족도 주인공 제이크와 달리 한밤중의 숲속을 마치 대낮처럼 다닌다. 카메론의 생체발광은 쥘 베른의 소설 《해저 2만 리》에서 영감을 얻었는지도 모르겠다. 이 소설 속 주인공들은 해저를 거닐면서 생체발광 해파리들과 조우하고 인광성 발광체에 주목한다. 실제로 심해에 서식하는 거의 모든 해파리들은 발광성 해파리다. 베른의 선원들은 끄트머리에서 빛이 나는 산호들도 발견한다. 해저에는 생명이 아예 없을 것이라는

19세기의 통념과는 정반대로 베른은 생체발광성 생물들로 가득한 심해를 상상했다. 해저를 묘사한 《해저 2만 리》의 삽화에는 큼지막한 산호들과 갑각류들이 가득한 해초 숲, 그리고 몸체와 촉수에서 빛을 내뿜는 거대한 해파리 군단이 등장한다(그림 9.6). 베른과 마찬가지로 외계의 한 위성에 번성하고 있는 생체발광 생명체들을 상상한 카메론 역시 선견지명이 있지 않을까 싶다.

다시 지구로 돌아오자. 어쨌든 최초의 갈색왜성은 1995년에 발견되었다. 이 발견에도 스피처가 톡톡히 한몫을 했다. 100만 개의 후보 지역 중에서 조그마한 한 영역을 골라 집중적으로 파고들어 18개의 왜성을 발견하고 지금까지 알려진 것 중 가장 차갑고 가장 희미한 몇 개의 왜성들을 탐지해낸 것이다.[60] 빛이라고 할 수도 없을 만큼 희미했음에도 불구하고 스피처는 100광년 거리에 있는 가장 차가운 갈색왜성을 포착했다. 이런 아항성체substellar objects*들의 바깥층은 분자들을 보유할 수 있을 만큼 차갑다. 갈색왜성이 진화하면 가스의 조성이 변하는 것은 물론이고, 그에 따라 스펙트럼상에 화학적 '지문'처럼 나타나는 좁은 선들도 변화한다. 갈색왜성으로 분류된 800여 개의 왜성들 대부분이 섭씨 1,200도에서 2,000도 범위의 대기를 갖고 있다. 그 아래 섭씨 250도에서 1,200도 범위의 왜성들은 대기 중에 강력한 메탄 흡수대를 갖고 있다. 간혹 갈색왜성보다 더 크고 뜨거운 일부 외계 행성들이 갈색왜성으로 분류되기도 한다.

---

* 일반적인 항성보다 작은 천체를 말한다.

그림 9.6 생체발광성 생물들을 그린 쥘 베른의 《해저 2만 리》 초판본 삽화. 그보다 최근인 2009년 제임스 카메룬의 〈아바타〉에서도 영화의 무대인 외계 위성 판도라에 서식하는 생체발광성 생물들이 실감나게 묘사되었다. 지구에도 크기와 상관없이 수천 종의 해양동물들이 생체발광 기관을 갖고 있다 (쥘 베른의 《해저 2만 리》).

최근에는 갈색왜성 중 가장 차가운 범주에 속하는 왜성과 진화의 막바지에 이른 갈색왜성이 발견되었다. 2009년에 발사된 나사의 광역 적외선 탐사위성Wide Field Infrared Survey Explorer, WISE은 적외선 파장 영역에서 하늘 전체를 조사하는 임무를 수행했다. 2011년에 천문학자들은 WISE의 데이터를 분석하면서 가장 차가운 별 여섯 개를 발견했고 그중 하나는 표면의 온도가 실온에 가깝다고 발표했다.[61] 향후 분석될 WISE의 데이터는 태양과 가장 가까운 프록시마 센타우리보다 더 가까운 갈색왜성들을 보여줄 가능성도 있다.

최근에는 하버드대학의 천문학자 데이비드 샤르보느가 이끌고 캘리포니아대학 산타크루스 캠퍼스의 필립 누츠만이 주요 설계를 담당한 또 하나의 탐사 프로젝트가 갈색왜성과 외계 행성의 횡단을 탐지하는 데 새로운 가능성을 열고 있다. 엠어스MEarth 프로젝트라고 명명된 이 탐사임무는 2,000개의 M형 왜성들을 향해 초점을 맞춘 소형 로봇망원경 여덟 대로 구성된다.[62] M형 왜성들에 초점을 맞춘 까닭은 이 왜성들이 태양보다 크기가 훨씬 작아서 행성들이 횡단할 때 별빛이 가려지는 효과가 더 뚜렷하게 드러나기 때문이다. 멀지 않은 우주에서 포착된 외계 행성들의 횡단은 지구형 행성들이 얼마나 흔한지, 또 그런 행성들의 대기가 어떤 화학적 조성을 갖고 있는지를 밝히는 데 결정적인 자료가 될 수 있다.

프로젝트 출범 6개월 만에 처음으로 엠어스팀은 별을 횡단하는 행성을 포착했다. GJ1214b라고 명명된 이 슈퍼 지구는 지구로부터 13파섹(1파섹은 약 3.26광년) 떨어진 별을 돌고 있다.[63] 2010년《네이처》는 GJ1214b의 대기가 수증기로 이루어져 있거나 아니면 토성의 위성 타이탄처럼 아주 두꺼운 구름이나 안개로 되어 있을지도 모른다고 발표했다.[64] 슈퍼 지구의 대기가 어떤지를 결정하기 위한 적외선 조사계획도 세워졌다. 다가오는 10년 동안은 Zooniverse.org 와 같은 방법을 통해 다른 세상들의 대기에서 오존이나 수증기 같은 생물지표를 찾는 시민과학자들의 역할이 더욱 막중해질 것이다.

갓 태어난 별들과 행성들이 봇물 터지듯 발견되고 있는 것으로 미루어 볼 때 우주는 어쩌면 생명과 긴밀하게 한 팀을 이루고 있는지도 모른다. 로봇을 보내든 가상현실을 이용하든, 그리 멀지 않은 미래에 인간은 어쩌면 생체발광성 생물들로 북적이는 카메론의 판도라 같은 위성이나 가까운 외계 행성에 '물리적'으로 갈 수 있을지도 모른다. 천문학자 캐롤 해스웰은 조심스럽게 경고한다.

"하지만 실제로 그런 일이 가능해진다면, 우리는 먼저 집단지성을 발휘하여 산업활동과 인구 증가로 우리 스스로 이 행성에 일으키고 있는 효과들을 이해하고 회복하는 데 집중해야 할 것이다."[65]

해스웰은 또한 우리가 외계 행성들에서 발견하고 배우게 될 사실들이 어쩌면 지구 기후의 진화를 이해하고 우리 자신과 우리의 동료 생물 종들의 생존을 지키는 데 매우 귀중한 초석이 될 수 있다고 말한다.

어쨌든 나사와 천문학계는 모험에 동참할 시민들을 두 팔 벌려 환영한다. 거주가능한 행성들, 그리고 광막하고 고요한 우주 어느 한구석 어둡고 눈에 잘 띄지 않는 행성에 있을지도 모를 생명의 신호를 찾는 그 모험은 인류의 가장 위대한 모험 중 하나가 될 것이다.

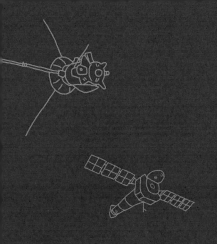
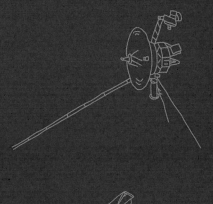

10장

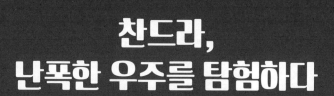

찬드라,
난폭한 우주를 탐험하다

생생하고 현실적이고 다채로운 모습으로 다른 세상들을 꿈꿀 수는 있겠지만, 그런 꿈속 장면들은 우리의 감각적 한계에 예속될 수밖에 없다. 어떤 것을 시각화할 때는 물론이고 머릿속으로 상상을 할 때조차 우리는 시각을 사용한다. 천문학의 역사 거의 대부분 동안 우리는 오로지 가시광선을 통해서 우주를 이해했다. 수만 년 동안 맨눈으로만 관측되던 밤하늘은 1610년 최초로 갈릴레오의 망원경의 표적이 되었다. 그 후로 점점 더 크고 성능이 뛰어난 망원경들이 꾸준히 발명되었고, 현재는 지름이 8미터에서 11미터에 이르는 거대 망원경들이 최전방에서 하늘을 탐색하고 있으며, 그보다 훨씬 더 큰 망원경의 등장도 곧 눈앞에 두고 있다.[1]

지금까지 천문학이 가시광선에만 초점을 맞출 수밖에 없었던 까닭은 인간의 가장 강력한 감각이 생명의 원천인 태양이 방출하는 최대 에너지에 맞춰 진화했기 때문이다. 별들의 차가운 바깥층들은 가시광선 파장 영역에서 복사에너지의 대부분을 방출하고 있으며, 은하들은 바로 그런 별들의 집합체. 한마디로 밤하늘은 시각적으로 풍요로운 곳이다. 어두운 곳에서는 맨눈으로도 별들을 약 6,000개까지 관찰할 수 있다. 하지만 우주 전체로 따지면 그 수는 새 발의 피만큼도 안 된다. 우리는 4,000억 개의 별들이 모인 은하계 안에 거주하고 있으며, 관측 가능한 우주에는 그런 은하계가 약 1,000억 개쯤 된다. 이 은하계들을 모두 합하면 10^{23}개라는 실로 아찔한 수의 별들이 있는 셈이다.[2] 원자들의 지문과도 같은 스펙트럼선 이동도 대개 가시광선 파장 영역 안에서 일어난다. 따라서 빛을 모으고 그 빛을 다시 성분별 파장으로 분산시키는 망원경을 이용하면 우주의 화학적 특성을 밝힐 수 있다.

가장 붉은 빛의 파장보다 더 긴 파장들과 가장 파란 빛의 파장보다 더 짧은 파장들이 존재한다는 사실이 밝혀진 것은 불과 200년 전이었다. 그 후 100년이 더 지나 빌헬름 뢴트겐은 밀폐된 유리 진공관 안에서 고에너지 입자들이 이동하며 방출하는 신비로운 복사 에너지의 본질을 밝히기 위해 체계적인 실험을 실시했다. 1895년 뢴트겐은 '엑스x선'의 발견을 공식적으로 선언했다. 사망 시에 자신의 실험노트들을 불태웠기 때문에 이 발견에 대한 세세한 내용은 거의 알려지지 않지만, 엑스선의 발견은 과학계를 뒤흔들었고 불과 1년 만에 의료 영상기술로서의 가능성이 현실화되었다. 엑스선이 천문학에 이용될 수 있다는 사실을 깨달은 것은 그로부터 한참 후의 일이었다. 뢴트겐은 엑스선의 발견으로 1901년에 최초의 노벨 물리학상을 받았다.[3]

인간의 몸을 투시할 수 있는 창을 열었던 것과 마찬가지로 현재 엑스선은 그동안 상상에만 그쳤던 우주의 다른 세상들을 바라볼 수 있는 창도 열어주었다. 엑스선망원경으로 블랙홀과 중성자별들의 실체가 최초로 드러났다. 은하단들의 중심부와 은하들 사이 공간에서 이글거리는 뜨거운 플라스마의 발견도, 모든 은하들의 중심부에 잠복해 있는 우리 태양 질량의 수백만 배에서 수십억 배에 이르는 거대하고 기괴한 블랙홀의 발견도, 모두 엑스선망원경이 이뤄낸 쾌거다. 블랙홀들이 가시광선보다 높은 에너지를 지니고 있다는 것은 대부분의 블랙홀들이 상상을 초월할 만큼 폭력적인 사건들을 겪으면서 탄생했음을 의미한다. 우리가 우주에 이처럼 폭력적 현상들이 존재한다는 사실을 알게 된 것은 고작 50년 전이다(그림 10.1).

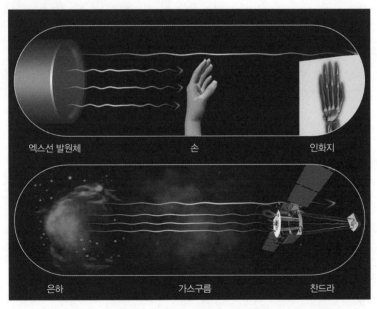

엑스선 발원체   손   인화지

은하   가스구름   찬드라

그림 10.1 뼈처럼 밀도가 높은 물질의 그림자를 만들어낸다는 점에 착안해서 엑스선 촬영이 본격적으로 의료용으로 사용되기 시작한 것은 19세기 말이다. 천문학 영역에서 보면 블랙홀과 같이 밀도가 매우 높은 천체 주변의 매우 뜨거운 가스나 플라스마도 엑스선을 방출한다. 하지만 중간에 있는 물질들에 흡수되기 때문에 지구 대기권 밖에 있는 위성들에서만 탐지된다(나사/CXC/M. Weiss).

엑스선, 인기폭발

뢴트겐의 엑스선 발견 소식은 전 세계에 파란을 일으켰다. "1895년 뢴트겐이 크룩스관과 형광 스크린 사이에 자신의 손을 놓고 엑스선을 발견한 순간, 이 기술이 의학적으로 응용될 가능성은 불 보듯 뻔했다."[4] 1896년 1월 뢴트겐은 유럽과 미국의 언론매체들에 자신의 실험결과를 공개했다. 엑스선으로 단단한 물체는 물론이고 인간의 몸까지 투시할 수 있다는 가능성이 각종 신문과 주간지들의 머리기사를 장식했고, 순식간에 대중을 사로잡았다. "광고나 노래는 물론이고 풍자만화에도 엑스선이 등장했다." 낸시 나이트의 말마따나 누가 봐도 엑스선 '열병'은 단순한 문화적 유행을 넘어 여론을 휩쓸었다.[5] 존 린하르트 역시 이렇게 전한다.

"그토록 강력하고 완벽하게 대중의 상상력을 사로잡은 것은 없었다. … 두말할 것도 없이 각종 잡지들의 풍자만화들은 그 아이디어를 칭찬하고 나섰다. 극장에서 한 남성이 엑스선 투시기로 앞자리 여성의 모자를 투시하여 무대를 바라보는 장면을 그린 만화도 있었다."[6]

미국의 의사 에드윈 게르송은 미국에서 생산된 상품들 이름에 '엑스선'이 얼마나 빠르게 유행처럼 번졌는지 조사했다. 이와 더불어 얼마나 많은 기업들이 엑스선이라는 명칭을 이용해 소비자들을 현혹했는지도 분석했다. 게르송은 1890년대부터 생산된 가정용 제품들을 수집하고 분석하기 시작했다. 하지만 실제 엑스선과 관련된 기능을 갖고 있는 제품은 단 하나도 없었다. 스나이트만 사에서 생산한 말과 소에게 바르는 연고 이름에도 엑스레이가 들어 있었고, 패트 사에서 제조한 인체용 연고의 이름에도 엑스레이가 붙어 있었다. 뉴욕의 존 워너메이커 백화점에서는 샷 정확도를 높여준다는 광고와 함께 엑스레이 골프공을 판매했다. 그밖에도 디-셀 엑스레이 전등 배터리, 엑스레이 스토브 전용 세제, 엑스레이 가구 전용 크림 등이 뉴욕에서 판매되었고, 미시건 주 포트휴런에서는 엑스레이 비누를 생산했다. '과학이 증명한 가장 예리한 면도날'이라는 광고 문구와 함께 엑스레이 블루 더블 면도날이 소비자에게 선보였으며, 심지어 네브라스카 주 웨인에서 닭장용 물통을 판매하던 기업 이름도 엑스레이 인큐베이터 컴퍼니였다. 1896년 11월에는 가정주부들을 위한 엑스레이 커피 그라인더, 엑스레이 레몬 착즙기, 엑스레이 건포도 씨 제거기가 출시되었다. 메릴랜드 주의 볼티모어에 있는 한 기업은 여덟 알에 10센트 하는 엑스레이 두통약을 판매하면서 복용 후 15분 내에 통증이 사라진다고 광고했다.[7] 허위 과대광고는 비단 어제 오늘 일이 아닌 모양이다.

엑스선의 인기는 수십 년 간 지속되었다. 1924년 즈음 구두 상인들은 엑스레이 구두맞춤기를 개발하여 새 구두를 신은 손님의 양쪽 발을 촬영했다. 데이비드 랩은 미국에서 "아드리안 엑스레이 슈 피터Adrian X-Ray Shoe Fitter 같은 기업이 형광투시경 1만 대를 제작했고" 1950년대 초까지 대부분의 구두상점들이 이 기기를 구비하고 있었다고 설명한다.[8] 게르송이 지적하듯 "대중은 엑스선의 위력에 완전히 사로잡혔고, 광고업자들은 거의 모든 제품의 이름에 '엑스레이'를 덧붙여서 이런 대중의 관심에 마법을 걸었다. … 엑스선 영상은 최첨단 기술의 혜택이라는 기분만 들게 한 게 아니라 '보이지 않는 강력한 진실과 힘'이라는 은유로도 작용했다."[9]

그러나 엑스선을 연구하거나 활용하는 학계와 의료계 종사자들은 위험하거나 치명적인 농도의 방사선에 빈번하게 노출되었다. 엘리자베스 플라이츠만도 그중 한 사람이었다. 28세 때 엑스선 장치 제작법을 소개한 신문기사를 읽은 엘리자베스 플라이츠만은 1900년 미국 최고의 방사선 전문의가 되었다. 그러나 10년 동안 환자들을 살리기 위해 엑스선 영상을 찍고 필름을 개발하느라 방사선에 너무 과도하게 노출되는 바람에 정작 자신의 목숨은 구하지 못했다.[10] 당시에는 방사선 노출의 영향에 대한 이해도 부족했고, 이런 무지로 인해 의료계 종사자들과 오락용으로 이 신기술을 활용하던 사람들은 위험한 방사선에 무방비로 노출되고 있었다. 낸시 나이트는 인간의 두뇌가 어떻게 작동하는지 밝히기 위해 사람의 뇌를 엑스선 촬영한 토머스 에디슨의 실험들에 대한 기사가 '연일 보도되었다'는 점을 그 예로 든다.[11]

앨런 그로브의 설명에 따르면 당시 일부에서는 이 신기술이 투시력을 갖게 해줄 수도 있으며, 이를 이용해 유령의 이미지를 사진으로 찍을 수 있다고 생각했다. 특히 영국에서는 이런 믿음이 보편적이었다. 그는 또한 뢴트겐이 엑스선의 발견을 선언한 지 몇 달도 채 안 되어서 수많은 극장들이 유행에 편승해 엑스선 관련 공연들을 무대에 올렸다고 적고 있다.[12] 미국 작곡가 해리 타일러가 1896년에 작곡한 〈엑스레이 왈츠X Ray Waltzes〉의 피아노 악보 표지에도 엑스선 관 아래에 한 남성이 손을 대고 있는 그림이 그려져 있다. 그 남자의 손 밑에는 손뼈의 엑스선 이미지가 흐릿하게 보인다. 2010년 타일러의 왈츠는 BBC 방송국의 '세상을 변화시킨 이미지'라는 제목의 특집기사로 다뤄지면서 다시 세간의 주목을 받았다.

여기에 대중문화에 뿌리박힌 엑스선에 관한 모든 논평에서 빠짐없이 거론되는 중요한 상징적 인물도 있다. 1930년대 시나리오 작가 제리 시겔과 만화가 조 슈스터가 탄생시킨 전설적인 슈퍼 영웅, 슈퍼맨이 바로 그 주인공이다. 슈퍼맨이 엑스선 투시력을 발휘할 수 있었던 것도 실은 시대의 흐름을 따른 필연이었다. 처음부터 그런 능력을 소유했던 것은 아니었고, 영웅적 모험담이 거듭되면서 슈퍼맨은 라디오파와 적외선, 자외선을 포함하여 전자기파 스펙트럼의 다양한 파장들을 볼 수 있는 능력을 갖게 되었고, 마침내 엑스선 투시력까지 획득했다.[13]

뢴트겐의 발견은 예술에도 지대한 영향을 미쳤다. 그것은 다름 아닌 엑스선이 원자와 분자의 내부구조를 비롯하여 '세상 속의 세상', 즉 숨겨진 은밀한 세상으로 통하는 문이었기 때문이다. 1912년 발견된 지 20년도 채 안 되었을 무렵에 막스 폰 라우에는 엑스선이 물질과 상호작용할 때 회절diffraction된다는 점을 보여줌으로써 엑스선이 전자기 복사의 한 형태라는 사실을 증명했다. 1년 후 윌리엄 헨리와 윌리엄 로런스 브래그가 결정crystal 안에서 엑스선이 어떻게 분산되는지를 수학적으로 설명하는 데 성공했고, 이 공로로 두 사람은 1915년 노벨 물리학상을 받았다. 이로써 엑스선 결정학이라는 학문이 문을 열었고, 인류는 고체를 구성하는 원자들의 간격과 배열을 측정할 수 있는 강력한 도구를 갖게 되었다. 엑스선 결정학은 당시 야수파와 입체파 그리고 미래파의 등장으로 내부적 진통을 겪고 있던 시각예술 분야에 특히 더 지대한 영향을 미쳤다. 이들 신예 화가들에게 엑스선은 말 그대로 자유요 해방이었다. 왜냐하면 엑스선이 '외면은 중요하지 않다. 그것은 거짓 포장에 불과하다'는 사실을 똑똑히 보여주었기 때문이다.[14]

예술사학자 린다 달림플 핸더슨은 엑스선이 4차원으로의 도약을 가능케 했다고 주장한다. 그녀는 "1880년대부터 1920년대까지, 보이지 않는 고차원의 공간에 대한 대중의 관심은 '우리에게 익숙한 세상은 단편이나 그림자에 불과하다는 함의'와 함께 당시의 수많은 예술작품들에서도 쉽게 찾아볼 수 있으며, 이와 관련된 책들도 무더기로 출판되었다"고 설명한다. 핸더슨은 현대 예술가들이 엑스선을 작품에 끌어들이는 데서 더 나아가 4차원 공간을 연상시킴으로써 인간의 눈이 인지하지 못하는 실체와 시계를 폭로하는 엑스선의 위력을 열렬히 환영했다고 설명한다.[15] 투명한 물체인 것처럼 물체의 모든 면들을 동시에 묘사하거나 내부를 구성하는 평면들의 존재를 보여준 입체파 화가들의 그림들은 "엑스선의 발견으로 막이 오른 '현실에 대한 새로운 패러다임과 4차원 공간에 대한 관심'을 보여주는 증거다. 이런 그림들은 한마디로 새로운, 예술가의 상상 속에서만 존재했던 복잡하고 보이지 않는 실체 또는 고차원 세상을 향해 활짝 열린 '창'이었다"고 핸더슨은 설명한다.[16]

때로는 이런 영감이 아주 노골적으로 표현되기도 했다. 역사학자 아서 밀러에 따르면 피카소의 1910년 작품 〈서 있는 여성의 누드〉는 가시 영역 이면을 보여주는, 즉 보이는 게 다가 아니라는 사실을 보여주는 엑스선의 위력에 직접적으로 영감을 받은 작품이다. 실제로 이 그림에 영감을 준 것은 자신의 연인 페르낭드 올리비에가 병을 진단하기 위해 찍은 엑스선 사진이었다. 평면들을 겹쳐 놓은 배경 위에 골반 뼈들을 드러낸 상태로 열려 있는 올리비에의 몸은 기하학적 도형들로 이루어져 있다. 이처럼 모든 형식을 기하학적 도형들로 환원시킨 입체파의 미학은 따지고 보면 현대 과학에서 영감을 받은 셈이다.[17] 예술에서 의학에 이르기까지, 특히 천문학과 우주탐험 영역에서 엑스선은 인류 문화를 송두리째 바꾸어 놓았다.

천체물리학의 점잖은 거인, 찬드라

1923년 당대의 가장 존경받는 물리학자 윌리엄 뢴트겐은 숨을 거두었다. 겸손했던 뢴트겐은 엑스선이 인류의 유익을 위해 사용되길 바라는 마음에서 자신의 발견에 대한 특허권을 정중히 거절했다. 엑스선에 자신의 이름을 붙이는 것도 거절한 데 더해 뢴트겐은 노벨상 상금 전액을 자신의 모교에 기부했다. 같은 해 인도 남부 한 작은 마을의 고등학교에 수브라마니안 찬드라세카르가 입학했다. 찬드라라는 이름으로 더 널리 알려지게 될 과학계의 또 한 명의 위대하고 겸손한 거인이 성장하고 있었다.

산스크리트어로 찬드라는 달 또는 '빛나는'이라는 의미다. 그는 비록 부유하진 않지만 교육을 중시하는 가정에서 아홉 명의 자녀들 중 한 명으로 태어났다. 사립학교에 보낼 형편은 안 되고, 그렇다고 교육의 질이 낮은 지역 공립학교에 자식을 보내기는 싫었던 그의 부모님은 집에서 직접 찬드라를 가르쳤다. 아버지를 따라 공무원이 되길 바랐던 가족의 기대와 달리 찬드라는 과학에 심취했고, 그의 어머니는 그런 찬드라를 후원해주었다. 그뿐 아니라 찬드라에게는 훌륭한 롤모델도 있었으니, 1930년에 분자들에 의한 빛의 공진 산란(라만 산란)을 발견함으로써 노벨 물리학상을 받은 C. U. 라만이 그의 삼촌이다.[18]

가족과 함께 마드라스로 이사한 찬드라는 그곳에서 대학을 다니기 시작했는데, 곧 장학생으로 영국 케임브리지대학에서 공부할 수 있는 기회를 얻는다. 그렇게 인도를 떠난 찬드라는 살아생전에 다시 인도로 돌아가지 않았다. 케임브리지에서 찬드라는 당대의 위대한 석학들과 어깨를 겨루며 자신의 입지를 굳혀갔다. 젊은 과학도였던 찬드라는 당시 가장 명망 있는 천문학자 아서 에딩턴과 한 논쟁에 휘말렸는데, 그 일로 찬드라는 큰 당혹감에 빠진다. 찬드라는 하나의 별이 핵반응을 통해 성장을 지속할 수 없는 시점이 되면 끊임없이 붕괴를 일으킬 수 있다는 가설에 대해 계산한 결과를 내놓았다. 그런데 이 결과를 에딩턴이 퇴짜를 놓으면서 논쟁이 시작되었다. 천성이 온화했던 찬드라는 이 논쟁에서도 한결같이 공손하고 예의 바른 태도를 유지했다. 이 갈등의 여파도 일부 작용했을 테지만, 어쨌든 찬드라는 시카고대학에서 자리를 제안하자 수락했고, 과학자로서의 여생을 그곳에서 보냈다.

찬드라는 백색왜성의 한계 질량(태양 질량의 약 1.4배)을 이론적으로 규명한 찬드라세카르 한계Chandrasekhar limit에 이름을 남겼다.

백색왜성이 이 한계를 넘어가면 중력의 힘이 내부 입자들에서 비롯된 모든 저항력을 압도하기 시작한다. 그러면 별은 기괴한 검은 물체로 붕괴하기 시작하는데, 중성자별이 될 수도 있고 질량이 충분히 크다면 블랙홀이 될 수도 있다. 1970년대에 찬드라는 여러 해 동안 블랙홀에 대한 세부적인 이론을 개발하는 데 몰두했다. 찬드라는 놀라우리만치 의욕적인 사람이었고, 과학의 여러 분야에 대해 남다른 흥미를 갖고 있었다. 400여 편이 넘는 연구 논문을 발표했으며, 천체물리학 내의 각기 다른 주제에 관해 쓴 책도 10권이나 된다. 《천체물리학 저널The Astrophysical Journal》의 편집장을 지낸 19년 동안 찬드라는 이 소박한 지역 간행물을 천문학계의 국제적 저널로 거듭나게 만들었다. 시카고대학에서 교수로 재임하는 동안에도 찬드라는 50여 명이 넘는 대학원생들의 멘토였고, 그중 많은 학생들이 각자의 분야에서 지도자가 되었다. 1983년 찬드라는 별의 구조와 진화에 대한 이론으로 노벨상을 받았다.

현역 과학자로 활동하는 동안 찬드라는 엑스선 천문학이 신생 분야에서 어엿한 학문으로 성숙해가는 과정을 지켜보았다. 1960년대 초반 로켓들에 실려 굉음을 내며 발사된 망원경들은 갈릴레오의 휴대용 망원경보다 크지 않았다. 나사의 고성능 엑스선 천체물리학 기지Advanced X-Ray Astrophysical Facility는 1999년 발사 직전에 20세기 천체물리학의 거성을 기리기 위해 그 이름이 찬드라 엑스선 관측선 Chandra X-ray Observatory, CXO으로 바뀌었다.[19] 찬드라 엑스선망원경의 감도는 불과 40년 전 초창기 로켓들에 실려 날아간 망원경보다 무려 1억 배 이상 향상되었다.[20] 갈릴레오의 최신 망원경에서 허블 우주망원경까지, 광학망원경의 감도가 1억 배 향상되는 데는 무려 10배나 더 긴 400년이 걸렸다!

텅텅 빈 엑스선 하늘

찬드라 엑스선 망원경이 발사되기 전까지는 엑스선망원경의 최강자라고 하는 기기들도 갈릴레오 시대의 최신 광학망원경 수준의 성능을 간신히 유지했을 뿐이다. 수집 범위도 제한적이었고, 각 분해능도 너무 낮았다. 찬드라 망원경 덕분에 엑스선 천문학자들은 몇 차원 더 높은 감도로 우주를 관찰하면서 중간 크기의 광학망원경만큼 선명한 영상들을 찍을 수 있게 되었다. 찬드라는 나사의 대형 망원경 네 대 중 세 번째 작품이다. 첫 번째는 1990년에 발사되어 아직까지 최전방에서 과학활동을 수행하고 있는 허블 우주망원경이다. 1991년에 발사되어 성공적으로 임무를 마친 뒤 2000년에 궤도에서 이탈한 콤프턴 감마선 관측위성Compton Gamma Ray Observatory이 두 번째 대형 망원경이고, 찬드라의 뒤를 이어 2003년에 발사되어 2009년 액체 헬륨 냉각제가 소진된 후 지금은 '따뜻한' 마지막 탐사 임무를 수행 중인 스피처 우주망원경이 막내다(plate 17).

우주를 향해 엑스선 시야가 열리기까지는 시간이 좀 걸렸는데, 엑스선을 철저히 가로막고 있는 지구의 대기가 그 원인이었다. 과학자들이 로버트 고다드의 로켓을 개조하여 초고층 대기를 탐색하고 우주를 관측하자는 제안을 처음 내놓은 때가 1920년대였다. 이

아이디어는 1948년 태양이 방출하는 엑스선 탐지를 위해 V2 로켓을 개조하면서 비로소 결실을 맺었다.[21] 그 후 수십 년 동안 엑스선을 포착하는 영상기술과 새로운 탐지기술들이 잇따라 개발되었고, 우주 프로그램의 발전과 호흡을 맞춰 엑스선 천문학도 무르익었다.

태양계 밖에서 처음으로 발견된 엑스선 발원체는 전갈자리에 속한 전갈자리 X-1으로 1962년 물리학자 리카르도 지아코니가 발견했다.[22] 고에너지 전파를 강렬하게 내뿜고 있는 이 발원체는 중성자별이다. 거대한 별이 진화의 종착점에 이르면 중력으로 인해 남아 있는 모든 물질이 원자핵만큼 촘촘한 상태로 붕괴되는데, 이 시점에 이른 별을 중성자별이라고 한다. 중성자별의 강력한 중력에 이끌려 이웃한 동료 별에서 유입된 가스가 뜨겁고 맹렬하게 가열되는데, 이때 방출되는 고에너지 전파가 바로 강렬한 엑스선들이다.

지아코니 역시 천체물리학의 거인 중 한 명으로, 1970년대 우후루Uhuru 관측위성에서 1990년대 찬드라 망원경에 이르기까지 엑스선 관측위성 시대를 이끈 선도적 과학자다. 우주망원경과학연구소 Space Telescope Science Institute의 초대 소장을 역임했으며, 2002년에는 노벨 물리학상을 수상했다. 지아코니의 노벨 물리학상 수상은 빌헬름 뢴트겐이 엑스선의 발견으로 최초로 노벨 물리학상을 수상한 후 정확히 한 세기가 지났다는 점에서도 의미가 있다.

이탈리아 제노바에서 태어난 지아코니는 2차 세계대전의 화염 속에서 유년기를 보냈다. 고등학교를 다니던 중 연합군의 폭격을 피해 밀라노를 떠나야 했지만, 다시 돌아와 박사학위를 마치고 실험실에서 본격적인 과학자로서의 삶을 시작했다. 이탈리아의 실험실에서 그가 한 일은 안개상자들 안에서 일어나는 핵반응을 연구하는 것이었다. 풀브라이트 장학금을 받고 미국으로 건너간 그는 여전히 미국에서 연구활동에 전념하고 있다. 엑스선 천문학의 굵직한 발견들마다 그의 손을 거치지 않은 것이 없다. 최초로 엑스선 발원체를 확인했으며, 블랙홀과 근접 쌍성계의 특징뿐 아니라 일부 은하의 중심에서 나타나는 고에너지 복사와 하늘의 모든 방향에서 산란되는 것처럼 보이는 확산 엑스선의 본질을 규명하는 일에도 중추적 역할을 했다.[23]

천문학계는 엑스선 발원체들의 발견이 잇따르면서 새로운 탐사위성들에 어떤 기능을 추가해야 하는지 목표가 뚜렷해졌다. 1974년 우후루 탐사위성의 최종 목록에 오른 발원체는 160개였고, 1984년에 작성된 HEAO A-1 목록에는 840개가 올랐다. 1990년 EXOSAT과 아인슈타인 탐사위성이 발견한 발원체들은 모두 합해 8,000여 개에 이르렀고, 2000년 ROSAT 목록에는 무려 약 22만 개의 엑스선 발원체들이 올랐다. 1999년에 발사된 찬드라 망원경은 같은 시기에 발사된 유럽의 XMM-뉴턴 탐사위성보다 감도는 조금 떨어지지만, 대신 시야가 더 넓다. 이 두 대의 엑스선 탐사위성들이 발견한 엑스선 발원체를 모두 합치면 100만 개가 넘는다.

찬드라는 컬럼비아 우주왕복선에 실려 지구에서 달까지 거리의 3분의 1 지점에 있는 타원궤도를 향해 발사되었다. 무게 5톤에 이르는 찬드라 망원경은 당시 우주왕복선이 운반한 가장 무거운 수하물이었다. 찬드라는 길쭉한 타원형 궤도를 돌기 때문에 완전한 진공 상태의 우주에서 체공하는 시간도 길고, 64시간 궤도 비행 중 55시간 동안 과학활동을 수행할 수 있다. 발사시 우주왕복선의 비행 성공 여부에 따라 망원경의 운명이 결정되기 때문에 모든 기능들이 완벽하게 작동되지 않으면 안 되었다. 다행히도 찬드라에 발생한 기술적인 문제는 발사 직후 밴 알렌 복사대를 통과하는 동안 영상 카메라가 방사선에 노출된 것뿐이었다. 지금은 이 지역을 통과할 때마다 카메라가 선체 내부로 접혀 들어가도록 개선되었다. 발사될 당시 찬드라 망원경의 명목상 임무기간은 5년이었으나 과학활동의 성과를 인정받아 현재 2차로 10년 간 임무기간이 연장된 상태이며, 앞으로도 최소한 15년은 더 연장될 것으로 기대된다.[24]

영상장비 두 개 중 하나는 언제라도 입사된 엑스선들의 과녁이 된다. 고해상도 카메라는 진공과 강력한 전기장을 이용해서 각각의 엑스선을 전자로 바꾸고, 그 전자를 다시 전자구름으로 증폭시킨다. 이 카메라는 초당 10만 번 정도로 빠르게 우주를 측량하면서 불꽃들을 탐지하거나 순식간에 일어나는 변화들을 감시한다. 찬드라가 갖고 있는 비장의 무기는 첨단 이미징 분광 카메라다. 10개의 CCD 카메라와 더불어 이 분광 카메라는 이전의 어떤 엑스선 장비보다 100배 더 선명하고 뛰어난 영상을 포착할 수 있다. 이 두 카메라 중 한쪽에는 앞면에 회절격자를 부착할 수 있는데, 어떤 회절격자를 부착하느냐에 따라 고해상도 분광이나 저해상도 분광 기능을 선별적으로 수행할 수 있다. 엑스선 파장 범위에서의 분광은 광학 분광과 조금 다르다. 찬드라가 보여주는 스펙트럼선들은 네온이나 철 같은 무거운 원소들에서 나타나는 매우 높게 들뜬 여기勵起 상태의 선들일 때가 대부분인데, 이는 이 스펙트럼의 발원체가 고에너

지 복사나 격렬한 원자의 충돌로 인해 격심하게 동요된 상태로 있는 가스이기 때문이다.[25]

하늘에서 발원체를 탐지하는 두 가지 방법, 다시 말해 광학 탐지와 엑스선 탐지는 크게 두 가지 점에서 차이가 있다. 첫 번째 차이점은 복사에너지를 수집하는 방법이다. 엑스선들은 에너지가 워낙 커서 은도금 렌즈에 곧장 떨어지면 마치 작은 탄환처럼 표면을 관통하여 흡수돼버린다. 그렇기 때문에 엑스선망원경은 입사각을 매우 작게 해 마치 수면 위로 돌이 튕기듯 광자들이 거울 표면에 부딪치며 튕겨 지나가도록 한다. 찬드라는 길이 10미터에 끝으로 갈수록 아주 가늘어지는 원통형의 반사경 네 개로 이루어져 있는데, 겉모양만 보면 원통들을 겹쳐놓은 듯하다. 반면 찬드라가 복사에너지를 모으는 방식으로는 넓은 영역을 아우르기 힘들다.

두 번째 차이점은 엑스선의 에너지가 가시광선보다 훨씬 더 높다는 점에서 기인한다. 찬드라는 0.1킬로전자볼트$_{keV}$에서 10킬로전자볼트(또는 100전자볼트에서 1만 전자볼트)의 에너지 범위에서 광자를 측정한다. 여기서 전자볼트란 광자를 측정하는 표준 단위다. 전자볼트 규모에서 이 두 숫자 범위에 해당하는 경우를 예로 들자면, 수소 원자에서 전자 하나를 떼어낼 때 필요한 에너지가 13.6전자볼트이고 전자의 정지질량 에너지가 511킬로전자볼트 정도다. 이에 비해 가시광선의 광자는 1만 배 더 긴 파장을 가지며 에너지도 1만 배 더 낮다. 광자 하나로 이런 강편치를 날릴 수 있는 우주의 전형적인 발원체는 가시광선 광자들보다 엑스선 광자를 훨씬 더 적게 방출하기 때문에 그 하나하나가 매우 소중하다. 엑스선 천문학의 목표는 각각의 광자들을 개별적으로 검출하는 것이다. 극소량의 광자만 있어도 그 발원체를 탐지할 수 있기 때문이다. 실제로 이것은 백그라운드 계수율background rate이 낮기 때문에 가능하다. 즉 엑스선을 생산하는 발원체들은 다양하지도 않거니와 출처를 분간할 수 없을 만큼 많지도 않다. 어떤 의미에서 엑스선 하늘은 거의 텅 비어 있는 셈이다. 찬드라가 주시하고 있는 가장 먼 곳의 경우에는 2주에 걸쳐 광자 두세 개만 수집되어도 발원체를 발견했다는 증거로 삼기에 충분하다. 사실 지금까지 찬드라가 수집한 광자의 수보다 이를 연구해서 논문을 발표한 저자들의 수가 더 많다!

찬드라는 우주가 난폭하고 폭력적이라는 사실을 만천하에 드러냈다. 왜냐하면 우주의 엑스선들은 에너지가 매우 높을 뿐 아니라 극단적인 물리적 과정을 통해서만 생산되기 때문이다.[26] 태양을 비롯해 모든 평범한 별들은 엑스선 발원체로서는 매우 약한 편이다. 이 별들의 차가운 바깥층은 가시광선 파장에서 최고조에 달하는 열복사를 생성한다. 엑스선을 넉넉하게 방출하기 위해서는 수십만 도에서 수백만 도로 가열된 가스가 필요한데, 이 정도 고온으로 가열된 확산 가스는 은하들 사이에 분포되어 있다. 엑스선이 생산되는 또 다른 경로는 입자들이 극단적인 고에너지 상태로 가속되는 경우다. 이런 고에너지 입자들은 엑스선은 물론이고, 이를 넘어 감마선 스펙트럼 범위에서도 에너지를 방출한다.[27]

이미 밝혀진 목록에 현재까지 100만 개의 엑스선 발원체들이 추가되었지만, 여전히 하늘에는 광학적 발원체들이 수천 배 더 많다. 이것이 엑스선 하늘이 비교적 고요할 수밖에 없는 이유다. 그럼에도 이 엑스선 발원체들 중 많은 것들이 우리의 관심을 사로잡는 까닭은 이 발원체들이 극단적인 '우주 폭력'에 시달리고 있는 상태이기 때문이다.

별들의 최후

당연한 말처럼 들리겠지만, 블랙홀은 검다. 그 무엇도 블랙홀의 사건지평선event horizon을 탈출할 수 없다. 사건지평선은 물리적 장벽이나 경계선이 아니라 어떤 입자나 전자기파도 탈출할 수 없는 지역을 경계짓는 일종의 정보막이다. 블랙홀은 일반상대성 이론이 가장 극적으로 드러나는 곳으로, 질량이 공간을 휘어지게 만들다 못해 완전히 시야에서 일소해버리는 장소다.[28]

거대한 별들의 최후가 바로 블랙홀이다. 모든 별들은 평생 동안 빛과 어둠 사이에서 사투를 벌인다. 핵융합 반응에서 일어난 빛은 바깥쪽으로 떠미는 압력을 행사하는 반면, 어둠은 안쪽으로 끌어당기는 중력의 가차 없는 힘이라고 할 수 있다. 결국에는 늘 중력이 이긴다. 우리 태양보다 20배 이상 무거운 별들이 핵연료를 소진하면 그 중심이 붕괴하면서 아무것도, 심지어 빛조차도 탈출할 수 없을 만큼 밀도가 높아진다. 외따로 떨어져 있는 블랙홀은 글자 그대로 검고, 탐지할 수도 없을 것이다. 하지만 모든 별들의 반 이상은 쌍성계이거나 다중 항성계를 이루고 있으며, 그중 가장 무거운 별이 핵연료를 다 소진하고 나면 파국적으로 붕괴하면서 블랙홀을 형성한다. 밀도가 높아진 상태에서 별의 자전은 더욱 증폭되는데, 그래서 블랙홀은 매우 빠르게 회전한다. 욕조의 물이 빠지면서 소용돌이를 이루듯, 이웃한 별의 물질이 블랙홀로 빨려 들어가면서 가스 원반을 형성한다.[29]

수만 도에 이를 만큼 매우 뜨거운 이 원반은 자외선과 엑스선을 방출하며 이글거린다. 이 뜨거운 플라스마가 더 맹렬한 속도로 가속되면 회전하는 블랙홀의 극을 따라서 엑스선과 감마선이 방출되기도 한다. 블랙홀 그 자체는 검지만, 이처럼 이웃한 별로부터 가스가 유입될 때는 뜨겁게 가열되면서 화려한 불꽃의 향연을 일으킬 수 있다(그림 10.2). 이웃한 별의 가스가 유입되는 과정에서 방출되는 엑스선 서명은 블랙홀의 존재 여부를 확인하는 근거로 삼을 만큼 이론적으로 잘 규명되어 있다. 사건지평선으로부터 100킬로미터 이내로만 방출되는 복사도 있다. 찬드라 망원경은 바로 이런 복사를 연구하는 데 결정적인 역할을 수행했다.[30]

찬드라는 그 탁월한 감도로 수백 광년 떨어진 블랙홀들도 탐지해냈다. 이전에는 고작 20개 남짓한 쌍성계들의 질량을 측정함으로써 옆에 있는 검은 형체가 블랙홀이라는 사실을 확인했지만, 엑스선 관측선들을 이용하면 블랙홀을 직접 확인할 수 있을 뿐 아니라 신뢰도도 꽤 높다. 우리 은하 안에 1억 개 가량의 블랙홀이 존재한다는 사실을 밝혀낸 것은 엑스선 망원경들로 이뤄낸 가장 눈부신 연구성과라고 볼 수 있다.[31]

엑스선 관측선들은 블랙홀의 발견에서 더 나아가 블랙홀에 대한 이해의 폭을 넓혀주었다. 2007년 한 연구팀이 찬드라를 이용해서

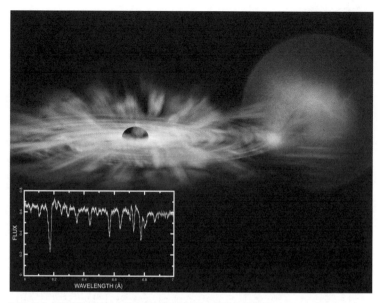

그림 10.2 블랙홀은 에너지나 입자들을 방출하지 않지만, 쌍성계를 이루고 있는 블랙홀이라면 이웃한 동료 별로부터 유입된 가스가 응축원반을 형성하며 엑스선들로 빛난다. 다른 별과 이원 궤도를 이루고 있는 블랙홀의 경우에는 그 질량을 측정할 수도 있다. 이 그림에 삽입된 상자는 엑스선 스펙트럼을 보여주는데, 이를 통해서 블랙홀 주변의 플라스마 온도와 블랙홀의 특징을 밝힐 단서를 얻을 수 있다(나사/CXC/M. Weiss/J. Miller).

M33이라는 이름의 이웃 나선은하 옆에서 블랙홀을 하나 발견했다. 이 블랙홀은 태양 질량의 16배나 되는 것으로, 지금까지 알려진 것 중 가장 거대한 별의 유령이다.[32] 게다가 이 녀석은 태양 질량의 70배에 이르는 무시무시한 거성과 함께 이원 궤도를 이루고 있다. 이 블랙홀이 거대한 동료 별과 닿을 듯 가까운 곳에 있는 이유는 아직 밝혀지지 않았다. 쌍성계 안에서 처음으로 발견된 이 블랙홀은 일식 덕분에 질량뿐 아니라 몇 가지 특징도 매우 정확하게 밝혀졌다. 동료 거성 역시 언젠가는 블랙홀로 생을 마감할 터이니 아마도 미래의 천문학자들은 쌍블랙홀을 관측하게 될 것이다. 중력파를 방출하

며 에너지를 잃어버린 두 개의 블랙홀이 하나의 괴수로 합체하면서 죽음의 소용돌이 춤을 추는 장관을 감상하게 될 것이다.[33]●

거대한 별, 일명 거성의 최후는 블랙홀이 다가 아니다. 생애 막바지에 핵연료마저 다 떨어지고 나면, 그때부터 별은 파국적인 중력 붕괴를 겪는다. 낙하하는 가스의 압력으로 별의 핵은 블랙홀로 쪼그라들지만 질량의 대부분은 바깥쪽으로 튕겨져 나가고, 이때 분출되는 가스는 다시 낙하하는 가스와 충돌하면서 순식간에 수십억 도로 가열된다. 이 열핵반응의 열풍 속에서 금, 은, 백금과 같은 무거운 원소들이 벼려지고 우주로 떠밀려 나가 후손 별들의 일부가 된다.[34] 이렇게 폭발하는 별이 바로 초신성이다.

초신성으로 폭발한 후 수백 년에서 수천 년에 걸쳐 분출되는 가스는 성간물질들과 반응하면서 성운에 섬세한 줄무늬를 새기기도 하고 선명하게 불타오르는 가스 필라멘트를 형성하기도 한다. 초신성 잔해는 엑스선 파장에서 가장 또렷하게 보이기 때문에 찬드라 망원경을 이용하면 초신성 잔해의 구조를 상당히 세밀하게 조사할 수 있다. 실제로 찬드라의 분광계는 행성뿐 아니라 생명에게도 필수 원소인 철과 규소, 산소와 질소가 분출되고 있는 현장을 우리에게 보여주었다.[35] 우리 몸을 이루는 탄소와 산소 원자들은 모두 몇 세대 전 별들의 일부였다는 점에서, 우주 연금술은 우리 자신의 역사와도 맥락이 닿아 있다. 찬드라의 분광복사계는 충돌 가열된 필

● 2016년 2월 미국 LIGO 공동연구진은 태양보다 각각 29배, 36배 무거운 두 개의 거대 블랙홀이 충돌해 새 블랙홀이 만들어지는 과정에서 방출한 중력파를 검출했다고 발표했다.

라멘트들을 아주 세밀하게 보여주는데, 이를 바탕으로 우리는 입자들이 광속의 수 퍼센트 이내로 가속되는 과정을 모델로 만들 수 있다(plate 18).

찬드라에 포착된 각기 다른 진화단계를 겪고 있는 초신성들을 순서대로 조합하면 별들의 전반적인 생애를 알 수 있다. 이 별들의 역사는 인류의 역사와도 묘하게 연결되어 있다. 1572년 티코 브라헤가 카시오페이아자리에서 발견한 초신성과 1054년 중국 송나라 때 황소자리에서 관측된 게성운 초신성은 과거 1,000년 동안 관측된 가장 밝은 '손님' 별로서, 육안으로도 보였을 뿐 아니라 여러 문명들의 역사기록에도 남아 있다.[36] 최근 찬드라가 수집한 자료를 바탕으로 초신성 잔해인 RCW86의 나이가 수정되었는데, 폭발 시기가 서기 185년 중국의 궁정 천문학자들이 기록한 손님 별의 출현 시기와 딱 맞아떨어지면서 인류가 역사에 기록한 최초의 초신성이 되었다.[37]

초신성 잔해의 중심부에는 블랙홀이 있거나 중성자별이 있거나 둘 중 하나다. 중성자별은 블랙홀만큼 매혹적이진 않지만, 기괴함에 있어서는 블랙홀 못지않다. 중성자별 안에서는 중력의 압력이 워낙 세서 중성자들이 전자들과 융합하여 순수한 중성자 물질을 만든다. 입자들이 전기적 반발력을 행사하지 못하고 유리병 속 구슬들처럼 촘촘하게 모여 있는 상태다. 중성자별은 한마디로 원자번호가 10^{57}인 거대한 원자핵이라고 볼 수 있다. 찬드라는 중성자별의 강력한 자기장이 유발하는 고에너지 현상을 통해서 중성자별들을 포착한다. 중성자별이 갖는 자기장의 세기는 10^{12}가우스나 된다. 냉장고 자석 100억 개를 합친 것과 맞먹는다. 중성자별의 평균 회전 속도는 60rpm인데, 간혹 4만 5,000rpm의 속도로 회전하는 괴물도 있다. 크기는 도시 하나만 한데 질량은 지구의 100만 배나 되는 물체가 초당 1,000번씩 회전한다고 생각해보라! 찬드라가 촬영한 수십 개의 중성자별들은 자화된 입자들로 이루어진 빛나는 구름을 주위로 불어 날리고 있다.[38]

인간이 찾아낸 가장 기괴한 것

1964년 리카르도 지아코니와 그의 팀은 백조자리 안에서 백조자리 X-1이라는 천체를 발견했다. 보통은 이를 최초로 발견된 블랙홀로 인정한다. 백조자리 X-1은 태양보다 아홉 배 무겁고 지름 약 26킬로미터의 사건지평선을 갖고 있는 도시보다 작은 규모의 블랙홀이다. 하지만 1960년대 초반에는 엑스선 천문학도 신생 학문이었고,[39] 특이점_singularity_ ˙도 순전히 이론적 고려 대상에 지나지 않았다.

과학저술가 데니스 오버바이는 물리학자 존 휠러가 제자들의 설득 끝에 마침내 별의 파국적 붕괴의 가능성을 인정하게 된 사연을 다음과 같이 기술했다.

˙ 다양한 분야에서 쓰이는 용어지만 물리학에서 특이점이란 현재 우리가 알고 있는 물리법칙이 더 이상 적용되지 않는 지점을 말한다.

1939년 훗날 맨해튼 프로젝트를 이끌게 될 로버트 오펜하이머와 그의 제자였던 하틀랜드 스나이더는 아인슈타인의 방정식은 종말론적 예언이나 다름없다고 주장했다. 충분한 질량을 가진 별은 빛조차 탈출할 수 없을 만큼 밀도가 높은 덩어리로 붕괴하면서 죽을 수 있다. 이 별은 영원히 붕괴할 것이고, 그러는 동안 검은 망토가 덮이듯 시공간이 휘어져 별을 감싸게 될 것이다. 그 중심부에서 공간은 무한히 휘어지고 물질은 무한히 촘촘해지는데, 누가 봐도 모순 덩어리 같은 이 상태가 바로 특이점이다.

처음에는 이 개념을 완강히 거부했던 휠러 박사는 1958년 벨기에에서 열린 한 학회 중 오펜하이머 박사와 만난 자리에서 붕괴이론은 그 별의 물질들이 맞을 최후의 운명에 관한 "썩 만족스러운 답은 아니다"라고 말했다.

하지만 1967년 뉴욕에서 열린 한 토론회에서 휠러는 생각을 바꾸었고, 이렇게 말했다.

"여러분의 제안을 들으니 별에게나 물리학에게 일어날 수 있는 이 끔찍하고 무시무시한 파국을 극적으로 표현하는 이름이 문득 떠오르는군요. '블랙홀'입니다."[40]

미첼 베겔만과 마틴 리스도 휠러가 붕괴하는 별에 '블랙홀'이라는 용어를 공식적으로 처음 사용했으며, '문득 떠오른 이름'이라고 언급했다는 사실을 인정한다. 두 사람은 "이 용어에는 뭐라 표현할 수 없을 만큼 미스터리하고 사악한 기운마저 느껴진다. 어떤 형태의 물질이든 에너지든, 그 안으로 들어가면 본질을 잃어버리고 우주에서 영원히 사라지는 곳이기 때문이다"라고 적고 있다.[41] 캘리포니아공과대학의 천체물리학자 킵 손도《블랙홀과 시간 굴절Black Holes and Time Warps》에서 유사한 견해를 밝혔다.

"유니콘이나 가고일에서 수소폭탄에 이르기까지 인간이 생각해낸 모든 개념들 중에서 가장 기상천외한 개념은 아마도 … 중력의 힘이 너무나 강한 나머지 빛조차 그 마수에 걸리면 빠져나오지 못하는 구멍, 공간을 휘게 하고 시간을 굴절시키는 구멍, 블랙홀이다."[42]

1970년 스티븐 호킹은 아인슈타인의 일반상대성 이론과 우주의 표준 현상인 블랙홀을 증명하는 공리를 발전시켰다. 1970년대 중반에 이르자 블랙홀은 공상과학 소설은 물론이고 팝뮤직과 영화를 비롯해 문화예술 전반에서 반향을 일으켰다. 캐나다의 프로그레시브 록 밴드 러시Rush는 백조자리에서 엑스선 발원체를 발견한 리카르도 지아코니에 대한 오마주로 작곡한 '시그너스 X-1, 북 1: 우주 항해Cygnus X-1, Book 1: The Voyage'를 1977년〈페어웰 투 킹스A Farewell to Kings〉앨범에 수록했다. 그 노래의 가사 일부는 다음과 같다.

백조자리 품 속 어딘가에
신비롭고 보이지 않는 힘이 숨어 있지.
블랙홀
시그너스 X-1 [....]
망원경으로도
보이지 않는

영원히 죽지 않는 별.

감히 그 곁을 지나는 것은 모두

치명적인 그 힘에 삼켜지리.

나는 거문고자리 동쪽으로

페가수스자리 북서쪽으로

데네브의 빛 속으로

은하수를 건너가리〔.....〕

엑스선은 그녀가 부르는 유혹의 노래.

나의 배는 그녀의 속삭임을 거부할 수 없어.

죽음의 목적지에 더 가까이

블랙홀에 이르기 전에

키를 놓치지 말아야 하리.

노래와 격정

내 심장을 흠뻑 적시네.

내 모든 신경은

갈기갈기 찢어지네.[43]

　지금까지 밝혀진 바에 따르면 지구로부터 약 6,000광년 떨어진 백조자리 X-1은 고질량 엑스선 쌍성계high-mass X-ray binary system⁎의

⁎ 한쪽이 중성자별이거나 블랙홀인 쌍성계를 말한다.

일부이며, 우리 태양 질량의 아홉 배인 붕괴하는 별에서 탄생한 블랙홀이다. HDE226868이라는 푸른색 초거성으로부터 가스 물질이 유입되고 있다.[44] 푸른색 초거성에서 블랙홀로 가스가 빨려 들어가면서 가열되기 때문에 이 쌍성계는 강력한 엑스선을 방출한다. 백조자리 X-1의 물리적 특성에 대한 해석을 놓고 공개적으로 벌어진 스티븐 호킹과 킵 손의 선의의 내기는 백조자리 X-1에 대한 관심을 더욱 부채질했다. 백조자리 X-1이 블랙홀이 아니라고 주장하던 호킹은 1990년에 결국 패배를 인정했다.[45]

블랙홀에 사로잡히다

블랙홀은 공상과학 소설의 소재로서뿐 아니라 문화의 모든 양상들에 속속 배어들었다. 월러스 터커와 카렌 터커는 찬드라 엑스선 관측선의 역사를 재조명하면서 이 망원경이 "블랙홀의 존재를 암시하는 확실한 관측 증거"를 제공했다는 사실을 역설한다. 그들은 블랙홀이 "물질뿐 아니라 시간과 돈 등 '모든 것의 돌이킬 수 없는 소멸'을 의미하는 은유로서 대중문학의 일부가 되었다"고 주장한다.[46] 영국의 소설가 마틴 에이미스의 1988년 작품 《야간열차Night Train》에서 블랙홀은 죽음을 상징하는 은유로 등장한다.[47]

하지만 대중에게 블랙홀은 단순한 은유를 넘어서 보다 실질적인 대상으로 이해된다. 2008년 CERN의 강입자충돌기Large Hardron Collider, LHC를 다루는 물리학자들은 미니 블랙홀을 만들 수 있으며 이 블랙홀이 세상에 유출되면 지구를 삼킬 수도 있다고 발표했다. 과학자들이 축소판 블랙홀을 만들 수 있다는 사실에 대중의 우려가 커지자 결국 CERN 측은 홈페이지에 다음과 같은 안내문을 게시함으로써 여론을 진정시켰다.

　　LHC에서 만들 수 있다는 미니 블랙홀이란 양성자 쌍들의 충돌에서 생산되는 입자들을 언급한 것으로, 각각의 입자들이 갖고 있는 에너지는 날아다니는 모기 한 마리의 에너지에 불과합니다. 우주의 블랙홀들은 LHC에서 만들 수 있는 그 어떤 블랙홀과도 비교할 수 없을 만큼 거대합니다. 아인슈타인의 상대성 이론이 설명하는 중력의 기존 특성에 따르면, LHC에서 미니 블랙홀을 만드는 것은 불가능합니다. 하지만 일부 사변적인 이론들에서는 그와 유사한 특징을 가진 입자들을 생산하는 것이 가능하다고 말합니다. 물론 그러한 이론들에서도 블랙홀의 특징을 지닌 입자들은 탄생하자마자 붕괴할 것으로 예측합니다. 그런 블랙홀들은 수명도 짧아서 물질을 흡착하여 거시적 영향을 미칠 수도 없을 것입니다.[48]

1년 후인 2009년 J. J. 에이브럼스는 영화 〈스타 트렉〉에서 우주선과 행성들을 집어삼킬 수 있는 위력적인 미니 블랙홀을 마음대로 생산하는 로뮬런들을 등장시켰다. 실제로 〈스타 트렉〉은 휠러가 처음으로 '블랙홀'이라는 용어를 사용하기 시작했던 것과 역사를 같이 한다. 붕괴하는 별 또는 검은 별이라는 개념은 '내일은 어제다'

라는 제목으로, 1967년 1월에 첫 방영된 〈스타 트렉〉 오리지널 시리즈 첫 번째 시즌에서 선보였다. 이 에피소드에서 엔터프라이즈 호는 고도의 중력을 가진 검은 별과 조우한다.[49] 그 별의 중력으로부터 벗어나려고 시도하는 과정에서 우주선은 시간 왜곡에 말려들고, 커크 함장과 승무원들은 과거로 떨어진다. 엔터프라이즈 호는 결국 인간을 태운 우주선이 최초로 달을 탐사하기 며칠 전인 1968년의 지구 궤도에서 표류한다. 비록 블랙홀이라는 용어로 언급되진 않았지만, 엔터프라이즈 호의 모험을 촉발한 검은 별은 아인슈타인이 말한 특이점의 산물인 동시에 오펜하이머와 스나이더가 말한 붕괴하는 별, 바로 블랙홀이었다.

데이비드 하디 같은 우주예술가들은 물론이고 스티븐 쿨렌 같은 아마추어 천문가들까지, 수많은 사람들이 백조자리 X-1의 실제 모습을 상상하고 추측했다.[50] 하디는 쌍성계 블랙홀의 양극에서 발사되듯 뿜어져 나오는 강렬한 엑스선 제트를 그림으로 표현했다. 쿨렌은 2009년 5월에 실제로 이 엑스선 제트를 사진으로 찍었다.

"천만다행히도 백조자리 X-1은 가스가 두껍게 덮인 지역에 있었다. 블랙홀들에서 방출되는 상대론적 제트relativistic jets,* 이 고에너지 입자들의 충격파에 얻어맞으면 이 가스층은 특별한 종류의 복사를 방출한다."

쿨렌은 천문학자 데이비드 러셀과 그의 팀이 이미 "블랙홀의 북극에서 분출된 제트가 성간매질과 충돌하면서 제트상성운이 형성

* 은하나 블랙홀, 중성자별들 중 일부가 광속에 가까운 속도로 내뿜는 강력한 플라스마 분출로 중심에서 서로 반대방향으로 뻗어나간다.

됐음을 보여주는 시각적 증거"를 입수했다는 사실을 기억하고 있었다. 쿨렌은 남극에서도 강력한 제트가 분출되고 있으리라 예측했고, 그 예측은 틀리지 않았다. "북극 지역과 달리 남극 쪽에서는 충격파를 얻어맞은 가스층의 윤곽이 뚜렷하게 드러나지 않았다"고 쿨렌은 기억한다. "하지만 부채꼴 모양으로 빛이 퍼져 있는 모습이 선명하게 보였고, 그 빛줄기는 백조자리 X-1과 곧장 이어져 있었다."[51] 이전에는 탐지되지 않았던 제트의 또렷한 영상을 확보한 쿨렌은 러셀에게 조언을 구했고, 러셀의 팀과 함께 발견결과를 발표했다. 이 발견으로 가시광선 이외의 파장 범위에서 천문학자들이 과연 어떤 대상을 연구하고 조사해야 할지 갈피를 잡는 데도 찬드라 망원경은 긴요한 장비임이 입증되었다.

찬드라의 엑스선망원경은 다른 망원경들로는 확인할 수 없는 고에너지 우주의 난해한 측면들을 명백히 보여주었을 뿐 아니라 찬드라가 입수한 영상들은 시각이 손상된 독자들에게 우주를 '읽을 수' 있는 기회를 열어주었다. 2007년 천문학 교사 노린 그리스와 천문학자 도리스 다우와 사이먼 스틸은 《보이지 않는 하늘을 만지다 Touch the Invisible Sky》라는 책을 출판했다. 이 책에는 인간의 눈에는 보이지 않는 전자기파 범위의 우주를 설명한 내용과 찬드라뿐 아니라 스피처를 비롯해 다른 망원경들이 찍은 영상들이 특별히 고안된 점자 이미지와 글자로 자세하게 기술되어 있다.[52] 이 책뿐 아니라 나사가 출판한 다른 점자책들을 통해서 시각 장애를 지닌 독자들도 적외선, 자외선 그리고 엑스선 우주를 손가락 끝으로 직접 '볼' 수 있다.[53]

블랙홀이 대중의 관심을 사로잡은 까닭은 물리적 우주에 대한 가장 터무니없는 상상마저도 웃음거리로 만들고야 마는 특이점과 사건지평선 때문인 듯하다. 우리는 그 어떤 자연현상도 머릿속으로 충분히 상상할 수 있다고 믿지만, 블랙홀은 우리에게 특이점을 들이대며 모든 논리를 어이없게 만들고, 그 핵의 물리적 특성과 관련된 미답의 질문들을 깡그리 무시해버린다. 킵 손은 블랙홀이 우주의 탄생과 미래를 보여줄 실마리들을 간직하고 있다고 주장한다.

"중력파 탐지기들은 머지않아 우리에게 블랙홀의 관측 지도를 보여주고 블랙홀들이 충돌하면서 연주하는 (충돌로 난폭하게 요동칠 때 휘어진 시공간이라는 낯선 정보로 가득 찬) 교향곡을 들려줄 것이다. 슈퍼컴퓨터는 그 교향곡을 시뮬레이션으로 보여줄 것이며, 우리는 블랙홀의 충돌 교향곡이 어떤 의미를 담고 있는지 알게 될 것이다. 그때는 블랙홀도 실험대에 올라 예리하고 꼼꼼한 연구자들의 눈을 피하지 못할 것이다."[54]

WMAP에 관한 12장에서 논의하게 될 우주의 음악처럼 우주에는 우리가 들어야 할 사연이나 교향곡이 아직도 많다. 다만 우리가 아직 블랙홀들에게서 그 사연과 음악을 듣는 법을 모를 뿐이다. 적어도 한 가지 분명한 사실은 지금 찬드라가 밝혀내고 있는 거대 블랙홀들의 실체가 앞으로 인류의 문화와 언어, 시와 음악, 심지어 꿈들의 기저 속에 필연적으로 녹아들게 되리라는 점이다.

은하 중심에는 블랙홀이 있다

━━━

20년 전부터 평범한 별의 잔해로 보기에는 어딘가 꺼림칙한 검은 물질이 우리 은하 중심에 모여 있다는 증거가 쌓이기 시작했다.[55] 은하 중심에 있는 별들의 빠른 이동은 거대한 블랙홀의 존재를 암시하고 있었다. 그것도 태양 질량의 400만 배에 이르는 초거대 블랙홀일 터였다. 지금은 거성의 죽음으로 탄생한 일반적인 블랙홀에 관한 증거보다 은하 중심에 있는 이 초대질량 블랙홀에 관한 증거가 훨씬 더 많다. 블랙홀의 질량은 별들의 이동속도만이 아니라 이 검은 천체를 에워싸고 있는 전체 별들의 궤도를 추적한 것을 바탕으로 계산된다.[56]

찬드라는 은하 중심에 있는 거대한 블랙홀의 존재를 확증할 만한 증거를 내놓지는 못했지만, 이 블랙홀이 신기하리만치 무기력하고 다른 거대질량 블랙홀들에 비해 고에너지 복사를 훨씬 덜 방출한다는 사실을 똑똑히 보여주었다. 초당 10^{19}킬로그램에 이르는 물질을 게걸스럽게 집어삼키고 있음에도 불구하고, 이 초대질량 블랙홀은 같은 질량의 별 무리가 방출하는 에너지보다 100만 배나 적은 에너지를 내뿜고 있다. 물론 은하 중심에 있는 이 블랙홀이 몹시 무기력한 것은 맞지만, 그렇다고 속 빈 강정이라고 생각했단 큰 오산이다. 10년 전 이 블랙홀 주변에서 엑스선 플레어가 목격되었고, 그 후로 지금까지 거의 매일 수백 개의 플레어가 꾸준히 목격되고 있다.[57] 엑스선 플레어가 치솟을 때면 블랙홀은 고요한 상태일 때보다 엑스선을 적게는 10배에서 많게는 수백 배 더 많이 방출한다

(그림 10.3). 이처럼 빠르게 솟구치는 플레어들은 블랙홀의 사건지평선 범위 10배 이내의 귀환불능 지점point of no return 가까이에서 만들어진 것이 분명하다. 은하의 중심에는 양전자 형태의 반물질을 만들 만큼 강력한 에너지원도 잠복해 있다.[58]

은하 중심과 관련된 진짜 미스터리는 기괴하리만치 활성이 없다는 점이다. 우리 은하 중심에는 태양의 이웃 항성계들보다 수천 배

그림 10.3 지구로부터 2만 7,000광년 떨어진 우리 은하 중심의 궁수자리 방향에 밀도가 매우 높은 성단이 있다. 엑스선 영상에 찍힌 3광년 크기의 밝은 지역은 겹겹이 쌓인 초신성 잔해에서 방출된 뜨거운 가스이고, 왼쪽 하단은 태양 질량의 약 400만 배에 이르는 블랙홀을 암시하는 결정적인 증거다. 은하의 실질적인 중심은 궁수자리 A*SGR A*라 불리는 극조밀 전파원이다(나사/CXC/MIT/F. Baganoff).

더 촘촘한 거대한 성단이 자리잡고 있으며, 반경 10광년에서 20광년 안에는 언제든 이용 가능한 엄청난 양의 가스가 있다. 그런데 왜, 우리 은하 중심의 초대질량 블랙홀은 이토록 조용할까? 현재의 허기진 상태를 설명하는 가장 그럴 듯한 추측은 과거에 일어났던 폭발사건들이 주변에 있던 엄청난 양의 가스를 일소해버렸기 때문이라는 것이다. 찬드라가 내놓은 증거도 이 추측을 뒷받침했다. 엑스선 로브_{lobe}*들을 추적한 결과 5,000여 년 전에는 이 블랙홀이 훨씬 더 활동적이었다는 추측이 제기되었고, 중심에서 방출되는 플라스마 거품도 이 블랙홀이 준주기적인 활동성을 갖고 있다는 사실에 힘을 실어주었다.

몇 해 전 찬드라는 또 한 번 기막힌 관측으로 우리를 놀라게 했다. 이 초대질량 블랙홀 주변의 가스구름이 엑스선 파동에 맞춰 300년 동안 밝게 빛나면서 확장되었다가 불과 몇 년 만에 흐릿해진 것이다. 이 관측을 바탕으로 우리는 우리 은하 중심의 블랙홀이 300년 전, 그러니까 앤 여왕이 영국의 왕위를 물려받고 그녀가 소유한 아메리카 식민지의 가장 큰 도시가 인구 7,000명의 보스턴이던 시절에는 지금보다 100만 배쯤 더 밝았을 것이라고 추측한다.[59] 하지만 은하 중심이 지구로부터 약 2만 7,000광년 떨어져 있음을 감안하면, 초대질량 블랙홀에서 일어난 모든 활동들은 사실 인간이 문명을 세우고 정착하기 전인 석기시대 말기에 벌어진 일들이다.

---

* 로브는 엑스선이 방사된 돌출부를 나타내며 에너지가 가장 큰 돌출부를 주로브, 그 이외의 돌출부를 부로브라고 한다.

다만 정보가 이제 막 우리에게 도달한 것뿐이다!

우리 은하가 초대질량 블랙홀을 갖고 있다는 사실이 알려지기 오래 전인 1960년대에 우리와 멀리 떨어진 일부 은하들의 중심에서 격렬한 활동이 포착되었다. 이 활동의 징후는 평범한 항성계에서 목격되는 것보다 100배 더 빠른 가스의 이동, 작은 은하핵 구역에 집중된 강력한 전파, 라디오파에서 감마선에 이르는 전자기파 스펙트럼 전역에 걸친 복사로 나타났다. 하늘에서 관찰되는 가장 강력한 엑스선 발원체들 중에는 수억 광년 떨어진 은하들도 있는데, 이는 이 은하들이 우리 은하와 같은 평범한 은하보다 수천 배 더 강력한 엑스선 발원체를 갖고 있다는 의미로 볼 수 있다. 라디오파, 가시광선, 엑스선 파장을 넘나드는 신속한 파장 변환으로 미루어 보건대 태양계보다 불과 10여 배밖에 크지 않은 지름 수 광일$_{光日}$ 규모의 지역에서 극도로 강력한 활동이 일어나고 있음을 암시했다. 그처럼 많은 복사를 그처럼 좁은 지역에 밀집시킬 수 있는 성단은 없다. 유일한 해석은 중력 엔진, 바로 블랙홀이다.[60]

헬리콥터를 타고 높은 곳에서 로스앤젤레스 같은 도시를 내려다본다고 생각해보자. 도시의 모든 가로등과 집들의 불빛, 자동차 불빛들을 별이라고 가정한다. 교외를 포함해서 로스앤젤레스 대도시에는 1억 개 정도의 불빛이 있을 것으로 짐작되는데, 불빛 하나를 별 1,000개로 가정하면 로스앤젤레스는 나선은하의 원반과 닮았다. 자, 이제 도시의 모든 불빛을 합친 것보다 100배 더 밝은 빛을 내뿜는 지름 1인치의 불빛이 도심 한가운데에 있다고 상상해보자. 활동적인 은하핵이 방출하는 빛의 강도가 바로 그렇다. 도시의 다른 불빛들이 흐릿해져 시야에서 사라져버릴 만큼 아주 높은 곳으로 올라가도 도심 한가운데의 그 불빛은 선명하게 보일 것이다. 은하 언저리에 있는 불빛들은 너무 희미해서 보이지 않는데 반해 멀리서도 선명하게 보일 만큼 지독히 밝은 불빛, 그것이 퀘이사quasar다.

1990년대에 건진 천문학적 소득이라면, 천문학자들이 '모든' 은하가 그 중심에 늙은 별의 질량 규모에 맞먹는 블랙홀을 갖고 있다는 사실을 확실히 알게 된 것이다.[61] 게다가 이 블랙홀들은 대체로 활동적이지 않아서 무언가를 집어삼키거나 에너지를 뱉어내는 일이 거의 없다. 물론 그래서 쉽게 탐지되지 않는다. 중간 크기의 은하인 우리 은하의 중심에도 태양 질량의 400만 배나 되는 블랙홀이 있으며, 이 블랙홀 역시 현재 활동을 하지 않는다. 반면 가장 밝은 퀘이사들은 이보다 1,000배 더 큰, 다시 말해 태양 질량의 수십억 배나 되는 블랙홀을 품고 있다. 은하들이 형성되고 성장하는 한, 이런 엄청난 중력 엔진들이 탄생하고 덩치를 키우는 것도 지극히 자연스러운 일이다. 이 엔진들은 끊임없이 물질을 집어삼킬 뿐 아니라 서로 합병할 때도 있다. 태양 질량의 몇 배인 앙증맞은 블랙홀에서 작은 은하 하나만 한 거대 블랙홀까지 질량 차이가 수십억 배나 되는 다양한 블랙홀들이 자연적으로 탄생한다니, 실로 놀랍기 그지없다.

블랙홀들의 크기 차이는 수십억 배나 되지만, 질량이나 크기와 상관없이 모든 블랙홀은 사건지평선과 (추정컨대) 중심 특이점을 갖고 있다. 이상하게 들리겠지만, 거대 블랙홀들은 물질이 극단적으로 밀집해 있는 상태가 아니다. 사건지평선의 크기는 질량에 비례하지만 부피는 사건지평선 크기의 세제곱에 비례하기 때문에 질량이 큰 블랙홀일수록 사건지평선 안의 밀도는 낮다. 타원형의 M87 은하 중심에 있는 태양 질량의 30억 배나 되는 괴수 블랙홀의 밀도는 심지어 물보다 훨씬 낮다! 하지만 밀도가 소박하다고 해서 그 본연의 괴기스러움이 덜한 것은 아니다(그림 10.4).

찬드라는 초대질량 블랙홀들과 그 활동을 밝히는 데 중추적인

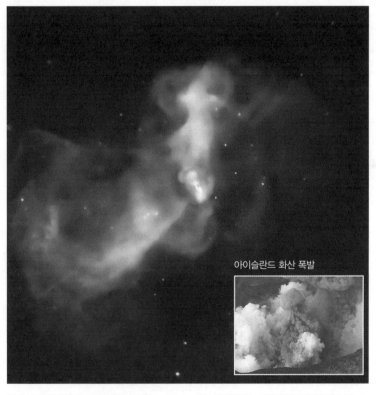

그림 10.4 M87 은하는 엑스선을 초화산super-volcano처럼 내뿜고 있는 태양 질량의 30억 배에 이르는 거대 블랙홀을 그 중심에 갖고 있다. 이 블랙홀은 회전축의 양극을 따라 제트를 내뿜고 있는데, 이 제트는 충격파를 야기하며 주변의 성간물질과 반응한다. 그 모습이 마치 거대한 화산 분출물이 지구 대기와 반응하는 모습과 닮았다(나사/CXC/KIPAC/N. Werner/E. Million).

역할을 했다. 가까운 은하들을 주시하던 찬드라는 은하 중심부 주변의 뜨거운 가스 안에서 거대한 거품처럼 생긴 동공들과 물결 같은 파문들을 발견했다. 그것은 마치 중심에 있는 엔진에서 '역류'가 일어나는 것처럼 보였다.[62] 엑스선은 블랙홀에서 반복적으로 일어나는 폭발적 활동의 증거다. 이런 블랙홀에서는 질량이 유입되면서 활동성이 가속되고 고에너지 입자들로 이루어진 제트가 발사된다. 반면 주변의 물질을 깨끗이 먹어치운 블랙홀들은 새로운 물질이 유입되기만을 기다리며 굶주린다. 이런 거대 블랙홀은 대부분의 시간 동안 활동하지 않을 수 있다. 또한 찬드라는 합병 중인 은하들 가운데 있는 쌍블랙홀도 발견했다. 고작 3,000광년 거리를 두고 떨어져 있는 이 거대한 블랙홀들은 1억 년 내에 중력파의 대재앙과 새로운 활동을 촉발하면서 더 거대한 하나의 블랙홀을 가진 은하를 낳을 것이다.[63] 쌍블랙홀은 수십억 년에 걸친 합병과 획득을 통해 은하들과 그 은하들이 품고 있는 블랙홀들이 더 큰 덩치로 성장하는 방식을 명백하게 보여주는 확실한 증거다.

블랙홀과 은하들은 수십억 년이라는 우주적 시간 규모에서 발달하기 때문에 이들이 합병전략을 어떻게 바꾸는지 밝힌다면, 다양한 거리 (또는 적색편이) 범위에서 활동적 블랙홀과 비활동적 블랙홀들에 대한 심도 있는 호구조사를 할 수도 있다. 200만 초, 그러니까 3주가 족히 넘는 시간 동안 찬드라 딥 필드Chandra Deep Field라 지명된 지역을 주시하던 찬드라 망원경은 이전에는 볼 수 없었던 가장 먼 곳의 선명한 엑스선 영상을 찍는 데 성공했다. 팔을 뻗어 하늘에 댄 우표 한 장보다 작은 영역에 불과한 이 딥 필드에 대해서는 포괄적

인 이해를 도모하기 위해 심층적 연구보다 광범위한 연구가 실시되었다.[64]

필자도 이 연구에 참여하여 2,000개가 넘는 초대질량 블랙홀들이 산재해 있는 2평방도square degree*의 하늘 영역에서 활동적인 은하들을 조사하고, 우주적 시간에서 이 은하들의 진화를 규명했다. 딥 필드 조사 영상은 강착으로 덩치가 점점 더 커지고 있는 흐릿한 천체들과 우리 은하의 초대질량 블랙홀과 크기가 비슷한 블랙홀들을 포착해낼 만큼 각분해능이 뛰어났다.

이 조사를 통해 내린 포괄적인 결론은 한 은하 안에서 별 형성과 블랙홀의 성장이 긴밀하게 관련되어 있다는 사실이다. 태양 질량의 1억 배가 넘는 초대질량 블랙홀들은 빅뱅 후 처음 수십억 년 동안에는 걸신들린 듯 주변의 물질을 집어삼키다가 그 후에는 여유롭게 소식하거나 단식에 돌입했다. 태양 질량의 10배에서 1억 배에 이르는 블랙홀들은 그보다는 좀더 규칙적으로 식사를 했던 것으로 보인다. 게다가 초기에 주변의 가스와 먼지를 다 먹어치우지 않고 남겨두었기 때문에 심지어 지금까지도 꾸준히 성장하고 있다. 이 이야기를 알게 된 데에는 광학과 자외선 파장이 통과하지 못하는 지역들을 보여주는 엑스선망원경들이 핵심적인 역할을 했다.[65]

초대질량이라고 할 만한 거대 블랙홀을 형성하는 은하의 평균 크기가 시간이 갈수록 줄어든다는 점으로 미루어 볼 때 가장 큰 축에 드는 블랙홀들은 우주의 탄생 초반에 형성되었을 것이다. 광대

• 구체의 면적을 측정하는 단위다.

한 우주의 거대 은하들은 괴수 같은 블랙홀을 만드느라 젊음을 탕진한 셈이다. 이는 작은 천체들이 먼저 만들어지고 점차 덩치 큰 천체들로 성장했다는 일반적인 우주 구조의 형성 모델과 명백히 대치된다. 예상을 벗어난 이 현상을 일컬어 '다운사이징'이라고 한다.[66]

딥 필드 조사를 통해 뜻밖의 소득도 얻었다. 엑스선 하늘의 오래된 미스터리를 해결한 것이다. 1960년대와 1970년대에 활약한 최초의 엑스선 탐사위성들은 하늘 전체에 번져 있는 흐릿한 확산 백열diffuse glow을 보여주었다. 이 엑스선 '배경'은 불가해했을 뿐 아니라 설명할 수도 없었다. 그런데 찬드라와 XMM-뉴턴 탐사위성의 조사결과 이 배경의 실체가 드러났다. 배경에 깔린 무수히 많은 작은 점들은 30억에서 80억 광년 떨어진 활동적인 은하들에서 방출되는 엑스선들이었던 것이다. 이 은하들은 대부분 우주 먼지로 덮여 있어 광학망원경으로는 그 안에서 일어나는 핵의 활동이 전혀 포착되지 않았다. 또한 두 탐사위성은 가장 거대한 축에 드는 은하들이 품고 있는 블랙홀들이 '헬쑥하다'는 사실도 증명했다. 중앙에 검은 동공을 내기 위해 필요한 에너지와 사용 가능한 연료를 비교하건대 그 에너지 효율은 계산이 안 될 정도다. 질량이 서서히 그리고 꾸준히 증가하고 있는데다 블랙홀의 사건지평선 가까이에서도 에너지가 방출된다는 점으로 미루어 효율이 높은 것은 확실하다. 초대질량 블랙홀의 에너지 효율을 자동차 연비에 비유한다면, 가스 3.8리터로 16억 킬로미터를 달린다고 봐야 할 것이다.

또다른 암흑 미스터리

찬드라는 우주론에서 심오하기로 이름 난 두 개의 미스터리를 푸는 일도 거들었다. 암흑물질과 암흑에너지의 성질이 바로 그것이다. 이 두 성분은 우주 행동양식의 95퍼센트를 결정하는 성분임에도 불구하고 여태 기본적인 물성도 알려진 바 없을뿐더러 일반 물리학의 범주에도 속하지 않는다. 암흑물질은 정상물질보다 여섯 배정도 더 많이 존재하며 은하들과 성단들을 흩어지지 않도록 결속하고 있다. 우주 탄생 후 처음 3분의 2에 해당하는 기간 동안 우주의 팽창속도를 늦춰준 것도 암흑물질이었다. 반면 암흑물질의 세 배가넘는 암흑에너지는 우주 나이의 최근 3분의 1에 해당하는 기간 동안 우주 팽창을 가속하고 있다.[67]

암흑물질과 암흑에너지는 우리 몸을 구성하는 원자와 같은 평범한 물질과 뚜렷한 상호작용을 하지 않기 때문에 웬만큼 은밀하고교묘한 수를 쓰지 않고는 이들을 포획하고 측정할 수 없다. 둘 중어느 것을 조사 대상으로 택하든지 그 실험실은 수천 개의 은하들이 중력의 작용을 받아 빠르게 움직이고 있는 은하 무리들과 초고온의 거대한 가스구름이다. 이 우주 실험실들은 에너지가 워낙 높아서 엑스선을 뿜어내고 있다.

암흑물질은 2006년 총알은하단Bullet Cluster을 연구하는 과정에서그 실재가 입증되었다. 총알은하단은 덩치가 큰 성단과 그보다 작은 성단이 고속으로 충돌하면서 1억 도까지 가열된 가스가 총알 모양의 구름을 형성한 데서 그 이름이 붙었다. 이 뜨거운 가스는 충돌로 인해 속도가 느려졌는데, 마치 지구상에서 공기의 저항을 받듯 서로 전자기적으로 상호작용했기 때문이다. 그에 반해 암흑물질은 상호작용을 거의 하지 않은 채 충돌하는 동안 은하단 사이를 순조롭게 통과하여 뜨거운 가스구름 양쪽 끝까지 퍼졌다.[68] 중력렌즈 효과는 정상물질이 몰려 있지 않은 부분에서 강하게 나타났는데, 간접적으로 관측된 이런 결말은 상호작용을 거의 하지 않는 암흑물질이 두 은하단의 질량 대부분을 차지하지 않는 한 일어날 수 없는 일이었다. 일각에서는 암흑물질의 개입을 배제하기 위해 대안적인 중력 이론들을 호출했지만, 그것으로는 관측결과를 설명하지 못했다. 암흑물질은 우리의 삶과 떼려야 뗄 수 없는 모양이다.

암흑에너지는 심지어 더 모호하다. 우주 팽창에 행사하는 '영향력'만으로 그 (편재성과) 존재를 선언하고 있기 때문이다. 암흑에너지의 실재를 입증할 개별 증거를 찾는 길고 고달픈 연구에서도 그 실험실은 역시 은하들의 무리다. 장장 10년에 걸친 한 연구에서 연구자들은 은하들이 밀집해 있는 은하단들이 이른바 '발육 지체'를 겪는다는 사실을 증명했다.[69] 공간이 팽창하고 있다면 은하단들이 성장하기 어려울 것이다. 다양한 우주 환경에서 은하단의 성장을 모사한 시뮬레이션과 실제 은하단의 크기와 나이를 비교한 결과는 암흑에너지가 우주에서 중력에 대해 반발력을 일으키는 동인이라는 해석을 확고히 해주었다. 이들은 또한 대안으로 제기된 다른 중력 이론들을 배제시켰을 뿐 아니라 일반상대성 이론이 거시적 규모에서 물질과 복사에너지의 행동을 매우 잘 설명한다는 사실도 입증했다.

암흑에너지라는 수수께끼는 여전히 풀리지 않았으나, 물리학과 우주론 모두에서 가장 큰 도전과제임은 더욱 분명해졌다. 블랙홀이 자신의 동료를 먹어치우고 있는지, 거대 블랙홀이 은하 중심에서 대혼란을 야기하고 있는지, 가속화되는 우주의 팽창으로 성단들이 찢어지고 있는지, 찬드라가 전송한 자료에서 우리는 우리가 거주하는 우주의 폭력성을 적나라하게 목격하고 있다.

　　찬드라를 통해 얻은 통찰들이 가져온 또 하나의 결과는 중력의 힘을 새롭게 해석했다는 점이다. 별들은 중력으로부터 동력을 얻는다. 그리고 중력은 지금까지 우리가 발견한 가장 조밀하고 에너지 넘치는 천체들의 특성을 결정한다. 암흑의 힘들은 심지어 우주의 팽창도 좌지우지한다. 다른 세상들을 생각할 때면 우리는 별빛을 받고 있는 행성들을 떠올리고, 으레 그런 행성들에는 별에게서 받은 에너지에 생사를 저당 잡힌 생명이 존재하리라 짐작한다. 그러나 상식적으로 따져보면 별빛은 핵융합 반응에 의한 질량-에너지 변환에서 찔끔 새어나온 비효율적인 복사에너지에 불과하다. 별빛의 진짜 원천은 중력이다. 별이 중력 엔진인 것도 그 이유에서다. 블랙홀과 중성자별들은 빛을 내뿜지 않는 대신 막강한 중력을 보유하고 있다. 겉으로 보기에는 대단히 괴이쩍고 우리의 세상과는 완전히 딴판인 듯하지만 그에 적합한 방호물이나 적응능력을 가진 생명이 있다면, 어쩌면 이 옹골찬 항성들의 껍질 가까운 곳에 살면서 괴수들이 보유한 엄청난 중력을 꿈의 동력으로 이용하고 있을지도 모를 일이다.

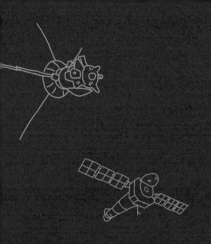

11장

허블 우주망원경,
너무나 애틋한 우리의 망원경

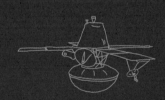

과학 프로젝트 중에서 머나먼 세상들을 탐험하고 우리의 기원과 우주 안에서의 우리 위치를 알고자 하는 인류 전체의 갈망이 가장 잘 응축된 장비를 꼽는다면, 바로 허블 우주망원경Hubble Space Telescope, HST일 것이다. 허블 우주망원경의 빛 수집능력은 갈릴레오 시대에 최고로 치던 망원경보다 100억 배나 뛰어나다. 복잡하면서도 신뢰도 높은 장비들, 망원경 정비를 담당한 뛰어난 우주비행사들,[1] 그리고 이 프로젝트를 위해 전 세계에서 모인 수천 명의 과학자들을 지원하는 기반시설 등 허블 우주망원경의 성능을 구현하기까지 실로 많은 혁신과 발명들이 동원되었다. 망원경 설비와 그 운영자들은 궁극적으로는 성공했고 지지와 찬사를 받았지만, 그에 못지않게 쓰라린 실패와 고통도 맛보았다.

허블 우주망원경의 유산은 태양계는 물론이고, 태양계에서 가장 먼 은하들에 이르기까지 천문학 전 영역에 두루 영향을 미쳤다. 대중에게 허블 우주망원경은 '유일한'이라는 수식어가 붙은 세계 최고의 천문학 설비다. 실제로 아직까지도 이 우주망원경은 다른 우주설비들이나 지상에 설치된 훨씬 더 큰 망원경들과 당당히 어깨를 겨루며 작동하고 있다. 비록 천문학에서 독자적 영역을 차지하진 못했지만, 허블 우주망원경은 천문학 전체에 중대한 공헌을 했다. 태양계는 물론이고 외계 행성들의 특징을 밝히는 데도 막중한 역할을 했으며, 별의 탄생과 죽음을 사상 처음으로 상세하게 보여주었다. 가깝고 먼 은하들의 장관을 영상에 담음으로써 이름 수여자에게 경의를 표했을 뿐 아니라 우주의 크기와 나이, 팽창속도를 포함하여 우주론에서 중요한 정량적 수치들을 확정지었다.[2]

렌즈 크기로 등급을 매긴다면 허블 우주망원경은 가장 큰 광학 망원경 상위 50개 안에도 들지 못한다.[3] 그럼에도 이 망원경의 탁월함은 지구 궤도상에 있다는 허블의 위치와 관련된 세 가지 요인에서 비롯된다. 우선 허블 우주망원경은 시야를 흐릿하고 모호하게 만드는 지구 대기의 영향에서 자유롭다. 지상기반의 망원경들은 일반적으로 그 광학이 허용하는 것보다 훨씬 더 큰 영상을 찍는데, 그 까닭은 초고층 대기에서 일어나는 난류운동이 빛을 마구 뒤섞고 영상을 더럽히기 때문이다. 동급의 지상기반 망원경과 비교하면 허블 우주망원경은 시력이 10배 더 좋다. 지구 궤도에서 바라본 하늘이 더욱 어둡다는 점도 허블의 탁월함에 일조한다. 어두운 배경이 영상의 대비와 농도를 돋보이게 해주기 때문이다. 이 이점은 도심 한가운데서 보는 하늘과 시골이나 산꼭대기에서 보는 하늘의 차이 정도로는 설명할 수 없을 만큼 크다. 지상에서 가장 어두운 곳의 하늘도 자연적인 대기광과 빛 오염에 영향을 받는다. 지구 궤도에 위치한 망원경만이 갖는 세 번째 이점은 지상에서라면 지구 대기에 부분적으로 흡수되거나 심지어 아예 사라져버릴 수 있는 복사 파장들을 모을 수 있다는 점이다. 허블은 이 이점을 이용해 적외선 파장과 자외선 파장 범위에서도 작동한다.

허블 우주망원경, 탐사임무 30년차에 접어든 이 우주망원경은 지금도 아주 당연한 듯 거의 매주 아름다운 우주 영상들을 전송하고 있다. 하지만 이 망원경이 나사의 주력 탐사위성이 되기까지는 결코 간단치 않은 여정을 겪어야 했다.

사소한 실수가 불러온 사고

1946년 예일대학의 천문학과 교수 라이먼 스피처는 심우주 관측에서 지구궤도 망원경이 발휘할 수 있는 이점들을 상세히 기술한 논문을 발표했다.[4] 이 아이디어는 그보다 훨씬 이른 1923년 현대 로켓공학의 선구자로 손꼽히는 헤르만 오베르트가 처음 제안했다. 하지만 우주 관측소에 대한 과학적 동기가 현실화된 것은 1962년 미국 국립과학아카데미가 이 아이디어를 정식으로 승인하고도 몇 해가 더 지나 스피처를 연구소 소장으로 임명하면서였다. 설립된 지 얼마 되지 않아 혈기 넘치던 항공우주국 나사가 발사장치를 제공하고 이 프로젝트를 지원하기로 했다. 나사는 1966년에서 1972년까지 천체관측위성Orbiting Astronomical Observatory 임무들을 수행하면서 비로소 어엿한 과학기관으로서의 면모를 갖추기 시작했다.[5] 이 임무들은 우주천문학에 엄청난 가능성이 내재되어 있을 뿐 아니라 그에 상응하는 위험도 따른다는 사실을 증명했다. 네 번의 임무 중 두 번이나 실패했던 것이다. 나사의 대형 적외선망원경에 자신의 이름을 남긴 스피처에 대해서는 앞에서 이미 살펴보았다. 스피처는 전국 각지를 돌며 과학자 동료들에게 위험하고 값비싼 궤도망원경의 이점들을 확신시키기 위해 부단히 애썼다.

1969년 가부간의 결단을 번복하던 국립과학아카데미가 지름 3미터 우주망원경에 대한 지원을 재승인한 후에야 비로소 나사는 본격적인 설계 연구에 돌입했다. 그러나 추정 예산이 4억 달러에서 5억 달러에 이르자 1975년 미 의회는 지원을 불허하면서 발을 빼버렸다. 결국 유럽우주기구가 파트너로 합류하기로 하고 인력 감축과 함께 망원경도 지름 2.4미터짜리로 축소되면서 예산이 2억 달러로 확정되자, 의회는 1977년에 자금 지원을 승인했고 1983년에 발사하기로 가닥이 잡혔다. 그러나 발사는 또 연기되었다. 주반사경 제작도 결코 만만치 않은 작업이었지만, 발사 예정일이 가까워 오도록 광학기기들의 조립도 끝나지 않았기 때문이다. 결국 발사는 1986년으로 미루어졌고, 그 이태 전인 1984년이 되어서야 광학기기들의 조립이 끝났다. 하지만 1986년 1월 챌린저 우주왕복선이 폭발하는 비극적 사고로 인해 우주망원경 프로젝트는 또 다시 존폐의 위기에 처하고 만다. 이 참사로 인해 우주망원경 프로젝트뿐 아니라 우주왕복선을 사용하는 각종 탐사임무들이 무더기로 중단되었다. 왕복 비행이 최종적으로 재승인된 것은 그로부터 2년이 더 지나서였다.[6]

허블은 1990년 4월 24일 우주왕복선 디스커버리 호에 실려 발사되었다. 무사히 발사되었다는 안도감도 잠시, 시스템이 정상적으로 가동되고 점검을 마친 지 몇 주 만에 안도감은 다시 불안감으로 바뀌었다. 허블이 첫 번째로 전송한 영상들이 흐릿하게 얼룩져 있었던 것이다. 과학활동을 수행하는 데는 지장이 없었으나 애초에 세웠던 목표들은 수정이 불가피했다. 한 지점에 예리하게 초점을 맞추지 못하고 빛의 일부가 크고 보기 싫은 광륜으로 번져 보인 것이다. 반사경에 구면수차가 있음을 암시하는 징후였다. 후속으로 진행된 운항 중 검사들에서도 주반사경의 모양이 부정확하다는 진단이 내려졌다. 반사경 가장자리의 일부가 너무 편평했던 것이다. 일부라고 해봐야 사람 머리카락 두께의 50분의 1에 해당하지만, 허블의 광학이 의도한 정밀도에서는 그 작은 실수가 형편없는 영상으로 이어질 수 있었다.[7] 허블의 반사경은 당시 기술로 가장 정밀한 거울이었지만, '문제가 있는' 반사경인 것은 분명했다.

구면수차 문제는 비단 어제오늘 일도 아니고 오늘날에도 자동차 백미러를 제작할 때 늘 발생하는 문제지만, 당시 이 문제가 대중에게 알려지면서 나사에게는 악몽이 되었다. 시사 프로그램들과 토크쇼 진행자들은 이 망원경을 조롱거리로 삼았고, 데이비드 레터맨은 CBS 심야 토크쇼 〈레이트 쇼 위드 데이비드 레터맨〉에서 최악의 '변명' 리스트 탑 10에 이 문제를 떡하니 올려놓았다.[8] 여기서 끝이면 좋으련만 허블 망원경 사건은 급기야 전국 경영대학원들의 사례연구에도 단골로 등장하기 시작했다.

사실 근본적인 오류는 공학이 아니라 경영에서 비롯되었다. 우주망원경 프로젝트에는 두 개의 주요한 하청업체가 있었다. 광학

망원경 조립을 맡은 퍼킨-엘머 사와 망원경의 지원 시스템을 담당한 록히드 사였다. 이들 외에도 2차 하청을 맡은 우주산업 업체들이 20여 개가 넘었다. 탐사임무는 마셜우주비행센터와 고더드우주비행센터가 공동으로 진행했는데, 나사 본부로부터 전반적인 감독을 받고는 있었지만 경쟁의식 때문에 이들 두 센터의 사이가 마냥 좋은 것만은 아니었다. 엄격하고 투명한 경영과 명확한 의사소통이 전제되지 않는다면, 제아무리 최고의 전문가들로 이루어진 조직이라도 이런 복잡다단한 관계들이 얽혀 대참사를 불러올 수 있다.

실험실에서 주반사경을 갈고 다듬을 때 퍼킨-엘머 사는 반사경 모양을 점검하기 위해 작은 광학장비를 이용했는데, 이 장비를 구성하는 요소 두 개가 1.3밀리미터 차이로 어긋나는 바람에 반사경 모양에 오류가 생긴 것이다. 설상가상으로 이 오류가 더 악화되는 일까지 벌어졌다. 퍼킨-엘머가 실시한 두 번의 추가 검증에서 문제가 드러났음에도 불구하고 결함으로 인정되지 않은 것이다! 나사 측에서도 주반사경에 대한 별도의 검사를 전혀 요구하지 않았을 뿐 아니라 발사 전에 조립된 망원경 전체에 대한 사전검증도 이루어지지 않았다. 이유는 예산 압박이었다. 더욱이 나사 경영자들에게는 취합된 검사결과들을 검토할 광학 전문가나 공학자들이 없었다. 이 실패는 나사에게 당혹감을 안겨주었지만, 한편으로는 겸손해질 계기가 된 것도 사실이다. 나사는 공식적인 조사 후에 간략한 해명을 내놓았다.

"단일한 검사방법만 믿었기 때문에 사소한 실수에조차 대응하지 못했다."[9]

수십억 달러짜리 탐사임무가 밀리미터 수준의 실수와 비교적 저렴한 검사들을 실시하지 못해서 엉망이 되기도 한다. 오래된 영국 속담에도 있듯이 소탐대실, 즉 잔꾀를 부리다 큰 것을 잃은 셈이다. 작은 문제가 커다란 문제로 불거진다는 것을 경고하는 또 다른 영국 속담도 떠오른다. 잃어버린 말편자 하나 때문에 전언을 보내지 못해 결국 중요한 전투에서 진 비극을 빗댄 속담이다. 못 하나가 없어서 왕국을 잃었네!

회춘하는 망원경

사실 나사는 큰 전투에서 졌지만 아직 전쟁의 패배를 인정할 마음은 없었다. 일부 인력으로 허블을 작동시키는 한편, 즉시 광학팀을 편성해 문제를 진단하고 해결할 묘책을 강구했다. 반사경을 교체할 수도 있겠지만, 문제의 망원경을 지상으로 가져왔다가 재발사하는 데 드는 비용은 상상을 초월할 터였다. 우주왕복선이 오갈 수 있고 우주비행사들이 점검할 수 있는 곳에 망원경이 설치되었다는 점이 그나마 다행이었다. 망원경을 조종하는 장비들이 마치 옷장 서랍처럼 격실에 쏙 들어가 있었으므로 꺼내서 동일한 크기의 다른 장비로 대체하는 것도 가능했다.

반사경 결함이 심각한 오류를 일으키긴 했지만 비교적 단순한 결함이었던 것도 불행 중 다행이었다. 결국 정확히 같은 오류를 가졌으되, 원래 오류를 상쇄하도록 정반대 측면에서 오류를 가진 대체품을 설계하는 것으로 가닥이 잡혔다. 쉽게 말하면 망원경에 안경을 씌우는 처방이 내려진 것이다. 광학계 수정 시스템은 전기공학자 제임스 크록커의 기발한 발명품으로 정확한 명칭은 COSTAR, 즉 우주망원경 광학 보정계Corrective Optical Space Telescope Axial Replacement다.[10] COSTAR는 5,000개 이상의 부품으로 이루어진 섬세하고 복잡한 장비였다. 문제는 이 장비를 머리카락 두께만 한 광로光路. optical path 안에 장착해야 한다는 점이었다.

COSTAR 삽입은 1993년 말로 예정된 첫 번째 정비임무의 난이도를 곱절로 올려놓았다. 일곱 명의 우주비행사들이 난생 처음 보는 100여 개 장비들의 사용법을 익히면서 이 임무를 위해 수천 시간에 걸친 훈련을 받았다. 두 개의 장비를 교체하고 새로운 태양전지판을 끼워넣고 네 개의 자이로스코프를 교체하는 동안 일곱 명의 우주비행사들은 몹시 어렵고 위험천만한 우주유영을, 그것도 서로 다닥다닥 등을 맞댄 채로 다섯 차례나 성공하는 기록을 남겼다. 자이로스코프까지 교체해야 했던 까닭은 고속으로 회전할 때 허블의 자이로스코프들이 실험실 검사에서는 드러나지 않던 불안전성을 보였기 때문이다. 자이로스코프들이 제대로 작동하지 않으면 망원경은 초점을 맞출 수도 없거니와 표적에 시야를 고정하기도 어렵다. 정비를 마치고 퇴선하기 전에 우주비행사들은 허블의 고도를 밀어올려주었다. 왜냐하면 지구의 옅은 초고층 대기 속을 3년 간 끌고 다니느라 궤도가 하강하기 시작했기 때문이다.

1993년 12월에 실행된 첫 번째 정비임무는 놀랄 만큼 아름다운 성공작이었다. 영상촬영 성능도 설계사양만큼 회복되었고 최신 카메라를 장착한 덕분에 새로운 기능까지 추가되었다. 이 임무는 천문학계는 물론이고 우주를 연구하는 과학계 전반에 걸쳐 우주에서 인간의 역할이 어디까지인지에 대해 열띤 논의를 불러일으켰다.

이제껏 나사는 우주라는 장소가 우리가 활동할 수 있는 장소이고, 궁극적으로는 살 수도 있는 장소라는 개념을 통해 대중이 도저히 외면할 수 없는 매혹적이고 강력한 내기를 걸어왔다. 하지만 아폴로의 성공 이후 대중의 관심과 열광은 사그라졌다. 심지어 우주 프로그램이 진행되는 와중에도 관심이 식어버려서 마지막 세 번의 달 착륙 프로그램은 아예 폐기되었다. 게다가 대다수 과학자들 사이에서도 정비임무는 우주비행사를 보내는 것보다 처음부터 자동화시키거나 로봇을 이용하는 편이 훨씬 더 경제적이고 위험 비용도 적다는 견해가 대세였다. 1970년대에서 1990년대까지 놀라우리만치 성공을 거둔 나사의 행성탐사 임무들도 로봇 탐사선들의 탁월함을 보여주는 증거로밖에는 보이지 않았다. 물론 허블은 애초부터 우주비행사들의 정비를 받을 수 있도록 설계되긴 했지만, 예상치 못한 문제들을 우주비행사들이 궤도상에서 실제로 해결해내는 모습을 두 눈으로 확인한 많은 사람들은 인간이란 존재가 이 우주에 얼마나 긴요하고 감동적인 존재인지 새삼스레 깨닫게 되었다.(초반 몇 번의 우주유영 동안 TV 시청률이 껑충 뛰어올랐다.)

그 후에도 몇 차례에 걸쳐 정비임무가 실행되었다. 정비를 받을 때마다 허블은 회춘했고 천문학 연구의 최첨단 자리를 굳건히 지켰다. 1997년에 이루어진 두 번째 정비임무 때는 고감도 최신 분광기가 삽입되었고, 적외선 파장에서 작동하도록 설계된 관측장비가 허블에는 처음으로 장착되었다. 구식 내장형 컴퓨터도 업그레이드되었다. 1999년 세 번째 정비임무에서는 정비 수준을 높여서 고장이 잦아 성가셨던 자이로스코프 문제를 말끔히 해결했다. 허블은 세 번째 정비임무를 맡은 우주선이 도착하기 전에 네 번째 자이로스코프마저 망가지면서 폐기 일보직전까지 갔었다.[11] 정비임무를 통해 여섯 개의 자이로스코프가 모두 교체되었고, 컴퓨터도 25메가헤르쯔의 눈부신 처리속도와 2메가바이트의 램 용량을 가진 컴퓨터로 업그레이드되었다. (물론 그래봐야 요즘 스마트폰보다 처리속도는 50배 느리고 저장공간도 수천 배 작다.)

네 번째 정비임무는 2002년에 실시되었는데, 처음의 장비들 중 최후로 남은 장비를 교체하는 일이었다. 적외선 장비는 그보다 2년 전 냉각제가 다 떨어졌을 때 다시 제작되었고, 새로운 동력 시스템과 함께 고효율의 최신 태양전지판으로 교체되었다. 동력 시스템을 새로 설치하기 위해서는 일단 전원을 완전히 꺼야 했는데, 발사 이후 처음 있는 일인 만큼 적잖이 불안했던 것도 사실이다. 반사경을 제외하면 허블은, 바다를 항해하는 동안 닳아빠진 헌 널빤지들과 목재 부품들을 뜯어내고 새것으로 교체한 배가 본래의 배라고 할 수 있느냐는 고대의 패러독스, '테세우스의 배'를 떠올리게 한다.

다섯 번째이자 마지막 정비임무는 거의 불발될 뻔했다. 이번에도 우주왕복선 참사가 정비임무의 발목을 잡았다. 2003년 컬럼비아 우주왕복선이 공중폭발하면서 승무원 전원이 사망하는 대참사가 일어나고 만 것이다. 나사의 국장 션 오키프는 망원경 정비를 사람에게 맡기는 일은 매우 위험하므로 향후 우주왕복선은 안전한 국제우주정거장 기지로 갈 때만 이용하도록 결정했다. 게다가 공학과 관련된 보고서들을 면밀히 검토한 오키프는 로봇 정비임무 역시 너무 복잡하고 어려워서 실패 확률이 높다는 결론을 내렸다. 당시 허블은 자이로스코프와 데이터 링크가 망가지면서 본래 수명도 다해가고 있었다.

2004년 1월 나사는 허블 우주망원경을 폐기한다는 성명을 발표했다. 그런데 여론은 현재의 궤도에서 망원경을 재단장해야 한다는 쪽으로 압도적으로 기울었다. 국립우주항공박물관 관장인 데이브드 데보킨과 로버트 스미스는 '허블 살리기 운동이 일어났다'고 보고했다.[12] 로버트 짐머만도 그와 비슷한 논평을 발표했다. "대중의 반응은 ... 조심스럽게 표현하면, 단호했다. 공식발표 직후에 나사는 이에 항의하는 대중들로부터 하루 400여 통이 넘는 이메일을 받았고, 그 후 몇 주에 걸쳐 전국에서 수십 종의 신문들이 나사의 결정에 반대하는 사설과 논평들을 쏟아냈다."[13] 짐머만은 허블 우주망원경의 역사와 발전, 효율적 배치뿐 아니라 허블이 이룬 중대한 발견들을 세세하게 기술했다. 이어서 그는 다른 어떤 망원경이나 중요한 과학장비들보다 허블은 인류에게 우주의 가장 멀고 깊은 곳을 탐험하게 해주었으며, 이 사실만으로도 일부 신문들이 '인류의 망원경'이라고 거명하는 기기에 대해 대중이 주인의식을 갖기에 충분하다고 주장했다.[14] 에드윈 허블이 윌슨산천문대에서 100인치 반사경으로 우주론을 개척한 이래 특정한 관측장비에 대한 대중의 관심이 이토록 강렬하고 지배적이었던 적은 없었다.[15]

오키프를 비롯한 나사의 관료들은 대중의 반응에 당황했다. 사실 경영진 입장에서는, 우주비행사들이라면 또 한 번의 정비임무를 수행하겠다고 적극적으로 나설 수도 있다고 생각했다. 그래서 우주비행사들이 정비임무의 위험을 숙지하고 임무수행 동의서에 서명했을 때 전혀 놀라지 않았다. 하지만 대중이 허블에 이토록 강한 애정을 갖고 있으리라고는 미처 생각지 못했다. 실제로 수많은 사람들이 허블이 찍은 아름다운 우주의 장관들과 뉴스를 장식한 발견들을 통해 이 망원경에 애틋한 마음을 느끼고 있었다. 더욱이 이 우주장비에 대한 대중의 애착도 확고했지만, 납세자로서 이 장비에 비용을 댔다는 점도 부정할 수 없는 사실이었다.

나사의 경영진은 대중의 반응에 주목했고, 오키프는 처음으로 이 장비의 가치를 재평가하고 자신의 결정을 뒤집었다.[16] 마침내 2009년 5월 일사천리로 진행된 다섯 번째 정비임무를 통해 허블은 전반적인 외형이 개선된 것은 물론이고 본래 장착됐던 장비보다 효율성이 100배 더 향상된 장비를 갖게 되었다.[17] 두 개의 신형 장비가 탑재되었고 기존 장비 두 개도 수리를 받았으며 이제는 쓸모없어진 COSTAR는 제거되었다. 이번이 마지막 정비라는 모두의 합의가 있었던 만큼 많은 부품들이 점검을 받았다(그림 11.1).

허블의 지속적인 회춘은 과학적 결과에도 상당한 영향을 미쳤다. 이 망원경만을 위한 맞춤식 최신 장비들이 제작되었다. 망원경 사용시간 신청자들 간의 경쟁도 점점 더 치열해져서 평균 여덟 건 중 한 건 정도만 승인될 정도였다. 어쨌든 이 모든 일에는 어김없이 '무거운' 가격표가 붙었다. 우주왕복선 발사 비용과 우주비행사들의 활동비로 얼마가 배정되었는지 알 수 없기 때문에 허블에 투입된 총 비용을 정확히 산출할 수는 없지만, 20년 간 60억 달러쯤 썼다고 하면 크게 벗어나는 계산은 아닐 것이다. 참고로 허블이 제작될 때 예산이 4억 달러였고, 발사비용은 25억 달러였다. 허블보다 조금 더 큰 지름 4미터 지상망원경들과 비교하면 허블은 (한 분야에 끼친 공헌을 대충 짐작했을 때) 15배나 더 많은 과학적 결실을 맺었지만, 조작과 유지에 든 비용은 무려 100배나 된다.[18]

비용을 제외하면 이 우주 관측선은 후배 우주망원경들이 도달해야 할 기준선을 꽤 높여놓았다. 케임브리지대학 명예 물리학 교수

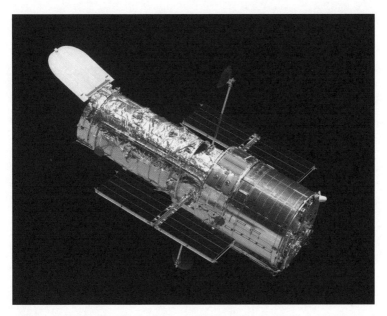

그림 11.1 허블 우주망원경은 발사된 지 20년이 넘었음에도 여전히 천문학계의 주력 장비로서 소임을 다하고 있다. 우주왕복선의 도움으로 실시된 다섯 번의 정비를 통해서 본체의 많은 부분이 개선되었다. 우주비행사들은 극도로 위험한 우주유영을 감수하면서 중요 구성요소들을 업그레이드하거나 교체했고, 최신 장비들을 설치했다(나사/존슨우주센터).

이자 우주망원경과학연구소 소장을 역임했던 말콤 롱에어도 이렇게 말한 바 있다. "허블 우주망원경은 지금까지의 그 어떤 우주천문학 탐사선들보다 대중에게 막강한 영향을 미쳤다. 이에 대해서는 누구도 이의를 제기하지 못할 것이다." 그는 또한 이 작은 망원경이 전송한 "영상들은 아름다울 뿐 아니라 새롭고 놀라운 과학으로 충만하며" 그 영상들 상당수는 이 장비를 착안하고 발사시킨 천문학자들조차 상상하지 못했던 것들이라고 말한다.[19]

너무나 아름다운 천문학

허블 우주망원경은 외계 행성들과 우주 전반에 스며 있는 암흑에너지, 그리고 은하들에 잠복해 있는 거대 블랙홀들을 발견하고 규명하는 데 큰 공로를 세웠다. 사진이나 상징으로 수많은 가정에 자신의 족적을 남기거나 우주의 구조와 나이, 크기에 대한 일반인들의 이해를 증진시키는 데 있어서도 허블 망원경을 능가할 과학 장비는 없을 것이다. 별이 형성되는 현장, 인상적인 나선은하들, 폭발하는 행성의 성운, 그리고 가시적 우주 가장 먼 곳에 있는 은하들 등 허블이 찍은 숨 막힐 듯 아름다운 사진들은 화보집으로 엮어 출판되었고 아이들의 침실 벽을 장식하거나 컴퓨터 화면보호기로 깔리기도 했다. 왜일까? 허블의 영상들이 그만큼 널리 보급되어서? 물론 틀린 말은 아니다. 하지만 진짜 답은 그리 단순하지 않다. 허블 우주망원경의 엄청난 인기와 점점 더 높아가는 인지도, 그리고

이 망원경에 대한 대중의 사랑은 여러 가지 요인들로 설명된다.

지상에 설치된 망원경들 중에는 허블보다 빛 수집력이 25배나 뛰어난 망원경도 있지만, 허블은 그 완벽에 가까운 감도로 여전히 천문학자들에게 최고의 장비로 인정받는다. 과학장비들이 찍은 영상들 중에서 허블의 영상처럼 도처에 존재하는 것은 지금까지 없다. 신문과 잡지표지, 천체투영돔과 박물관 전시장, 대중 과학도서들, 포스터, 달력, 우표까지 허블의 영상들은 대중문화 전반에 고루 퍼져 있다. 인터넷은 전 세계인에게 이 망원경이 찍은 사진과 과학적 결과들을 접할 수 있는 통로를 열어주었다. 1994년 7월 슈메이커-레비 9 혜성이 인류가 보유한 핵무기를 다 합한 것의 600배나 되는 위력으로 목성과 충돌할 때 허블은 이 파괴적인 행성충돌 현장을 클로즈업해서 보여주었다. 이 혜성의 공동 발견자인 천문학자 데이비드 레비의 말마따나 전 세계 수백만 명의 사람들이 텔레비전과 인터넷을 통해 이 혜성의 파편들이 줄지어 거대 행성과 충돌하는 장면을 지켜보았다.[20]

미술사가 엘리자베스 케슬러는 약간 모호한 몇 가지 근거를 들어 허블 우주망원경이 전 세계인에게 사랑받는 이유를 설명한다. 그녀는 허블의 아름다운 영상들이 "시각적으로 더 큰 것을 지향하는 우리의 문화 속에 씨실과 날실처럼 얽혀들었다"고 주장한다. 그녀는 허블의 영상들이 보여주는 극도의 섬세한 구조가 자연의 압도적인 힘에 대한 경외감과 광대하고 지극히 높은 장소의 웅장함을 추구하는 숭고한 예술과 맥을 같이하는 것도 그 한 이유라고 설명한다(plate 19). 케슬러는 우주망원경과학연구소와 허블 유산 프로젝트Hubble Heritage Project를 통해 공개된 허블의 영상들 중 상당수가 19세기 미국 서부 화풍의 미학을 그대로 반영한다는 점을 지적한다. 물론 우주라는 공간에는 위도 아래도 없지만, 그녀는 허블의 영상들에 나타난 "위에서 쏟아지는 빛줄기들"이 풍경화 속 빛줄기들과 닮았다고 설명한다.[21] 이러한 구성적 특징들로 인해 허블의 사진들은 종종 풍경화나 풍경을 찍은 사진들과 비슷한 분위기를 연출한다.

케슬러는 허블이 찍은 영상들이 "웅장한 장관을 자신의 눈으로 직접 보는 것 같은 느낌"을 전달해주는 것도 수많은 사람들에게 허블이 사랑받는 또 한 가지 이유라고 주장한다.[22] 하지만 그녀는 지금까지 공개된 허블의 모든 영상이 빛의 다양한 파장 범위에서 포착한 여러 이미지들을 혼합하여 연출한 영상이라는 점도 조심스럽게 밝히고 있다. 설령 우리가 빛보다 빠른 속도로 은하를 여행하면서 천체물리학의 대상들을 감상할 수 있다고 해도, 우리 눈의 간상체와 추상체로는 흐릿한 빛 발원체가 갖고 있는 색을 볼 수 없을 것이다. 인간의 추상체는 색을 볼 수 있게 해주는 기관이 맞지만, 색을 보려면 일단 상당량의 빛이 있어야 한다. 반면 간상체는 빛이 적은 환경에서 작동하는 기관이지만 명암만 구분할 뿐 색을 판별하진 못한다. 우리의 맨눈으로는 보이지 않는 은하수가 밤하늘에 호를 그리며 펼쳐져 있는 사진들은 사실 허블의 영상과 같은 연출의 결과다.[23]

케슬러는 인간의 눈이 보지 못하는 부분들까지 표현한 허블 유산 프로젝트의 영상들은 "엄청난 양의 정보를 담기 위해 일련의 정밀한 과정들을 거친 작품"이라는 점을 지적한다.[24] 허블은 가시광선 파장에서도 정보를 수집하지만, 적외선이나 자외선처럼 인간의 눈에는 보이지 않는 파장들을 '볼 수 있는' 장비들도 지원한다. 실제로 허블 우주망원경의 전자검출기는 흑백 또는 회색의 음영으로만 나타나는 빛의 강도만을 탐지하는데, 영상을 포착할 때는 빨간색, 초록색, 파란색 유리로 구성된 한 벌의 필터가 전자검출기 앞에서 회전한다.[25] 분광기를 통과한 빛의 파장들은 격자무늬로 분산되어 검출기에 일렬로 배열된다. 일단 정보가 수집되면, 각기 다른 필터들을 통과한 영상들이 적절한 비율로 조합되어 색이 덧입혀지면서 '진정한 색'을 재현한다.[26] 이 색을 이용해서 우리는 성운을 채우고 있는 기체의 종류를 판별하거나 온도를 측정하기도 하고, 늙고 차가운 별들과 갓 태어난 뜨겁고 어린 별들을 구별해내기도 한다.

케슬러는 일부 천문학자들이 처음에는 허블의 '아름다운 사진들'을 못마땅해 했다고 설명한다. 허블의 영상들은 과학이라고 보기에 어딘가 부적절할뿐더러 가짜 색으로 치장된 사진들을 마치 허블이 실제로 '본' 것으로 오인할 수도 있다는 이유에서다. 그러나 케슬러도 지적했듯이 허블이야말로 이런 인식을 바꿔준 매체다. 1995년 M16 독수리성운을 찍은 놀라운 영상들이 그 대표적 예다 (plate 20). 애리조나주립대학의 제프 헤스터가 이끄는 일단의 천문학자들은 광증발효과photo-evaporation에 주목했다. 그들은 이 성운 안에 있는 거대한 별에서 방출되는 복사가 새로운 별들이 태어나고 있는 현장에서 증발하는 가스덩어리라고 주장했다. 케슬러 역시 "헤스터팀이 처음부터 감동적인 영상을 연출하려는 의도로 관측을 계획하지는 않았다"는 사실에 주목한다.[27] 하지만 독수리성운의 웅장한 이미지는 과학자와 일반인 모두에게 경외감을 불러일으켰다. 물론 예상했다시피 헤스터팀은 10조 킬로미터에 이르는 가스기둥들이 새로운 별들이 태어나는 현장임을 규명했다. 독수리성운의 영상 공개에 대해서도 케슬러는 다음과 같이 설명한다.

"《뉴욕 타임스》, 《워싱턴포스트》, 《USA 투데이》 등 주요 일간지들이 그 영상을 특집기사로 다루었고, 《뉴스위크》, 《U.S. 뉴스 & 월드 리포트》와 《타임》 같은 주간지들도 일제히 독수리성운에 관한 기사를 내보냈다."[28]

케슬러는 매스컴에서 새로운 별의 탄생에 관한 헤스터의 이론을 상세히 다룬 것도 사실이지만, 진짜 스포트라이트는 창조의 기둥Pillars of Creation이라는 별명이 붙은 독수리성운의 웅장하고 아름다운 구름기둥들에 쏟아졌다는 점을 강조한다. 1999년 우주망원경과학연구소에서 허블의 인기와 관련해 발표한 한 보고서는 "M16의 영상이 공개되었을 즈음 한 달 새 50만 명이 웹사이트에 접속했다"고 밝히고 있다.[29] 아름다운 천문학 사진들에는 중요한 과학적 정보가 담겨 있는 것도 사실이지만, 특히나 헤스터가 공개한 독수리성운 영상에 대한 열광적 반응은 황홀할 만큼 아름다운 우주의 풍경이 일반 대중들에게 난해하고 복잡한 지식을 효과적으로 전달하는 매개가 될 수 있음을 분명히 보여주었다. 케슬러의 주장에 따르면 허블에 대한 대중의 엄청난 관심과 후원에 보답할 길을 고심하던 나사는 허블이 찍은 영상들을 정기적으로 요청하고 제작해서 공개할 별도의 기관을 만들기로 했다. 허블 유산 프로젝트는 이런 이해에서 탄생했다.

제프 헤스터는 독수리성운의 사진과 같은 장엄하고 화려한 사진들을 통해 허블 유산 프로젝트가 추구하는 바를 다음과 같이 설명한다.

사람들이 그 사진들을 보고 그것이 우리 안에 내재된 욕구의 발현이라는 점을 깨닫길 바랍니다. 지구 밖 먼 곳에 구축된 혁신적 기계와 장비들이 있기에 우리의 지성과 미학을, 상상력과 의심을, 그리고 우리의 호기심을 한껏 펼칠 수 있다는 사실을 말입니다. 이 〔사진〕 작품들은 미학적으로 뛰어날 뿐 아니라 … 우리가 인간으로서 갖고 있는 능력을 보여주는 증거입니다. 수천 광년 떨어진 곳에서 별들을 잉태하고 있는 가스와 먼지 구름 기둥들을 사진으로 찍을 수 있는 능력, 그것을 내 집에서 감상하고 그 우주를 우리 지성의 울타리 안에 편입시킬 수 있는 능력, 그리고 이 모든 사실들을 아우를 만큼 지혜와 상상력을 확장할 수 있는 능력을 보여주는 증거입니다.[30]

하지만 헤스터는 난해한 과학적 지식을 전달하는 데 따르는 어려움도 잘 알고 있다.

〔과학은〕 정확한 언어, 즉 수학이라는 언어를 요구하는 학문입니다. 과학은 우리로 하여금 바로 그 언어로 생각하는 법을 배우라고 말합니다. 많은 이에게 그 언어가 그리 녹록하진 않겠지

만, 중요한 것은 우리가 이 언어적 난관을 극복할 방법을 찾느냐는 것입니다. 또 우리에게 과학을 들려주는 사람들이 누구인지, 그들에게 정통한 지식이 무엇인지를 기꺼이 알고자 하는 태도입니다. ... 우리가 그런 태도를 보일 때 오히려 과학자들은 〔과학을〕 더 깊이 연구할 수 있습니다.[31]

허블 유산 프로젝트의 홈페이지에는 약 200여 개의 이미지들이 섬네일 형태로 공개돼 있다. 허블이 찍은 수만 장의 영상들 중에서 최고만 가려놓은 것이다.[32] 케슬러의 설명에 따르면 허블 유산 프로젝트는 행성과학자 키이스 놀과 천문학자 하워드 본드의 합작품이다. 이 두 과학자는 앤 키니, 캐롤 크리스티안과 함께 천문학과 우주과학에 대한 교육적 동기를 고취하고 폭넓은 관심을 유도하기 위해 허블 유산 프로젝트 영상들을 제작했다. 케슬러는 예술과 과학의 경계를 허물어뜨림으로써 천문학적 연구뿐 아니라 우주에 대한 대중의 이해를 높였다는 점에서 이들 네 과학자의 목표는 정확히 실현되었다고 말한다. 키이스 놀은 허블 유산 프로젝트의 목표를 다음과 같이 간략하게 설명한다.

이 프로젝트를 시작하면서 나는 우리의 사진들을 벽에 붙여 놓은 아이들이 우주란 과연 어떤 모습이며 그런 이국적 장소들을 여행하는 것이 어떤 기분일지 생각하며 상상의 나래를 펼치리라 기대했습니다. ... 하지만 내가 진정 원한 바는 몇 장의 사진들을 통해 아이들이 삶에 대한 경외감과 신비로움을 간직하는 것입니다. 그저 아침에 일어나 막히는 도로로 출근하고 월급을 받는 것만이 삶의 전부가 아니라는 사실을 깨닫길 바랍니다. 우주가 얼마나 아름답고 놀라운지 … 아이들이 우리의 사진들을 보면서 언제까지나 그 사실을 잊지 않길 바랍니다.[33]

허블의 영상들은 항성계의 형성과 별들의 탄생과 죽음에서 가장 매혹적인 장면들을 이해하기 쉽고 또렷하게 보여주었다. 허블의 가장 탁월한 영상들에 담긴 의미들은 전문가가 아니어도, 과학적 지식이 풍부하지 않아도 쉽게 이해할 수 있다. 독수리성운, 또 그 성운 속 별들이 탄생하는 곳에서 붕괴하는 가스들, 오리온성운 안에 있는 우리 태양계 크기와 맞먹는 원시항성계 원반과 별 제조 시스템들, 별들이 탄생하고 있는 M51 소용돌이은하의 팔들(그림 11.2), 행성상성운의 중심부에서 죽어가는 별들이 만들어낸 기이하고 복잡한 구름들을 찍은 영상들이 모두 그렇다.

허블 우주망원경이 관심과 사랑을 받는 이유를 한마디로 설명하면, 난해한 과학적 연구를 단박에 이해할 수 있도록 몇 장의 아름다운 사진 속에 담아냈기 때문이다. 한 장의 사진 속에서도 우리는 별들이 가스상태의 바깥층들을 파열시키면서 방출하는 어마어마한 에너지를 생생하게 느낄 수 있다. 평범한 사람이라면 행성 모양의 성운을 구축하는 데 있어서 별이 지닌 자기장의 역할을 가늠하기 어렵지만, 사진을 보면 별의 자기장이 내뿜는 강력한 복사와 항성풍의 효과를 한눈에 알 수 있다. 설령 조금 모호한 정보를 담고 있는 사진이라도 거기에 붙은 간단한 제목이나 설명을 보면 천문학에

그림 11.2 M51은 소용돌이은하라고 불리는 나선형 은하다. 우리 은하를 위에서 내려다보았을 때의 모양과 유사하다. 나선형 팔들에서 왕성하게 별들을 주조하고 있는 우리의 이웃 은하다. 허블 우주망 원경은 이 은하에 속한 밝은 별들을 개별적으로 구별해냈다(나사/우주망원경과학연구소/허블 유산 프 로젝트팀).

문외한인 사람조차 금세 이해할 수 있다.

10조 킬로미터까지 치솟은 독수리성운의 먼지기둥들이나 NGC 6537 붉은거미성운 안에서 수천억 킬로미터 높이의 먼지와 가스 파도를 만들고 있는 항성풍(그림 11.3) 등 눈으로 보기만 해서는 거의 이해가 불가능한 사진들에 붙은 짤막한 설명들은 일반 대중에게 별들의 탄생과 죽음에 관여하는 엄청난 에너지와 물질을 단박에 이해할 기회를 선사한다.[34] 거대한 은하 무리가 일으키는 중력렌즈 효과, 너른 우주공간에 소용돌이치는 위풍당당한 빗장나선은하들, 그리고 장대한 구상성단들을 찍은 허블의 영상들은 대중의 상상력에 지울 수 없는 흔적을 남겼다. 하지만 대중을 매혹시킨 이런 매력을 넘어서 허블 우주망원경은 역사상 가장 성공적인 과학실험이라고 불러도 좋을 만큼 데이터 축적량에서도 독보적이다.

그림 11.3 붉은거미성운은 수천억 킬로미터까지 먼지와 가스 파도를 내뿜고 있다. 200여 년 전 윌리엄 허셜이 최초로 성운 목록에 편입시킨 이 성운의 섬세하고 흐릿한 무늬는 지구에서 가장 높은 진공상태보다 더 희박한 가스층인 성간매질 속으로 물질이 분출되면서 충격파가 일어나 생긴 것이다(나사/유럽우주기구/우주망원경과학연구소/G. Mellema).

허블의 핵심 프로젝트들

───────

이 최고의 우주설비가 맺은 과학적 결실은 무엇이며, 또 그 결실은 우주에 대한 우리의 시각을 어떻게 변화시켰을까? 우주망원경의 탐사임무 초반에는 주로 몇 가지 중대한 과제에 시간을 집중적으로 투입함으로써 만에 하나 망원경이 고장나더라도 주요한 결과들을 입수하는 것이 1차 목표다. 허블 프로젝트에는 정원보다 많은 천문학자들이 관측시간 신청서를 제출하기 때문에 투입시간을 결정하는 것이 큰 문제였다. 물론 많은 제안들에 조금씩 시간을 할당할 수 있다면 더 많은 천문학자들이 흡족해할 터였다. 우주망원경 과학연구소의 초대 소장 리카르도 지아코니는 일명 '핵심 프로젝트 Key Project'에 대한 동료 상호 검토에 많은 시간을 배정해야 한다고 확신했다. 허블 우주망원경의 역사 초반에 세 가지 프로젝트에 대한 승인이 떨어졌다. 그중에서 중거리 은하들에 대한 조사[35]와 은하들 사이에 확산된 뜨거운 가스를 증명하기 위한 퀘이사 분광 조사[36] 프로젝트는 성공적이었지만 대중에게는 잘 알려지지 않았다. 반면 세 번째 프로젝트는 명실공히 허블 우주망원경의 가장 우수한 업적으로 꼽힌다.

히파르코스에 관한 8장에서도 살펴보았지만, 천문학에서 '거리'는 아주 기초적인 요소임에도 불구하고 측정하기 가장 어려운 물리량이다. 일상생활 속에서 우리는 나무나 사람 또는 램프나 가로등의 밝기와 같이 익숙한 척도를 바탕으로 거리를 판단한다. 하지만 별과 은하와 같은 대상들은 크기와 밝기 규모가 천차만별이기 때문에 겉으로 보이는 크기나 밝기는 신뢰할 만한 거리척도가 될 수 없다. 멀리 떨어져 있는 밝은 천체일까, 가까이 있는 흐릿한 천체일까? 멀리 떨어진 큰 천체일까, 가까이 있는 작은 천체일까? 우주에서 이런 식의 혼동은 일상이다. 바꾸어 말하면 거리측정 오류가 우주의 작동방식에 대한 우리의 지식을 망칠 수도 있다는 의미다. 임의의 대상까지의 거리를 정확히 알지 못하면 그 대상의 정확한 크기나 밝기를 알 수 없고, 이는 또 그 대상의 질량이나 광도를 알 수 없다는 의미로도 이어진다. 즉 우리가 시료를 채취해 실험실로 가져올 수 없을 만큼 아주 멀리 떨어진 대상에 대한 진정한 물리적 이해가 불가능한 것이다. 우주의 본질을 연구하는 데 있어서 정확한 거리측정은 점점 더 긴요해지고 있다. 특히 우주의 팽창과 관련해서 정확한 거리는 근본적인 질문들의 답을 찾는 데에도 필수다. 우주는 얼마나 클까? 우주는 몇 살일까?

허블 우주망원경의 탐사임무 초반에는 30개 가량의 은하들까지의 거리를 측정하는 데 수백 개의 궤도들이 동원되었다. 그 명칭에 걸맞게 이 핵심 프로젝트에는 1920년대 에드윈 허블이 M31 안드로메다성운이 멀리 떨어진 은하계라는 사실을 증명할 때 사용한 방법이 동원되었다. 에드윈 허블은 M31 안에서 잘 알려진 등급의 변광성들, 즉 세페이드 변광성들을 발견했다. 세페이드 변광성들은 일정한 주기로 맥동하는데, 이런 맥동은 변광성들의 광도와 변광주기 사이의 선형적 관계로 나타난다.[37] 수백 일에 걸쳐 찍은 영상들을 통해 멀리 떨어진 은하 안에서 맥동하는 세페이드 변광성들을 발견하고 그 변광주기를 측정함으로써 별의 절대밝기와 겉보기밝기를 조합하여 거리를 유추할 수 있다. 세페이드 변광성들은 대단히 밝기 때문에 꽤 먼 거리에서도 관측된다. 하지만 별들이 너무 촘촘한 지역에서는 다른 별들과 겹쳐져 보일 수 있기 때문에 변광성들을 구분해내기 위해서는 우주에 설치된 망원경의 선명한 영상이 필수다. 이 프로젝트는 웬디 프리드만과 롭 케니커트, 제레미 몰드가 주도했으며, 전 세계에서 모인 25명의 유수한 천문학자들이 참여했다. 이 핵심 프로젝트의 목표는 10퍼센트의 정확도로 거리를 측정하는 것이었다. 지나치게 겸손한 목표처럼 보이지만, 거리측정이 그만큼 어렵다는 반증이기도 하다. 허블 망원경이 발사되기 10년 전까지만 해도 천문학자들 사이에서 거리척도에 대해 50퍼센트 이상의 견해차가 있었다.

이 핵심 프로젝트의 또 한 가지 목표는 허블상수라 불리는 물리량을 10퍼센트 이내까지 측정하는 것이었다. 허블상수는 우주의 팽창률로 km/s/Mpc$^{•}$ 단위로 측정된다. 허블은 한 은하까지의 거리와 그 후퇴속도 사이에 비례관계가 성립한다는 사실을 발견했다. 허블상수는 바로 그 비례 규모를 결정한 값이다. 허블상수가 70이라면 1메가파섹(약 330만 광년)마다 초속 70킬로미터(시속 25만 2,000킬로미터)의 속도로 멀어진다고 볼 수 있다. 어림잡아 이 규모에서는 100만 광년 떨어진 은하의 경우 우리 은하로부터 시속 7만 5,000킬로미터의 속도로 멀어지고, 1,000만 광년 떨어진 은하의 경우 시속 75만 킬로미터의 속도로 멀어진다. 허블상수의 역수로는

• 1메가파섹 떨어진 천체가 1초 동안 멀어지는 거리를 킬로미터로 표시한 단위다.

팽창을 원점으로 되돌려 모든 은하의 거리를 제로로 만들 수 있다. 그러면 우주의 나이를 상당히 근사한 값까지 추산할 수 있다. 현재 약 20메가파섹(또는 6,600만 광년)까지의 거리를 측정 중인 핵심 프로젝트는 머지않아 우주의 크기와 팽창속도 그리고 나이를 계산해낼 것이다. 핵심 프로젝트는 확률오차 6, 계통오차 8을 감안하여, 현재 우주가 73km/s/Mpc의 속력으로 팽창하고 있다고 결론지었다. 이 결과물은 프로젝트에 참여한 과학자들이 시리즈로 발표한 논문 중 28번째 논문에 실렸다. 논문 편수만 보아도 허블 프로젝트가 얼마나 생산적이고 결실이 풍부한 프로젝트인지 알 수 있다.[38]

이렇게 거리척도를 마련함과 동시에 허블 망원경은 우주의 속성을 매우 잘 규명하고 있는 '정밀우주론'의 등장에도 주춧돌을 놓았다. 핵심 프로젝트는 우주 전체로 따지면 '뒷마당' 수준인 가시적 우주의 0.01퍼센트에 불과한 영역을 조사 대상으로 삼았지만, 거리 측정의 내연과 외연을 모두 발전시키는 데 혁혁한 공헌을 했다. 허블 우주망원경은, 앞서 논의한 히파르코스 탐사위성과 나란히 우리 은하에 속한 세페이드 변광성들의 시차를 측정했을 뿐 아니라 거리 척도의 범위를 기하학적 측정으로까지 확장시켰다. 수십 개 은하들에 속한 세페이드 변광성까지의 거리를 알면 다른 유형의 지표들, 이를테면 초신성과 은하들의 회전속도 같은 지표들에도 눈금을 매길 수 있으며, 이 지표들은 또 다시 멀고 먼 우주까지의 거리를 재는 데 이용할 수 있다.

우주를 지배하는 암흑의 힘을 찾아

앞서도 언급했듯이 허블 우주망원경은 천문학의 모든 영역에 두루 영향을 미치고 있다. 특히 천문학에 대한 허블 우주망원경의 중요한 몇 가지 공헌은 우주에 대한 우리의 관점 자체를 아예 송두리째 바꾸어놓았다. 처음 허블에 걸었던 기대 가운데 하나는 핵심 프로젝트를 전개시키는 것이었다. 이를 통해 우주의 지역적 또는 현재의 팽창속도를 계산하고, 우주적 시간을 통틀어 우주 팽창의 역사를 가늠할 수 있기를 기대했다.

허블은 뛰어난 감도와 해상도로 머나먼 은하들이 품고 있는 초신성들을 포착했다. 1a형 초신성은 동료 거성으로부터 꾸준히 질량을 빨아들이다가 폭발한 백색왜성을 말한다. 질량을 흡입하던 백색왜성들은 우리가 앞서 살펴본 찬드라세카르 한계를 넘어서면 붕괴하기 시작하다가 이윽고 초신성으로 폭발한다. 이처럼 질서정연한 일련의 단계를 거치면서 폭발하는 '표준 폭발' 초신성들은 고유한 밝기를 지니는데, 가장 밝은 것과 어두운 것의 차이가 15퍼센트를 넘지 않는다. 가장 밝을 때의 초신성은 부모 은하의 밝기와 맞먹을 정도이고(그림 11.4) 이런 초신성들은 100억 광년 이상 떨어진 곳에서도 관측된다.[39]

1990년대 중반 초신성을 연구하던 과학자 두 팀이 전혀 예상치 못한 현상을 목격했다.[40] 정상물질과 암흑물질은 팽창하는 우주에서 팽창속도를 늦추는 효과를 발휘한다. 이 때문에 시간을 거슬러 더 멀리 있는 초신성들을 관찰하던 과학자들은 초신성들이 일정한

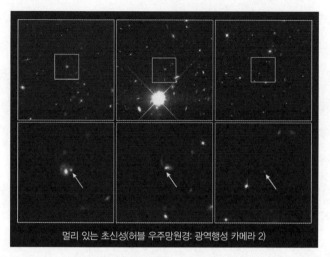

멀리 있는 초신성(허블 우주망원경: 광역행성 카메라 2)

그림 11.4 오늘날의 기준에서 허블 우주망원경은 비교적 작은 위성이지만, 선명하게 영상을 포착하는 능력과 감도 높은 장비들 덕택에 수십억 광년 떨어진 초신성을 관측할 수 있다. 초신성들이 폭발하며 죽을 때 발산하는 빛은 주변 은하들과 맞먹을 만큼 밝기 때문에 이를 바탕으로 주변 은하들까지의 거리도 측정할 수 있다(나사/우주망원경과학연구소/P. Garnavich).

팽창속도에서 예상보다 약간 더 밝게 보이리라고 예측했다. 즉 물질들로 인해 팽창속도가 줄어들고 초신성과 우리 사이의 거리도 줄어들므로 일정한 팽창속도일 때보다 초신성이 더 밝게 보일 거라고 예측한 것이다. 그런데 실제로 목격한 것은 정반대의 현상이었다. 멀리 있는 초신성이 예측보다 더 흐릿했던 것이다. 죽어가는 별까지의 거리가 추정치보다 더 멀다는 것말고는 달리 해석의 여지가 없었다. 우주는 감속이 되기는커녕 가속으로 팽창하고 있던 것이다!

우주의 가속 팽창은 말 그대로 황당한 현상이었다. 왜냐하면 모종의 힘이 중력을 거슬러 반대로 작용하고 있다는 의미이기 때문이다. 그런 종류의 힘은 물리학에서 처음이었다. 이 현상을 유발한 힘에 대해 정녕 알 길이 없으니 '암흑에너지'라는 표현을 쓸 수밖에! 암흑에너지는 우주상수의 특징을 지닌 것처럼 보인다. 우주상수란 아인슈타인이 자연적 팽창을 막기 위해 일반상대성 이론 방정식에 끼워 넣은 항이다. 훗날 아인슈타인은 방정식에 이 상수를 끼워넣은 것을 생애 최대의 실수라고 자책했다. 어쨌든 암흑에너지로 인한 우주의 가속 팽창은 완전히 새롭고도 근본적인 물리학이다.

우주의 가속 팽창은 사실 지상기반의 망원경들이 찍은 영상과 스펙트럼을 바탕으로 얻은 발견이다. 허블 우주망원경은 이 발견에 아무런 기여도 하지 않았다. 하지만 고적색편이higher redshift 천체●들의 측정 범위를 확장하고 암흑에너지의 성질을 제한적으로 설명하는 등 그 결과를 확증하는 데 중대한 공헌을 했다. 허블의 깊이 있고 상세한 데이터는 우주 나이 3분의 2까지 팽창의 역사를 거슬러 추적하는 데 유용하게 쓰였다. 허블의 데이터에 따르면 50억 년보다 훨씬 이전에 우주는 감속과 가속의 전환기를 맞았다.[41]

현재 천문학자들은 우주의 주요한 성분을 두 가지로 나눈다. 암흑물질과 암흑에너지가 그것이다. 우주의 68퍼센트는 암흑에너지가, 27퍼센트는 암흑물질이 차지한다. 약 4.5퍼센트는 은하들 사이 우주에 분산된 뜨거운 가스다. 관측 가능한 우주의 나머지 모든 것, 즉 모든 은하들과 그 안의 모든 별들이 우주 '파이'에서 차지하는 양은 고작 0.4퍼센트에 불과하다. 암흑의 힘이 우주를 지배하고 있는 셈이다.

● 어떤 천체가 멀리 떨어져 있을수록 오래된 천체이며, 더 큰 적색편이를 보인다.

팽창하는 우주에 브레이크와 액셀러레이터가 있다고 상상해보자. 그런데 하필 운전자가 초보라서 두 페달을 동시에 밟는다. 암흑물질은 중력으로 팽창을 늦추므로 브레이크라고 볼 수 있다. 반면 암흑에너지는 액셀러레이터다. 팽창 역사 초반 3분의 2 동안 암흑물질이 지배한 우주는 시간이 흐를수록 팽창속도가 느려진다. 그러다 밀도와 중력이 점차 약화되면서 암흑물질의 힘이 약해진다. 한편 암흑에너지는 시간과 공간 양측에 대해 지속적인 힘을 행사하고 있다. 액셀러레이터를 누르는 힘은 변함이 없는데 브레이크를 누르는 힘이 약해진 것이다. 그때가 약 50억 년 전이었고, 그때부터 모든 은하들이 점점 빠른 속도로 멀어지기 시작했다.

일부 우주학자들은 완전히 다르게 행동하는 미스터리한 두 실체가 대략 동일한 힘을 지닌 것이나 우주적으로 비교적 최근에 두 힘의 균형이 엇갈린 것을 명확하지 않은 우연으로 간주한다. 우주 역사에서 이 두 존재의 힘이 동일해진 것은 그때가 유일하다. 우주 역사의 초반 대부분은 암흑물질이 완전히 지배했고, 미래에는 영원히 암흑에너지가 지배하게 될 것이다. 이 우연의 일치는 수수께끼를 더 아리송하게 할 뿐이다.

허블은 우주의 주요한 성분 중 하나인 암흑물질의 무게를 가늠하는 일도 해냈다. 암흑물질의 존재가 처음으로 제기된 것은 코마은하단을 관찰할 때였다. 코마은하단에서 적색편이, 다시 말해 은하들이 멀어지는 속도를 측정하던 캘리포니아공과대학의 프리츠 츠비키는 은하들이 예측치보다 훨씬 빠른 속도로 멀어지고 있음에 주목했다. 은하들은 마치 성난 벌들처럼 부산스럽게 움직이고 있었는데, 그 속도가 초속 500킬로미터, 시속으로는 180만 킬로미터나 됐다.[42] 은하단을 이루고 있는 모든 은하의 모든 별들의 무게를 합친다고 해도, 그 정도 속도로 움직이는 은하들을 우주의 한 장소에 모아놓기는 불가능했다. 가시적 질량으로는 은하단을 형성하기 위한 중력의 10분의 1밖에 발휘하지 못했다. 코마은하단은 뿔뿔이 흩어져야 맞았다. 하지만 그러지 않았다! 츠비키는 보이지 않는 모종의 물질이 은하단을 결속하고 있다는 가설을 세웠다. 그 주인공은 반드시 중력을 발휘하되 빛을 복사하지도 않고 복사와 상호작용하지도 않는 물질, 암흑물질이었다.

워낙 기묘하고 뜻밖의 관찰이라 천문학자들 대부분은 츠비키의 가설을 거들떠보지도 않았다. 더욱이 그가 총명하긴 했으나 성미가 고약하고 퉁명스럽고 무례한 말투 때문에 적이 많았다는 점도 그의 가설이 외면받는 데 한몫했다. 하지만 1970년대 나선은하들의 회전을 연구할 때 보이지 않는 물질이 가시적 별들보다 훨씬 더 멀리 퍼져 있다는 가설이 또 다시 제기되었다. 천문학자들은 츠비키의 관찰을 재검토하고 결국 그가 옳았다고 결론을 내린다. 게다가 이 현상은 코마은하단뿐 아니라 다른 은하단들에서도 관찰되었다. 암흑물질은 한 은하계 안에서는 물론이고 은하들 사이 우주공간 모든 곳에 존재하는 우주의 보편적 특징이었던 것이다.

허블 우주망원경은 바로 이 암흑물질의 무게를 아주 명쾌하게 측정했다. 아인슈타인의 일반상대성 이론은 질량이 빛을 휘어지게 만든다고 예측했고, 이 예측은 1919년 일식 중에 태양의 가장자리에서 별빛이 휘어지는 현상으로 입증되었다. 카시니와 히파르코스 탐사위성 역시 일반상대성 이론이 옳다는 사실을 우리에게 보여준 바 있다. 별뿐 아니라 은하도 우리가 감지할 수 있을 만큼 빛을 휘어지게 할 수 있음을 간파한 츠비키는 그 현상을 찾아내야 한다고 천문학자들을 닦달했다. 은하에 의한 중력렌즈 효과가 처음으로 관측된 것은 츠비키가 사망하고 5년이 지난 1979년 하나의 퀘이사가 두 개처럼 보이는 현상을 관찰할 때였다. 1980년대 중반이 되자 지상기반의 지름 4미터 망원경에도 중력렌즈 현상이 포착되었다. 촘촘한 은하단 너머에 있는 은하의 이미지가 마치 휘어진 호처럼 보였는데, 앞쪽에 있는 은하단의 중력에 의해서 우리에게 그 상이 실제보다 크고 왜곡되게 보인 것이다. 은하단의 중력렌즈 효과는 매우 독특한 무늬로 나타난다. 작은 호들은 사실 은하단의 중심을 공유하는 동심원들의 일부분이다. 중력렌즈 효과는 이렇듯 중력이 보여주는 굴절이 밝든 어둡든, '모든' 질량에 대해 민감하게 일어나기 때문에 은하단의 질량을 재는 데 꽤 믿을 만한 수단이 된다는 점에서 매력적이다.

허블은 그 탁월한 영상촬영 능력으로 지금까지 수십 개의 은하단에서 중력렌즈 효과를 발견했다.[43] 영상에서 은하단 뒤편에 포착된 각각의 은하들은 중력 광학을 검증하고 일반상대성 이론을 확증하는 작은 실험실인 셈이다. 수백 개의 작은 호들이 관측된 몇몇 은하단들의 경우에는 그만큼 더 정확하게 질량을 산출할 수 있다. 수백 개의 광선으로 광학 실험을 하는 것과 비슷하다고 보면 된다(그림 11.5). 허블의 관측은 앞서 언급한 대로 암흑물질이 정상물질보다 여섯 배쯤 더 많고, 우주의 구성비율로 따지면 27퍼센트 대 4.5퍼

그림 11.5 아벨2218은하단의 가시적 물질과 암흑물질은 더 멀리 있는 배경 은하들의 빛을 왜곡하고 증강시키면서 중력렌즈 효과를 낸다. 허블이 찍은 이 영상에서 작은 호들로 보이는 것은 대개 은하단의 중심을 공유하는 동심원들의 일부다. 중력렌즈 효과는 질량이 시공간을 휘어지게 만든다는 일반상대성 이론을 확증한다. 우주는 거대한 광학 실험실인 셈이다(나사/유럽우주기구/SM4 ERO Team).

센트라는 사실을 입증했다. 또한 암흑물질의 분포까지 포함한 은하단의 지도를 그릴 수 있게 해주었다. 암흑물질의 공간분포를 파악하는 것은 편재하면서도 미스터리한 이 물질의 물리적 성질을 결정하는 데 매우 중요하다.

허블의 공헌은 여기서 끝이 아니다. 허블은 또 다른 검고 거대한 대상을 밝히는 데도 중요한 역할을 했다. 바로 초대형 블랙홀이다. 1960년대 퀘이사들이 잇따라 발견되면서 중력 '엔진'이 있지 않고서야 그처럼 작은 부피에서 그토록 엄청난 에너지를 방출할 수는 없다는 사실이 더욱 분명해졌다. 태양보다 수십억 배 크고 무거운 초대형 블랙홀들이 퀘이사들의 에너지원이라는 믿음이 점차 강해진 것이다. 앞 장에서 살펴보았듯 블랙홀이라고 무조건 다 검은색은 아니다. 물론 사건지평선 안에서는 그 무엇도 탈출할 수 없다. 그런데 블랙홀은 그 둘레에서 회전하는 원반 안으로 뜨거운 가스를 빨아들이고 있을 것이고, 이 원반이 블랙홀로 물질을 빨아들이는 동안 회전하는 블랙홀의 양극은 거대한 입자가속기처럼 작동한다. 가스를 빨아들이고 있는 응축원반은 엄청난 양의 자외선과 엑스선을 방출하고, 블랙홀의 양극에서 분출된 제트는 라디오파를 방출한다. 꽤 오랫동안 천문학자들은 퀘이사 주변의 은하들만 이런 초대형 블랙홀을 갖고 있다고 생각했다. 지난 15년 동안 천문학자들은 허블에 장착된 분광기를 이용해 우리 은하 근처의 평범해 보이는 은하들을 관찰하면서 그 중심부에 있는 별들의 회전속도를 연구했다. 대개의 경우 은하핵에 가까울수록 별들의 회전속도가 훨씬 더 빨라졌다.[44] 은하핵이 보유하고 있을 물질의 밀도를 아무리 따져봐도 강력한 중력 엔진, 즉 블랙홀 말고는 별들의 회전속도를 설명할 길이 없었다.

그런데 이 블랙홀들은 두 가지 점에서 불가사의했다. 첫째 이 녀석들이 퀘이사의 동력원인 블랙홀만큼 거대하지 않다는 점이었다. 퀘이사의 동력원이 되는 블랙홀들은 태양 질량의 1,000만 배에서 수억 배에 이르는 것들이 대부분이다. 둘째 이 녀석들을 보유한 은하들이 지극히 평범해 보인다는 점이었다. 은하 중심부에 '식량' 또는 가스상의 물질이 아무리 풍부해도 이 블랙홀들은 식욕이 아예 없는 게 분명했다. 데이터가 축적될수록 '모든' 은하들이 블랙홀을 지니고 있으며, 각각의 블랙홀은 그 은하가 품고 있던 늙은 별의 무게와 비슷하다는 사실이 점점 더 확실해졌다. 게다가 이 블랙홀들

은 생애 대부분의 시간을 무기력하게 보내다가 아주 잠시 동안만 활동하는 것이 틀림없었다.[45]

이런 결과는 외부은하 천문학의 패러다임을 바꾸어 놓았다. '평범한' 은하와 '활동적인' 은하를 구별하는 것이 무의미해졌다. 모든 은하는 어느 정도 활동적이지만 언제나 그런 것은 아니고, 블랙홀은 은하의 기본 요소였던 것이다. 구상성단과 왜소은하들에 잠복해 있는 중간 크기 블랙홀들의 질량은 태양 무게의 1,000배에서 100만 배 정도다. 우주는 과연 무슨 꿍꿍이로 질량 차가 10억 배나 되는 다양한 블랙홀들을 제조했을까! 체급이 낮은 블랙홀들은 도시 하나 크기의 붕괴된 별의 사체다. 은하들이 품고 있는 블랙홀 중 체급이 높은 녀석들은 우리 은하의 10배가 넘는, 한마디로 괴수들이다. 이 괴수들이 기지개를 켜고 활동하기 시작하면, 질량을 토해내고 별 부화장의 전원을 아예 꺼버리면서 자신을 둘러싼 은하의 전반적인 속성을 바꾸어 놓을 것이다. 지금은 이런 은하와 블랙홀의 공진화가 주요 연구분야로 부상하고 있으며, 물론 이 분야에서도 허블은 탁월한 해상도와 감도로 중추적 역할을 하고 있다. 어쨌든 빅뱅후 수억 년 내의 어느 시점에 별과 은하들이 탄생했다. 그리고 그와 동시에 블랙홀들도 용틀임을 하기 시작했다.

도박을 하다, 허블 딥 필드

은하들이 어떻게 형성되었는지 알아내기 위해 천문학자들은 최고의 장비를 최전방으로 보냈고, 그 결과 가장 먼 하늘을 사진으로 찍었다. 허블 울트라 딥 필드Hubble Ultra Deep Field는 허블 딥 필드 Hubble Deep Field라고 명명된 초기 프로젝트의 일환으로 탄생했다. 이 프로젝트는 우주망원경과학연구소의 2대 소장이었던 밥 윌리엄스의 과감한 결정이 아니었다면 그야말로 빛을 보지도 못했을 것이다. 1995년 윌리엄스는 연구소 소장 재량으로 결정할 수 있는 관측시간의 10퍼센트를 하늘 한 조각을 매우 선명한 멀티 컬러 이미지로 촬영하는 데 할애하기로 한다. 이는 과감한 결정이었다. 이것이 '과감한' 결정인 까닭을 알려면 천문학 연구의 문화적·사회적 배경을 살짝 들여다봐야 한다.

천문학자들에게 허블 우주망원경은 이른바 업계 최고의 장비다. 허블은 다른 어떤 연구장비와는 비교도 안 될 정도로 많은 발견을 이뤄냈으며, 관련 논문도 월등히 많다. 해마다 천문학자들은 꼼꼼하게 관측시간 신청서를 작성하는데, 거의 매해 허블 망원경이 수용할 수 있는 시간을 초과하기 일쑤다. 되든 안 되든 '일단 내기는 걸고 보자'는 성향은 본성인 모양이다. 연구소 소장들에게는 자유재량으로 사용할 수 있는 시간이 주어지는데, 대부분 초과된 신청서들을 한 건이라도 더 수용하기 위해 소규모 관측신청서들에 할당하는 편이다. 그런데 윌리엄스는 자신에게 주어진 계란을 모두 한 바구니에 담는 결정을 내렸다. 한 장의 심우주 영상을 찍기 위해 무려 150개의 궤도를, 실로 엄청난 시간을 배정하기로 한 것이다.

그의 결정은 천문학 문화를 송두리째 바꾸어 놓았다. 그는 이 망원경이 140여 시간 동안 초점을 맞추어야 할 지점과 반드시 사용해야 할 컬러 필터들에 대한 결정권을 천문학계에 주었다. 그 대신 여기서 얻은 자료들은 모든 천문학자들이 즉시 이용할 수 있도록 일련의 가공을 거쳐 공개하라는 조건을 걸었다. 그렇게 하여 큰곰자리 안에 3,000개 이상의 은하들이 포함된 작은 지역이 선택되었다. 눈에 보이는 하늘 면적의 2,800만분의 1에 해당하는 영역이었다. 허블 딥 필드라 명명된 이 관측에서 얻은 데이터 논문은 다른 논문들에 1,000여 회 이상 인용되었다.[46] 금쪽 같이 귀한 자원을 하나의 영역에 투자하기로 한 이 결정에 대해서는 적외선 천문학자들과 전파 및 엑스선 천문학자들도 반기를 들지 못했다. 그 밖의 주요한 망원경들도 전자기파 스펙트럼 전반에 걸쳐서 데이터를 수집해 허블 딥 필드의 광학 영상들을 보충하는 데 투입되었고, 이 데이터들도 대부분 즉시 이용할 수 있도록 처리되었다. 경쟁의식과 공조의식이 결합되면서 후속 연구들도 박차를 가했다.

하지만 선택된 그 영역이 전형적인 우주의 샘플이 아니라면 어쩔 텐가? 우주론의 한 가지 전제는 우리가 속한 지역이 특별하거나 비정상적인 지역이 아니라는 것이다. 이 전제를 가리켜 '우주의 원리'라고 부른다. 이 원리에 따르면 우주는 균질성과 등방성을 갖는다. 균질성이란 어느 곳이든 우주의 모습은 대략 비슷하다는 의미다. 우주선을 타고 우리 은하 너머를 탐험할 수 없기 때문에 균질성을 증명하긴 어렵다. 한편 등방성은 어느 방향으로 나아가든 우주는 똑같다는 의미다. 그동안 우주의 어떤 방향을 관찰하든 다른 방향들과 비교했을 때 은하들의 숫자와 유형이 다르다는 증거를 찾을 수 없었던 천문학자들은 심기가 불편해 있었다. 2000년 밥 윌리엄스가 남쪽 하늘 멀리 작은 영역에 허블의 초점을 맞추도록 시간을 배정한 것도 그 때문이었다.

이때부터 딥 필드들이 우후죽순처럼 늘어났다. 네 번째 정비임무 중이던 2002년에 신형 고감도 카메라가 허블에 장착되었고, 당시 우주망원경과학연구소 소장이던 스티브 벡위스는 화로자리 방향의 작은 하늘 조각에 400개의 궤도를 투입하고 네 개의 색 필터에 100만 초의 관측시간을 분배하면서 말 그대로 판돈을 올렸다. 허블 울트라 딥 필드는 그렇게 탄생했다.[47]

이 영상에서 가장 흐릿한 빛은 우리에게 도달하기 위해 우주 나이의 95퍼센트에 해당하는 시간을 달려왔다. 그러니까 빛의 '태동기' 무렵부터 달려온 빛인 셈이다. 허블 울트라 딥 필드의 영상이 믿기지 않을 만큼 놀라운 이유를 알려면 핀 하나를 들고 하늘을 향해 팔을 쭉 뻗어보시라. 그 핀 머리만큼의 면적을 허블의 CCD 카메라가 조준한 것이다. 천문학자들은 이 작은 하늘 영토에서 무려 1만 개의 은하를 건져 올렸다. 가장 흐릿하게 찍힌 은하들은 실제로 우리 눈이 볼 수 있는 것보다 50억 배 희미하다. 허블은 그 은하들로부터 분당 광자 하나만을 수집할 수 있다. 지구에서 맨눈으로 달에 날아다니는 개똥벌레를 본다고 생각하면 된다. 이 작고 먼 하늘 영토를 샅샅이 조사하려면 잠시도 쉬지 않고 관측해도 100만 년은 족히 걸릴 것이다.

그 숫자만 헤아려도 머리가 아찔한 이 은하들은 우주의 구성요소와 관련된 중요한 정보를 밝히는 데에도 이용된다. 허블 울트라 딥 필드가 전체 하늘 면적의 1,300만분의 1에 해당한다는 점으로 미루어 볼 때 하늘의 모든 방향으로 산재한 은하들의 수는 약 1,300억 개로 추정된다. 은하마다 평균 4,000억 개의 별을 보유하고 있다고 치면 관측 가능한 우주에만 10^{23}개, 그러니까 10만 곱하기 10억 곱하기 10억 개의 별이 있는 셈이다. 현기증이 날 만큼 어마어마한 숫자지만, 진짜 흥분되는 대목은 이 숫자가 생명의 존재를 암시한다는 점이다. 알다시피 태양과 닮은 별 주위에는 행성들이 널려 있다. 지구와 닮은 거주가능한 행성들이 얼마나 되는지 알게 될 날도 머지않을 것이다. 우주에서 생물학적 실험이 가능한 후보지들의 숫자는 어쩌면 별의 숫자와 그다지 차이가 없을지도 모른다. 우리가 정말 고독한 존재일 가능성은 얼마나 될까? 딥 필드 안에 흩뿌려져 있는 흐릿한 은하들, 오래된 빛의 얼룩에 불과한 이 은하들을 볼 때마다 그 은하들 중 많은 곳에, 아니 어쩌면 모든 은하마다 누군가 또는 '무엇인가'가 시공간의 협곡을 가로질러 우리를 바라보고 있으리라는 상상을 억누를 수가 없다.

외계 행성들의 특징을 밝혀라

외계 행성들을 수확하고 지구와 질량이 비슷한 천체들을 찾아내기 시작하면서 천문학자들은 우리와 가까운 은하들 안에 거주가능한 세상들이 존재할 것이라는 심증을 더욱 굳혀가고 있다. 사실 태양계 밖 행성들의 발견은 허블 우주망원경이 아니라 지상에 설치된 소형 망원경들이 수십 년 동안 끈기 있게 하늘을 주시한 결과였다.

하지만 외계 행성들의 발견을 넘어 그 특징들을 밝히는 일에서는 허블 우주망원경이 핵심적인 역할을 했다.

지금까지 1,000개 이상의 외계 행성들이 확인된 데 더해 매주 10여 개에 이르는 행성들이 꾸준히 발견되고 있다. 외계 행성들의 발견이 가슴을 설레게 하는 진짜 이유는 이 발견이 1990년대 말에 일어난 일이라서가 아니다. 외계 행성들 거의 대부분은 간접적인 방식, 그러니까 부모별의 주기적인 도플러 이동에서 그 주위를 돌고 있는 행성의 영향이 탐지됨으로써 발견되었다. 이 행성들이 실재한다는 사실을 의심한 사람은 없었지만, 행성들을 직접 보여주는 증거가 아쉬운 것도 사실이었다. 상황이 이러했으니 허블이 2008년 최초로 한 외계 행성을 광학 이미지로 담아냈을 때의 흥분은 이루 말할 수가 없었다. 목성 질량의 세 배나 되는 한 행성이 우리와 25광년 떨어진 남쪽물고기자리의 밝은 별 포말하우트Fomalhaut를 돌고 있었다.[48] 젊은 별의 먼지 원반 속에 박혀 있는 이 행성은 각기 다른 두 시기에 상이한 목적으로 찍은 영상기록에도 반점으로 찍혀 있었다. 한 연구팀은 허블의 소중하고 방대한 영상기록들 사이에서 최소한 100여 개의 새로운 외계 행성을 찾아낼 수 있으리란 기대를 갖고 특별한 영상처리 기법을 개발하기도 했다.

외계 행성 연구를 통해 밝혀진 사실들 중에서도 뜨거운 목성들의 존재는 우리를 더욱 놀라게 했다. 태양계의 거대 가스행성들과 닮은 이 행성들은 수성과 태양 사이의 거리보다 더 가까이서 부모별을 공전하고 있다. 이 행성들이 부모별을 가리는 일식을 연출하면서 지구와 일직선상에 위치할 때는 그야말로 절호의 기회다. 이 절호의 기회에 발견된 외계 행성이 100여 개에 이른다. 이런 사건들은 반복적으로 일어나는데, 지금까지 허블은 분광사진기로 외계 행성의 일식을 수차례 관측했다.[49] 별빛의 스펙트럼은 소량의 무거운 원소들에 의해 흡수되지만 횡단, 즉 일식이 일어날 때는 별빛의 일부가 거대 가스행성의 대기로 스며들면서 그 행성의 대기를 구성하는 성분들의 고유한 스펙트럼에 '추가로' 흡수 흔적을 남긴다. 지금까지 밝혀진 바로는 대기에서 나트륨과 산소, 탄소, 수소가 탐지된 행성이 하나 있다. 어떤 행성에서는 이산화탄소와 메탄 그리고 물(더 정확히는 수증기 형태로!)이 탐지되었다.[50] 두 행성 모두 크기는 목성과 비슷하고 생명이 거주하기에는 너무 뜨겁지만, 이 두 행성의 발견은 우리에게 생물지표 탐지의 새로운 방향을 제시했다. 외계 행성의 대기에서 생명의 화학적 흔적을 찾으면 되는 것이다.

마지막으로 허블은 외계 행성의 통계적 이해에도 디딤돌을 놓았다. 2만 6,000광년 떨어진, 우리 은하의 별들이 밀집해 있는 돌출부를 주시하던 허블 망원경은 형형색색의 별들 주변을 돌고 있는 16개의 외계 행성 후보들을 찾아냈다.[51] 그중 다섯 행성은 다른 어떤 탐지방식에서도 발견된 적 없는 극한의 범주에 속한다. 극한의 범주라고 하는 까닭은 이 행성들이 부모별의 둘레를 초고속으로 공전하기 때문인데, 공전주기가 하루가 채 안 된다. 이 행성들 역시 2006년 횡단관측 방식을 통해서 발견되었다. 외계 행성 연구자들은 우리 은하에만 목성 크기의 행성들이 60억 개 가량 존재할 것으로 추산한다. 이론에 따르면 지구형 행성도 목성형 행성 못지않게 많을 것으로 추정된다. 한마디로 저 멀리 어디엔가 우리의 낚싯줄에 감기 길 기다리는 또 다른 세상들이 존재할 것이라는 말이다.

우주의 경계를 찾아

에드윈 허블이 생전에 허블 딥 필드와 허블 울트라 딥 필드 영상들을 봤다면 이 세상 그 누구보다 환호하고 감격했을 것이다. 관측 가능한 우주의 가장자리 가장 멀고 깊은 우주공간을 꿰뚫어 빅뱅후 4억 년이 지났을 때의 우주를 적나라하게 보여주었으니 말이다. 빅뱅에 토대를 둔 현재의 우주 모델에서 우주는 공간의 경계보다는 오히려 시간의 경계를 갖고 있다. 저 밖을 본다는 것은 과거를 보는 것이다. 빛의 속도가 유한하기 때문이다. 허블 우주망원경의 시야에서 우리가 탐지한 것은 공간의 경계라기보다 오히려 우주의 까마득한 과거라고 해야 옳다. 최초의 작은 은하들이 탄생하고, 그것들이 더 큰 은하들로 합병되고, 지금 우리가 주변에서 보는 것과 같은 은하들로 성숙하고 있는 아득히 먼 우주의 과거를 목격하는 것이다. 시간의 경계는 곧 '최초의 빛'이지만, 그 경계 너머는 별도 은하도 없었던 우주 역사의 초기단계인 이른바 '암흑기Dark Age'다.

지금까지 허블은 우주 시간 전반에 걸쳐 가시적 우주에 거주했던 모든 은하들을 관측하는 중요하고 근본적인 임무를 대단히 성공적으로 완수했다. 허블 울트라 딥 필드 영상들은 체계적이고 정연한 구조의 나선형 은하들에 대해 새로운 정보를 보여주었고, 이 정보를 바탕으로 천문학자들은 이 거대한 나선은하들이 가장 흐릿한 밝기로 보이는 올망졸망한 어린 은하들이 누대에 걸쳐 합병된 소산이라는 사실을 알아냈다.[52] "어떤 면에서 우리는 지금 은하의 형성 단계들을 추적하고 있다고 봐야 합니다. 암흑기의 짙은 안개를 뚫고 그 이전, 어쩌면 빅뱅이 일어났던 과거까지 말입니다." 제프 캐나이프는 말한다. 그는 허블 우주망원경을 "우리를 지극히 먼 우주의 기원으로 안내하는 길잡이이자 다림줄"이라고 설명한다.[53] 딥 필드 영상들은 바로 그 기원을 보여준 인류 최초의 작품이다.

허블 우주망원경은 1920년대와 1930년대 윌슨산천문대에서 당시 세계 최대의 반사망원경이었던 후커 100인치 망원경으로 하늘을 관측한 천문학자 에드윈 허블을 기리기 위해 명명되었다. 허블이 평생 동안 명실공히 '세계 최고의 관측 천문학자'[54]로 인정받았던 데는 100인치 반사망원경의 공로도 적지 않았다. 허블이 우리 은하 너머에 다른 은하들이 존재할까, 존재한다면 그 은하들까지의 거리를 정확하게 잴 수 있을까, 관측 가능한 우주의 경계에서 무엇을 알아낼 수 있을까 같은 당시 천문학의 근본적인 질문들에 대해 답을 찾을 수 있었던 것은 그에게 100인치 반사망원경이 있었기 때문이다.

1923년 허블은 안드로메다은하까지의 거리가 대략 80만 광년이라고 계산했다. 물론 현재 밝혀지기로 안드로메다은하는 우리와 220만에서 230만 광년 떨어져 있지만, 당시 허블의 계산은 우리 은하 너머에 다른 무언가가 존재하느냐는 논쟁에 종지부를 찍었다. 그야말로 기념비적 발견이었다. 허블이 이 사실을 발견하기까지 세페이드 변광성의 주기성을 연구했던 헨리에타 리비트의 도움이 컸다. 리비트가 마젤란은하 안에서 세페이드 변광성을 발견하고 그 주기성을 기록한 것을 바탕으로, 에드윈 허블은 안드로메다은하에서 발견된 세페이드 변광성의 고유밝기를 측정하고 안드로메다은하까지의 거리를 계산할 수 있었다.[55] 그 후 1929년 허블은 100인치 반사망원경과 관측자이자 사진사로서 신출귀몰한 재주를 지닌 밀턴 휴메이슨의 도움으로 은하들이 서로에게서 엄청난 속도로 멀어지고 있다는 결론을 내린다. 비록 그가 이 연구결과를 공개할 때 정확한 용어를 사용하진 않았지만, 그의 결론은 '팽창하는 우주'의 발견으로 기록되었다.[56]

허블에게 '성운 항해자'라는 별명을 붙여준 사람은 아마 그의 부인 그레이스였을 것이다. 유려한 문장가이기도 했던 그녀가 남편을 추억하며 쓴 회고록은 지금도 캘리포니아 산마리노의 헌팅턴도서관에 소장되어 있다. 그레이스의 미출간 회고록을 바탕으로 허블의 전기를 쓴 게일 크리스티안슨은 망원경 앞에서 연구에 몰두하고 있는 천문학자의 모습을 글로 생생하게 재현해냈다.

"거대한 배의 함교에 올라선 선장처럼, 우렁찬 목소리로 각도와 시간을 지시한다. 뒤이어 끼익끽 철컥 소리를 내며 금속제 커튼 레일이 열리고, 마침내 빅토리아시대의 거대한 장치가 육중하게 움직이듯 100인치 망원경이 아득히 먼 은하들, 또는 허블이 그렇게 불렀듯 성운을 향해 조준된다."

크리스티안슨은 은유를 한층 더 확장해서 허블을 "밤이면 밤마다 지독한 고요와 고독을 견디며 머나먼 성운의 모래톱 사이를 오

가는" 파수꾼 선원으로 묘사한다.[57]

허블 스스로도 천문학적 탐험을 바다 탐험에 비유했다. 그는 한 기가 감도는 이른 아침에 몇 시간씩 "더 실질적이라고 할 수도 없는 표지물들의 유령 같은 측정 오차들을 찾아내는" 자신의 일에 대해 100인치 반사망원경으로 "어렴풋한 경계선─우리가 가진 망원경들의 궁극의 한계선"에서 정찰임무를 수행하고 있다고 빗대곤 했다.[58]

우리 모두의 망원경

망망대해를 항해하는 선원처럼 100인치 반사망원경을 가동하는 에드윈 허블의 이미지는 1966년 9월 첫 방영된 공상과학 TV 시리즈 〈스타 트렉〉에서 우주를 항해하는 또 한 명의 유명한 선장을 떠오르게 한다. 보이저 탐사임무에 관한 4장에서도 소개했듯 윌리엄 샤트너가 연기한 엔터프라이즈 호의 제임스 커크 함장은 5년 간 우리 은하의 변방을 탐험하는 가상의 임무를 지휘한다. 진 로든버리가 〈스타 트렉〉을 제작할 당시만 해도 세상의 관심은 인류의 마지막 변경인 우주로 향해 있었고, 우리 은하를 가로지르는 광대한 거리를 항해하는 꿈은 그야말로 달아오를 대로 달아올라 있었다. 1960년대 말과 1970년대 초에 있었던 아폴로 탐사임무는 전 세계인의 이목을 사로잡았다. 전 세계 수많은 시청자들이 전 인류를 대신하여 닐 암스트롱이 최초로 다른 세상의 표면을 밟는 장면을 전율하며 지켜보았다. 우리는 우주비행사들이 달 표면을 가볍게 뛰어다니고 달착륙선이 구멍이 숭숭 뚫린 달의 표면 위를 느리게 경중거리는 장면을 보면서 환호했다. 〈스타 트렉〉 오리지널 시리즈의 마지막 에피소드는 닐 암스트롱과 버즈 올드린이 달 표면을 밟고 서기 불과 한 달 전인 1969년 6월에 방영되었다. 그 세대 중 실로 많은 사람들이 나사의 유인 달탐사 프로그램을 중단시킨 자금의 한계와 정책들을 애석해 하며 용두사미로 끝나버린 아폴로 프로그램에 대한 기대를 접어야 했다.

달 착륙에 앞서 방송을 타기 시작한 〈스타 트렉〉은 나사의 많은 직원들을 포함하여 우주여행을 꿈꾸는 세대에게 영감을 불어넣었다. 윌리엄 샤트너는 오리지널 시리즈에 대해 이렇게 회상한다.

"〔나사가〕 유인 로켓을 발사할 때마다 우리 드라마의 시청률도 올라갔죠. 사람들이 우주에 대해 얼마나 관심이 많은지 단적으로 보여주는 증거죠. 게다가 시청률이 올라가면 의회도 우주 프로그램에 대한 자금 지원을 대폭 늘리곤 했습니다."

여기에 굳이 인과관계를 갖다 붙이지 않더라도 흥미로운 건 사실이다. 〈스타 트렉〉과 나사의 공공연한 관계는 급기야 나사에도 영향을 미쳤다. 샤트너의 기억을 빌리면,

나사의 임직원들은 우주선 발사 현장에 우리를 초대하곤 했고, 나는 결국 한 번은 참석해야겠다고 마음먹었다. 그들은 나를 마치 우주의 왕족이라도 되는 양 대접했고, 달 착륙 모듈인 LEM에 우주비행사 한 명과 탑승해볼 특권까지도 주었다. 나는 해먹처럼 생긴 좌석에 드러누운 채로 ... 작은 유리창 밖을 바라보면

서 우주비행사들이 우주를 바라볼 때의 표정을 지어보였다. 내게 모듈 조종법을 설명해준 우주비행사는 항성계의 한 구역을 가리키며 보라고 말했다. 그가 말한 쪽으로 고개를 돌리자 지평선 전체를 우아하게 가로지르며 비행하고 있는 듯한 엔터프라이즈 호의 모습이 보였다.[59]

샤트너가 본 엔터프라이즈 호는 사실 아폴로 우주선을 제작한 바로 그 공학자들 중 몇 명이 조립한 모형 우주선이었다.

1970년대 말 나사는 오리지널 시리즈에서 통신장교 우후라 중위 역할을 맡았던 니셸 니콜스를 기용하여 나사 프로그램에 대한 젊은이들의 관심과 지원을 돕도록 했는데, 이는 로든버리의 배우 캐스팅에 대한 선견지명이 얼마나 뛰어났는지 증명하는 사례라고 할 수 있다.• 1977년 나사의 신규 채용에 지원한 사람은 대략 1,600명 정도였는데, 그중 여성은 100명이 채 안 되었고 소수민족 지원자는 손가락으로 꼽을 정도밖에 안 되었다. 그런데 니콜스를 기용한 지 넉 달 만에 신규 채용 지원자 수는 8,400명으로 급증했고 그중 여성이 1,650명, 소수민족 지원자도 1,000여 명이나 되었다.[60] 몇 년 후인 1992년 STS-47 임무에서 최초의 아프리카계 미국인 여성 우주왕복선 비행사로 활약한 마에 제이미슨은 니셸 니콜스에 대한 존경의 의미로 자신의 교대 임무가 시작될 때마다 오리지널 시리즈에 나온 니콜스의 단골 대사를 외치곤 했다. "환영 주파수 개방!"[61] 그

• 〈스타트랙〉에서 우후라 중위는 당시 보기 드물게 지적인 흑인 여성 캐릭터였다.

와 같은 해인 1992년 우주탐험에 대한 대중의 관심을 높이는 데 기여한 〈스타 트렉〉의 공을 인정하는 차원에서 로든버리 유해의 일부가 우주왕복선 컬럼비아 호에 실렸다.

60년도 훨씬 전에 프레드 호일은 "지구의 완전한 고립이 국적이나 종교를 불문하고 모든 이에게 명확히 이해될 때가 되면 … 인류 역사에서 가장 강력한 새로운 아이디어가 등장할 것이다"라고 예언했다. 호일은 "그리 멀지 않은 이 발전은 국가주의적 반목이 얼마나 무가치한지 점점 더 똑똑하게 보여줌으로써 틀림없이 모두를 유익하게 할 것"이며, 필연적으로 "사회의 구조 전체"를 재편하게 될 것이라고 낙관적 기대를 품었다.[62] 광막한 우주라는 맥락에서 새롭게 해석된 지구에 대한 호일의 생각은 〈스타 트렉〉이, 그리고 더 나중에 등장한 허블 우주망원경이 전 세계인의 관심을 사로잡는 이유를 일부나마 설명해준다.

국제적 협력을 통한 우주탐험의 가능성을 문화적 서사로 깊이 내재화하는 데 기여한 공로에서 나사와 〈스타 트렉〉의 우열을 가리기 힘들다. 지금까지 달에 간 사람은 단 12명뿐이지만, 허블 우주망원경을 통해서 우리는 상상조차 하지 못했던 심우주 연구들을 실행하고 있다. 지금도 허블 망원경은 은하와 성운을 포착한 기막히고 아름다운 영상들을 우리에게 전송하고 있으며, 까다롭게 선택된 소수의 우주비행사들뿐 아니라 평범한 사람들도 우리 은하와 그 너머의 세상들을 탐험할 시대를 꿈꾸는 신세대들에게 끊임없이 영감을 불어넣어주고 있다. 문화 저변에 깔린 이 강력한 꿈은 허블의 카메라가 관측 가능한 우주의 경계선까지 우리의 시야를 확장해준 순간부터 이미 실현되기 시작했다.

　아폴로 11호의 사령선 모듈 비행사였던 마이클 콜린스는 아폴로 11호의 우주비행사들이 달에서 귀환해 전 세계 순회강연을 다닐 때 느꼈던 기분을 똑똑히 기억한다. 어느 나라를 방문하든지, 모든 사람들이 '우리' 인류가 달을 밟았다는 사실 때문에 그들을 환영했다는 것이다.[63] 콜린스는 전 세계 사람들이 달 착륙을 인류 전체의 성취로 여겼다는 점을 강조한다. 허블 우주망원경, 나사와 유럽우주기구의 국제적 공조로 탄생한 이 망원경도 인류 공동의 성취로서 전 세계인의 사랑과 인정을 받고 있다. 허블의 놀랍고 아름다운 영상들은 우주에 대한 우리의 지식을 영구히 바꾸어 놓았을 뿐 아니라 지금까지 가장 확실하게 측량된 은하 간 심연의 우주 안에서 우리 인류가 얼마만큼 멀리 도달할 수 있는지를 증명하고 있다.

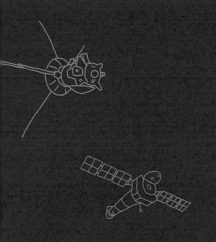
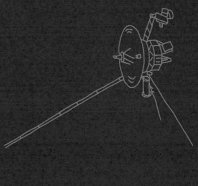

12장

WMAP,
갓 태어난 우주의 사진을 찍다

우주의 크기와 나이는 지난 2,500년 간 무수한 과학자들이 달려들어 어렵게 알아낸 지식이다. 고대의 문명들에게 하늘은 그저 머리 위로 둥글게 처진 일종의 차양에 지나지 않았고, 별들까지의 광대한 거리를 가늠하기는커녕 빛의 점들로만 보이는 그 별들 너머에 무엇인가가 있으리라고는 상상조차 하지 못했다. 고대 그리스 문명에 이르러서야 비로소 자신들이 관찰한 하늘을 논리학과 수학으로 설명하려는 철학-과학자들이 등장했다.

우주론은 그리스의 '코스모스cosmos', 즉 정연하고 조화로운 시스템이라는 개념에서 탄생했다. 그리스인의 관점에서 어둠과 심연 그 자체였던 우주의 초기 상태는 이와 정반대의 개념인 '혼돈chaos'으로 표현해야 맞았다.[1] 따라서 우주의 탄생은 곧 무질서에 질서가 등장했다는 의미인 셈이다. 항간에는 피타고라스가 코스모스라는 용어를 처음으로 사용했고 우주가 수학과 숫자에 바탕을 두고 있다고 말한 최초의 사람이라고 전해지지만, 사실 피타고라스나 그 제자들에 대해 알려진 바가 거의 없기 때문에 그 진위를 밝히기는 어렵다.

'구체들의 하모니', 다시 말해 하늘의 천체들 사이에 단순한 수학적 관계 또는 화음이 존재하며, 따라서 전반적으로 음악과 공통성을 지닌다는, 반쯤은 모호하고 반쯤은 수학적인 이 개념도 피타고라스가 제안했다고 전해진다. 물론 피타고라스학파도 구체들의 음악이 실제로 귀에 들리는 음악이라고 생각한 것은 아니었다.[2]

아리스토텔레스의 지구 중심 우주론이 거의 2,000년 동안 서구의 사상을 지배했지만, 아리스토텔레스와 거의 동시대를 살았던 아리스타르코스는 태양 중심의 우주론을 전개시키면서 계절에 따른 시차 이동을 식별할 수 없는 까닭은 지구와 별들 사이의 엄청난 거리 때문이라고 주장했다. 별들의 3차원 지도가 작성된 것은 바로 이 시차 이동을 측정하기 시작한 19세기에 이르러서였고, 이 지도는 윌리엄 허셜에게 우리가 거주하고 있는 은하계의 범위를 가늠할 단초를 제공했다. 20세기 초 에드윈 허블이 이룬, 성운 또는 은하들까지의 거리와 은하들의 보편적인 후퇴속도라는 두 가지 근본적인 발견은 현대 우주론의 토대가 되었다. 20세기 중반까지도 우주는 탄생한 지 수십억 년에 지나지 않고 크기도 수십억 광년에 불과한 것으로 알려져 있었다.

우주에 시작이 있다니!

인류의 탄생부터 지금까지를 하루로 친다면, 인간이 머릿속에 우주를 구체적으로 그리기 시작한 것은 불과 몇 초 전이다. 호모 사피엔스의 출현 이후 거의 20만 년 동안 우주라는 공간의 깊이와 범위는 인간에게 글자 그대로 헤아릴 수조차 없는 대상이었다. 최근 100여 년 전부터 비로소 인간은 우주를 '발견'하고 그 질량과 나이에 대한 기초적인 지식을 발전시키기 시작했다. 우주를 지금처럼 이해하는 데 있어 빅뱅의 잔광과 잔열인 우주 마이크로파 배경복사(우주배경복사)를 발견하고 그 지도를 작성한 것이 결정적인 계기가 되었다. 진공상태인 우주의 온도는 절대영도 0K(섭씨 영하 273.15도)보다 약간 높은 2.725K(섭씨 영하 270.42도)인데, 우주가 138억 년 전 뜨겁고 조밀했던 초기 상태에서 지금의 크기로 팽창했다고 전제하면 정확하게 도달해야 하는 온도가 바로 2.725K이다. 나사의 COBE와 WMAP 탐사위성은 심연의 우주와 그 안의 모든 것이 존재하기 시작한 바로 그 순간의 흔적을 지도로 보여주었다.

그 이전은 물론이고 20세기 초반 30년 동안에도 대다수의 사람들은, 심지어 천문학자들도 단순히 우주가 늘 존재했었다고 믿었다. 과학사가 헬게 크라흐의 말마따나 "우주의 나이가 유한하다는 개념은 진지한 지지를 받기는커녕 거론하는 사람조차 없었다."[3] 패서디나 근처의 윌슨산천문대에 100인치 망원경이 설치되기 전까지는 천문학자들도 우주의 깊이를 거의 알지 못했다. 그 당시 천문학계의 주된 논쟁거리는 우리 은하가 곧 우주냐, 아니면 우리 은하 너머에 성운들이 또 있느냐는 것이었다.

1923년 10월의 어느 밤 미국의 천문학자 에드윈 허블이 당시 세계 최대의 망원경이었던 100인치 망원경으로 M31이라 일컫는 안드로메다 '성운'에서 밝기가 변하는 별을 발견한다. 이 발견은 안드로메다성운이 우리 은하에서 수백만 광년 떨어져 있는 또 다른 은하라는 사실을 확정했다. 1925년 허블은 이 결과를 공식적으로 발표함으로써 우주 안에서 우리의 위치에 대한 과학계와 대중의 관점을 근본적으로 바꾸어 놓았다. 몇 년이 지난 1929년 허블은 자신의 조수 밀턴 휴메이슨과 함께 먼 은하들이 우리 은하로부터 초속 1,120킬로미터 이상의 속도로 멀어지고 있다고 발표함으로써 또 다시 세상을 떠들썩하게 만들었다. 두 사람의 관측은 다름 아닌 우주가 팽창하고 있음을 암시하고 있었기 때문이다. 우주의 팽창은 아인슈타인조차 처음에는 믿지 않았던 실로 터무니없는 개념이었다.

벨기에의 천문학자이자 예수회 수사였던 조르주 르메트르는 시간과 공간을 분리할 수 없는 것으로 인정한 일반상대성 이론을 토대로 하여 허블과 휴메이슨이 발견한 은하들의 '도주'가 단 하나의 사실을 의미한다고 해석했다. 즉 우주가 팽창하고 있다는 것이다. 그것은 바꾸어 말하면 지극히 먼 과거에 우주는 필시 더 작고 더 촘촘하고 더 뜨거웠다는 의미다. 우주론에 기여한 르메트르의 수많은 공로 중 가장 단순하면서고 심오한 개념 세 가지를 꼽는다면, 첫째 우주가 '시작'을 가진다는 것, 둘째 팽창하는 시공간의 측면에서 우주의 기원을 설명하기 위해서는 상대성이론과 양자이론이 모두 필요하다는 것, 그리고 마지막으로 에드윈 허블이 발견한 은하들의 적색편이가 바로 우주 팽창의 증거라는 것이다.

르메트르는 허블과 휴메이슨이 발견한 성운들의 적색편이가 시공간의 팽창을 가리키는 증거라고 주장한 최초의 천문학자였다.[4] 1931년 르메트르는 《네이처》에 짤막한 논문을 기고한다. 훗날 영국의 천문학자 프레드 호일이 비아냥거리며 '빅뱅'이라는 별명을 붙여준 이론이었다. 이 논문에서 르메트르는 "우주의 시작은 단일한 원자의 형태였으며, 그 원자는 현재 우주의 모든 질량을 합한 것만큼 질량이 컸다"고 가정했다.[5] 그는 초고밀도 물질인 '원시성운' 또는 '원시원자'로부터 우주가 팽창했다는 가설을 세웠다. 아인슈타인의 일반상대성 이론뿐 아니라 기본적인 입자들을 다루는 양자역학의 신생 이론을 바탕으로, 우주가 초고밀도 상태의 아원자 입자들의 수프에서 팽창했다고 주장한 것이다. 그는 이 원시우주 수프가 양자 불안전성의 순간에 이르렀고, 그 결과 공간이 펼쳐졌다고 설명했다.

존 패럴은 "《네이처》에 기고한 그의 논문이 놀라운 이유는, 우주의 찰나적 시작이라는 개념을 논했다는 것 말고도 물리학자가 최초로 우주의 기원이란 개념과 양자과정을 직접 연결한 사건이라는 데 있다"고 설명한다.[6] 심지어 르메트르는 중성자가 발견되기도 전에 양자 이론을 통해 일부나마 우주의 시작을 설명할 수 있으리라고 생각했으며, "우주의 모든 에너지는 몇 개, 아니 어쩌면 단 하나의 양자 안에 압축되어 있었다"고 주장했다. 르메트르는 시간과 공간 또는 시공간은 "원시양자가 충분한 수의 양자들로 분할되었을 때부터 지각할 수 있는 의미를 갖기 시작했을 것이다. 이 주장이 옳다면, 그 〔우주의〕 시작은 시공간보다 조금 전에 일어났을 것"이라고 추측했다.[7] 르메트르는 초기 우주의 모습이 '원뿔' 형태였을 것으로 생각했다. 이 원뿔의 바닥은 "시공간의 토대인 최초의 '순간', 즉 어제는 없고 '지금'만 있는 순간이다. 왜냐하면 어제는 존재할 공간이 없기 때문이다."[8]

1934년 〈우주의 진화The Evolution of the Universe〉라는 제목의 또 한 편의 논문에서 르메트르는 자신의 '폭발 진화 이론'을 간략하게 설명했다. 그의 이론에 따르면 수십억 년에 걸쳐 진화한 별과 은하들은 "매우 빠른 속도로 폭발한 빛나는 재와 연기에 지나지 않는다."[9] 그는 우리가 지구에 고정된 채 밤하늘을 바라보는 것은 곧 태곳적 과거를 바라보는 것과 같다고 설명했다. "차갑게 식은 잿더미 위에서 우리는 서서히 그 빛을 잃어가는 항성들을 바라보고 만유의 기원이 었던 쇠락한 빛의 자취를 더듬는다."[10] 또한 르메트르는 화석이 된 빛이 우주의 기원을 보여주는 서명일 것이라 직감했다. 제임스 피블스와 라이먼 페이지, 브루스 패트리지가 입을 모아 말했듯 "화석을 통해서 우리는 세상의 과거 모습을 본다. 화석처럼 남아 있는 우주 마이크로파 배경복사도 예외가 아니다."[11]

르메트르는 우주 진화의 초기 단계에서 발생한 복사의 화석을 찾아낼 수 있으리라고 믿었다. 1945년 우주의 각종 선들이 바로 그 화석이라고 생각했던 르메트르는 '초ultra투과선들'이 원시우주의 활동상태를 보여줄 것이며, 이 선들이 바로 "슈퍼-방사능 시대, 즉 최초의 별들이 등장했던 시기를 알려줄 일종의 화석"이라고 가정했다.[12] 1966년 사망하기 불과 몇 주 전 르메트르는 자신이 예상했던 빛의 화석, 우주 마이크로파 배경복사의 발견 소식을 듣고 감격해마지 않았다. 과학자로 사는 동안 르메트르는 우주상수가 "진공에너지 밀도로 간주될 수도 있는" 척력이냐 아니냐를 놓고 아인슈타인과 끊임없이 논쟁했다.[13] 현재 우주학자들은 아인슈타인의 우

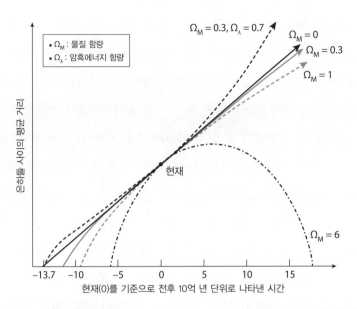

은하들이 후퇴한다는 것은 곧 우주가 팽창하고 있음을 암시한다. 일반상대성 이론을 이용하면 팽창의 역사를 계산할 수 있다. 이 그림의 각 곡선들은 물질 함량과 암흑에너지 함량의 측면에서 우주의 과거와 미래의 팽창을 나타낸 것이다. 관측결과는 위쪽으로 구부러진 점선과 일치한다. 우주 팽창의 역사는 처음에는 암흑물질에 지배적인 영향을 받았으며, 암흑에너지의 영향을 받은 것은 비교적 최근이다(Wikimedia Commons/BebRG).

주상수를 우주 팽창에 영향을 미친, 암흑에너지의 효과를 내포한 항으로 간주한다(그림 12.1).

우주는 변한다 VS 우주는 항상 그대로다

과학에서는 '선무당이 사람 잡는' 일이 종종 일어난다. 빅뱅 모델의 '아버지'도 그 한 예다. 벨기에의 인지도도 없는 한 학술지에 논문을 기고할 당시만 해도 조르주 르메트르는 루벤 가톨릭대학의 시간강사였다. 예수회 수사이기도 했던 르메트르는 본래 도시공학을 전공했다가 물리학과 천문학으로 전공을 바꾼 아웃사이더였다. 처음에는 르메트르의 이론에 회의적이던 아인슈타인도 1935년 프린스턴에서 그의 강연을 들은 후 그 이론의 아름다움에 감탄했다.

우주탄생 이론에서 또 한 명의 아버지로 손꼽히는 사람은 구소련의 이민자 조지 가모프다. 이론물리학자인 그는 스물여덟의 나이에 구소련의 과학아카데미 의장으로 선출되었는데, 그가 세운 최연소 의장 기록은 지금도 깨지지 않았다. 제자였던 랄프 앨퍼와 함께 가모프는 현재 우주에 풍부하게 존재하는 헬륨이 뜨거웠던 우주 초기에 생산되었을 가능성을 증명했다. 실제로 별들에 의해 생성되었다고 하기에 현재 우주의 헬륨은 그 양이 너무 많다. 가모프는 장난삼아 자신의 동료인 한스 베데를 논문의 공동저자로 올렸는데, 앨퍼-베데-가모프의 머리글자가 그리스어 알파벳의 첫 세 글자와 맞아떨어지는 바람에 알파-베타-감마 이론이라는 별명을 얻기도 했다. 사실 베데는 이 논문에 이름만 올렸을 뿐 별다른 역할은 하지 않았다.[14] 논문이 발표된 것과 같은 해인 1948년 가모프와 로버트 허먼은 수십억 년에 걸쳐 빅뱅의 잔광이 절대영도보다 5도 높은 5K으로 차갑게 식으면서 우주를 마이크로파 복사로 가득 메웠을 것이라고 예측했다.[15] 하지만 당시에 이 이론을 검증해본 사람은 아무도 없었다. 이론이 널리 알려지지 않은 것도 한 가지 이유였지만, 당시에는 마이크로파를 연구하는 기술도 원시적인 수준을 벗어나지 못했다.

그러다 1949년 BBC의 한 라디오 프로그램에 출연한 프레드 호일이 이 새로운 이론에 기막힌 별명을 지어주게 된다.[16] 프레드 호일은 비록 자신이 뜨겁고 밀도 높은 우주의 초기 단계 따위와는 관련 없는 정상우주론steady-state cosmology을 지지하는 경쟁자이긴 하지만, 그런 별명을 지어준 것은 결코 경멸이 아니라 쉽게 묘사하려는 의도라고 해명했다. 호일이 그 특유의 냉소적 재치를 담아 지적한 것처럼 빅뱅이론은 실로 대담한 이론이었다. 수십억 개의 은하들과 그 안의 수조 곱하기 수조 개가 넘는 별들을 만들 만큼 충분한 물질을 품고 있는 온전한 우주가 극히 미세한 시공간으로부터 어떻게 아무런 전처리 과정도 없이 일순간에 출현했는가 말이다! 정상우주론은 후퇴하는 은하들 사이 진공의 공간에서 물질이 서서히 만들어진다고 주장한다. 비록 물질의 자발적 창조도 임기응변식 물리학이긴 했으나, 빅뱅이론보다는 겸손해 보였다.

15년 동안 빅뱅이론은 뿌리를 내리지 못하고 있었다. 은하들의 우주적 후퇴는 우주가 더 작고 더 조밀하고 더 뜨거운 상태였던 시절이 있었음을 가리키고 있다. 그러나 우주 전체 질량의 4분의 1이 (원자 수로 따지면 10퍼센트가) 헬륨이라는 사실은 어떻게든 설명할 수 있다 쳐도, 다른 가벼운 원소들의 양을 측정하기 어렵다는 점에 가로막혀 빅뱅 핵합성이라 불리는 이 이론의 검증은 진전을 보이지 못하고 있었다. 하지만 은하계 바깥 전파원들의 수는 이들이 진화하고 있음을 암시했고, 이는 정상우주론에 위배되었다. 사라진 성분을 찾아낸다면 뜨거운 빅뱅이론을 뒷받침할 결정적인 증거가 될 터였다. 그리고 그 증거는 1964년 뉴저지 홈델에 위치한 벨연구소의 두 공학자에 의해 우연히 발견되었다. 하늘의 모든 방향에서

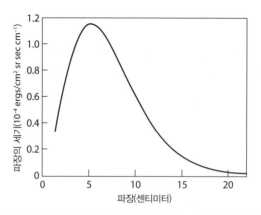

그림 12.2 이론물리학자들은 팽창하는 우주 모델을 이용해서 우주가 빅뱅에서 방출된 후 팽창의 여파로 희석되고 3K 이하로 차가워진 복사의 유해로 가득 차 있어야 한다고 예측했다. 나사의 COBE 탐사위성은 스펙트럼 측정을 통해 우주의 복사 유해가 정확히 예측한 온도를 갖는다는 사실을 보여준다. 관측 데이터는 오차 범위가 곡선의 굵기보다 작을 만큼 모델과 거의 정확히 일치한다(나사/COBE/FIRAS Science Team).

동일한 세기로 방출되고 있는 마이크로파 신호가 두 사람에게 탐지된 것이다(그림 12.2). 나사의 윌킨슨 마이크로파 비등방성 탐사위성Wilkinson Microwave Anisotropy Probe, WMAP은 이 선구적 실험의 뒤를 잇는 우주배경복사 연구의 총아라고 할 수 있다.

최초의 빛

과학적 발견 치고 예측한 대로 순조롭게 진행된 경우는 매우 드물다. 화석 복사를 이론적으로 예측하기 8년 전, 캐나다의 천문학자 앤드류 맥켈러는 별들의 스펙트럼을 측정하면서 2.3K 온도로 들뜬 상태의 성간물질을 발견했다.[17] 하지만 당시 그는 빅뱅의 복사로 야기된 이 들뜬 상태의 물질을 설명할 방도를 찾지 못했다.[18] 우주가 차가운 마이크로파 복사에 잠겨 있다는 가모프의 예측이 문헌에 기록되는 동안, 여러 명의 실험가들이 바로 그 마이크로파 복사를 건드리고 있었다. 하지만 어느 누구도 계통 오차를 만족할 만한 수준으로 줄이기는커녕 탐지의 중요성을 인식하지도 못했다. 1964년 프린스턴대학에서도 로버트 디키를 중심으로 한 연구팀이 빅뱅의 서명을 추적하는 일에 열을 올리고 있었다. 그런데 이들이 물리학과 건물 지붕에 마이크로파 복사계를 설치하려고 준비하던 중에 벨연구소로부터 한 통의 전화가 걸려왔다. "맙소사, 뒤통수 맞았군!" 디키의 첫 마디였다.[19] 결국 1978년 노벨상은 벨연구소의 아노 펜지어스와 로버트 윌슨에게 돌아가고 만다.

벤지어스와 윌슨이 발견한 복사는 과연 무엇일까? 이 복사의 본질을 이해하기 위해서는 우주의 역사를 거꾸로 되감아 우주의 어린 시절로 돌아가야 한다. 허블의 법칙은 거리가 후퇴속도에 비례한다는 법칙이다. 쉽게 말해서 더 먼 은하일수록 우리로부터 더 빨리 멀어진다는 것이다. 언뜻 보면 우리가 마치 우주에서 특별한 위치를 점하고 있는 듯하지만, 만약 또 다른 은하에 가상의 관찰자가 있다면 그의 눈에도 허블의 법칙에 따른 비례관계가 똑같이 관측될 것이다. 3차원적으로 균일하게 팽창하는 우주에서 모든 관찰자들은 각자가 우주의 중심이라고 생각하게 마련이다. 하지만 모두가 중심에 있을 수도 없는 노릇이고, 실제로도 그렇지 않다. 게다가 우주의 경계가 어딘지도 모르는 마당에 경계선에 대한 우리의 위치를 어떻게 결정한단 말인가! 이번에도 코페르니쿠스의 원리가 완승이다.

우주에 중심이라고 인정할 만한 곳은 없다.

  팽창을 역으로 하면 모든 은하들이 서로 포개어져 있던 때, 즉 빅뱅으로 시간을 되돌려 보여준다. 하지만 단순한 역추산은 우주의 나이를 실제보다 많게 만들 수 있다. 왜냐하면 물질은 다른 물질을 잡아당기므로 우주의 탄생 초기 이후로 팽창속도가 느려졌을 것이기 때문이다. 팽창하는 우주 모델에서 관측 가능한 주요 현상은 적색편이인데, 이 현상은 멀리 있는 은하들로부터 뻗어 나온 복사가 시공간 자체의 팽창에 의해 파장이 긴 쪽으로 몰리면서 발생한다. 간단히 말해서 적색편이는 우주가 복사를 방출하기 시작한 이후 꾸준히 팽창하고 있음을 보여주는 한 가지 변수다(속도). 우주의 팽창 양상을 결정하는 변수는 적색편이 말고도 한 가지 변수가 더 있다(거리). 역설처럼 들리지만, 실은 초기 단계의 우주가 더 이해하기 쉽다. 구조가 형성되기 전의 우주는 그저 가스와 비슷한 양상을 보였다. 다만 빅뱅 시점으로 가까이 갈수록 온도와 평균 밀도가 높았을 뿐이다. 일단 가스가 중력에 의해 붕괴하기 시작했을 때부터 우주의 물리학은 몹시 복잡해진다. 그리하여 별과 은하들은 약 130억 년 전 우주가 지금보다 10배쯤 더 작았을 때부터 형성되기 시작했다.[20]

  한참 과거로 돌아가면 지금보다 훨씬 더 밀도가 높고 원자들이 이온화될 만큼 뜨거운 상태의 우주가 있다. 그 우주에서 전자들은 원자핵에서 떨어져나와 복사와 상호작용하고, 광자들은 자유롭게 이동할 수 없다. 우주는 마치 짙은 안개에 덮인 것 같다. 그러나 팽창을 시작하면서 밀도가 낮아지고 차갑게 식어가자 비로소 우주는 빛이 통과할 만큼 투명해졌고 복사도 아무 간섭 없이 방출되었다. 이것이 현재의 우주를 통해서 우리가 '볼' 수 있는 가장 어린 시절의 우주 모습이다. 빅뱅 모델에서 배경복사는 우주가 지금보다 1,000배 더 작고 1,000배 더 뜨거웠던 시절에 방출되었다. 빅뱅 후 38만 년, 온도가 3,000K이었던 우주에서 방출되기 시작한 적외선 파장이 1,000배 가까이 늘어나면서 마이크로파 광자가 광활하고 냉랭한 우주를 메웠고, 이제 우주는 3K에 가까운 온도로 차갑게 식었다.

마이크로파 범위에서 본 이 하늘은 아주 갓난아기 시절의 우주 모습이다. 어른이 되어서 자신이 태어난 지 몇 시간 밖에 안 되었을 때 찍은 사진을 본다고 생각해보라. 이 파장들은 일률적으로 우주에서 비롯되었기 때문에 모든 공간에 스며 있고, 팽창하는 우주의 모든 방향으로 방출된다. 한 호흡 분량의 공기 속에도 빅뱅에서 방출된 화석 복사의 광자는 수조 개나 된다. 하지만 우주 어느 방향에서 날아오든 이 광자들의 복사의 세기는 고작 0.00001와트, 그러니까 백열전구의 1,000만분의 1에 불과하다.[21] 구식 TV의 경우 방송국 채널과 채널 사이에 정지된 화면이 나타나는데, 화면에 나타나는 백색 노이즈의 1퍼센트는 바로 우주의 마이크로파와 인광체들의 상호작용에서 비롯된 것이다.[22] 빅뱅은 여전히 우리와 함께 있다.

창조주의 지문

우주 마이크로파 배경복사 관측 기술은 눈부신 속도로 발전했다. 처음 관측된 지 얼마 되지 않았을 때 이 복사가 단일한 온도를 가진 거의 완벽에 가까운 스펙트럼을 갖고 있다는 사실도 밝혀졌다. 즉 우주 마이크로파 배경복사는 열스펙트럼을 갖는 흑체복사였던 것이다. 이 발견은 우주 마이크로파 배경복사가 우주의 화석 복사라는 해석을 더욱 공고히 해주었다. 왜냐하면 이런 매끄러운 모양의 연속스펙트럼은 주변과 평형상태를 이루는 복사에서만 나타나기 때문이다. 여기서 주변이란 우주 자신을 말하므로 열복사라야 맞는다. 이 복사의 온도는 자연에서 가장 정확하게 측정되는 온도, 2.725K이다.[23]•

1970년대 초반 즈음 이론물리학자들은 우주 마이크로파 배경복사가 완벽하게 균일해서는 안 된다는 예측을 내놓았다. 그 이유는 이러했다. 물질이 약간 불균일하게 분포되면서 아주 미세한 온도변화를 야기하고 그로 인해 밀도가 더 높은 지역들이 더 뜨거워지는 상황이 발생한다. 밀도에서 일어난 이 미세한 변화는 그 이후 우주의 구조를 형성하는 씨앗이 된다. 형성을 시작할 어떤 작은 '덩어리'를 전제하지 않는다면, 은하형성 이론들은 엄청난 물질 덩어리를 만들어내지 못한다. 최초의 이 변화는 사실 물리적으로 대단히 넓고 두께가 극도로 얇기 때문에 실제로 덩어리는 아니다. 현재의 은하들을 우람한 떡갈나무로 비유하자면 이 떡갈나무로 성장한 도토리가 바로 작은 덩어리인데, 실제 우주에서 이 덩어리는 우주배경복사에 일어난 아주 미세한 비등방성을 가리킨다.

• 열스펙트럼은 오직 온도에만 의존하는 가장 단순한 형태의 스펙트럼이며. 흑체복사 스펙트럼이라고도 한다. 우주는 온도가 2.725K인 완벽한 흑체다.

나사의 COBE는 지상기반의 망원경이나 고위도 관측기구들보다 더 정확하게 우주 마이크로파 배경복사를 측정하기 위해 1989년에 발사된 우주배경복사 탐사위성Cosmic Background Explorer, COBE이다. 현재 시세로 따지면 1억 5,000만 달러밖에 안 되는 저렴한 위성이지만, COBE는 대단한 수작이라고 할 수 있다. 빅뱅을 제외한 우주의 배경복사를 설명하는 잡다한 해석들을 퇴출시킨 것은 물론이고, 우주배경복사가 열스펙트럼을 갖는다는 사실을 확고히 입증했다. 데이터를 축적하기 시작한 지 4년 만에 COBE 탐사위성은 균일한 배경복사에서 미세한 변화를 탐지해냈다. 다시 말해 하늘의 한 영역에서 우주배경복사의 온도가 달랐던 것이다. 온도 차이는 10만분의 1에 불과했지만,[24] 그것은 오랫동안 찾았던 우주 구조 형성의 씨앗이 분명했다. COBE 프로젝트의 책임자였던 조지 스무트가 '신의 지문'을 발견했다고 말한 순간, 각종 미디어 논객들과 권위자들은 조용히 그의 설명을 경청했다.[25] 스무트와 그의 동료 존 매더는 지극히 미세한 이 요동을 탐지함으로써 우주론을 한 걸음 더 발전시킨 공로를 인정받아 2006년에 나란히 노벨 물리학상을 받았다. 하지만 이 결말까지의 과정이 마냥 순조로웠던 것은 아니다.

마이크로파의 균질성과 완벽한 열스펙트럼은 표준 빅뱅 모델로는 설명하기 어려웠는데, 그것은 초기에 우주가 너무 빠른 속도로 팽창한 데서 기인한다. 마이크로파가 방출되던 시점에 서로 맞은 편에 있는 우주의 두 지점은 빛보다 거의 여섯 배 빠른 속도로 멀어지고 있었다. 이러한 상황에서 본질적으로 상이한 이 두 지점이 평형에 이를 수 없었다면 정확히 같은 온도가 될 수 없었을 것이고 우주는 온도가 다른 조각들로 나뉘었을 것이다.[26] 여기에 우주의 편평함이 또 하나의 난제로 대두되었다. 일반상대성 이론은 시공간의 왜곡에 기반을 두고 있으며, 이 이론은 우주의 방대한 질량이 왜곡의 흔적을 남겼을 것으로 예측한다. 우주 마이크로파 배경복사가 우주 전체를 가로질러 퍼졌다면, 마땅히 그 복사가 지나간 우주는 왜곡됐어야 했다. 그런데 그러지 않았다.

이러한 복사의 균질성과 우주의 편평함을 설명하기 위해 우주학자들은 한 가지 가설을 세웠다. 빅뱅 후 찰나보다 짧은 불과 10^{-35}초 동안 우주는 자연의 세 가지 근본적인 힘이 합쳐진 물리법칙에 의해 기하급수적으로 팽창했다는 것이다. 이 사건을 일컬어 급팽창 혹은 인플레이션inflation이라고 한다. 급팽창이론, 즉 빅뱅이론을 수정한 우주팽창 이론은 망원경의 제한적 시야를 통해 우리가 볼 수 있는 모든 것이 (일명 관측 가능한 우주가) 크고 매끄럽고 밋밋하게 팽창한 시공간의 작은 거품이라고 가정한다. 이 이론에 따르면 본래 시공간 전체는 훨씬 더, 어쩌면 무한히 더 크다. 게다가 복사에 일어난 요동들은 성장하여 은하들이 되는데, 이 요동들이 실제로는 빅뱅 후 1초도 안 되는 극도로 짧은 시간에 일어난 양자 요동quantum fluctuation들이라고 설명한다.[27] 실로 대범하고 놀라운 가설이다.

윌킨슨 마이크로파 비등방성 탐사위성

이제 윌킨슨 마이크로파 비등방성 탐사위성WMAP 안으로 들어가

보자. WMAP은 빅뱅이론을 검증할 방법들을 찾고 이론의 정확도를 한 차원 더 높이기 위해 탄생했다. 검증방법들은 대개 복사의 비등방성, 즉 하늘 여러 부분에서 나타나는 미세한 온도 차이를 찾아내는 것이다.

하늘 전체의 마이크로파 복사지도는 전방에 있는 우리 은하에서 방출되는 모든 파장과 복사를 제거해야만 올바르게 해석될 수 있다. 또한 우주에 대해 초속 360킬로미터로 움직이는 태양계의 이동으로 인한 온도 변화도 감안해야 한다. 태양계가 이동하는 방향의 전방 쪽 마이크로파 하늘은 0.00335K 더 따뜻하고, 그 반대편 하늘은 꼭 그만큼 더 차갑다. 물론 이 미세한 신호도 정량화하여 제거해야 한다.[28] 그리고 나면 거의 포착하기 어려운 아주 미세한 변화들이 얼룩덜룩한 무늬로 남는다. COBE도 이 미세한 변화를 통계적으로 분간해낼 만큼 감도가 뛰어났지만, 7도의 각분해능(팔을 쭉 뻗었을 때 손가락들의 각도)으로는 복사의 섬세한 구조에 대해 그리 많은 사실을 보여주지 못했다.

COBE는 지구에서 900킬로미터 떨어진 고궤도를 항해한 작은 위성이다. 각기 다른 방향을 향하고 있는 두 개의 뾰족한 수신기가 온도 변화를 측정했는데, 탐사위성 자체가 70초마다 한 번씩 회전했으므로 하늘 전체의 온도를 측정한 셈이다. WMAP은 COBE 무게의 3분의 1밖에 되지 않는 가벼운 위성이지만 훨씬 더 크고 정교했다. WMAP은 지름 1.5미터의 접시형 안테나로 마이크로파를 수집하고, 장착된 수신기로 다섯 개의 주파수대에서 복사를 탐지했다. WMAP은 130초마다 한 번씩 회전하면서 6개월 주기로 하늘 전체의 지도를 작성했다. 2001년에 발사된 WMAP은 지구로부터 160만 킬로미터 떨어진 라그랑주 점(지구와 달의 중력이 평형을 이루는 지점)으로 파견되었는데, 이 지점은 지구의 저궤도보다 복사 오염이 훨씬 적다. 그 덕분에 WMAP은 COBE보다 45배 더 선명한 영상을 확보할 수 있었을 뿐 아니라 하늘을 35배 더 작은 영역들로 분할하여 관측할 수 있었다. 지상에서 보름달을 볼 때의 각도보다 두 배 더 작게 분할해서 보여주었다는 의미다(plate 21). WMAP과 COBE의 성능 차이는 허블 우주망원경과 지름이 약 30센티미터인 지상망원경의 차이와 비슷하다.[29]

WMAP은 10년 간 더할 나위 없이 완벽하게 작동했고, COBE와 WMAP이 내놓은 흥미로운 결과들은 제3세대 마이크로파 탐사위성인 플랑크Planck의 개발을 앞당겼다. 노벨상을 수상한 독일 물리학자의 이름을 딴 플랑크는 2009년 WMAP과 똑같이 라그랑주 점 L2를 향해 발사된 유럽우주기구의 주력 탐사위성으로 감도와 각분해능에서 WMAP을 능가한다.[30]

여명의 문턱에서 들려오는 피리 소리

───────

마이크로파 복사에서 일어난 동요들은 우주의 초기 상태를 알려줄 중요한 정보를 담고 있다. 천문학자들은 이 동요들을 설명할 때 파워 스펙트럼을 끌어들이곤 한다. 쉽게 말해서 임의의 각도 범위에서 얼마나 많은 동요가 일어났는지를 헤아려보는 것이다. 이 이론에서는 동요의 각진동수*를 ℓ이라고 가정한다. 예컨대 $\ell = 2$라면 하늘을 2회 주기로 회전하면서 100도가 넘는 각도 범위에 걸쳐 동요를 측정하여 지구와 우리 은하를 포함하고 있는 국부은하군의 쌍극성 이동을 보여준다는 의미다.** 7도의 각분해능을 갖는 COBE의 경우 $\ell = 30$이고, 그보다 훨씬 더 뛰어난 0.3도의 각분해능을 갖는 WMAP의 경우 $\ell = 1,000$에 육박한다. ℓ이 하늘을 한 바퀴 빙 도는 1회 주기에 관측되는 파장의 수고 ℓ^2이 하늘을 덮는 데 필요한 '타일'의 수라고 가정하면, 타일의 수가 많을수록 타일의 크기가 더 작다는 의미가 된다. 각$_{angular}$ 파워 스펙트럼의 모양은 빅뱅 모델에서 예측한 것과 거의 일치한다(그림 12.3). 즉 ℓ이 우주 마이크로파 배경복사에 일어난 동요의 '배음$_{倍音, harmonics}$'의 성격을 지닌다고 생각해도 무방하다.[31]

초기 우주의 물리학은 난해하기 이를 데 없지만, 너무 극단적으로까지 확장하지 않는다면 '소리'에 비유해서 초기 우주를 이해할 통찰을 얻을 수도 있다. 38만 년 전 그러니까 복사가 여전히 물질 안에 갇혀 있을 때 전자와 광자들은 가스와 비슷하게 행동했다. 이때 광자들은 마치 작은 총알처럼 전자들에 맞아 튕겨져 나왔을 것이다. 가스상의 물질이 그렇듯 밀도 요동은 압축화와 희박화가 반복되면서 일종의 파장처럼 음속으로 퍼졌다. 압축화는 가스를 뜨겁게 달구고 희박화는 차갑게 식히는데, 따라서 소리의 파장은 온도

* 또는 각주파수. 단위시간당 물체가 이동한 각도를 의미한다.
** ℓ이 클수록 더 작은 각도 범위에서 동요를 측정한다는 의미로 해석하면 된다.

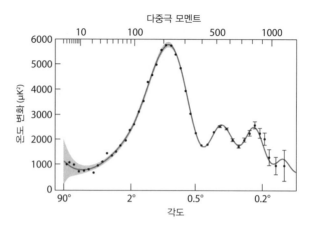

그림 12.3 그래프의 세로축은 온도변화 정도를 나타내고, 가로축은 동요들의 각도 범위를 보여준다. ℓ은 몇 개의 파장이 하늘을 메우고 있는지를 나타내므로 일종의 '배음'과 같다. 따라서 ℓ이 크다는 것은 하늘의 마이크로파 지도를 더 세밀하게 보여준다는 의미다. 1도 범위에서 마이크로파 위력이 가장 세게 나타난 것은 빅뱅 후 40만 년이 지난 시점이다(나사/WMAP 과학팀/S. Larson).

요동의 반복으로 바꾸어 나타낼 수도 있다. 전자가 양성자와 결합하여 중성의 원자가 되면, 약간 더 뜨거운 영역과 더 차가운 영역의 광자들은 아무런 전기적 방해도 받지 않고 우주를 관통하여 방출된다. 현재 우리에게 관측된 온도 변화는 바로 그 시점에 일어난 온도 요동이 '동결된' 기록인 셈이다.

'여명의 문턱에서 들려오는 피리 소리'가 있다면, 그 피리는 과연 누가 혹은 무엇이 불었을까?[32] 급팽창이론은 우주의 매우 이른 초기 단계에 공간을 편평하고 매끄럽게 만든 메커니즘이 있었다고 가정하는데, 최초의 미세한 변화를 일으킨 것도 바로 그 메커니즘이 분명하다고 주장한다. 급팽창에서 비롯된 이 변화는 양자적 요동을 엄청나게 확장했는데, 이 양자적 요동의 세기는 모든 범위에서 동일하다는 특별한 성질을 갖는다. 양자적 요동은 창조의 순간에 모든 것을 한꺼번에 생산했으며, 따라서 이 요동이 만든 음파들도 동시성을 가진다. 그러므로 마치 규칙적인 간격으로 구멍이 뚫린 피리에서 나는 소리처럼 이 음파는 일련의 화음 혹은 배음을 갖는다. 양자적 요동의 기원을 설명하는 또 다른 모델들에서는 불규칙하거나 무작위적인 간격으로 구멍이 뚫린 피리의 소리처럼 다소 혼란스럽고 무작위적인 음파였을 것으로 예측하기도 한다. 어찌 되었거나 급팽창은 피타고라스가 상상했던 구체들의 음악인 셈이다.

피리의 비유에서 기본음은 피리의 양쪽 끝 구멍에서 최대 진폭을 갖고 중간 구멍에서 최저 진폭을 갖는 하나의 파동이다. 배음은 기본음의 정수배이므로 그 파장은 기본음이 갖는 파장의 2분의 1, 3분의 1, 4분의 1 등으로 나타난다. 하지만 초기 우주에서 파동들은 공간뿐 아니라 시간에서도 진동하기 때문에 급팽창이 일어난 최초의 순간에 발생하고, 약 38만 년 후 우주가 투명해진 시점에서 끝난다. 기본음은 급팽창 시작 시점에 최대 양변위(또는 최고온도)를 가지며, 투명해진 시점에 최대 음변위(최소온도)로 진동하는 파동이다. 배음은 두 배, 세 배, 네 배 식으로 더 빠르게 진동하므로 38만 년 후부터 더 작은 영역들을 연쇄적으로 최대 진폭에 이르게 한다.

이로써 우리는 WMAP이 측정한 각진동수에 대한 온도 변화를 나타낸 그래프를 해석하는 데 필요한 모든 성분을 갖게 되었다. 하지만 여기에는 한 가지 다소 미묘한 점이 있다. 급팽창이론은 모든 배음이 동일한 세기를 가져야 한다고 예측한다. 그런데 파장이 매우 짧은 소리는 소멸된다. 소리는 입자들의 충돌로 운반되는데, 입자들 사이의 간격보다 파장이 짧으면 음파는 소멸될 수밖에 없기 때문이다. 공기 중에서 그 간격은 10^{-5}센티미터. 하지만 재결합 이전의 '텅 빈' 우주에서 광자들은 1만 광년을 날아가야 충돌할 수 있다. 이 상황에서 고배음, 즉 고주파들은 쇠약해지거나 소멸되고 만다. 1,000배 더 팽창한 우주에서는 광자 간 거리가 1,000만 광년으로 늘어나기 때문에 우리는 크기가 10배 이상 커진 우주에서 구조라고 할 만한 것들을 볼 수도 없을뿐더러 그만 한 규모에서는 사실상 빅뱅 모델에서 성공적으로 기록된 은하단의 형성이 일어나기 어렵다. 여명의 문턱에서 피리를 분 존재는 강력한 기본음을 연주했고, 그 기본음은 특유의 고배음의 희미한 메아리와 꾸준히 쇠락하는 고주파의 "쉭" 하는 소리를 남겼다.

음악과 우주론의 만남

천문학자들이 우주공간을 향해 고충실도high-fidelity, Hi-Fi 전파 안테나를 조율하는 동안 일렉트로닉 아티스트들은 전자기 복사를 음악으로 바꾸기 시작했다.[33] 펜지어스와 윌슨이 우연히 우주 마이크로파 배경복사를 발견했던 1965년에는 전파천문학에 필수인 고충실도 장비들뿐 아니라 록음악에 필수인 신시사이저와 전자악기들도 개발되고 있었다. 두 영역 모두 공전의 유래 없는 우주탐험을 위한 만반의 채비를 하고 있었다.

좀 생뚱맞은 소리 같지만, 벨연구소는 우주공간 탐험에 완벽한 장소였다. 1925년에 최초로 고충실도 사진을 찍는 데 성공한 벨연구소는 전파천문학은 물론이고 전자음악 제작에도 유용한 기술을 발전시켰다. 벨연구소에서 장거리 단파 통신에서 발생하는 잡음을 조사하던 칼 잰스키는 1931년 우리 은하 중심에서 자연적으로 발생한 전파를 탐지함으로써 전파천문학에 주춧돌을 놓았다. 그로부터 사반세기 후 역시 벨연구소의 맥스 매튜스는 컴퓨터를 이용해 소리를 합성하는 데 성공한다. 컴퓨터 음악의 아버지로 불리는 매튜스가 개발한 Music 1이라는 컴퓨터 프로그램은 거의 모든 컴퓨터 음악에 사용되는 프로그램 언어의 모체가 되었다.[34] 이 연구소가 전파기술과 전자음악에 동시에 관심을 기울인 것은 그다지 놀랄 일이 아니다. 왜냐하면 알렉산더 그레이엄 벨이 연구소의 모체가 되는 기업을 설립할 당시의 목표도 축음기, 전화기, 라디오와 같은 전자매체를 비롯해 여러 가지 통신기술을 개발하는 것이었기 때문이다.

음악사가 피에로 스카루피는 "록음악이 본연의 성격을 되찾을 수 있도록 혁명을 일으킨 것은" 전자기타가 아니라 음악 작곡에 최적화된 신시사이저와 컴퓨터 프로그램의 등장이라고 말한다. 1966년에 이르러 로버트 무그는 "한 가지 이상의 '소리'를 연주할 수 있는, 아니 심지어 모든 악기들의 소리를 흉내낼 수 있는 최초의 악기" 신시사이저를 개발했다.[35] 4년 만에 무그는 라이브 공연에서도 사용할 수 있는 휴대용 신시사이저 미니무그Minimoog를 시장에 내놓았다. 그로부터 10년 동안 턴테이블, 신시사이저, 오실레이터(발진기)를 비롯한 여러 전자장비들에 '하이파이hi-fi'라고 하는 고충실도 기술이 구현되면서 정밀기기의 사용은 더욱 보편화되었다.

펜지어스와 윌슨이 벨연구소에서 우주 마이크로파 배경복사의 정확한 온도를 측정하고 있던 그 순간에 독일의 록그룹 텐저린 드림과 같은 전위적인 전자음악 아티스트들은 전자악기, 키보드, 신시사이저로 무장하고 새로운 음악 장르를 개척하기 시작했다. 텐저린 드림은 우주음악이라는 의미의 일명 코스미세 무지크kosmische musik의 탄생을 주도했으며, 이 새로운 장르는 훗날 디스코, 환경음악, 테크노음악, 트랜스음악을 비롯하여 여러 뉴에이지 음악 장르들로 진화했다.[36] 텐저린 드림의 1971년 앨범 〈알파 센타우리Alpha Centauri〉는 명실공히 사상 최초의 전자 록 우주음악이다. 스카루피는 "텐저린 드림의 음악은 우주시대의 신화를 표현하기에 더할 나위 없이 완벽한 배경음악이다. … 이 그룹은 달 착륙과 동시대의 뮤지션이었다. 세상은 '무한대'라는 집단적 꿈에 압도되었고, 텐저린 드림은 바로 그 꿈에 소리를 선사했다"고 설명한다.[37]

1972년 텐저린 드림은 〈짜이트Zeit〉, '시간'이라는 제목의 앨범을 내놓았는데, 이 앨범에는 '액체 플레이아데스의 탄생Birth of Liquid Plejades'과 '성운의 새벽Nebulous Dawn'이라는 곡이 수록되어 있다. 이 밖에 텐저린 드림의 '제3계의 일출Sunrise in the Third System', '별 항해자Astral Voyager', '심연Abyss' 등도 우주를 주제로 한 곡이다. 이 그룹의 창립 멤버였던 에드가 프로에제는 1974년 솔로 앨범 〈아쿠아Aqua〉에 안드로메다은하 방향으로 가느다랗게 보이는 나선은하 NGC891을 노래한 'NGC891'을 수록했다. NGC891은 통로처럼 가운데를 길게 관통하고 있는 검은 먼지 위아래로 은하의 바깥쪽 나선 팔들이 밝게 빛나고 있는 모양의 측면나선은하다. NGC891은 1930년대 영국의 천문학자 제임스 진스가 쓴 천문학 책에 처음으로 그 사진이 실린 이래 많은 천문학자들이 우리 은하를 3,000만 광년 떨어진 곳에서 바라본 모습을 설명하기 위해 이 완벽한 나선은하의 사진을 인용했다.[38]

1920년 레온 테레민은 두 개의 안테나 주위에서 손을 움직여 음의 고저와 볼륨을 조절할 수 있는 전자악기를 개발했다. 테레민이 창조한 기괴한 음조는 우주를 연상시키는 선율을 만드는 데 종종 이용되었고, 그의 악기는 전위음악과 록음악 두 장르를 이끄는 견인차가 되었다. 비치 보이스의 '굿 바이브레이션즈Good Vibrations'가 그 대표적인 예다.

신시사이저, 모듈레이터, 앰프와 함께 이런 전자기기들은 영화 산업에 종사하는 음향 제작자들에게도 없어서는 안 될 소중한 장비가 되었다. 영화 〈스타워즈〉를 통해 '합성음의 세상'을 연 사람으로 널리 알려진 벤 버트도 예외가 아니었다. 지금 우리에게 너무나 익숙해진 레이저총의 발사음을 개발할 때도, 버트는 우연히 자신의 배낭이 방송탑의 가이로프에 걸렸을 때 난 소리에 착안해 실제로 가이로프를 튕겨서 나는 소리를 녹음하고 조작했다.[39]

1세대 우주비행사들이 우주를 유영하고 달 표면에 발자국을 남긴 것처럼 우주와 관련된 록음악 장르 역시 우주를 탐험했다. 우주록space rock이라는 장르는 1960년대 후반기에 영국에서 일어난 사이키델릭 운동을 통해 예술의 한 형식으로 자리잡았다. '지상통제팀이 톰 소령에게Ground Control to Major Tom'라는 가사로 시작하는 데이빗 보위의 1969년 싱글앨범 〈스페이스 오디티Space Oddity〉의 타이틀 곡은 우주록을 어엿한 음악의 한 장르로 확립했다. '이클립스Eclipse'가 엔딩곡으로 수록된 핑크 플로이드의 1973년 앨범 〈더 다크 사이드 오브 더 문The Dark Side of the Moon〉은 역사상 가장 많이 팔린 록음반으로 회자되곤 한다. 미국의 작곡가 겸 가수인 게리 라이트가 1975년에 발표한 곡 '드림 위버Dream Weaver'는 키보드와 신시사이저, 드럼만을 이용해서 작곡한 곡이다. 라이트는 환상열차를 타고 우주여행하는 기분을 전달하고 싶어 이 곡을 작곡했다고 설명했다.

브라이언 이노, 스티브 로쉬 같은 혁신가들은 우주를 연상시키는 환경음악의 세계를 구축하는 데 공헌했다. 알 라이너의 다큐멘터리 〈포 올 맨카인드For All Mankind〉의 사운드트랙으로 사용된 이노의 1983년 앨범 〈아폴로: 대기와 사운드트랙Apollo: Atmosphere & Soundtracks〉은 아폴로 탐사임무의 '웅장함과 놀라움'을 담으려는 의도로 제작된 앨범이다. 이노는 이 사운드트랙이 "쓸쓸히 우주를 표류하고 있는 작고 푸른 행성을 뒤돌아보고 그 너머의 끝없는 암흑을 응시하며, 마침내 또 다른 세상에 발자국을 찍는" 방향감각을 잃은 듯한 우주비행사들의 경험을 연상시키는 음악이라고 설명했다. 그는 덧붙이기를 그 음악은 "아폴로의 탐사임무가 우리 우주의 경계를 확장시킨 것과 마찬가지로 인간 정서에 대한 어휘의 외연을 확장시키기 위한" 시도였다고 설명한다.[40]

하지만 음악과 우주론의 만남은 사실 선사시대의 유목민으로까지 거슬러올라간다. 그들은 자연경관을 기억하는 동시에 여흥을 돋우기 위해 노래라는 형식을 빌려 글자 그대로 '장소를 노래'했다. 수천 킬로미터 이상 펼쳐진 열악한 지형을 오가는 아보리지니 원주민들에게 방향을 잃지 않게 해준 오스트레일리아의 노랫길들도 그 한 예다.[41] 언어는 어쩌면 노래에서 시작되었는지도 모른다. 아보리지니 원주민들의 '꿈의 시대'는 한 편의 창조설화다. 일렉트릭 싱어송라이터 비요크가 2011년에 발표한 〈바이오필리아Biophilia〉는 바로 그 창조설화를 디지털시대로 불러온 앨범이다. 앨범에 수록된 노래들은 소리를 통한 일종의 감각적 체험이지만, 이 체험은 노래에서 그치지 않고 아이폰 앱으로까지 확장되었다.[42]• '우주진화론Cosmogony'에서 '암흑물질Dark Matter'까지 다양한 제목의 노래들을 부른 비요크는 그녀만의 초현실적이고 영묘하고 전자적인 음악환경을 통해 우주를 탐험하고 있다.

구체들이 울리는 하모니

음악과 우주탐험의 접점은 인간의 정신 깊숙한 곳에 그 뿌리가 있다. 그리스의 수학자 피타고라스는 악음, 옥타브, 현 그리고 그것들의 화음이 간단한 수학적 비율과 정수들의 소산임을 증명한 최초의 수학자로 불리운다. 피타고라스학파는 악기의 현을 잡아 튕기면

• Biophilia라는 아이폰 애플리케이션은 음악과 자연 그리고 테크놀로지에 대한 초현실적인 멀티미디어 탐험이 가능한 '인-앱in-app' 환경이다.

기본음을 낸다는 사실을 깨달았다. 그 현을 이등분하면 음조는 한 옥타브 높아진다. 마찬가지로 그 현을 3, 4, 5, 7, 9등분하거나 현에 간격을 두면 다른 화음 또는 배음을 낼 수 있다. 피타고라스학파는 여기서 더 나아가 음악의 바탕에 깔린 수학적 용어로 우주를 설명할 수 있다고 가정했다. 예컨대 행성들도 태양과 일정한 간격을 두고 떨어져 있을 것이며, 이 간격이 화음을 내는 현의 간격과 유사하다고 여긴 것이다.[43]

1600년대 초반에 이르러 독일의 천문학자 요하네스 케플러도 '구체들의 하모니'라는 피타고라스의 개념에 매료되었다. 《우주의 조화》에서 그는 행성들의 움직임에서 음악적 하모니를 관찰할 수 있다는 가설을 세운다. 물리학자 아메데오 발비의 말마따나 "피타고라스와 플라톤이 제기한 아이디어를 기반으로 ... 케플러는 '구체들의 하모니'라는 개념에 과학적 토대를 쌓으려고 노력했다. 이 개념에 따르면 각각의 행성들은 태양의 둘레를 돌면서 일정한 소리를 낸다."[44] 케플러는 행성들의 궤도가 음악의 수학적인 화음에 의해 결정된다고 주장했다.

별들, 은하들, 심지어 행성들도 자전하면서 우주를 누비는 동안 스스로 전자기에너지 또는 저에너지 전파를 방출한다. 우리 태양계의 몇몇 행성들은 강력한 자기권으로부터 강한 전자기 복사를 방출한다. 1970년대에 보이저 탐사선은 목성이 방출하는 전파를 기록했다. 물론 인간의 귀는 진공상태의 우주에서 나는 소리를 감지할 수 없다. 하지만 우리는 측정된 주파수를 가청음으로 바꿔주는 프로그램 덕분에 탐사위성이 수집한 데이터에서 지구의 흐느낌이나

토성의 전파가 방출하는 기묘한 소리를 '들을' 수 있다.[45]

　이런 우주의 소리들 가운데 단연코 가장 인상적인 소리는 소호에 관한 7장에서 소개한 태양의 소리다. 천체물리학자들은 태양 전체를 관통하여 흘러나오는 음파들을 추적하는 일진학을 통해서 태양의 내부구조라든가 물리적 성질에 대해 상당히 많은 사실들을 밝혀내고 있다. 놀랍게도 태양은 무수한 소리의 파장들로 공명하고 있으며, 게다가 이 공명은 기본음과 복잡한 화음을 이루는 배음들과 완전히 닮았기 때문에 악보처럼 기록할 수도 있다. 태양의 대류층 맨 바깥층에서 이는 난기류는 지름 수천 킬로미터에 이르는 쌀알 무늬의 입상반들로 광구를 분할해 놓고 있다. 바로 이 입상반들이 위아래로 맥동하는데, 이 맥동에서 발생하는 음파가 태양 전체를 관통하면서 대류층, 복사층과 같은 태양 내부의 다양한 층들의 경계가 갖고 있는 독특한 음향학적 흔적을 보여준다.[46] 태양을 관통하여 흘러나오는 음파를 바탕으로 천체물리학자들은 별의 내부구조를 더욱 세밀하게 밝혀냈고, 태양이 보유한 헬륨의 양으로 태양의 나이를 추산했다. 또한 태양의 자전속도뿐 아니라 100만 도에 이르는 코로나에 비해 태양 핵의 온도가 얼마나 높은지도 알아냈다. 태양 내부를 관통하여 퍼져 나온 음파는 표면에 발생하는 폭풍과도 관련이 있다. 또한 음파를 이용해 탐지된 태양 내부의 동요는 흑점의 수와 크기를 예측하는 지표가 된다.[47]

　공감각은 하나의 감각이 다른 영역의 감각을 작동하게 하는 일종의 감각전이 현상을 말한다. 공감각 덕분에 우리는 색깔을 '맛본'다든가 시각적 현상을 '들을' 수 있다. 뮤지션들이 전자악기나 환각적 음색으로 우주탐험을 표현하는 것과 마찬가지로 천문학자들도 태양의 음파를 기록하고 그들만의 공감각을 경험한다. 과학자들은 태양의 맥동하는 표면이 빚은 공명에서 시각적으로 탐지되는 현상을 '들을' 수 있다. 흥미롭게도 1960년부터 1979년까지 일진학의 태동기는 전자우주음악이 출현한 시기와 맞아떨어진다.

우주 연못에 이는 파문

이미 1937년에 제임스 진스는 "현대물리학은 우주의 삼라만상이 파동들로 결정되는 데서 더 나아가 오로지 파동 그 자체라고 여기는 경향이 있다. 이 파동들은 두 개의 유형으로 나뉘는데, 봉인된 파동과 자유로운 파동이 그것이다. 우리는 전자를 물질이라 부르고 후자를 복사 또는 빛이라고 부른다"고 말했다.[48] WMAP이 보여준 초기 우주의 이미지는 파동으로 우주를 이해할 수 있으리라는 진스의 주장을 확증해주는 듯 하다. 태양의 플라스마를 관통하여 흐르는 소리의 파장들이 태양의 구조적 특성에 관한 정보를 담고 있듯이 매우 초기의 우주를 구성하고 있던 플라스마에 일어난 요동들도 우주의 물질 밀도와 구조를 알려줄 결정적인 정보를 담고 있다. WMAP의 후배라고 할 수 있는 유럽우주기구의 플랑크 탐사위성 프로젝트에 참여했던 아메데오 발비는 "원시 플라스마는 거대한 종처럼 공명했다. 그리고 그 진동을 일으킨 메커니즘은 단 하나, 즉 빅뱅 후 극도로 짧은 시간에 일어난 급팽창이었어야 마땅하다"

고 말한다.[49]

발비는 우주공간 도처에서 집단을 이룬 은하들이 간격 두기를 아주 약간 선호했던 모양이라고 설명한다. 여기서 간격은 소리의 파장과 유사하다고 볼 수 있다. 은하들의 분포형태는 음파처럼 음향 극점acoustic peaks들을 가지는데, 이것들이 우주 마이크로파 배경복사에는 중력 요동과 온도 요동으로 나타난다. 이 요동들은 은하들의 분포에도 미세한 흔적을 남겼다. 은하 분포에서 뚜렷하게 탐지된 한 파장은 그 길이가 무려 3억 광년에 이른다.[50]

천체물리학자 장-피에르 뤼미네 역시 초기 우주가 "마치 악기처럼 울렸다"고 말한다. 그는 드럼을 통해 반향을 일으키는 음파가 드럼의 구조적 특성을 보여주는 것과 거의 비슷한 방식으로 현재 우리가 우주 마이크로파 배경복사에서 보는 요동들 또는 극점들이 우주의 질량과 밀도를 섬세하게 보여준다고 설명한다. 그는 "드럼 표면에 모래 알갱이를 뿌린 다음 살짝 두드리면 모래 알갱이들이 특정한 무늬로 모이는데, 이 무늬는 드럼의 크기와 모양, 드럼 가죽의 물리적 성질을 보여주는 일종의 정보"라고 말한다.[51] 마찬가지로 은하단과 초은하단들에서 일어난 요동을 분석하면서 우리는 원시우주의 물질 밀도에 대한 상세한 정보를 수집하고 있다.

버지니아대학의 천문학자 마크 위틀도 우주 마이크로파 배경복사에 나타난 요동들의 특성을 음파의 골과 마루와 유사하게 묘사한다. "실제로 그 파장들은 수천 광년에 이를 만큼 매우 길다. 파장의 길이는 주파수와 반비례하므로, 그처럼 긴 파장이 갖는 주파수는 평균적인 인간의 귀가 들을 수 있는 주파수보다 약 50옥타브 정도 더 낮다."[52] 위틀은 빅뱅을 인간의 청력에 맞게 조절했을 때 어떤 소리로 들릴지 연구하고 소리 파일로 제작했다. 재미 삼아 만든 우주 마이크로파 배경복사의 음향 피크를 "전혀 가공하지 않은 깊은 울림"으로 묘사하면서 위틀은 주저 없이 "실제로 음악성이 존재"한다고 적고 있다.[53] 그는 WMAP이 찍은 마이크로파 배경복사 이미지는 '현미경과 망원경, 타임머신의 기능까지 동원하여 현재의 우주가 어떤 상태인지 그 미래는 어떠하며 탄생은 어떠했는지를 알려줄 충분한 정보를 보여주는 영상'이라고 설명한다. 위틀은 이 영상에 담긴 '비범한 기록'이 곧 "자연의 언어로 자연이 기록한 태곳적 우주의 이야기"임을 우리에게 일깨워준 것이다.[54] COBE와 WMAP(그리고 플랑크)은 자연에 목소리를 선사한 셈이다.

아메데오 발비는 《빅뱅의 노래The Music of the Big Bang》에서 "초기 우주의 물질 밀도에서 발생한 파문들은 태곳적 우주의 빛에 지울 수 없는 흔적을, 마치 밀랍 위에 문장을 찍듯 남겼다"고 말한다.[55] 우주론자들은 시간이 시작될 무렵 밀도 요동과 온도 요동들이 원시 플라스마에 각인되었으며, 그 요동들이 현재 우리가 관측하는 은하단들이 되었다고 가정한다. 우주 마이크로파 배경복사에 각인된 물질밀도 요동들을 밀랍에 찍힌 문장 자국에 빗댄 발비의 은유는 밀랍에 홈을 새겨 넣어 축음기 음반을 만들었던 초창기 음반제작 역사를 떠오르게 한다. 1931년 조르주 르메트르도 마치 축음기 음반의 홈 안에 정보가 저장되듯 우주에 관한 정보가 원시양자 안에 기록되어 있지 않을까 의문을 품었던 게 분명하다. 하지만 르메트르는 "〔우주의〕 '모든' 사연이 축음기 음반에 노래가 저장되듯 최초의 양자 안에 다 기록될 필요는 없었을 것이다"라고 설명했다.[56] 하지만 WMAP 탐사위성의 관측결과는 실제로 기록되어 있다고 주장한다.

르메트르에서 발비까지, 홈이 파인 음반기술과 음파의 모양을 우주 마이크로파 배경복사에 나타난 극점들을 설명하는 훌륭한 은유로 사용했다.[57] 르메트르 시대에 소리를 녹음하는 또 다른 기술들이 존재했다면, 어쩌면 천문학자들은 이 음향학적 극점들을 다른 용어로 설명했을지도 모른다. 어쨌든 과학자들은 음파와 전자기파들이 우주와 별 그리고 행성들의 이야기를 전달해주는 매개임을 알고 있다. 피타고라스 시대부터 천문학자와 우주학자들은 우주에서 음악을 찾으려는 노력을 결코 포기하지 않았다. 그리고 그들의 노력은 지금도 진행 중이다.

정밀우주론

WMAP은 우리를 우주의 '주파수'에 맞게 조율해주었을 뿐 아니라 138억 년 전 모든 물질과 에너지를 창조했던 엄청난 사건을 더욱 예리한 시각으로 재발견하게끔 해주었다.

WMAP은 거의 알려진 바가 없거나 실낱같은 단서로만 존재하던 물리적 양을 정량화하여 신뢰할 만한 우주변수들로 확정해주었다.[58] 예를 들어 우주의 온도는 1,000분의 1도 수준까지 정확하게 측정된다. 일반상대성 이론에 의하면 공간은 왜곡될 수 있으므로 우주는 그 자체로 거대한 렌즈 역할을 한다. 이 방대한 광학실험을 수행하기 위해 우리는 수십억 년 동안 우주를 가로질러 흐르고 있는 마이크로파를 주시한다. 마이크로파 복사의 기본적인 화음은 '점'에서 출발한다. 글자 그대로 점 크기만 한 지점에서 시작된 복사는 우주공간으로 퍼져나가는데, 공간의 곡률이 양이냐 음이냐에 따라 복사의 각도는 증가하거나 축소될 수 있다. 말하자면 우주가 마치 볼록렌즈나 오목렌즈처럼 작동한다는 의미다. WMAP이 보여준 것은 바로 그 점의 각도가 변하지 않았고, 따라서 우주는 매끄럽고 얇은 유리와 비슷하다는 사실이다. 결론은 공간이 휘어지지 않았다는 것이다. 우주는 1퍼센트 오차 범위 안에서 편평하다.[59] 급팽창이론에서 예측한 곡률도 바로 그렇다!

　WMAP은 지금까지의 어느 기기보다 정확하게 우주의 질량과 에너지를 측정했다. 최초의 화음을 일으킨 힘의 비율은 우주를 구성하는 중입자$_{baryon}$ 또는 정상물질의 함량에 좌우된다. 정상물질, 즉 평범한 원자들은 0.1퍼센트 오차 범위에서 우주의 4.6퍼센트를 차지한다. 두 번째 화음의 세기는 암흑물질의 영향을 받는데, 이 화음에 따르면 암흑물질은 1퍼센트 오차 범위에서 우주의 23퍼센트를 차지하고 있다.[60] 우주의 질량과 에너지 함량에 일반상대성 이론을 적용하면 우주의 현재 나이를 계산할 수 있다. 그렇게 계산한 결과 우주의 나이는 137억 3,000만 살이다. 오차 범위 1퍼센트 내외라는 점을 감안하면 1억 2,000만 년 정도 차이가 날 수 있다. 물론 공간이 정확히 편평하다는 (충분히 가능한) 전제 아래 그렇다. 플랑크 탐사위성은 이 수치를 좀더 정확하게 다듬었다. 우주 '파이'는 두툼한 암흑 두 조각에 가시적 물질이 가늘게 한 조각 박혀 있는 모양이다(그림 12.4).

그뿐 아니라 우리는 WMAP의 데이터를 이용해서 최초의 별과 은하가 형성된 시기에 대해서도 알아냈다. 재결합 이후 곧바로 별들이 형성되었다면 별들은 분산되어 있던 가스를 이온화했을 것이다. 그로 인해 광자들은 재결합 이전에 수시로 그랬듯 전자들에 맞아 튕겨져 나가는 상태로 돌아갔다. 이 두 번째 산란이 마이크로파 배경복사에 편광을 흔적으로 남겼다. 태양빛이 수면에 반사될 때 편광되는 것과 유사하다. 편광은 특정한 방향성을 필요로 하는데, 이런 방향성은 광자들이 무엇과도 상호작용하지 않고 비교적 자유롭게 이동할 때만 관찰된다. 따라서 재결합 이전에는 편광이 없었을 것으로 보인다. WMAP이 보여준 편광은 빅뱅 후 약 2억 년이 지난 시점에 광자의 20퍼센트가 이온화된 옅은 가스안개에 의해 산란되었음을 암시한다. 이것이 놀라운 까닭은 어떤 천문학자도 그렇게 일찍 별들이 형성되었으리라고 예상하지 못했기 때문이다.[61]

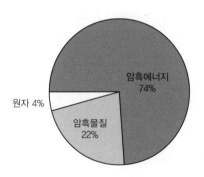

그림 12.4 마이크로파 배경복사 관측결과와 지상에서 관찰한 결과를 조합하여 우주의 성분을 결정한다. 우주의 대부분은 수수께끼 같은 암흑물질과 암흑에너지가 차지하고 있으며, 우주의 모든 별과 행성들 그리고 인간을 구성하는 정상물질은 극히 일부에 지나지 않는다(나사/WMAP 과학팀).

WMAP이 업그레이드한 모든 자료를 종합해보건대 우주는 뜨거운 빅뱅에서 시작되었다는 데 의심의 여지가 없다. 빅뱅 모델은 매우 정확한 수준까지 설명이 된다. 어떤 경쟁 이론이라도 자신의 가능성을 증명하려면 상당히 높은 빅뱅의 장벽을 허물어야 할 것이다. 우리가 정작 지구의 속성보다 전반적인 우주의 속성들에 대해 더 정확히 알 수 있다는 게 놀라울 따름이다.

더, 더 어린 우주를 조사하라

우주론의 풍경은 바뀌었다. 과학자들은 더 이상 빅뱅 모델의 타당성을 의심하지 않는다. 빅뱅 모델은 견고한 증거들 위에 안전하게 세 발을 걸치고 있다. 한쪽 발은 은하들의 후퇴로 입증된 '우주의 팽창' 위에, 또 한 발은 온도가 1,000만 도에 육박했던 최초의 3분 안에 가벼운 원소들이 우주에 풍부하게 생성되었다는 증거 위에 올려놓았다. 그리고 우주 마이크로파 배경복사가 그 세 번째 발을 떠받치고 있다. WMAP은 예상 밖으로 훌륭하게 이 세 증거들에 대한 검증능력을 향상시켜주었고, 빅뱅 모델은 지금까지의 모든 검증절차를 멋지게 통과했다.

우주론은 암흑물질과 암흑에너지의 물리적 성질을 보다 정확하게 밝히고, 빅뱅의 검증을 좀더 이른 시기까지 확장하는 것을 궁극적인 과제로 삼는다. WMAP은 이전 어느 때보다 정확하게 암흑물질의 무게를 쟀고, 암흑에너지가 단지 시공간에 존재하던 입자나

장場이 아니라 시공간 자체에 (아인슈타인의 우주상수와 함께) 내재된 특성이라는 점을 증명했다. 이제 남은 과제는 빅뱅 후 1조 곱하기 1조 곱하기 1조분의 1초, 즉 헤아릴 수조차 없이 짧은 시간에 일어난 급팽창의 베일을 벗기는 것이다. 우주가 의외로 편평하고 매끄럽다는 점, 그리고 자기홀극monopole이나 끈string과 같은 시공간 결함들이 오늘날까지 남아 있지 않다는 점은 급팽창의 근거로 간주된다.

급팽창이론은 온도 요동의 세기가 규모와 상관없다는 사실을 입증한 WMAP의 데이터로 일찌감치 지지를 얻었다. 그러나 최신 이론에서 '급팽창'은 단일한 사건이 아니라 초기 우주에 대한 놀라우리만치 많은 아이디어들을 아우르는 포괄적 개념이다. 중력을 제외한 자연의 모든 힘이 통일되었던 순간을 의미한다는 점에서 급팽창 모델에는 물질의 근본적인 성질에 대한 추측도 포함된다. 초끈이론도 물질을 설명하는 개념 중 하나지만, 거의 모든 이론들이 어떤 식으로든 중력을 끌어들이지 않으면 안 된다. 그런 의미에서 아주 초기의 우주에 관한 이론을 찾는 것은 이른바 '만물의 이론'을 찾는 것과 거의 흡사하다고 볼 수 있다.

2003년 WMAP팀은 편광 측정에서 얻은 새로운 결과와 함께 더욱 정밀한 우주의 온도지도를 발표했다. 온도 요동은 모든 범위에서 그 세기가 전반적으로 동일하지만 데이터가 개선되면서 이 요동들이 모든 범위에서 정확히 동일한 것은 아니라는 사실이 명확해졌다. 그 편차는 급팽창 모델을 지지하는 학자들의 예측과는 딱 맞아떨어진 반면, 초기 팽창을 설명하는 다른 경쟁 이론들의 예측과는 상이했다. (차가운 빅뱅cold big bang이라는 진기한 이론도 배제시켰다.) 2010년에는 7년에 걸쳐 축적한 WMAP의 데이터를 이용해서 빅뱅에서 생성된 헬륨의 양을 확인했으며 중성미자와 다른 신기한 입자들의 종류를 확정했다.[62] 특히 WMAP의 데이터가 음향 진동에서 비롯된 온도 요동 모델에 근본적인 오류가 없다는 사실을 입증했다는 점은 일대 쾌거가 아닐 수 없다. 지금까지 여명의 문턱에서 들려온 피리의 음색을 이보다 더 잘 설명한 증거는 없었다(plate 22).

WMAP의 데이터에 따르면 급팽창은 필수였고, 이를 바탕으로 우주학자들의 이론은 보다 정확한 모델로 수렴되고 있다. 급팽창이 그린 풍경 안에서 (모든 것을 담고 있는) 물리적 우주는 (우리 눈에 보이는 모든 것을 담고 있는) 가시적 우주보다 훨씬 더 크다. 급팽창 이론은 다중우주 개념의 탄생에도 동기를 제공했다. 다중우주는 빅뱅 이전에 존재했던 양자 기질로부터 특성이 전혀 다른 평행우주들이 출현했다는 개념이다.[63] 다른 세상들을 찾고자 하는 우리의 꿈은 이제 무수한 세상들로 가득찬 다른 우주들까지 포괄하도록 범위를 넓혀야 한다. 이런 이론들에 담긴 야망과 한계는 실로 대단하다. 우주가 수학과 화음에 기반을 두고 있다고 생각했던 피타고라스가 만약 현재 우리가 그의 생각을 얼마나 멀리까지 확장시켰는지 안다면, 기절초풍하고도 남을 것이다.

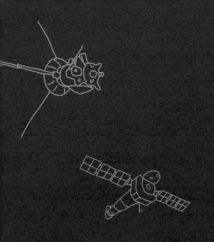

13장

새로운 세상들을 보여줄
차세대 스페이스 미션

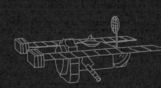

이 책을 여는 장에서 우리는 가시적이고 세속적인 세상 너머를 꿈꾸던 그리스의 철학자들을 만났다. 데모크리토스도 그들 중 한 사람이었다. 아낙사고라스와는 나이 차이가 마흔 살이나 됐지만, 두 사람은 서로를 알고 있었을 확률이 높다. 천성적으로 삶의 사소하고 가벼운 측면들을 관찰하고, 인간의 의지박약함을 조롱하기를 즐긴 데모크리토스는 '웃는 철학자'로도 알려져 있다. 그는 본래 레우키포스가 제안했던 개념을 원자론으로 발전시켰다. 데모크리토스의 주장에 따르면 물리적 세상은 극도로 미세하고 보이지 않는 '원자'라 불리는 실체로 이루어져 있다.[1] 그는 원자들이 지속적으로 움직이며 무한대의 조합으로 배열될 수 있다고 생각했다. 따라서 뜨거움, 매끄러움, 씀, 얼얼함 등과 같은 감각도 원자 자체의 속성이 아니라 원자들의 조합에서 비롯된다고 여겼다.[2] 물질에 대한 현대적 해석이라고 봐도 손색없을 정도다.[3] 해변을 멀리서 보면 매끄럽게 보이지만 가까이서 바라보면 실제로는 작은 모래 알갱이부터 조약돌과 자갈까지 가지각색의 입자들로 구성되어 있는 것과 같은 이치다.

데모크리토스는 우리 은하에 대해서도 이와 유사하게 추측했다. 매끄럽게 흐르는 듯 보이지만 무수한 별들의 빛 무리가 분명하다고 말이다. 그로부터 몇 세기 후 아르키타스는 회전하는 투명한 구체들 바깥쪽에도 공간이 존재한다는 사실을 논리적으로 주장했다.[4] 그는 하늘의 경계에서 두 팔을 뻗거나 지팡이를 쭉 내밀면, 어떤 저항 또는 물리적 경계에 부딪치든지 아니면 그 경계를 넘어가든지 둘 중 하나라고 생각했다. 만약 우주에 경계가 있다면, 우주를 포함하고 있는 더 큰 경계도 분명히 존재할 터였다. 그리고 그 더 큰 경계에 이를 수 있다면 우리는 또 새로운 경계를 정의해야 한다. 그는 이런 식으로 끝없이 경계를 확장하다 보면 결국 우주는 무한하다는 결론에 이른다고 주장했다.[5] 고대 그리스인들은 아래로는 보이지 않을 만큼 작은 것에게로, 위로는 헤아릴 수 없을 만큼 큰 것에게로 상상력을 비약시켰다. 그리고 20세기 말에 이르러 과학은 양성자에서 가시적 우주까지, 크기의 규모에서 10^{42}배나 차이나는 대상들을 밝혀냈다.

그러나 인간의 상상력에는 자로 그은 것 같은 경계선이 없다. 우리는 '당연'한 것뿐 아니라 '당연하지 않은' 것도 상상한다. 다시 말해서 자연의 법칙이 허용하는 현상은 물론이고, 우리가 알고 있는 물리법칙들에 위배되는 현상들까지도 얼마든지 상상할 수 있다. 인간의 상상력은 심지어 제3의 범주, 그러니까 자연의 법칙에는 위배되지 않으나 우리 우주 안에서는 일어나지 않는 상황에도 미친다.[6] 21세기 초반 과학자들은 작은 것과 큰 것에 대한 물리적 이해의 범위를 또 한 번 확장했다. 입자를 연구하는 학자들은 모든 아원자입자들 속에서 진동하는 9차원의 끈들(세상 속의 세상들)을 상상하고, 우주학자들은 완전히 다른 속성을 지닌 시공간들의 총체(세상밖의 세상들)을 꿈꾼다. 그 속에서는 우리 우주도 그저 하나의 견본에 지나지 않는다.

지구에서 지평선은 우리의 시각적 한계다. 우리 행성 표면이 둥글게 굴곡져 있기 때문이다. 지평선 혹은 수평선까지의 거리는 놀라우리만치 짧다. 배를 타고 망망대해로 나가보면 알겠지만 어떤 방향을 보든 우리가 볼 수 있는 거리는 고작 5킬로미터 정도다. 고대의 선원들은 바다로 나간 배가 서서히 멀어지면서 돛대 끝만 보이다가 완전히 시야에서 사라진다는 사실을 잘 알고 있었다.[7] 이 현상은 '수평선 너머'에 낯선 땅들이 존재할지도 모른다는 추측을 낳았고 그 땅들을 찾아내고 싶은 열망에 불을 지폈다. 천문학에도 우리의 시야 또는 지식의 한계로서의 지평선 개념이 있다. 사건지평선은 일반상대성 이론에서 등장한다. 뉴턴의 공간과 시간에 관한 이론이 1차원적이고 절대적인 데 반해 아인슈타인의 중력 방정식은 기하학적이다. 아인슈타인은 공간과 시간을 분리할 수 없는 대상으로 인식하고 질량이 공간을 휘어지게 한다고 가정했다. 충분히 조밀한 물체는 시공간을 왜곡하여 블랙홀을 형성할 수 있으며, 사건지평선은 나머지 우주와 분리하여 블랙홀을 봉인해주는 표면이다.[8] 사건지평선은 물리적 경계가 아니라 어떤 복사나 물질도 안으로 들어갈 수는 있지만 밖으로 빠져나갈 수는 없는 일종의 정보막이다. 블랙홀이 불가사의한 까닭도 사건지평선 안쪽에 무엇이 존재하며 또 무슨 일이 벌어지는지 조사할 방도가 없기 때문이다.

우주의 팽창으로 더 복잡해진 이 '지평선' 개념에 대해 우주론은 그 나름의 견해를 갖고 있다. 사건들은 우주의 '입자' 지평선을 기준으로 현재 우리가 볼 수 있는 사건과 볼 수 없는 사건으로 나뉜다. 우주는 기원을 가지며, 따라서 어느 곳에선가 방출된 빛은 빅뱅 후 138억 년이 지나도록 우리에게 도달하지 못했다. 우리가 '참을성'을 좀더 발휘한다면 언젠가는 훨씬 더 먼 곳에서 방출된 빛을 보게 될지도 모른다. 그렇게 따지면 가시적 우주는 시간이 지날수록 더 넓어지고 있는 셈이다. 요컨대 우주의 '사건' 지평선이란 언제일지 모르지만 어느 시점엔가 눈에 보이게 될 사건들과 언제가 됐든 결코 보이지 않을 사건들 사이의 경계선인 셈이다.[9] 표준 빅뱅 우주론은 우리의 지평선 너머에 시공간이 존재한다고 예측한다. 아마도 그 시공간은 현재 우리 망원경에 포착되는 10^{23}개의 별들 이외에도 수많은 항성계들을 포함하고 있을 것이다. 우리의 시야 너머에 또 다른 세상들이, 어쩌면 우리가 상상하는 것보다 훨씬 더 많은 세상들이 있는지도 모른다.

* * *

관측천문학은 아직 풋내기 학문이다. 수만 년 동안 맨눈으로 바라보던 하늘에 망원경을 조준한 지 이제 겨우 400년이다. 우주천문학이 모양새를 갖춘 것도 불과 50년밖에 되지 않았고, 커다란 유리 렌즈를 궤도로 쏘아 올리는 데 드는 천문학적 비용은 허블 우주망원경이 가장 큰 광학망원경 상위 50개 안에도 들지 못한다는 사실로도 짐작이 되리라 생각한다.[10] 지금부터 이어질 내용은 최근에 발사되었거나 가까운 시일 내에 발사될 탐사위성들, 그리고 향후 몇 년 안에 발사될 탐사위성들을 기준으로 본 우주과학과 천문학의 미래다. 가까운 미래란 지금부터 5년에서 10년 사이를 말하는데, 불확실한 자금 상황과 탐사임무에 드는 막대한 비용을 감안하면 전망이 썩 밝지는 않다. 먼 미래는 아직 개발되지 않았거나 개발이 완료된 기술에 따라 좌우될 수 있으므로 지금으로서는 논의할 부분이 없다. 수십 년 후로 예정된 계획들은 사실 추측과 상상에 더 많이 기대고 있다고 봐야 한다. 이 책을 마무리하는 차원에서 지금부터 세 쌍의 탐사위성들을 살펴보기로 하겠다. 한 쌍은 태양계 안을, 또 한 쌍은 가까운 항성계를, 마지막 한 쌍은 먼 우주를 조사하면서 다른 세상들에 대한 우리의 지식을 발전시키고 있다.

바이킹 호와 화성탐사로버MER의 후임은 화성과학실험실Mars Science Laboratory, MSL이다.[11] 스피릿과 오퍼튜니티 때 확립한 전통에 따라 나사는 MSL에게 선사할 이름을 공모했다. 총 9,000여 명의 응모자들을 제치고 열두 살 소녀인 클라라 마가 우승을 거머쥐었다. 마는 "호기심(큐리오시티Curiosity)이야말로 모든 이의 가슴에 영원히 꺼지지 않는 불꽃이다. 아침에 이불을 박차고 일어나 오늘 하루는 어떤 놀라운 삶이 펼쳐질지 흥분되게 하는 것, 그것이 바로 호기심이다"라고 썼다.[12] 그리하여 가장 정교한 우주탐사 로봇의 이름은 큐리오시티가 되었다. 클라라 마는 이 로버가 발사 로켓에 실리기 전에 로버의 금속성 표면에 자신의 이름을 새겨 넣는 영예를 얻었다. 이 탐사임무에 소소하게 기여했던 전 세계 100만 명 이상의 이름도 로버에 내장된 마이크로칩에 기록되었다. 일반 대중도 이 화성탐사 로버에 거는 기대가 자못 컸다. 발사가 몇 달 앞으로 다가 왔을 때 큐리오시티의 트위터 팔로워는 3만 명이 넘었다(plate 23).

MSL은 난이도가 꽤 높은 임무다. 기술적 문제들로 인해 2009년 으로 예정되어 있던 발사는 2011년으로 미뤄졌고, 애초의 예산은 2011년 11월 26일 발사된 시점에 25억 달러 이상으로 늘어나 있었 다. 착륙지점을 선택하는 문제도, 이 행성 전반에 대해 무엇을 조사 해야 할지 결정하는 문제도 어렵기는 마찬가지였다. 탐사임무 기 획자들은 60여 개의 후보 지점들을 네 개의 지점으로 압축하는 데 만도 다섯 번이나 토론회를 열어야 했다. 더 이상 미룰 수 없는 한 계에 이르러서야 관계자들은 게일 크레이터로 낙점했다. 이 결정 은 숫자 하나와 바퀴 한 번 돌리는 데에 '모든 것'을 다 건 룰렛게임 과 비슷했다. 지구의 지질학과 생물학을 대표할 수 있는 단 한 지점 을 골라야 한다고 생각해보라. 그 중압감은 이루 말할 수 없을 것이 다. 화성정찰위성MRO이 소파 크기만 한 암석까지 표면의 특징들을 세밀하게 찍어서 전송한 지도 덕택에 착륙위치를 결정하기는 한결 쉬웠다. 공학적으로 로버가 다닐 수 있고, 가능하면 로버의 에너지 원에 불리한 고지대가 없는 안전한 지형을 선택하는 것이 관건이었 다. 무엇보다 착륙지점이 갖춰야 할 제일 중요한 요건은 거주가능 성이다. 다시 말해 과거에 표층수가 존재했던 증거가 남아 있는 지 점이어야 했다.[13] 게일 크레이터가 과거에 얕은 호수 바닥이었다는 증거를 보여주기만을 바랄 뿐이었다.

1997년에 화성 표면을 기어다녔던 패스파인더는 아이들이 갖고 노는 무선조종 자동차보다 조금 더 컸고, 스피릿과 오퍼튜니티는 골프 카트만 했다. 큐리오시티는 소형 SUV만 하다. 길이 3미터, 폭 2.8미터, 높이 2.1미터에 무게는 1톤이다.[14] 이처럼 중량감이 큰 장비에는 이전 로버들이 착륙에 사용하던 바운싱 에어백bouncing airbag 방식을 쓸 수가 없었다. 바운싱 에어백 방식은 역추진 로켓으로 착륙선의 하강속도를 늦추고 탄두에서 펼쳐진 에어백이 로버 전체를 감싼 후 화성의 온화한 중력에 맞춰 이리저리 튕기다 천천히 정지하는 방식이다. MSL에는 실시간 원격조정이 불가능한, 지구로부터 2억 4,000만 킬로미터 떨어진 지점에서 비행공학자들이 우주선의 배 부분에 숨겨둔 비장의 무기를 사용해 착륙하는 도전적인 방식이 도입되었다. 착륙작전을 살펴보자.

큐리오시티를 실은 MSL은 S자 곡선을 그리며 하강속도를 늦춘다. 우주비행사들이 우주왕복선을 착륙시킬 때도 이와 비슷한 방식으로 하강한다. 착륙 목표지점은 지름 20킬로미터쯤 되는 곳이다. 넓은 지역처럼 보이지만 이전 착륙선들의 착륙지점보다 다섯 배나 더 좁다. 낙하산이 펼쳐지면서 약 3분 동안 하강속도가 줄고, 열차폐가 투하되고 나면 에어로셸 안에 담긴 로버만 남는다. 이 에어로셸이 부착된 장비가 바로 스카이 크레인sky crane이라는 비장의 무기다. 에어로셸 상단부에 있는 역추진 로켓이 하강속도를 한 차례 더 늦춰주고 나면 에어로셸과 낙하산이 투하되고, 바로 그 시점에 스카이 크레인이 자체적으로 갖고 있는 역추진 로켓을 이용해 로버를 하강시키기 시작한다. 화성 표면에서 100미터 상공에 이르렀을 때, 스카이 크레인은 제자리비행을 하며 속도를 늦추고 세 개의 케이블과 전선에 매달린 로버를 화성 표면에 내려놓는다. 로버가 '바퀴를 내리면서' 연착륙에 성공하면 크레인에 연결되어 있던 케이블 결합 부분들이 떨어져 나간다. (로버 분리작업이 실패할 때를 대비해 절단도 가능하다). 임무를 마친 스카이 크레인은 안전한 거리까지 날아가서 표면에 투하된다.[15] 무사히 착륙하고 나면 로버는 홀로 2년 동안 붉은 행성을 탐사할 일만 남는다. 휴우. 안도의 한숨이 절로 난다.

어쨌든 계획은 이러했다. 결과는 어땠을까? 모든 것이 나무랄 데 없이 완벽하게 작동했다. 예상했던 무서운 결말도 잠재적인 아찔한 재앙도 모두 피하고, 큐리오시티는 2012년 8월 6일 게일 크레이터 가장자리에 사뿐히 착륙했다. 수백 명의 공학자들이 환호성을 터뜨린 것은 말할 것도 없고 온라인으로 이 장면을 지켜본 수백만 명의 사람들이 큐리오시티 프로젝트팀의 기술적 위업에 감격했다. 큐리오시티의 착륙방식은 나사가 2020년에 발사하기로 예정한 로버에도 사용하기로 결정할 만큼 성공적이었다. 이 새로운 로버에는 지금까지와는 차원이 전혀 다른 과학장비들이 탑재될 예정이다.

큐리오시티에 탑재된 과학장비의 무게는 이전 어떤 화성탐사선들의 장비보다 다섯 배 더 무겁다. 큐리오시티에 장착된 과학장비는 총 10개인데, 여덟 개는 미국이 담당하고 나머지 두 개는 러시아와 스페인이 책임지고 있다. 티타늄으로 제작된 큐리오시티의 로봇 팔은 어깨 쪽에 두 개, 팔꿈치에 한 개, 팔목에 두 개의 관절을 갖고 있다. 이 로봇 팔들을 쭉 뻗으면 길이가 2미터에 이른다. 암석을 분쇄할 만큼 강력하고, 아스피린 한 알을 골무에 담을 만큼 정교한 조작이 가능하다. 이 로봇 팔의 다재다능함은 여기서 끝이 아니다.[16] 인간의 머리카락 굵기보다 더 작은 것을 볼 수 있는 렌즈 영상기, 원소들을 구별할 수 있는 분광계, 지질학자의 암석 붓을 대신하는 손이 달려 있으며, 암석이나 토양 시료를 떼내서 체로 거르고 로버 내부의 분석장치로 옮길 수 있는 도구들도 갖고 있다. 세 개의 기기가 한 세트로 구성된 화성시료분석기Sample Analysis at Mars라고 불리는 장비는 화성의 대기와 로봇 팔이 채취한 시료를 분석할 것이다. 이 장비는 유기분자들과 물이 암석에 남긴 동위원소를 감별하는 데 주안점을 두고 있다.[17] 로봇 팔이 채취한 시료는 엑스선 분광법과 형광법을 사용하여 화성의 전형적인 암석과 토양 안에 함유된 광물질들을 분석하는 장비로도 운반된다. 공학자들은 지구에서라면 거실만 한 공간을 채울 장비들을 전자레인지 크기만 한 큐리오시티 내부 공간에 압축해 넣어놓았다.

영화감독 제임스 카메론은 고해상도 3D 줌 카메라를 큐리오시티에 장착하도록 백방으로 로비를 펼쳤다. 3D 영상 촬영 옵션은 2007년에 예산을 이유로 제외되었지만, 대중과 연계된다는 것이 얼마나 중요한지 알고 있던 영리한 나사는 카메론을 마스트캠Mastcam 공동개발자이자 '대중 참여 공동연구자'로 비공식적으로 임명했고, 원래대로 옵션을 복원했다. 하지만 2011년 초에 이 계획은 또 다시 보류되고 마는데, 이번에는 발사 전에 3D 카메라의 성능을 검토할 시간적 여유가 부족하다는 것이 그 이유였다.[18] 영화감독의 시선에서 3D 영상을 촬영할 기회는 잃었지만, 고정초점 카메라들은 그대로 존속시키기로 했다. 아쉬운 대로 이 카메라들이 찍은 영상들을

3D 영상으로 전환하면 될 일이다. 마스트캠은 사람 눈높이에서 화성을 조망해주기 때문에 대중들에게 머나먼 세상을 직접 걸어다니는 기분을 느끼게 해준다. 큐리오시티는 카메론의 영상 촬영법을 화성에 적용하지 못하는 아쉬움을 대체할 만한 또다른 비책도 갖추고 있다. 쳄캠ChemCam이라 불리는 최신 장비가 그것이다. 이 장비는 레이저 펄스를 이용해서 7미터 가량 떨어진 곳의 암석들을 기화시킬 수 있다.[19] 그런 다음 발생한 기체의 화학적 조성을 분석하여 수초 내에 결과를 도출해낸다. 이 장비가 대중의 상상력을 사로잡는 데 있어서는 가히 〈스타워즈〉와 동급일 것이다.

큐리오시티의 착륙지점을 물의 작용으로 피해를 입은 범죄현장에 비유한다면 큐리오시티는 오래 전에 범행을 저지르고 도주한 용의자를 추적하는 탐정인 셈이다. 큐리오시티는 우리에게 이 작고 메마른 세상의 어딘가 한 곳이 과거 한때 축축하고 생명에 호의적이었느냐에 관해 합리적 의혹을 넘어서는 보다 확실한 이야기를 들려줄 것이다. 큐리오시티는 생명을 발견하도록 설계된 탐사 로버가 아니다. DNA를 탐색하도록 설계된 것도 아니고 생물에 필수인 기타 다른 분자들을 검출하도록 계획된 로버도 아니다. 암석에 남은 화석을 조사할 수도 없다.[20] 그 대신 이 로버는 유기 화합물과 생명에 필수인 원소들, 즉 탄소와 수소, 질소와 산소, 황과 인 같은 원소들의 재고를 조사하도록 설계되었다. 바이킹이 생명에 관해 보내온 안타까운 '증거 불충분' 평결은 행성과학자들 사이에서 반향을 일으켰고, 큐리오시티에 대한 기대치를 설정하는 데도 몹시 조심스럽게 만들었다. 하지만 그 사이 기술은 눈부시게 발전했다. 바이킹과 달리 큐리오시티는 과거에 물이 존재했던 것이 거의 확실시되는 지점에 착륙할 예정이었고, 더 광범위한 지역을 돌아다니면서 시료를 채취할 수 있다. 바이킹은 팔이 닿는 범위 안의 토양 시료만 채취할 수 있었지만, 큐리오시티는 암석 내부를 분석할 수 있을 뿐 아니라 유기 화합물 함량이 10억분의 1만 되어도 탐지할 수 있는 뛰어난 감도를 갖고 있다. 큐리오시티는 과염소산염이 유기체 검출을 가로막는 주범이라는 가설을 검증하게 될 것이다. 화성에 희박하게 분포한 메탄이 생물에서 기원한 것인지 아니면 지질에서 기원한 것인지도 밝혀낼 것이다. 만에 하나 유기물질이 검출된다면, 큐리오시티는 그 안에 함유된 탄소 원자들의 패턴까지도 조사할 것이다. 탄소 원자들이 무작위로 뒤섞여 있지 않고 짝수로 또는 홀수로 우세하게 존재한다면, 그것은 생체 분자들에서 반복적으로 나타나는 기본 단위의 증거로 볼 수 있을 것이다.[21] 큐리오시티가 초기에 보내온 분석결과에 따르면 화성의 토양은 화학적으로 복잡할 뿐 아니라 생명을 품을 만한 잠재력도 갖고 있다.*

이제부터 우리는 기다려야 한다. 태양계 탐험의 가까운 미래는 아직 불투명하다.[22] 큐리오시티가 멋지긴 하지만, 화성 표면으로 싣고 간 몇 개의 장비로부터 우리가 얻을 수 있는 지식은 딱 그만큼이다. 화성의 암석 덩어리를 지구로 가져올 수만 있다면 분자들 속까지 아주 철저하고 꼼꼼한 분석이 가능할 것이다. 그래서 시료

---

* 2014년 12월 나사는 큐리오시티가 화성의 대기에서는 메탄을, 광물 샘플에서도 클로로메탄이라는 유기분자를 발견했다고 발표했다. 또한 게일 크레이터가 커다란 호수의 바닥이었다는 사실을 보여주는 증거를 발견했다고 발표했다.

를 지구로 가져오는 일은 화성탐사의 '성배'나 다름없는 오랜 숙원 사업이기도 하다.[23] 안타깝지만 이 성배는 손에 넣기가 무진장 어렵고 엄청나게 비싸다. 현재 계획은 일단 두 대의 로버를 화성으로 보내 2미터 깊이로 굴착해서 시료를 채취하고 저장장치에 '은닉'한 다음, 2단계로 로켓을 이용해 시료를 화성 궤도로 쏘아 올리고, 3단계 임무에서는 지구로 가져오는 것이다. 1단계 임무에만 최소 25억 달러의 비용이 소요된다. 2022년 아니 그 후에라도 화성의 시료를 손에 넣을 수 있을지 모르겠다.

대안이 전혀 없는 것은 아니다. 게다가 그 대안도 흥미진진하다. 태양계 가장자리에 있는 '물의 세상들'을 연구하는 것이다. 나사와 유럽우주기구는 지구에서 멀리 떨어진 흥미로운 표적들을 탐사할 주력 위성을 제작하기 위해 머리를 맞댔다. 두 가지 방안이 나왔는데, 하나는 궤도선회우주선을 띄워 목성의 위성 유로파와 가니메데를 조사하는 것이고, 또 하나는 토성의 위성 타이탄을 동일한 방식으로 조사하는 것이다. 옥신각신한 끝에 2009년 목성이 그 첫 번째 목표로 선정되었다. 유로파 목성계 임무-라플라스Europa Jupiter System Mission-Laplace가 그 임무를 수행할 탐사선이다.[24] 라플라스는 아무리 빨라도 2020년에야 발사되어 2028년쯤 목성계에 당도하게 될 것이다. 라플라스는 두 대의 궤도선회우주선으로 구성될 예정인데, 나사가 제작한 한 대는 유로파와 이오를 조사하고, 유럽우주기구가 제작한 다른 한 대는 가니메데와 칼리스토를 조사한다. 나사가 담당한 임무에 드는 비용만 47억 달러에 이르는데, 실은 그나마도 아직 승인을 받지 못하고 있는 실정이다.[25] 모든 일이 계획대로 진행된다면 갈릴레오의 눈에 처음으로 포착된 지 420년 만에 목성의 큰 위성들은 로봇 탐사선들의 꼼꼼하고 예리한 눈으로 낱낱이 해부될 것이다.

이 임무들은 '거주가능한 세상들'에 지구와 닮은 행성들만이 아니라 거대 행성들의 큰 위성들도 포함될 수 있다는 주장을 확고히 해줄 수 있다. 화성은 우리가 익히 알고 있는 거주가능한 지역, 쉽게 말해 물이 행성 표면에 액체로 존재할 수 있는 지역을 훨씬 벗어나 있다. 태양계 변두리의 행성들은 화학적 조성 면에서 태양의 축소판이고 생명의 잠재성 면에서도 기대할 게 없다. 하지만 유로파와 가니메데처럼 커다란 위성들은 얼음층과 암석층 아래에 축축한 바다를 숨기고 있는 게 거의 확실하다. 조석 가열과 지질학적 가열로 에너지원이 집약된 곳이라면 생물학에 필요한 모든 요소들이 존재한다. 나사의 궤도선회우주선은 유로파의 얼음과 물의 분포를 3차원 지도로 작성하고 그 얼음층이 생명의 전구물질과 관련된 화합물을 함유하고 있는지를 밝혀낼 것이다.[26] 유럽우주기구의 궤도선회우주선은 태양계에서 제일 크고 불가사의한 위성 가니메데에 대해서 이런 일을 하게 될 것이다.[27] 우주의 생물학적 '영토들'은 어쩌면 대다수가 별들의 따뜻한 광선에서 멀리 떨어진 이런 위성들인지도 모른다.

두 번째로 소개할 탐사위성 한 쌍은 고향별에서 더 멀리 떨어진, 우리 은하 띠 저편의 새로운 세상들을 탐험하고 있다. 태양계 밖에서 최초로 행성이 발견된 것은 1995년이었다. 이 발견은 수십 년 동안 실패와 좌절을 반복한 탐색작업에 극적인 종지부를 찍었다. 목성과 비슷한 행성이 반사하는 빛은 그 부모별이 방출하는 빛보다 수억 배 더 희미하다. 멀리서 보면 부모별과 너무 가까워서 그나마 흐린 빛마저도 마치 투광조명의 밝은 빛에 묻힌 반딧불이처럼 보일 지경이다. 그래서 천문학자들은 묘책을 강구했다. 태양 같은 별들의 스펙트럼을 관찰하면서 거대 행성들이 부모별을 당길 때 그 스펙트럼에 일어나는 도플러 효과를 찾아내기로 한 것이다.[28] 이 방법은 그야말로 대대적인 성공을 거두었다. 발견된 외계 행성의 수가 18개월마다 두 배씩 늘어나고 있으며, 지금까지 발견된 것만 그 후보를 포함하여 5,000여 개다.[29] 코페르니쿠스 혁명이 진행 중임을 보여주는, 먼저 별이 있고 그 결과 행성이 있다는 사실을 은하계 도처에서 확인하는 중대한 발전이다.

과학에서는 '타이밍'이 전부라고 해도 과언이 아니다. 시대를 너무 앞서 가면 헛수고로 끝나는 경우가 종종 있고, 그렇다고 혁신을 주저하다가는 닭 쫓던 개 신세를 면치 못한다. 빌 보로키는 약간 색다른 아이디어를 도입함으로써 외계 행성 수색 경쟁에서 유리한 고지를 확보했다. 나사 에임스연구센터 소속인 보로키는 한 행성이 부모별을 횡단할 때 빛을 희미하게 만드는 비율이 별 면적에 대한 행성 면적의 비율과 동일하다는 사실을 간파했다. 물론 모든 별이 행성을 거느리고 있다고 하더라도 극히 일부의 행성만 부모별의 정면을 횡단하기 때문에 보로키가 깨달은 사실도 통계적일 수밖에 없었다. 우주 환경이 안정적이라는 전제 아래 그는 목성만 한 행성이 야기하는 1퍼센트의 빛 흐려짐뿐 아니라 지구만 한 행성의 횡단으로 인한 0.01퍼센트의 빛 흐려짐까지도 탐지할 수 있으리라 생각했다(그림 13.1). 먼 우주에서 우리와 꼭 닮은 또 다른 세상들을 발견

할 수 있는 가능성이 열린 것이다.[30]

1992년 보로키와 그의 팀은 나사 본부에 프로젝트 계획서를 제출했으나 기술적으로 너무 난해하다는 이유로 거절당했다. 1994년에 또 한 번 시도했지만 이번에는 비용이 문제였다. 1996년에 그리고 다시 1998년에도 보로키의 제안은 받아들여지지 않았다. 실험실 연구에서는 검증이 완료되었음에도 불구하고 이번에도 역시 기술적인 문제가 거절 이유였다. 이 프로젝트가 마침내 2001년 나사의 '발견 등급' 임무의 일환으로 승인받을 무렵에는 이미 지상기반의 망원경을 통해서도 외계 행성들이 발견되었고 최초의 횡단도 포착된 상태였다.[31] 불굴의 의지가 거둔 성공이었다.

케플러 우주망원경은 2009년 3월에 발사되자마자 '지구들'을 탐지할 만큼 감도가 뛰어나다는 사실을 증명해 보였다. 케플러는 지름 1미터 반사경으로 백조자리 방향에 있는 약 15만 개의 별들을

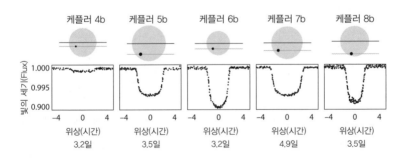

그림 13.1 횡단 빛 곡선. 케플러 우주망원경은 우리의 시선이 행성들의 궤도와 거의 일직선을 이룰 때만 외계 행성들을 탐지할 수 있다. 이 행성들이 부모별의 정면을 횡단하면서 일으키는 짧은 일식을 측정하는 것이다. 세로축은 별에서 방출되는 빛의 세기를 나타내는데, 일시적으로 빛의 세기가 줄어드는 것은 거대한 행성에 의한 부분 일식 때문이다. 목성의 경우 태양빛을 1퍼센트 약하게 만들고, 지구는 약 0.01퍼센트 태양빛을 흐리게 만든다. 케플러가 '지구들'을 탐지하려면 엄청난 정밀함이 요구된다(나사/케플러 과학팀).

'응시'하고 있다. 3년 6개월 동안 데이터를 수집하도록 설계되었으나 2012년 초에 2016년까지로 임무기한이 연장되었다. 핵심 임무를 성공적으로 수행하기에 충분한 시간이 주어진 셈이다. 태양과 닮은 별들을 횡단하는 지구와 닮은 행성들의 전수조사! 2013년 초 케플러팀은 초반 2년 동안 수집한 데이터의 결과를 발표했다. 결과는 놀라웠다. 기존에 알려진 외계 행성의 네 배가 넘는 2,700개 이상의 유력한 후보 행성들을 발견한 것이다(plate 24).[32] 그중에서 지구와 크기가 비슷한 행성도 350개나 되고 부모별에서 거주가능한 거리만큼 떨어져 있는 행성도 54개나 된다. 그 가운데 10개는 크기도 지구와 비슷하다. 케플러팀이 추산한 바에 따르면 15만 개의 별들 중 43퍼센트가 다양한 행성들을 거느리고 있으며, '지구들'을 품고 있는 별도 약 15퍼센트에 이른다. 거주가능한 세상들이 우리 은하 안에만 1억 개 가량 있을 것으로 추정된다. 생명을 보유하고 있을 가능성이 있는 세상들이 그토록 많을진대, 그곳에 '어떤' 생명이 존재할는지는 상상하기도 벅차다.

케플러가 우리의 하늘 뒤뜰 수백 광년 이내에 있는 별들을 응시하고 있는 동안 천문학자들은 우리의 항성계가 속한 더 넓은 행렬을 지도로 그리는 일에 착수했다. 히파르코스 망원경의 후배로 2013년에 발사된 유럽우주기구의 가이아 망원경은 맨눈으로 볼 수 있는 것보다 100만 배 더 흐릿한 수준까지의 우리 은하 내 모든 별들을 관찰한다. 가이아의 심장은 한 쌍의 망원경과 2톤짜리 광학 카메라로, 여기서 수집된 정보들은 100여 개의 전자탐지기가 덮인 초점면으로 수렴된다. 케플러가 보유한 카메라는 1억 화소인데 반해 가이아의 카메라는 10억 화소를 자랑한다.[33] 히파르코스는 10만 개의 별들을 조사했지만, 가이아는 앞으로 10억 개에 이르는 별들의 위치와 색, 광도까지 밝혀낼 것이다. 물론 여기서 끝이 아니다. 가이아는 별 하나당 100여 차례씩 측정하게 될 터인데, 모두 합하면 1,000억 번을 관측하는 셈이다. WMAP과 마찬가지로 가이아도 지구에서 160만 킬로미터 떨어진 라그랑주 점 L2에서 묵묵히 회전하며 5년의 임무기간 동안 하늘을 스캔할 것이다.[34] 그럼으로써 우리 은하 한 구석에 있는 우리 동네를 3D 입체지도로 작성해줄 것이다.

비록 1차 목표는 아니지만 가이아는 외계 행성들도 탐지할 것이다. 150광년 안에 있는 거대 행성들에 대한 전수조사를 진행할 계획인데, 이 작업은 도플러 이동이나 부모별을 가리는 일식을 통해서도 진행되겠지만, 가이아는 실제로 행성이 부모별을 앞뒤로 잡아당기면서 일어나는 미세한 떨림을 포착할 수도 있다. 이 떨림은 사실 극도로 미세해서 목성의 영향을 받은 태양도 그 가장자리만 살짝 떨리는 정도다. 그런데 가이아는 이런 떨림을 수백 조 킬로미터 떨어진 별들에서도 포착해낼 수 있다. 달 가장자리에서 뱅글뱅글 돌고 있는 1페니 동전을 맨눈으로 본다고 생각하면 된다. 이 방식을 통해 약 5만 개의 외계 행성들이 발견될 것으로 보이는데, 현재까지 파악된 수천 개의 외계 행성과 비교하면 대단한 발전이다. 또한 가이아는 갈색왜성이라 불리는 어둡고 따뜻한 세상들도 수만 개 정도 발견할 것이다. 이 별들은 핵융합을 개시할 만큼 덩치가 크지 않은 별들의 '황혼기'를 보여준다. 그리고 태양계 맨 끝자락에 있는 명왕성과 같은 왜소행성들도 찾아낼 것이다. 이런 행성들도 각자만의 독특하고 흥미로운 지질학적 특징을 보유한 세상들이다.

가이아는 우리 은하 안에서 우리의 '발전상'을 보여주는 위성이다. 게다가 앞으로 살펴볼 마지막 두 임무를 이어주는 교량 역할도 할 것이다. 우리 은하 안에서 가장 늙은 별들의 운동이 그 탄생 시점부터 이어져왔다는 점을 감안하면, 이 운동들은 우리 은하가 애초에 어떻게 형성되었는지를 보여주는 '동결된 기록'이라고 볼 수 있다. 현재의 이론들은 거대한 은하들이 규모가 작은 은하들의 합병을 통해 조립되었다고 주장한다. 대부분의 인수합병은 수십억 년 전에 일어났지만, 스파게티 가닥들처럼 은하의 헤일로를 휘감고 있는 별들의 흐름 속에는 여전히 그 흔적이 남아 있다.[35] 이처럼 은하의 과거를 좇는 은하고고학은 우주가 어떻게 균일하고 뜨거운 가스에서 별들이 무리 짓고 있는 '섬 우주'들이 산재한 차갑고 텅 빈 우주로 변했는지를 이해하는 데 중요한 역할을 한다.

우주론은 성능 좋은 최신 관측장비들, 컴퓨터 시뮬레이션, 그리고 우주의 빅뱅 기원론과 중력 이론처럼 믿을 수 있다고 증명된 든든한 이론들로 박차를 달고 전진하는 역동적인 학문이다. 우주론의 가까운 미래는 허블 우주망원경의 야심찬 후계자 제임스웹 우주망원경James Webb Space Telescope, JWST에 달려 있다.[36] 허블은 우주왕복선이 지구저궤도로 싣고 갈 수 있는 탑재장비의 중량 규격에 맞추느라 지름 2.4미터짜리 반사경으로 만족해야 했다. 반면 JWST는 지름이 무려 6.5미터나 되는 반사경으로 허블보다 일곱 배 더 많은 빛을 모으게 될 것이다. 탑재장비 최대 규격이 지름 4미터에 불과한 아리안 5 로켓에 실려 발사된다고 해도 JWST의 반사경 지름은 축소되지 않을 것이다(그림 13.2). 그 비결은 망원경 디자인에 숨어 있다. 망원경이 우주에 배치된 후 마치 꽃잎처럼 펼쳐지도록 주반사경 모양에 공학적 묘수가 더해진 것이다. JWST 역시 수많은 위성들로 북적이는 '천체물리학의 단골 술집' L2에 배치될 예정이다. 우주비행사의 정비를 받기에는 너무 먼 곳에 배치되기 때문에 망원경과 장착된 여러 장비들이 견뎌야 할 위험 부담도 크거니와 이 프로젝트에 참여한 모든 사람들이 받는 중압감도 만만치 않다. JWST 프로젝트에 들어간 비용은 이미 80억 달러를 넘어섰고 발사도 수차례 연기된 상황이다. 현재 2018년에 발사일자가 잡혀 있다. 천문

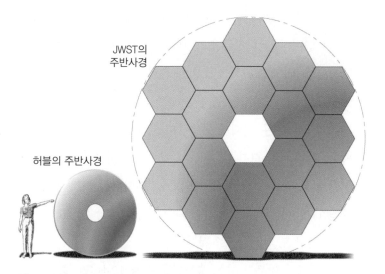

JWST의
주반사경

허블의 주반사경

그림 13.2 제임스웹 우주망원경은 허블 우주망원경의 후배로 2018년에 발사가 예정되어 있다. 지구로부터 160만 킬로미터 떨어진 곳으로 발사될 이 망원경의 주반사경은 궤도에 안착한 후에 펼쳐지도록 설계되었는데, 그러고 나면 우주에 배치된 망원경 중 지름이 가장 큰 망원경이 될 것이다. 제임스웹 우주망원경의 1차 목표는 별과 은하가 처음으로 형성되던 130억 년 전에 생성된 '최초의 빛'을 탐지하는 것이다(나사/JWST).

학계의 전반적인 지원을 받고는 있으나 고비용과 반복되는 발사 연기로 인해 프로젝트 자체가 존폐의 위기에 몰렸던 적도 있다. 나사도 MSL과 같은 행성과학 주력 프로젝트를 동시에 여러 건 진행할 형편이 안 된다. 천문학 탐사와 관련된 주력 프로젝트도 마찬가지다. JWST가 제대로 작동되기 전까지는 어떤 큰 구상도 재정지원은 커녕 견인력을 얻기도 힘들다. 천문학자들은 이런 상황에서도 연대하기 위해 고군분투하고 있다.

JWST는 다목적 망원경인 만큼 외계 행성뿐 아니라 더 먼 우주를 조사하는 데도 기여하게 될 것이다. 이 망원경이 보유한 한 장비는 우주 구석에 있는 별, 그 별 옆에 있는 행성이 반사하는 희미한 빛, 그 빛의 스펙트럼도 측정할 수 있다. 적외선 파장 범위에서 관측하면 외계 행성들은 가시 파장에서 보이는 '별'보다 10배에서 20배 더 밝게 보인다. 천문학자들은 이 행성들 가운데 지구와 제일 닮은 행성들을 골라내고 거기서 산소와 오존의 스펙트럼을 찾아낼 것이다. 지구에서 이 두 기체는 '생명을 고발'하는 밀고자다. 만약 외계 행성의 대기에 이 두 기체가 풍부하다면, 광합성 유기체들이 존재한다는 증거로 봐야 한다. 말은 쉬워 보이지만 사실 하나의 표적당 100시간 이상씩 관측해야 하는 엄청난 도전이다.[37] 하지만 이 관측이 성공한다면 생물지표 탐지는 우리와 닮은 세상을 찾고자 하는 과업에 극적인 도약을 이뤄줄 것이다.

JWST의 핵심 임무는 사실 생물지표 탐지가 아니라 '최초의 빛'을 찾아내는 것이다. 최초의 빛이란 우주가 젊고 팔팔했던 시절을 지나며 팽창함에 따라 식어가는 가스로부터 중력이 최초의 '구조'

를 뭉쳐낼 만한 시간을 확보한 시점에 새어나온 빛을 말한다. 빅뱅은 상상을 초월할 만큼 뜨거웠다. 이 용광로는 자연의 네 가지 힘을 하나의 '초강력 힘'으로 녹여낼 만큼 뜨겁고 강력했다. 빅뱅 후 38만년 즈음 이 온도는 3,000K까지 떨어졌고, 안개가 걷히고 빅뱅으로부터 방출된 복사의 광자들이 자유롭게 공간을 이동하면서 우주는 불그레하게 빛나고 있었다. '암흑기'가 시작된 것이다.[38] 이론가들도 정확한 시점에 대해서는 의견이 분분하지만, 밀도에서 일어난 작은 요동들이 가스 주머니로 성장해서 붕괴하기까지는 수억 년 이상이 더 흘렀을 것으로 짐작한다. 그 즈음 우주는 흔히 말하는 상온으로 식었고, 지금보다 100배 정도 더 작고 100만 배 정도 더 조밀했다. 이 시점에서 암흑기가 끝났다. 처음으로 별들이 형성되기 시작했고, 그 별들이 죽고 태어나기를 반복하며 마침내 은하 덩어리들을 이루었다. 처음 형성된 별들은 아마도 태양 질량의 80배에서 100배에 이르는 거성들이었을 것이다. 이 별들은 매우 빠르고 격렬하게 죽으면서 블랙홀을 남겼다. 이런 낯선 풍경의 우주에는 지구와 닮은 세상들이 존재하지 않았다. 우주는 수소와 헬륨 천지였고, 행성과 생명을 존재하게 할 만큼 무거운 원소들이 충분해지기까지 별들은 태어나고 죽기를 수세대 반복해야 했다.

JWST가 최초의 '별'을 탐지하지 못할 수도 있지만, 적어도 최초의 '은하'는 탐지해낼 것이다. 허블 우주망원경이 최초의 빛을 찾아 헤매느라 집광력을 거의 다 소진해버렸기 때문에 JWST가 뛰어난 성능으로 그 자리를 대신하지 않으면 안 된다. 빅뱅 후 5억 년이 채되기 전에 발생한 빛은 우리에게 도달하기엔 너무 멀리까지 나아가버렸다. 우주 팽창이 가시 광자의 파장을 적외선 파장에 가깝게 늘여놓은 것이다. 멀리 있는 빛은 스펙트럼의 붉은색 가장자리를 벗어나 보이지 않게 된다. 어떤 의미에서 JWST가 찾게 될 것은 '최초의 열'인 셈이다.

지평선 너머를 보려면 우리는 지금 이 순간 데이터를 수집하고 있는 탐사임무에 주목해야 한다. WMAP의 후임 플랑크는 2009년 유럽우주기구가 발사한 탐사위성이다. 식탁 크기만 한 플랑크의 주반사경은 알루미늄을 얇게 덮은 탄소섬유 강화 플라스틱으로 제작되었으며, 무게가 13킬로그램밖에 안 된다. 플랑크의 탐지장치는 절대영도보다 약간 높은 온도까지 냉각된다. WMAP과 비교했을 때 플랑크는 각분해능에서 3배, 파장탐지 범위에서 10배, 그리고 감도에서 10배 더 향상된 장비다. 종합하면 플랑크는 WMAP보다 우주 마이크로파 배경복사로부터 15배 더 많은 정보를 추출해낼 수 있다.

이제는 아무도 빅뱅을 의심하지 않는다. 따라서 현재 플랑크는 빅뱅이론을 최대한 확장하여 우주가 빅뱅 후 10^{-35}초라는 기막힌 찰나에 기하급수적 팽창을 겪었다는 개념, 즉 급팽창이론을 검증하고 있는 셈이다.[39] 플랑크는 100만분의 1도의 정확성으로 우주 마이크로파 배경복사를 측정함으로써 급팽창이 얼마 동안 지속되었는지 계산하고 우주 마이크로파 배경복사에 남은 원시 중력파의 서명을 검출해낼 수도 있다. 설령 플랑크가 급팽창에 대해 이렇다 할 근거를 제시하지 못한다고 해도 최소한 과학자들을 설계도면 앞에 다시 서게 만들 수는 있을 것이다.

급팽창이 일어났다면, 시간의 태동기에 발생한 양자 요동들은 은하들의 씨앗이 되었을 것이다. 급팽창이 일어났다면, 성능이 가장 뛰어난 우리 망원경들의 시야보다 훨씬 더 먼 곳에 시공간이 존재할 것이다. 급팽창이 일어났다면, 단 하나의 양자 요동이 지금 우리를 둘러싸고 있는 차갑고 늙은 우주로 성장했을 것이다. 빅뱅의 초기 상황이 수많은 양자 요동을 일으키기에 충분했다면, 그 양자 요동들 하나하나가 물리적 성질이 전혀 다른 우주들을 탄생케 했을 것이다. 그 우주들 대부분은 수명이 긴 별들을 지탱하거나 무거운 원소들과 생명의 형성을 지원할 만한 성질을 갖고 있지 않을 확률이 높다. 어쨌든 급팽창은 "우리에게는 관측될 수 없지만 제각기 다른 성질을 지닌 무수히 많은 다른 우주들이 존재하며, 공교롭게도 우리는 생명에 우호적인, 더 나아가 지적 관찰자들에게 우호적인 진기한 한 우주에 살게 되었다"는 다중우주multiverse 개념을 뒷받침한다.[40] 실제로 다중우주는 일어날 수 있는 모든 일은 실제로 어딘가에서 '일어날' 것이라는 수많은 가능성들을 시사한다. 저 지평선 너머 어딘가에 지구의 클론뿐 아니라 바로 '우리'의 클론들이 존재할 수도 있다. 양자 기원quantum genesis과 다중우주는 공상과학 소설만큼 거침없고 대범한, 무한한 세상들을 꿈꾸는 과학이 있는 곳으로 우리를 이끌 것이다.

1장 정녕 우리뿐인가? - 다른 세상을 향한 꿈

1. 《Lives of the Eminent Philosophers 고대 철학자들의 생애와 사상》(by Diogenes Laërtius, translated by Robert Drew Hicks (1925), Loeb Classical Library) 참고.

2. 《The Presocratic Philosophers》 by J. Barnes (1982), London : Routledge.

3. 아낙사고라스가 주장한 천문학 이론들에 대한 증거의 상당수는 기원전 2세기경 히폴리투스가 쓴《A Refutation of All Heresies》에서 인용했다. 고대의 뛰어난 사상가들의 저술이 거의 남아 있지 않다는 것은 탈레스와 피타고라스의 사례만 보아도 알 수 있다. 최초의 과학-철학자로 꼽히는 탈레스와 수학의 창시자로 알려진 피타고라스조차 직접 저술했다고 전해지는 문헌이 없다.

4. 아낙사고라스는 '모든 것은 모든 것의 일부다'를 형이상학적인 핵심 원리로 여겼다. 맨스필드가 《Phronesis》 25 : 1-4 '아낙사고라스의 다른 세상'에서 설명한 대로, 모든 원초적 성분이 크든 작든 끝이 없고 모든 시간을 아우르는 모든 것의 일부라는 명제는 해석에 큰 어려움이 따른다. 어떤 척도에도 우선권을 주지 않는 우주라는 개념은 오늘날 프랙털* 개념과 유사하다.

   P. V. Grujic (2001), "The Concept of Fractal Cosmos. I. Anaxagoras' Cosmology" 《Serbian Astronomical Journal》 163 : 21-34 참고.

5. 《Anaxagoras of Clazomenae : Fragments and Testimonia》 by P. Curd

---

* 차원분열도형. 작은 구조가 전체 구조와 비슷한 형태로 끝없이 되풀이되는 구조를 말한다.

(2007), Toronto: University of Toronto Press.

6. 아낙사고라스는 종교적 전통을 거스른다는 문제 못지않게 정치적으로도 곤란한 입장이었을 것이다. 그는 당시 아테네의 막강한 지도자였던 페리 클레스의 선생이자 친구였고 믿을 만한 동지이기도 했다. 페리클레스는 자신의 영향력 있는 멘토를 공격함으로써 자신에게 적대감을 품은 경쟁 자들을 상대해야 했다.

7. "Ancient Atomists on the Plurality of Worlds" by J. Warren (2004), 《Classical Quarterly》 54, no. 2: 354-65. 고대 그리스의 언어가 현대의 과 학적 용어들의 의미를 정확하게 암시하는 것은 아니다. 원자론자들은 지 구가 원자들의 뜻밖의 연결로부터 생성되었다고 생각했고, 동시에 존재 하면서 유한한 수명을 가진 무한한 다른 세상들도 같은 원리로 생성되었 다고 믿었다. 이런 세상들은 자족적인 우주, 즉 서로 분리되어 있으며 관 측이 불가능한 코스미kosmi를 차지하고 있다. 데모크리토스가 태양이나 달이 없는 코스미와 생명이 없는 코스미에 대해 논했으므로, 우리는 코스 모스kosmos가 '세상계world-system'였을 것으로 추정한다. 현대 우주론에서 관측 가능한 우주가 그에 해당한다.

8. 《Plurality of Worlds: The Origins of the Extraterrestrial Life Debate from Democritus to Kant》 by S. Dick (1982), Cambridge: Cambridge University Press.

9. Ronald Huntingdon, in "Mything the Point: ETIs in a Hindu/Buddhist Context" from 《Extraterrestrial Intelligence: The First Encounter》 edited by James L. Christian (1976), Buffalo, NY: Prometheus Books.

10. 루키아노스의 작품은 《The Works of Lucian of Samosata》(translated by H. W. Fowler and F. G. Fowler (1905), Oxford: Clarendon Press)에 수 록되어 있다. 루키아노스의 작품이 공상과학 소설의 모태가 되었다는 내 용은 S. C. Fredericks (1976), "Lucian's True History as Science Fiction" 《Science Fiction Studies》 3, no. 1: 49-60을 참고한다. 그밖에 루키아노 스는 《Icaromenippus, an Aerial Expedition》이라는 공상과학 단편도 저 술했다.

11. "Nicolas of Cusa" from vol. 9 of 《Dictionary of the Middle Ages》 edited

by Joseph R. Strayer (1987), New York: Charles Scribner's Sons 참고.

12. 《Giordano Bruno: Philosopher/Heretic》 by I. Rowland (2008), New York: Farrar, Straus, and Giroux.

13. 조르다노 브루노는 영국에 몇 년 간 머물렀는데, 이때 토머스 딕스의 작품을 정독했을 것으로 추정된다. 토머스 딕스는 1576년 코페르니쿠스의 획기적인 책을 번역하여 출판했고, 그 책에서 코페르니쿠스는 별들이 무한한 공간에 펼쳐져 있다고 주장했다.

14. 《솜니움》은 1947년 조셉 레인이 최초로 번역했으나 출판으로 이어지진 않았다. 이 작품에 대한 대부분의 설명은 에드워드 로젠의 번역본을 바탕으로 한다(2003년, Dover Publications).

15. 《Kepler's Somnium: Science Fiction and the Renaissance Scientist》 by G. Christianson (1976), in 《Science Fiction Studies》 3, no. 1: 76-90.

16. 《Discoveries and Opinions of Galileo》(translated by Stillman Drake (1957), New York: Anchor)에서 요약했다. 갈릴레오는 피고석에 불려나와 엄중한 경고를 받았지만, 지동설을 주장한 데 대한 극한의 대가는 치르지 않았다.

17. 《The Extraterrestrial Life Debate: 1750-1900》 by M. Crowe (1999), London: Courier Dover.

18. 풍요의 원리는 본래 원자론자들이 제기했고, 이를 종교적으로 해석한 사람은 쿠사의 니콜라스다. 이 용어는 아서 러브조이의 《The Great Chain of Being》(1936, Cambridge, MA: Harvard University Press)에서 빌려왔다. 랄프 커드워스의 《The True Intellectual System of the Universe우주의 진지적 체계》(1678)는 이 주장의 대표작이라 할 수 있다. "오로지 지구라는 이 작은 점에 불과한 지역만 빼고 이 헤아릴 수조차 없는 광막한 모든 곳이 놀고 있는 불모지이고 생명이 살지 않으며, 따라서 창조주를 칭송할 존재가 없다는 것은 이치에 맞지 않다." 목적론은 지난 3세기 내내 생물학계 안에서 종종 논객들의 단골 메뉴로 등장했다. 임마누엘 칸트도 철학적 저술에서 이 두 원리를 소개한 바 있다.

19. 《The Last Frontier: Imagining Other Worlds from the Copernican Revolution to Modern Science Fiction》 by K. Guthke (1990), Ithaca,

NY: Cornell University Press.

20. 《Conversations on the Plurality of Worlds》 by B. Fontenelle (1990), Berkeley and Los Angeles: University of California Press.

21. 퐁트넬은 한마디로 르네상스적 교양인이었다. 다방면에 관심이 많았던 퐁트넬은 프랑스 아카데미와 프랑스 과학아카데미 두 협회에 선출되었고, 규칙적으로 딸기를 먹는 것이 장수와 건강의 비결이라고 생각하는 미식가이기도 했다. 크리스티안 하위헌스는 《The Celestial Worlds Discovered》(1698)에서 퐁트넬의 개념을 좀더 과학적으로 다듬었다.

22. 한편으로는 놀랍고 다른 한편으로는 애석한 일이지만, 플라마리옹의 책은 절판되었다. 운이 좋으면 고서적 판매 사이트에서 프랑스어판을 구할 수 있다.

23. 데이비드 카일의 《A Pictorial History of Science Fiction》(1976, London: Hamlyn Publishing Group)에 따르면 '공상과학science fiction'이라는 용어는 휴고 건스백이 1929년에 최초로 사용하기 시작했다. 그때부터 다른 세상들에 대한 엄밀한 과학과 공상과학이 구별되기 시작했지만, 실제로 이 두 장르는 지금까지도 서로를 풍성하게 해주고 있다.

24. 수브라마니안 찬드라세카르는 5년에 걸쳐 뉴턴의 《프린키피아》를 꼼꼼하게 재해석했다. 그 결과물이 바로 《일반인을 위한 뉴턴의 프린키피아 Newton's Principia for the Common Reader》(1995, Oxford: Clarendon Press)다. 노벨상을 수상했고 20세기 최고의 천체물리학자 반열에 오른 찬드라세카르였지만, 300년 더 발전된 수학적 방법을 갖고도 원본에서 한 걸음도 더 나아가지 못했음을 한탄했다.

25. 우주탐험의 역사가 천문학의 역사는 아니다. 관측천문학은 망원경과 탐지기술의 발전과 더불어 4세기에 걸쳐 발전했다. 최초의 천문학자들은 왕족과 부유한 귀족들의 별난 지원을 받았던 '시민과학자'들이었다. 미국에서도 천문학이 정부의 공식적인 지원을 받은 것은 1950년대에 이르러서였다. 우주 프로그램은 냉전시대를 이끈 초강대국의 경쟁구도에서 탄생했다. (베르너 폰 브라운이 2차 세계대전 때 독일이 이미 사용한 바 있는 로켓 기술을 지속적으로 발전시키기 위해 미국으로 건너오면서 시작되었다.) 나사는 스푸트니크 호가 발사되고 1년이 지나서야 핵무기 발사

를 위한 공격 프로그램이 아닌, 민간 기구로서 설립되었다. 미국과 러시아 이외의 다른 국가들에서 우주 프로그램은 훨씬 더 나중에 출범했으며, 순수한 민간활동으로서 정부의 지원을 받고 있다.

《Remembering the Space Age》(by S. Dick, editor (2008), Washington, DC: NASA (NASA SP-2008-4703)) 참고.

26. 현대 우주론도 다른 세상들이 무한하게 존재하느냐 아니냐라는 오래된 질문에는 답을 내놓지 못하고 있다. 10만 곱하기 10억 곱하기 10억 개의 별들 중에 행성과 생명이 존재할 가능성이 대두되고 있으니, 풍요의 원리도 지지기반이 전혀 없는 것은 아니다. 하지만 팽창하는 우주를 바라보는 우리 시야의 한계는 시간이지 공간이 아니다. 즉 우주에는 빅뱅 후 지금까지 우리에게 미처 그 정보가 도달하지 못한 '물리적 영역들'이 존재한다는 의미다. 표준 빅뱅 모델은 아직 우리 시야에 잡히지 않은 공간의 존재를 예측하고 있으며, 그런 영역들이 어쩌면 관측 가능한 우주를 왜소해 보이게 만들 수도 있다고 설명한다.

27. "A Jupiter-mass Companion to a Solar-type Star" by M. Mayor and D. Queloz (1995), 《Nature》 378: 355-59.

28. 최근 10여 년 동안 천문학계에서 발표된 간행물들 가운데 미국인이 제1저자로 오른 문헌의 비율은 사상 처음으로 50퍼센트 이하로 떨어졌다. 뿐만 아니라 10억 달러 이상의 예산이 소요되는 거의 모든 우주임무들에 2개국 이상의 우주 관련 기구들이 참여하고 있다.

Schulman et al. (1996), "Trends in Astronomical Publication Between 1975 and 1996" 《Publications of the Astronomical Society of the Pacific》 109: 1278-84 참고.

2장 바이킹, 붉은 행성에 착륙하다

1. 《Martian Metamorphoses: The Planet Mars in Ancient Myth and Religion》 by E. Cochrane (1997), Ames, IA: Aeon Publishing.

2. 〈미녀와 야수〉 초기 버전에서 아레스는 아프로디테의 연인이었다. 아프

로디테는 아레스와의 사이에서 여섯 명의 자녀를 낳았으며, 그 자녀들은 모두 이류minor 신들이었다. 그중 포보스와 데이모스는 아레스의 오른팔과 왼팔이나 다름없었다. 붉은 행성의 두 위성이 그들의 이름을 딴 것도 당연하다. 태양계에서 발견된 왜소행성 중 가장 덩치가 큰 왜소행성은 아레스의 여동생의 이름을 따서 에리스라 명명되었다. 이름에 걸맞게 에리스는 명왕성과 함께 태양계 변두리에 있으며, 지하의 신이 그렇듯 별로 따뜻한 대접을 받지 못하고 있다.

3. 로마에서 농경과 대지의 여신을 섬기는 12명의 사제 아르왈레스는 농사 기구들과 무기류를 부식시키는, 밀 곰팡이와 산화물이라는 이중의 의미를 지니는 '녹rust'을 제거하기 위해 화성을 향해 정기적으로 제사를 지냈다. 화성이 붉은 빛깔을 띠는 까닭이 화성 토양에 풍부한 철이 녹슬거나 산화되었기 때문이고, 게다가 화성이 줄곧 전쟁과 폭력을 상징해왔다는 점을 감안하면, 이 제사는 실로 역설적이다.

4. 화성(그리고 다른 외행성들)이 역행운동을 하는 까닭은 케플러 법칙에 따라 그들의 공전운동 속도가 지구보다 느리기 때문이다. 지구에서 별들이 박힌 하늘을 배경으로 화성을 바라보면 매일 서쪽에서 동쪽으로 움직이는 것처럼 보인다. 하지만 대략 2년마다 한 번씩 지구와 화성이 가장 가까워질 때는 지구가 이 붉은 행성을 추월하면서 화성은 별 배경에 대해 동쪽에서 서쪽으로 움직이는 것처럼 보인다. 그리고 두 달이 조금 지나면 다시 서쪽에서 동쪽으로 제자리를 찾아 움직인다. 고대의 사람들이 보기에 화성의 이런 움직임은 직관에 위배되었을 뿐 아니라 두렵고도 심오한 미스터리였다.

5. 방송이 나간 후 일어난 동요에 대해 웰즈는 공황상태를 일으킬 의도가 없었다고 자신의 결백을 주장했다. 방송계에 종사하는 대부분의 사람들에게 웰즈의 주장은 별로 진지하게 받아들여지지 않았다. 왜냐하면 웰즈는 이미 짓궂고 영악하기로 정평이 나 있었기 때문이다. 사실 웰즈의 쇼가 시작될 때와 중반, 그리고 마지막 결말 부분에서도 반대의 목소리가 없었던 것은 아니다. 하지만 웰즈는 이 쇼가 나가면 다른 방송국의 인기 프로그램의 청취자들까지 채널을 돌리게 될 것이라고 확신하고 첫 번째 반대의 목소리를 잠재웠다. 쇼의 2단계에 이르러 속보를 전하는 기자가 사실

과 공상을 약간 섞어서 판단을 흐리게 했다. 귀가 얇은 청취자들은 실제로 지구가 침략당했다고 확신했다.

《Orson Welles Interviews》(by Mark Estrin and Orson Welles (2002), Jackson: University of Mississippi Press) 참고.

6. 《The Invasion from Mars: A Study in the Psychology of Panic》by H. Cantril et al. (1982), Princeton, NJ: Princeton University Press.

7. 웰즈의 쇼가 방송된 다음날 언론들은 일제히 그 쇼로 인해 수많은 사람들이 공황상태에 빠졌다고 선정적인 기사들을 쏟아냈다. 방송계에서도 웰즈와 그의 동료들에 대한 질타가 이어졌다. 사실 논평가들은 웰즈의 장난질이 충격을 야기했다는 데 동의하지 않았다. 어쨌든 이 사건은 웰즈에게 전설적인 유명세를 안겨주었다.

8. 《War of the Worlds: From Wells to Spielberg》by J. Flynn (2005), New York: Galactic Books.

9. 화성은 26개월마다 한 번 태양과 함께 지구와 나란히 정렬되는 때가 있다. 2003년에도 그렇게 정렬되었는데, 당시 화성은 6만 년 만에 지구와 가장 가까워졌다. 비록 그 이전에 가장 가까웠을 때보다 불과 15퍼센트 더 가까웠을 뿐이지만 말이다. 나사는 이 정렬의 이점을 활용하기 위해 2003년에 피닉스 탐사위성을 발사했고, 2012년 또 한 번 이 정렬을 이용하기 위해 2011년에 화성과학실험실MSL을 발사했다.

10. W. T. Peters (1984), "The Appearance of Venus and Mars in 1610" 《Journal of the History of Astronomy》 15: 211-14.

11. 카시니는 최초로 화성까지의 거리 측정에 성공하여 천체들 간 거리 측정에 비약적인 발전을 이룬 사람이다. 그는 지구의 여러 지점에서 각기 다른 시간대에 화성을 관측했다. 각기 다른 두 지점에서 관찰했을 때 화성은 별들의 배경에 대해 상대적으로 미세한 시차이동을 보이는데, 이 시차이동 덕분에 우리는 행성까지의 거리를 삼각법을 이용하여 측정할 수 있다.

12. 《The Planet Mars: A History of Observation and Discovery》by W. Sheehan (1996), Tucson: University of Arizona Press.

13. 《Herschel》(by H. C. McPherson (1919), London: Macmillan)에서 인용.

14. 안젤로 세키의 천문학 업적은 《In the Service of Nine Popes: A Hundred Years of the Vatican Observatory》(by S. Maffeo, J.J., translated by G. Coyne, S.J. (1991), Vatican City, Rome: Specola Vaticana)를 참고한다.

15. 별들의 변덕스러운 '반짝임'은 아마추어 천문학자들이라면 누구나 익숙하지만, 오히려 전문 천문학자들에게는 잊혀지고 있는 추세다. 왜냐하면 대형 망원경에는 접안렌즈도 없거니와 모든 영상들이 전자카메라로 촬영되기 때문에 변덕스러운 '반짝임'을 제거한 평균치를 보여주며, 적응제어 광학기술이 도입되어 실시간으로 별들의 변덕을 상쇄해주기 때문이다.

16. 존재하지 않는 줄무늬를 보이게 만드는 환영의 성질에 대해서는 《More of the Straight Dope》(by Cecil Adams (1988), New York: Random House)를 참고한다. 의견이 일치한 특징들은 전부 담되, 수로들은 배재한 화성의 지도를 교실 앞쪽에 걸어놓고 학생들에게 그대로 따라 그리게 했다. 앞쪽에 앉은 학생들은 지도를 거의 정확하게 따라 그렸다. 그런데 미세한 특징들이 선명하게 보이지 않는 뒤쪽에 앉은 학생들은 작은 특징들을 줄로 연결하여 그리는 경향이 있었다. 이는 '점들을 연결'하고 불확실하거나 불완전한 정보들을 일관된 맥락으로 보려는 심리적 경향이 반영된 것이다.

17. 《Water and the Search for Life on Mars》 by D. Harland (2005), Dordrecht, Netherlands: Springer Press.

18. 《The Planet Mars: A History of Observation and Discovery》 by W. Sheehan.

19. 《La Planète Mars et ses Conditions d'Habitabilité》 by C. Flammarion (1892), Paris: Gauthier-Villars et Fils.

20. 《Lowell and Mars》 by W. Hoyt (1996), Tucson: University of Arizona Press.

21. 《Mars》(by P. Lowell (1896), Boston, MA: Houghton, Mifflin), 《War of the Worlds》(by H. G. Wells (1898), New York: Harper), 《Mars and Its Canals》(by P. Lowell (1906), New York: Macmillan), 《Is Mars Habitable?》(by A. R. Wallace (1907), London: Macmillan), 《A Princess of Mars》(by E. R. Burroughs (1912), New York: Del Ray) 등이 대표작

이다.

22. "Decline and Fall of the Martian Empire" by K. Zahnle (2001), 《Nature》 412 : 209-13.

23. "Our Solar System" (by P. Lowell (1916), 《Popular Astronomy》 24 : 427) 에서 인용.

24. 《The Superpower Space Race: An Explosive Rivalry Through the Solar System》 by R. Reeves (1994), Dordrecht, Netherlands: Plenum Press.

25. 매리너 탐사임무에서 영상과학을 담당했던 제트추진연구소의 공학자 빌 맘슨은 매리너 임무에 대한 개인적 소회를 인터넷에 공개했다. http://home.earthlink.net/~nbrass1/mariner/miv.htm.

26. 매리너 탐사선은 화성 표면의 단 1퍼센트를 조사하는 데 그쳤지만, 탐사 선이 조사한 경로에는 공교롭게도 가장 격심한 활동으로 형성된 지형이 포함되어 있었다. 이 지형 대부분이 40억 년 전에 형성된 것으로 추정된 다. 극한성 미생물이라면 혹시 또 모를까, 거시적 생명의 존재 가능성은 확실히 없어 보였다. 물론 연구자들은 매리너 정도의 해상도라면 심지어 지구 어느 곳에서도 지적 생명체가 존재한다는 신호를 포착하지 못할 것 이라고 생각했지만 말이다.
"A Search for Life on Earth at Kilometer Resolution" by S. D. Kilston, R. R. Drummond, and C. Sagan (1966), 《Icarus》 5 : 79-98.

27. 각각의 착륙선은 발사 전에 에어로셸 열차폐*에 넣어져 섭씨 121도에서 1주일 간 살균되었다. 그 후 다시 바이오실드bioshield라는 차폐장치 안에 넣어졌고, 이 장치는 우주선이 지구 궤도를 이탈한 후에 투하되었다. 지 구의 미생물로 화성의 표면이 오염되는 것을 방지하기 위해 실시했던 이 전처리과정은 향후 나사의 모든 탐사임무에서 표준으로 자리잡았다. 역 설적이지만, 바이킹이 발사된 후에 우리는 지구에서 섭씨 121도 이상에 서도 생존할 수 있는 미생물들을 발견했다. 그뿐 아니라 우주의 진공에서

● 에어로셸은 착륙선의 속도를 늦춰주고 대기나 지면과 충돌시 열과 충격을 흡수하는 등 착륙선을 보호하는 역할을 하며, 크게 열을 흡수하는 열차폐와 낙하산이나 역추진 로켓 등의 제동장치를 담은 백셸로 나뉜다.

도 생존이 가능한 미생물도 발견했다. 그에 따라 살균기준은 더욱 엄격해졌다.

28. 1981년 지구가 아닌 다른 세상에 최초로 연착륙한 인공물의 이름은 바이킹 착륙선 영상과학팀의 전 팀장의 이름을 따서 토머스 A. 머치 메모리얼 스테이션으로 바뀌었다. 머치는 한 해 전 히말라야 산을 등반하던 중 실종되었다.

29. 엄밀히 말해서 러시아의 탐사선 마스Mars 3는 1971년 12월 2일에 가까스로 화성에 연착륙했다. 하지만 단 15초 동안 자료를 전송하고는 통신이 두절되어버렸다. 그 이유는 지금까지도 밝혀지지 않았다.

30. 바이킹 1호와 2호에 관한 나사의 기록은 고더드우주비행센터의 데이비드 윌리엄스가 http://nssdc.gsfc.nasa.gov/planetary/viking.html에서 관리하고 있다. 이 웹사이트에는 바이킹 호 각각의 궤도선회우주선과 착륙선에 관한 정보를 포함하여 모든 영상들의 원본과 수정본이 보관되어 있다. 바이킹 호들과 과학실험들 그리고 데이터 전송과 관련된 정보들은 다음을 참고한다. "Scientific Results of the Viking Project" edited by E. A. Flinn (1977), 《Journal of Geophysical Research》 82 : 735.

31. 2001년 7월 20일 SPACE.com에 게시된 젠트리 리의 말을 인용했다. 그의 회고담을 영상으로 확인하고 싶다면 제트추진연구소의 웹사이트에서 볼 수 있다. http://www.jpl.nasa.gov/videos/mars/viking-062206. 현재 젠트리 리는 제트추진연구소 태양계 탐사임무국의 수석 공학자로 재직하고 있다. 나사의 수많은 탐사임무들에서 발휘한 리더십에 더해 그는 칼 세이건이 〈코스모스〉 텔레비전 시리즈를 제작할 때 파트너로도 참여한 바 있다. 아서 클라크와 함께 네 편의 공상과학 소설을 공동 집필했을 뿐 아니라 단독으로 저술한 소설도 세 편이나 된다.

32. 《Water and the Search for Life on Mars》 by D. Harland (2005), Dordrecht, Netherlands : Springer Press, p. 62.

33. 바이킹 호의 카메라들은 세 개의 가시광선 필터(파란색, 초록색, 빨강색)와 세 개의 적외선 필터를 통해서 디지털 영상을 제작할 수 있도록 설계되었다. 조금이라도 더 '진짜'에 가까운 색을 연출하기 위해 채널들의 균형을 맞추고 불명료한 부분들을 수정하는 일은 과학이라기보다 차라리

예술에 가까웠다. 거의 모든 영상에서 하늘은 분홍빛으로 보였는데, 그것은 낮은 곳의 대기 속에 있는 미세한 먼지입자들 때문이다. 초기에 전송된 영상들에서 토양의 색깔은 지질학적으로 판단했던 것보다 더 주황빛을 띠었기 때문에 후에 붉은 갈색으로 보정되었다. 대중에 공개된 대다수 영상들은 카메라의 좁은 시야로 찍은 여러 장의 사진들을 촘촘하게 이어 붙인 모자이크 영상들이다.

34. 《Robotic Exploration of the Solar System: Part 1. The Golden Age 1957-1982》 by P. Ulivi and D. Harland (2007), Chichester, UK: Springer Praxis, p. 231.

35. 바이킹 1호의 화성 착륙 30주년 기념식과 관련해서 나사 제트추진연구소가 발표한 뉴스에서 인용했다. NASA Press Release 2006-091.

36. 행성과학과 관련된 다각적 활동 말고도 바이킹은 심오한 일반상대성 이론을 입증하는 데도 기여했다. 아인슈타인의 중력 이론을 검증하는 방식은 네 가지가 있는데, 그중 하나가 중력에 의한 시간지연효과 또는 간섭효과Shapiro effect를 탐지하는 것이다. 간섭효과란 전파나 빛 신호가 무거운 물체 근처를 지날 때 약간 더 길어지는 효과를 말한다. 중력 위치에너지로 인해 신호가 지연되기 때문이다. 바이킹 궤도선회우주선으로 보낸 신호가 돌아오는 데 걸린 시간을 측정한 결과 일반상대성 이론에서 예측한 만큼 지연되었다. "Viking Relativity Experiment: Verification of Signal Retardation by Solar Gravity" by R. D. Reasenburg et al. (1979), 《Astrophysical Journal Letters》 234: 219-21.

37. 《On Mars: Exploration of the Red Planet 1958-1978》(NASA SP-4212) by E. Ezell and L. Ezell (1984), Washington, DC: National Aeronautics and Space Administration.

38. 화성 표면을 영상에 담는 기술이 지속적으로 발전하고 있다는 사실은 2006년 화성정찰위성이 두 대의 바이킹 착륙선들과 그 주변에 떨어진 열차폐와 백쉘을 포착하면서 극적으로 증명되었다. 화성정찰위성이 보내온 영상들은 1976년에 화성 표면에서 바이킹이 찍었던 바위들을 일일이 구별할 수 있을 만큼 매우 선명하다.

39. 머치는 궤도선회우주선이 전송한 영상들을 설명한 책의 서문을 썼다.

"Viking Orbiter Views of Mars" by M. H. Carr et al. (1980), NASA Scientific and Technical Information Branch, NASA SP-441.

40. 《Mapping Mars》 by O. Morton (2002), New York: Picador.

41. 표토는 단단한 암석을 덮고 있는 혼합물로, 다소 성긴 층을 말한다. 토양이 풍화나 침식으로 부서진 암석으로 이루어져 있다는 점에서 표토는 토양과 구별된다. 화성의 경우 미세한 먼지와 성긴 입자들은 머나먼 과거에 있었던 침식작용뿐 아니라 유성의 충돌로 생성된 것이다.

42. "Scientific Results of the Viking Missions" by G. Soffen (1976), 《Science》 194: 1274-76.

43. 방사성 탄소는 순수한 화학적 작용으로도 생성될 수 있기 때문에 방사성 탄소가 검출되었다고 해서 생명의 증거라고는 볼 수 없다. 따라서 대조군으로 쓰기 위해 탄소를 첨가할 때는 시료들을 미리 살균처리해야 한다. "The Viking Carbon Assimilation Experiments: Interim Report"(by N. Horowitz et al. (1976), 《Science》 194: 1321-22) 참고. 《Life on Mars: The Complete Story》(by P. Chambers (1999), London: Blandford) 참고.

44. "Viking Labeled Release Biology Experiment: Interim Results" by G. Levin and P. Straaf (1976), 《Science》 194: 1322-29.

45. 철이 함유된 광물이 산화되어 생긴 녹은 화성이 더 따뜻하고 더 축축했던 수십억 년 전에 생성되었다. 현재의 차갑고 건조한 상태의 화성에서 생성된 녹은 강렬한 자외선 복사의 작용을 받은 초과산화물 광물이 그 촉매가 되었을 가능성이 높다. "Evidence that the Reactivity of the Martian Soil is Due to the Action of Superoxide Ions"(by A. S. Yen et al. (2000), 《Science》 289: 1909-12) 참고.

46. 레빈은 동료심사[peer-reviewed] 문헌을 통해 출판하는 데는 적잖은 어려움을 겪었으나, 그의 주장들은 다음의 논문과 저술에 잘 요약되어 있다. "Modern Myths Concerning Life on Mars" by G. V. Levin (2006), 《Electroneurobiologia》 14: 3-15, 《Mars: The Living Planet》 by B. Gregorio (1997), Berkeley, CA: North Atlantic Books.

47. "Mars-like Soils in the Atacama Desert, Chile, and the Dry Limit of Microbial Life" by R. Navarro-Gonzales et al. (2003), 《Science》 302:

1018-21.

48. 이 주장을 더 자세히 설명하면, 산화철 또는 소금과의 반응이 열처리와 가스 크로마토그래피를 이용한 유기체 검출을 가로막는다는 것이다. 따라서 화성의 토양은 바이킹의 성능상 제한 때문에 검출되지 못했던 유기 물질을 함유하고 있을 가능성이 있다.
"The Limitations on Organic Detection in Mars-like Soils by Thermal Volatization-Gas Chromatography-MS and their Implications for the Viking Results"(by R. Navarro-Gonzalez et al. (2006), 《Proceedings of the National Academy of Sciences》103: 16089-94) 참고.

49. "A Possible Biogenic Origin for Hydrogen Peroxide on Mars" by D. Schulze-Makuch and D. M. Houtkooper (2007), 《International Journal of Astrobiology》6: 147-54.

50. 2007년 1월 7일 워싱턴 주 시애틀에서 발표된 미국천문학회의 공식 보도 자료에서 인용했다. http://researchnews.wsu.edu/physical/157.html에서 도 확인할 수 있다.

51. 피닉스 탐사선도 화성의 표면에 액체가 존재할 수 없다는 이론을 반박했다. 착륙선의 다리에 점착성 있는 염수 방울이 맺혔던 것이다. 이 방울이 과염소산염과 물의 혼합물일 가능성이 논의되기도 했다.
"Detection of Perchlorate and the Soluble Chemistry of Martian Soil at the Phoenix Mars Lander Site"(by M. H. Hecht et al. (2009), 《Science》 325: 64-67) 참고.

52. "Kinetics of Perchlorate-and Chlorate-Respiring Bacteria" by B. E. Logan et al. (2001), 《Applied and Environmental Microbiology》67: 2499-2506.

53. "Reanalysis of the Viking Results Suggest Perchlorate and Organics at Mid-Latitudes on Mars" by R. Navarro-Gonzales et al. (2010), 《Journal of Geophysical Research-Planets》115: 2010-21.

54. "UV-Resistant Bacteria Isolated from the Upper Troposphere and Lower Stratosphere" by Y. Yang et al. (2008), 《Biological and Space Science》 22: 18-25.

55. 《The Blue Planet: An Introduction to Earth System Science》 2nd ed., by B. Skinner and B. Murck (1999), New York: John Wiley & Sons, p. v.

56. "A Physical Basis for Life Detection Experiments" by J. E. Lovelock (1965), 《Nature》 207, no. 4997: 568-70.

57. 《Gaia: A New Look at Life on Earth》 by J. E. Lovelock (1979), Oxford: Oxford University Press, p. 1.

58. 같은 책 p. 5.

59. 《Dazzle Gradually: Reflections on the Nature of Nature》 by L. Margulis and D. Sagan (2007), White River Junction: Chelsea Green Publishing, p. 154.

60. "Life Detection by Atmospheric Analysis" by J. E. Lovelock and D. Hitchcock (1967), 《Icarus: International Journal of the Solar System》 2: 149-59.

61. 《The Vanishing Face of Gaia: A Final Warning》 by J. E. Lovelock (2009), New York: Basic Books, p. 163.

62. 《James Lovelock: In Search of Gaia》 by J. Gribbin and M. Gribbin (2009), Princeton and Oxford: Princeton University Press, p. 143. Also see "Lynn Margulis (1938-2011)" by James A. Lake (December 22, 2011) 《Nature》 480, no. 7378, p. 458.

63. "Gaia by Any Other Name" by L. Margulis (2004) in 《Scientists Debate Gaia》, eds. S. H. Schneider and J. Miller, Cambridge, MA and London: MIT Press, pp. 8-9.

64. "Reflections on Gaia" by J. Lovelock (2004) in 《Scientists Debate Gaia》, eds. S. H. Schneider and J. Miller, Cambridge, MA and London: MIT Press, p. 2.

65. 《Gaia: A New Look at Life on Earth》 by J. E. Lovelock, p. 7.

66. "The Atmosphere, Gaia's Circulatory System" by L. Margulis and J. E. Lovelock Reprinted in 《Dazzle Gradually: Reflections on the Nature of Nature》 by L. Margulis and D. Sagan, pp. 157-71.
《계간 공진화》에서는 심각한 과학적 화제뿐 아니라 인간의 속성에 대해서도 언급했다. 러브록은 인습 타파적 성향이 강했다. 그가 가장 강력하게 주장한 과학적 이론이 1960년대와 1970년대 반문화운동을 옹호했던 계간지에 실린 것이 마냥 우연처럼 보이지는 않는다.

67. 가이아 이론이 학계의 인정을 얻은 데는 단순하면서도 교묘한 아이디어가 결정적인 역할을 했다. '데이지 월드Daisyworld'는 유기체가 자신을 둘러싼 환경과 상호작용하여 온도를 조절하는 방식을 보여주는 수학적 모델이다. 데이지 월드 초기 버전에는 흰색과 검은색 두 종의 데이지 꽃이 등장한다. 검은색 데이지는 태양빛을 흡수하여 행성을 뜨겁게 만드는 반면 흰색 데이지는 태양빛을 반사하여 행성을 식힌다. 이 시뮬레이션은 모항성으로부터 복사가 늘어나는 동안의 데이지를 추적한다. 데이지들 사이에서 일어난 경쟁으로 흰색과 검은색 비율이 평형을 이루게 되면, 행성도 데이지의 성장에 알맞은 최적의 온도를 유지한다. 이후 수정된 시뮬레이션에서는 수많은 생물종들이 온도조절효과에 영향을 미치는 과정을 통해 생물다양성의 필요성과 유용성을 보여준다.
"Biological Homeostasis of the Global Environment: The Parable of Daisyworld"(by A. J. Watson and J. E. Lovelock (1983), 《Tellus B》 35: 286-89) 또는 "Daisyworld Revisited: Quantifying Biological Effects on Planetary Self-Regulation"(by T. M. Lenton and J. E. Lovelock (2001), 《Tellus B》 52: 288-305) 참고.

68. 《Earth System Science: From Biogeochemical Cycles to Global Change》 by M. Jacobson, R. Charlson, H. Rodhe, and G. Orians (2000), San Diego and London: Academic Press, pp. 5, 6.

69. 《The Vanishing Face of Gaia: A Final Warning》 by J. E. Lovelock, p. 180.

70. "How Earth's Atmosphere Evolved to an Oxic State: A Status Report" by D. C. Catling and M. W. Claire (2005), 《Earth and Planetary Science Letters》 237, p. 16.

71. 《Pale Blue Dot: A Vision of the Human Future in Space》 by C. Sagan (1974), New York: Random House, p. 228.

72. "The Prophet" by J. Goddell (November 1, 2007), 《Rolling Stone》,

Issue 1038, pp. 58–98. 7p. Academic Search Premier. Web. August 17, 2012.

73. 《The Living Universe: NASA and the Development of Astrobiology》by S. J. Dick and J. E. Strick (2004), New Brunswick: Rutgers University Press, p. 83.

74. 《The Ages of Gaia: A Biography of Our Living Earth》by J. E. Lovelock (1988), New York and London: W. W. Norton, p. 150.

75. "Foreword" L. Margulis, 《The Ice Chronicles: The Quest to Understand Global Climate Change》, in P. Mayewski and F. White (2002), Hanover and London: University Press of New England, p. 10.

76. 《The Ice Chronicles: The Quest to Understand Global Climate Change》 by P. Mayewski and F. White (2002), Hanover and London: University Press of New England, pp. 151, 167, 166.

77. "Greenland glacier calves island 4 times the size of Manhattan, UD scientist reports" http://www.udel.edu/udaily/2011/aug/greenland080610.html. 델라웨어대학 웹사이트 참고.

78. '2001 지구적 변화에 대한 암스테르담 선언'은 '국제 지권 및 생물권 연구 프로그램International Geosphere-Biosphere Programme, IGBP'과 '지구 환경 변화에 대한 인간 차원 프로그램International Human Dimensions Programme on Global Environmental Change, IHDP', '세계 기후 변화 연구 프로그램World Climate Research Programme, WCRP' 그리고 국제 생물다양성 프로그램인 'DIVERSITAS', 네 단체의 집단적 노력으로 탄생했다. 국제 지권 및 생물권 연구 프로그램의 홈페이지를 방문하면 선언문 전문을 읽어볼 수 있다. http://www.igbp.net/about/history/2001amsterdamdeclarationoneart hsystemscience.4.1b8ae20512db692f2a680001312.html

79. http://landsat.gsfc.nasa.gov/about/landsat1.html에서 'Landsat 1' 참고.

80. 《The Ages of Gaia: A Biography of Our Living Earth》 by J. E. Lovelock, pp. xix, 19.

81. "Groundwater Depletion is Detected from Space" by Felicity Barringer (May 30, 2011), New York Times.com online at http://www.nytimes.

com/2011/05/31/science/31water.html

82. "Revisiting the Viking Missions on Mars"《Talk of the Nation》, NPR
Radio Interview by I. Flatow (July 21, 2006), NPR.org online at http://
www.npr.org/templates/story/story.php?storyId=5573659.

3장 화성탐사로버 MER, 화성으로 간 로봇 밀사들

1. 로버들이 발사되기 3일 전인 2003년 6월 8일 나사의 언론 공식발표
(2003-081)에서 인용. http://marsprogram.jpl.nasa.gov/mer/newsroom/
pressreleases/20030608a.html

2. 의회 도서관 웹사이트 http://thomas.loc.gov/cgi-bin/query/z?c111:H.
RES.67.EH 참고.

3. 몇몇 전문가들은 꼼꼼한 로봇들의 탐사활동 덕분에 우리가 화성에 대해
깊은 친밀감을 느낀다고 설명한다. 앤드류 채킨의 말마따나 우리는 "손가
락 끝으로 그 행성 구석구석을 만질 수 있다."
《A Passion for Mars: Intrepid Explorers of the Red Planet》by A.
Chaikin (2008), New York: Abrams, pp. 231-32.

4. 《Solar System Voyage》by S. Brunier (2002), trans. Storm Dunlop.
Cambridge: Cambridge University Press, p. 10.

5. 《Geography and Vision: Seeing, Imagining and Representing the World》
by D. Cosgrove (2008), New York and London: I. B. Taurus & Co., p.
47.

6. 2012년 2월 나사는 제임스웹 우주망원경에 대한 예산이 초과된 것을 이
유로 엑소마스 탐사임무에 대한 지원을 중단했다. 주력 프로젝트의 엄청
난 비용이 우주 및 행성과학에 역효과를 낳은 사례들 중 하나다. 유럽과
러시아는 2016년에는 궤도선회우주선과 정지 착륙선을, 그리고 2018년
에는 로버를 발사할 계획을 추진하고 있다.

7. 밀폐된 자급자족 거주시설, 즉 우주비행사들이 화성을 탐사할 경우 경험
할 수도 있는 환경과 최대한 유사하게 재현한 시설을 제작하는 것도 이

연구의 일환이다. 화성협회Mars Society 프로젝트의 목표이기도 한 이 연구는 전 세계를 연결하는 연구기지를 건설하려는 목적으로 구상되었으나 유타 주의 기반시설에 대한 자금 부족으로 한계에 부닥쳤다. 거주시설은 여섯 명의 승무원이 생활과 연구활동을 영위할 수 있는 공간으로 구성된다. 물론 우주복을 입지 않은 상태로는 외출할 수 없다. 또한 외부와의 통신도 시간지연 프로그램이 내장된 기기로만 가능하며 연구활동 역시 화성탐사에서 이용하는 것과 동일한 장비와 도구만을 이용할 수 있다. 이 연구에서 주목해야 할 또 한 가지 측면은 그 위치다. 화성과 지질학적으로 유사한 극도로 건조한 지역이 선별된 것도 그 맥락에서다. 일례로 스페인의 연구기지는 로버의 착륙지점과 유사하게 꾸며놓았다.

"The Tinto River, and Extreme Acidic Environment under Control of Iron, as an Analog of the Terra Meridiani Hematite Site of Mars" by D. Fernandez-Remolar et al. (2004), 《Planetary and Space Science》 52 : 239-48.

8. 《Postcards from Mars : The First Photographer on the Red Planet》 by J. Bell (2006), New York : Dutton, p. 76.

9. 오늘날의 기준에서 팬캠은 그리 감동적인 장비는 아니다. 200만 화소면 우리가 들고 있는 휴대폰 카메라보다 화소수가 적다. 하지만 내구성은 월등히 뛰어나서 섭씨 160도에서도 작동한다. 각각의 카메라는 17도의 시야를 갖고 있기 때문에 아홉 장의 사진을 이어 붙이면 우리가 두 눈으로 한 번에 잡는 광경을 보여줄 수 있다. 한 장의 파노라마 사진을 연출하기 위해 수백 장의 이미지를 꼼꼼하게 이어 붙였다.

10. 지구보다 훨씬 더 희박한 대기의 환경에서 과학적으로 정확하면서 사실적인 색을 판별하는 것은 결코 쉬운 일이 아니다. 게다가 공기 중의 먼지는 조색판을 수시로 뒤바꿔놓는다. 각각의 로버에는 본체 윗부분에 연동해시계와 팬캠의 시야 범위에서 작동하는 보정용 목표물이 탑재되어 있다. 네 개의 광물 목표물은 내열성 고무 안에 장착되어 있고, 색깔도 모두 다르다. 팬캠은 이 목표물을 이용해서 색조를 조정한다.

"Chromaticity of the Martian Sky as Observed by the Mars Exploration Rovers Pancam Instruments"(by J. F. Bell, D. Savransky, and M. J.

Wolff (2006), 《Journal of Geophysical Research》 111 : 1-15) 참고.

11. "Pancam Multispectral Imaging Results from the Spirit Rover at Gusev Crater" by J. F. Bell et al. (2004), 《Science》 305 : 800-6, and "Pancam Multispectral Imaging Results from the Opportunity Rover at Meridiani Planum" by J. F. Bell et al. (2004), 《Science》 305 : 1703-9.

12. 《Postcards from Mars : The First Photographer on the Red Planet》 by J. Bell, pp. 70, 70-71, 111.

13. 같은 책 pp. 109, 113. 화성 표면에서 진행된 독창적인 천문 관측의 사례 는 "Solar Eclipses of Phobos and Deimos Observed from the Surface of Mars"(by J. F. Bell et al. (2005), 《Nature》 436 : 55-57) 참고.

14. 《Roving Mars : Spirit, Opportunity and the Exploration of the Red Planet》 by S. Squyres (2005), New York : Hyperion, pp. 2, 3.

15. 기온과 압력이 모두 낮다는 것은 화성 표면에 물이 존재할 수 없음을 의 미한다. 다시 말해 물은 동결됐거나 기화된 상태로만 존재할 수 있다. 물 한 컵을 화성의 표면으로 (《스타 트렉》에서처럼) 순간이동시켜놓는다면 폭발하듯 증발해버릴 것이다. 압력이 너무 낮으면 끓는점이 표면의 온도 이하로 낮아지기 때문에 물은 실제로 끓어서 날아간다.

16. "An Integrated View of the Chemistry and Mineralogy of Martian Soils" by A. S. Chen (2005), 《Nature》 436 : 49-54.

17. "Mars Exploration Rover Mission" by J. A. Crisp et al. (2003), 《Journal of Geophysical Research》 108, no. 8061 : 17.

18. 로버와 관련한 기술 발전에 대해서는 다음 웹사이트에 요약되어 있다. http://marsrovers.nasa.gov/technology.

19. 여기서 말하는 임무는 나사의 마스 패스파인더를 말한다. 나중에는 칼 세이건 기념 기지국으로 이름이 바뀌었다. 패스파인더의 로버가 소저너 다. "Overview of the Mars Pathfinder Mission and Assessment of the Landing Site Predictions"(by M. Golombek et al. (1997), 《Science》 278 : 1743-48) 참고.

20. "Rock Abrasion Tool : Mars Exploration Rover Mission" by S. P. Gorevan et al. (2003), 《Journal of Geophysical Research》 108, no. 8068 : 8.

21. 스피릿과 오퍼튜니티의 최초 결과물은 2004년 8월 6일《사이언스》특별 기사로 다루어졌다(vol. 305, pp. 737-900).

22. 심지어 오늘날에도 화성에 이따금씩 액체상태의 물이 흐른다는 주장은 논란의 여지가 많은 것으로 밝혀졌다. 최근에 물의 작용이 있었음을 암시하는 형성물과 궤도선회우주선이 표면을 촬영한 결과 요사이 몇 년 동안 패인 것이 분명한 새로운 협곡들도 있지만, 이런 지형적 특징들은 여러 가지 의미로 해석될 수 있다. 다음 두 편의 논문에 그 논쟁의 내용이 잘 소개되어 있다. "Present Day Impact Cratering Rate and Contemporary Gully Formation on Mars" by M. C. Malin et al. (2006), 《Science》 314: 1573-77, "Modeling the Formation of Bright Slope Deposits Associated with Gullies in Hale Crater, Mars: Implications for Recent Water Activity" by K. J. Kolb et al. (2010), 《Icarus》 205: 113-37. 극지 이외의 지역에 빙하가 광범위하게 분포되어 있다는 강력한 증거는 다음을 참고한다. "Radar Sounding Evidence for Buried Glaciers in the Southern Mid-Latitudes of Mars" by J. W. Holt et al. (2008), 《Science》 322: 1235-38.

23. "In Situ Evidence for an Ancient Aqueous Environment at Meridiani Planum, Mars" by S. W. Squyres et al. (2004), 《Science》 306: 1709-14.

24. "Hematite Spherules in Basaltic Tephra Altered under Aqueous, Acidsulfate Conditions on Mauna Kea Volcano, Hawaii: Possible Clues for the Occurrence of Hematite-rich Spherules in the Burns Formation at Meridiani Planum, Mars" by R. V. Morris et al. (2005), 《Earth and Planetary Science Letters》 240: 168-78.

25. "Jarosite and Hematite at Meridiani Planum from Opportunity's Moessbauer Spectrometer" by G. Klingelhoefer et al. (2004), 《Science》 306: 1740-45.

26. "Water Alteration of Rocks and Soils on Mars at the Spirit Rover Site in Gusev Crater" by L. A. Haskin et al. (2005), 《Nature》 436: 66-69.

27. "Sedimentary Rocks at Meridiani Planum: Origin, Diagensis, and Implications for Life" by S. W. Squyres and A. H. Knoll (2005), 《Earth

and Planetary Science Letters》240 : 1–10.

28. "Early Mars Climate Models" by R. M. Aberle (1998), 《Journal of Geophysical Research》103 : 467–28, 489; and "Martian Surface Paleotemperatures from Thermochronology of Meteorites" by D. L. Schuster and B. P. Weiss (2005), 《Science》309 : 594–600.

29. 나사는 로버들의 탐사임무 기간 전반에 걸쳐 일주일에 한 번씩 각 로버의 상태와 활동을 웹사이트에 보고했다. 화성 표면에서 날아온 이 보고서는 총 1,000여 건에 이른다. 다음 웹사이트 참고. http://marsrovers.jpl.nasa.gov/mission/status.html.

30. 오퍼튜니티의 화성 탐사임무 9년차가 개시되었음을 알린 나사 제트추진 연구소의 언론 공식발표 인용. http://marsrover.nasa.gov/newsroom/pressreleases/20120124a.html.

31. 스콧 맥스웰은 '화성과 나'라는 제목의 블로그에 로버 운전자로서의 업무를 상세하게 올려왔다. http://marsandme.blogspot.com. 그의 탁월한 유머감각은 제트추진연구소 웹사이트에 소개된 프로필에서도 유감없이 발휘된다. "세계 제일의 연구소인 제트추진연구소에서 근무하는 동안에는 온순한 컴퓨터 프로그래머지만, 으슥한 밤이 되면 야밤의 로버가 되어 범죄로 얼룩진 로스앤젤레스 거리를 어슬렁거리며 평범한 시민들의 삶에 진실과 정의 그리고 자유를 구현하기 위해 애쓰는 두 얼굴의 사나이."

32. 애슐리 스트로프의 프로필과 인터뷰 내용은 다음의 웹사이트를 참고한다. http://solarsystem.nasa.gov/people/profile.cfm?Code=StroupeA.

33. '학생 우주비행사' 프로그램에 대한 설명과 관련 잡지들에 대해서는 다음의 웹사이트를 참고한다. http://www.planetary.org/press-room/releases/2000/1002_Student_Scientists_from_Around_the.html.

34. '레드 로버 화성에 가다' 프로그램은 http://lego.marshall.edu 참고.

35. http://www.marsdaily.com/reports/Astrobot_Biff_Starling_Prepares_for_Mars_Landing.html 참고.

36. 《A Traveler's Guide to Mars : The Mysterious Landscapes of the Red Planet》 by W. K. Hartmann (2003), New York : Workman Publishing,

pp. 5, 6.

37. 구글 마스는 http://www.google.com/mars와 《내셔널지오그래픽》 온라인 판의 기사 "New Google Mars Reveals the Planet in 3D"(by Virginia Jaggard)에도 소개되어 있다. http://news.nationalgeographic.com/news/2009/02/090204-google-mars.html.

38. "Mars for the Rest of Us" by J. Romero (June 2009), 《IEEE Spectrum》. 웹사이트는 http://spectrum.ieee.org/aerospace/robotic-exploration/mars-for-the-rest-of-us/0.

39. 2008 나사 승인법 H.R.6063 제407항 'Participatory Exploration' 참고. http://www.spaceref.com/news/viewsr.html?pid=27997.

40. 《The Biological Universe: The Twentieth Century Extraterrestrial Life Debate and the Limits of Science》(by S. J. Dick (2006), Cambridge: Cambridge University Press, p. 401) 참고.

41. 같은 책 p. 404.

42. 《The Lure of the Red Planet》 by W. Sheehan and S. O'Meara (2001), Amherst: Prometheus Books, p. 202.

43. 《Radio's America: The Great Depression and the Rise of Modern Mass Culture》 by B. Lenthall (2007), Chicago: University of Chicago Press, p. 12.

44. "The Dry Salvages" 《Four Quartets》 in 《Collected Poems 1909-1962》 by T. S. Eliot (1991), Orlando: Harcourt, p. 198.

45. 《The Diary of Virginia Woolf. Volume III, 1925-1930》 by V. Woolf, eds. Anne Olivier Bell assisted by Andrew McNeillie (1980), New York and London: Harcourt Brace Jovanovich, p. 147.

46. 《A Passionate Apprentice: The Early Journals, 1897-1909》 by V. Woolf, ed. Mitchell A. Leaska (1990), New York and London: Harcourt Brace Jovanovich, p. 399. 울프는 자신의 일기를 출간할 의도가 전혀 없었기 때문에 일기장에 적은 글에서는 축약형을 사용하지 않았다.

47. 《The Letters of Vita Sackville-West to Virginia Woolf》 eds. L. DeSalvo and M. A. Leaska (1985), New York: William Morrow, pp. 93, 181.

세레스는 1801년 시칠리아 펠레르모 출신의 주세페 피아치에 의해 처음 확인되었다. 하지만 왜소행성과 유사한 이 행성을 가까이 목격한 것은 2015년 나사의 돈Dawn 탐사선이다.

48. 《The Diary of Virginia Woolf. Volume III, 1925-1930》 by V. Woolf, eds. Anne Olivier Bell and Andrew McNeillie (1980), New York and London: Harcourt Brace Jovanovich, p. 153.

49. "A Whiff of Mystery on Mars" by K. Sanderson (2010), 《Nature》 463: 420-21. Technical articles on this topic include "Some Problems Related to the Origin of Methane on Mars" by V. A. Krasnopolsky (2005), 《Icarus》 180: 359-67, and "Methane and Related Trace Species on Mars: Origin, Loss, Implications for Life, and Habitability" by S. K. Atreya, P. R. Mahaffy, and A.-S. Wong (2007), 《Planetary and Space Science》 55: 358-69.

50. "Scientists Find Signs Water Is Flowing on Mars" by K. Chang (August 5, 2011), 《뉴욕 타임스》 온라인 http://www.nytimes.com/2011/08/05/science/space/05mars.html. "Oldest Microfossils Raise Hopes for Life on Mars" by B. Vastag (August 21, 2011), 《워싱턴 포스트》 온라인 http://www.washingtonpost.com/national/health-science/oldest-microfossils-hail-from-34-billion-years-ago-raise-hopes-for-life-on-mars/2011/08/19/gIQAHK8UUJ_story.html. "The Dirt on Mars' Soil: More Suitable For Life Than Thought" by M. Wall (August 22, 2011), 〈스페이스 닷컴〉 http://www.space.com/12695-mars-soil-life-support-study.html.

51. 《Imagining Space: Achievements, Predictions, Possibilities, 1950-2050》 (by R. D. Launius and H. E. McCurdy (2001), San Francisco: Chronicle Books, p. 15)의 서문에서 레이 브래드버리의 말을 인용.

52. 《From Sea to Space》 by B. Finney (1992), Palmerston North, New Zealand: Massey University, p. 119.

53. 《By Airship to the North Pole: An Archaeology of Human Exploration》 by P. J. Capelotti (1999), New Brunswick: Rutgers University Press, pp. 1747-5, 온라인에 실린 기사 "Space: The Final [Archaeological] Frontier"는 다음 웹사이트에서 확인할 수 있다. http://www.archaeology. org/0411/etc/space.html.

54. 《Mars》 by L. T. Elkins-Tanton (2007), New York: Chelsea House, p. 97, MOLAMars Orbital Laser Altimeter의 자료 참고.

55. 《Worlds Beyond: The Thrill of Planetary Exploration》 by S. A. Stern (2002), Cambridge: Cambridge University Press, pp. 119-20.

56. 《Dying Planet: Mars in Science and the Imagination》 by R. Markley (2005), Durham and London: Duke University Press, p. 344.

57. 《Roving Mars: Spirit, Opportunity and the Exploration of the Red Planet》 by S. Squyres (2005), New York: Hyperion, pp. 377-78.

58. "Moon Landing" by W. H. Auden in 《Selected Poems》 ed. E. Mendelson (2007), New York: Vintage, pp. 307-8.

4장 보이저, 태양계 끝 그리고 그 너머로

1. 제트추진연구소의 '보이저: 행성탐사 임무Voyager: The Interstellar Mission' 웹 페이지 http://voyager.jpl.nasa.gov 참고. 태양으로부터 각 탐사선들까지 의 거리는 계속 늘어나고 있지만, '매의 눈'을 가진 관찰자라면 지구와의 거리가 가까워질 때도 있다는 것을 눈치챌지도 모른다. 그 이유는 태양계 로부터 보이저들이 멀어지는 속도보다 지구가 태양을 공전하는 속도가 더 빠르기 때문이다. 따라서 1년 중 어떤 시점에서는 지구와 보이저들의 거리가 가까워진다. 하지만 평균적으로 보이저들은 태양에서 멀어지는 속도와 비슷하게 지구로부터 멀어지고 있다. 2011년 8월을 기준으로 보 이저 1호는 태양에 대해 시속 6만 1,400킬로미터의 속도로, 보이저 2호는 5만 6,000킬로미터의 속도로 우주를 항해하고 있다.

2. 1969년 7월에서 1972년 12월 사이에 달로 날아간 24명의 우주비행사들 중 12명이 달에 착륙하여 표면에 발을 디뎠다. 존 영과 유진 서난은 두 번 달에 갔고, 두 번째 여행에서 달 표면을 밟았다. 제임스 러벨도 두 차례

달 여행을 했으나 발자국을 찍진 못했다. 이 우주비행사들 12명이야말로 역사상 가장 특별하고 비범한 특권층일 것이다.

3. 《De Caelo et Mundo, Lib. I, Trac. III, Cap. I》 by Saint Albertus Magnus, as quoted in "A Brief History of the Extraterrestrial Intelligence Concept" by J. F. Tipler (1981), 《Quarterly Journal of the Royal Astronomical Society》22: 133.

4. 《Giant Planets of Our Solar System: Atmospheres, Composition, and Structure》 by P. G. J. Irwin (2003), New York: Springer-Verlag.

5. "Particles, Environments, and Possible Ecologies in the Jovian Atmosphere" by C. Sagan and E. E. Salpeter (1976), 《Astrophysical Journal Supplement》32: 737-55.

6. 아폴로 13호의 이야기는 제임스 러벨과 제프리 크루거가 쓴 《Lost Moon: The Perilous Voyage of Apollo 13》(1994)에 자세히 소개되었다. 론 하워드 감독의 〈아폴로 13〉도 이 책을 바탕으로 제작된 영화다. 중력도움을 받은 후에 우주선의 항로는 기막힐 만큼 정밀하게 조정되었고, 항로를 유지하기 위해서 비행사들에게는 소변투하 금지 명령이 내려졌다. 그 결과 프레드 하이즈는 수분섭취 부족으로 요로 감염에 걸리고 말았다.* 다행히 이 의료적 문제를 제외하고 아폴로 13호의 비행사들은 그 파란 많은 귀환 임무를 무사히 완수했다.

7. 우주여행 이론에 있어서 러시아는 다방면으로 선구적이었다. 나사는 그중 가장 중요하다고 여긴 논문들을 번역해서 보관했다. 콘드라트 유크가 1919년에 쓴 논문 "To Whoever will Read this Paper to Build an Interplanetary Rocket"은 나사의 기술번역문서Technical Translation F-9285(1965)로 보관되어 있고, 프리드리히 챈더가 1925년에 쓴 논문 "Problems of Flight by Jet Propulsion: Interplanetary Travel" 역시 기술번역문서 F-147(1964)로 보관되어 있다. 마이클 미노비치의 "A Method for Determining Interplanetary Free-Fall Reconnaissance Trajectories"는 제트추진연구소 기술정관Technical Memorandum TM-312-130으로 분류되어

● 소변투하 금지 명령을 수분섭취 금지 명령으로 오인해서 벌어진 일이었다.

있다. 미노비치는 중력도움과 관련된 웹사이트 http://www.gravityassist. com을 운영하고 있다. 간혹 슬링샷$_{slingshot}$이라는 용어로 쓰이기도 하지만 물리적으로는 그 의미가 다르다. 슬링샷에서는 원심력이 추진력으로 전환된다.

8. 우주선을 정확하고 멋지게 태양계 둘레로 날려 보내는 기술에 대해 더 알고 싶다면 다음 책을 참고한다. 《Fly Me to the Moon: An Insider's Guide to the New Science of Space Travel》(by Edward Bulbruno and Neil Tyson (2007), Princeton: Princeton University Press). 기술적인 측면이 궁금하다면 《Capture Dynamics and Chaotic Motions in Celestial Mechanics: With Applications to the Construction of Low Energy Transfers》(by Edward Belbruno (2004), Princeton: Princeton University Press)를 참고한다. 나사 제트추진연구소에서는 우주 비행의 기초 지식과 관련해서 다음의 웹사이트를 운영하고 있다. http://www2.jpl.nasa.gov/basics/index.php.

9. 《NASA's Voyager Missions: Exploring the Outer Solar System and Beyond》by B. Evans and D. M. Harland (2003), London: Springer-Praxis.

10. 나사 우주과학 데이터 센터의 홈페이지를 방문하면 우주선의 기술적 세부사항을 비롯해 과학장비들에 대한 정보를 얻을 수 있다.
http://nssdc.gsfc.nasa.gov/nmc/spacecraftDisplay.do?id=1977-084A.

11. 예상대로 방사성 물질을 우주선의 동력원으로 쓴다는 데 대해서는 논란이 일었다. 물론 우주선에 장착되는 양으로는 자급자족할 만큼의 핵반응이 일어나지도 않거니와 흔히 생각하는 '원자로'와는 차원이 다르지만 말이다. 우주선 폭발사고가 일어나서 지구의 대기로 방사성 물질이 배출될 가능성은 100만분의 1에 불과하다("The Cassini Mission Risk Assessment Framework and Application Techniques" by S. Guarro et al. (1995), 《Reliability Engineering and System Safety》49: 293-302 참고). 하지만 이 일말의 가능성까지도 불안하게 여긴 의회는 갈릴레오 탐사위성과 율리시스 탐사위성 프로젝트에 대한 승인을 거부했다. 방사성 동위원소 열전기 발전기$_{RTG}$의 안전성은 1970년 아폴로 13호 달착륙선이 대기권에

재진입한 후 투하되었을 때 검증되었다. 아폴로 13호 달착륙선은 수심 2만 피트(6킬로미터)의 태평양 통가 해구 바닥에 안전하게 떨어졌다. RTG가 담긴 상자는 부식에 강한 물질로 제작되었기 때문에 적어도 900년 동안은 안전하게 보존된다. 그러나 구소련이 수년 간 등대와 항해 유도등들에 배치한 1,000여 기가 넘는 RTG는 매우 심각한 위험물질로 대두되었고 환경상의 골칫거리가 되었다.

12. 'Space Explorers'라는 제목의 에드워드 스톤과 커트 스트리터의 인터뷰는 《Gulf Times》(April 27, 2011)의 'Time Out' 섹션에 실렸다.

13. "The Voyager Missions to the Outer Solar System" by E. C. Stone (1977), 《Space Science Reviews》 21 : 75, 보이저 호에 관한 특집기사의 소개글이다.

14. 《By Jupiter : Odysseys to a Giant》 by E. Burgess (1982), New York : Columbia University Press.

15. "The Jupiter System Through the Eyes of Voyager 1" by B. A. Smith et al. (1979), 《Science》 204 : 951-57.

16. 목성의 위성은 지금까지 67개가 발견되었으며, 이 위성들은 대개 지름이 수킬로미터에 불과하다. 갈릴레오가 발견한 네 개의 위성(가니메데, 칼리스토, 이오, 유로파)들은 각각이 다른 위성들을 모두 합친 것만큼 무겁다.

17. "The Mountains of Io : Global and Geological Perspectives from Voyager and Galileo" by P. Schenk et al. (2001), 《Journal of Geophysical Research》 106 : 33201-22.

18. "Hydrated Salt Minerals on Ganymede's Surface : Evidence of an Ocean Below" by T. B. McCord et al. (2001), 《Science》 292 : 1523-25.

19. 《Unmasking Europa》 by R. Greenberg (2008), Berlin : Springer Praxis.

20. 보이저 탐사선에 실린 그 밖의 유용한 과학장비에 대해서는 나사 제트추진연구소가 작성한 문서에 소개되어 있다.
"Voyage to the Outer Planets" NASA Facts 2007-12-6.

21. "Atmospheric Dynamics of the Outer Planets" by A. P. Ingersoll (1990), 《Science》 248 : 308, and "Dynamics of Triton's Atmosphere" by A. P. Ingersoll (1990), 《Nature》 344 : 315.

22. 나사의 심우주통신망은 세 개의 거대한 전파 안테나로 구성된다. 하나는

캘리포니아의 모자브 사막에, 또 하나는 스페인 마드리드 외곽에, 그리고 마지막 하나는 오스트레일리아의 캔버라 인근에 있다. 경도 120도 간격으로 배치된 이 안테나들은 우주의 모든 방향에서 날아오는 전파신호를 24시간 감시한다. 운영 책임은 나사에 있지만 다른 국가들의 우주 관련 기구들도 감시결과를 공유한다. 참고로 이 심우주통신망은 보이저 탐사선들 외에도 오퍼튜니티와 화성정찰위성 MRO, 카시니, 그리고 소행성대를 정찰하고 있는 돈 탐사위성까지도 추적하고 있다.

23. 정확히 말해서 태양계의 바깥 경계는 혜성들이 산재한 구형의 오르트구름까지를 의미한다. 주기적으로 태양계 안쪽을 침범하지만, 오르트구름의 혜성들은 대개 태양으로부터 5만 AU에서 10만 AU에 이르는 궤도에 머문다. 오르트구름은 사실 가설이지만, 엄청난 규모의 이 구름 안에는 아직 관찰되지 않은 수조 개의 혜성들이 머물고 있을 것으로 짐작된다. 이 혜성들이 태양계 역사 초기에 퇴출된 행성들 중 일부였을 것으로 보는 견해도 있다.

24. "An Explanation of the Voyager Paradox: Particle Acceleration at a Blunt Termination Shock" by D. J. McComas and N. A. Shwadron (2006), 《Geophysical Research Letters》33, L04102, and "Voyager 1 Explores the Termination Shock Region and the Heliosheath Beyond" by E. C. Stone et al. (2005), 《Nature》309: 2017-20.

25. "The Stellar Destiny of Pharaoh and the So-Called Air Shafts of Cheops Pyramid" by A. Badawy (1964), 《MIDAWB Band X》, pp. 189-206, and "Astronomical Investigations Concerning the So-Called Air Shafts of Cheops" by V. Trimble (1964), 같은 책 pp. 183-87.

26. 《Solar System Voyage》 by S. Brunier (2002), trans. by S. Dunlop. Cambridge: Cambridge University Press, p. 10.

27. 《Voyager's Grand Tour: To the Outer Planets and Beyond》 by H. E. Dethloff and R. A. Schorn (2003), Washington, DC: Smithsonian Institution, p. 231.

28. 《Journey Into Space: The First Three Decades of Space Exploration》 by Bruce Murray (1989), New York and London: W. W. Norton, pp.

167, 168, 156. See also "Live Pictures of Fly-By Are to Be on TV" 《New York Times》, August 20, 1989, 1:32. Also see "Many To See Photos From Voyager During Its Flight Past Neptune" Associated Press, on August 2, 1989.

29. 데이브 이츠코프의 기사에 따르면 〈코스모스〉 시리즈는 "켄 번스의 다큐멘터리 〈남북전쟁〉 다음으로 시청률이 가장 높은 프로그램으로, 전 세계 60여 개 국가에서 약 4억 명이 시청했다." 폭스 방송은 2013년 천체물리학자 닐 디그래스 타이슨의 진행으로 〈코스모스: 시공간 오디세이Cosmos: A Space-Time Odyssey〉를 방영했다. 전하는 바에 따르면 오리지널 시리즈인 〈코스모스Cosmos: A Personal Voyage〉를 칼 세이건과 공동으로 집필했던 앤 드루얀이 새로운 시리즈에도 제작 프로듀서이자 작가로 참여했다. "'Family Guy' Creator Part of 'Cosmos' Update" D. Itzkoff(August 5, 2011), New York Times.com online at http://www.nytimes.com/2011/08/05/arts/television/fox-plans-new-cosmos-with-seth-macfarlane-as-a-producer.html?ref=science&pagewanted=print 참고.

30. 《Voyager Tales: Personal Views of the Grand Tour》 by D. W. Swift (1997), Reston, VA: AIAA (American Institute of Aeronautics and Astronautics), pp.324, 325.

31. 같은 책 p. 405.

32. 《The Dream of Spaceflight: Essays on the Near Edge of Infinity》 by W. Wachhorst (2000), New York: Basic Books, p. 78.

33. 《Apollo 8 Onboard Voice Transcription》(1969)(NASA Johnson Space Center Mission Transcripts: Apollo 8, p 183)을 참고. 웹사이트는 다음과 같다. http://www.jsc.nasa.gov/history/mission_trans/apollo8.htm.

34. 카사니의 메모는 다음의 책에서 인용했다. 《Voyager's Grand Tour: To the Outer Planets and Beyond》 by H. E. Dethloff and R. A. Schorn (2003), Washington, DC: Smithsonian Institution, p. 89, and note 25, p. 247.

35. 《Murmurs of Earth: The Voyager Interstellar Record》 by C. Sagan et al. (1978), New York: Random House, p. 11.

보이저 레코드 위원회는 다음과 같은 인사들로 구성되었다. 프랭크 드레이크, 외계와의 전파통신의 가능성을 처음으로 주창한 MIT 물리학 교수인 필립 모리슨, 달의 형성을 이론화하는 데 공을 세운 하버드대학의 천문학자 알래스테어 카메론, DNA의 일인자 프랜시스 크릭의 동료로서 RNA의 중요성을 간파한 화학 진화학자 레슬리 오겔, 휴렛팩커드의 부사장이자 은하문명들의 가능성에 관한 책을 저술한 버나드 올리버, 그리고 과학철학 교수인 스티븐 툴민이다. 1980년 칼 세이건과 브루스 머리, 천문학자 루이스 프리드먼은 행성협회를 창설했다. 이 협회의 주요 권한은 SETI, 즉 외계 지적생명체 탐사Search for Extraterrestrial Intelligence에 있다.

36. 《Cosmic Journey: The Voyager Interstellar Mission and Message》 written and directed by P. Geller (2003), Executive Producer A. Druyan. Cosmos Studios. DVD.

37. 《Murmurs of Earth: The Voyager Interstellar Record》 by C. Sagan et al., pp. 154, 154-55, 156-57, 160.

38. 같은 책 p. 120.

39. 《Murmurs of Earth: The Voyager Interstellar Record》(by C. Sagan et al. (1978), p. 203)에서 티모시 페리는 "카바티나 부분을 생각할 때면 눈물이 날 만큼 가슴이 뭉클하다고, 베토벤은 말했다"고 썼다.
《Thayer's Life of Beethoven》(by A. W. Thayer Vol. 2, ed. Elliot Forbes (1964), Princeton: Princeton University Press, pp. 1007-8) 참고.

40. 《Cosmic Journey: The Voyager Interstellar Mission and Message》 written and directed by P. Geller (2003).

41. 《Murmurs of Earth: The Voyager Interstellar Record》 by C. Sagan et al., p. 27.

42. ScienceDaily.com 2011년 4월 15일에 게시된 "Humpback Whale Songs Spread Eastward like the Latest Pop Tune"을 참고했다. 웹페이지는 다음과 같다. http://www.sciencedaily.com/releases/2011/04/110414131444. htm.

43. 《Murmurs of Earth: The Voyager Interstellar Record》 by C. Sagan et al., p. 151.

44. 같은 책 pp. 135, 137, 139, 141, 143.

45. 《Voyager: Seeking Newer Worlds in the Third Great Age of Discovery》 by S. J. Pyne (2010), New York: Viking, pp. 350, 323, 322.

46. 《Murmurs of Earth: The Voyager Interstellar Record》 by C. Sagan et al., p. 167.

47. 같은 책 p. 42.

48. 이 책의 공저자인 홀리 헨리는 '인사'의 의미를 설명해준 언어학자이자 캘리포니아주립대학의 동료 파라스토 페즈에게 감사를 전한다.

49. 《On the Origin of Stories: Evolution, Cognition, and Fiction》 by B. Boyd (2009), Cambridge and London: Belknap Press of Harvard University Press, p. 295.

50. 카터 대통령의 인사말은 《Murmurs of Earth: The Voyager Interstellar Record》(by C. Sagan et al., p. 28)에도 소개되었다.

51. "Gettysburg and Now" by C. Sagan and A. Druyan (1997), 《Billions and Billions: Thoughts on Life and Death at the Brink of the Millennium》, New York: Random House, pp. 199, 200. 칼 세이건은 종전 기념식 겸 게티즈버그 국립국군공원에 세워진 '영원한 평화의 불꽃 기념탑' 헌정식에서 3만여 명이 운집한 가운데 본문의 연설문을 조금 각색하여 낭독했다.

52. 《Pale Blue Dot: A Vision of the Human Future in Space》 by C. Sagan (1994), New York: Random House, p. 153.

53. 《NASA/TREK: Popular Science and Sex in America》 by C. Penley (1997), New York and London: Verso, pp. 16, 19.
엔터프라이즈 호 프로토타입은 실제로 테스트 비행에 동원되기도 했으나 우주 비행이나 대기권 재진입을 위한 장비는 갖춰지지 않았다. 우주왕복선 프로그램이 중단되면서 현재 엔터프라이즈 호는 뉴욕에 있는 인트레피드 해양항공우주 박물관에 전시되어 있다.

54. 《Journey Into Space: The First Three Decades of Space Exploration》 by Bruce Murray (1989), New York and London: W. W. Norton, p. 193.

55. 《Up Till Now: The Autobiography》 by W. Shatner and D. Fischer (2008), New York: Thomas Dunne Books/St. Martin's, p. 114.

56. Kennedy Space Center, http://www.kennedyspacecenter.com/sci-fi-summer.aspx.

57. 《Voyager's Grand Tour: To the Outer Planets and Beyond》 by H. E. Dethloff and R. A. Schorn (2003), p. 109. 1960년대에 방영된 시리즈 중 〈Star Trek: Voyager〉에서도 확인할 수 있다.

58. 2011년 6월 이라 플래토우와 인터뷰한 에드워드 스톤의 글은 《Talk of the Nation: Science Friday》와 NPR의 웹사이트에서도 확인할 수 있다. "Voyager 1 Probing Solar System's Distant Edge" http://www.npr.org/2011/06/17/137250831/voyager-1-probing-solar-systems-distant-edge.

59. "Cold War Pop Culture and the Image of U.S. Foreign Policy: The Perspective of the Original Star Trek Series" by N. E. Sarantakes (2005), 《Journal of Cold War Studies》 7, no. 4: 78.

60. 《Deep Space and Sacred Time: Star Trek in the American Mythos》 by J. Wagner and J. Lundeen (1998), Westport, CT: Praeger, pp. 3, 136.

61. 《NASA/TREK: Popular Science and Sex in America》 by C. Penley (1997), New York and London: Verso, pp. 17, 20.

62. 《Pale Blue Dot: A Vision of the Human Future in Space》 by C. Sagan, pp. 82; 8-9.

63. 나사/제트추진연구소 웹사이트 http://voyager.jpl.nasa.gov/mission/interstellar.html 참고.

64. 화학에너지와 핵융합에너지의 차이점은 빅맥을 보면 알 수 있다. 빅맥 햄버거의 고기 패티 100그램에 포함된 화학에너지는 우리 몸에 250만 줄의 에너지를 공급한다. 하지만 만약 고기 패티에 원자핵이 융합할 수 있을 만큼 엄청난 열을 가한다면, 우리는 고기 패티 질량에너지의 1퍼센트로 10^{14}줄의 에너지를 얻을 수 있다. 에너지 효율에서 나타나는 이 엄청난 차이 때문에 우리는 문명의 동력원으로서 화석연료에 포함된 화학에너지보다 핵융합에너지에 더 매력을 느낀다.

65. 핵융합을 이용한 우주선을 실현시키기 위해서는 50만 킬로그램의 연료를 실어야 하므로 우주선의 무게는 2,000톤이 되어야 한다. 가장 큰 실험용

핵융합 원자로인 JET Joint European Torus 는 무게가 약 4,000톤인데, 이 기기로는 0.5초 동안만 핵융합 반응을 지탱할 수 있다. 여기서 얻는 에너지는 500만 줄 정도다. 원자로가 우주선보다 덩치가 훨씬 더 크다는 사실은 차치하더라도, 가장 가까운 별까지 날아가기 위해서는 100조 배나 에너지를 더 생산해야 한다.

66. 《Pale Blue Dot: A Vision of the Human Future in Space》 by C. Sagan, pp. 84, 395.

67. 《Frontiers of Propulsion Science (Progress in Astronautics and Aeronautics)》 by M. Millis and E. Davis (2009), Reston, VA: American Institute of Astronautics and Aeronautics.

68. 나사의 혁신적 추진체 물리학 프로그램은 다음 웹사이트에서 확인할 수 있다. http://www.grc.nasa.gov/WWW/bpp/index.html. 행성 간 여행의 문제를 해결하기 위해서 새로운 기술력이 반드시 필요한 까닭을 생생하게 설명한 웹사이트도 있다. http://www.nasa.gov/centers/glenn/technology/warp/warp.html의 "Warp Drive: When?"을 참고한다. 나사의 미온적인 지원에 실망하고 급기야 2003년에 자신의 프로그램이 말 그대로 완전히 증발되어버리자, 마르크 밀리스는 일반인에게 행성 간 여행을 알리고 지원을 모으기 위해 타우제로 재단이라는 비영리단체를 설립한다. 이 재단의 홈페이지에는 공자의 유명한 격언을 각색하여 걸어놓았다. "1,000광년 길도 한 걸음부터!" 2004년부터 폴 글리스터는 타우제로 재단을 위한 공개토론 게시판으로 '센타우리 드림스'라는 제목의 블로그를 운영하고 있다. http://www.centauri-dreams.org.

69. 《Entering Space: Creating a Spacefaring Civilization》 by R. Zubrin (1999), New York: Tarcher Putnam.

70. 방위고등연구계획국의 100 Year Starship에 대해서는 다음의 웹사이트를 참고한다. http://www.100yss.org.

71. 이온 추진과 〈스타 트렉〉의 혁신에 대해서는 〈How William Shatner Changed the World〉(directed by Julian Jones. Allumination Filmworks, DVD (2005))를 참고한다.

72. 엑스 프라이즈 재단의 홈페이지는 http://www.xprize.org, 퀄컴 트라이

코더 엑스프라이즈에 대해서는 http://www.qualcommtricorderxprize.org 를 참고한다. 피터 디아만디스가 설립한 엑스 프라이즈 재단은 우주탐험 과 해양자원 보존, 지구 생태계 보호를 위한 제도나 시설을 지원한다.

73. "Print Your Own Space Station-in Orbit" (by M. Wall, November 11, 2010), http://www.space.com/9516-print-space-station-orbit.html. "NASA Selects Visionary Advanced Technology Concepts for Study"(by D. Steitz, August 8, 2011), http://www.nasa.gov/home/hqnews/2011/aug/HQ_11-260_NIAC_Selections.txt. 레이 커즈와일과 피터 디아만디 스의 싱귤래리티대학에 관한 정보는 다음 웹사이트를 참고한다. http://singularityu.org.

74. "MIT Scientists Develop a Drug to Fight any Viral Infection" by M. Melnick, August 11, 2011, Time.com, http://healthland.time.com/2011/08/11/mit-scientists-develop-a-drug-to-fight-any-viral-infection/?iid=sr-link1.

75. 《The Singularity Is Near: When Humans Transcend Biology》 by R. Kurzweil (2005), New York: Viking, p. 28.

76. "New Planet in Neighborhood, Astronomically Speaking" by Dennis Overbye, posted October 16, 2012 《New York Times》 http://www.nytimes.com/2012/10/17/science/space/new-planet-found-in-alpha-centauri.html.

77. "The Long Shot" by Lee Billings, posted May 19, 2009 on the Seed Magazine 웹사이트 http://seedmagazine.com/content/print/the_long_shot.

5장 카시니-하위헌스, 눈부신 고리와 아름다운 얼음 세상

1. 카시니의 영상팀 팀장인 캐롤라인 포르코가 게시한 '함장일지'(2009년 9월 21일)는 http://www.ciclops.org/index/5830/Le_Sacre_du_Printemps?js=1에서 확인할 수 있다. 이 글들을 통해 현재도 진행 중

인 카시니의 탐사임무에 대한 흥미진진한 뒷이야기를 엿볼 수 있다. CICLOPS_{Cassini Imaging Central Laboratory for Operations} 홈페이지를 통해서도 카시니 탐사임무의 기록을 확인할 수 있다. http://www.ciclops.org/view.php?id=5773의 'The Rite of Spring'에 접속하면 주야평분시 때의 토성의 아름다운 모습을 감상할 수 있다.

2. 토성의 고리들은 현미경으로나 볼 수 있는 미세한 입자에서 집채만 한 크기의 덩어리까지 다양한 크기의 얼음과 암석으로 이루어져 있다. 나사의 '태양계 탐험_{Solar System Exploration}' 웹사이트에서도 고리들에 대해 대략적으로 설명하고 있다. http://solarsystem.nasa.gov/planets/pro_le.cfm?Object=Saturn&Display=Rings의 'Saturn: Rings'. 보다 전문적인 내용을 알고 싶다면 다음 논문을 참고한다. "The Scientific Significance of Planetary Ring Systems" by E. D. Miner, R. R. Wesson, and J. N. Cuzzi (2007), in 《Planetary Ring Systems》, New York: Springer-Praxis, pp. 1-16.

3. "Captain's Log" by C. Porco (2009년 9월 21일), http://www.ciclops.org/index/5830/Le_Sacre_du_Printemps?js=1.
   포르코는 강조하고 싶은 부분에 가끔 괄호를 사용하는데, 본문의 '〔...〕'는 본래 게시물에서 내용 일부를 삭제한 것이다.

4. 1610년에 갈릴레오 갈릴레이도 토성의 고리들을 관찰했지만, 20배율의 조악한 광학망원경 렌즈 속에서 고리들은 토성의 양옆에 있는 '덩어리'로밖에 보이지 않았다. 갈릴레오가 그 고리들에 '달'이라는 이름을 붙인 것도 그 때문이다. 2년 후에는 고리들이 사라진 것처럼 보였는데, 뜻밖에도 갈릴레오는 고리평면횡단을 관측한 것이다. 1655년 갈릴레오의 망원경보다 더 고급스러운 50배율 망원경을 갖고 있던 하위헌스는 갈릴레오의 달들이 '고리'라는 사실을 선명하게 확인했다.

5. 하위헌스는 토성이나 그 위성인 타이탄과 같은 차갑고 먼 세상들에 거주자들이 있으리라고 꽤 진지하게 생각했던 게 분명하다. 그는 "지독히 추운 겨울만 있는 세상의 사람들은 우리와 완전히 다른 생활방식을 갖고 있음이 분명하다"고 기록했다.
   "Space: Ears, Rings and Cassini's Gap", http://www.time.com/time/magazine/article/0,9171,952837-2,00.html#ixzz0YsGFKDUV 참고.

6. 《The Art of Chesley Bonestell》(by R. Miller and F. C. Durant, III (2001), London : Paper Tiger, p. 13)에서 인용. 우주예술의 역사에 관해서는 《Space Art》(by R. Miller (1978), Darby, PA : Diane Publishing) 참고. 예술가 돈 데이비스의 말에 따르면 본스텔이 처음 그린 행성은 토성이 아니라 화성이었다고 한다.

7. 《The Art of Chesley Bonestell》 by R. Miller and F. C. Durant, III, p. 44.

8. A. C. Clarke is quoted in 《The Art of Chesley Bonestell》 by R. Miller and F. C. Durant, III, p. 9.

9. 《The Dream of Space Flight : Essays on the Near Edge of Infinity》 by W. Wachhorst (2000), New York : Basic Books, pp. 47, 48.

10. 《The Art of Chesley Bonestell》 by R. Miller and F. C. Durant, III, p. 31. 더 자세한 사항은 다음을 참고. 《A Chesley Bonestell Space Art Chronology》 by Melvin Schuetz (1999), Parkland, FL : Universal Publishers/uPUBLISH.com.

11. 《The Dream of Space Flight : Essays on the Near Edge of Infinity》 by W. Wachhorst, p. 58.

12. 《The Art of Chesley Bonestell》 by R. Miller and F. C. Durant, III, p. 24.

13. "Re-Thinking Apollo : Envisioning Environmentalism in Space" by H. Henry and A. Taylor (2009), in 《Space Culture and Travel : From Apollo to Space Tourism》 edited by D. Bell and M. Parker. Oxford and Malden, MA : Wiley/Blackwell, p. 196.

14. 《The Dream of Space Flight : Essays on the Near Edge of Infinity》 by W. Wachhorst, pp. 51, 54, 84.
본스텔은 카멜의 캘리포니아 해안에서 여생을 보냈다.

15. "Space : Ears, Rings and Cassini's Gap" 《Time》 magazine online, November 24, 1980, at http://www.time.com/time/magazine/article/0,9171,952837-2,00.html#ixzz0YsGFKDUV.

16. 고천문학자 에드 크룹에 따르면 고대 이집트 문헌에서 기자의 대스핑크스는 '동쪽 수평선을 가득 물들이며 떠오르는 원반 모양의 태양'을 상징

하는 호렘아케트(수평선의 호루스)를 가리킨다. "The Sphinx Blinks" by E. Krupp (2001), 《Sky and Telescope》(March): 86 참고. 크룹은 캘리포니아 로스앤젤레스의 그리피스천문대 소장으로 재직 중이다.

17. 《Under the Sea Wind》(1941), re-released in 1996, New York: Penguin Books, and 《The Sea Around Us》(1951), re-released in 2003, Oxford and New York: Oxford University Press.

18. 《The Edge of the Sea》by R. Carson (1955), re-released in 1998, New York: Houghton Mifflin, pp. xi, 2-3.

19. 《The Star Thrower》by L. Eiseley (1994), New York: Harvest/Harcourt Brace, p. 69. 애니 딜라드와 코트 콘리는 아이슬리의 화자가 이 에세이의 배경을 코스타벨이라는 이름으로 부르고는 있지만, 실제로는 플로리다 주 새니벨 섬이 배경이었다고 설명한다. 그들에 따르면 "아이슬리는 조개껍데기에서 들린 소리에 따라 코스타벨이라는 이름을 선택했다." 《Modern American Memoirs》edited by A. Dillard and C. Conley (1995), New York: HarperCollins, p. 416.

20. 《The Star Thrower》by L. Eiseley, pp. 71, 91.

21. "The Cassini/Huygens Mission to the Saturnian System" by D. L. Matson, L. J. Spilker, and J. P. LeBreton (2002), 《Space Science Reviews》104, pp. 1-58. 《Mission to Saturn: Cassini and the Huygens Probe》by D. M. Harland (2002), Berlin and London: Springer-Verlag.

22. "NASA's New Road to Faster, Cheaper, Better Exploration" by R. A. Kerr (2002), 《Science》298: 1320-22.

23. "Faster, Cheaper, Better: Policy, Strategic Planning, and Human Resource Alignment" an Audit Report by the Office of the NASA Inspector General (2001), Washington, DC: NASA.

24. "Cassini Interplanetary Trajectory Design" by F. Peralta and S. Flanagan (1995), 《Control Engineering Practice》3: 1603-10.

25. "The Cassini Mission Risk Assessment Framework and Application Techniques" by S. Guarro et al. (1995), 《Reliability Engineering and System Safety》49: 293-302. 당시 논의의 일부를 다음에서 확인할 수 있

다. "Cassini Mission to Saturn Lifts Off Amid Cloud of Controversy" by M. Clary, October 16, 1997, http://articles.latimes.com/1997/oct/16/news/mn-43330.

26. 카시니 근접비행에 대한 개괄적인 설명은 http://saturn.jpl.nasa.gov/mission/flybys를 참고한다. '투어 데이트'는 http://saturn.jpl.nasa.gov/mission/saturntourdates를 참고한다.

27. 비틀즈의 광팬이기도 한 포르코는 런던에서 일하고 있는 과학팀이 애비로드를 '걷고' 있는 그림을 올리기도 했다. http://www.ciclops.org/team/iss_team.php. 2006년 포르코와 카시니 영상팀은 폴 매카트니의 탄생 64주년을 기념하여 토성과 그 위성들을 찍은 64장의 사진으로 동영상을 만들기도 했다. 이들은 실제로 이 동영상에 비틀즈의 곡을 사운드트랙으로 삽입했지만, 애플 사 변호인단의 발 빠른 대응 때문에 음악을 삭제해야 했다. http://www.ciclops.org/th_films.php에서 확인할 수 있다.

28. 과학적으로 가장 생산성이 높은 장비들에 대한 기본적인 설명은 다음을 참고한다. "Cassini Imaging Science: Instrument Characteristics and Anticipated Investigations at Saturn" by C. Porco et al. (2004), 《Space Science Reviews》 115: 363-497, "The Cassini Visual and Infrared Mapping Spectrometer Investigation" by R. H. Brown et al. (2004), 《Space Science Reviews》 115: 111-68, and "Radar: The Cassini Radar Titan Mapper" by C. Elachi et al. (2004), 《Space Science Reviews》 115: 71-110.

29. "Saturn: Atmosphere, Ionosphere, and Magnetosphere" by T. Gombosi and A. Ingersoll (2010), 《Science》 327: 1476-79, and "An Evolving View of Saturn's Dynamic Rings" by J. N. Cuzzi et al. (2010), 《Science》 327: 1470-75.

30. "Cassini Imaging of Jupiter's Satellites, Atmosphere, and Rings" by C. Porco et al. (2009), 《Science》 299: 1541-47.

31. "A Test of General Relativity Using Radio Links to the Cassini Spacecraft" by B. Bertotti, L. Iess, and P. Tortora (2003), 《Nature》 425: 374-76.

32. 나사 '태양계 탐험' 웹사이트의 "Saturn : Rings"에서 고리의 구조, 간격, 두께에 관한 설명을 읽어볼 수 있다.
NASA Solar System Exploration at NASA.gov, with explanations for the structure, gaps, and thickness of the rings, http://solarsystem.nasa.gov/planets/pro_le.cfm?Object=Saturn&Display=Rings.

33. "Cassini Reveals New Ring Quirks, Shadows During Saturn Equinox" Cassini Equinox Mission, NASA Jet Propulsion Laboratory, October 11, 2009, http://www.nasa.gov/home/hqnews/2009/sep/HQ_09-217_Cassini_Saturn_Rings_Equinox.html.

34. "Giant Propeller in the A Ring" Cassini Equinox Mission, NASA Jet Propulsion Laboratory, October 11, 2009, http://www.nasa.gov/mission_pages/cassini/multimedia/pia11672.html.

35. "Cassini Radar Views the Surface of Titan" by C. Elachi et al. (2005), 《Science》308 : 970-74.

36. "Resolving Rain Over Xanadu" Cassini Equinox Mission, NASA Jet Propulsion Laboratory, September 10, 2009, https://saturn.jpl.nasa.gov/news/1195.

37. 《Entering Space : Creating a Spacefaring Civilization》by R. Zubrin (1999), New York : Tarcher/Putnam, pp. 163-66.

38. "NASA reveals first-ever photo of liquid on another world" by T. Patterson (December 18, 2009), http://www.cnn.com/2009/TECH/space/12/18/saturn.titan.reflection/index.html.

39. 타이탄의 표면은 물이 존재하기에는 너무 차갑지만, 녹는점이 낮은 다른 분자들과 결합한 상태로는 존재할 수도 있다. 타이탄의 표면에 액체 메탄과 에탄이 존재한다는 사실은 입증되었다. 보이저가 입수한 데이터와 1995년 허블 우주망원경이 찍은 영상들이 그 증거다. 하지만 카시니가 토성계에 진입하여 타이탄의 영상을 찍었을 때는 추측에 불과했다. "Imaging of Titan from the Cassini Spacecraft" by C. Porco et al. (2005), 《Nature》434 : 159-68. 2006년 전파탐지법으로 찍은 영상들은 타이탄에서 호수의 존재를 명확하게 증명했다. "The Lakes of Titan" by E. R.

Stofen et al. (2007), 《Nature》 445 : 61-64. 유기물질의 종류에 관한 논의
는 다음을 참고한다. "Titan's Inventory of Surface Organic Materials" by
R. Lorenz et al. (2008), 《Geophysical Research Letters》 35, L02206.

40. "How to Land on Titan" by S. Lingard and P. Norris (2005), 《Ingenia》,
Issue 23, http://www.ingenia.org.uk/ingenia/issues/issue23/lingard.pdf.

41. 나사의 《Astrobiology Magazine》에서 인용. http://www.astrobio.net/
pressrelease/1435/titan-wind-mystery-settled-from-earth.

42. 연기기둥들의 정체와 그 기둥들의 원천으로 짐작되는 표면 해수의 존재
여부는 타이탄의 호수들에 대한 증거와 마찬가지로 카시니가 임무를 수
행하는 동안 더욱 분명하게 드러났다. 카시니 이전에도 엔셀라두스 표
면에 지질학적 활동이 있었다는 증거는 존재했다. 연기기둥들은 2005년
접근했을 때 확인되었다. "Enceladus' Water Vapor Plumes" by C. J.
Hansen et al. (2006), 《Science》 311 : 1422-25. 더 자세한 설명은 "The
Composition and Structure of the Enceladus Plume"(by C. J. Hansen et
al. (2011), 《Geophysical Research Letters》 38 : L11202) 참고.

43. 《Planetology : Unlocking the Secrets of the Solar System》 by T. Jones and
E. Stofan (2008), Washington, DC : National Geographic, p. 181.

44. 《Alien Ocean : Anthropological Voyages in Microbial Seas》 by S.
Helmreich (2009), Berkeley and Los Angeles : University of California
Press, p. 68.

45. 같은 책 p. 255.

46. "토성과 그 고리들 그리고 위성들을 조사한 카시니 탐사선 연구자들은 카
시니의 우주먼지 분석기를 통해 엔셀라두스의 차가운 표면에서 분출된
얼음 알갱이들 속에서 나트륨을 발견했다. 엔셀라두스 표층 아래에 염분
을 함유한 액체상태의 물이 존재한다는 신호로 보인다."
"Cassini Sees Salt Spray on Enceladus"(by F. Postberg et al. (2009),
《Astronomy & Geophysics》 50 : 4.09) 참고.

47. "The Possible Origin and Persistence of Life on Enceladus and Detection
of Biomarkers in the Plume"(by C. McKay et al. (2008), 《Astrobiology》
8 : 909-18), 또는 "Titan's Astrobiology"(by F. Raulin et al.), 《Titan

from Cassini-Huygens》(edited by R. Brown, J. P. Lebreton, and J. Waite (2009), New York: Springer, p. 216) 참고. 리처드 코필드에 따르면 처음으로 타이탄의 질량이 대기를 보유하기에 충분하다고 생각했던 사람은 영국의 우주론자 제임스 진스다. 그는 특히 질소나 메탄과 같은 기체의 존재 가능성에 무게를 두었다. 《Lives of the Planets: A Natural History of the Solar System》 by R. Corfield (2007), New York: Basic Books, p. 188.

48. "Microbial life at -13℃ in the brine of an ice-sealed Antarctic lake" 《PNAS》 (Proceedings of the National Academy of Sciences) by A. E. Murray et al. (2012), http://www.pnas.org/content/109/50/20626.

49. 《Alien Ocean: Anthropological Voyages in Microbial Seas》 by S. Helmreich, p. 256.

50. "Saturn Sublime" by K. S. Robinson, in 《Saturn: A New View》 by L. Lovett, J. Horvath, and J. Cuzzi (2006), New York: Harry N. Abrams, p. 17.

51. 《Flesh and Machines: How Robots Will Change Us》 by R. Brooks (2002), New York: Pantheon Books, pp. 11, 236.

52. 《The Singularity Is Near: When Humans Transcend Biology》 by R. Kurzweil (2005), New York: Viking, pp. 374, 47-48.

53. 《Alien Ocean: Anthropological Voyages in Microbial Seas》 by S. Helmreich, p. 233.

54. 브루스 겔러먼의 조 한델스만 인터뷰 내용은 공영 라디오 방송의 '리빙 온 어스Living on Earth' 프로그램 홈페이지에서도 확인할 수 있다. "Microbes' Big Role", http://www.loe.org/shows/shows.htm?programID=07-P13-00013#feature5. 이 인터뷰 내용은 위의 책 p. 283에서도 인용되었다.

55. "Cancer's Secrets Come Into Sharper Focus" by G. Johnson (August 15, 2011), http://www.nytimes.com/2011/08/16/health/16cancer.html?pagewanted=all.

56. 《Alien Ocean: Anthropological Voyages in Microbial Seas》 by S. Helmreich, pp. 283-84.

57. "Cancer's Secrets Come Into Sharper Focus", http://www.nytimes.com/2011/08/16/health/16cancer.html?pagewanted=all.

58. "Enceladus Named Sweetest Spot for Alien Life" by R. Lovett (2011), 《Nature》online, May 31, 2011.

6장 스타더스트, 혜성의 꼬리를 잡아라

1. 우주적 관점에서 보면 모든 것은 궁극적으로 생명이 존재할 수밖에 없게 끔 '딱 그만하게' 작동했다. 우주의 밀도가 약간 더 높았다면 별들이 태어나고 죽으면서 유기적 생명체에 필요한 탄소를 충분히 생산하기도 전에 팽창이 끝나버렸을 것이다. 반대로 우주의 밀도가 낮았다면 팽창속도가 너무 빨라서 별들이 형성될 여유도 없었을 테고, 우주는 멸균상태가 되었을 것이다. 따라서 빅뱅의 초기 상태는 수명이 긴 별들과 그 별들이 야기한 흥미로운 결과들이 존재할 만큼 이른바 '미세조정'이 된 상태였다.

2. 《The Magic Furnace: The Search for the Origins of Atoms》by M. Chown (2001), Oxford: Oxford University Press.

3. 나사의 스타더스트 탐사임무에 관해서는 다음을 참고한다.
http://stardust.jpl.nasa.gov/mission/spacecraft.html.

4. 캡톤은 절연성이 매우 뛰어난 물질이기 때문에 항공우주산업 전반에 이용된다. 이 물질은 듀퐁 사에서 개발했다.
http://www2.dupont.com/Kapton/en_US.

5. 혜성의 궤도는 케플러 법칙이 설명하는 행성의 궤도를 극단적으로 확장한 것과 같다. 케플러 제2법칙, 즉 '면적 속도 일정의 법칙'에 따르면 태양과 행성을 연결하는 가상의 선분이 같은 시간 동안 그리는 면적은 일정하다. 혜성은 매우 치우친 편심 궤도를 갖기 때문에 태양에 가장 가까이 근접할 때 운동속도가 가장 빠르다. 따라서 태양으로부터 수만 AU 거리에 있는 혜성은 원일점, 즉 태양으로부터 가장 먼 지점에서 거의 대부분의 시간을 보내게 된다. 그처럼 먼 거리에서 혜성은 거의 분간할 수 없을 만큼 희미하고 검기 때문에 우리는 행성들의 궤도 안으로 슬쩍 넘어오는 극

히 일부의 혜성들만 볼 수 있다. 심지어 그 경우에도 혜성들의 궤도 중 일부만 볼 수 있을 뿐이다. 그러므로 거의 1조 개의 혜성들이 둥글게 모여 있는 오르트구름의 존재는 지금까지 축적한 모든 데이터를 짜깁기한 가설이다. 물론 이 가설을 직접 검증하기는 대단히 어렵다.

6. Gary Kronk's "Cometography", http://cometography.com/pcomets/081p.html.

7. 이 기체들 중 대다수는 액체상태로 존재하지 않기 때문에 태양에너지에 반응하며 '장엄하게' 사라진다. 즉 고체에서 곧바로 가스형태로 변해버린다. 태양으로부터 가장 먼 지점을 날고 있을 때, 대부분의 혜성들 표면에 있는 가스 또는 액체는 응결한 상태로 존재한다. 혜성에 대한 가장 믿을 만한 교과서는 《Meteorites, Comets, and Planets》(edited by A. M. Davis (2005), Oxford and London : Elsevier Ltd)다.

8. 1999년 2월에 나사가 발표한 스타더스트 발사 기자회견 자료는 다음 웹사이트를 참고한다. http://www.nasa.gov/stardust.

9. 소행성 같은 태양계 안의 작은 천체들은 충분히 신뢰할 만한 궤도를 갖고 있을 때 발견되면 그제야 이름을 얻을 수 있다. 19세기 초반에 처음 발견되기 시작한 소행성들은 신화 속 인물들의 이름을 얻었다. 세레스, 팔라스, 주노, 베스타가 그렇다. 소행성들의 명칭은 국제천문연맹의 승인을 받아야 하지만, 대부분 자유재량에 맡기는 편이다. 그래서 일부 소행성들에는 기상천외하고 신기한 이름이 붙기도 한다. 이름이 등록된 소행성 25만 개 중 약 10퍼센트 미만이 그런 이름을 갖고 있다. 바흐(1814), 쇼팽(3784), 드보르작(2055), 레논(4147), 매카트니(4148), 자파프랭크(3834) 등이 그렇다. 문학과 관련된 이름을 가진 소행성도 있다. 휴고(2106), 초서(2984), 디킨스(4370), 클라크(4923), 아시모프(5200) 등이다. 소행성 안네프랑크(5535)는 1942년 카를 라인무스가 발견했고, 제2차 세계대전이 끝날 무렵 강제수용소에서 사망한 소녀 안네 프랑크를 기리는 의미에서 이름이 지어졌다.

10. 스타더스트에는 단순한 저차원적 기술과 이른바 하이테크 기술이 동시에 구현되었다. 온보드 메모리 용량은 불과 128메가바이트로, 휴대용 메모리 스틱보다도 수십 배나 적어서 웬만한 컴퓨터 유저들이라면 코웃음 치

고 말겠지만, 1990년대 초반에 이 항공기용 하드웨어를 '냉동'시켰을 때도 가히 존경스러울 만큼 성능을 유지했다. 한편 공학자들은 스타더스트에 장착된 네 개의 마이크로칩에 100만 명에 이르는 일반인의 이름을 담아서 우주로 보내는 놀라운 기술을 성공시켰다. 디지털로 변환해서 실은 게 아니라 실제로 머리카락 두께만 한 크기로 아주 작게 이름을 새겨넣은 것이다. 신청자들의 이름뿐 아니라 워싱턴 시의 베트남 전쟁 기념탑에 적힌 5만 8,214명의 이름도 새겨넣었다. 그 중 두 개의 칩은 표본회수캡슐과 함께 지구로 돌아왔다. 나머지 두 개의 칩은 지금도 머나먼 우주를 떠다니고 있다. 전자현미경을 지닌 외계 생명체에게 우연히 발견된다면, 그들의 이름이 낭송될지도 모를 일이다.

11. "Coherent Expanded Aerogels and Jellies" by S. S. Kisler (1931), 《Nature》127 : 741.

12. 표본회수캡슐에 대한 정보는 2006년 1월 나사의 공식 발표문을 참고한다. 다음 웹사이트에서도 확인할 수 있다. http://www.nasa.gov/stardust.

13. "Issues in Planetary Protection : Policy, Protocol, and Implementation" by J. D. Rummel and L. Billings (2004), 《Space Policy》20 : 49-54.

14. 스타더스트가 회수한 혜성 입자와 성간먼지 입자들은 나사 존슨우주센터에 위치한 성간물질 회수 및 관리국에 보관되어 있다. 이곳에는 아폴로 우주비행사들이 가져온 수백 킬로그램의 월석과 흙뿐 아니라 나사의 고위도 항공기가 수집한 우주먼지, 제네시스 탐사선이 수집한 태양풍 원자들, 그리고 남극 고원에서 채취한 소행성대와 달, 화성에서 날아온 운석들도 보관되어 있다.

15. Stardust@Home은 캘리포니아대학 버클리 캠퍼스에 본부가 있다. 이 대학에서는 SETI@Home을 비롯하여 여러 시민과학 프로젝트를 운영하고 있다. http://stardustathome.ssl.berkeley.edu.

16. 은하동물원은 표준 분류법에 대하여 소정의 교육을 이수한 비전문가들이 모양과 색깔에 따라 은하들을 분류하는 웹 기반 프로젝트다. 지금까지 25만 명 이상의 시민들이 5,000만 개 이상의 은하들을 분류했으며, 이와 관련해서 발표된 논문만 50편이 넘는다. 현재 은하동물원은 시민과학 프로젝트의 주니버스 프로그램에 편입되어 있다.

http://www.galaxyzoo.org/, https://www.zooniverse.org.

17. "Citizen Science: People Power" by E. Hand (2010), 《Nature》 466: 685-87.

18. "Dust from Comet Wild 2: Interpreting Particle Size, Shape, Structure, and Composition from Impact Features on the Stardust Aluminum Foils" by A. T. Kearsley et al. (2008), 《Meteoritics and Space Science》 43: 41-73.

19. 이 방법은 아마추어 천문가 마틴 윌리스가 설명한 방법이다. 다음의 웹사이트는 그의 설명을 그대로 재현한 것이다. http://www.lcas-astronomy.org/articles/display.php?filename = micrometeorites_on_your_roof&category=miscellaneous.

20. 스타더스트 탐사위성의 주요한 과학적 결과는 다음의 논문에 실려 있다. "Comet 81P/Wild 2 Under a Microscope" by D. Brownlee et al. (2006), 《Science》 314: 1711-16. 그리고 《사이언스》 특별판에는 여섯 편의 후속 논문들이 실려 있다.

21. "Stardust: A Mission with Many Scientific Surprises" by D. Brownlee, http://stardust.jpl.nasa.gov/news/news116.html.

22. "Cometary Glycine Detected in Samples Returned by Stardust" by J. E. Elsila, D. P. Glavin, and J. P. Dworkin (2009), 《Meteoritics and Space Science》 44: 1323-30.

23. "Evidence for Aqueous Activity on Comet 81P/Wild 2 from Sulfide Mineral Assemblages in Stardust Samples and Cl Chondrites" by E. L. Berger, T. J. Zega, L. P. Keller, and D. S. Lauretta (2011), 《Geochimica et Cosmochimica Acta》 75: 3501-13.

24. "Whence Comets"(by M. F. A'Hearn (2006), 《Science》 314: 1708-9)의 개요 부분과 "NASA Returns Rocks from a Comet"(by D. S. Burnett (2006), 《Science》 314: 1709-10) 참고.

25. Stardust/NexT 탐사임무에 대해서는 다음 웹사이트를 참고한다. http://stardustnext.jpl.nasa.gov/index.html.

26. 《The Universe of Stars》 by H. Shapley (1929). Based on radio talks from the Harvard College Observatory, edited by H. Shapley and C. Payne. Cambridge, MA: Harvard Observatory, p. 5.

27. "The Star Stuff That is Man" by H. G. Garbedian, 《New York Times Magazine》, August 11, 1929, Section 5.2.

28. 핵분열의 경우 원자의 핵들은 더 작은 성분들로 분열되면서 에너지를 방출한다. 핵융합은 그와 반대로 소립자들이 가벼운 원자핵들에 달라붙는 것을 말한다. 이때도 물론 에너지를 방출한다. 지구상에서는 핵융합이 자연적으로 일어날 수 없다. 핵융합은 오로지 별들(그리고 초기 우주)에서만 일어난다.

29. "Riddles in Fundamental Physics" by L. A. Gaumé (2008), 《Leonardo》 41, no. 3: 247.

30. "Stardust" Oxford English Dictionary Online, at http://www.oed.com/.

31. "Synthesis of the Elements in Stars: Forty Years of Progress" by G. Wallerstein et al. (1999), 《Reviews of Modern Physics》 69: 995-1084.

32. "Riddles in Fundamental Physics" by L. A. Gaumé, p. 247.

33. 《Stardust: Supernovae and Life-The Cosmic Connection》 by J. Gribbin and M. Gribbin (2000), New Haven and London: Yale University Press, p. 188.

34. "Herschel Detects a Massive Dust Reservoir in Supernova 1987A" by M. Matsuura et al. (2011), 《Science Express》, 7 July, DOI 10.1126.

35. 《Stardust: Supernovae and Life-The Cosmic Connection》 by J. Gribbin and M. Gribbin, p. 195. 초신성이 태양계의 형성을 촉발했다는 사실을 입증하는 가장 강력한 증거는 안정적인 철 원자 형태인 Fe^{56}에 비해 지금은 존재하지 않는 수명이 짧은 동위원소 Fe^{60}을 함유한 콘드라이트와 관련이 있다. 이 동위원소는 이론상 젊은 태양에서 방출된 복사로 인해 형성되지만, 더 많은 양이 함유되었을 것으로 예측되는 다른 동위원소들은 발견되지 않는다. 이에 대한 가장 그럴 듯한 설명은 Fe^{60}이 근처 초신성에서 생성되었고, 그 초신성이 폭발하면서 태양 성운이 붕괴되고, 그 와중에 이 수명이 짧은 동위원소(반감기가 150만 년이다)를 풍부하게 함유한 원시 물질들이 태양계 안에 스며들었으리라는 것이다.

"Short-lived Nuclides in Hibonite Grains from Murchison: Evidence for Solar System Evolution" by K. K. Marhas, J. M. Goswami, and A. M. Davis (2002), 《Science》 298: 2182-85, and "An Isotopic View of the Early Solar System" by E. Zinner (2003), 《Science》 300: 265-67.

36. 《Chemistry》, 9th ed. by R. Chang (2007), New York: McGraw-Hill, p. 52. 헬륨은 다른 원자들과 결합을 꺼리기 때문에 유기물질에서는 좀처럼 발견되지 않는다.

37. 《Stardust: Supernovae and Life-The Cosmic Connection》 by J. Gribbin and M. Gribbin, pp. 152, 154.

38. "Recipe for Water: Just add Starlight" ESA Space Science News online at http://www.esa.int/esaSC/SEMW76EODDG_index_0.html.

39. 《Great Comets》 by R. Burnham (2000), Cambridge: Cambridge University Press, p. 195.

40. 《The Tunguska Mystery》 by V. Rubtsov and E. Ashpole (2009), Dordrecht and New York: Springer, p. 3. See also 《Great Comets》 by R. Burnham (2000), Cambridge: Cambridge University Press, p. 203.

41. 《The Tunguska Mystery》 by V. Rubtsov and E. Ashpole (2009), Dordrecht and New York: Springer, pp. 1, 283.

42. 《Impact Jupiter: The Crash of Comet Shoemaker-Levy 9》 by D. H. Levy (1995), Cambridge, MA: Basic Books, pp. 169, 189, 190. 미 의회는 지구에 근접할 가능성이 있는 지름 240미터가 넘는 모든 혜성과 소행성들을 조사하도록 나사에 지시했다. 이런 천체들은 지구에 충돌할 경우 심각한 피해를 입힐 수 있다. 제트추진연구소는 즉시 소형 망원경들로 구성된 감시 프로그램을 가동하여 위협 가능성이 있는 천체들을 추적하고 규명하는 일에 착수했다. 충돌 가능성을 색깔로 구분하여 알려주는 (미 국토안보부와 유사한) '임팩트 리스크'라는 제목의 웹페이지는 일반에게도 열려 있다. http://usgovinfo.about.com/gi/dynamic/offsite.htm?site, http://neo.jpl.nasa.gov/news/news126.html.

43. 이 주제에 대한 깊이 있는 논의는 다음 책을 참고한다.
　　《Comets and the Origin and Evolution of Life》 2nd ed., eds. P. J.

Thomas, R. D. Ricks, C. F. Chyba and C. P. McKay (2006), Berlin and New York: Springer-Verlag.

44. "We Are Made of Star Dust: Toward a New Periodic Table of Elements" by C. Barlow, http://www.thegreatstory.org/Stardustbackground.html.

45. "DNA in Space? Biological Building Blocks Found in Meteorites" by M. D. Lemonick (August 11, 2011). http://www.time.com/time/printout/0,8816,2087758,00.html.

46. "DNA Building Blocks Found in Meteorites" by B. Vastag (August 8, 2011), 《Washington Post》. https://www.washingtonpost.com/national/health-science/dna-building-blocks-found-in-meteorites/2011/08/08/gIQAzNe42I_story.html.

47. "Large Colonial Organisms with Coordinated Growth in Oxygenated Environments 2.1 Gyr Ago" by A. El Albani et al. (2010), 《Nature》 466, no. 7302 (July 1): 100-5. Gyr은 1기가 년Gigayear 또는 10억 년을 의미한다.

48. 《Stardust: Supernovae and Life−The Cosmic Connection》 by J. Gribbin and M. Gribbin, p. 213.

49. 같은 책 p. 214에서 인용.

50. 같은 책 pp. 213-14.

51. 같은 책 p. 214.

52. http://neo.jpl.nasa.gov/neo/resource.html 참고.

53. 《Mining the Sky: Untold Riches from the Asteroids, Comets, and Planets》 by J. S. Lewis (1997), New York: Perseus Books.
희소가치가 높은 금속이나 광물을 수확하기 위해 혜성이나 소행성 수집에 막대한 자원을 투자할 의향이 있다면, 한 가지 명심해야 할 사실이 있다. 그런 금속이나 광물이 풍부해질수록 시장에서의 희소가치는 급속히 떨어진다는 점이다. 시장을 독점하느냐 시장을 포화시키느냐는 종이 한 장 차이다.

54. "Core Formation and Metal-Silicate Fractionation of Osmium and Iridium from Gold" by J. M. Brenan and W. F. McDonough (2009),

《Nature Geoscience》2 : 798-801.

55. 이 국제 조약의 세부 사항들은 UN 우주조약 웹사이트에서 확인할 수 있
다. http://www.oosa.unvienna.org/oosa/SpaceLaw/outerspt.html.

7장 소호, 근면성실한 별과 함께 산다

1. 엄밀히 말해서 광구는 태양이 불투명해지기 시작하는 경계를 일컫는다.
따라서 그 안쪽의 빛은 우리에게 도달하지 못한다. 밀도가 완만하게 바뀌
기 때문에 투명에서 불투명으로 바뀌는, 어느 정도 두께가 있는 층이 존
재한다. 태양의 중심에서 70만 킬로미터 지점부터 광자의 5퍼센트가 탈
출하기 시작해 불과 400킬로미터 범위 안에서 99.5퍼센트의 광자가 탈
출한다. 실제로 광구는 매우 희박한 가스 껍질로, 여기서부터 온도는
7,600K에서 4,500K으로 뚝 떨어진다. 광구 안에서 가스는 이온화된다.
불투명해지는 까닭은 광자들이 전자들을 분산시키기 때문이다.

2. 물리적 측면에서 구름과 비슷하기는 하지만 완전히 동일한 것은 아니다.
구름 안의 수증기 방울은 밀도가 너무 높아서 빛이 직선으로 뻗어나가지
못하고 산란된다. 그렇기 때문에 우리는 구름 내부를 볼 수 없고, 비행기
를 타고 구름 내부에서 바라본 바깥쪽은 불투명하고 어둡다. 구름의 뚜렷
한 외곽선은 수증기의 밀도가 떨어지는 지점인 셈이다. 이 지점부터 광자
들은 수증기와 충돌하여 산란되지 않고 직선으로 나아갈 수 있다. 우리가
구름의 가장자리 또는 표면으로 인식하는 것도 바로 이 지점이다.

3. "Early Observations of Sunspots?" by D. J. Schove and D. Sarton (1947),
《Isis》37 : 69-71. "Historical Sunspot Observations : a Review" by J. M.
Vaquero (2007), 《Advances in Space Research》40 : 929-41, and for a
historical catalog, see "A Catalogue of Sunspot Observations from 165
BC to 1684 AD" by A. D. Wittmann and Z. T. Xu (1987), 《Astronomy
and Astrophysics Supplement Series》70 : 83-94.

4. 갈릴레오와 샤이너는 서로를 알고 있었고 한동안은 사이가 좋았지만, 누
가 처음으로 태양의 흑점을 발견했느냐를 놓고 옥신각신한 끝에 사이가

틀어지고 말았다. 토머스 해리엇도 1610년에 흑점을 관찰했고, 1611년에는 요하네스 파브리치우스가 흑점 발견에 관한 논문을 발표했다. 이에 관한 자세한 내용은 다음의 책과 논문을 참고한다. "Thomas Harriot and the First Telescopic Observation of Sunspots" by J. D. North, in 《Thomas Harriot: Renaissance Scientist》 edited by J. W. Shirley (1974). Oxford: Clarendon Press, and "Galileo, Scheiner, and the Interpretation of Sunspots" by W. R. Shea (1970), 《Isis》 61: 498-519.

5. 1859년에 관측된 플레어는 캐링턴 슈퍼 플레어Carrington Super Flare라고 부른다. 아마추어 천문가였던 리처드 캐링턴과 리처드 호지슨이 처음으로 목격했다. "Timeline: the 1859 Solar Superstorm" July 29, 2008, in 《Scientific American》, http://www.scientificamerican.com/article/timeline-the-1859-solar-superstorm.

6. "On the Origin of Solar Cycle Periodicity" by A. Grandpierre (2004), 《Astrophysics and Space Science》 243: 393-401.
태양 흑점이 자기현상이라는 증거는 헤일이 편광측정기(혹은 태양분광사진기)를 사용해서 밝혀냈다. 고에너지 입자들이 자기장에 맞춰 규칙적으로 움직일 때 이들이 방출하는 복사는 극성을 띤다. 헤일은 태양을 편광 이미지로 촬영해 태양의 전반적인 표면은 극성을 띠지 않는다는 사실을 입증했다. 반면에 흑점 쌍들은 편광 또는 극성이 매우 높으며, 이는 흑점 쌍끼리 연결된 정연한 자기장 선을 보여주는 일종의 서명이었다.

7. "The Sun and Earth's Climate" by J. D. Haigh (2007), 《Living Reviews of Solar Physics》 4: 2-59, and "An Influence of Solar Spectral Variations on Radiative Forcing of Climate" by J. D. Haigh, A. R. Winning, R. Toumi, and J. W. Harder (2010), 《Nature》 467: 696-99. 마운더 극소기와 유럽 일대에 일시적으로 한파가 몰아친 시기가 일치한다는 것이 놀랍기는 하지만, 이것이 태양에서 일어난 변화 때문인지는 여전히 알 수 없다. "Abrupt Onset of the Little Ice Age Triggered by Volcanism and Sustained by Sea-Ice/Ocean Feedbacks" by G. H. Miller et al. (2012), 《Geophysical Research Letters》 39, L02708.

8. 캐링턴과 피츠제럴드의 견해, 코로나의 온도가 매우 높을 것이라는 시

드니 채프먼의 추론, 그리고 혜성의 꼬리가 언제나 태양 쪽으로 늘어져 있음을 발견한 루트비히 비에르만의 관측을 종합하여 태양풍에 대한 물리 이론을 처음으로 발표한 논문은 다음과 같다. "Dynamics of the Interplanetary Gas and Magnetic Fields" by E. Parker (1958), 《Astrophysical Journal》 128 : 664.

9. 우주기상에 대한 정보는 http://spaceweather.com에서 10분마다 업데이트된다. 미국 해양대기관리처의 홈페이지에서도 확인할 수 있다. http://www.swpc.noaa.gov/today.html.

10. 《An Introduction to Space Weather》 by M. Moldwin (2008), Cambridge : Cambridge University Press, pp. 28-29.

11. 자기권은 1958년 국제지구물리 관측년International Geophysical Year의 일환으로 익스플로러 1 탐사위성에 의해 발견되었고, 이듬해에 명칭이 정해졌다. "Motions in the Magnetosphere of the Earth" by T. Gold (1959), 《Journal of Geophysical Research》 64 : 1219-24 참고. 지구 자기권은 10지구반경Earth radii 거리에서 일종의 완충기 역할을 하며 태양풍으로부터 지구를 보호하지만, 지구의 양극으로는 복사에너지와 입자들이 일부 들어와 오로라를 연출한다.

12. "Understanding Solar Behavior and its Influence on Climate" by T. Niroma (2009), 《Energy and Environment》 20 : 145-59, and 《Space Weather, Environment and Societies》 by J. Lilensten and J. Bornarel (2006), Dordrecht : Reidel, pp. 117-18.

13. 《An Introduction to Space Weather》 by M. Moldwin, p. 115.

14. 《Space Weather, Environment and Societies》 by J. Lilensten and J. Bornarel, pp. 117-18.

15. 《An Introduction to Space Weather》 by M. Moldwin, p. 113.

16. 나사 웹사이트 참고. http://lws.gsfc.nasa.gov.

17. "The SOHO Mission: an Overview" by V. Domingo, B. Fleck, and I. A. Poland (1995), 《Solar Physics》 162 : 1-37, and "SOHO: The Solar and Heliospheric Observatory" by V. Domingo, B. Fleck, and I. A. Poland (1995), 《Space Science Reviews》 72 : 81-84.

18. 정확하게 설명하자면 라그랑주 점들은 두 거대한 천체가 서로 당기는 힘이 만나는 접점으로, 이 지점에서는 각각의 천체가 회전하는 데 필요한 만큼만 구심력이 형성된다. 두 천체에 비해 무시해도 될 만큼 가벼운 물체가 이 지점에 있을 때는 이들 중력의 영향을 거의 받지 않고 머물 수 있다. 하지만 L1은 불안정하다. 예를 들어 인공위성이 지구와 태양을 연결하는 직선과 수직으로 이동하면 제대로 위치를 잡을 수 있지만, 그러지 않을 경우에는 태양으로 끌려가든지 아니면 태양에서 멀어질 수 있다. 이따금씩 구식 소형 로켓들이 접근해오더라도 육중한 우주선이라면 라그랑주 점에서 벗어나지 않고 제 위치를 고수한다.

19. "Ten Years of SOHO" by B. Fleck et al. (2006), 《European Space Agency Bulletin》, no. 126, pp. 25-32, and "Four Years of SOHO Discoveries-Some Highlights" by B. Fleck et al. (2000), 《European Space Agency Bulletin》, no. 201, pp. 68-86. http://sohowww.nascom.nasa.gov/home.html, http://www.esa.int/esaSC/120373_index_0_m.html, http://sungrazer.nrl.navy.mil/index.php.

20. "ESA, NASA Struggle to Save SOHO" by M. A. Taverna and A. R. Asker (1998), 《Aviation Week and Space Technology》 149 : 32-33.

21. "The ESA/NASA SOHO Mission Interruption : Using the STAMP Accident Analysis Software for a Software Related Mishap" by C. W. Johnson and C. M. Holloway (2003), 《Software : Practice and Experience》 33 : 1177-98.

22. http://soho.esac.esa.int/whatsnew/SOHO_final_report.html.

23. 진동, 음향진동, 조화 등에 관한 물리학 이론은 심지어 원자 내부의 보이지 않는 미세한 영역에서도 등장한다. 끈이론은 쿼크와 전자 같은 모든 기본 입자들이 실제로는 '끈'이라고 하는 극도로 작고, 질량-에너지를 갖는 1차원의 실체로 이루어져 있다고 가정한다. 입자들의 속성과 상호작용의 다양성은 진동하는 끈들이 갖는 여러 가지 상태와 끈들 사이의 상호작용으로 설명된다. 《Warped Passages : Unraveling the Mysteries of the Universe's Hidden Dimensions》 by L. Randall (2005), New York : HarperCollins 참고.

24. 리처드 캐링턴에서 조지 엘러리 헤일에 이르기까지 일진학의 흥미로운 이야기는 다음 책을 참고한다. 《The Sun Kings: The Unexpected Tragedy of Richard Carrington and the Tale of How Modern Astronomy Began》 by S. Clark (2007), Princeton: Princeton University Press.

25. 《The Music of the Sun: The Story of Helioseismology》 by W. J. Chaplin (2006), London: Oneworld Publications.

26. "Basic Principles of Solar Acoustic Holography" by C. Lindsey and D. C. Brain (2000), 《Solar Physics》 192: 261-84.

27. "A Decade of Weather Extremes" by D. Coumou and S. Rahmstorf (2012), 《Nature Climate Change》 2: 491-96.

28. "The Mysterious Origins of Solar Flares" by G. D. Holman (2006), 《Scientific American online》, April issue. http://www.scientificamerican.com/article.cfm?id=the-mysterious-origins-of.

29. 구글 어스에서 위성들을 확인할 수 있다. http://www.gearthblog.com/satellites.html.

30. 《Storms in Space》 by J. W. Freeman (2001), Cambridge: Cambridge University Press, pp. 71-72.

31. 《The 23rd Cycle: Learning to Live with a Stormy Star》 by S. Odenwald (2001), New York: Columbia University Press, pp. 7, 8.

32. 《Storms in Space》 by J. W. Freeman, p. 73.

33. 《Space Weather, Environment and Societies》 by J. Lilensten and J. Bornarel (2006), Dordrecht: Reidel, p. 93.

34. 《Severe Space Weather Events-Understanding Societal and Economic Impacts: a Workshop Report》 by the Space Science Board (2008), Washington, DC: National Academies Press.

35. http://science.nasa.gov/science-news/science-at-nasa/2009/03sep_sunspots.

36. "Multiband Modeling of the Sun as a Variable Star from VIRGO/SOHO Data" by A. F. Lanza (2004), 《Astronomy and Astrophysics》 425: 707.

37. "Statistical Investigation and Modeling of Sungrazing Comets Discovered

with the Solar and Heliospheric Observatory" by Z. Sekanina (2000), 《Astrophysical Journal》 566: 577.

38. 《Highlights in Space》 by the Office of Outer Space Affairs, United Nations Office at Vienna (2004), New York: United Nations, p. 142.

39. 《Sun, Earth and Sky》 by K. Lang (2006), 2nd ed., Singapore: Springer, pp. 174, 176.

40. 《Varese: A Looking Glass Diary》 by L. Varese (1972), New York: W. W. Norton, pp. 228-29, 101.

41. Stephen P. McGreevy's ground-based ELF-VLF recordings, at http:// wwwpw.physics.uiowa.edu/mcgreevy.

42. 《Skywatchers, Shamans & Kings: Astronomy and the Archaeology of Power》 by E. C. Krupp (1997), New York: John Wiley & Sons, p. 128.

43. 《Mysteries and Discoveries of Archaeoastronomy: From Giza to Easter Island》 by G. Magli (2009), New York: Springer Praxis, pp. 62, 63.

44. 《The Cambridge Concise History of Astronomy》 by M. Hoskins and C. Ruggles (1999), Cambridge: Cambridge University Press, p. 6.

45. "If the Stones Could Speak: Searching for the Meaning of Stonehenge" by C. Alexander, from National Geographic.org (June 2008). http://ngm.nationalgeographic.com/2008/06/stonehenge/alexander-text/1.

46. 《Mysteries and Discoveries of Archaeoastronomy: From Giza to Easter Island》 by G. Magli, p. 32.

47. "If the Stones Could Speak: Searching for the Meaning of Stonehenge" by C. Alexander. http://ngm.nationalgeographic.com/2008/06/ stonehenge/alexander-text/1.

48. 《Skywatchers, Shamans & Kings: Astronomy and the Archaeology of Power》 by E. C. Krupp, p. 134.
여기서 크루프가 언급하는 것은 '재건'된 것처럼 보이는 뉴그레인즈 외부의 흰색 석영 벽일 것이다. 제랄딘과 매튜 스타우트에 따르면 뉴그레인즈 외벽이 인근에서 발견되는 암석을 원료로 사용하고는 있지만, 그렇다고 해서 본래 거석 구조물의 일부였다고 단정할 수는 없다.

49. 《The Cambridge Concise History of Astronomy》 by M. Hoskins and C. Ruggles, p. 2.

50. 《Mysteries and Discoveries of Archaeoastronomy: From Giza to Easter Island》 by G. Magli, p. 35.

51. 《The Stars and the Stones: Ancient Art and Astronomy in Ireland》 by M. Brennan (1983), London: Thames and Hudson, 1983, pp. 7, 10.

52. "Chankillo: A 2300-Year-Old Solar Observatory in Coastal Peru" by I. Ghezzi and C. Ruggles (2007), 《Science》 315: 1239.

53. "Chankillo: A 2300-Year-Old Solar Observatory in Coastal Peru" by I. Ghezzi and C. Ruggles, p. 1241.

54. "The Sphinx Blinks" by E. C. Krupp (2001), 《Sky and Telescope》 (March): 86. 스톤헨지 안쪽에 편자 모양으로 서 있는 3층 석탑은 기원전 2550년에서 1600년 사이에 건축되었다.

55. 탤런 멤모트의 《렉시아 투 퍼플렉시아》는 10개의 웹페이지 또는 챕터로 구성된 인터넷 기반 소설이다. 본문에서 인용한 챕터는 "Metastrophe: Temporary miniFestos"다.
http://www.altx.com/ebr/ebr11/11mem/plex/appendix-1.html.

56. 위와 같은 자료.

57. 《Storms in Space》 by J. W. Freeman (2001), Cambridge: Cambridge University Press, p. 53.

58. 《Touch the Sun: a NASA Braille Book》 by N. Grice (2005), Washington, DC: Joseph Henry Press.

59. "Solar Dynamics Observatory-Exploring the Sun in High Definition" a NASA Factsheet, Goddard Space Flight Center, FS-2008-04-102-GSFC.

60. 천문학자들이 태양을 닮은 별 주위의 행성을 찾으려고 하는 데는 여러 이유가 있지만, 그중 한 가지는 태양보다 더 큰 별들은 더 활동적이기 때문에 주변을 공전하는 행성들에 생명이 있다고 해도 그들에게 엄청난 위협을 가할 수 있기 때문이다. 게다가 이런 별들은 수명이 짧기 때문에 복잡한 생명이 발달할 수가 없다. 질량이 작은 붉은 왜성들은 거주가능한 행

성보다 10배쯤 많을 것으로 짐작되지만, 최근 연구에 따르면 이런 왜성들
역시 생명에게 치명적일 수 있는 플레어를 방출한다고 한다.
"M Dwarf Flares from Time-Resolved SDSS Spectra" by E. J. Hilton,
A. A. West, S. L. Hawley, and A. F. Kowalski (2010), 《Astronomical
Journal》 140 : 1402-13.

8장 히파르코스, 우리 은하의 지도 그리기

1. 《Albert Einstein : Maker of Universes》 by H. G. Garbedian (1939), New
   York and London : Funk and Wagnalls, p. 77.

2. "How Fast Are You Moving When You're Sitting Still?" by A. Fraknoi
   (2007), 《Universe in the Classroom》, vol. 71, Astronomical Society of
   the Pacific 참고. 이처럼 반복적으로 겹치는 행성과 항성, 은하의 이동들
   은 주전원 원리처럼 끝없이 더 큰 규모로 이동이 확장되는 것은 아닌가
   하는 의심을 불러일으킨다. 실제로 1억 광년 이상의 규모에서 보면 이런
   체계적이고 반복적인 이동들은 수렴된다. 우리 은하와 국부은하군에 속
   한 수십 개의 은하들, 그리고 처녀자리은하단은 수십만 개의 은하들이 모
   여 있는 국부초은하단이라 불리는 거대한 덩어리 안에서 하나의 조직처
   럼 이동한다. 이동의 기준을 삼을 만한 가장 큰 틀은 빅뱅에서 방출된 화
   석 복사, 즉 우주 마이크로파 배경복사다. 우주 마이크로파 배경복사는
   전체로서 우주를 의미하기 때문에 기준이 될 수 있다. 그뿐 아니라 우주
   는 어느 곳으로도 나아가지 않고 그 자리에 있는 것처럼 보인다!
   http://www.astrosociety.org/education/publications/tnl/71/howfast.html.

3. 《The Making of History's Greatest Star Map》 by M. Perryman (2010),
   New York : Springer, p. 37.

4. 《On the Origin of Stories : Evolution, Cognition, and Fiction》 by B.
   Boyd (2009), Cambridge, MA, and London : Belknap Press of Harvard
   University Press, p. 209.

5. "Messages from the Stone Age" by K. Ravilious (2010), 《New Scientist》,

February 20-26, p. 32.

6. 같은 책 p. 33에서 인용.

7. Clive Ruggles and Michel Cotte, eds. (2010), "Heritage Sites of Astronomy and Archaeoastronomy in the Context of the UNESCO World Heritage Convention: A Thematic Study" International Council on Monuments and Sites website at http://openarchive.icomos.org/267.

8. http://seedmagazine.com/content/article/symbols_from_the_sky.

9. http://www.archeociel.com/Accueil_eng.htm#Abstract. "Archeociel: Chantal Jeques Wolkiewiez".

10. 《Star Tales》 by I. Ridpath (1988), New York: Universe Books, p. 2.

11. "Star Search" by Harald Meller (2004), 《National Geographic》 205, no. 1 (January): 76-87. See also "Solar Circle" by Ulrich Bolser (2006), 《Archaeology》 59, no. 4 (July/August): 30-35.

12. 《The History and Practice of Ancient Astronomy》 by J. Evans (1988), New York and Oxford: Oxford University Press, p. 3.

13. 같은 책. 호메로스의 《오디세이》에 자세하고 정확하게 서술된 다양한 천문학 정보 덕분에 천문학자들은 오디세우스가 몰려온 구혼자들을 물리치고 부인과 토지에 대한 소유권을 지켜낸 날짜까지도 정확하게 알아냈다. 2008년 연구자들은 《오디세이》에 간략하게 묘사된 기원전 1178년 4월의 일식을 면밀히 조사하여 이야기 속 사건들이 일어난 날짜를 알아냈고, 그 내용의 일부가 사실을 바탕으로 하고 있다고 주장했다. "Astronomers hit a homer with 'Odyssey'" by Thomas H. Maugh II (2008), 《Los Angeles Times》, June 24, online at http://articles.latimes.com/2008/jun/24/science/sci-odyssey24. 홀리 헨리는 위 논문을 비롯해 이 책을 쓰는 데 도움이 된 소중한 자료를 제공해준 캘리포니아주립대학의 동료 서니 현에게 감사를 전한다.

14. 같은 책 p. 4에서 인용.

15. 《Star Maps: History, Artistry, and Cartography》 by N. Kanas (2007), New York: Springer/Praxis, p. 50.

16. "Astronomy in Antiquity" by M. Hoskin, in 《The Cambridge Concise

History of Astronomy》 edited by Michael Hoskin (1999), Cambridge: Cambridge University Press, p. 39.

17. 《Hipparcos, The New Reduction of the Raw Data》 by F. Van Leeuwen (2007), New York: Springer, p. 6.

18. "The Epoch of the Constellations on the Farnese Atlas and their Origin in Hipparchus's Lost Catalog" by B. Shaeffer (2005), 《Journal for the History of Astronomy》 36: 169, 173.

19. 같은 논문. pp. 178, 174.

20. 태양 인근의 별들은 우리 은하 중심을 기준으로 같은 이동권 안에 있고, 태양에 대한 이동속도도 꽤 완만한 편이다. 히파르코스 탐사위성은 삼각법을 이용해서 별까지의 거리를 직접 측정했다. 지구의 공전운동을 이용해서 그린 삼각형 안에는 거리 측정에 필요한 정보들이 들어 있다. 바로 시차효과다. 히파르코스 위성은 우리와 가까운 일부 별들을 충분히 관측하여 별들의 위치가 달라지는 현상을 보여주었다. 천문학자들은 이 현상을 '고유운동'이라고 부른다. 고유운동을 통해 별들의 횡단속도를 측정할 수도 있다.

21. 《The Making of History's Greatest Star Map》 by M. Perryman, p. 40.

22. 인간 게놈 프로젝트는 2만에서 2만 5,000개에 이르는 인간 유전자를 모두 확인해 인간의 DNA를 구성하는 30억 개의 염기배열을 지도로 작성하기 위해 실시된 13년 프로젝트다. 미국 에너지국과 국립보건원의 후원을 받아 1989년에 출범한 이 프로젝트는 2003년에 완벽하게 해독한 인간 게놈 지도를 공개했다. 물론 여전히 관련 연구들은 계속되고 있다. 크레이그 벤터가 이끄는 셀레라 지노믹스 사도 1989년에 출범하여 정부 프로젝트와 쌍벽을 이루며 동일한 연구를 실시했다.

《Drawing the Map of Life: Inside the Human Genome Project》 by V. K. McIlheny (2010), New York: Basic Books, 《The Genome War: How Craig Venter Tried to Capture the Code of Life and Save the World》 by J. Shreeve (2005), New York: Ballantine Books.

23. "When E.T. Phones the Pope" by M. Kauffman (2009), 《Washington Post》, November 8, 2009. 바티칸은 애리조나 남부에 위치한 천문대에

직원을 파견했고, 애리조나대학, 킷픽천문대, 미국 국립천문대와의 천문학자 교환 프로그램에도 참여하고 있다.

24. 《Frontiers of Astrobiology》 edited by C. Impey, J. Lunine, and J. Funes, S. J. (2012), Cambridge: Cambridge University Press.

25. "Vatican Hosts Astrobiology Experts" by D. Ariel (2009), 《Denton Record-Chronicle》, November 11, 2009, online at http://www.dentonrc. com에서 인용.

26. 위와 같은 자료.

27. "Probability Distribution of Terrestrial Planets in Habitable Zones around Host Stars" by J. Guo et al. (2009), 《Astrophysics and Space Science》 323: 367-73.

28. 삼각측량법을 이용한 거리 측정은 지구 공전궤도의 지름을 밑변으로 하는 삼각형을 그리는 데서 시작한다. 밑변과 꼭짓점이 이루는 미세한 각도는 먼 별들을 배경으로 1년 이상 관측된 가까운 별의 위치 이동을 관찰해서 측정한다. 일단 거리를 알면, 이와 유사한 삼각법을 이용해서 한 천체가 보이는 각도의 차이를 물리적 양으로 환산할 수 있다. 거리와 함께 빛전달의 역제곱 법칙을 이용하면 별의 겉보기밝기를 고유밝기 또는 절대밝기로 환산할 수 있다. 또한 그 별이 방출하는 복사의 양을 알면 질량도 계산할 수 있다. 결국 이 모든 측정과 계산의 열쇠는 '거리'다.

29. 인공적인 빛도 없고 달도 보이지 않는 곳에서는 맨 눈으로도 약 6,000개의 별을 볼 수 있다. 물론 평균적으로 그렇다는 말이다. 사람에 따라 30퍼센트 이상 차이가 날 수 있다.

30. 《Ptolemy's Almagest》 translated by G. J. Toomer (1998), Princeton: Princeton University Press.

31. 《Parallax: The Race to Measure the Cosmos》 by A. W. Hirschfeld (2002), New York: Henry Holt.

32. 인공위성이나 탐사선을 발사할 때 지구의 자전에서 도움을 얻으면 유리하다. 적도에서 지구의 자전속도는 시속 1,600킬로미터가 넘는다. 그래서 나사는 미국에서도 가장 남쪽에 위치한 플로리다 주 케이프 커내버럴을 발사기지로 이용한다. 유럽우주기구는 적도에서 불과 480킬로미터 북쪽

에 위치한 기지를 이용하기 때문에 지구 자전에서 얻는 이득이 더 크다.

33. 히파르코스 프로젝트 과학자들은 히파르코스의 과학적 결과물을 포괄적으로 이해하기 쉽게 한 권의 책으로 엮었다. 《Astronomical Applications of Astrometry: Ten Years of Exploitation of the Hipparcos Satellite Data》by M. Perryman (2009), Cambridge: Cambridge University Press.

34. http://www.rssd.esa.int/index.php?project=HIPPARCOS&page=star_globe.

35. "The Hipparcos Catalogue" by M. Perryman et al. (1997), 《Astronomy and Astrophysics》323: L49-L52.

36. "The Tycho Catalogue" by E. Høg et al. (1997), 《Astronomy and Astrophysics》323: L57-L60.

37. "The Tycho-2 Catalogue of the 2.5 Million Brightest Stars" by E. Høg et al. (2000), 《Astronomy and Astrophysics》355: L27-L30.

38. 《Hipparcos, The New Reduction of the Raw Data》by F. Van Leeuwen (2007), New York: Springer.

39. 마이클 페리먼의 약력에 대해서는 다음 웹사이트를 참고한다.
http://www.esa.int/esaMI/Space_Year_2007/SEMGVSMPQ5F_0.html.

40. 《The Making of History's Greatest Star Map》by M. Perryman (2010), Berlin and Heidelberg: Springer.

41. 《Measuring the Universe: The Extragalactic Distance Ladder》by S. Webb (1999), New York: Springer.

42. 시차는 우주를 유클리드 기하학적 대상으로, 또는 빛이 직선으로 나아간다고 가정하기 때문에 우주에 대한 삼각측량법은 종이 위에서 측정하는 삼각측량법만큼 신뢰도가 높다. 일반상대성 이론은 우주가 휘어질 수 있지만, 그 휘어짐의 효과는 중력이 강할 때에만 두드러진다고 설명한다. 히파르코스 탐사위성이 조사한 범위를 통틀어서 유클리드 기하학적 전제는 매우 안전하다.

43. "The Pulsation Mode of the Cepheid Polaris" by D. G. Turner et al. (2012), 《The Astrophysical Journal》, arXiv:1211.6103.

44. "The Hyades: Distance, Structure, Dynamics, and Age" by M. Perryman

et al. (1998), 《Astronomy and Astrophysics》 331: 81-120, and "A Distance of 133-137 pc to the Pleiades Star Cluster" by X. Pan et al. (2004), 《Nature》 427: 326-28.

45. "Galactic Kinematics of Cepheids from Hipparcos Proper Motions" by M. Feast and P. Whitelock (1997), 《Monthly Notices of the Royal Astronomical Society》 291: 683-93.

46. "The Hipparcos Catalogue as a Realisation of the Extragalactic Reference Frame" by J. Kovalesky et al. (1997), 《Astronomy and Astrophysics》 323: 620-33.

47. "Hipparcos Variable Star Detection and Classification Efficiency" by P. Dubath et al. (2011), preprint number arXiv 1107.3638.

48. "Double Star Data in the Hipparcos Catalogue" by L. Lindegren et al. (1997), 《Astronomy and Astrophysics》 323: L53-L56.

49. "Hipparcos Sub-Dwarf Parallaxes: Metal-Rich Clusters and the Thick Disk" by I. N. Reid (1998), 《Astronomical Journal》 116: 204-28.

50. "Debris Streams in the Solar Neighborhood as Relics from the Formation of the Milky Way" by A. Helmi et al. (1999), 《Nature》 402: 53-55.

51. "Ice Age Epochs and the Sun's Path Through the Galaxy" by D. R. Gies and J. W. Helsel (2005), 《Astrophysical Journal》 636: 844-48.

52. "HD209458 Planetary Transits from Hipparcos Photometry" by N. Robichon and F. Arenou (2000), 《Astronomy and Astrophysics》 355: 295-98.

53. "Determination of the PPN Parameter Gamma with the Hipparcos Data" by M. Froeschle, F. Mignard, and F. Arenou (1997), in "Proceedings of the ESA Symposium "Hipparcos-Venice '97"" Venice, Italy, ESA SP-402, Noordwijk, Netherlands: European Space Agency.

54. "The Gaia Mission: Science Organization and Present Status" by L. Lindegren et al. (2008), in 《A Giant Step: from Milli-to Micro-Arcsecond Astrometry》, IAU Symposium 248, edited by W. Lin, I. Platais, and M. Perryman, Berlin: Dordrecht.

55. "The Three Dimensional Universe with Gaia" Proceedings of a Symposium at the Paris Observatory, Meudon, ESA SP-576, Noordwijk, Netherlands: European Space Agency.

56. http://sci.esa.int/science-e/www/area/index.cfm?fareaid=26. "Gaia Overview", ESA.

57. 가이아의 교육적 가치에 대해서는 다음의 웹사이트를 참고한다. http://www.esa.int/export/esaSC/120377_index_0_m.html.

9장 스피처, 차가운 우주의 베일을 벗기다

1. 우주가 완벽한 진공이 아니라는 사실을 증명하는 데는 실로 오랜 시간이 걸렸다. 왜냐하면 별들 사이에 존재하는 가스와 먼지의 효과는 포착하기 어려운 동시에 매우 강력했기 때문이다. 망원경 발명 이전에도 일부에서는 우리 은하의 들쭉날쭉하고 검은 지역들이 어느 정도 시야를 가리고 있다고 추측하긴 했지만, 그들에게는 증거가 없었다. 1847년 독일의 저명한 천문학자 프리드리히 폰 슈트루베는 성간물질로 인해 2,000광년 거리마다 별빛이 두 배로 흐려진다는 사실을 증명했다. 그는 5대에 걸쳐 천문학자를 배출한 쟁쟁한 가문의 후손이었다. 1930년대 미국의 천문학자 로버트 트럼플러는 별들 사이 공간에 희박하게 분산되어 있는 미세한 먼지입자들로 인해 별빛이 흐려지고 붉어진다는 사실을 입증했다.

2. "Cosmic census finds crowd of planets in our galaxy" by Seth Borenstein (February 19, 2011), MSNBC.com, http://www.msnbc.msn.com/id/41686017/ns/technology_and_science-space/t/cosmic-census-finds-crowd-planets-our-galaxy.

3. 이 행성은 2008년 지상기반의 소형 망원경을 통해서 발견되었다. "WASP-12b: The Hottest Transiting Exoplanet Yet Discovered" by L. Hebb et al. (2009), 《The Astrophysical Journal》 693: 1920-28 참고. 스피처가 이 행성이 탄소로 구성되어 있다는 사실을 밝힌 것은 그로부터 2년 후였다. "A High C/O Ratio and Weak Temperature Inversion in the Atmosphere of

Exoplanet WASP-12b" by N. Madhusudhan et al. (2010), 《Nature》469: 64-67.

4. "NASA's Spitzer Reveals First Carbon-Rich Planet" online at http://www.spitzer.caltech.edu/news/1231-ssc2010-10-NASA-s-Spitzer-Reveals-First-Carbon-Rich-Planet.

5. "Spitzer View on the Evolution of Star-Forming Galaxies from z=0 to z=3" by P. Pérez-Gonzáles et al. (2007), 《Astrophysical Journal》640: 92-102.

6. 《William Herschel: His Life and Works》 by E. Holden (1881), New York: Scribner's and Sons.

7. "Low-Level Laser Therapy Facilitates Superficial Wound Healing in Humans: A Triple-Blind, Sham-Controlled Study" by J. Hopkins et al. (2004), 《Journal of Athletic Training》39, no. 3: 223-29. 미국 국립생물공학정보센터는 미국 국립보건원 산하 기관이다.

8. "Light Emitting Diodes Bring Relief to Young Cancer Patients" (November 5, 2003), NASA Press Release. 다음 웹사이트에서도 확인할 수 있다. http://www.nasa.gov/centers/marshall/news/releases/2003/03-199.html.

9. 원자와 분자들은 끊임없이 미세하게 움직이는데, 온도는 바로 그 미세한 움직임을 측정한 것이다. 흔히 사용하는 섭씨와 화씨 척도와 달리 물리학과 천문학에서는 원자와 분자들의 미세한 움직임이 제로가 될 때를 0도로 삼는 온도 척도를 사용한다. 켈빈 온도$_K$가 그것이다. 켈빈 온도 척도에서 0도(0K)는 섭씨 영하 273도에 해당한다. 따라서 물의 어는점을 켈빈 온도로 표현하면 273K이다. 우주에 존재하는 모든 물체는 자신의 온도에 따른 열복사를 방출한다. 열복사는 온도에 반비례하는 피크 파장을 보이는 완만한 스펙트럼을 갖는다. 태양의 표면처럼 수천 켈빈 온도에 이르는 물체들에서 그 피크 파장은 가시부 파장이고, 지구와 지구상의 모든 물체들처럼 수백 켈빈 온도의 물체들에서 그 피크 파장은 보다 긴 비가시적인 적외부 파장이다.

10. "History of Infrared Telescopes and Astronomy" by G. Rieke (2009),

《Experimental Astronomy》25: 125-41.

11. "NASA's New Airborne Observatory" by L. Keller and J. Wolf (2010), 《Sky and Telescope》(October): 22-28.

12. For summaries and overviews, see "The Infrared Astronomical Satellite (IRAS) Mission" by G. Neugebauer et al. (1984), 《Astrophysical Journal》278: L1-L6, and "The Infrared Space Observatory (ISO) Mission" by M. Kessler et al. (1986), 《Astronomy and Astrophysics》315: L27-L31.

13. "The Spitzer Space Telescope Mission" by M. Werner et al. (2004), 《Astrophysical Journal Supplement》154: 1-9.

14. "Variable Extinction at the Galactic Center" by M. Lebofsky (1979), 《Astronomical Journal》84: 324-28.

15. "A Spitzer/IRAC Survey of the Orion Molecular Clouds" by S. Megeath et al. (2005), in 《Massive Star Birth, IAU Symposium 227》, ed. R. Cesaroni, E. Churchwell, M. Fells, and C. Walmesley, Cambridge: Cambridge University Press, pp. 1-6.

16. "The $0.4 < z < 1.3$ Star Formation History of the Universe as Viewed in the Infrared" by B. Magnelli et al. (2009), 《Astronomy and Astrophysics》496: 57-75.

17. "New Measurements of Cosmic Infrared Background Fluctuations from arly Epochs" by A. Kashlinsky et al. (2007), 《Astrophysical Journal》654: L5-L8.

18. NASA Spitzer mission news, "NASA Telescope Picks up Glow of Universe's First Objects", http://www.nasa.gov/centers/goddard/news/topstory/2006/spitzer_fitstars.html.

19. "The Spitzer/GLIMPSE Surveys: A New View of the Milky Way" by E. Churchwell et al. (2009), 《Publications of the Astronomical Society of the Pacific》121: 213-30.

20. "Spitzer Detection of Polycyclic Aromatic Hydrocarbons and Silicate Dust Features in the Mid-Infrared Spectra of $z=2$ Ultraluminous Infrared

Galaxies" by L. Yan et al. (2005), 《Astrophysical Journal》 628 : 604-10.

21. "How the Spitzer Space Telescope Unveils the Unseen Cosmos" by M. Werner (2009), 《Astronomy》 37, no. 3, March Issue, p. 44.

22. 시민과학협회에서 창설한 Zooniverse.org는 '은하동물원'으로 활동을 개시하면서 과학연구 분야에 대중의 참여를 높이는 데 공헌하고 있다. 또한 애들러천문관과 존스홉킨스대학, 미네소타대학과 파트너십을 맺고 있으며, 옥스퍼드대학, 국립해양박물관, 그리니치왕립천문대, 노팅엄대학과도 공조하고 있다. http://www.zooniverse.org.

23. http://www.milkywayproject.org/. 2012년 12월에는 별 형성 영역으로 추정되는 300만 개 이상의 가스거품들이 시민과학자들에 의해 확인되었다.

24. "The Spitzer Warm Mission Science Prospects" by J. Stauffer et al. (2007), 《American Institute of Physics Conference Proceedings》 243 : 43-66, and "NASA's Spitzer Telescope Warms Up to a New Career" online at http://www.nasa.gov/mission_pages/spitzer/news/spitzer-20090506.html.

25. NASA 언론 발표 "NASA's Kepler Mission Discovers a World Orbiting Two Stars" online at http://www.nasa.gov/mission_pages/kepler/news/kepler-16b.html.

26. "Photosynthesis : Likelihood of Occurrence and Possibility of Detection on Earth-like Planets" by R. Wolstencroft and J. Raven (2002), 《Icarus》 157 : 535-48.

27. "Revealing the Dawn of Photosynthesis" by R. Hooper (2006), 《New Scientist》 (August 19).

28. http://www.astrobio.net/exclusive/404/star-light-star-brightany-oxygen-tonight. "Star Light, Star Bright, Any Oxygen Tonight?" by L. Mullen (March 17, 2003), 《Astrobiology Magazine》.

29. "Universality in Intermediary Metabolism" by E. Smith and H. Morowitz (2004), 《Proceedings of the National Academy of Sciences》 101 : 13168-71.

30. "The Day Earth Came to Life" by J. Trefil and W. O'Brien-Trefil (2009),

《Astronomy》 (September) : 29.

31. 《The Story of Light》 by B. Bova (2001), Naperville, IL : Sourcebooks, pp. 37, 36.

32. 《Animal Eyes》 by M. Land and D. -E. Nilsson (2002), Oxford : Oxford University Press, p. 1.

33. 《In the Blink of an Eye : How Vision Sparked the Big Bang of Evolution》 by A. Parker (2003), New York : Basic Books, pp. 24-25.
'빛 스위치' 이론은 폭넓은 지지를 받고 있지는 않다. 게다가 복잡한 눈의 발달을 포함하여, 완전히 다른 관점에서 무엇이 폭발적 진화를 유발했는지 설명하는 이론들이 꽤 많다. 5억 년 전의 화석기록이 워낙 드물기 때문에 정확히 어떤 이유에서, 또 어떤 방식으로 진화가 촉발되었는지는 어쩌면 영원히 알 수 없을지도 모른다.

34. 《Animal Eyes》 by M. Land and D.-E. Nilsson, p. 12.

35. 《Light》 by M. Sobel (1987), Chicago and London : University of Chicago Press, p. 47.

36. "A Bees-eye View : How Insects See Flowers Very Differently to Us" by M. Hanlon (August 8, 2007), 《Daily Mail》 online at http://www.dailymail. co.uk/sciencetech/article-473897/A-bees-eye-view-How-insects-flowers-differently-us.html#ixzz19NWyoPIn.

37. 《Animal Eyes》 by M. Land and D.-E. Nilsson, pp. 12-13, 15.

38. "So Much More Than Plasma and Poison" by N. Angier (June 6, 2011), New York Times.com, http://www.nytimes.com/2011/06/07/science/07jellyfish.html?pagewanted=all. "Box Jellyfish Use Terrestrial Visual Cues for Navigation" by A. Garm, M. Oskarsson, and D.-E. Nilsson (2011), 《Current Biology》 21, no. 9, pp. 798-803.

39. 《The Deep》 edited by C. Nouvain (2007), Chicago and London : University of Chicago Press, p. 18.

40. "The Nocturnal Ballet of Deep-Sea Creatures" by M. Youngbluth, in 《The Deep》 edited by C. Nouvain (2007), Chicago and London : University of Chicago Press, p. 71.

41. "Spookfish has Mirrors for Eyes" by J. Morgan, BBC News, http://news.bbc.co.uk/2/hi/7815540.stm.

42. 역그늘은 육상은 물론이고 해양동물들이 흔히 사용하는 일종의 위장술이다. 자연적인 그늘의 시각효과를 연출함으로써 포식자로 하여금 먹이의 크기나 모양을 착각하게 만들려는 목적으로 진화했다. 해양동물의 경우 역그늘은 아래쪽에서 올려다보면 배경 빛처럼 보이게 만들고, 위쪽에서 내려다보면 어둡게 보이는 효과를 낸다.

43. 《The Silent Deep: The Discovery, Ecology and Conservation of the Deep Sea》 by T. Koslow (2007), Chicago: University of Chicago Press, p. 52.

44. "Living Lights in the Sea" by E. Widder, in 《The Deep》 edited by C. Nouvain (2007), Chicago and London: University of Chicago Press, pp. 85-86. 심해 탐험가인 위더는 대양의 수질과 해양 생태계 건강에 중점을 둔 해양연구 및 보존협회의 창립자이자 회장이다.

45. 《The Silent Deep: The Discovery, Ecology and Conservation of the Deep Sea》 by T. Koslow, p. 58.

46. 《Aglow in the Dark: The Revolutionary Science of Bioluminescence》 by V. Pieribone and D. Gruber (2006), Cambridge, MA: Belknap Press of Harvard University Press, p. 143.

47. 새로운 항성계의 경우 원시 가스구름은 엄청난 비율로 쪼그라들고 회전속도는 그에 비례하여 빨라진다. 별 주변을 공전하는 행성들의 방향이 모두 같고, 공전 방향과 같은 방향으로 자전하는 것도 바로 이 원리에 근거한다.

48. "Frequency of Debris Disks Around Solar-Type Stars: First Results from a MIPS Survey" by G. Bryden et al. (2006), 《Astrophysical Journal》 636: 1098-1128.

49. "The Formation and Evolution of Planetary Systems: First Results from a Spitzer Science Legacy Program" by M. Meyer et al. (2004), 《Astrophysical Journal Supplement》 154, pp. 422-44.

50. "Fullerenes in Interstellar and Circumstellar Environments" by J. Cami, J. Bernard-Salas, E. Peeters, and S. Malek (2011), in 《The Molecular

Universe, IAU Symposium 280》, Dordrecht: Reidel, p. 23.

51. "Spitzer IRS Spectroscopy of IRAS-Discovered Debris Disks" by C. Chen et al. (2006), 《Astrophysical Journal Supplement》166: 251-377.

52. 외계 행성의 숫자는 급격하게 늘어나고 있다. 2년이 채 못 되는 짧은 기간마다 거의 두 배씩 증가하는 추세다. 1,000여 개 이상의 외계 행성들 대부분이 도플러 분광법에 의해 발견되었지만, 2015년 초반까지 4,600여 개의 외계 행성 후보들이 나사 케플러 탐사위성의 횡단일식관측을 통해 발견되었다. "Planetary Candidates Observed by Kepler. III. Analysis of the First 16 Months of Data" by N. Batalha et al. (2012), 《Astrophysical Journal Supplements》, in press, astro-ph/1202.5852.

53. 《Exoplanets》 edited by S. Seager (2011), Tucson: University of Arizona Press.

54. 행성 사냥꾼 프로젝트의 웹사이트는 http://www.planethunters.org. 시민과학자들의 행성 발견 소식에 대한 예일대학의 발표문은 다음 웹사이트를 참고한다. http://www.astro.yale.edu/news/20110922-2-probable-planets-found-people-like-you.

55. "Spitzer's Cold Look at Space" by M. Werner (2009), 《American Scientist》97: 458-68.

56. "A Map of the Day-Night Contrast of the Exoplanet HD189733b" by H. Knutson et al. (2007), 《Nature》477: 183-86.

57. "The Phase-Dependent Infrared Brightness of the Extrasolar Planet Upsilon Andromeda b" by J. Harrington et al. (2006), 《Science》314: 623-26.

58. 일명 크리스마스트리웜이라 불리는 석회관갯지렁이는 다 자라도 고작 1.5인치에 불과하지만, 열대 산호초가 있는 곳이라면 지구 어디서나 집단적으로 서식한다. 제임스 카메론의 영화 〈아바타〉에 크리스마스트리웜을 닮은 생명체가 등장한다는 사실을 홀리 헨리에게 알려준 캘리포니아주립대학의 낸시 베스트에게 감사를 전한다. 낸시는 스쿠버다이빙을 하던 중에 크리스마스트리웜을 직접 보았다고 한다.

59. 칠레에 있는 유럽남방천문대에서 사비에르 두무스쿠와 그의 동료가

HARPS 분광사진기를 통해 발견한 이 외계 행성은 지구에서 불과 4.4광년 떨어져 있으며, 알파 센타우리 B의 거주가능한 궤도를 공전하고 있는 것은 아니다. 하지만 2012년 11월에 보고된 슈퍼지구 HD40307g는 이른바 골디락스 존에서 부모별을 공전하고 있으며, 지구에서 42광년 거리에 있다.

60. "A Spitzer Search for Planetary Mass Brown Dwarfs with Circumstellar Disks: Candidate Selection" by P. Harvey, D. Jaffe, K. Allers, and M. Liu (2010), 《Astrophysical Journal》720: 1374-79.

61. "The First Hundred Brown Dwarfs Discovered by the Wide-Field Infrared Survey Explorer (WISE)" by D. Kirkpatrick et al. (2011), 《Astrophysical Journal Supplement》197: 19-35.

62. "The MEarth Project: Searching for Transiting Habitable Super-Earths Around Nearby M Dwarfs" by J. Irwin, D. Charbonneau, P. Nutzman, and E. Falco (2008), in 《Proceedings of the International Astronomical Union》4: 37-43.

63. "A Super-Earth Transiting a Nearby Low-Mass Star" by D. Charbonneau et al. (2009), 《Nature》462: 891-94.

64. "A Ground-Based Transmission Spectrum of the Super-Earth Exoplanet GJ1214b" by J. Bean, E. Miller-Ricci, and D. Homeier (2010), 《Nature》468: 669-72.

65. 《Transiting Exoplanets》by C. Haswell (2010), Cambridge: Cambridge University Press and the Open University, p. 217.

10장 찬드라, 난폭한 우주를 탐험하다

1. 《An Acre of Glass: A History and Forecast of the Telescope》by J. B. Zirker(2005), Baltimore, MD: Johns Hopkins University Press.

2. "How Many Stars?" by F. Cain (2010). http://www.universetoday.com/24328/how-many-stars.

3. 뢴트겐의 업적과 그의 발견에 대한 간략한 설명은 노벨상 홈페이지를 참고한다. http://nobelprize.org/nobel_prizes/physics/laureates/1901/rontgen-bio.html.

4. "Röntgen's Ghosts: Photography, X-Rays, and the Victorian Imagination" by A. W. Grove (1997), 《Literature and Medicine》 16, no. 2 (Fall): 142.

5. "'The New Light': X Rays and Medical Futurism" by N. Knight, in 《Imagining Tomorrow: History, Technology, and the American Future》 edited by J. J. Corn (1986), Cambridge, MA and London: MIT Press, pp. 13, 14.

6. 《Inventing Modern: Growing Up with X-Rays, Skyscrapers, and Tailfins》 by J. H. Lienhard (2003), Oxford: Oxford University Press, p. 44.

7. "X-ray Mania: The X Ray in Advertising, Circa 1895" by E. S. Gerson (2004), 《RadioGraphics: The Journal of Continuing Medical Education in Radiology》 24: 544-51.

8. "The X-ray Shoe Fitter-An Early Application of Roentgen's 'New Kind of Ray,'" by D. Lapp (2004), 《The Physics Teacher》 42: 355.

9. "X-Ray Mania: The X Ray in Advertising, Circa 1895" by E. S Gerson, pp. 546-47.

10. 《Inventing Modern: Growing Up with X-Rays, Skyscrapers, and Tailfins》, p. 16.

11. "'The New Light': X Rays and Medical Futurism" by N. Knight, p. 22.

12. "Röntgen's Ghosts: Photography, X-Rays, and the Victorian Imagination" p. 164.

13. 시겔과 슈스터는 슈퍼맨의 초능력, 그중에서도 엑스선 시력으로 예술과 과학의 특허를 모두 취득한 셈이었다. 원작에서는 슈퍼맨이 눈에서 엑스선을 발사하여 모든 것을 투시한다. 물론 슈퍼맨의 엑스선이 단단한 물질을 투시할 수 있다고 일부 매체에 기록되어 있기는 하지만, 우리 눈이 그런 것처럼 물체에 반사되어 나오는 빛을 감지하는 상황과는 다르다.

14. 《Naked to the Bone: Medical Imaging in the Twentieth Century》 by B.

Holztmann Kevles (1998), New York: Perseus Publishing, p. 31.

15. "X Rays and the Quest for Invisible Reality in the Art of Kupka, Duchamp, and the Cubists" by L. D. Henderson (1988), 《Art Journal》 47, no. 4: 323-40.

16. "The Image and Imagination of the Fourth Dimension in Twentieth-Century Art and Culture" by L. D. Henderson (2009), 《Configurations》 17, no. 1 (Winter): 133, 146. See also 《The Fourth Dimension and Non-Euclidean Geometry in Modern Art》 by L. D. Henderson (2010), new edition, Cambridge, MA: The MIT Press.

17. "Merging Art and Science" by A. I. Miller (2011), in 《Art and Science: Merging Art and Science to Make a Revolutionary New Art Movement》, London: GV Art, p. 3.

18. "Subrahmanyan Chandrasekhar. 19 October 1910-21 August 1995" by R. Tayler (1996), 《Biographical Memoirs of the Royal Society》 42: 80-94. 찬드라의 개인적 기억에 대해서는 다음을 참고한다. "Leaves from an Unwritten Diary: S. Chandrasekhar, Reminiscences and Reflection" by S. Vishveshwara (2000), 《Current Science》 8: 1025-33.

19. 화성탐사로버와 스피처 우주망원경의 사례에서도 보았지만, 나사는 주요 설비의 이름을 지을 때 대중의 참여를 독려하는 편이다. 엑스선 대형 망원경의 이름을 뽑는 공모전에는 50여 개 국가에서 6,000명 이상의 시민들이 참여했다.

20. 찬드라 망원경의 역사에 대해서는 다음 웹페이지를 참고한다. http://chandra.harvard.edu/xray_astro/history.html.

21. "X-rays from the Sun" by C. Keller (1995), 《Cellular and Molecular Life Sciences》 51: 710-20.

22. "Evidence for X-rays from Sources Outside the Solar System" by R. Giacconi, H. Gursky, F. Paolini, and B. Rossi (1962), 《Physical Review Letters》 9: 439-43. 2002년 지아코니는 이 발원체를 비롯해서 몇 가지 발견의 공로를 인정받아 노벨 물리학상을 수상했다. 엑스선 천문학의 선구자로서 지아코니의 개인적 관점을 자세히 알고 싶다면 다음을 참고한

다. "Forty Years on from Aerobee 155: a Personal Perspective" by K. Pounds (2002), in 《X-ray Astronomy in the New Millennium》 edited by R. Blandford, A. Fabian, and K. Pounds, 《Royal Society of London Philosophical Transactions A》 360: 1905.

23. "An Education in Astronomy" by R. Giacconi (2005), 《Annual Review of Astronomy and Astrophysics》 43: 1-30.

24. 《The Violent Universe: Joyrides Through the X-Ray Cosmos》 by K. Weaver (2005), Baltimore, MD: Johns Hopkins University Press.

25. 《The Universe in X-Rays》 edited by J. Trümper and G. Hasinger (2008), New York: Springer.

26. "The Development and Scientific Impact of the Chandra X-Ray Observatory" by D. Schwartz (2004), 《International Journal of Modern Physics D》 13: 1239-47.

27. 복사의 두 가지 유형은 열복사와 비열복사다. 단일한 온도를 갖는 모든 기체, 액체, 고체, 또는 플라스마는 온도에 반비례하는 파장에서 피크를 갖는 완만한 스펙트럼을 보인다. 즉 더 뜨거운 물체일수록 더 짧은 파장에서 가장 높은 열복사를 갖는다. 비열복사는 고유한 피크를 갖지 않아 파장 범위가 수백에서 수천 배 더 넓다.

28. 《Black Holes and Time Warps: Einstein's Outrageous Legacy》 by K. Thorne and S. Hawking (1995), New York: W. W. Norton.

29. 《Accretion Power in Astrophysics》 by J. Frank, A. King, and D. Raine (2002), Cambridge: Cambridge University Press.

30. "New Evidence for Black Hole Event Horizons from Chandra" by M. Garcia et al. (2001), 《Astrophysical Journal》 553: L47-L50.

31. 고립된 블랙홀들도 물질을 빨아들이지만 쌍성계 블랙홀보다 그 전반적인 속도는 매우 느리다. 고립된 블랙홀들 중 극소수는 엑스선 파장에서 탐지될 수도 있다. "X-Rays from Isolated Black Holes in the Milky Way" by E. Algol and M. Kamionkowski (2002), 《Monthly Notices of the Royal Astronomical Society》 334: 553-62.

32. "The Mass of the Black Hole in the X-Ray Binary M33 X-7 and the

Evolutionary Status of M33 X-7 and IC 10 X-1" by M. Abubekerov et al. (2009), 《Astronomy Reports》 53: 232-42.

33. 강력하고 변화무쌍한 중력장으로부터 방출되는 중력복사는 아인슈타인의 일반상대성 이론을 암시하는 중요한 열쇠다. 중력복사는 펄서, 즉 맥동성들이 중력파를 방출하면서 회전속도가 아주 서서히 감소하는 현상을 통해 간접적으로 관측되었다. 쌍성 블랙홀에서 방출되는 중력파는 필시 더 강력할 테고, 일반상대성 이론을 더욱 극적으로 확증해줄 가능성이 크다.

34. 우주에서 무거운 원소들이 만들어지는 그림이 완성되기 위해서는 철보다 무거운 원자핵을 생산하는 두 가지 과정이 필요하다. 거성의 대기 안에서 중성자들이 꾸준하게 원자핵에 달라붙어 원자번호를 늘려가는 S프로세스 또는 슬로우slow 프로세스가 하나이고, 초신성 폭발로 수십억 도에 이르는 폭발파가 발생할 때 무거운 원소들이 급작스럽게 벼려지는 R프로세스 또는 래피드rapid 프로세스가 또 하나다.

35. "Chandra High Resolution X-Ray Spectrum of the Supernova Remnant 1E 0102.2-7219" by K. Flanagan et al. (2004), 《Astrophysical Journal》 605: 230-46.

36. "Expansion Velocity of Ejecta in Tycho's Supernova Remnant Measured by Doppler-Broadened X-Ray Line Emission" by A. Hayato et al. (2010), 《Astrophysical Journal》 725: 894-903, and "Discovery of Spatial and Spectral Structure in the X-Ray Emission from the Crab Nebula" by M. Weisskopf et al. (2000), 《Astrophysical Journal》 536: L81-L84.

37. "New Evidence Links Stellar Remains to Oldest Recorded Supernova" from ESA News online at http://www.esa.int/esaCP/SEMGE58LURE_index_0.html.

38. "Thermal Radiation from Neutron Stars: Chandra Results" by G. Pavlov, V. Zavlin, and D. Sanwal (2002), in 《Seminar on Neutron Stars, Pulsars, and Supernova Remnants》, MPE Report 278, edited by W. Becker, H. Lesch, and J. Trumper, Garching, Germany: Max Planck Institute for Astrophysics.

39. "Progress in X-Ray Astronomy" by R. Giacconi (1973), 《Physics Today》

26 : 38-47.

40. "John Wheeler, Physicist Who Coined the Term 'Black Hole' is Dead at 96" by D. Overbye, 《New York Times》, April 14, 2008 online at http:// www.nytimes.com/2008/04/14/science/14wheeler.html?pagewanted =1&_r=1.

41. 《Gravity's Fatal Attraction : Black Holes in the Universe》 by M. Begelman and M. Rees (2010), 2nd ed., Cambridge : Cambridge University Press, p. 13.

42. 《Black Holes and Time Warps : Einstein's Outrageous Legacy》 by K. Thorne and S. Hawking (1995), New York : W. W. Norton, p. 23.

43. Rush Remasters series, 〈A Farewell to Kings〉(by Rush, published by Anthem and Mercury Records, copyrighted in 1977)에서 발췌. 괄호의 생략 부분은 원본과 구별하기 위해 가사 일부를 생략한 것이다.

44. "On the Orbital and Physical Parameters of the HDE226868/Cygnus X-1 Binary System" by L. Iorio (2008), 《Astrophysics and Space Science》 315 : 335-40.

45. 내기에서 손이 이기면 《펜트하우스 매거진》 1년치 구독료를 호킹이 내주고, 호킹이 이기면 영국의 풍자잡지 《프라이빗 아이》 4년치 구독료를 손이 내주기로 했다. 물론 호킹은 내기에서 진 걸 기뻐했을 것이다. 왜냐하면 그가 내기에서 졌다는 것은 곧 블랙홀의 존재가 입증된 것이기 때문이다. 달리 말하면 자신이 오랜 시간 매달렸던 연구가 헛되지 않았음이 입증되는 것이기도 했다.

46. 《Revealing the Universe : The Making of the Chandra X-ray Observatory》 by W. Tucker and K. Tucker (2001), Cambridge : Harvard University Press, p. 44.

47. 《Night Train》 by M. Amis (1988), New York : Harmony Books.

48. http://public.web.cern.ch/public/en/lhc/safety-en.html.

49. "Tomorrow is Yesterday" written by D. C. Fontana, directed by Michael O'Herlihy, 〈Star Trek〉, The Original Series, Season 1, Episode 19, Airdate 26 January 1967.

50. "How Black is Cygnus X-1?" 《Science News》 (1975), 107, p. 150.

51. "How an Amateur Astronomer Captured a Black Hole Scoop" by S. G. Cullen (2010), 《Astronomy》 38 (June): 56-57.

52. 《Touch the Invisible Sky: A Multi-Wavelength Braille Book Featuring Tactile NASA Images》 by N. Grice, S. Steel and D. Daou (2007), Puerto Rico and Columbia: Ozone Publishing.

53. 점자책 시리즈 중 초기에 발간된 책을 소개하면 다음과 같다.
《Touch the Universe: a NASA Braille Book of Astronomy》 by N. Grice (2002), Washington, DC: Joseph Henry Press, and 《Touch the Sun: a NASA Braille Book》 by N. Grice (2005), Washington, DC: Joseph Henry Press.

54. 《Black Holes and Time Warps: Einstein's Outrageous Legacy》 by K. Thorne and S. Hawking (1995), New York: W. W. Norton, p. 524.

55. 우리 은하 중심에서 일어나는 일은 이러하다. 우리 은하의 중심부는 별들이 매우 촘촘하게 모여 있는데, 그 밀도는 태양계 언저리의 밀도보다 수천 배나 된다. 하지만 한정된 지역에 별들이 모여 있는 데에도 한계가 있게 마련이다. 별들의 중력으로 인해 별들이 더 많아지고 빽빽해질수록 회전속도가 증가하고, 빨라진 속도는 별들을 뉴턴의 중력법칙 안에서 자연스럽게 여느 성단의 밀도와 비슷하게 분산시킨다. 은하 중심부로부터 몇 광주light week 이내의 지역에서 시속 수백만 킬로미터로 회전하는 별들의 밀도는 어떤 성단과 비교해도 100만 배 더 높다. 블랙홀말고는 이 엄청난 밀도를 설명할 방법이 없다.

56. 《The Galactic Supermassive Black Hole》 by F. Melia (2007), Princeton: Princeton University Press.

57. "Rapid X-ray Flaring from the Direction of the Supermassive Black Hole in the Galactic Center" by F. Baganoff et al. (2001), 《Nature》 413: 45-48.

58. "Variable Positron Annihilation Radiation from the Galactic Center Region" by G. Riegler et al. (1981), 《Astrophysical Journal》 248: L13-L16.

59. "Revelations in our Own Backyard : Chandra's Unique Galactic Center Discoveries" by S. Markoff (2010), 《Proceedings of the National Academies of Science》107 : 7196-7201.

60. 엑스선망원경에 포착된 대상들과 그 특징에 대해서는 다음 웹사이트를 참고한다. Chandra Field Guide, http://chandra.harvard.edu/xray_sources/quasars.html.

61. "The Relation Between Black Hole Mass, Bulge Mass, and Near-Infrared Luminosity" by A. Marconi and L. Hunt (2003), 《Astrophysical Journal》598 : L21-L24.

62. "In-Depth Chandra Study of the AGN Feedback in Virgo Elliptical Galaxy M84" V. Finoguenov et al. (2008), 《Astrophysical Journal》686 : 911-17.

63. "Discovery of Binary Active Galactic Nucleus in the Ultraluminous Infrared Galaxy NGC6240 using Chandra" by S. Komossa et al. (2003), 《Astrophysical Journal》582 : L15-L19.

64. "Deepest X-Rays Ever Reveal Universe Teeming with Black Holes", http://chandra.harvard.edu/press/01_releases/press_031301.html.

65. "Radiation Pressure, Absorption, and AGN Feedback in the Chandra Deep Fields" by S. Raimundo et al. (2010), 《Monthly Notices of the Royal Astronomical Society》408 : 1714-20.

66. "AGN Feedback Cause Downsizing" E. Scannapieco, J. Silk, and R. Bouwens (2005), 《Astrophysical Journal》635 : L13-L16.

67. 우주를 지배하고 있는 이 두 성분은 여전히 수수께끼지만, 그중에서도 암흑에너지는 암흑물질보다 더 정체가 묘연하다. 1970년대 나선은하들의 원반들이 지도로 그려지고 이 원반들이 가시적 질량으로 설명할 수 있는 것보다 훨씬 더 빠른 속도로 회전하고 있다는 사실이 입증되면서 은하들의 바깥 부분을 차지하는 물질에 대한 증거도 쌓여갔다. 이 주장은 타원형 은하로까지 확대되었고, 급기야 모든 은하들이 빛나지도 않고 복사와 상호작용하지도 않는 물질로 가득 채워져 있다는 사실이 명백해지기 시작했다. 중력렌즈 효과를 추적한 데이터는 우주의 전 범위에 걸쳐 암흑물

질이 존재한다는 사실을 확증해주었다. 암흑에너지 가설은 먼 은하의 초신성이 신기하리만치 예상보다 흐릿하다는 사실이 밝혀지면서 대두되었다. 초신성이 예상보다 흐릿하다는 것은 은하들이 생각보다 더 멀리 있다는 의미로 해석되는데, 이 해석이 맞다면 우주는 과거 50억 년 동안 가속 팽창을 해왔다는 뜻이다. 여기서 암흑에너지는 물질을 밀어내는 모종의 힘이라고 할 수 있는데, 아직 그 물리적 성질에 대해서는 밝혀진 바가 거의 없다.

68. "A Direct Empirical Proof of the Existence of Dark Matter" by D. Clowe et al. (2006), 《Astrophysical Journal》 648 : L108-L113.

69. "Mysterious Dark Energy Confirmed by New Method" by J. Bryner (2008), http://www.space.com/6230-mysterious-dark-energy-confirmed-method.html, "Arrested Development of the Universe" by P. Edmonds (2008), http://chandra.harvard.edu/chronicle/0408/darkenergy.

11장 허블 우주망원경, 너무나 애틋한 우리의 망원경

1. 허블 우주망원경의 탁월함은 400가지 이상의 모드로 관측이 가능한 다재다능한 장비들에서 비롯된다. 이 망원경은 현재는 이미 퇴역한 우주왕복선들의 도움으로 1993년, 1997년, 1999년, 2002년 그리고 마지막으로 2009년에 정비를 받았다. 이제 허블 우주망원경은 자이로스코프가 노후하면서 차례로 기능을 상실하게 되면 자연사를 맞을 것이다. 자이로스코프가 기능을 상실하면 어떤 천체에도 초점을 고정할 수 없게 된다. 더 자세한 내용은 다음 웹사이트를 참고한다.
http://hubblesite.org/the_telescope/team_hubble/servicing_missions.php.

2. 허블 우주망원경 사용시간을 요청하는 천문학자들이 워낙 많기 때문에 허블의 과학적 소득도 상당할 것으로 보인다. 매해 관측신청 시기가 되면 수천 명이 공들여서 작성한 신청서를 제출하고 국제 사회로부터 수많은 제안서들이 쇄도하지만, 그중 15퍼센트만 망원경 사용승인을 얻는다. 수

백 명의 천문학자들이 신청서와 제안서들을 읽고 평가하고 심사하는데, 이들은 먼저 담당 분야별로 제안서들을 검토한 뒤 볼티모어에 있는 우주망원경과학연구소에 모여서 최종 선별작업을 한다. 제안서 동료심사 과정은 상당히 까다로운데, 우선은 관심 분야의 중복을 피하고 이해관계가 충돌하지 않아야 한다. 천문학 연구란 것이 대개 관측시간에 좌우되기 때문이기도 하거니와 제안서를 검토하는 천문학자들이 동료인 동시에 경쟁자일 때도 많기 때문이다. 심사에 참여하는 천문학자들은 보수를 받지 않는다. 매 관측주기마다 연구소 소장에게도 재량으로 관측할 수 있는 시간이 부여된다.

3. 실제로 허블 우주망원경은 50번째다. 하지만 애리조나 주 그레이엄 산에 있는 거대 쌍안망원경Large Binocular Telescope의 두 개의 반사경을 포함하면 허블은 51번째가 된다. 앞으로도 10여 개의 거대 망원경이 제작될 예정이다. http://astro.nineplanets.org/bigeyes.html.

4. 안타깝게도 이 훌륭한 논문은 동료심사를 거치는 저널에도 실리지 못했고 책으로도 출판되지 못했다. 하지만 《Exploring the Unknown: Selected Documents in the History of the U.S. Civil Space Program, Volume 5, Exploring the Cosmos》(edited by J. Lodgson, A. Snyder, R. Launius, S Garber, and R. Newport (2001), NASA SP-2001-4407, Washington, DC: National Aeronautics and Space Administration)에 게재되었다.

5. http://science1.nasa.gov/missions/oao 참고.

6. 허블 우주망원경이 겪은 우여곡절에 대해서는 나사의 히스토리 디비전History Division 웹사이트에서 확인할 수 있다. http://history.nasa.gov/hubble/chron.html. 더 자세한 내용은 로버트 짐머만의 책을 참고한다. 《The Universe in a Mirror: The Saga of the Hubble Space Telescope and the Visionaries Who Built It》 (2008), Princeton and Oxford: Princeton University Press.

7. 반사경의 가장자리는 2.2미크론 또는 220만분의 1미터 오차로 더 편평했다. 하지만 평면정밀도는 오히려 0.001미크론 또는 10억분의 1미터라는 극소한 오차만을 갖고 있어서 200배 더 뛰어났다.

8. 1990년 5월 17일에 〈레이트 쇼 위드 데이비드 레터맨〉에서 발표한 최악

의 '변명' 열 가지는 다음과 같다. (10) 시어스Sears 사 직원이 "괜찮을 거" 라고 말했다. (9) 지구에는 꼭 차고 문 열쇠를 갖고 장난치는 꼬맹이가 있다! (8) 카우보이 모자처럼 생긴 부품은 대충 작은 거시기로 문지르면 된다. (7) 12일 동안 탕Tang을 퍼마시고도 멀쩡할 사람이 있다? (6) 어떤 놈팡이는 신호등이 빨간불일 때 고무걸레로 거울을 닦더라. (5) 설계도는 저, 누구냐, 베른하고 호형호제 하는 어니스트란 작자가 그렸다. (4) 이런 망할 너구리! (3) GE 부품을 사용하지 말았어야 했는데! (2) 분기가 다 끝나서. (1) 은하계의 초진화 종족인 조크스터jokester[*]가 다시 우리에게 시비를 걸고 있다. 레터맨은 쐐기를 박는 것도 잊지 않았다. "분명히... 초점도 제대로 못 맞추겠죠. 그 정도 돈이면 자동 초점장치를 사는 게 낫겠습니다."

9. "The Hubble Space Telescope Optical Systems Failure Report" by L. Allen et al. (1990), NASA-TM-103443, Washington, DC: National Aeronautics and Space Administration.

10. "Engineering the COSTAR" by J. Crocker (1993), 《Optics and Photonics News》 4: 11. COSTAR는 2009년 다섯 번째 정비임무 중에 제거되었고, 지금은 워싱턴 DC 스미소니언항공우주박물관에 전시되어 있다.

11. 허블 우주망원경의 성능은 여섯 개의 자이로스코프에 상당히 많은 부분을 의존하고 있었다. 당황스럽게도 허블의 임무기간 내내 자이로스코프는 애초 지상실험에서 보여준 성능을 발휘하지 못했다. 우주의 환경은 다양한 복사선들과 여러 가지 형태의 에너지들로 인해 예측할 수가 없다. 그런 환경에서 허블이 정확한 방향으로 향하고 이동하기 위해서는 세 개의 자이로스코프가 세 측면에서 안정성을 제공해야 한다. 허블은 때로 두 개의 자이로스코프에 의존해야 했고, 파인 가디언스 센서Fine Guidance Sensor라는 비축比軸 장비를 제3의 방향감지기로 사용해야 할 때도 있었다. 1999년 세 번째 정비임무가 시작되기 직전에 허블은 자이로스코프들이 망가지는 바람에 몇 주 안에 기능이 완전히 상실될 위기에 처했다. 마지막 하나까지 망가지면 허블은 평범한 과학 기능마저도 수행할 수 없을 터였다.

• 못된 장난을 좋아하는 사람이라는 의미다.

12. 《Hubble: Imaging Space and Time》 by D. Devorkin and R. Smith (2008), Washington, DC: National Geographic, p. 10.

13. 《The Universe in a Mirror: The Saga of the Hubble Space Telescope and the Visionaries Who Built It》 by R. Zimmerman, p. 197.

14. 《Hubble: Imaging Space and Time》 by D. Devorkin and R. Smith, p. 10.

15. 1930년대 초반 윌슨산천문대는 별을 관찰하고 싶은 일반인에게도 문을 열었다. 주말 이틀 동안 4,000명의 시민들이 천문대를 찾았다. 유명한 과학자, 배우, 지식인들이 천문대를 찾았는데, 영국의 소설가 올더스 헉슬리, 영국의 배우 조지 알리스뿐 아니라 알베르트 아인슈타인도 천문대를 찾았다. 《Edwin Hubble: Mariner of the Nebulae》 by G. Christianson (1995), New York: Farrar, Straus and Giroux, pp. 212, 213.

16. "Nominee Backs a Review of NASA's Hubble Decision" by G. Gugliotta (2005), http://www.washingtonpost.com/wp-dyn/articles/A47810-2005Apr12.html, and "NASA Gives Green Light to Hubble Rescue" by A. Boyle (2006), Space news from MSNBC, http://www.msnbc.msn.com/id/15489217/#.Tj2yCWEmCuI.

17. "Hubble Left in Good Repair" by E. Berger (2009), 《Houston Chronicle》 on May 19, 2009, p. 1.

18. "Scientific Impact of Large telescopes" by C. Benn and S. Sanchez (2001), 《Publications of the Astronomical Society of the Pacific》 113: 385-96.

19. Quoted in 《Hubble: 15 Years of Discovery》 by L. Christensen and R. Fosbury (2006), New York: Springer Science, p. 5. Robert Zimmerman notes: "2006년 초반 무렵까지 허블의 과학적 결과에 바탕을 두고 출간된 논문은 6,000여 편이 넘었다. 나사가 추진한 모든 과학 프로젝트에서 내놓은 과학적 결과물의 35퍼센트를 차지하는 엄청난 양이다. 그 다음으로 관련 논문 수가 많은 보이저와 바이킹 탐사선들보다도 세 배나 많았다. ... 끊임없이 전송되는 허블의 놀라운 데이터는 천문학의 혁명을 불가피하게 했을 뿐 아니라 우주에 대한 우리의 직관 자체를 바꿔놓았다." 《The Universe in a Mirror: The Saga of the Hubble Space Telescope and the

Visionaries Who Built It》by R. Zimmerman, pp. 165-66.

20. 《Impact Jupiter: The Crash of Comet Shoemaker-Levy 9》by D. Levy (1995), Cambridge, MA: Basic Books.

21. "Spacescapes: Romantic Aesthetics and the Hubble Space Telescope Images" by E. Kessler (2006), PhD diss., University of Chicago, 2006, p. 11. 케슬러가 박사논문 주제를 연장하여 집필한 책《Picturing the Cosmos: Hubble Space Telescope Images and the Astronomical Sublime》(Minneapolis: University of Minnesota Press (2012))은 이 글을 쓰는 지금은 절판된 상태다.

22. 같은 책 p. 16.

23. 간상체는 주로 망막의 주변부에 밀집해 있다. 아마추어 천문가들이 '기피시야'에 전문가인 까닭과 맥락이 닿는 듯하다. 기피시야는 우리가 머리를 계속 움직이면서 더 민감한 간상체들에게 빛을 전달해 상을 인지하는 영역이다. 더 자세한 내용은 다음 웹사이트를 참고한다.
"Color in Astronomical Images" by J. Lodriguss, http://www.astropix. com/HTML/I_ASTROP/COLOR.HTM.

24. "Spacescapes: Romantic Aesthetics and the Hubble Space Telescope Images" by E. Kessler, p. 107.

25. 이 장비는 실제로 10여 개의 필터로 이루어져 있다. 각각의 필터가 다루는 파장 범위는 좁기도 하고 넓기도 하고 다양하지만, 이 장비는 자외선에서 적외선까지 스펙트럼 전체를 포괄할 수 있다. TV나 디지털 카메라에 색을 전달하는 데 사용하는 대표적인 빨간색과 초록색, 파란색 필터도 여기에 포함된다.

26. '진정한 색'의 재현은 우주망원경과학연구소 연구원들이 일찍이 숙달한 까다로운 과정 중 하나다. 빨간색과 파란색 필터를 통과한 한 쌍의 영상으로도 대충 진짜 색을 연출할 수 있지만, 세 개 이상의 필터를 통과할 때 최고의 결과물을 만들 수 있다. 대표적인 필터는 빨간색과 초록색, 파란색 필터다. 적외선 카메라의 경우 가시광선을 탐지할 수는 없지만 비슷한 방법으로 결과물을 만든다. 더 긴 파장 영역을 가시광선 스펙트럼으로 수렴하여 지도를 그리는데, 임의적인 방식이기 때문에 '가짜 색'으로 표현

된다.

27. "Spacescapes: Romantic Aesthetics and the Hubble Space Telescope Images" by E. Kessler, p. 41에서 인용.

28. 같은 책 p. 42.

29. http://www.stsci.edu/~carolc/publications/public_impact.PDF. "The Public Impact of Hubble Space Telescope" by C. Christian and A. Kinney, Space Telescope Science Institute, February 22, 1999.

30. "Spacescapes: Romantic Aesthetics and the Hubble Space Telescope Images" by E. Kessler (2006), PhD diss., University of Chicago, p. 196 에서 인용.

31. 같은 책 p. 178.

32. 허블 유산 프로젝트 홈페이지 참고. http://heritage.stsci.edu/gallery/gallery.html.

33. "Spacescapes: Romantic Aesthetics and the Hubble Space Telescope Images" by E. Kessler, pp. 153-54에서 인용.

34. 붉은거미성운에 대한 내용은 다음을 참고한다.
《Hubble: 15 Years of Discovery》 by L. Christensen and B. Fosbury (2006), New York: Springer Science, p. 112.

35. "The Hubble Space Telescope Medium Deep Survey with the Wide Field Planetary Camera. I. Methodology and Results on the Field near 3C 273" by R. Griffiths et al. (1994), 《Astrophysical Journal》 437: 67-82.

36. "The Hubble Space Telescope Quasar Absorption line Key Project. I. First Observational Results, Including Lyman-Alpha and Lyman Limit Systems" by J. Bahcall et al. (1993), 《Astrophysical Journal Supplements》 87: 1-43.

37. 자세한 설명은 다음 웹사이트를 참고한다.
http://outreach.atnf.csiro.au/education/senior/astrophysics/variable_cepheids.html.

38. "The HST Key Project on the Extragalactic Distance Scale. XXVIII. Combining the Constraints on the Hubble Constant" by J. Mould et al.

(2000), 《Astrophysical Journal》539: 786–94.

39. "A Common Explosion Mechanism for Type 1a Supernovae" by P. Mazzali et al. (2007), 《Science》315: 825–28.

40. "Observational Evidence from Supernovae for an Accelerating Universe and a Cosmological Constant" by A. Reiss et al. (1998), 《Astronomical Journal》116: 1009–38, and "Measurements of Omega and Lambda from 42 High-Redshift Supernovae" by S. Perlmutter et al. (1999), 《Astrophysical Journal》517: 565–86.

41. "Supernovae, Dark Energy, and the Accelerating Universe" by S. Perlmutter (2003), 《Physics Today》(March): 53–60.

42. "The Distribution of Dark Matter in the Coma Cluster" by D. Merritt (1987), 《Astrophysical Journal》313: 121–35.

43. "A Systematic Search for Gravitationally Lensed Arcs in the Hubble Space Telescope WFPC2 Archive" by D. Sand, T. Treu, R. Ellis, and G. Smith (2005), 《Astrophysical Journal》627: 32–52.

44. "Supermassive Black Holes in Galactic Nuclei: Past, Present and Future Research" by L. Ferrarese and H. Ford (2005), 《Space Science Reviews》116: 523–624.

45. "A Fundamental Relationship between Supermassive Black Holes and their Host Galaxies" by L. Ferrarese and D. Merritt (2000), 《Astrophysical Journal》539: L9–L13.

46. "The Hubble Deep Field: Observations, Data Reduction, and Galaxy Photometry" by R. Williams et al. (1996), 《Astronomical Journal》112: 1335–89.

47. "The Hubble Ultra Deep Field" by S. Beckwith et al. (2006), 《Astronomical Journal》132: 1729–55.

48. "Optical Images of an Exoplanet 25 Light Years from Earth" by P. Kalas et al. (2006), 《Science》322: 1345–48.

49. "When Exoplanets Transit Their Parent Stars" by D. Charbonneau, T. Brown, A. Burrows, and G. Laughlin (2006), in 《Protostars and Planets

V》edited by B. Reipurth, D. Jewitt, and K. Keil, Tucson: University of Arizona Press, pp. 701-16.

50. "Water Vapor in the Atmosphere of a Transiting Extrasolar Planet" by G. Tinetti et al. (2007), 《Nature》448: 163-68.

51. "Planets in the Galactic Bulge: Results of the SWEEPS Survey" by K. Sahu et al. (2008), in 《Extreme Solar Systems》, ASP Conference Series vol. 398, edited by D. Fischer, F. Razio, S. Thorsett, and A. Wolszczan, pp. 93-98.

52. "18 Years of Science with the Hubble Space Telescope" by J. Dalcanton (2009), 《Nature》457: 46.

53. 《Chasing Hubble's Shadows: The Search for Galaxies at the Edge of Time》by J. Kanipe (2006), New York: Hill and Wang, pp. 160, 5-6.

54. 같은 책 p. 7.

55. 크기가 큰 망원경들은 각분해능이 우수하기 때문에 표적의 더 세밀한 부분까지도 관찰할 수 있으며, 천체들이 밀집해 있는 지역에서 천체들 각각을 구별해내는 능력도 뛰어나다. 그럼에도 지상에서는 광학기기 성능의 한계뿐 아니라 지구 대기로 인해 상이 뭉개지는 현상 때문에 해상도에 제한이 생기게 마련이다. 에드윈 허블은 이전의 망원경들보다 해상도가 뛰어난 100인치 망원경으로 안드로메다은하(당시에는 성운) 안의 별들을 하나하나 구별해냈다. 궤도의 위치 덕분에 허블 우주망원경의 각분해능은 0.5초각인 지상기반의 망원경보다 10배 더 뛰어난 0.05초각이다. 이러한 각분해능으로 허블 우주망원경은 별들의 밝기를 측정하는 데 있어서도 타의 추종을 불허한다. 특히 나선형 성운까지의 거리를 정확하게 측정하기 위해 세페이드 변광성을 찾아야 할 때는 허블의 각분해능이 더없이 유용하다. 허블 우주망원경은 6,000만 광년 거리에 있는 성운에서도 변광성을 찾아낼 수 있다. 또한 천문학자와 우주학자들은 쌍성계 안에 존재하는 이미 알려져 있는 초신성의 고유밝기를 이용해 그보다 더 먼 곳까지의 거리를 계산할 수도 있다. 먼 우주의 초신성을 관측할 수 있는 허블 우주망원경 덕분에 90억 광년에서 100억 광년까지의 거리를 측정하는 것이 가능해졌다. 이런 성능은 약 50억 년 전에 시작된 우주의 가속 팽창도 탐

지하기에 충분하다.

56. 허블의 사후 수십 년 동안에도 우주 팽창의 증거를 발견한 데 대한 공훈은 대부분 허블에게 돌아갔다. 알렉산더 프리드만은 1922년 알베르트 아인슈타인의 일반상대성 이론 방정식의 비정적인 해를 최초로 구했을 뿐 아니라 베스토 슬라이퍼의 적색편이를 이용해서 팽창을 설명하고 현재의 대략적인 팽창속도를 구했다. 허블은 적색편이를 이용하는 것에 대해 슬라이퍼에게 일언반구도 하지 않았다. 팽창하는 우주라는 개념의 소유권에 대한 논의는 다음 논문에 잘 논의되어 있다.

"Lemâitre's Hubble Relationship" by M. Way and H. Nussbaumer (2011), 《Physics Today》 64 : 8.

57. 《Edwin Hubble : Mariner of the Nebulae》 by G. Christianson (1995), New York : Farrar, Straus and Giroux, pp. 182, 183.

58. 《The Realm of the Nebulae》 by E. Hubble (1958), New York : Dover Publications, p. 202.

59. 《Up Till Now : The Autobiography》 by W. Shatner and D. Fisher (2008), New York : Thomas Dunne Books/St. Martin's Griffin, p. 150. 나사와 〈스타 트렉〉 간의 상호 접촉은 사실 정말 빈번했다. 존 와그너와 장 런딘의 설명에 따르면 1992년에 스미소니언항공우주박물관에서 〈스타 트렉〉 특별전을 열었는데, '세대를 넘어선 추억전'이라는 제목의 이 전시회에는 나사의 역대 우주선 전시회보다 훨씬 많은 인파가 몰려들었다. 《Deep Space and Sacred Time : Star Trek in the American Mythos》 by J. Wagner and J. Lundeen (1998), Westport, CT : Praeger, p. 1. 〈스타 트렉〉의 배우들은 천문학과 우주과학에 더 깊이 연루되면서 종종 과학교육영화에 해설을 의뢰받기도 했다. 2011년 우주왕복선 프로그램들이 모두 종료되었을 때 나사는 〈우주왕복선〉이라는 80분짜리 다큐멘터리를 방영했는데, 해설자가 윌리엄 샤트너였다.

60. 《Star Trek : An Annotated Guide to Resources》 by S. Gibberman (1991), Jefferson, NC and London : McFarland and Company, p. 147. 니콜스는 그 후에도 계속 우주여행박물관과 같은 단체가 주최하는 학생들을 위한 교육행사들에 자원봉사로 참여하여 우주탐험에 대한 대중의

관심을 진작시켰다.

61. 《NASA/TREK: Popular Science and Sex in America》 by C. Penley (1997), New York and London: Verso, p. 19.
제이미슨은 최초의 아프리카계 미국인 여성 우주비행사였을 뿐 아니라 〈스타 트렉: 넥스트 제너레이션〉에 출연한 최초의 우주비행사이기도 했다.

62. 《The Nature of the Universe》 by F. Hoyle (1950), New York: Harper and Brothers, p. 10.

63. 〈In the Shadow of the Moon〉 directed by D. Sington (2007), including Harrison Schmitt, Alan Bean, Michael Collins, Velocity/THINKFilm.

12장 WMAP, 갓 태어난 우주의 사진을 찍다

1. 《Anaximander and the Origins of Greek Cosmology》 by C. Kahn (1994), Indianapolis, IN: Hackett Publishing.

2. 《Music of the Spheres: Music, Science, and the Natural Order of the Universe》 by J. James (1995), New York: Springer.

3. 《Conceptions of Cosmos: From Myths to the Accelerating Universe》 by H. Kragh (2007), Oxford: Oxford University Press, p. 149.

4. 르메트르는 허블과 휴메이슨이 은하들이 거리에 비례하여 더 빠른 속도로 멀어지고 있다는 사실을 발견하고 공개하기 두 해 전인 1927년에 한 논문을 통해서 이 개념을 발표했다. 은하들이 거리에 비례하여 더 빠르게 멀어지고 있다는 것은, 다시 말해 우주가 3차원적으로 균일하게 팽창하고 있다는 신호다. 르메트르의 선견지명은 비범할 정도였다. 그는 누구보다 먼저 은하들의 후퇴와 빅뱅으로부터 방출되어 우주 전반에 남은 복사의 존재를 물리적으로 설명했을 뿐 아니라 일반상대성 이론과 양자이론이 공존하며 지배하는 시공간 특이점으로서의 '기원'을 가정했고, 아인슈타인의 우주상수처럼 작동할 수도 있는 진공에너지에 대해서도 진지하게 고려했다. 이러한 개념들은 1990년대에 이르러서야 비로소 온전한 개념으로 자리잡았고, 지금은 빅뱅 우주론의 기본 요소로 여겨진다.

5. "The Beginning of the World from the Point of View of Quantum Theory" by G. Lemaître (1931), 《Nature》127: 706.

6. 《The Day Without Yesterday: Lemaitre, Einstein, and the Birth of Modern Cosmology》by J. Farrell (2005), New York: Thunder Mouth Press, p. 106.

7. "The Beginning of the World from the Point of View of Quantum Theory" by G. Lemaître, p. 706.

8. 《The Primeval Atom: An Essay on Cosmogony》by G. Lemaître (1950), translated by Betty and Serge Korff, Toronto and New York: D. Van Nostrand, p. 133.

9. Quoted in 《The Day Without Yesterday: Lemaitre, Einstein, and the Birth of Modern Cosmology》by J. Farrell (2005), New York: Thunder Mouth Press, p. 99.

10. Quoted in 《The Day We Found the Universe》by M. Bartusiak (2010), New York: Vintage/Random House, p. 257.

11. 《Finding the Big Bang》by J. Peebles, L. Page, Jr., and R. B. Partridge (2009), Cambridge: Cambridge University Press, p. 18.

12. Quoted in 《The Day Without Yesterday: Lemaitre, Einstein, and the Birth of Modern Cosmology》, p. 163.

13. Quoted in 《Conceptions of Cosmos: From Myths to the Accelerating Universe》by H. Kragh (2007), Oxford: Oxford University Press, p. 232.

14. "The Origin of Chemical Elements" R. Alpher, H. Bethe, and G. Gamow (1984), 《Physical Review》73: 803-4.

15. "The Evolution of the Universe" by G. Gamow (1948), 《Nature》162: 680-82.

16. http://www.bbc.co.uk/science/space/universe/scientists/fred_hoyle.

17. "Molecular Lines from the Lowest States of Diatomic Molecules Composed of Atoms Probably Present in Interstellar Space" by A. McKellar (1941), 《Publications of the Dominion Astrophysical Observatory》7: 251-72.

18. 《3K: The Cosmic Microwave Background Radiation》 by B. Partridge (1995), Cambridge: Cambridge University Press.

19. 본래 이 이야기는 2005년 5월 17일 NPR의 프로그램 〈All Things Considered〉 에서 'The Big Bang's Echo'(by R. Shoenstein)라는 제목으로 방송되었다. 그 후에 미국 물리학역사연구소 홈페이지에도 게시되었다. http://www. aps.org/programs/outreach/history/historicsites/penziaswilson.cfm.

20. 빅뱅 후 1만 년에서 1억~2억 년까지 우주는 이상적인 가스상태와 비슷 했다. 그런 우주의 온도와 밀도, 압력은 비례적인 관계를 보였으며, 보일 의 고전적인 물리법칙으로 설명될 수 있다. 그 이전, 그러니까 빅뱅 후 1만 년 이전에 우주의 팽창은 물질이 아닌 복사의 지배를 받는다. 수억 년이 흐른 후 중력의 꾸준한 활동으로 물질이 미세하게 농축되면서 별과 은하의 형태로 붕괴했다. 이 과정은 비선형적이었으므로(말하자면 농도 에 비례하여 붕괴가 일어난 것이 아니므로) 정확한 모델을 구현하기가 몹 시 어렵다.

21. 물론 아주 초기의 우주에서 복사에너지는 매우 강렬했을 것이다. 그 시기 에는 적외선이 방출되었다. 우주는 1,000배 더 작았으므로 에너지 밀도는 10억 배나 되었고, 우주 어느 곳에서든 10킬로와트의 불그스레한 열을 방 출했다.

22. 이 불명료한 현상을 재미있게 묘사한 영상이 있다. 나사 제트추진연구소 가 제작한 스피처 우주망원경 웹사이트에서 확인할 수 있다. http://www.spitzer.caltech.edu/video-audio/1387-irastro024-Big-Bang-Musical.

23. 일반적으로 물리적 측정은 외부적으로 신중하게 기준을 정한 제한적인 척도에 대해 '확인'하거나 '측량'하는 것이다. 가령 온도계는 어는점과 녹 는점을 알고 있는 물질에 대한 상대적 값을 측정하고, 자동차 주행거리계 는 정확하게 확정된 거리에 대한 값을 측정한다. 이와 비교하면 우주의 복사는 열과 너무 근사하기 때문에 사실 어떤 인공물도 이보다 더 정확한 척도가 될 수 없다.

24. "Four-Year COBE DMR Microwave Background Observations: Maps and Basic Results" by C. Bennett et al. (1996), 《Astrophysical Journal》

464: L1-L4.

25. http://www.nytimes.com/2006/10/08/weekinreview/08johnson.html
참고.

26. 표준 빅뱅 모델이 갖고 있는 보다 심원한 문제는 '유품'을 남기지 않았다
는 점이다. 여기서 유품이란 자기홀극 같은 시공간 변칙을 말하는데, 표
준 빅뱅 모델대로라면 초기 우주에 자기홀극이 매우 풍부하게 생성되었
어야 맞다. 그리고 지금처럼 광활한 우주에서도 간혹 발견되어야만 한다.
하지만 자기홀극이든 또 다른 유품이든 지금까지는 발견된 적이 없다. 급
팽창이론은 이 유품의 부재에 관해 자기홀극이 극도로 드물 수밖에 없을
만큼 우주가 어마어마하게 팽창되었다는 가설로 설명한다.

27. 《The Inflationary Universe》 by A. Guth (1998), New York: Basic
Books.

28. 운동 방향으로 온도가 미세하게 증가하고 그 반대 방향으로 온도가 약간
낮아지는 것은 도플러 효과와 비슷하다. 우리가 나아가는 방향의 마이크
로파는 미세하게 압축되기 때문에 파장이 약간 줄어든다. 그로 인해 마이
크로파의 에너지 또는 온도도 약간 상승한다. 우리의 진행 방향에서 뒤돌
아보면 그 역현상이 일어난다. 하늘 전반에서 외형적으로 나타나는 온도
차이의 패턴은 쌍극성을 띤다.

29. "The Microwave Anisotropy Probe (MAP) Mission" by C. Bennett et al.
(2003), 《Astrophysical Journal》 583: 1-23. http://lambda.gsfc.nasa.gov/
product/map/current.

30. 유럽우주기구의 웹페이지 http://www.esa.int/SPECIALS/Planck/index.
html 참고. 플랑크 탐사위성은 우주의 나이와 우주론의 여러 변수들을 더
정확하게 다듬어가고 있다. 하지만 기존 값들과의 차이는 크지 않다.

31. 《Music of the Big Bang: The Cosmic Microwave Background and the
New Cosmology》 by A. Balbi (2008), Berlin and Heidelberg: Springer/
Verlag.

32. "The Cosmic Symphony" by W. Hu and M. White (2004), 《Scientific
American》 (February): 44-53.

33. 우주 마이크로파 배경복사를 구성하는 라디오파와 마이크로파, 그리고

자외선, 가시광선, 엑스선은 모두 전자기파 복사들이며, 진동수(혹은 주파수)에 따라 분류한 것이다. 그리고 이 복사들은 모두 빛의 속도로 나아간다.

34. 《The Cambridge Companion to Electronic Music》by N. Collins and J. d'Escrivan (2007), Cambridge: Cambridge University Press, p. 58. 다음 웹사이트에서 매튜스의 간략한 이력을 확인할 수 있다. "Max Mathews, Pioneer in Making Computer Music, Dies at 84" by W. Grimes (April 23, 2011), New York Times.com online at http://www.nytimes.com/2011/04/24/arts/music/max-mathews-father-of-computer-music-dies-at-84.html.

35. 《A History of Rock Music 1951-2000》by P. Scaruffi (2003), Lincoln, NE: iUniverse, p. 74.

36. 같은 책 p. 92.

37. 같은 책 p. 94.

38. NGC891이 우리 은하의 모양을 묘사할 때 자주 이용된다는 사실은 캘리포니아주립대학의 천문학자 레오 코놀리가 알려주었다. 우주록이 하나의 장르로 자리잡기까지의 역사와 배경을 설명해준 사람도 레오였다. 홀리 헨리는 이 지면을 빌어 그에게 감사를 전한다.

39. 《The Cambridge Companion to Electronic Music》by N. Collins and J. d'Escrivan (2007), Cambridge: Cambridge University Press, pp. 162-63.

40. 〈Apollo: Atmospheres & Soundtracks〉(by B. Eno, with D. Lanois and R. Eno (1983), EG Music/BMI) 음반에 수록된 해설 참고.

41. 《The Songlines》by Bruce Chatwin (1986), New York: Penguin.

42. http://www.bjork.com and http://bjork.fr/Biophilia,1542.

43. 《The Music of Pythagoras: How an Ancient Brotherhood Cracked the Code of the Universe and Lit a Path from Antiquity to Outer Space》by K. Ferguson (2008), New York: Walker and Company.

44. 《Music of the Big Bang: The Cosmic Microwave Background and the New Cosmology》by A. Balbi (2008), Berlin and Heidelberg: Springer/Verlag, p. 81.

45. 지구의 라디오파는 다음 웹사이트에서 들을 수 있다. "Sciencecasts: The Sound of Earthsong" https://www.youtube.com/watch?v=MkTL2Ug6llE. 나사의 홈페이지를 방문하면 토성의 소리도 들을 수 있다. "Cassini: Unlocking Saturn's Secrets" http://www.nasa.gov/mission_pages/cassini/multimedia/pia07966.html.

46. 《The Sun's Heartbeat: And Other Stories from the Heart of the Star that Powers our Planet》 by B. Berman (2011), New York: Little, Brown.

47. 나사의 언론 발표 "Sunspot Breakthrough" by T. Phillips (August 24, 2011), http://www.nasa.gov/mission_pages/sunearth/news/sunspot-breakthru.html.

48. 《The Mysterious Universe》 by J. Jeans (1937), Cambridge: Cambridge University Press, p. 69.

49. 《Music of the Big Bang: The Cosmic Microwave Background and the New Cosmology》 by A. Balbi, p. 126.

50. "Detection of the Baryon Acoustic Peak in the Large-Scale Correlation Function of SDSS Luminous Red Galaxies" by D. L. Eisenstein et al. (2005), 《Astrophysical Journal》 633: 560-74.

51. 《The Wraparound Universe》 by J.-P. Luminet, translated by E. Novak (2008), Wellesley, MA: A. K. Peters, pp. 289, 239.

52. "Cries from the Infant Universe" interview of Mark Whittle by Richard Drumm, June 27, 2009. http://cosmoquest.org/x/365daysofastronomy/2009/06/27/june-27th-alma-deep-field.

53. 위틀이 재현한 빅뱅의 소리는 위의 웹사이트에서 들을 수 있다. 워싱턴대학의 존 크래머도 우주 마이크로파 배경복사의 음향 프로파일을 제작했다. "The Sound of the Big Bang" http://faculty.washington.edu/jcramer/BBSound.html.

54. 마크 위틀의 인터뷰 "When the Universe Was Young"(by Richard Drumm, December 3, 2009) 참고. http://cosmoquest.org/blog/365days ofastronomy/2009/12/03/december-3rd-when-the-universe-was-young.

55. 《Music of the Big Bang: The Cosmic Microwave Background and the

New Cosmology》by A. Balbi, pp. 54-55.

56. "The Beginning of the World from the Point of View of Quantum Theory" by G. Lemaître (1931), 《Nature》127: 706.

57. 흥미롭게도 보이저 탐사선이 행성 사이 심연으로 던져졌을 때 '병 속의 메시지'를 전달하기 위해 사용된 매체는 구식 축음 레코드판이었다. 전 분야에 걸친 인류의 업적이 금도금된 레코드판의 나선형 홈들 속에 새겨져 전달된 것이다. 미래에 보이저를 발견할지도 모를 외계의 지적 존재가 음반을 판독할 능력이 있다는 가정 아래 기획되었다. 축음 레코드판을 선택한 데 대해서는 비판도 적지 않았지만(1977년에는 레코드판이 대세였지만 지금은 완전히 한물간 골동품이 되었다) 레코드판 기획팀은 CD나 DVD와 같은 저장장치는 그 수명이 불확실한 반면 축음 레코드판이라는 아날로그 기술은 우주에서 10억 년 이상 보존될 수 있다고 주장하면서 그들의 선택을 밀고 나갔다.

58. "Three Year Wilkinson Microwave Anisotropy Probe (WMAP) Observations: Implications for Cosmology" by D. Spergel et al. (2007), 《Astrophysical Journal Supplements》170: 377-408. "With Its Ingredients MAPped, Universe's Recipe Beckons" by C. Seife (3002), 《Science》300: 730-31.

59. "Wilkinson Microwave Anisotropy Probe Data and the Curvature of Space" by J.-P. Uzan, U. Kirchner, and G. Ellis (2003), 《Monthly Notices of the Royal Astronomical Society》344: L65-L68.

60. "Seven Year Wilkinson Microwave Anisotropy Probe (WMAP) Observations: Cosmological Interpretations" by E. Komatsu et al. (2011), 《Astrophysical Journal Supplement》192: 18-45. WMAP의 기술적 사항에 대해서는 다음 웹사이트를 참고한다. http://lambda.gsfc.nasa.gov/product/map/current/map_bibliography.cfm.

61. "Three Year Wilkinson Microwave Anisotropy Probe (WMAP) Observations: Polarization Analysis" by L. Page et al. (2007), 《Astrophysical Journal Supplement》170: 335-76.

62. "Seven Year Wilkinson Microwave Anisotropy Probe (WMAP)

Observations: Power Spectra and WMAP-Derived Parameters" by D. Larson et al. (2011), 《Astrophysical Journal Supplement》192: 16-35.

63. 급팽창이론에서는 양자 요동들이 기하급수적으로 확산되어 급기야 나중에 은하로 성장할 씨앗이 될 만큼 거대해졌다고 가정한다. 양자 요동의 무작위성은 빅뱅보다 앞선 시공간 배경 안에서 그 밖의 요동들이 우리의 우주와 구별되는 다른 우주들, 즉 성질이 각기 다르고 심지어 물리법칙마저 다르게 작동하는 우주들이 탄생할 가능성을 열어놓았다. 다중우주는 이론적으로 교묘하고 영악한 구조이긴 하지만, 실제로 다중우주들이 연구가 가능한 유일한 우주에 흔적을 남기지 않는 한, 그 존재를 규명하기는 불가능하다.

13장 새로운 세상들을 보여줄 차세대 스페이스 미션

1. 원자atom라는 단어는 '자를 수 없는'이라는 의미의 고대 그리스어의 형용사 atomos에서 유래했다.

2. 원자론은 더 일찍이 파르메니데스와 헤라클레이토스의 은밀한 논쟁에서 출현했다. 파르메니데스는 모든 것의 바탕에는 단일한 물질이 존재하며 모든 변화는 환영이라고 주장했다. 그와 반대로 헤라클레이토스는 변화가 우선한다고 믿었다. 같은 강물에 두 번 발을 담글 수 없다는 말도 그가 했다고 전해진다.

3. 《Democritus (The Great Philosophers)》 by P. Cartledge (1997), London: Routledge.

4. 투명한 구체들은 기원전 6세기경 아낙시만드로스가 고안한 개념이다. 그것이 수학적 공식이었는지 아니면 물리적인 실체를 의도한 개념이었는지는 분명치 않다. G.E.R. Lloyd (1978), "Saving the Phenomena"《Classical Quarterly》28: 202-22.

5. 《Matter, Space, and Motion》 by R. Sorabji (1988), Ithaca, NY: Cornell University Press.

6. 가장 훌륭한 예는 열역학에서 나온다. 당신 앞에 탁자가 있고 그 위에 벽

돌 한 장이 있다고 상상해보자. 벽돌 속의 원자들은 벽돌이라는 물질 안에 고정되어 있다. 하지만 원자들 각각은 각자의 열에너지 또는 온도에 비례하여 무작위적으로 진동운동을 한다. 이 진동은 다른 원자들과 무관하며 임의성을 띤다. 하지만 벽돌 속의 10^{27}개의 원자들이 어느 한순간 일제히 진동하여 탁자 위에서 미세하게 벽돌을 들어올리는 것이 '이론적으로는' 가능하다. 열역학과 통계역학을 이용하면 이런 일이 일어날 확률을 계산할 수 있다. 지구상의 모든 사람들이 들어갈 수 있는 집을 지을 수 있는 수조 개의 벽돌을 수십억 년 동안 지켜본다고 해도, 위와 같은 일이 한 번이라도 일어날 확률은 사실 매우 극도로 낮다. 하지만 우리가 우주의 모든 행성들 위에 있는 벽돌 크기만 한 물체를 수조 년 동안 지켜볼 수 있다면, 어쩌면 일어날 '수도' 있다.

7. 수평선 거리는 굴곡진 표면 위 임의의 점에서 접선의 거리를 기하학적으로 추론하면 간단하게 구할 수 있다. 굴절률을 감안하면 거리는 약 10퍼센트 더 늘어난다. 망망대해에서 각자 커다란 배를 타고 30미터 높이의 돛대 꼭대기에 올라가 서로를 바라보는 선원들에게 수평선 거리는 약 80킬로미터쯤 된다. 그래도 끝없이 펼쳐진 망망대해에 견주면 여전히 새 발의 피다. 논리적으로 수평선 관찰은 지구가 완만하게 구부러져 있다는 사실만을 확인시켜줄 뿐이다. 수평선만 보고 지구가 구체라는 사실을 단정할 수는 없다. 그리스 천문학자들은 월식이 일어날 때 달에 드리워진 지구 그림자의 모양을 관찰하고 지구가 구체라고 주장했다.

8. 《Gravitation》 by K. S. Thorne, C. Misner, and C. Wheeler (1973), New York : W. H. Freeman. 좀더 대중적인 책은 《Black Holes : A Traveller's Guide》(by C. Pickover (1998), New York : John Wiley)다.

9. 우주 팽창의 변속은 가시적 우주를 더욱 흥미롭게 만든다. 초기 우주의 감속 팽창은 암흑물질로 유발되었으며, 우리의 수평선 너머에서 형성되었던 은하들이 차츰 우리의 시야 수평선 안으로 들어오면서 가시적 우주의 범주에 속하게 된다. 반면 최근 우주의 가속 팽창은 암흑에너지에 의해 유발되었으며, 그 은하들 중 일부가 차츰 시야 수평선 밖으로 사라진다. 이 복잡한 효과를 가장 체계적으로 설명한 논문은 다음과 같다.

"Expanding Confusion : Common Misconceptions of Cosmological

Horizons and the Superluminal Expansion of the Universe" by T. M. Davis and C. H. Lineweaver (2004), 《Publications of the Astronomical Society of Australia》 21 : 97-109.

10. 《Stargazer : The Life and Times of the Telescope》 by F. Watson (2005), Cambridge, MA : Perseus Books Group.

11. "Introduction : Mars Science Laboratory : The Next Generation of Mars Landers" by M. K. Lockwood (2006), 그리고 다음의 특집기사들도 참고한다. 《Journal of Spacecraft and Rockets》 43 : 257.

12. 공모전 우승자에 관해서는 다음을 참고한다(2009년 5월 25일). http://www.nasa.gov/mission_pages/msl/msl-20090527.html.

13. 물의 흔적을 보여주는 대규모 증거는 보통 액체상태의 물이 흐르면서 낸 수로나 충적 선상지처럼 침전물이 퇴적된 장소를 의미한다. 과거에 물이 존재했다는 가장 설득력 있는 증거는 퇴적성 광물이나 퇴적층이다. 화성에 엽상규산염류가 존재한다는 사실이 각별히 더 관심을 모은 까닭은 이 광물이 규소와 산소 원자가 사면체로 겹겹이 포개어지면서 얇은 층을 이루고 있기 때문이다. 운모와 활석을 비롯해 여러 종의 점토가 이런 광물로 이루어져 있다. 화성에서 발견된 엽상규산염류와 황산염은 모두 물이 존재하는 상태에서 형성되었다는 사실을 방증한다. "Phyllosilicates on Mars and Implications for Early Martian Climate" by F. Poulet et al. (2005), 《Nature》 438 : 623-27.

14. 큐리오시티는 착륙지점으로부터 16킬로미터 이상 굴러다니면서 스피릿과 오퍼튜니티보다 더 넓은 면적을 탐험할 수 있다. 큐리오시티의 커다란 바퀴는 1미터 높이의 장애물도 넘을 수 있다. 태양전지판으로 동력을 얻었던 스피릿과 오퍼튜니티와 달리, 큐리오시티는 플루토늄 발전기에서 얻는 125와트의 전력으로 밤은 물론이고 화성의 겨울 동안에도 너끈히 작동할 수 있다.

15. 큐리오시티 착륙작전을 더 자세히 알고 싶다면 다음 논문을 참고한다. "Mars Science Laboratory Entry, Descent and Landing System Overview" by R. Prakash et al. (2008), 《Aerospace Conference》, IEEE 2008, pp. 1-18.

16. 업데이트 된 간략한 내용은 다음에서 확인할 수 있다. "Mars Science Laboratory Fact Sheet" NASA Jet Propulsion Laboratory document JPL 400-1416.

17. "Did Life Exist on Mars? Search for Organic and Inorganic Signatures, One of the Goals for SAM (Sample Analysis at Mars)" by M. Cabane et al. (2004), 《Advances in Space Research》 33: 2240-45.

18. 2009년에 제작된 영화 〈아바타〉는 지금까지 전 세계에서 23억 달러를 벌어들였다. 그러니 카메론과 폭스 스튜디오가 화성과학실험실 프로젝트에 자금을 지원할 수도 있지 않았을까? http://marsprogram.jpl.nasa.gov/msl/news/index.cfm?FuseAction=ShowNews&NewsID=1116.

19. "Comparative Study of Different Methodologies for Quantitative Rock Analysis by Laser-Induced Breakdown Spectroscopy in a Simulated Martian Atmosphere" by B. Salle et al. (2006), 《Spectrochimica Acta Part B-Atomic Spectroscopy》 61: 301-13.

20. "Preservation of Martian Organic and Environmental Records: Final Report of the Mars Biosignature Working Group" by R. E. Summons et al. (2011), 《Astrobiology》 11: 157-81.

21. NASA Jet Propulsion Laboratory press release "NASA Mars Rover will Check for Ingredients of Life" January 18, 2011. http://www.jpl.nasa.gov/news/news.cfm?release=2011-018.

22. 행성과학의 주요 자금원은 나사다. 그리고 나사가 의욕적으로 추진하는 탐사임무들 대부분은 유럽우주기구와 협력하여 진행되고 있다. 나사는 현재 행성 간 탐사선 세 기를 보유하고 있다. 1억에서 2억 달러가 들어갈 디스커버리 탐사선, 한 기당 약 5억 달러로 예상하고 있는 뉴프런티어 탐사위성들, 그리고 10억 달러 이상이 소요될 것으로 예상되는 '주력' 위성들이다. 이 탐사임무들은 모두 매년 15억 달러로 책정된 예산 범위 안에서 해결해야 한다. 우선권은 (천문학과 천체물리학 분야의) '10년 단위 조사Decadal Survey'를 진행하는 행성과학 연구공동체가 결정한다. 가장 최근의 조사는 400쪽에 걸쳐 발표되었고, 1,700명의 과학자를 대표하는 200여 장의 성명서도 함께 실려 있다.

《Visions and Voyages for Planetary Science in the Decade 2013-2022》, Washington, DC: National Academy of Sciences.

23. 《A Passion for Mars: Intrepid Explorers of the Red Planet》by A. Chaikin (2008), New York: Abrams.

24. "Europa Jupiter System Mission: A Joint Endeavor by ESA and NASA" by the Joint Jupiter Science Definition Team (2009), report JPL D-48440 and ESA-SRE(2008)1.

25. 이 정도 규모의 탐사임무에도 예측할 수 없는 불확실성과 우발적인 상황이 염려되지 않는 것은 아니다. 나사의 심사에서 유로파가 타이탄을 이긴 것은 맞지만, 나사는 언제든 우선권을 변경할 여지를 남겨두고 있다. 나사와 유럽우주기구는 네 개의 갈릴레오 위성들을 한꺼번에 조사하기 위해 협력하려고 노력했지만, 각 기관의 자금 보유력이 불안정해지면서 상황이 복잡해졌다. 2012년 유럽우주기구는 경합 끝에 코스믹 비전Cosmic Vision 프로그램의 제1발사 슬롯을 JIMEMJupiter Icy Moon Explorer Mission에 내주기로 결정했고, 2015년 나사는 유로파 탐사임무를 위한 위원회를 구성했다.

26. 어쩌면 더 직접적인 접근은 러시아연방우주국, 로스코스모스가 먼저 성공할 수도 있다. 러시아연방우주국은 드릴과 충격장치가 달린 착륙선을 배치하여 강력한 방사능에 노출된 표면을 10미터 이상 뚫고 시료를 채취할 수 있기를 기대하고 있다. '하이드로봇hydrobot'처럼 얼음 표면을 녹여서 그 아래 바다를 탐사하자는 아이디어는 실현 가능성이 없어 보인다.

27. "Hydrated Salt Minerals on Ganymede's Surface: Evidence for an Ocean Below" by T. B. McCord et al. (2001), 《Science》 292: 1523-25.

28. 뉴턴의 중력 법칙은 행성도 공전하고 있는 부모별에 대해 같은 힘을 행사한다고 말한다. 행성이 고정된 별을 공전한다기보다 행성과 별이 (행성보다 별에 훨씬 더 가까이 있는) 중력의 중심을 기준으로 서로 공전하고 있는 것이다. 이것이 바로 보이지 않는 행성의 존재를 밀고하는 별의 '반사 운동'이다. 이 별은 행성의 질량에 비례하여 사인파 모양의 도플러 이동을 보이고, 그 주기는 행성의 주기와 동일하다. 태양을 공전하는 목성의 경우 주기는 12년이고 도플러 이동도 매우 미세하긴 하지만 초당 11미터로 감

지된다. 아주 멀리 어떤 태양의 주위를 돌고 있는 어떤 지구가 있다면 초당 9센티미터의 미세한, 굼벵이가 기어가는 속도로 도플러 이동을 보일 수 있다.

29. 《The Crowded Universe: The Race to Find Life Beyond Earth》 by A. Boss (2009), New York: Basic Books.
지금까지 발견된 수백 개의 외계 행성들 대부분을 차지하는 흐릿한 행성은 직접적으로 관측되지 않는다. 부모별에서 방출되는 광자가 풍부하다면 굳이 대형 망원경이 필요하지도 않다. 밝은 페가수스자리51 별을 공전하고 있는 최초의 외계 행성을 발견한 것은 지름 1미터 망원경이었다! 이런 행성 관측에 가장 필요한 것은 바로 분광기의 정밀도다. 별의 반사운동은 빛의 속도보다 수만 배 느리고 파장에 미세한 동요만을 일으키기 때문에 도플러 이동으로만 탐지되기 때문이다.

30. 횡단 탐지에서도 타이밍이 관건이다. 일렬로 적절하게 배열되는 경우를 찾기 위해서는 수천 개의 별들을 동시에 관찰해야 할 뿐 아니라 목성형 행성이든 지구형 행성이든 부모별을 공전하는 중에 별의 정면을 횡단하는 시간은 극히 짧기 때문이다. 좀처럼 보기 드문 이 사건을 포착하기 위해서는 실로 엄청난 데이터가 축적되어야 한다. 자세한 내용은 다음 논문을 참고한다. "The Photometric Method of Detecting Other Planetary Systems" by W. J. Borucki and A. L. Summers (1984), 《Icarus》 58: 121. "A Two-Color Method for Detection of Extra-Solar Planetary Systems" by F. Rosenblatt (1971), 《Icarus》 14: 71-93.

31. "Detection of Planetary Transits Around a Sun-like Star" by D. Charbonneau et al. (2000), 《Astrophysical Journal Letters》 529: 45.

32. "Characteristics of Planetary Candidates Observed by Kepler, II: Analysis of the First Four Months of Data" by W. J. Borucki et al. (2011), 《Astrophysical Journal》 736: 19-78.

33. 보고 찍기만 하는 디지털 카메라와 달리 천문학 카메라의 성능은 단순히 화소수로만 말할 수 없다. 물론 화소수가 클수록 조사효율도 높지만 말이다. 어쨌든 천문학 카메라는 배율에 좌우된다. 배율에 따라 하늘을 찍은 각각의 사진이 담고 있는 면적과 해상도, 즉 사진에서 드러나는 섬세함

이 달라진다. 해상도가 좋다는 것은 더 또렷한 이미지를 보여줄 뿐 아니라 하늘을 더 섬세하게 보여준다는 의미다. 가이아는 미세한 움직임과 각도 변위를 추적하기 때문에 해상도에 따라 과학적 결과물이 달라질 수 있다. 즉 지구 대기로 오염되지 않고, 빛이라고는 먼 곳의 천체가 방출하는 것이 전부인 우주 환경에서 가이아는 가능하면 각 화소마다 작은 영역을 담아내야 한다. 사진 한 장 한 장에 담기는 시야가 작기 때문에 가이아는 그만큼 더 노출 횟수가 늘어야 한다. "The Three Dimensional Universe with Gaia" edited by C. Turon, K. S. O'Flaherty, and M.A.C. Perryman (2006), ESA Special Publication SP-576.

34. 가이아는 WMAP과 같은 거리에서 궤도를 돌고 있다. 두 탐사위성 모두 하늘 전부를 지도로 그리도록 설계되었기 때문이다. 라그랑주 점들은 지구와 태양 사이에서 중력이 0이 되는 다섯 지점을 발견한 18세기 프랑스의 수학자 라그랑주의 이름에서 명칭이 유래됐다. L2는 지구로부터 160만 킬로미터 떨어진 태양 반대쪽 지점으로, 이 지점에 있는 탐사위성들은 지구와 함께 1년 주기로 공전한다. 지구가 태양을 가려주는 덕분에 가이아는 1년 내내 끊임없이 하늘을 관측할 수 있다. L2는 불안정하기 때문에 탐사위성들은 정확한 지점에 머물기 위해 가끔씩 방향과 위치를 조정해야 한다.

35. "The Ghost of a Dwarf Galaxy: Fossils of the Hierarchical Formation of the Nearby Spiral Galaxy NGC5907" by D. Martinez-Delgado et al. (2008), 《Astrophysical Journal》 689: 184-93.

36. "The James Webb Space Telescope" by J. P. Gardner et al. (2006), 《Space Science Reviews》 123: 485-606.

37. 안타깝지만 케플러가 JWST가 주시할 만한 적당한 표적들을 찾아줄 가능성은 없는 듯하다. 케플러는 비교적 협소한 영역을 관측하고 있기 때문에 지구형 행성들로 인한 일식이 일어나는 별들도 상대적 거리나 맨눈으로 보이는 것보다 수천 배 더 희미하게 보인다. JWST는 행성이 방출하는 복사를 직접적으로 관측하는데, 수십 광년 떨어진 행성들에 대해서는 이 방법보다 더 적합한 것은 없다. 따라서 천문학자들은 더 밝고 더 가까운 표적들을 찾기 위해 하늘 전체를 조사하기 시작했다. 나사가 2017년에 발사

할 TESS는 이 조사를 돕게 될 것이다. 적색왜성이 가장 유망한 표적이다. 적색왜성들은 태양과 비슷한 별보다 몇 배 더 많고, 빛도 흐려서 간섭을 받으면 쉽게 가려지기 때문이다.

38. "The Dark Ages of the Universe" by A. Loeb (2006), 《Scientific American》 (November): 46-53.

39. "The Test of Inflation" by E. Hand (2009), 《Nature》 458: 820-24.

40. "Parallel Universes" by M. Tegmark (2003), 《Scientific American》 288: 40-51.

1장 정녕 우리뿐인가? - 다른 세상을 향한 꿈

Barnes, J. 1982. *The Presocratic Philosophers*. London: Routledge.

Christianson, G. E. 1976. Kepler's *Somnium:* Science Fiction and the Renaissance Scientist. *Science Fiction Studies* 3, no. 1, pp. 76-90.

Crowe, M. J. 1999. *The Extraterrestrial Life Debate: 1750-1900*. London: Courier Dover.

Curd, P. 2007. *Anaxagoras of Clazomenae: Fragments and Testimonia*. Toronto: University of Toronto Press.

Dick, S. J. 1982. *Plurality of Worlds: The Origins of the Extraterrestrial Life Debate from Democritus to Kant*. Cambridge: Cambridge University Press.

Dick, S. J. (ed.) 2008. *Remembering the Space Age*. Washington, DC: NASA(NASA SP-2008-4703).

Fontanelle, B. 1990. *Conversations on the Plurality of Worlds*. Berkeley and Los Angeles: University of California Press.

Guthke, K. S. 1990. *The Last Frontier: Imagining Other Worlds from the Copernican Revolution to Modern Science Fiction*. Ithaca, NY: Cornell University Press.

Mayor, M, and Queloz, D. 1995. "A Jupiter-mass Companion to a Solar type Star" *Nature* 378, pp. 355-59.

Rowland, I. D. 2008. *Giordano Bruno: Philosopher/Heretic*. New York: Farrar, Straus, and Giroux.

2장 바이킹, 붉은 행성에 착륙하다

Cantril, H., Kock, H., Gaudet, H., Herzog, H., and Wells, H. G. 1982. *The Invasion from Mars: A Study in the Psychology of Panic*. Princeton, NJ: Princeton University Press.

Carson, R. 1982. *Silent Spring*. New York: Houghton Mifflin.

Chambers, P. 1999. *Life on Mars: The Complete Story*. London: Blandford.

Cochrane, E. 1997. *Martian Metamorphoses: The Planet Mars in Ancient Myth and Religion*. Ames, IA: Aeon Publishing.

Cosgrove, D. 1994. "Contested Global Visions: One-World, Whole-Earth, and the Apollo Space Photographs" *Annals of the Association of American Geographers* 82.4, pp. 270–94.

Dick, S. J., and Strick, J. E. 2004. *The Living Universe: NASA and the Development of Astrobiology*. New Brunswick, NJ: Rutgers University Press.

Ezell, E. C., and Ezell, L. N. 1984. *On Mars: Exploration of the Red Planet 1958–1978*, NASA SP-4212. Washington, DC: National Aeronautics and Space Administration.

Flammarion, C. 1892. *La Planète Mars et ses Conditions d'Habitabilité*. Paris: Gauthier-Villars et Fils.

Flynn, J. L. 2005. *War of the Worlds: From Wells to Spielberg*. New York: Galactic Books.

Goodell, J. 2007. "The Prophet" *Rolling Stone*, November 1, issue no. 1038, pp.58–98. 7p. Academic Search Premier. Web. August 17, 2012.

Gribbin, J., and Gribbin, M. 2009. *James Lovelock: In Search of Gaia*. Princeton, NJ: Princeton University Press.

Guigni, M. 2004. *Social Protest and Policy Change: Ecology, Anti-Nuclear and Peace Movements in Comparative Perspective*. Lanham, MD: Rowman & Littlefield Publishers.

Harland, D. M. 2005. *Water and the Search for Life on Mars*. Dordrecht, Netherlands: Springer Press.

Hoyt, W. G. 1996. *Lowell and Mars*. Tucson: University of Arizona Press.

Jacobson, M., Charlson, R. J., Rodhe, H., and Orians, G. 2000. *Earth System Science: From Biogeochemical Cycles to Global Change*. San Diego, CA: Elsevier Academic Press.

Levin, G., and Straaf, P. 1976. "Viking Labeled Release Biology Experiment: Interim Results" *Science* 194, pp. 1322–29.

Lovelock, J. E. 1979. *Gaia: A New Look at Life on Earth*. Oxford: Oxford University Press.

Lovelock, J. E. 1988. *The Ages of Gaia: The Biography of the Living Earth*. New York: W.W. Norton.

Lovelock, J. E. 2004. "Reflections on Gaia" *Scientists Debate Gaia: The Next Century*, ed. S. H. Schneider and J. Miller. Cambridge, MA, and London: MIT Press, pp. 1–6.

Lovelock, J. E. 2009. *The Vanishing Face of Gaia: A Final Warning*. New York: Basic Books.

Margulis, L. "Gaia by Any Other Name" *Scientists Debate Gaia: The Next Century*, ed. S. H. Schneider and J. Miller. Cambridge, MA, and London: MIT Press, pp. 7–14.

Margulis, L., and Sagan, D. 2007. *Dazzle Gradually: Reflections on the Nature of Nature*. White River Junction, VT: Chelsea Green Publishing.

Mayewski, P. A., and White, F. 2002. *The Ice Chronicles: The Quest to Understand Global Climate Change* (foreword by Lynn Margulis). Hanover and London: University Press of New England.

Morton, O. 2002. *Mapping Mars*. New York: Picador.

Navarro-Gonzales, R., et al. 2003. "Mars-like Soils in the Atacama Desert, Chile, and the Dry Limit of Microbial Life" *Science* 302, pp. 1018–21.

Navarro-Gonzales, R., et al. 2010. "Reanalysis of the Viking Results Suggest Perchlorate and Organics at Mid-Latitudes on Mars" *Journal of Geophysical Research-Planets* 115, pp. 2010–21.

Noble, J. W. 1991. *Mars Beckons: The Mysteries, the Challenges, and the Expectations* of our Next Great Adventure in Space. New York : Vintage.

Reeves, R. 1994. The Superpower Space Race: An Explosive Rivalry Through the Solar System. Dordrecht, Netherlands : Plenum Press.

Sagan, C. 1974. Pale Blue Dot: A Vision of the Human Future in Space. New York : Random House.

Schulze-Makuch, D., and Houtkooper, D. M. 2007. "A Possible Biogenic Origin for Hydrogen Peroxide on Mars" International Journal of Astrobiology 6, pp.147-54.

Sheehan, W. 1996. The Planet Mars: A History of Observation and Discovery. Tucson : University of Arizona Press.

Singh, H. "Scientists Find New Bacteria Species" CNN.com, posted March 17, 2009, http://edition.cnn.com/2009/TECH/science/03/17/india. bacteria/.

Soffen, G. A. 1976. "Scientific Results of the Viking Missions" Science 194, pp. 1274-76.

Ulivi, P., and Harland, D. 2007. Robotic Exploration of the Solar System: Part 1. The Golden Age 1957-1982. Chichester, UK : Springer Praxis.

Zahnle, K. 2001. "Decline and Fall of the Martian Empire" Nature 412, pp. 209-13.

3장 화성탐사로버 MER, 화성으로 간 로봇 밀사들

Auden, W. H. 2007. "Moon Landing" from Selected Poems, ed. Edward Mendelson. New York : Vintage, pp. 307-8.

Bell, J. H. 2006. Postcards from Mars: The First Photographer on the Red Planet. New York : Dutton.

Capelotti, P. J. 1999. By Airship to the North Pole: An Archaeology of Human Exploration. New Brunswick, NJ and London : Rutgers University Press.

Chaikin, A. 2008. A Passion for Mars : Intrepid Explorers of the Red Planet. New

York: Abrams.

Cosgrove, D. 2008. *Geography and Vision: Seeing, Imagining and Representing the World*. New York and London: I. B. Tauris.

Dick, S. J. 1996. *The Biological Universe: The Twentieth-Century Extraterrestrial Life Debate and the Limits of Science*. Cambridge: Cambridge University Press.

Elkins-Tanton, L. T. 2006. *Mars*. New York: Chelsea House.

Finney, B. 1992. *From Sea to Space*. Palmerston North, New Zealand: Massey University.

Hartmann, W. K. 2003. *A Traveler's Guide to Mars: The Mysterious Landscapes of the Red Planet*. New York: Workman Publishing.

Lenthall, B. 2007. *Radio's America: The Great Depression and the Rise of Modern Mass Culture*. Chicago: University of Chicago Press.

Markley, R. 2005. *Dying Planet: Mars in Science and the Imagination*. Durham, NC and London: Duke University Press.

Sheehan, W., and O'Meara, S. J. 2001. *Mars: The Lure of the Red Planet*. Amherst, MA: Prometheus Books.

Squyres, S. 2005. *Roving Mars: Spirit, Opportunity and the Exploration of the Red Planet*. New York: Hyperion.

Stern, A. S. 2002. *Worlds Beyond: The Thrill of Planetary Exploration*. Cambridge: Cambridge University Press.

Woolf, V. 1980. *The Diary of Virginia Woolf. Vol. III*, ed. A. O. Bell and A. Mc-Neillie. New York and London: Harcourt Brace Jovanovich.

Woolf, V. 1990. *A Passionate Apprentice: The Early Journals*, ed. M. A. Leaska. New York and London: Harcourt Brace Jovanovich.

4장 보이저, 태양계 끝 그리고 그 너머로

Boyd, B. 2009. *On the Origin of Stories: Evolution, Cognition, and Fiction*. Cambridge, MA, and London: Belknap Press of Harvard University

Press.

Brunier, S. 2002. *Solar System Voyage*. Translated by Storm Dunlop. Cambridge: Cambridge University Press.

Bulbruno, E., and Tyson, N. 2007. *Fly Me to the Moon: An Insider's Guide to the New Science of Space Travel*. Princeton, NJ: Princeton University Press.

Burgess, E. 1982. *By Jupiter: Odysseys to a Giant*. New York: Columbia University Press.

Dethloff, H. E., and Schorn, R. A. 2003. *Voyager's Grand Tour: To the Outer Planets and Beyond*. Washington, DC: Smithsonian Institution.

Evans, B., and Harland, D. M. 2003. *NASA's Voyager Missions: Exploring the Outer Solar System and Beyond*. London: Springer-Praxis.

Geller, P., writer and director. 2003. *Cosmic Journey: The Voyager Interstellar Mission and Message*. Executive producer A. Druyan. Cosmos Studios, DVD.

Greenberg, R. 2008. *Unmasking Europa*. Berlin: Springer Praxis.

Irwin, P.G.J. 2003. *Giant Planets of Our Solar System: Atmospheres, Composition, and Structure*. New York: Springer-Verlag.

Kurzweil, R. 2005. *The Singularity Is Near: When Humans Transcend Biology*. New York: Viking.

Millis, M., and Davis, E. 2009. *Frontiers of Propulsion Science (Progress in Astronautics and Aeronautics)*. Reston, VA: American Institute of Astronautics and Aeronautics.

Murray, B. 1989. *Journey into Space: The First Three Decades of Space Exploration*. New York and London: W.W. Norton.

Pyne, S. J. 2010. *Voyager: Seeking Newer Worlds in the Third Great Age of Discovery*. New York: Viking.

Sagan, C. (ed.) 1978. *Murmurs of Earth: The Voyager Interstellar Record*. New York: Random House.

Sagan, C. 1994. *Pale Blue Dot: A Vision of the Human Future in Space*. New York: Random House.

Sagan, C., and Druyan, Ann. 1997. "Gettysburg and Now" *Billions and Billions: Thoughts on Life and Death at the Brink of the Millennium*. New York: Random House, pp. 192–203.

Sagan, C., and Salpeter, E. E. 1976. "Particles, Environments, and Possible Ecologies in the Jovian Atmosphere" *Astrophysical Journal Supplement* 32, pp. 737–55.

Sarantakes, N. E. 2005. "Cold War Pop Culture and the Image of U.S. Foreign Policy: The Perspective of the Original Star Trek Series" *Journal of Cold War Studies* 7.4, pp. 74–103.

Schenk, P., et al. 2001. "The Mountains of Io: Global and Geological Perspectives from Voyager and Galileo" *Journal of Geophysical Research* 106, pp. 33201–22.

Shatner, W., and Fischer, D. 2008. *Up Till Now: The Autobiography*. New York: Thomas Dunne Books/St. Martin's Griffin.

Smith, B. A., et al. 1979. "The Jupiter System Through the Eyes of Voyager 1" *Science* 204, pp. 951–57.

Swift, D. W. 1997. *Voyager Tales: Personal Views of the Grand Tour*. Reston, VA: AIAA (American Institute of Aeronautics and Astronautics).

Wachhorst, W. 2000. *The Dream of Spaceflight: Essays on the Near Edge of Infinity*. New York: Basic Books.

Wagner, J., and Lundeen, J. 1998. *Deep Space and Sacred Time: Star Trek in the American Mythos*. Westport, CT and London: Praeger.

Zubrin, R. 1999. *Entering Space: Creating a Spacefaring Civilization*. New York: Tarcher Putnam.

5장 카시니-하위헌스, 눈부신 고리와 아름다운 얼음 세상

Brooks, R. A. 2002. *Flesh and Machines: How Robots Will Change Us*. New York: Pantheon Books.

Brown, R., Lebreton, J. P., and Waite, J. H. 2009. *Titan from Cassini-Huygens*. New York: Springer.

Carson, R. 1998. *The Edge of the Sea*, 1955 edition, introduction by Sue Hubbell. Boston and New York: Houghton Mifflin.

Clarke, A. C., and Bonestell, C. 1972. *Beyond Jupiter: The Worlds of Tomorrow*. Boston and Toronto: Little, Brown.

Coustenis, A., and Taylor, F. W. 2008. *Titan: Exploring an Earthlike World*, 2nd ed. London and Singapore: World Scientific Publishing.

Eiseley, L. 1994. *The Star Thrower*. New York: Harvest/Harcourt Brace.

Esposito, L. 2006. *Planetary Rings* (Cambridge Planetary Science Series). Cambridge: Cambridge University Press.

Harland, D. M. 2002. *Mission to Saturn: Cassini and the Huygens Probe*. Berlin and London: Springer-Verlag.

Harland, D. M. 2007. *Cassini at Saturn: Huygens Results*. Chichester, UK: Springer-Praxis.

Helmreich, S. 2009. *Alien Ocean: Anthropological Voyages in Microbial Seas*. Berkeley and Los Angeles: University of California Press.

Henry, H. and Taylor, A. 2009. "Re-Thinking Apollo: Envisioning Environmentalism in Space" in *Space Culture and Travel: From Apollo to Space Tourism*, ed. D. Bell and M. Parker. Oxford and Malden, MA: Wiley/Blackwell.

Jones, T., and Stofan, E. 2008. *Planetology: Unlocking the Secrets of the Solar System*. Washington, DC: National Geographic.

Kurzweil, Ray. 2005. *The Singularity Is Near: When Humans Transcend Biology*. New York: Viking.

Lorenz, R., and Mitton, J. 2008. *Titan Unveiled: Saturn's Mysterious Moon Explored*. Princeton, NJ: Princeton University Press.

Lovett, L., Horvath, J., and Cuzzi, J. 2006. *Saturn: A New View*, foreword by K. S. Robinson. New York: Harry N. Abrams.

Matson, D. L., Spilker, L. J., and LeBreton, J. P. 2002. "The Cassini/

Huygens Mission to the Saturnian System" *Space Science Reviews* 104, pp. 1-58.

Miller, R., and Durant, F. C. III. 2001. *The Art of Chesley Bonestell*, with M. H. Schuetz. London: Paper Tiger.

Miner, E. D., Wessen, R. R., and Cuzzi, J. N. 2006. *Planetary Ring Systems*. New York: Springer-Praxis.

Sofan, E. R., et al. 2007. "The Lakes of Titan" *Nature* 445, pp. 61-64.

Spilker, L. J. 1997. *Passage to a Ringed World: The Cassini-Huygens Mission to Saturn and Titan*. NASA SP-533. Washington, DC: NASA.

Wachhorst, W. 2000. *The Dream of Spaceflight: Essays on the Near Edge of Infinity*, foreword by Buzz Aldrin. New York: Basic Books.

6장 스타더스트, 혜성의 꼬리를 잡아라

Burnham, R. 2000. *Great Comets*. Cambridge: Cambridge University Press.

Chown, M. 2001. *The Magic Furnace: The Search for the Origins of Atoms*. Oxford: Oxford University Press.

Crovisier J., and Encrenaz, T. 2000. *Comet Science: The Study of Remnants from the Birth of the Solar System*. Cambridge: Cambridge University Press.

Davis, A. M. (ed.) 2005. *Meteorites, Comets, and Planets*. Oxford and London: Elsevier Ltd.

Gaume, L. A. (2008). "Riddles in Fundamental Physics" *Leonardo* 41, no. 3 (June), pp. 245-51.

Gribbin, J., and Gribbin, M. 2000. *Stardust: Supernovae and Life-The Cosmic Connection*. New Haven, CT and London: Yale University Press.

Levy, D. H. 2003. *Impact Jupiter: The Crash of Comet Shoemaker-Levy 9*. New York: Basic Books.

Lewis, J. S. 1997. *Mining the Sky: Untold Riches from the Asteroids, Comets, and Planets*. New York: Perseus Books.

Sagan, C., and Druyan, A. 1997. *Comet*. New York: Ballantine Books.

Thomas, P. J., Chyba, C. F., and McKay, C. P. 1997. *Comets and the Origin and Evolution of Life*. New York: Springer-Verlag.

Wallerstein, G., et al. 1999. "Synthesis of the Elements in Stars: Forty Years of Progress" *Reviews of Modern Physics* 69, pp. 995–1084.

7장 소호, 근면성실한 별과 함께 산다

Brennan, M. 1983. *The Stars and the Stones: Ancient Art and Astronomy in Ireland*. London: Thames and Hudson.

Carlowicz, M. J., and Lopez, R. E. 2002. *Storms from the Sun: The Emerging Science of Space Weather*. Washington, DC: National Academies Press.

Clark, S. 2007. *The Sun Kings: The Unexpected Tragedy of Richard Carrington and the Tale of How Modern Astronomy Began*. Princeton, NJ: Princeton University Press.

Eddy, J. A. 2009. *The Sun, the Earth, and Near-Earth Space: A Guide to the Sun Earth System*. Washington, DC: NASA.

Freeman, J. W. 2001. *Storms in Space*. Cambridge: Cambridge University Press.

Golub, L., and Pasachoff, J. M. 2001. *Nearest Star: The Surprising Science of Our Sun*. Cambridge, MA and London: Harvard University Press.

Krupp, E. C. 1997. *Skywatchers, Shamans and Kings: Astronomy and the Archaeology of Power*. New York: John Wiley & Sons.

Lilensten, J., and Bornarel, J. 2006. *Space Weather, Environment and Societies*. Dordrecht: Springer.

Moldwin, M. 2008. *An Introduction to Space Weather*. Cambridge: Cambridge University Press.

Odenwald, S. 2001. *The 23rd Cycle: Learning to Live with a Stormy Star*. New York: Columbia University Press.

Poppe, B. P., and Jordan, K. P. 2006. *Sentinels of the Sun: Forecasting Space Weather*. Boulder, CO: Johnson Books.

Stout, G., and Stout, M. 2008. *Newgrange*. Cork: Cork University Press.

Varese, L. 1972. *Varese: A Looking Glass Diary*. New York: W. W. Norton.

8장 히파르코스, 우리 은하의 지도 그리기

Aveni, Anthony. 2008. *People and the Sky: Our Ancestors and the Cosmos*. New York: Thames and Hudson.

Boyd, B. 2009. *On the Origin of Stories: Evolution, Cognition, and Fiction*. Cambridge, MA, and London: Belknap Press of Harvard University Press.

Evans, J. 1998. *The History and Practice of Ancient Astronomy*. New York and Oxford: Oxford University Press.

Garbedian, H. G. 1939. *Albert Einstein: Maker of Universes*. New York and London: Funk and Wagnalls.

Hirschfield, A. W. 2001. *Parallax: The Race to Measure the Cosmos*. New York: Henry Holt.

Hoskin, Michael. 1999. "Astronomy in Antiquity" *The Cambridge Concise History of Astronomy*, ed. Michael Hoskin. Cambridge: Cambridge University Press, pp. 18-47.

Jin, Wenjing, Imants, Platais, and Perryman, Michael A. C. 2008. *A Giant Step: From Milli- to Micro- Arcsecond Astrometry*. Cambridge: Cambridge University Press.

Kanas, N. 2007. *Star Maps: History, Artistry, and Cartography*. New York: Springer/Praxis.

Meller, Harald. 2004. "Star Search" *National Geographic* 205, no. 1 (January), pp. 76-87.

Nova: Cracking the Maya Code. 2008. DVD, directed by David Lebrun

Nova Production with Night Fire Films and ARTE France. WGBH
   Educational Foundation.

Perryman, M. 2009. *Astronomical Applications of Astrometry: Ten Years of
   Exploitation of the Hipparcos Satellite Data*. Cambridge: Cambridge
   University Press.

Perryman, M. 2010. *The Making of History's Greatest Star Map*. New York:
   Springer.

Ridpath, I. 1988. *Star Tales*. New York: Universe Books.

Schaefer, Bradley. 2005. "The Epoch of the Constellations on the Farnese
   Atlas and Their Origin in Hipparchus's Lost Catalogue" *JHA (Journal for
   the History of Astronomy)* 36, pp. 167–96.

Van Leeuwen, F. 2007. *Hipparcos, The New Reduction of the Raw Data*. New
   York: Springer.

9장 스피처, 차가운 우주의 베일을 벗기다

Bova, B. 2001. *The Story of Light*. Naperville, IL: Sourcebooks.

Gross, M. 2002. *Light and Life*. Oxford: Oxford University Press.

Haswell, C. A. 2010. *Transiting Exoplanets*. Cambridge: Cambridge University
   Press and the Open University.

Koslow, T. 2007. *The Silent Deep: The Discovery, Ecology and Conservation of the
   Deep Sea*. Chicago: University of Chicago Press.

Land, M. F., and Nilsson, D.-E. 2002. *Animal Eyes*. Oxford: Oxford
   University Press.

Nouvian, C. (ed.) 2007. *The Deep: The Extraordinary Creatures of the Abyss*.
   Chicago and London: University of Chicago Press.

Parker, A. 2003. *In the Blink of an Eye: How Vision Sparked the Big Bang of
   Evolution*. New York: Basic Books.

Rieke, G. 2009. "History of Infrared Telescopes and Astronomy" *Experimental*

Astronomy 25, pp. 125–41.

Seager, S. (ed.) 2011. *Exoplanets*. Tucson: University of Arizona Press.

Sobel, M. I. 1987. *Light*. Chicago and London: University of Chicago Press.

Werner, M., et al. 2004. "The Spitzer Space Telescope Mission" *Astrophysical Journal Supplement* 154, pp. 1–9.

Werner, M. 2009. "How the Spitzer Space Telescope Unveils the Unseen Cosmos" *Astronomy* 37, no. 3 (March), pp. 44–52.

10장 찬드라, 난폭한 우주를 탐험하다

Begelman, M., and Rees, M. 2010. *Gravity's Fatal Attraction: Black Holes in the Universe*. Cambridge: Cambridge University Press.

Fabian, A., Pounds, K., and Blandford, R. 2004. *Frontiers of X–Ray Astronomy*. Cambridge: Cambridge University Press.

Frank, J., King, A., and Raine, D. 2002. *Accretion Power in Astrophysics*. Cambridge: Cambridge University Press.

Gerson, E. S. 2004. "X-ray Mania: The X Ray in Advertising, Circa 1895" *RadioGraphics: The Journal of Continuing Medical Education in Radiology* 24, pp. 544–51.

Henderson, L. D. 2009. "The Image and Imagination of the Fourth Dimension in Twentieth-Century Art and Culture" *Congurations* 17, no. 1 (Winter), pp. 131–60.

Knight, N. 1986. "'The New Light': X Rays and Medical Futurism" in *Imagining Tomorrow: History, Technology, and the American Future*, ed. J. J. Corn. Cambridge, MA, and London: MIT Press, pp. 10–34.

Lienhard, J. H. 2003. *Inventing Modern: Growing Up with X–Rays, Skyscrapers, and Tailfins*. Oxford: Oxford University Press.

Melia, F. 2007. *The Galactic Supermassive Black Hole*. Princeton, NJ: Princeton University Press.

Schlegel, E. M. 2002. *The Restless Universe: Understanding the X-Ray Universe in the Age of Chandra and Newton*. Oxford: Oxford University Press.

Thorne, K. S. 1995. *Black Holes and Time Warps: Einstein's Outrageous Legacy*, foreword by Stephen Hawking. New York: W.W. Norton.

Trümper, J., and Hasinger, G. (ed.) 2008. *The Universe in X-rays*. New York: Springer.

Tucker, W., and Tucker, K. 2001. *Revealing the Universe: The Making of the Chandra X-ray Observatory*. Cambridge, MA: Harvard University Press.

Weaver, K. 2005. *The Violent Universe: Joyrides Through the X-Ray Cosmos*. Baltimore, MD: Johns Hopkins University Press.

11장 허블 우주망원경, 너무나 애틋한 우리의 망원경

Brown, R. (ed.) 2008. *Hubble 2007: Science Year in Review*. Greenbelt, MD: NASA Goddard Spaceflight Center.

Christensen, L. L., and Fosbury, R. 2006. *Hubble: 15 Years of Discovery*. New York: Springer Science.

Christian, C. A., and Kinney, A. 1999. "The Public Impact of Hubble Space Telescope" Space Telescope Science Institute.

Christianson, G. 1995. *Edwin Hubble: Mariner of the Nebulae*. New York: Farrar, Straus and Giroux.

Dalcanton, J. J. 2009. "18 Years of Science with the Hubble Space Telescope" *Nature* 457, pp. 41-50.

Devorkin, D., and Smith, R.W. 2008. *Hubble: Imaging Space and Time*. Washington, DC: National Geographic.

Gibberman, S. R. 1991. *Star Trek: An Annotated Guide to Resources*. Jefferson, NC, and London: McFarland & Company.

Hoyle, F. 1950. *The Nature of the Universe*. New York: Harper and Brothers.

Hubble, E. 1958. *The Realm of the Nebulae*. New York: Dover Publications.

Kanipe, J. 2006. *Chasing Hubble's Shadows: The Search for Galaxies at the Edge of Time*. New York: Hill and Wang.

Kessler, E. 2006. "Spacescapes: Romantic Aesthetics and the Hubble Space Telescope Images" PhD dissertation, University of Chicago.

Lawrence, John Shelton (2010). "Star Trek as American Monomyth" in *Star Trek as Myth: Essays on Symbol and Archetype at the Final Frontier*, ed. Matthew Wilhelm Kappell, Jefferson, NC: McFarland & Company, pp. 93-111.

Levy, D. H. 1995. *Impact Jupiter: The Crash of Comet Shoemaker-Levy 9*. Cambridge, MA: Basic Books.

Shatner, W., and Fisher, D. 2008. *Up Till Now: The Autobiography*. New York: Thomas Dunne Books/St. Martin's Griffin.

Wagner, J., and Lundeen, J. 1998. *Deep Space and Sacred Time: Star Trek in the American Mythos*. West Port, CT: Praeger.

Zimmerman, R. 2008. *The Universe in a Mirror: The Saga of the Hubble Space Telescope and the Visionaries Who Built It*. Princeton, NJ and Oxford: Princeton University Press.

12장 WMAP, 갓 태어난 우주의 사진을 찍다

Balbi, A. 2008. *The Music of the Big Bang: The Cosmic Microwave Background and the New Cosmology*. Berlin and Heidelberg: Springer/Verlag.

Bartusiak, M. 2010. *The Day We Found the Universe*. New York: Vintage/Random House.

Chaplin, W. J. 2006. *Music of the Sun: The Story of Helioseismology*. Oxford: Oneworld Publications.

Collins, N., and d'Escrivan, J. 2007. *The Cambridge Companion to Electronic Music*. Cambridge: Cambridge University Press.

Farrell, J. 2005. *The Day Without Yesterday: Lemaitre, Einstein, and the Birth of*

Modern Cosmology. New York: Thunder Mouth Press.

Guth, A. 1998. *The Inflationary Universe*. New York: Basic Books.

Heller, M. 1996. *Lemaître, the Big Bang, and the Quantum Universe*. Pachart History of Astronomy Series No. 10. Tucson, AZ: Pachart Publishing House.

James, J. 1995. *Music of the Spheres: Music, Science, and the Natural Order of the Universe*. New York: Springer.

Jeans, J. 1937. *The Mysterious Universe*. Cambridge: Cambridge University Press.

Kragh, H. S. 2007. *Conceptions of Cosmos: From Myths to the Accelerating Universe*. Oxford: Oxford University Press.

Lemaître, G. 1931. "The Beginning of the World from the Point of View of Quantum Theory" *Nature* 127, p. 706.

Lemaître, G. 1950. *The Primeval Atom: An Essay on Cosmogony*. Translated by Betty and Serge Korff. Toronto and New York: D. Van Nostrand.

Lightman, A. P. 2006. *The Discoveries: Great Breakthroughs in 20th Century Science, Including the Original Papers*. New York: Vintage.

Luminet, J.-P. 2008. *The Wraparound Universe*. Translated by Eric Novak. Wellesley, MA: A. K. Peters.

Manning, P. 2004. *Electronic and Computer Music*. Oxford: Oxford University Press.

Partridge, B. 1995. *3K: The Cosmic Microwave Background Radiation*. Cambridge: Cambridge University Press.

Peebles, P., Page Jr., L., and Partridge, B. 2009. *Finding the Big Bang*. Cambridge: Cambridge University Press.

Scaruffi, P. 2003. *A History of Rock Music 1951-2000*. Lincoln, NE: iUniverse.

Vecchierello, H. 1934. *Einstein and Relativity: Lemaître and the Expanding Universe*. Paterson, NJ: St. Anthony Guild Press Franciscan Monastery.

Boss, A. 2009. *The Crowded Universe: The Race to Find Life Beyond Earth*. New York: Basic Books.

Cartledge, P. 1997. *Democritus (The Great Philosophers)*. London: Routledge.

Chaikin, A. 2008. *A Passion for Mars: Intrepid Explorers of the Red Planet*. New York: Abrams.

Gardner, J. P., et al. 2006. "The James Webb Space Telescope" *Space Science Reviews* 123, pp. 485-606.

Hand, E. 2009. "The Test of Inflation" *Nature* 458, pp. 820-24.

Lockwood, M. K. 2006. "Introduction: Mars Science Laboratory: The Next Generation of Mars Landers" and 13 subsequent articles in the special issue, *Journal of Spacecraft and Rockets* 43, p. 257.

Loeb, A. 2006. "The Dark Ages of the Universe." *Scientific American* (November), pp. 46-53.

Sorabji, R. 1988. *Matter, Space, and Motion*. Ithaca, NY: Cornell University Press.

Watson, F. J. 2005. *Stargazer: The Life and Times of the Telescope*. Cambridge, MA: Perseus Books Group.

스페이스 미션

우리의 과거와 미래를 찾아 떠난
무인우주탐사선들의 흥미진진한 이야기

1판 1쇄 발행 ㅣ 2016년 7월 22일
1판 3쇄 발행 ㅣ 2017년 5월 23일

지은이 ㅣ 크리스 임피·홀리 헨리
옮긴이 ㅣ 김학영

펴낸이 ㅣ 박남주
펴낸곳 ㅣ 플루토
출판등록 ㅣ 2014년 9월 11일 제2014-61호

주소 ㅣ 04035 서울특별시 마포구 서강로 133(노고산동 57-39) 병우빌딩 815호
전화 ㅣ 070-4234-5134
팩스 ㅣ 0303-3441-5134
전자우편 ㅣ theplutobooker@gmail.com

ISBN 979-11-956184-3-9 93440

이 도서의 국립중앙도서관 출판시도서목록(CIP)은 서지정보유통지원시스템 홈페이지(http://
seoji.nl.go.kr)와 국가자료공동목록시스템(http://www.nl.go.kr/kolisnet)에서 이용하실 수
있습니다.(CIP제어번호: CIP2016015992)